iOS 5应用开发入门经典（第3版）

[美] John Ray 著
袁国忠 译

人民邮电出版社
北京

图书在版编目（C I P）数据

iOS 5应用开发入门经典 ：第3版 / （美）雷
（Ray, J.）著 ；袁国忠译. -- 北京 ：人民邮电出版社，
2012.7（2012.10 重印）
ISBN 978-7-115-28287-3

Ⅰ. ①i… Ⅱ. ①雷… ②袁… Ⅲ. ①移动电话机－应
用程序－程序设计 Ⅳ. ①TN929.53

中国版本图书馆CIP数据核字(2012)第099588号

版权声明

iOS 5 应用开发入门经典（第 3 版）

- 著 [美] John Ray
  译 袁国忠
  责任编辑 傅道坤
- 人民邮电出版社出版发行 北京市崇文区夕照寺街 14 号
  邮编 100061 电子邮件 315@ptpress.com.cn
  网址 http://www.ptpress.com.cn
  大厂聚鑫印刷有限责任公司印刷
- 开本：787×1092 1/16
  印张：36.75
  字数：918 千字 2012 年 7 月第 1 版
  印数：5 501 – 7 500 册 2012 年10月河北第 3 次印刷

著作权合同登记号 图字：01-2012-1176 号

ISBN 978-7-115-28287-3

定价：79.00 元

读者服务热线：(010)67132692 印装质量热线：(010)67129223
反盗版热线：(010)67171154

内容提要

本书基于 Apple 最新发布的 iOS 5.0 编写，循序渐进地介绍了从事 iOS 开发所需的基本知识，包括使用 Xcode、Objective-C 和 Cocoa Touch 等开发工具，设计及美化用户界面，多场景故事板、切换和弹出框，导航控制器和选项卡栏控制器，使用表视图和分割视图导航结构化数据，读写和显示数据，创建可旋转和调整大小的用户界面，播放和录制多媒体，使用地图和定位功能，使用加速计和陀螺仪检测运动和朝向，创建通用应用程序，编写支持后台处理的应用程序，跟踪和调试应用程序等主题。

本书通过简洁的语言和详细的步骤，帮助读者迅速掌握开发 iOS 应用程序所需的基本知识，适合没有任何编程经验的新手阅读，也可供有志于从事 iOS 开发的人员参考。

作者简介

John Ray 当前是俄亥俄州立大学研究基金会的高级商业分析师兼开发团队经理。他在Macmillan、Sams 和 Que 出版了大量图书，其中包括《Using TCP/IP: Special Edition》、《Teach Yourself Dreamweaver MX in 21 Days》、《Mac OS X Unleashed》和《Teach Yourself iPad Development in 24 Hours》。作为一名从 1984 年起就开始使用 Macintosh 的用户，他努力确保在每个项目中都会以应有的深度涉及 Macintosh。即使在编写技术性图书（如《Using TCP/IP: Special Edition》）时，也在其中包含大量有关 Macintosh 及其应用程序的信息。他的写作手法简单明了，即使对初、中级读者来说也简单易懂，因此深受好评。

您可访问其网站 http://teachyourselfios.com 与他交流。

献　辞

献给所有疯狂的人；感谢史蒂夫·乔布斯。

致　谢

感谢 Sams Publishing 出版社的编辑小组成员 Laura Norman、Keith Cline 和 Anne Groves，您们不顾诸多的变故、延迟和其他挑战，使本书得以付梓。您们的努力让本书清晰易懂，这真是奇迹。

感谢朋友、家人的支持和鞭策。

前　言

不出 5 年，iOS 平台就改变了公众对移动计算设备的看法。也就是几年前，我们陶醉于屏幕和音量都小得可怜、装备了小费计算器和文本浏览器的手机。但时代确实变了，iPhone 凭借着功能齐备的应用程序、界面架构以及其他平台无法媲美的触控，给用户提供了方便的桌面计算功能，证明了小屏幕也能成为高效的工作区。

史蒂夫·乔布斯推出 iPad 时，遭人耻笑，说它不过是放大版的 iPod Touch，但两年后，iPad 却成了平板电脑的事实标准，其发展步伐也没有放慢的迹象。几乎每周都有神奇的 iPad 新应用程序面世。围绕着 iOS 的创新激动人心，而使用 iOS 设备让人觉得非常享受；这些因素导致用户和开发人员选择 iOS 作为其移动平台。

在 Apple 看来，用户体验至关重要。它们设计了 iOS，让用户能够使用手指（而不是光笔或键盘）控制手机。应用程序使用起来自然而有趣，其外观和行为不再像笨拙的桌面应用程序的移植版本。Apple 考虑了界面、应用程序性能和电池续航时间等一切因素，没有任何竞争对手可与之比肩。

通过 App Store，Apple 向开发人员提供了一种最佳的数字发布系统。任何年龄和派别的程序员都可将其应用程序提交到 App Store，且只需要支付少量的年度开发人员会费。人们开发了针对各种领域的游戏、实用程序和应用程序，其范围涵盖了从学前教育到退休生活的所有阶段。鉴于 iPhone、iPod Touch 和 iPad 用户群庞大，因此不管什么内容都能找到合适的用户。

Apple 每年都会发布新的 iOS 设备，它们的速度更快、屏幕更大、分辨率更高。每次硬件更新都带来了新的开发机会，提供了将艺术融合到软件中的新途径。

本书旨在向新一代开发人员介绍 iOS 开发相关的知识，并以循序渐进的方式提高开发人员的开发技能。读者只需通过 24 章内容的学习，就能掌握所有基本知识——从安装开发工具和向 Apple 注册设备，到将应用程序提交到 App Store。

谁能成为 iOS 开发人员

只要有学习兴趣，有时间探索和使用 Apple 开发工具，并拥有一台运行 Lion 的 Intel Macintosh 计算机，便可开始 iOS 开发了。

开发人员不可能在一夜之间就开发出 iOS 应用程序，但是只要多加练习，完全可以在几天之内编写出您的第一款应用程序。在 Apple 开发工具上花费的时间越多，创建出激动人心的应用程序的可能性就越大。

进行 iOS 开发时，要以创建自己想用的软件为宗旨，而不是创建您认为其他人想用的软件。如果只想着一夜暴富，您很可能会失望。虽然其空间很大，但 App Store 是一个拥挤的市场，争夺销售排行榜的竞争非常激烈。然而，如果将重点放在创建有用而独特的应用程序上，您的劳动成果得到用户赏识的可能性将大得多。

本书适合的读者

本书是为从未进行 iPhone 和 iPad 开发，但使用过 Macintosh 平台的读者编写的，读者不需要有 Objective-C、Cocoa 和 Apple 开发工具方面的经验。当然，读者如果有一定的开发经验，将更容易掌握这些工具和技术。

虽然如此，本书对读者还是有一定的要求。具体地说，读者必须愿意花时间学习。如果读者只是阅读每章的内容，而不完成其中的项目，很可能错过一些重要概念。另外，读者还需花时间阅读 Apple 开发文档，并研究本书介绍的主题。有关 iOS 开发的信息浩如烟海，而本书的篇幅有限，只能为您打下坚实的 iOS 开发基础。

本书的内容

本书是基于 iOS 5 和 Xcode 4.2 编写的，大部分内容都适用于所有 iOS 版本，但也介绍了 iOS 4 和 iOS 5 新增的一些功能，如手势识别器、支持 AirPlay 的嵌入式视频播放、多任务、适用于 iPhone 和 iPad 的通用应用程序等。

不幸的是，本书并非完整的 iOS 参考手册，因为本书的篇幅无法满足有些主题的需求；所幸的是，您将在第 1 章下载的免费工具包含 Apple 开发文档。很多章都包含名为“进一步探索”的一节，指出了您可能感兴趣的其他相关主题。这里需要重申的是，探索精神是成功的开发人员必须具备的重要品质。

涉及编码的每章都有配套的项目文件，其中包含编译并测试示例所需的一切；但更佳的做法是根据介绍自己创建应用程序。请务必从本书的配套网站 http://teachyourselfios.com 下载项目文件。如果您在使用这些项目时遇到问题，请查看该网站的帖子，看看是否有解决方案。

目录

第1章 为开发准备好系统和iOS设备

本章将介绍：

- ➢ 您面临的 iOS 硬件局限性；
- ➢ 到哪里获取 iOS 开发工具；
- ➢ 如何加入 iOS 开发人员计划（Developer Program）；
- ➢ 创建并使用供应配置文件（provisioning profile）；
- ➢ iOS 开发技术概述。

iOS 设备向开发人员展示了一个全新的世界——多点触摸界面、可始终在线、视频以及众多内置的传感器，这些传感器可用于创建从游戏到提高生产率的应用程序等各种软件。信不信由您，作为新开发人员，您有一个优势：您是白纸一张，不受以前知道的移动应用程序概念的羁绊。您的高见很可能变成 Apple App Store 的优秀作品。

本章将让您为开发第一个项目做好准备。您即将踏上成为 iOS 开发人员的道路，但在开始编码前还需要做些准备工作。

1.1 欢迎进入 iOS 平台

您阅读本书说明您可能有 iOS 设备，这意味着您知道如何使用其界面：清晰的图形、响应迅速、多点触摸和数以十万计的应用程序，这只是冰山一角。然而，作为开发人员，您需要习惯应对一个迫使您以不同方式思考的平台。

1.1.1 iOS 设备

当前，iOS 平台家族成员包括 iPhone、iPad、iPod Touch 和 Apple TV，但 Apple TV 还未

对第三方开发开放。在阅读本书时您将发现，很多屏幕截图都基于以iPhone为中心的项目，这并非是我不喜欢iPad，而是因为iPad界面很大，难以在屏幕截图中显示。好消息是，如果您要开发针对iPad的项目，这样去做就是了！如果您要开发针对iPhone的项目，这样做好了。为这两种设备进行开发时，编码过程几乎相同。对于不同的情况，我将确保您明白设备之间的差别（及其原因），但这样的情况很少。您还将发现，每个示例都提供了iPhone版本和iPad版本，这些代码可从本书的配套网站下载。因此，不管您使用哪种设备，按本书介绍的做都将创建适用于该设备的应用程序。

By the Way

注意：

与Apple开发工具和文档一样，本书不区分iPhone和iPod Touch。几乎在所有情况下，为这些设备开发的方式都相同，虽然有些功能在较早的iPod Touch版本上没有，但较早的iPhone和iPad版本亦如此。

1.1.2 显示屏和图形

iOS设备的分辨率各不相同，但iOS提供了一种考虑分辨率的简单方式。例如，iPhone屏幕大小为320 × 480点，如图1.1所示。请注意，这里说的是“点”而不是像素。iPhone 4采用了Retina屏幕，在此之前，iPhone的屏幕分辨率为320 × 480像素；现在，iOS设备的实际分辨率为上述分辨率与缩放因子的乘积。这意味着虽然对元素进行定位时使用的是数字320 × 480，但像素数可能更多。例如，iPhone 4和iPhone 5的缩放因子为2，这意味着这些设备的实际分辨率为（320 × 2）×（480 × 2），即640 × 960像素。这看起来很大，但别忘了，所有这些像素都将显示在对角线大约为3.5英寸的屏幕上。

图1.1
iPhone屏幕大小以点为单位，在纵向模式下为320 × 480，在横向模式下为480×320，但每个点可能由多个像素组成

另一方面，iPad 2的屏幕分辨率为1024 × 768点，但其缩放因子为1，因此以像素为单

位时，分辨率也是 1024 × 768。人们普遍预期 Apple 将在来年将 iPad 升级到使用 Retina 屏幕，届时以点为单位时，屏幕分辨率仍为 1024 × 768，但缩放因子为 2，因此以像素为单位时，分辨率为 2048 × 1536。

提示：

本书后面介绍如何将对象放置到屏幕上时，将更详细地介绍缩放因子的工作原理。您需要知道的要点是，当您创建应用程序时，iOS 将考虑缩放因子，以最大可能的分辨率显示应用程序及其界面，而您几乎无需为此做任何工作。

Did you Know?

如果您的台式机配置的是 27 英寸显示器，这些手持设备的屏幕分辨率将看起来很小。但别忘了，台式机超过该分辨率也只是不久前的事情，而很多网站也是针对分辨率 800 × 600 设计的。另外，iOS 设备的屏幕只用于显示当前运行的应用程序。用户只能使用一个窗口，他可修改该窗口的内容，但桌面和多窗口应用程序的概念一去不复返了。

屏幕方面的限制并非坏事。正如您将学到的，使用 iOS 开发工具可创建层次与桌面软件一样多的应用程序，但其界面设计的结构化程度和效率更高。

您可在屏幕上显示复杂的 2D 和 3D 动画，这要归功于所有 iOS 设备都支持 OpenGL ES。OpenGL 是一个定义和操纵图像的行业标准，被广泛用于游戏的创建。每次升级 iOS 设备时，都采用了更高级的 3D 芯片和渲染功能，从而改善了这些功能，但即使是最初的 iPhone 也有相当不错的图像处理功能。

1.1.3 应用程序资源约束

与台式机和笔记本电脑的高清晰度显示器一样，我们也越来越习惯于处理器的速度比单击速度快。iOS 设备装备的处理器各不相同，从早期 iPhone 采用的 400 MHz ARM 到 iPad 2 采用的 1GHz 双核 A5。A 系列芯片是一个集成在芯片中的系统（system on a chip），给设备提供了 CPU、GPU 和其他功能；这是苹果公司设计的第一个 CPU 系列，在随后的很长一段时间内都将使用它们。

为确保不管用户做什么 iOS 设备都能迅速响应，Apple 做出了巨大努力。不幸的是，这意味着 iOS 设备的多任务功能不能与 Mac OS 同日而语。从 iOS 4 开始，苹果公司创建了一组多任务 API，供特定情况下使用。这让您能够在后台执行某些任务，但您绝不要假定应用程序会继续执行。iOS 将用户体验凌驾于其他一切之上。

不能忘记的另一个约束是可用内存。在最初的 iPhone 中，整个系统（包括您的应用程序）可用的内存只有 128MB，而且没有虚拟内存的概念（将速度更慢的存储空间用作内存），因此您必须小心管理应用程序创建的对象。在最新的 iPhone 和 iPad 中，苹果公司慷慨地提供了 512MB 内存。但别忘了，用户无法对早期的 iPhone 进行内存升级。

1.1.4 连接性

iPhone 和 iPad 3G 能够通过移动电话提供商（如美国的 AT&T 或 Verizon）始终连接到 Internet。内置的 WiFi 和蓝牙对这种广域网接入进行了补充。在无线热点的覆盖范围内，WiFi

可提供与台式机相当的浏览速度。另一方面，蓝牙现在可用于将各种外围设备（包括键盘）连接到 iOS 设备。

作为开发人员，您可利用 Internet 连接来更新应用程序的内容、显示网页以及创建多玩家游戏。唯一的缺点是，应用程序使用的 3G 数据越多，被 App Store 拒之门外的可能性越大。尽管这些限制随着时间的推移有所减少，但仍让开发人员感到沮丧。

1.1.5 输入和反馈

在输入和反馈机制及其易用性方面 iOS 设备卓尔不群。您可从多点触摸屏幕（在 iPad 上，最多为 11 个手指）读取输入值、通过加速计和陀螺仪检测运动和倾斜（iPhone 4、iPad 2 及更新的产品）、使用 GPS 进行定位（3G）、使用数字指南针）确定面对的是哪个方向（iPhone 4、iPad 2 和更新的产品），以及使用距离（proximity）传感器和光传感器确定用户当前正如何使用设备。iOS 可向应用程序提供很多有关用户当前在什么地方及其如何使用设备的信息，这使其变成了一个万能控制器，就像 Nintendo Wii 和 PlayStation Move 一样，但功能超越了它们。

iOS 设备还支持直接在应用程序中拍摄照片和视频（iPhone、iPad 2 以及更新的产品），这打开了与现实世界交互的大门。当前市面上就有应用程序能够识别拍摄的物体并在线查找有关这些物体的参考资料（Amazon Mobile app）或实时地翻译印刷文件（Word Lens）。

最后，对于用户与应用程序交互时执行的每项操作，您都可提供反馈。这可以是在屏幕上能够看到的反馈，也可以是高品质音频以及通过震动（仅 iPhone）带来的力量反馈。作为开发人员，您将在本书中学习如何使用所有这些功能。

有关 iOS 平台的走马观花之旅到这里就结束了。从来没有哪种设备为开发人员定义并提供了如此多的功能，只要仔细考虑资源限制并相应地进行规划，将有大量的开发机会等着您。

1.2 成为 iOS 开发人员

要成为 iOS 开发人员，并非只需坐下来编写程序即可。您需要一台较新的 Intel Macintosh 台式机或笔记本电脑，它运行 Snow Leopard 或 Lion，硬盘至少有 6GB 的可用空间。开发系统的屏幕空间越大，就越容易营造高效的工作空间。Lion 用户甚至可将 Xcode 切换到全屏模式，将分散注意力的元素都隐藏起来。虽然如此，我在 13 英寸 MacBook Air 中开发时也相当舒服，因此并非一定要使用多显示器系统。

假设您有 Mac，还需要什么呢？好消息是需要的不多，且您无需花费一分钱就可以编写第一个应用程序。

1.2.1 加入 Apple 开发人员计划

虽然 Apple 网站上的消息令人迷惑，但用户不需要任何费用就可加入 Apple 开发人员计划（Developer Program）、下载 iOS SDK（软件开发包）、编写 iOS 应用程序并在 Apple iOS 模拟器运行它们。

然而，收费与免费之间还是存在一定的区别：免费会受到较多的限制。要获得 iOS 和 SDK 的 beta 版，必须是付费成员。要将编写的应用程序加载到 iPhone 中或通过 App Store 发布它们，也需支付会员费。本书的大多数应用程序都可在免费工具提供的模拟器中正常运行，因此接下来如何做由您决定。

提示：

Did you Know?

如果不确定付费成员是否适合您，也不用担心，您可随时升级。建议您先成为免费成员，在编写一些示例应用程序并在模拟器中运行它们后再升级为付费会员。显然，模拟器不能精确地模拟移动传感器输入和 GPS 数据等，但这些属于特殊情况，仅在本书后面才需要用到。

如果您选择付费，付费的开发人员计划提供了两种等级：标准计划（99 美元）和企业计划（299 美元），前者适用于要通过 App Store 发布其应用程序的开发人员，而后者适用于开发的应用程序要在内部（而不是通过 App Store）发布的大型公司（雇员超过 500）。您很可能想选择标准计划。

注意：

By the Way

公司和个人都可选择标准计划（99 美元）。在将应用程序发布到 App Store 时，如果需要指出公司名，则在注册期间会给出标准的“个人”或“公司”计划选项。

1．以开发人员的身份注册

无论是大型企业还是小型公司，无论是要成为免费成员还是付费成员，您的 iOS 开发之旅都将从 Apple 网站开始。首先，访问 Apple iOS 开发中心（http://developer.apple.com/ios），如图 1.2 所示。如果您通过使用 iTunes、iCloud 或其他 Apple 服务获得了 Apple ID，可将该 ID 用作开发账户。如果您还没有 Apple ID，或者需要一个专门用于开发的新 ID，可通过注册创建一个新 Apple ID。

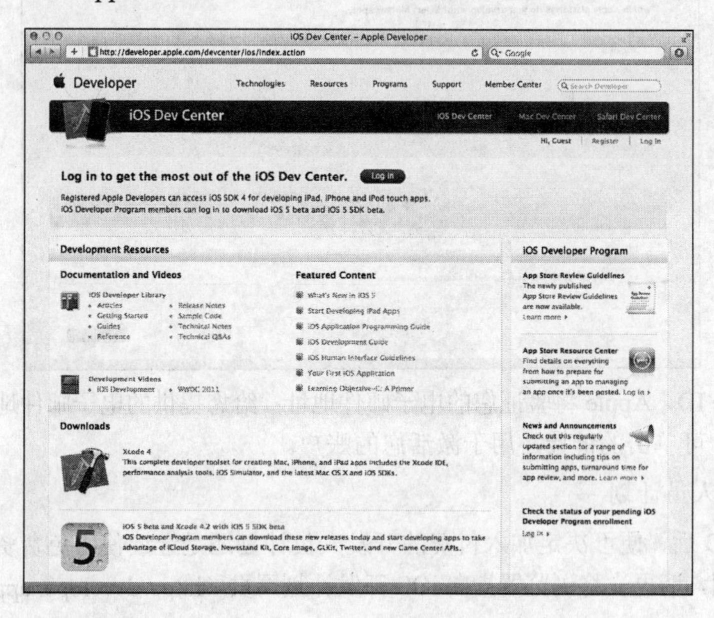

图 1.2
访问iOS开发中心以便登录或注册

单击右上角的 Register（注册）链接，在接下来的网页中单击 Get Start（开始）。开始注册后，决定创建 Apple ID 还是使用现有的 Apple ID，如图 1.3 所示。做出选择后，单击 Continue（继续）按钮。

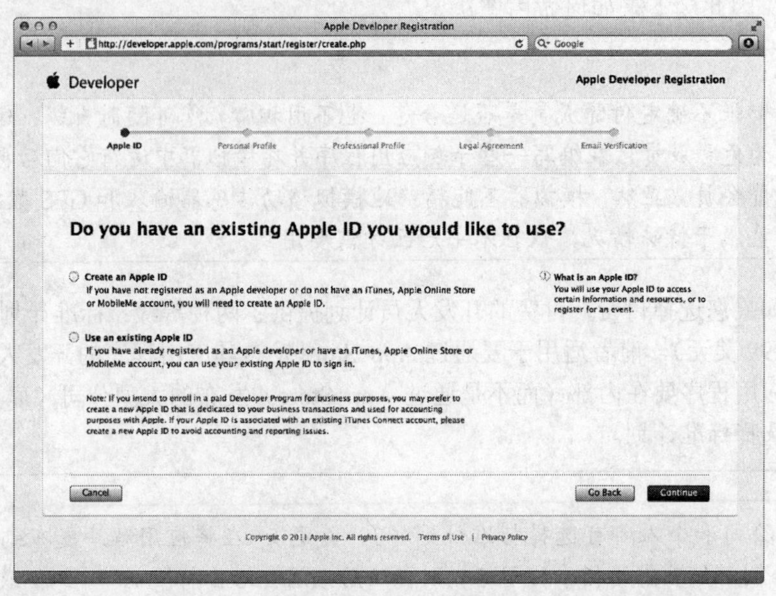

图 1.3

您将使用 Apple ID 来访问所有的开发资源

注册流程将引领您新建一个 Apple ID（如果必要）并收集有关开发兴趣和经验的信息，如图 1.4 所示。

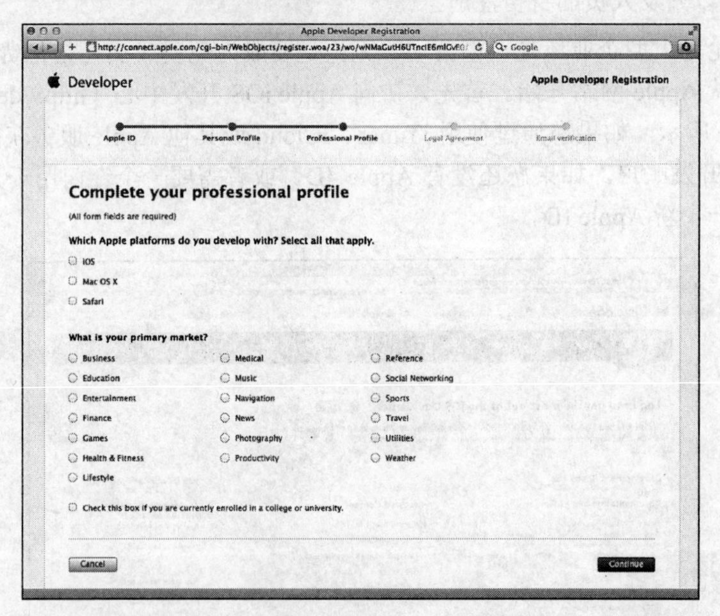

图 1.4

包括多个步骤的注册过程将收集有关您的开发经验的各种信息

如果您是创建 Apple ID，Apple 将验证您的电子邮件地址：给您提供的电子邮件地址发送一封邮件，其中包含一个可单击的链接，用于激活您的账户。

2．加入付费的开发人员计划

注册并激活 Apple ID 后，便可决定加入付费的开发人员计划还是继续使用免费资源。要加入付费的开发人员计划，请再次将浏览器指向 iOS 开发计划网页（http://developer.apple.com/

programs/ios/），并单击 Enroll New 链接（马上加入）。阅读说明性文字后，单击 Continue 按钮开始加入流程。

在系统提示时选择 I'm Registered as a Developer with Apple and Would Like to Enroll in a Paid Apple Developer Program，再单击 Continue 按钮。

注册工具将引导您申请加入付费的开发人员计划，包括在个人和公司选项之间做出选择，如图 1.5 所示。

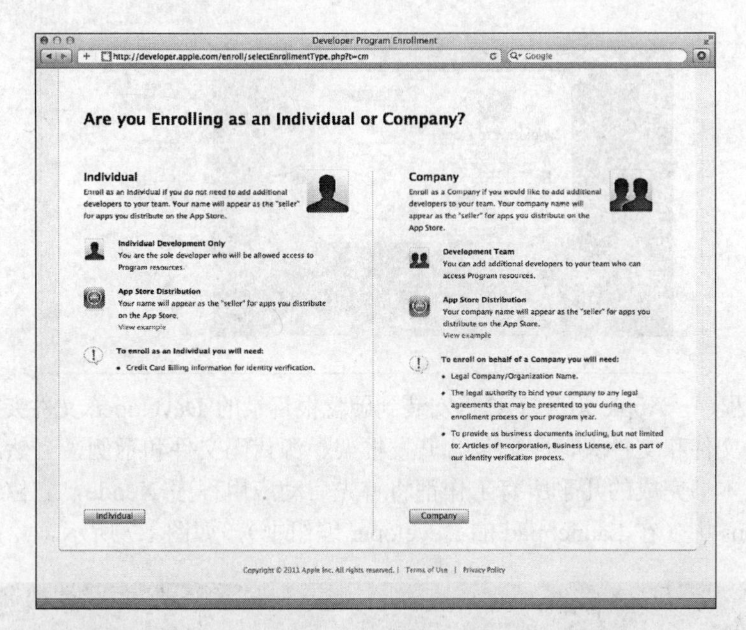

图 1.5
选择您要加入的付费计划

不同于免费的开发人员成员资格，付费的开发人员计划不会立刻生效。App Store 刚发布时，新开发人员需要几个月才能加入计划并获得批准。

1.2.2 安装 iOS 开发工具

如果您使用的是 Lion 或更高版本，下载 iOS 开发工具将很容易，只需单击。为此，在 Dock 中打开 Apple Store，搜索 Xcode 并免费下载它，如图 1.6 所示。坐下来等待 Mac 下载大型安装程序（约 3GB）。如果您使用的不是 Lion，可从 iOS 开发中心（http://developer.apple.com/ios）下载最新版本的 iOS 开发工具

提示：

Did you Know?

如果您是免费成员，登录 iOS 开发中心后，很可能只能看到一个安装程序，它可安装 Xcode 和 iOS SDK（最新版本的开发工具）；如果您是付费成员，可能看到指向其他 SDK 版本（5.1、6.0 等）的链接。本书的示例基于 5.0+系列 iOS SDK，因此如果看到该选项，请务必选择它。

下载完毕后，您将获得一个磁盘映像（从 iOS 开发人员网站下载时）或安装程序（从 Apple Store 下载时）。如果必要，打开磁盘映像并运行其中的安装程序。没有必要修改安装程序的任何默认配置，只需阅读并同意软件许可协议，并不断单击 Contiunes 按钮直到

完成所有步骤。

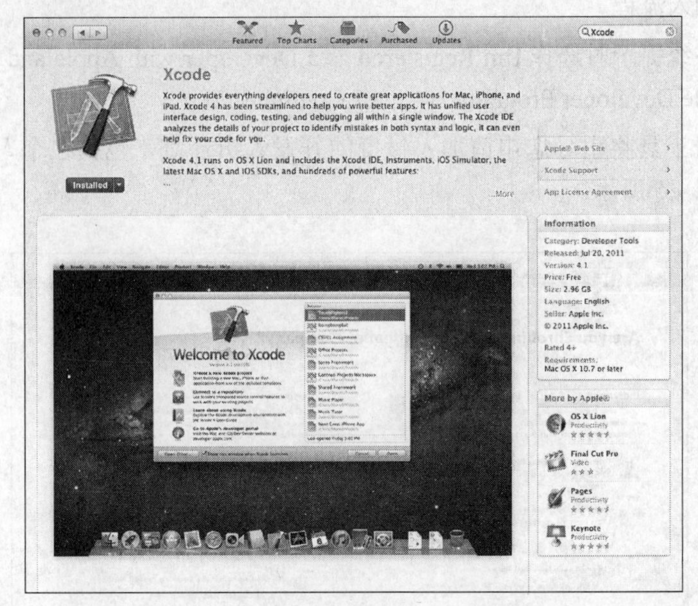

图 1.6
从 Apple Store 下载 Xcode 发布版

不同于大多数应用程序，Apple 开发工具将安装到硬盘根目录的 Developer 文件夹中。在该文件夹中，有数十个文件和文件夹，它们包含开发框架、源代码文件和示例，当然还有开发应用程序本身。您在本书完成的几乎所有工作都将首先启动应用程序 Xcode，它位于文件夹 Developer/Applications 中（在 Launchpad 的 Developer 编组中），如图 1.7 所示。

图 1.7
完成大部分工作时，都将首先启动文件夹 Developer 中的 Xcode

虽然在后面几章才真正进行开发，但我们在下一节将配置 Xcode 的几个选项，因此别忘了 Xcode 在什么地方！

1.3　创建开发供应配置文件

获得 Apple 开发人员资格、加入付费的开发人员计划、下载并安装 iOS 开发工具后，您仍无法在设备上运行您编写的应用程序！为什么呢？因为您还没有创建开发供应配置文件

（provisioning profile）。

> **警告：**
>
> 只有付费的开发人员账户能够执行下面的步骤。如果您只要免费的开发人员账户，也不用烦恼。在您为成为付费成员做好准备前，可使用 iOS 模拟器来测试自己开发的应用程序。在这种情况下，请直接跳到“运行第一个 iOS 应用程序”一节。

Watch Out!

在很多开发指南中，都在开始开发后才介绍这个步骤。在我看来，编写应用程序后您将希望能马上在设备中运行它。为什么？因为看到编写的代码在自己的 iPhone 或 iPad 上运行太爽了！

1.3.1 什么是开发供应配置文件

当前，Apple 对 iOS 开发过程进行了控制，禁止开发小组将软件随便发布给任何人。其结果是，通过一个令人迷惑的过程将有关您（任何开发小组成员）和应用程序的信息加入到供应配置文件中。

开发供应配置文件标识了开发应用程序的开发人员，并包含应用程序 ID 以及将运行该应用程序的每台设备的唯一设备标识符。这种供应配置文件只能用于开发过程。为通过 App Store 发布应用程序或通过 ad hoc 将其发布一组测试人员（或朋友）做好准备后，需要创建一个发布配置文件（distribution profile）。由于我们刚涉足 iOS 开发，因此现在还不需要发布配置文件。

1.3.2 配置用于测试的设备

以前，创建仅用于开发过程的供应配置文件令人沮丧且耗时，这个过程是在 iOS 开发网站的 Provisioning Portal 部分完成的。在最新的 Xcode 版本中，Apple 极大地简化了这个流程，使其非常简单，您只需链接测试设备，并单击一个按钮即可。

要安装开发配置文件，首先确保将设备连接到了计算机，然后启动 Xcode。Xcode 启动后，关闭所有“欢迎”窗口，再选择菜单 Window>Organizer。实用程序 Organizer 的界面布局有些类似于 iTunes。Organizer 最左栏的 Devices 部分应列出了您的设备，单击设备的图标以选择它，如图 1.8 所示。

接下来，单击屏幕中央的 Use for Development 按钮，并在系统提示时输入与付费成员资格相关联的 Apple ID 和密码。务必选择复选框 Remember Password in Keychain，这样当您通过 Xcode 访问在线开发资源时，就不会再提示您输入这些信息了。

在后台，Xcode 将向 iOS developer portal 添加一个唯一的标识符，该标识符标识了您的身份，并用于对您生成的应用程序进行数字签名。它还向 Apple 注册您的设备，使其能够运行您开发的应用程序（以及 iOS 测试版）。如果这是您第一次这样做，将被询问是否要生成开发证书，如图 1.9 所示。如果要生成开发证书，请单击 Submit Request 按钮。

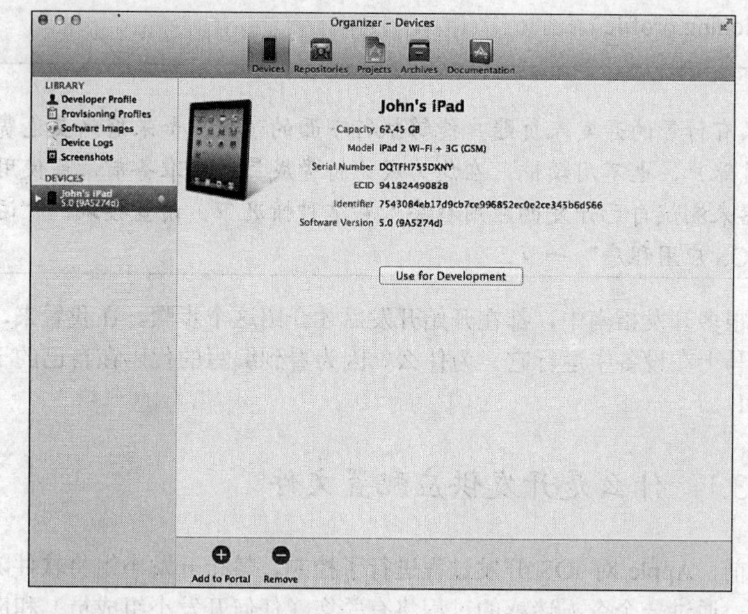

图 1.8

打开 Xcode Organizer 并选择您的设备

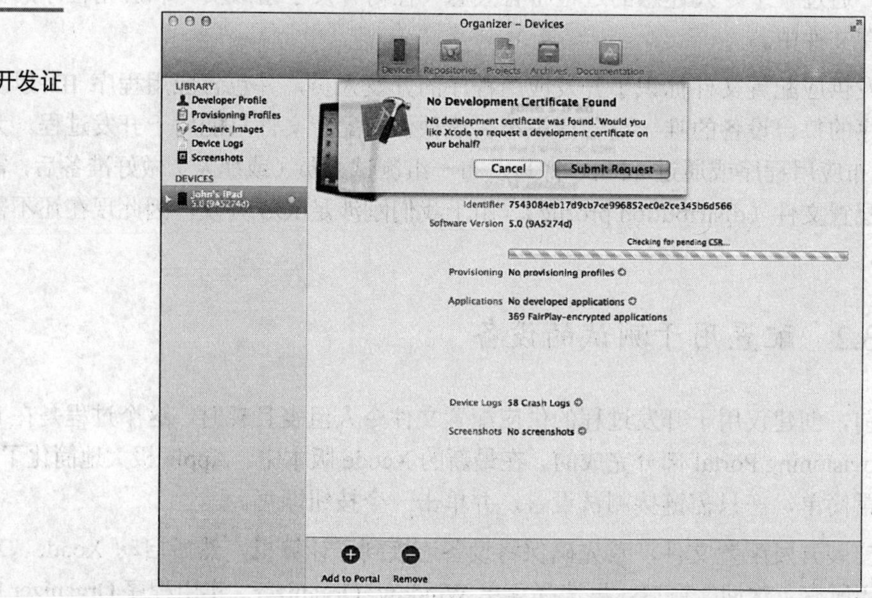

图 1.9

提交生成新开发证书的申请

Xcode 将继续与 Apple 通信，以创建开发配置文件和唯一的应用程序 ID，其中开发配置文件名为 Team Provisioning Profile。应用程序 ID 标识了 iOS 设备密钥链的共享部分，而您的应用程序有权访问这部分。

By the Way

注意：

密钥链是 iOS 设备的一个安全信息存储区，可用于存储密码和其他重要信息。大多数应用程序都不共享密钥链空间，因此不能共享受保护的信息。然而，如果多个应用程序都使用相同的应用程序 ID，它们将能够共享密钥链数据。

就本书而言，没有理由不让其中的示例应用程序共享一个应用程序 ID，因此让 Xcode 为您生成 ID 即可。实际上，Xcode 将创建一个“通用”应用程序 ID，适用于您使用 Team Provisioning Profile 创建的每个应用程序。

最后，Apple 的服务器将根据这些信息以及连接的 iOS 设备的唯一标识符，给 Xcode 提供一个完全的供应配置文件。然后，Xcode 便可透明地将该配置文件上传到 iOS 设备。

要查看配置文件的细节（并核实安装了它），可在 Organizer 中单击设备名旁边的展开箭头，在单击 Provisioning Profiles，您将看到配置文件 Team Provisioning Profile、创建日期、自动生成的应用程序 ID 以及使用该配置文件的设备，如图 1.10 所示。祝贺您，为在自己的设备上运行应用程序做好了准备！

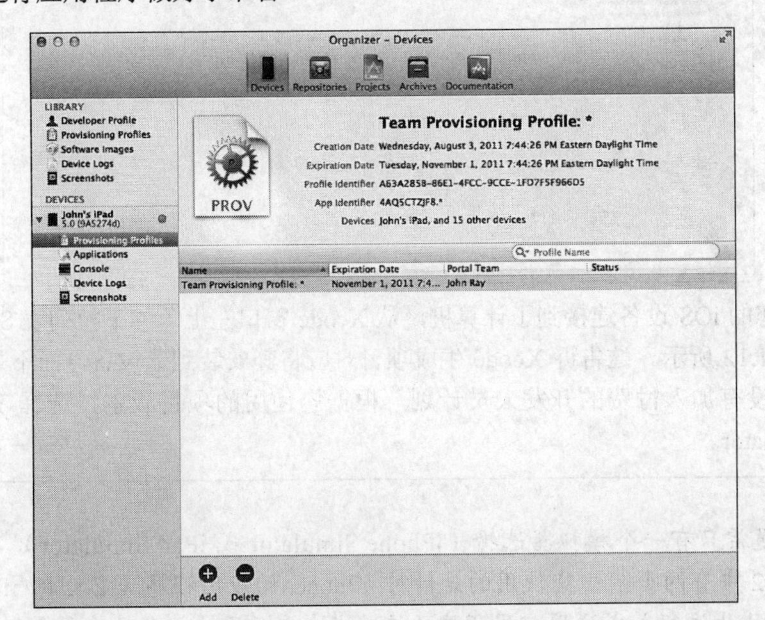

图 1.10

Xcode Organizer 应该列出了配置文件

等一等，我有多台 iOS 设备！

前面讨论了如何配置单台用于测试的设备，但如果要将应用程序安装到多台设备，该如何办呢？没有问题，只需将其他设备连接到计算机，并单击 Use for Development 按钮将它们加入到您的账户中。

在 1 年之内，Apple 允许您的账户在 1 年之内包含 100 台不同的设备，因此如果要进行大量的内部开发测试，务必明智地注册设备。

提示：

Did you Know?

配置用于开发的计算机后，可使用 Xcode Organizer Library 中的 Developer Profile 轻松地配置其他计算机。按钮 Export Developer Profile 可用于将开发配置文件和证书导出为一个包，而按钮 Import Developer Profile 可用于导入开发配置文件和证书。

1.4 运行第一个 iOS 应用程序

为 iOS 开发做好准备后却没有任何回报看起来不值得，不是吗？为对您所做的工作进行测试，下面尝试在您的 iOS 设备上运行一个应用程序。如果还没有下载项目文件，现在是访问 http://teachyourselfiOS.com 并下载归档的绝佳时机。

打开文件夹 Hour 1/Projects/Welcome，双击 Welcome.xcodeproj 在 Xcode 中打开一个简单的应用程序。打开该项目后，Xcode 界面应该如图 1.11 所示。

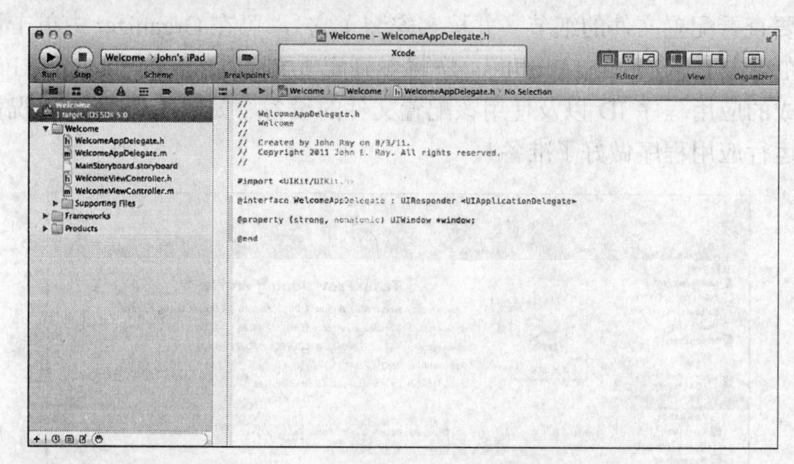

图 1.11 打开的项目应类似于这样

接下来，确保将您的 iOS 设备连接到了计算机，从 Xcode 窗口左上角的下拉列表 Scheme 选择您的设备，如图 1.12 所示。这告诉 Xcode 生成项目时应将其安装到该设备，而不是在模拟器中运行。如果您没有加入付费的开发人员计划，根据您使用的项目版本，选择 iPhone Simulator 或 iPad Simulator。

> **By the Way**
>
> **注意：**
>
> 通常只有一个模拟器选择（iPhone Simulator 或 iPad Simulator），但在图 1.12 中有两个。当您使用的是针对 iPhone 的应用程序（它可在 iPhone 和 iPad 上运行）或通用应用程序（这将在本书后面更详细地介绍）时，将出现这种情况。这个屏幕截图是使用该项目的 iPhone 版本截取的，因此能够同时看到这两个选项。

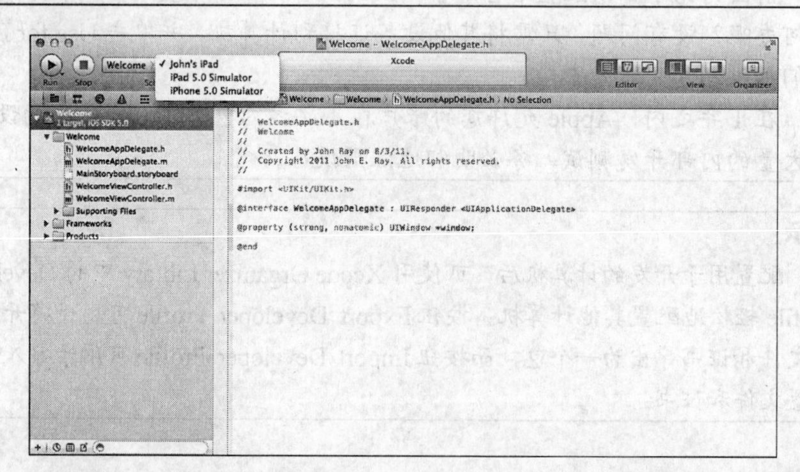

图 1.12 选择要在哪里（设备还是模拟器上）运行应用程序

最后，单击窗口左上角的 Run 按钮，几秒钟后，该应用程序将安装到设备并在其中启动。由于无法向您展示运行该应用程序的设备，图 1.13 演示了该应用程序在 iPad 模拟器中的样子。

单击 Xcode 工具栏中的 Stop 按钮退出该应用程序。现在可以退出 Xcode 了，本章不会再使用它。

图 1.13
祝贺您安装了自己创建的第一个 iOS 应用程序

By the Way

注意：

当您单击 Run 按钮时，应用程序 Welcome 将安装到您的 iOS 设备并在其中启动。它将一直保留在该设备中，直到您手工将其删除。为此，只需按住 Welcome 图标直到它开始摇摆，然后像删除其他应用程序那样将其删除。开发证书将在 120 天后过期，到时使用该开发证书安装的应用程序也将停止工作。

1.5　开发技术概述

在接下来的几章中，将简要地介绍用来创建 iOS 应用程序的技术。我们的目标是让您快速了解这些工具和技术，然后开始开发。这意味着后面几章开始，您才会编写第一个应用程序，但当您开始编码时，将具备成功创建各种应用程序所需的技能和知识。

1.5.1　Apple 开发套件

在本章中，您下载并使用了应用程序 Xcode，它自带了 iOS 模拟器，您在阅读本书的过程中主要使用的就是它。这两个应用程序很重要，本书将花两章的篇幅（第 2 章和第 5 章）介绍它们的功能和用法。

需要指出的是，几乎您运行的所有 iPhone、iPad、iPod 和 Macintosh 应用程序都是使用 Apple 开发工具创建的，而不管它们是由单个开发人员开发的，还是由大型公司创建的。这意味着您拥有一切工具，能够开发出与您曾运行过的应用程序一样功能强大的软件。

1.5.2 Objective-C

Objective-C 是您编写应用程序时使用的语言。它提供了应用程序所需的结构，可用于控制逻辑以及应用程序运行时需要做出的决策。

如果您以前从未使用过任何编程语言，也不用担心，第 3 章将介绍所有的基本知识。即使您以前使用过其他编程语言，使用 Objectiv-C 进行 iOS 开发也将带给您独特的编程体验。这种语言自然且高度结构化，而且便于理解。创建几个项目后，Objectiv-C 将退居幕后，以便能够将重点放在应用程序的具体细节上。

1.5.3 CoCoa Touch

虽然 Objectiv-C 为 iOS 应用程序定义了结构，但 Cocoa Touch 定义了功能部件——类，让 iOS 设备能够完成特定的任务。CoCoa Touch 只是一系列界面元素、数据存储元素和其他方便的工具，您可在应用程序中使用它们。

正如您将在第 4 章获悉的，您可使用的 Cocoa Touch 类有好几百个，而使用它们可完成的任务成千上万。本书只介绍一些最有用的类，并提供让您能够更深入地探索它们的指引。

1.5.4 模型-视图-控制器

iOS 平台和 Macintosh 都使用被称为模型-视图-控制器（MVC）的开发方法来设计应用程序的结构。设计最复杂的应用程序的结构时，了解为何使用 MVC 及其带来的好处有助于您做出正确的决策。虽然其名字听起来很复杂，但 MVC 实际上只是一种确保应用程序组织有序的方式，让您以后能够轻松地更新和扩展它们。第 6 章将更详细地介绍 MVC。

1.6 进一步探索

Xcode 是 iOS 开发的基石，设计和测试应用程序以及编写代码都是在 Xcode 中进行的，配置设备甚至将应用程序提交到 App Store 也是通过 Xcode 进行的。注意到了这里的重点吗？Xcode、Xcode 还是 Xcode。虽然本书后面将介绍 Xcode 的功能，请花点时间观看 Apple 提供的介绍性视频，以便对 Xcode 有大致了解。为此，启动 Xcode，再选择菜单 Help>Xcode Help。

您对工具越熟悉，就越能快速地使用它们创建可用于生产环境的应用程序。

1.7 小结

本章简要地介绍了 iOS 平台及其功能和局限性。您了解了各种 iOS 设备的图像功能、内存量以及众多可在应用程序中向用户提供独特体验的传感器。我们还讨论了 Apple iOS 开发工具、如何下载并安装它们以及各种付费开发人员计划之间的差别。为准备好实际进行 iPhone 开发，您探索了如何在 Xcode 中创建并安装开发供应配置文件，以及如何将应用程序安装到 iOS 设备。

最后，本章简要地讨论了本书第一部分将介绍的开发技术，它们是 iOS 开发工作的基础。

1.8 问与答

问：我以为低端 iPhone 和 iPad 至少有 16GB 内存，而高端型号至少有 64GB 内存，是这样的吗？

答：向公众宣传的存储容量指的是可用于存储应用程序、歌曲等的存储空间，这与可用于执行程序的内存不是一码事。如果 Apple 在以后的 iOS 版本中支持虚拟内存，较大的存储空间将可用于增加可用内存。

问：我应针对哪种平台进行开发？

答：这取决于您的目的。如果要获得最大的用户群，应开发适用于 iPhone、iPad 和 iPod Touch 的通用应用程序，这将本书后面通过几个项目进行介绍。如果要最大限度地利用硬件，当然可以只针对某些设备特有的功能进行开发，但这可能缩小潜在的用户群。

问：为何 iOS 平台不是开放的？

答：这个问题很好。长久以来，Apple 一直致力于对用户体验进行控制，确保无论用户如何设置其设备以及设备是 Mac、iPhone 还是 iPad，用户体验都很不错。通过将应用程序与开发人员关联起来并实施批准措施，可减少有害的应用程序破坏数据或给用户带来负面影响。然而，这种方法是否合适还有待讨论。

1.9 作业

1.9.1 测验

1．iPhone 的屏幕分辨率是多少？

2．加入个人 iOS 开发人员计划的费用是多少？

3．您将使用哪种语言来创建 iOS 应用程序？

1.9.2 答案

1．iPhone 屏幕为 320 × 480 点，但只有将其乘以缩放因子，才能知道屏幕的像素数。iPhone 4 和 iPhone 5 的缩放因子为 2，而其他型号的缩放因子为 1。

2．加入个人开发人员计划的费用是每年 99 美元。

3．Objective-C。

1.9.3 练习

1．获取 Apple 开发人员资格，再下载并安装开发工具。如果您没有按本章介绍的步骤做，这将是一个重要的练习，应在进入下一章前完成。

2．查看 iOS 开发中心提供的资源。Apple 发布了多个简介性视频和教程，可将其作为本书的补充资料。

第2章

Xcode 和 iOS 模拟器简介

本章将介绍：

- 如何在 Xcode 中新建项目；
- 代码编辑和导航功能；
- 在什么地方给项目添加类和资源；
- 如何修改项目属性；
- 针对 iOS 设备和 iOS 模拟器编译应用程序；
- 如何解读错误消息；
- iOS 模拟器的功能和局限性。

在 Apple Developer Suite 中，您使用的两个主要应用程序是 Xcode 和 iOS 模拟器，它们提供了设计、编写和测试 iPhone 和 iPad 应用程序所需的所有工具。另外，不同于其他平台，Apple Developer Suite 是完全免费的。

本章介绍使用 Xcode 代码编辑工具和 iOS 模拟器所需的基本知识，并让您获取一些使用它们的经验。Xcode 的界面创建工具将在第 5 章介绍。

2.1 使用 Xcode

当您需要编写代码——实际上是输入语句让 iOS 设备神奇地工作时，应考虑使用 Xcode。Xcode 是一种集成开发环境（IDE），让您能够管理应用程序的资源，并编辑代码和用户界面将不同部分组合起来。

按第 1 章的说明安装开发工具后，便可在硬盘根目录的文件夹 Developer/Applications 或 Launchpad 的 Developer 组中找到 Xcode 了。本章将介绍 Xcode 工具的基本用法，如果您还没有安装这些工具，请现在就安装。

启动 Xcode。经过一段时间后，将出现如图 2.1 所示的 Welcome to Xcode 窗口。

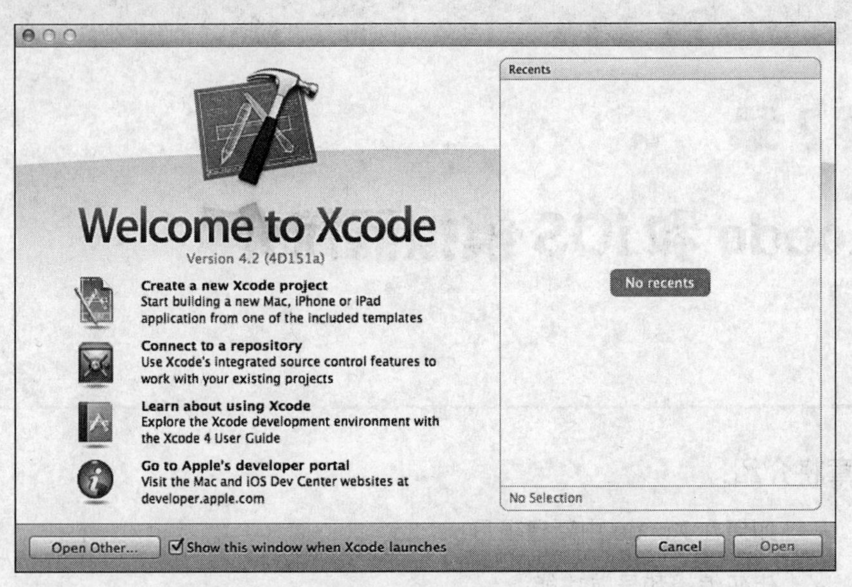

图 2.1
从 Welcome to Xcode 开始探索 Apple 的开发资源

可取消选中复选框 Show This Window When Xcode Launches 以禁止显示该窗口，但它提供了方便的起跳点，让您能够访问示例代码、教程和文档。第 4 章将详细介绍 Xcode 中的文档系统，它涉及的范围非常广泛。就现在而言，单击 Cancel 按钮退出欢迎屏幕。

2.1.1 创建和管理项目

大多数开发工作都以创建 Xcode 项目开始。项目是一系列与应用程序相关联的文件，还包含根据这些文件生成可运行软件所需的设置。这包括图像和源代码，还有一个这样的文件，即它描述了组成用户界面的对象及其外观。

1．选择项目类型

要新建项目，可在 Xcode 菜单中选择 File>New Project（Shift + Command + N）。请现在就这样做，Xcode 将要求您为应用程序选择一种模板，如图 2.2 所示。Xcode 模板包含让您快速进行开发所需的文件。虽然可从空白开始创建应用程序，但使用模板可节省大量时间。在本书中，将根据要创建的应用程序类型使用多种模板。

在 New Project 窗口的左侧，显示了可供选择的模板类别，我们的重点是类别 iOS Application，因此请确保选择了它。

右侧显示了当前类别中的模板以及当前选定模板的描述。就这里而言，请单击模板 Empty Application（空应用程序），再单击 Next（下一步）按钮。

您选择模板后，Xcode 将要求您指定产品名称和公司标识符。产品名称就是应用程序的名称，而公司标识符创建应用程序的组织或个人的域名，但按相反的顺序排列。这两者组成了束标识符，它将您的应用程序与其他 iOS 应用程序区分开来。

例如，在本章中，我们将创建一个名为 HelloXcode 的应用程序，这是产品名。我的域名是 teachyourselfios.com，因此将公司标识符设置为 com.teachyourselfios。如果您没有域名，开始开发时可使用默认标识符。

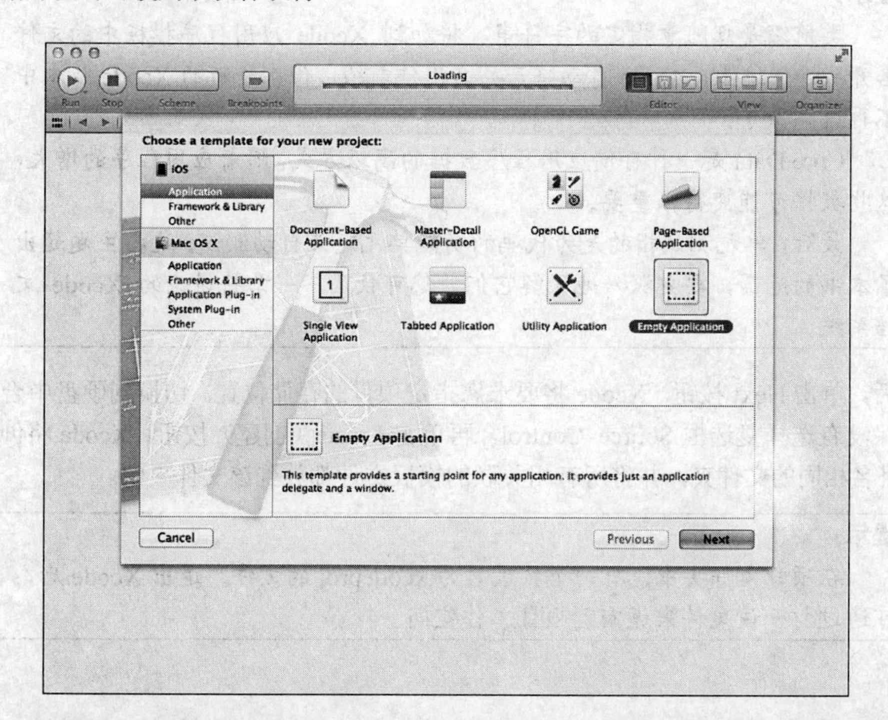

图 2.2
要新建项目，首先需要选择合适的模板

将产品名设置为 HelloXcode，再提供您选择的公司标识符。保留文本框 Class Prefix 为空。从下拉列表 Device Family 中选择您使用的设备（iPhone 或 iPad），并确保选中了复选框 Use Automatic Reference Counting（使用自动引用计数）。不要选中复选框 Include Unit Tests（包含单元测试），您的屏幕将类似于图 2.3。

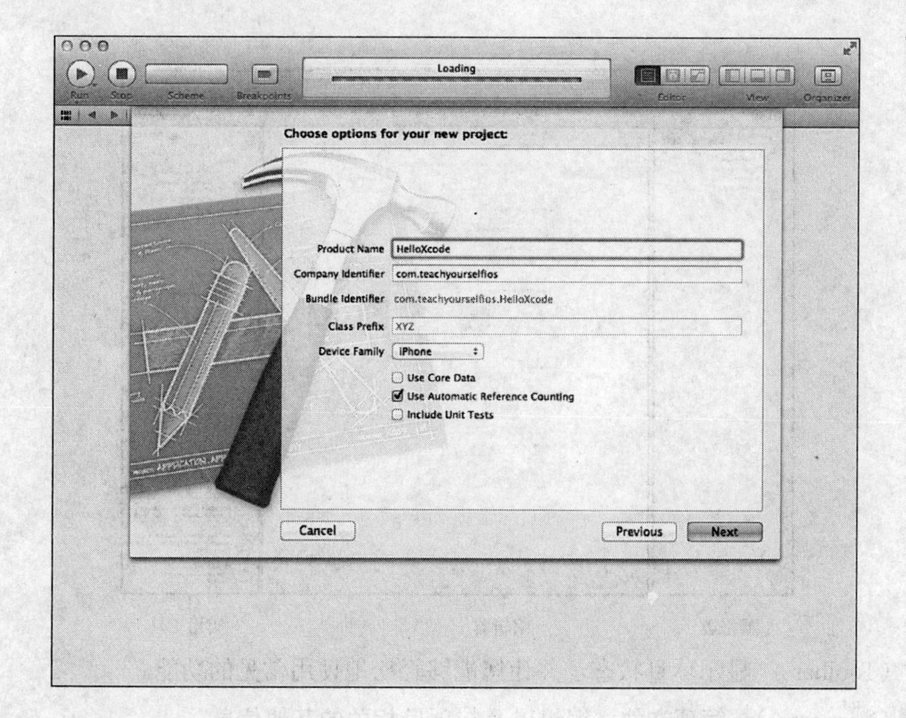

图 2.3
为应用程序指定产品名和公司标识符

Did you Know?

提示：

类前缀是您随意指定的字符串，将加到 Xcode 应用程序模板中的文件名开头。传统上，Apple 自动将产品名用作前缀，但在最新的 Xcode 版本中不再这样做了。

Core Data 是一种存储应用程序数据的高级方式，随着应用程序的增大，这些数据可能变得很重要。

最后，单元测试指的是为代码的功能单元定义自动测试。这些主题超出了本书的范围，要更深入地了解它们，您可使用下一章将讨论的 Xcode 文档系统。

对设置满意后，单击 Next 按钮。Xcode 将要求您指定项目的存储位置。切换到硬盘中合适的文件夹，确保没有选择复选框 Source Control，再单击 Create（创建）按钮。Xcode 将创建一个名称与项目名相同的文件夹，并将所有相关联的模板文件都放到该文件夹中。

Did you Know?

提示：

在项目文件夹中，有一个扩展名为.xcodeproj 的文件。退出 Xcode 后，可通过打开该文件来返回到项目工作空间。

2．辨别方向

在 Xcode 中创建或打开项目后，将出现一个类似于 iTunes 的窗口，您将使用它来完成所有的工作，从编写代码到设计应用程序界面。如果这是您第一次接触 Xcode，令人眼花缭乱的按钮、下拉列表和图标将让您感到恐惧。为让您对这些东西有大致认识，下面首先介绍该界面的主要功能区域，如图 2.4 所示。

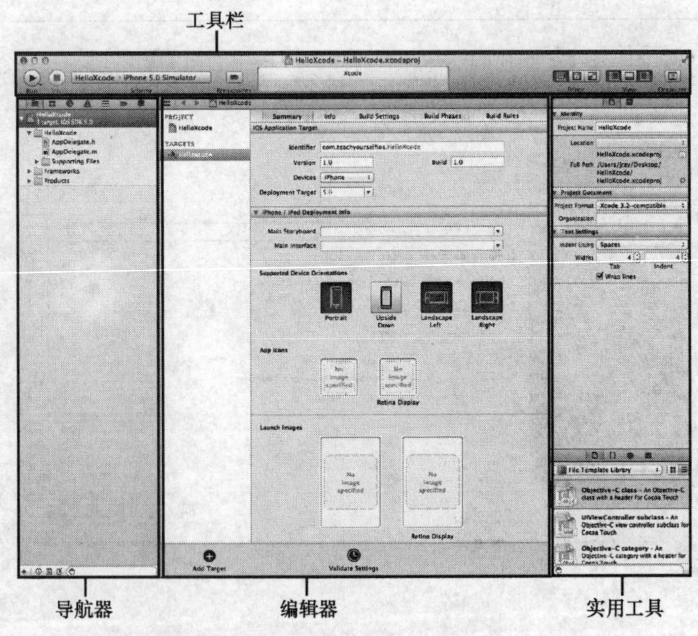

图 2.4
首次使用 Xcode 界面时很容易迷失方向

➢ 工具栏（Toolbar）：显示项目状态，并让您能够轻松地使用常见的功能。

➢ 导航器（Navigator）：管理文件、编组以及与项目相关的其他信息。

- 编辑器（Editor）：编辑项目内容（代码、界面等）。
- 实用工具（Utility）：让您能够快速访问对象检查器（inspector）、帮助和项目组成部分。

By the Way

注意：

默认情况下，Utility 部分被隐藏，要显示它，可单击工具栏中 View 部分的第三个按钮？同样，要隐藏/显示导航器，可单击 View 部分的第一个按钮。中间那个按钮在显示和隐藏第五个区域——调试器之间切换。必要时，调试器将自动出现在编辑器下方。但在我看来，这是代码编辑器的扩充，而不是一个独立的功能区域。

如果该界面的显示情况与您预期的完全不同，可使用 Xcode 菜单栏中的 View 菜单来显示工具栏、导航器或其他缺失的部分。

通过阅读本书，您将熟悉每个区域提供的功能。就现在而言，我们将重点放在导航器和编辑器上。

3．在项目中导航

导航器可在众多不同的模式下运行，从导航项目文件到搜索结果和错误消息。要修改运行模式，可使用导航器上方的图标，其中的文件夹图标显示项目导航器，您在大多数情况下都将在这种模式下运行导航器。

项目导航器显示一个表示项目的顶级图标（它后面有项目名），这是项目编组。您可单击项目组左边的展开箭头将其展开，这将显示组成应用程序的文件和编组。下面来看看几分钟前创建的项目 HelloXcode。

在 Xcode 的项目导航器中，展开项目编组，您将看到与该应用程序相关联的三个文件夹，图 2.5 突出显示了它们。

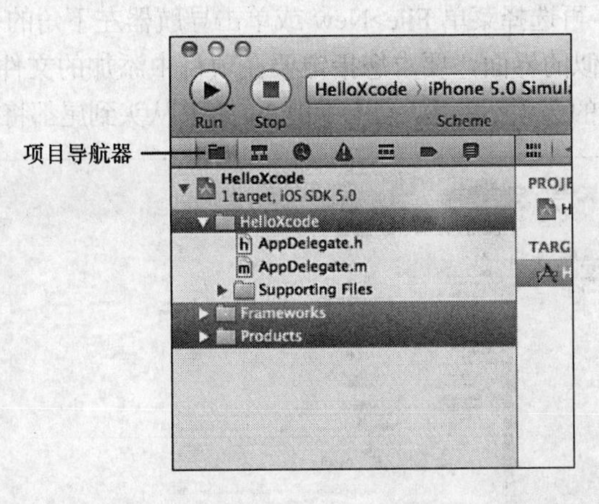

图 2.5

使用项目导航器浏览项目资源

By the Way

注意：

您在 Xcode 中看到的文件夹是逻辑编组。在项目文件夹中并不能找到所有这些文件，也找不到相同的文件夹结构。Xcode 布局设计用于帮助您轻松地查找文件，而并非文件系统结构的镜像。

在项目编组中有下面 5 个子组，它们可能很有用。

- 项目代码。这个文件夹项目同名，包含类文件的代码以及您加入到项目中的资源。正如您将在下一章学到的，类将互补的应用程序功能组合起来，您的大部分开发工作都将在类文件中进行
- Frameworks（框架）：它是让应用程序具备特定功能的核心代码库。默认情况下，Xcode 将给您添加基本框架，但如果需要添加特殊功能，如声音或震动，可能需要添加另一个框架。第 10 章将介绍如何添加框架。
- Products（产品）：Xcode 生成的所有产品（通常是可执行的应用程序）都放在这里。

如果您进一步展开，将发现项目代码文件夹中还有一个 Supporting Files 编组，其中包含的文件对应用程序正确运行不可或缺，但很少手工编辑它们。

Did you Know?

提示：

如果要添加其他的逻辑文件编组，可使用菜单 File>New>New Group。例如，有些人喜欢将图像、图标和其他文件放在 Resources 编组中。

利用过滤寻找目标

导航器底部有一个小型工具栏，您可使用它来过滤或调整当前显示的内容。例如，在项目导航器中，可在搜索文本框中输入文本，以便只显示匹配的项目资源（编组或文件）。您还可以使用该文本框右边的图标，以便只显示最近的文件或未保存的文件（分别是闹钟图标和纸/笔图标）。

显示的过滤选项随上下文而异，即随导航器当前显示的内容而异。Xcode 提供了大量的工具提示，当您遇到新区域和功能时，务必使用工具提示来探索它们。

4．在项目中新增代码文件

虽然 Apple iOS 应用程序模板提供了不错的开发起点，但您将发现需要在项目中添加其他类文件或界面文件，对高级项目来说尤其如此。要在项目中新增文件，首先选择要在其中添加文件的编组（通常是项目代码编组），再选择菜单 File>New 或单击导航器左下角的+按钮。Xcode 将显示一个与 New Project 窗口相似的界面，要求您指定要在项目中添加的文件类别和类型，如图 2.6 所示。如果对示意图中显示的选项不熟悉，请不用担心，本书从头到尾都将提供相应的指南。

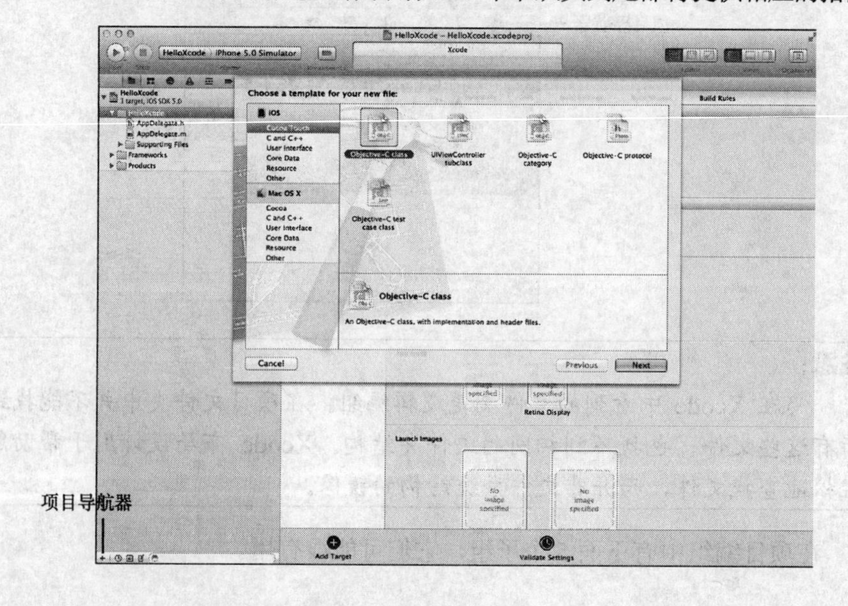

图 2.6

使用 Xcode 在项目中添加文件

能否手工添加空文件？

您可以将现有文件拖放到 Xcode 编组文件夹中，从而将其复制到项目中。然而，就像项目模板让您能够节省实现时间一样，Xcode 文件模板也如此。它们经常包含需要实现的各种功能的骨架。

5．在项目中添加资源

很多应用程序都需要声音或图像文件，您需要在开发过程中将其集成到项目中。显然，Xcode 不能帮助您创建这些文件，因此您需要手工添加它们。为此，只需单击它们并将其拖放到 Xcode 的项目代码编组中。Xcode 将询问您是否要复制文件，请务必选中指定要复制文件的复选框，让 Xcode 将文件放到项目文件夹的特定位置。

在与本章项目对应的文件夹 HelloXcode 中，有一个 Images 文件夹，其中包含文件 Background.png。将该文件拖放项目代码编组中，并指定必要时复制它，如图 2.7 所示。通过复制文件，可确保它们被正确地放到项目中，而您编写的代码可以访问它们。

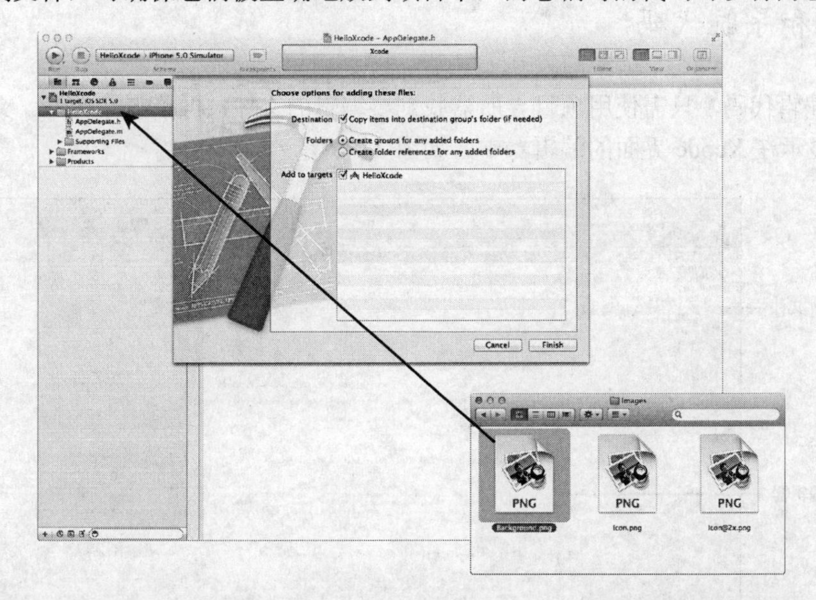

图 2.7

将文件Background.png 拖放到项目代码文件夹 Resources 中，并选择必要时复制它

提示：

如果您将一个包含多个文件的文件夹拖放到项目中，Xcode 默认将自动创建一个包含所有这些文件的编组。在本书中，我通常选择拖放文件夹到项目中来添加多个文件（并创建一个编组）。

Did you Know?

2.1.2 删除文件和资源

如果您在项目中添加了不需要的东西，可轻松地将其删除。要将文件或资源从项目中删除，只需在项目导航器中选择它，再按 Delete 键。Xcode 将询问您要删除项目中对该文件的所有引用并将文件移到回收站，还是只想删除对文件的引用，如图 2.8 所示。

如果您选择只删除对文件的引用，文件本身将保留，但在项目中再也看不到它。

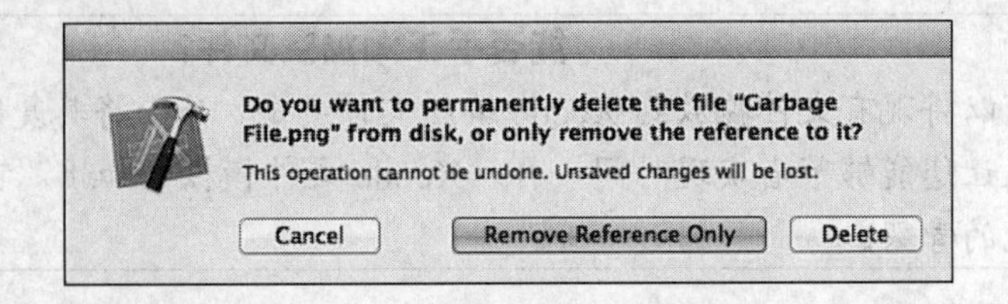

图 2.8

删除对文件的引用将保留文件本身

By the Way

注意：

如果 Xcode 找不到它认为包含在项目中的文件，将在 Xcode 界面中用红色标出该文件。如果您在 Finder 中不小心删除了项目文件夹中的文件，便可能出现这种情况；另外，如果 Xcode 知道项目将创建某个应用程序文件，但应用程序还未创建它，也将出现这种情况。在后一种情况下，可忽略 Products 编组中以红色显示的.app 文件，而不会有任何问题。

2.1.3 编辑和导航代码

要在 Xcode 中编辑代码，只需使用项目导航器找到要编辑的文件，再单击文件名。文件中可编辑的内容将显示在 Xcode 界面的编辑器中，如图 2.9 所示。

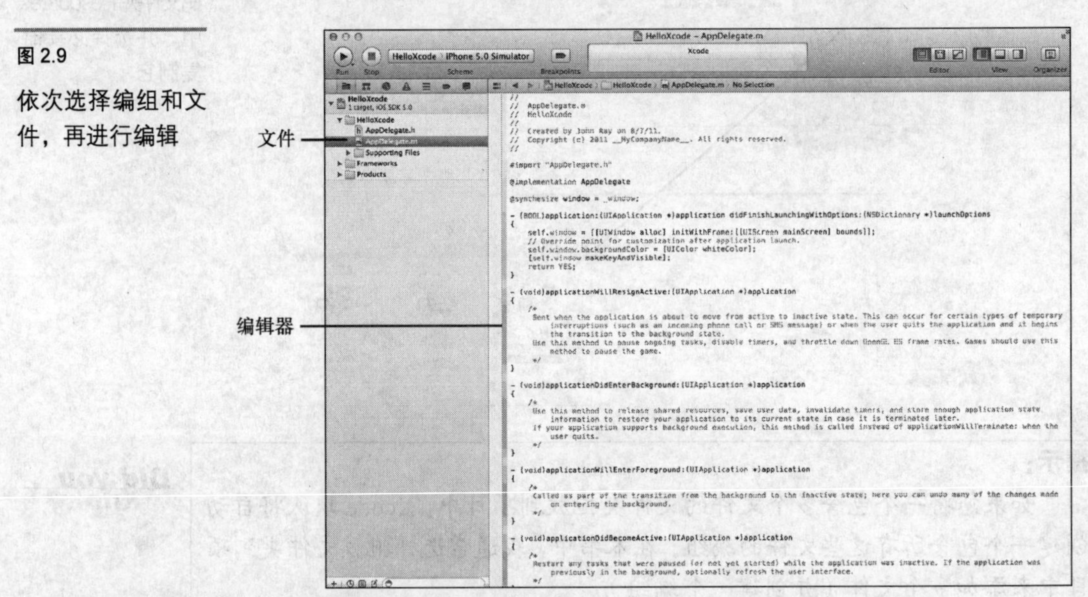

图 2.9

依次选择编组和文件，再进行编辑

Xcode 编辑器的工作方式与其他文本编辑器类似，但新增了多项不错的功能。为了对其工作方式有基本了解，打开项目 HelloXcode 的项目代码编组，再单击 AppDelegate.m，以便开始编辑源代码。注意到编辑器上方显示了当前编辑的文件的路径，单击路径的任何一部分都将打开一个下拉列表，让您能够快速切换到相应路径处的其他文件。路径的左边有前进和后退箭头，让您能够遍历最近编辑过的文件，就像在浏览器中遍历访问过的页面一样。

在这个项目中，我们将使用被称为标签（label）的界面元素在设备屏幕上显示文本 Hello Xcode。与您编写的大部分应用程序一样，该应用程序也将使用一个方法来显示这句问候语。方法不过是一个代码块，它在某种事情发生时执行。在这个示例中，将使用一个名为

application:didFinishLaunchingWithOptions 的现有方法，它在应用程序启动后立即执行。

1. 使用符号导航器（Symbol Navigator）在代码间切换

要找到源代码文件中的特定方法或属性，最简单的方法是使用符号导航器。而要打开该导航器，只需单击项目导航器图标右边的那个图标。符号导航器让您能够展开项目类，以显示定义的所有方法、属性和变量，如图 2.10 所示。如果您选择一个列表项，将跳转到相应的源代码行并高亮显示它。自动显示当前文件中的所有方法和属性，让您能够通过选择进行跳转，如图 2.10 所示。

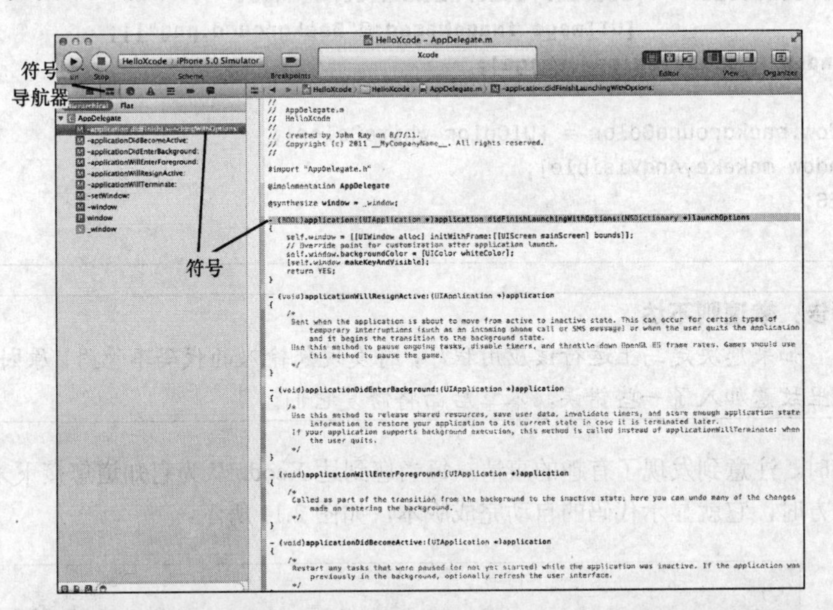

图 2.10
符号导航器让您能够在方法和属性之间快速跳转

请切换到符号导航器并展开列表项 AppDelegate。这是这个应用程序使用的唯一一个对象。接下来，在列表中找到并选择 application:didFinishLaunchingWithOptions，Xcode 将跳转到该方法的第一行。单击下一行，并开始编辑吧！

提示：

当您编辑文件时，编辑器上方显示的路径将以光标当前所处位置对应的符号标签结尾。单击该标签将显示一个列表，其中包含当前代码中定义的符号。选择一个符号可切换到相应的位置。

Did you Know?

2. 代码自动完成

使用 Xcode 编辑器输入如程序清单 2.1 所示的代码，以实现方法 application:didFinishLaunchingWithOptions。在包含文本 Override point for customization after application launch 的代码行（注释）下方新建一行，并输入程序清单 2.1 以粗体显示的代码行。

程序清单 2.1　您的第一次编码

```
- (BOOL)application:(UIApplication *)application
    didFinishLaunchingWithOptions:(NSDictionary *)launchOptions
{
    self.window = [[UIWindow alloc]
```

```
                initWithFrame:[[UIScreen mainScreen] bounds]];
    // Override point for customization after application launch.
    UILabel *myMessage;
    UILabel *myUnusedMessage;
    myMessage=[[UILabel alloc]
                initWithFrame:CGRectMake(30.0,50.0,300.0,50.0,50.0)];
    myMessage.font=[UIFont systemFontOfSize:48];
    myMessage.text=@"Hello Xcode";
    myMessage.textColor = [UIColor colorWithPatternImage:
                          [UIImage imageNamed:@"Background.png"]];
    [self.window addSubview:myMessage];

    self.window.backgroundColor = [UIColor whiteColor];
    [self.window makeKeyAndVisible];
    return YES;
}
```

Watch Out!

警告：欲速则不达

如果您决定马上运行该应用程序，将发现您输入的代码不管用！原因是这里故意加入了一些错误，本章后面将修复它们。

当您输入代码时，注意到发现了有趣的事情。每当您到达 Xcode 认为它知道您接下来要输入什么内容的地方时，它就显示代码的自动完成版本，如图 2.11 所示。

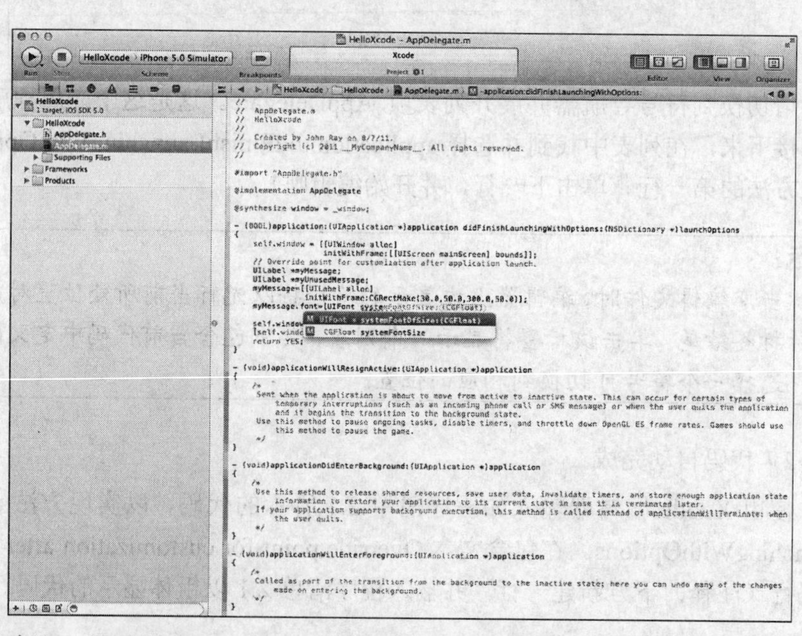

图 2.11

Xcode 在您输入时自动完成代码

要接受自动完成建议，只需按 Tab，这将插入建议的代码，就像您输入了它们一样。如果有多项自动完成建议，您可使用上下箭头键选择您要接受的建议，再按 Tab。Xcode 将尝试完成方法名、您定义了的变量以及它能够识别的与项目相关的其他内容。

修改代码后，可选择菜单 File>Save 保存文件。

> **注意：**
>
> 就现在而言，无需理解这些代码的功能，这里只想让您获得一定的Xcode 编辑器使用经验。简单地说，这段代码在屏幕左上角创建一个标签对象，设置标签的文本、字体、字号和颜色，再将其加入到应用程序窗口中。

By the Way

3．使用搜索导航器查找代码

通过使用搜索导航器（Search Navigator），在整个项目中搜索文本就是小菜一碟。要使用这种搜索功能，可单击导航器上方的图标栏中的放大器图标，这将在导航器中显示一个搜索文本框，您可在其中输入如何要查找的内容。当您输入时将显示一个下拉列表，其中包含可对搜索进行提炼的选项，如图 2.12 所示。您可选择其中的一个选项，也可按回车键以不区分大小写的方式搜索您输入的文本。

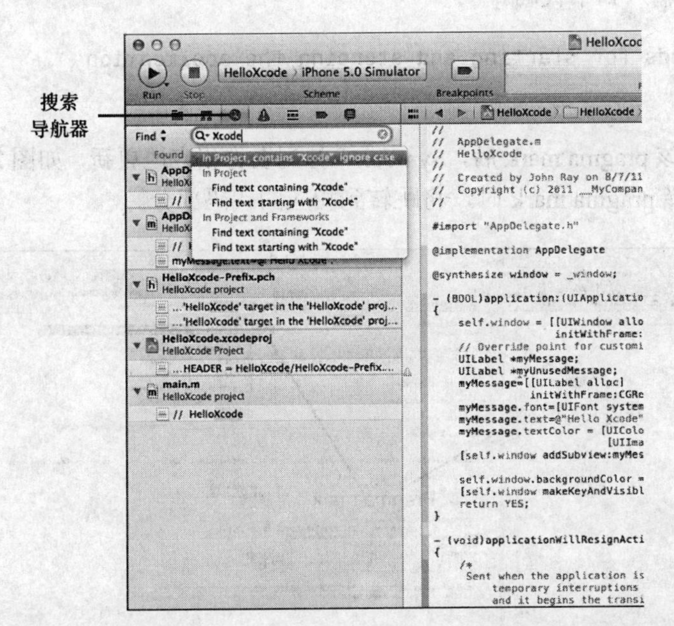

图 2.12

使用搜索导航器在整个项目中查找文本

搜索结果将显示在搜索文本框下方，还有包含您搜索的文本的文件片段。单击搜索结果将在编辑器中打开相应的文件，并跳转到包含搜索内容的那行。

更有趣的是，您可使用搜索导航器底部的过滤文本框对搜索结果进行过滤。还可单击搜索导航器顶部的 Find 标签，以切换到替换模式，这让您能够在整个项目中进行查找并替换。

> **提示：**
>
> 如果要在当前编辑的文件中查找字符串，可选择菜单 Edit>Find（Command + F）在编辑器顶部显示传统的 Find 文本框。这让您能够在给定文件而不是整个项目中进行快速查找（或查找并替换）。

Did you Know?

4．添加 prama mark

有时候，根据符号或使用搜索功能导航代码的效率不高。为使用普通的英语标识重要的代码片段，可插入编译指令#prama mark。prama mark 不会在应用程序中添加任何功能，而只是在代码中创建逻辑分节。但您单击编辑器上方的路径的最后一部分时，这些分节将与其他代码符号一起显示出来。

有下面两种类型的 prama mark。

```
#pragma mark -
```

和

```
#pragma mark <label name>
```

前者在 Symbol 下拉列表中插入一条水平线，而后者插入一个标签名。您可结合使用它们在代码中插入节标题。例如，要添加一个名为 Methods for starting and stopping the application 的分节和一条水平线，可输入如下代码。

```
#pragma mark Methods for starting and stopping the application
#pragma mark -
```

在代码中添加并保存该 pragma mark 后，Symbol 下拉列表将相应地更新，如图 2.13 所示。从 Symbol 下拉列表中选择 pragma mark 时，将跳转到相应的代码部分。

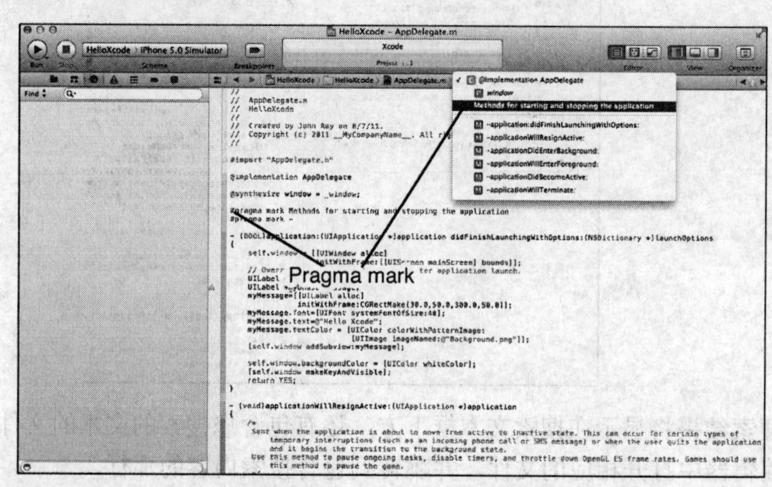

图 2.13

pragma mark 可在代码中创建逻辑分节

5. 使用助手编辑器

对于那些足够幸运，有大型显示器的读者来说，可利用 Xcode 的助手编辑器（Assistant Editor）模式。在下一章，您将学习为创建程序而需要编辑的各种文件。届时您将很快认识到，大多数程序功能都是通过编辑两个相关文件中的一个实现的。这两个文件是实现文件（扩展名为.m）和接口文件（扩展名为.h）。您还将发现，当您修改其中一个文件时，通常也需要修改另一个。

Xcode 提供的助手编辑器模式可简化这种来回编辑的工作。助手编辑器自动监视您打开进行编辑的文件，并在它右边打开您也需要进行编辑的相关文件，如图 2.14 所示。

要在标准编辑器模式和助手编辑器模式之间切换，可单击 Xcode 工具栏中 Editor 部分的第一个和第二个按钮。

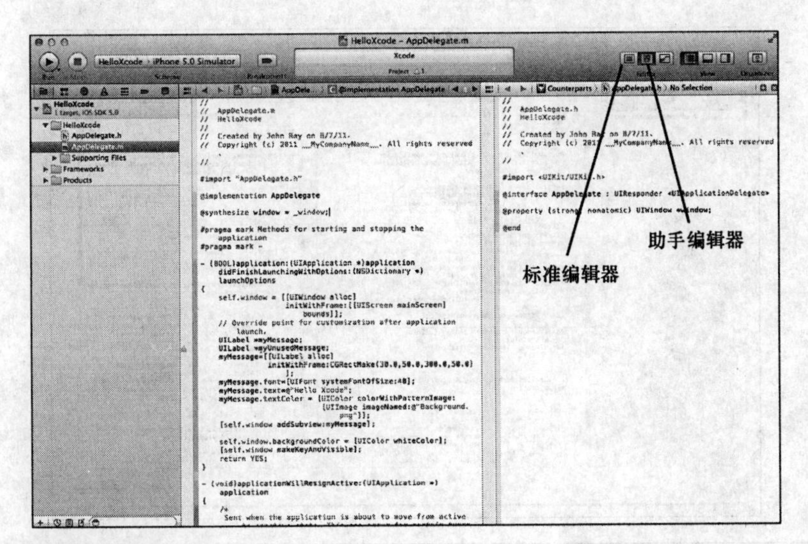

图 2.14
助手编辑器在当前编辑的文件右边打开相关的文件

6．管理快照

如果打算对代码做大量修改，但又不太确定是否会喜欢最终的结果，则可能想利用 Xcode 的快照功能。从本质上说，代码快照是特定时刻的所有源代码的副本。如果您不喜欢所做的修改，可恢复到以前的快照。另外，快照还指出了应用程序多个版本之间的差别。

要拍摄快照，可选择菜单 File>Create Snapshot。Xcode 将要求您提供快照的名称和描述，如图 2.15 所示。提供合适的输入后单击 Create Snapshot 即可，就这么简单。

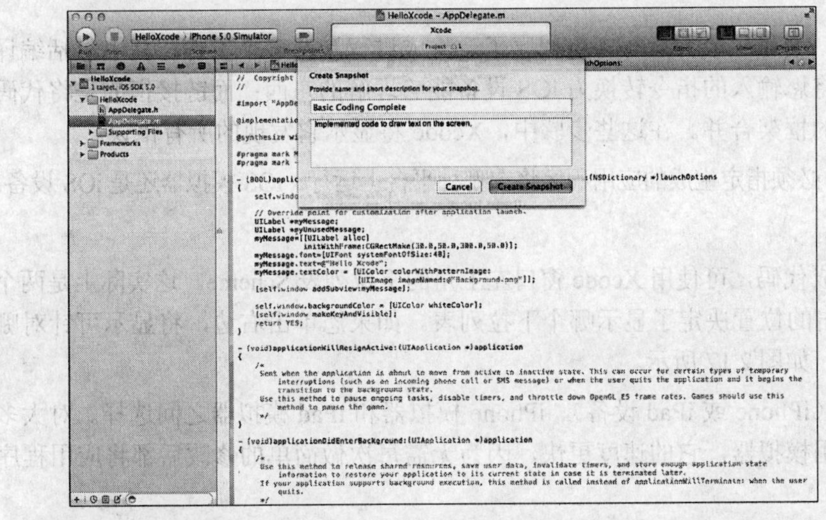

图 2.15
可随时创建项目的快照

要查看（并恢复）快照，可选择菜单 File>Restore Snapshot，快照查看器将显示现有的快照。选择一个快照并单击 Restore 按钮，不用担心，Xcode 不会马上恢复该快照，而显示在当前状态和选定快照之间有哪些文件不同。如果您单击其中的文件名，将在左边显示快照中的代码，在右边显示当前代码，并突出显示两个代码版本之间的差别，如图 2.16 所示。

如果查看不同的地方后，您仍然要恢复到选定的快照，确保在文件列表中选择了您要恢复的文件，再单击 Restore 按钮。要返回到编辑器，而不做任何恢复，可单击 Cancel 按钮。

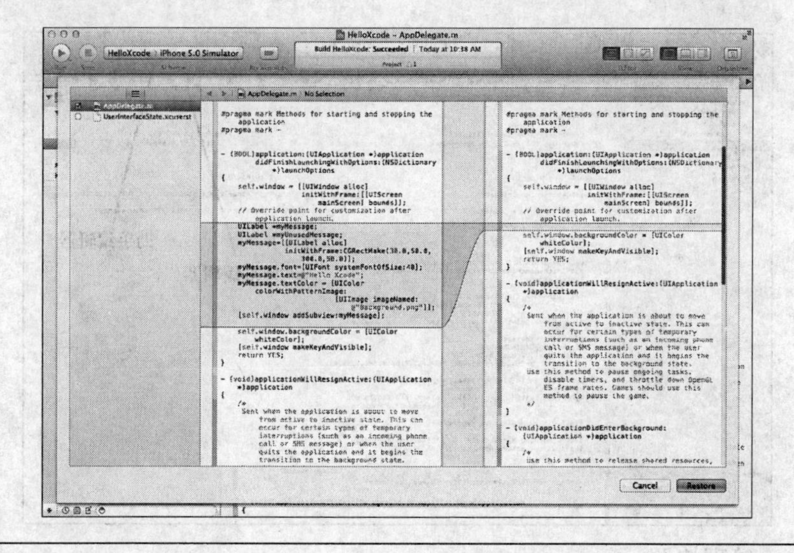

图 2.16

使用快照确定应用程序的不同版本之间有何差别

Did you Know?

提示：

Xcode 快照是一种功能有限的版本控制。Xcode 还提供了 GIT 版控制系统，并支持 Subversion（子版本）。本书不会使用这些工具，因为对大多数中小型项目来说，快照功能就绰绰有余。

2.1.4 生成应用程序

编写好源代码后，便可生成并运行应用程序了。生成过程涉及多个步骤，其中包括编译和链接。编译指的是将您输入的指令转换为 iOS 设备能够理解的东西；而链接指的是将代码与应用程序运行所需的框架合并。在这些步骤中，Xcode 将显示它发现的所有错误。

生成应用程序前，必须指定生成的应用程序将在哪种平台上运行：iOS 模拟器还是 iOS 设备。

1．选择生成方案

要指定要如何生成代码，可使用 Xcode 窗口左上角的下拉列表 Scheme。这实际上是两个独立的下拉列表，单击的位置决定了显示哪个下拉列表。如果您单击右边，将显示可针对哪些设备生成应用程序，如图 2.17 所示。

您可在 iOS 设备（iPhone 或 iPad 设备）、iPhone 模拟器和 iPad 模拟器之间选择。对大多数开发而言，都应使用模拟器，它的速度更快，因为无需每次做简单的修改后都将应用程序传输到设备。

By the Way

注意：

模拟 iPhone 应用程序时，iOS 模拟器被称为 iPhone 模拟器，而模拟 iPad 应用程序时被称为 iPad 模拟器。虽然在 Xcode 和开发文档中的称呼不同，但它们实际上是同一个应用程序。

默认情况下，您选择的方案使用调试器运行应用程序。这让您能够跟踪应用程序的执行过程，有助于发现应用程序中的问题。对于要提交给 App Store 的应用程序，应切换到一种发行配置。第 24 章将更详细地介绍调试。

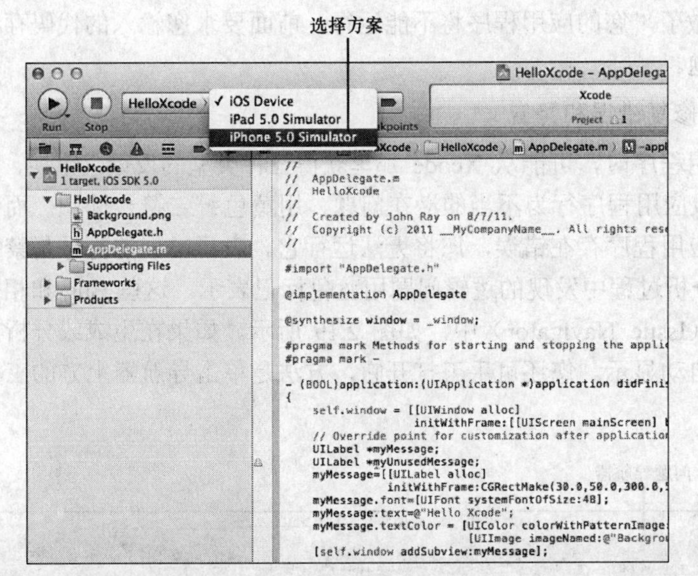

图 2.17

修改生成方案，指定针对 iOS 设备、iPhone 模拟器还是 iPad 模拟器生成应用程序

2．生成、分析和运行应用程序

要生成并运行应用程序，单击 Xcode 工具栏中的 Run 按钮（Command + R）。根据您的计算机的速度，这可能需要一两分钟才能完成。随后，应用程序将传输到 iOS 设备（如果指定了相应的生成方案并连接了 iOS 设备）并运行，或者在选定的 iOS 模拟器中运行。

如果只想生成应用程序而不运行它（这对检查错误很有用），可选择菜单 Product>Build (Command+B)。一种更佳的选择是，选择菜单 Product> Analyze（Command + Shift + B），以找出生成错误以及应用程序逻辑中不影响生成但可能导致程序崩溃的问题。

提示：

在生成过程中，将生成很多中间文件。它们占用磁盘空间，且项目本身并不需要。要删除这些文件，可选择菜单 Product>Clean。

Did you Know?

图 2.18 显示了应用程序 HelloXcode 在 iOS 模拟器中的运行情况。现在请尝试单击 Xcode 工具栏中的 Run 按钮，以生成并运行您的应用程序版本。

图 2.18

iOS 模拟器让您能够快速而轻松地测试代码

如果按前面的步骤做了，您的应用程序将不能运行。前面要求您输入的代码存在两个问题，下面来看看这些问题。

3．在问题导航器中修复错误和警告

当您生成和分析应用程序时，可能从 Xcode 那里获得三种类型的反馈：错误、警告和逻辑问题。警告是可能导致应用程序行为不当的潜在问题，用黄色警告符号标识；而错误将禁止应用程序运行。如果应用程序存在错误，您将无法运行它。表示错误的符号是禁行标志，这非常合适。Xcode 在分析过程中发现的逻辑问题用蓝色标记表示。这些 Bug 和相关的文件都将显示在问题导航器（Issue Navigator）中，如图 2.19 所示。如果在生成或分析过程中发现问题，问题导航器将自动显示。您还可手工打开它，方法是单击导航器上方的工具栏中的惊叹号图标。

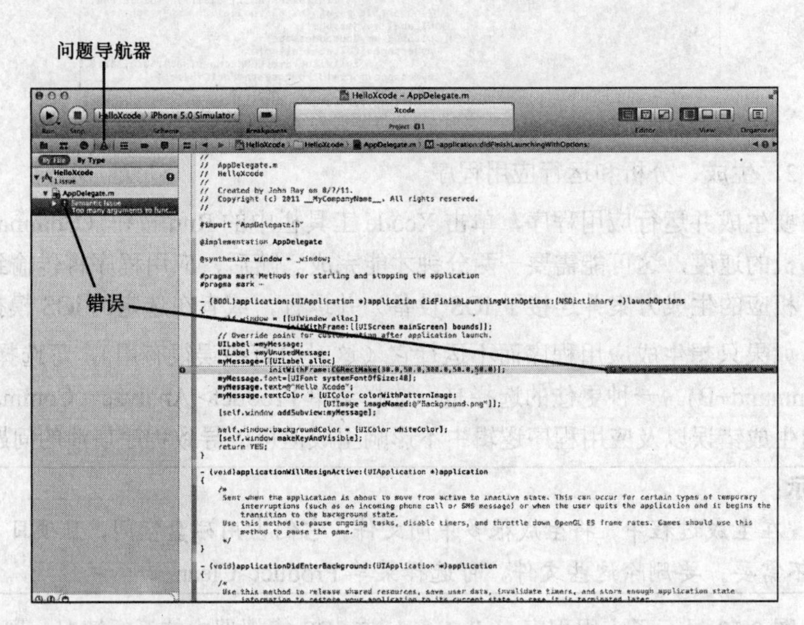

图 2.19

使用问题导航器查找并修复代码中的错误

要跳转到错误所在的代码，只需在问题导航器中单击该错误。这将显示相应的代码，而其下方将显示错误消息。

Did you Know?

提示：

如果当前编辑的文件包含错误，而您却试图生成、运行或分析代码，将在屏幕上立刻看到错误，而无需在问题导航器中前后移动。另外，在窗口最右侧（编辑器正上方）有前进和后退按钮，您可使用它们快速遍历错误。然而，仅当存在错误时，这些按钮才会出现。

您首次生成 Hello Xcode 时，将出现错误“Too many arguments to function call, expected 4, have 5”，如图 2.19 所示。其原因是函数 CGRectMake 接受 4 个参数并使用它们来创建一个表示标签的矩形，但我们输入了 5 个数字。在函数 CGRectMake 的调用中，删除最后一个数字以及它前面的逗号。您修复错误后，问题导航器将立即更新，显示一条警告，如图 2.20 所示。

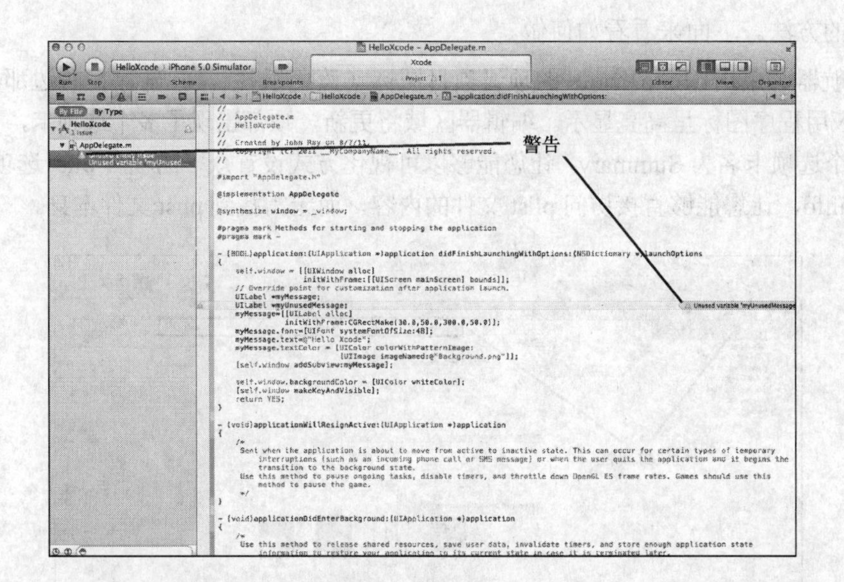

图 2.20
有些错误或警告仅当您解决了另一个问题后才能检测到

> **提示：**
>
> 如果你觉得 CGRectMake 使用的数字是用来定位的，则可能想改变它们，并查看它们是如何控制文本在设备屏幕上的显示位置。例如，要让文本在 iPhone 屏幕中间显示，可以使用数值 25.0，225.0，300.0，50.0。要让文本在 iPad 屏幕中间显示，则可以使用数值 250.0，475.0，300.0，50.0。其中，前两个数值表示文本标签距离屏幕上边缘和下边缘的位置，后两个数值表示文本标签的宽度和高度。

Did you Know?

该警告指出，代码中有一个未使用的变量：myUnusedMessage。请记住，这只是一个有帮助的警告，并非不一定是问题。如果将该变量删除，这条警告消息将消失；但即使不将它删除，应用程序也能够运行。将 AppDelegate.m 中的代码行 UILabel *myUnusedMessage;删除，这将修复警告，问题导航器变成空的，可以运行该应用程序了。

单击 Run 按钮，HelloXcode 将在 iOS 模拟器中运行，如图 2.18 所示。

> **警告：修复问题后却出现了新问题**
>
> 正如您在这里看到的，有时并不能检测到所有错误并在问题导航器中显示出来。您可能发现，修复一两个问题后，却出现了以前未检测到的新错误。相反，有时候当您修复错误后，将发现相关的假性错误消失了。

Watch Out!

2.1.5 管理项目属性

在结束对 Xcode 界面的简要介绍之前，请将注意力转向稍微不同的东西：描述项目本身的属性。必须在什么地方设置应用程序的图标、启动图像、支持的设备朝向等，那么是在什么地方呢？答案是项目的 plist 文件。

这个文件位于项目的文件夹 Supporting Files 中，它是在您新建项目时自动创建的，其文件名以项目名打头，且以 info.plist 结尾。虽然您可以直接编辑该 plist 文件中的值，但 Xcode

提供了一种更简单的方法。下面来看看如何做。

切换到项目导航器。单击 HelloXcode 的顶级项目图标（蓝色纸片），并确保在右边那栏中，Target 下方的应用程序图标呈高亮显示。编辑器区域将更新，顶部出现了多个选项卡，如图 2.21 所示。第一个选项卡名为 Summary，让您能够以可视化方式设置众多的项目 plist 选项。第二个选项卡名为 Info，让您能够直接访问 plist 文件的内容，而无需找到 plist 文件本身。

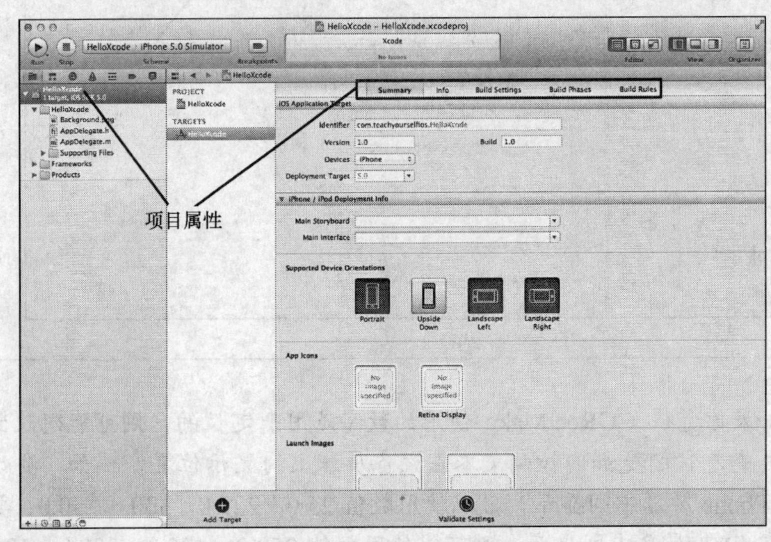

图 2.21
项目属性控制着应用程序的几项重要设置

1．设置支持的设备朝向

并非所有的应用程序都支持所有的设备朝向（纵向、横向朝右、横向朝左、纵向倒转），对于这一点您肯定很清楚。要指定应用程序将支持哪些设备朝向，可编辑 Summary 选项卡的 Deployment Info 部分。为此，在该选项卡中向下滚动，直到看到 iPhone/iPod Deployment Info 或 iPad Deployment Info 部分。如果必要，单击展开箭头将这部分展开。

在 Deployment Info 部分的开头是 Supported Device Orientations 设置。要指定支持的朝向，只需单击相应的图标以选择它，如图 2.22 所示。要取消对某种朝向的支持，单击相应的图标使其不再呈高亮显示。就这么简单！

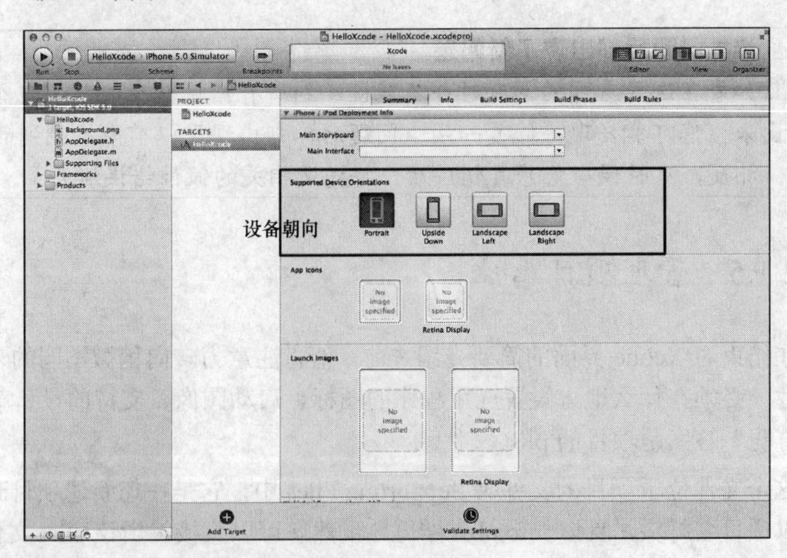

图 2.22
选择应用程序将支持的朝向

警告：并非那么简单

不幸的是，仅设置支持的朝向并不能让应用程序在该朝向正确运行。这只表达了您希望它能够在该朝向正确运行的意图，您还需编写响应设备旋转的代码，这将在第 15 章介绍。

Watch Out!

2. 设置应用程序图标

在设备朝向设置的下方是应用程序图标设置。当前，您可能需要提供 4 种尺寸不同的图标。

- iPhone：非 Retina 屏幕，57 × 57 像素。
- iPhone：Retina 屏幕，114 × 114 像素。
- iPad：非 Retina 屏幕，72 × 72 像素。
- iPad：Retina 屏幕，144 × 144 像素。

请注意，编写本书时，没有 iPad Retina 屏幕，因此第 4 项纯粹是推测，等您阅读本书时，它可能变成了现实。

要设置图标，创建一个大小合适的 PNG 文件。该图标无需有圆角和任何视觉效果，iOS 将自动添加光泽效果。您只需将该图标文件从 Finder 拖放到合适的图像区域即可，如图 2.23 所示。在每个项目文件夹中，我都提供了示例图标，其中用于常规屏幕的图标名为 Icon.png，而用于 Retina 屏幕的图标名为 Icon@2x.png。

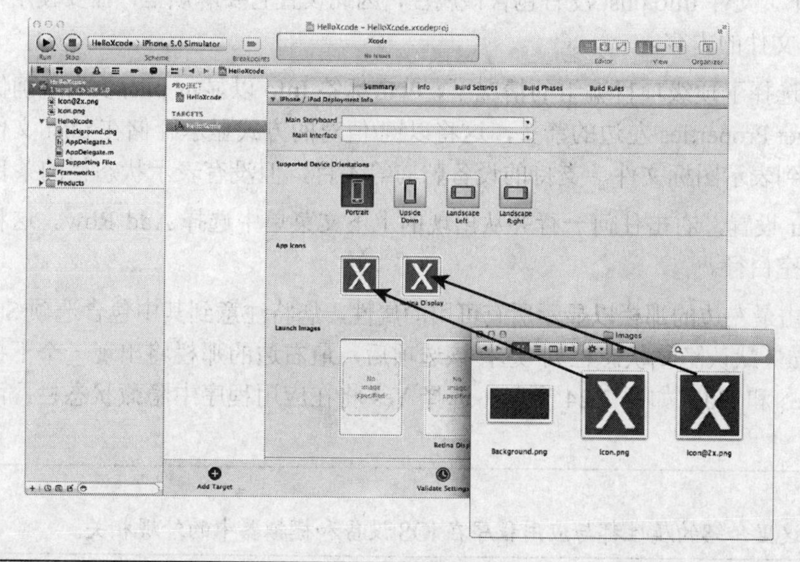

图 2.23
只需通过拖放就能设置应用程序图标

提示：

命名约定@2x 可能有点怪异，但 iOS 使用它来支持 Retina 屏幕。事实上，当应用程序在使用 Retina 屏幕的设备上运行时，如果它被要求显示一幅图像，它将自动使用包含后缀@2x（但名称与指定的名称相同）的图像资源（如果有这样的图像资源的话）。这让开发人员无需修改应用程序的任何代码就能支持 Retina 屏幕。

Did you Know?

3．设置启动图像

除应用程序图标外，还应给项目添加启动图像，这种图像将在应用程序加载时显示。与朝向和图标一样，启动图像也是在 Summary 选项卡的 Deployment Info 部分设置的。您只需稍微向下滚动，就能看到启动图像设置项。对于 iPhone，只能设置纵向启动图像，但 iPad 支持横向和纵向启动图像。

启动图像应为 PNG 文件，且大小与设备的屏幕分辨率相同。

- iPhone：非 Retina 屏幕，320 × 480 像素（纵向）。
- iPhone：Retina 屏幕，640 × 960 像素（纵向）。
- iPad：非 Retina 屏幕，768 × 1024 像素（纵向）。
- iPad：Retina 屏幕，1536 × 2048 像素（纵向）。

这里列举的是纵向分辨率。要获悉横向分辨率，只需将两个数字的顺序反转即可。例如，纵向分辨率为 768 × 1024 时，横向分辨率将为 1024 × 768。同样，当前还没有使用 Retina 屏幕的 iPad，因此第 4 项只是推测。

创建启动图像后，只需将其从 Finder 拖放到合适的图像区域，就像设置应用程序图标一样。创建启动图像将作为练习留给读者去完成。

4．设置状态栏

另一个有趣的属性与状态栏（iOS 设备屏幕顶部的细线以及运营商、信号强度和电池状态）相关。默认情况下，文件 Info.plist 没有包含该属性，因此设置它要麻烦些，需要使用 Info 选项卡直接访问 plist 文件的内容。

在项目导航器中选择了顶级项目编组的情况下，单击标签 Info 以显示 plist 文件。确保展开了 Custom iOS Target Properties 左边的箭头，这将以键/值对的方式显示存储在 plist 文件中的所有数据，您将看到表示图标文件、支持的设备朝向等条目，但没有表示状态栏的条目。

要添加 Status Bar 设置，右击任何一行并从出现的上下文菜单中选择 Add Row。这将在属性列表中添加一个空白行。

出现新行后，单击最左边的那栏以显示所有可用的属性，您将注意到其中包含选项 Status Bar Is Initially Hidden（默认隐藏状态栏）。选择该选项后，最右边的那栏将出现一个下拉列表，单击它将显示 Yes 和 No，如图 2.24 所示。选择 Yes 将在应用程序中隐藏状态栏，而选择 No 将显示状态栏。

Watch Out!

警告：

这里介绍的属性都与应用程序在 iOS 设备和模拟器中的外观相关。

对 Xcode 就简要地介绍到这里。随着您不断使用该软件，将发现众多其他的功能，但本章介绍了开发 iOS 应用程序所需的基本技能。最后，本章将介绍仅次于 iPhone 手机的好东西：Apple iOS 模拟器。

By the Way

注意：

Xcode 包含优秀的文档系统，虽然这里没有介绍。第 4 章开始涉足 Cocoa 框架时，将更深入地介绍该文档系统。

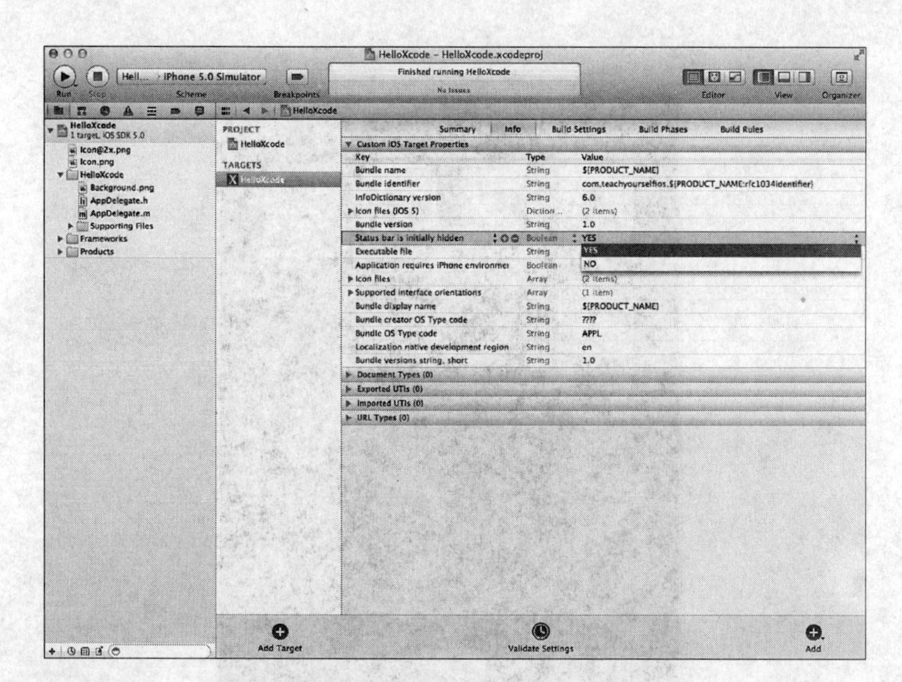

图 2.24 可在项目中添加诸如 Status Bar Is Initially Hidden 等其他属性

警告：

这里介绍的属性都与应用程序在 iOS 设备和模拟器中的外观相关。

Watch Out!

对 Xcode 就简要地介绍到这里。随着您不断使用该软件，将发现众多其他的功能，但本章介绍了开发 iOS 应用程序所需的基本技能。最后，本章将介绍仅次于 iPhone 手机的好东西：Apple iOS 模拟器。

注意：

Xcode 包含优秀的文档系统，虽然这里没有介绍。第 4 章开始涉足 Cocoa 框架时，将更深入地介绍该文档系统。

By the Way

2.2 使用 iOS 模拟器

第 1 章说过，甚至不需要有 iOS 设备就可进行 iOS 开发，其原因是 Apple 开发工具中包含 iOS 模拟器。该模拟器很好地模拟了 Apple iPhone 和 iPad，包含 Safari、通信录、设置、Game Center、报刊杂志（Newsstand）、照片等应用程序用于集成测试，如图 2.25 所示。

在早期针对模拟器进行开发可节省大量的时间：您无需等到将应用程序安装到实际设备就可看到修改代码的效果。另外，您无需购买并安装开发人员证书就可在模拟器中运行代码。

然而，模拟器并非完美的 iOS 设备，它不能模拟复杂的多触点事件，也不能提供有些传感器读数（陀螺仪、加速计等）。在这些方面，它最多只能旋转以测试横向界面以及模拟简单的“摇动”。虽然如此，对大多数应用程序来说，其功能足够了，是开发过程的重要组成部分。

图 2.25
iOS 模拟器包含 iOS 标准应用程序的简化版

Watch Out!

警告：在 Mac 上运行得快并不意味着在 iPhone 上也运行得快

对模拟器来说，绝对不能指望的一点是，模拟的应用程序性能类似于实际应用程序性能。模拟器通常运行得非常流畅，而实际应用程序可使用的资源可能更有限，因此性能没有在模拟器中好。请务必偶尔在实际设备中进行测试，以确保预期与实际情况一致。

2.2.1 在模拟器中启动应用程序

要在模拟器中启动应用程序，可在 Xcode 中打开项目，确保生成方案被设置为 iPhone Simulator 或 iPad Simulator，再单击 Run 按钮。几秒钟后，模拟器将启动并加载应用程序。您可使用本章的项目文件夹中的 HelloSimulator 项目对此进行测试。

启动并运行后，应用程序 HelloSimulator 将显示一行文本以及一幅从网站下载的图像，如图 2.26 所示。

应用程序运行后，您便可使用鼠标与其交互，就像使用手指一样：单击按钮、拖曳滑块等。如果您单击应用程序希望获得输入的字段，将显示屏幕键盘。您可使用 Mac 键盘输入，也可通过单击屏幕上的键盘按钮来输入。还可模拟 iOS 的复制并粘贴服务，方法是在文本中单击并按住鼠标，直到出现熟悉的放大镜。

图 2.26
在 Xcode 中单击 Run 按钮在模拟器中启动并运行应用程序

提示：

Did you Know?

在模拟器中启动应用程序将在模拟器中安装它，就像在 iOS 设备中安装应用程序一样。退出应用程序后，它仍保留在模拟器中，直到您手工删除它。要从模拟器中删除已安装的应用程序，可在其图标上单击并按住鼠标直到它开始摇摆，然后单击出现在左上角的 X。换句话说，将应用程序从模拟器中删除的方法与将其从 iOS 设备中删除完全相同。

要将模拟器重置到原始状态，可从 iOS 模拟器菜单中选择 Reset Content and Settings。

提示：

Did you Know?

默认情况下，应用程序将显示在模拟的非 Retina 屏幕上，要切换到其他设备，可选择菜单 Hardware>Device 中相应的菜单项。

2.2.2 模拟多点触摸事件

虽然只有一个鼠标，但可在光标位于 iOS 模拟器屏幕上时按住 Option 键来模拟简单的多点触摸事件，如两个手指合拢和张开。这将绘制两个表示手指的圆圈，并可使用鼠标来控制它们。要模拟多点触摸事件，可在按住 Option 键的情况下单击并拖曳。图 2.27 显示了两个手指合拢手势。

请使用应用程序 HelloSimulator 来尝试这些操作，您应该能够使用模拟器的多点触摸功能来缩放屏幕上的文本和图像。

图 2.27

使用 Option 键模拟简单的多点触摸

2.2.3 旋转模拟的设备

要模拟设备旋转，可从菜单 Hardware 中选择 Rotate Right 或 Rotate Left，如图 2.28 所示。您可使用这些菜单项将模拟器窗口旋转到全部 4 种可能的朝向，并查看屏幕上的结果。

图 2.28

旋转到可能的朝向

同样，使用 HelloSimulator 对此进行测试。该应用程序将对旋转事件做出反应，并相应地调整文本的方向。

2.2.4 模拟其他情况

您可能想在模拟器中测试其他几种独特的情形。使用 Hardware 菜单可访问如下功能。

- Device：选择设备 iPhone、iPhone Retina 或 iPad，模拟应用程序在这些设备上的运行情况。
- Version（版本）：检查应用程序在早期 iOS 版本中的行为，该选项让您能够选择众多较新的操作系统版本。
- Shake Gesture（摇动手势）：模拟快速摇动设备。
- Lock（锁定）：模拟锁定的设备。由于用户可在应用程序运行时锁定 iPhone 和 iPad，有些开发人员选择让其应用程序以独特的方式对此做出反应。
- Simulate Memory Warning（模拟内存警告）：触发应用程序的内存太少事件，这对测试应用程序能否在资源太少时妥善地退出很有用。
- Toggle In-Call Status Bar（切换来电状态栏）：当应用程序运行时，如果有来电，屏幕顶部将出现另一条线（触摸它可切换到电话）。该选项模拟该直线。
- Simulate Hardware Keyboard（模拟键盘）：模拟连接的键盘，只需使用 Mac 键盘即可。
- TV Out（电视输出）：显示一个窗口，其中显示了设备的电视输出信号的内容。本书不使用这项功能。

请在应用程序 HelloSimulator 中对上述情况进行测试。图 2.29 显示了该应用程序对模拟内存警告做出的反应。

图 2.29

在 iOS 模拟器中，可测试应用程序如何处理多种独特的情况

警告：在 iOS 应用程序崩溃时恢复

Watch Out!

如果应用程序在 iOS 模拟器中运行时出现问题并崩溃，Xcode 将显示调试器。要在应用程序崩溃时恢复，可单击 Xcode 工具栏中的 Stop 按钮退出应用程序，再隐藏调试器并检查代码。第 24 章将介绍如何使用调试器找出导致应用程序崩溃的 bug。

2.3 进一步探索

您的水平还不高，无法让您阅读与编码相关的教程，但如果您有兴趣，可花些时间了解 Xcode 提供的其他功能。由于篇幅限制，本章只有几十页，但有关该独特工具的材料却相当多。本章内容涵盖了您需要掌握的有关 Xcode 的所有知识，但还是建议您阅读 Apple 的《Xcode 4 User Guide》。要找到该文档，可在 Xcode 中选择菜单 Help>Xcode User Guide。

2.4 小结

本章介绍了 Xcode 开发环境以及您将用来创建应用程序的核心功能。您学习了如何使用 Apple 的 iOS 模板创建项目以及如何使用新文件和资源来补充这些模板。您还探索了 Xcode 的编辑和导航功能，在您每天的开发工作中都将依赖这些功能。为演示概念，您编写并生成了第一个 iOS 应用程序，还修复了我们故意添加的几个错误。

最后，本章介绍了如何使用 iOS 模拟器，该工具让您无需使用 iOS 设备，因为它让您能够快速而轻松地测试代码，而无需在 iOS 设备中安装应用程序。

2.5 问与答

问：Interface Builder 是什么？它有何用途？

答：Interface Builder 是 Xcode 的重要组成部分，将在第 5 章专门介绍。顾名思义，Interface Builder 主要用于创建应用程序的用户界面。

问：在 Xcode 中，当我在文件之间切换并做大量的修改时，是否需要经常存盘？

答：不需要。如果您在 Xcode 编辑器中在文件之间切换，将不会丢失所做的修改。如果您试图关闭应用程序，Xcode 还将为您保存文件。

问：我注意到创建项目时可使用 Mac OS X 模板，请问我能创建 Mac 应用程序吗？

答：您在本书学习的几乎所有编码技能都适用于 Mac 开发。然而，iOS 设备是与 Mac 有所不同的硬件，因此您还需学习 Mac 窗口模型、UI 等。

问：可在 iOS 模拟器中运行商业应用程序吗？

答：不能。只能运行在 Xcode 中创建的应用程序。

2.6 作业

2.6.1 测验

1. 如何将图像资源加入到 iOS 项目中？
2. Xcode 是否提供了可用于轻松地跟踪多个项目版本的工具？

3．在 iOS 模拟器中，是否可在较老的 iOS 版本中测试应用程序？

2.6.2 答案

1．要将包括图像在内的资源加入 iOS 项目，可将其从 Finder 中拖放到项目代码编组中。

2．有。使用快照功能可创建项目在特定时点的副本，甚至对它们进行比较。

3．可以。可使用菜单 Hardware>Versions 选择更早的 iOS 版本，以便进行测试。

2.6.3 练习

1．练习创建项目并在 Xcode 编辑器中导航。尝试本章没有介绍的一些常见的编辑器功能，如查找并替换。尝试使用 pragma mark 在源代码中创建有用的跳转点。

2．回到 Apple iOS 开发中心并下载一个示例应用程序，再使用本章介绍的方法生成该应用程序，并在 iOS 模拟器或 iOS 设备中对其进行测试。

第3章

探索 Apple 平台语言 Objective-C

本章将介绍：

- 如何在项目中使用 Objective-C；
- 面向对象编程基础；
- 简单的 Objective-C 语法；
- 常用的数据类型；
- ARC 如何帮助管理内存？

本章是 Apple iOS 开发之旅的中转站，以便让您有机会休息一下，并更好地了解代码对 iOS 意味着什么。Mac OS X 和 iOS 使用相同的开发环境和开发语言——Objective-C。

Objective-C 提供了在 Apple 平台中创建应用程序的语法和结构。对很多人来说，学习 Objective-C 可能令人畏惧，但只要有耐心，它可能很快成为任何开发项目的最佳选择。本章将引导您熟悉 Objective-C，并让您开始掌握这种独特而强大的语言。

3.1 面向对象编程和 Objective-C

为更好地了解本章的范围，请花几分钟在您喜欢的网上书店搜索 Objective-C 或面向对象编程，您将找到很多有关这些主题的图书。在本书中，将用大约 20 页的篇幅介绍这些图书用几百页介绍的内容。虽然仅通过一章的篇幅不可能全面介绍 Objective-C 和面向对象编程，但您肯定将对它们有足够的认识，并能够开发非常复杂的应用程序。

为向您提供成功进行 iOS 开发所需的信息，这里将重点介绍基本知识——在本书的示例和教程中不断使用的核心概念。这里采用的方法是，首先概要性地介绍编程主题，然后介绍如何在编写应用程序时使用它们。下面首先简要地介绍 Objective-C 和面向对象编程。

3.1.1 什么是面向对象编程

大多数人都知道什么是编程，甚至也都编写过简单的应用程序。从设置 TiVo 使其录制节目到配置微波炉的烹调过程都属于编程：您使用数据（如时间）和指令（如“录制”）来命令设备完成特定的任务。这无疑与开发 iOS 应用程序差别很大，但从某种程度上说，最大的差别是可提供和操纵的数据量以及可用的指令数。

1．驱使型开发

有两种主要的开发方式。首先，驱使型编程（imperative programming，有时也称为过程型编程）实现一系列要执行的命令，应用程序将按顺序执行指定的操作。虽然序列中可能有分支或在某些步骤之间来回移动，但流程总是从起始条件到终止条件，而中间是让程序能够工作的逻辑。

过程型编程的问题是，随着程序的增大，它将变成一团乱麻。开发人员通过随处添加代码来增加应用程序的功能，实现特定功能的指令常常在不同地方重现。采用过程型编程时，很多人几乎不做任何规划。

2．面向对象编程

另一种开发方法是面向对象编程（OOP），这也是本书使用的方法。OOP 使用的指令类型与过程型编程相同，但通过组织它们让应用程序易于维护，并尽可能重用代码。在 OOP 中，您将创建对象，其中存储了描述某种东西的数据以及操纵这些数据的指令。一个这样的示例是订单。

请考虑一个让您能够跟踪提醒的程序。对于每个提醒，您都想存储有关将发生的事件的信息——名称、发出警报的时间、位置以及要存储的其他杂项信息。另外，您希望能够重新设置提醒的警报时间甚至将警报撤销。

在过程型编程中，您需要编写代码来跟踪所有的提醒及其所有数据，检查每个提醒是否应发出警报等。这是完全可能的，但试图记住应用程序需要做的所有事情令人头痛。在这种情况下，面向对象编程更合乎情理。

在面向对象模型中，可将提醒实现为对象。提醒对象知道如何存储属性，如名称、位置等。它将实现足够的功能，以发出警报以及重新设置或撤销警报。编写代码的工作与编写过程型程序极其相似，但只需管理单个提醒。然而，通过将这些功能封装到对象中，随后可在应用程序中创建该对象的多个副本，且每个副本都能处理不同的提醒。这避免了代码过于混乱。

> **注意：** By the Way
>
> 本书的大多数项目都使用了一两个对象，因此不用担心被 OOP 压得喘不过气来。您阅读的内容将足以熟悉这种概念，但我们也不会走向另一个极端。

OOP 的另一个重要方面是继承。假设您要创建一个有关生日的提醒，其中包含某人受邀将参加的生日列表。在这种情况下，无需将这些功能添加到提醒对象中，而可创建一个全新的生日提醒，它继承了提醒的所有功能和属性，然后在其中添加生日特有的东西。

3.1.2 面向对象编程术语

OOP 有一整套术语，您必须习惯在本书（和 Apple 文档中）看到它们。您对这些术语越熟悉，就越容易找到问题的解决方案以及与其他开发人员交流。下面是一些基本术语。

- 类：定义对象及其功能的代码，通常由头文件/接口文件和实现文件组成。
- 子类：建立在另一个类的基础之上并添加了额外的功能。您在 iOS 开发中使用的几乎任何东西都是其他某种东西的子类，它继承了父类的所有功能和属性。
- 超类/父类：另一个类继承的类。
- 单例（Singleton）：在程序的整个生命周期内，只能实例化一次的类。例如，获悉设备朝向的类被实现为单例，因为只有一个返回朝向信息的传感器。
- 对象/实例：在代码中调用并出于活动状态的类。类是让对象能够工作的代码，而对象是处于活动状态的类。对象也被称为类的实例。
- 实例化：根据类创建活动对象的过程。
- 实例方法：在类中实现的一项基本功能。对于提醒类，这可能是为给定提醒设置警报的 setAlarm。
- 类方法：类似于实例方法，但适用于根据类创建的所有对象。例如，提醒类可能实现了一个名为 coutReminders 的方法，该方法指出创建了多少个提醒对象。
- 消息：当您需要使用对象的方法时，您给对象发送一条消息，这也被称为调用方法。
- 实例变量：对象特有的一项信息的存储位置。例如，提醒的名称就可能存储在一个实例变量中。在 Objective-C 中，所有变量都有具体的类型，它指定了变量将存储什么样的内容。很少直接访问实例变量，而应通过属性来使用它们。
- 变量：信息的存储位置。不同于实例变量，常规变量通常只能在定义它的方法内使用。
- 参数：调用方法时向它提供的一项信息。如果要调用提醒对象的“设置警报”方法，则必须提供要设置的时间。在这种情况下，该时间将是 setAlarm 方法的一个参数。
- 属性：使用特殊编译指令配置的一个实例变量，这样可在代码中方便地访问它。
- Self：一种在方法中引用当前对象的方式。在应用程序中使用实例方法或属性时，必须使用特定对象限定它。在类中编写访问其方法或属性的代码时，可使用 self 来引用当前对象。

Did you Know?

提示：

您可能会问，如果几乎 iOS 开发中的每样东西都是其他某种东西的子类，是否有位于该继承树顶点的主类？答案是肯定的。NSObject 是 iOS 开发中使用的大部分类的最古老祖先。在本书中，您不用考虑这一点，这是微不足道的琐事。

进行 iOS 开发时，您将利用 Apple 已经编写好的数百个类，这一点很重要。从创建屏幕按钮到操纵日期和写入文件等都可使用创建好的类。您可能偶尔定制这些类的某些功能，但您将从一个充满功能的工具栏开始。

> **提示：**
>
> 是否感到迷惑了？不用担心！本书将慢慢介绍这些概念，通过接下来的几章的多个项目，您将迅速了解如何在项目中使用它们。

Did you Know?

3.1.3 什么是 Objective-C

如果是几年前，我将这样回答这个问题：这是我见过的最怪异的语言之一；但现在我已经喜欢上它了，相信您也会的！Objective-C 诞生于 20 世纪 80 年代，它是 C 语言的扩展。它在 C 语言的基础上添加了众多额外的功能，最重要的是添加了 OOP 结构。Objective-C 主要用于开发 Mac 和 iOS 应用程序，吸引了一批喜欢其功能和语法的粉丝。

与其他编程语言相比，Objective-C 语句更容易理解，通常只需看到它们就能明白其含义。例如，请看下面的代码行，它判断变量 myName 的内容是否为 John。

```
[myName isEqualToString:@"John"]
```

不用想很久就能明白该代码段的含义。在传统 C 语言中，相应的代码可能如下。

```
strcmp(myName,"John")
```

该 C 语句稍短些，但几乎没有指出代码的实际功能。

> **警告：大小写很重要**
>
> Objective-C 是区分大小写的！如果程序不能正确运行，请首先检查代码的大小写是否正确。

Watch Out!

由于 Objective-C 是建立在 C 语言的基础之上的，它仍然与使用 C 语言编写的代码完全兼容。从很大程度上说，您无需关心这一点，但不幸的是，Apple 在其 iOS SDK 中有点依赖于 C 语言语法。您不会经常遇到这样的情况，且即使遇到也不难处理，但这在一定程度上有损于 Objective-C 的优雅。

对 OOP 和 Objective-C 有大概了解后，下面介绍将在本书中如何使用它们。

3.2 探索 Objective-C 文件结构

在前一章，您学习了如何使用 Xcode 来创建项目以及导航其文件。正如当时指出的，您的大部分时间都将花在如图 3.1 所示的项目代码文件夹上，这里显示的是文件夹 MyNewApp。您将在类文件中添加方法，这些文件是您新建项目时 Xcode 为您创建的；偶尔还将创建自己的类文件，以便在应用程序中实现全新的功能。

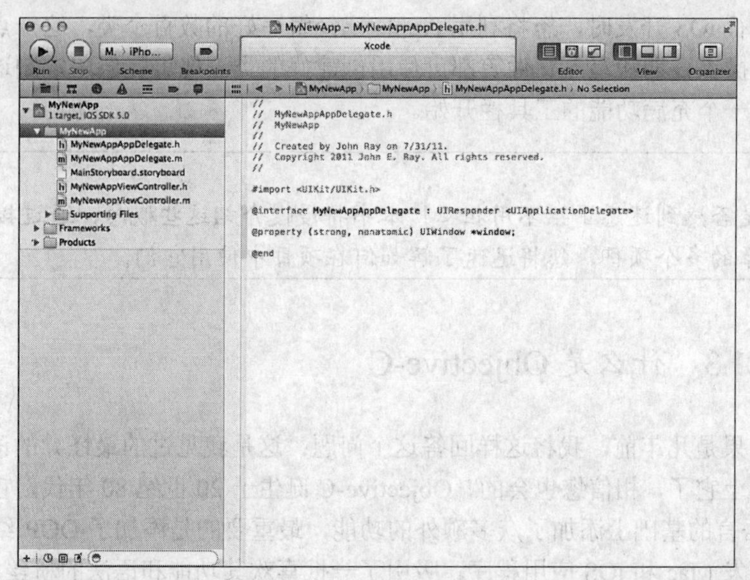

图 3.1
大多数编码工作都将在项目代码文件夹的文件中进行

这听起来很简单，但编码工作将在哪里进行呢？如果您创建一个项目并查看其项目代码文件夹，将发现有很多不同的文件。

3.2.1 头文件/接口文件

创建类时将创建两个文件：头文件/接口文件（.h）以及实现文件（.m）。头文件/接口文件用于定义类的所有方法和属性，这对其他代码（包括第 5 章将介绍的 Interface Builder）判断如何访问类的信息和功能很有用。

在另一方面，您将在实现文件中编写代码，让头文件中定义的所有东西都能正常工作。程序清单 3.1 是一个非常简单但完整的接口文件，下面来看看其结构。

程序清单 3.1 一个接口文件

```
1: #import <UIKit/UIKit.h>
2:
3: @interface myClass : myParent <myProtocol> {
4:   NSString *myString;
5:   IBOutlet UILabel *myLabel;
6: }
7:
8: @property (strong, nonatomic) NSString *myString;
9: @property (strong, nonatomic) NSString *myOtherString;
10: @property (strong, nonatomic) IBOutlet UILabel *myOtherLabel;
11:
12: +(NSString)myClassMethod:(NSString *)aString;
13:
14: -(NSDate)myInstanceMethod:(NSString *)aString anotherParam:(NSURL *)aURL;
15:
16:
17: @end
```

警告：行号只是为了方便引用

Watch Out!

本书都像这样列出代码。其中通常包含行号，以方便为引用代码以及阐述其工作原理。Objective-C 不需要行号，如果包含行号，应用程序将不能运行。输入代码时，请不要输入行首的行号和冒号（:）。

1．编译指令#import

```
1: #import <UIKit/UIKit.h>
```

首先，在第 1 行中，该接口文件使用编译指令#import 包含应用程序需要访问的其他接口文件。字符串<UIKit/UIKit.h>指定了具体的文件（这里是 UIKit，这让我们能够访问大部分 iPhone 类）。如果需要导入某个文件，我们将在正文中解释如何导入以及为何要导入。Xcode 为您创建类时，默认将导入 UIKit.h，该文件包含本书的示例所需的大部分类。

什么是编译指令？

编译指令是添加到文件中以帮助 Xcode 及其相关联的工具生成应用程序的命令。它们不实现让应用程序能够工作的逻辑，但为提供有关应用程序是如何组织的信息，让 Xcode 知道如何处理它们，编译指令是必不可少的。

2．编译指令@interface 和实例变量

第 3 行使用编译指令@interface 定义一个类，其中位于花括号（{}）内的代码定义了该类将提供的所有实例变量。

```
3: @interface myClass : myParent <myProtocol> {
4:     NSString *myString;
5:     IBOutlet UILabel *myLabel;
6: }
```

在这里，声明了一个名为 myString 的变量，该变量用于存储类型为 NSString 的对象；还声明了一个类型为 UILabel 的对象，该对象将通过变量 myLabel 来引用。在 UILabel 声明的前面添加了关键字 IBOutlet，这表明这是一个将在 Interface Builder 中定义的对象。第 5 章将更详细地介绍 IBOutlet。

并非只能以这种方式定义实例变量（或输出口），这一点非常重要。这种方式无疑是合法的，但并不一定是效率最高的。下一节将介绍另一种方式。

警告：

Watch Out!

所有的实例变量声明、方法声明和属性声明都必须以分号（;）结尾。

注意到在第 3 行，编译指令@interface 后面还包含其他一些内容：myClass : myParent <myProtocol>。其中第一项是给类指定的名称，这里为 myClass。类名后面是冒号（:）及其继承的类（即父类）。最后，父类后面是放在尖括号（<>）内的协议列表。

By the Way

注意：

类的接口文件和实现文件的名称通常与类名相同。在这里，接口文件将名为myClass.h，而实现文件将名为myClass.m。

协议是什么？

协议是Objective-C特有的一种功能，它看起来很复杂，但实际上并非如此。有时候，您需要编写方法来支持特定的功能，如提供要在表中显示的一系列项。这些需要编写的方法被集合在一起，并用同一个名称标识，这被称为协议。

有些协议方法是必不可少的，而有些方法是可选的，这取决于您所需的功能。实现了某种协议的类被称为遵循该协议。

3．编译指令@property和实例变量

在这个接口文件中，一项重要的多功能内容是编译指令@property，如第8-10行所示：

```
 8: @property (strong, nonatomic) NSString *myString;
 9: @property (strong, nonatomic) NSString *myOtherString;
10: @property (strong, nonatomic) IBOutlet UILabel *myOtherLabel;
```

编译指令@property与实现文件中另一个名为synthesize的命令结合使用，以简化您与接口中定义的实例变量的交互方式。基本上，定义属性在实例变量的基础上增加了一层抽象。您不是直接与变量交互（您可能以不应该的方式与之交互），而是使用属性。例如，第8行定义了一个属性，可使用它来访问第4行定义的实例变量。

传统上，要与实例变量存储的对象交互，您必须使用（并编写）被称为获取函数和设置函数的方法（如果您想标新立异，也可将其称为存取函数或修改函数）。顾名思义，这些方法创建用于获取或设置实例变量的值，而不用触及变量本身。@property和@synthesize的作用是为您编写设置函数和获取函数，并让您能够以优雅的方式使用它们。获取函数与属性同名，而设置函数的名称由属性名（首字母大写）和前缀Set组成。例如，要设置myString，可使用下面的代码：

```
[myClassObject setMyString:@"Hello World"];
```

要获取myString的值，可使用下面的代码。

```
theStringInMyObject=[myClassObject myString];
```

这不太难，但还可以更容易。通过使用@property和synthesize，可这样读写实例变量的值：输入包含该属性的对象的名称、句点和属性名。这被称为句点表示法，如下所示：

```
myClassObject.myString=@"Hello World";
theStringInMyObject=myClassObject.mystring;
```

在需要轻松地访问实例变量的每个地方，我们都将使用这种功能。将实例变量声明为属性（第8行）后，将总是引用属性而不是变量本身。这导致了可能令人迷惑的两点。

首先，由于属性和实例变量的关系如此紧密，Objective-C允许通过声明属性来隐式地声

明实例变量。换句话说，请看第 9 行代码：

```
9: @property (strong, nonatomic) NSString *myOtherString;
```

实际上，只需这行代码就可声明一个名为 myOtherString 的实例变量，以及与之相关联的属性，而可以不显式地声明 myOtherString。

另外，可使用属性声明来同时创建属性、实例变量和输出口，如第 10 行所示：

```
10: @property (strong, nonatomic) IBOutlet UILabel *myOtherLabel;
```

在 Apple 的 iOS 模板中经常会遇到这样的情况：属性声明隐式地定义了实例变量。我们也将使用这种方法，因为在功能相同的情况下，编写一行代码比编写多行代码更容易，也不容易出错。

其次，在这里的讨论中，属性和相应的实例变量好像同名。在大多数情况下，确实如此，但并非必须如此。事实上，Apple 的项目模板就没有遵循自己的代码生成方式，将属性声明成与相应的实例变量不同名。这是通过实现文件中的编译指令@synthesize 实现的，稍后介绍将该编译指令。在本书后面，将继续让属性和相应实例变量同名，让代码遵循 Xcode 的代码生成方式。

提示：

Did you Know?

在编译指令@property 中指定的属性（strong, nonatomic）告诉 Xcode 如何处理属性引用的。属性（attribute）strong 告诉系统，保留引用的对象，而不要将其从内存中删除。属性 nonatomic 告诉 Xcode，不用担心应用程序的不同部分同时使用该属性的问题。几乎在任何情况下，都将使用这两个属性，请习惯它们吧。

4．定义方法

该接口文件的最后一部分是方法定义——原型。第 12 行和第 14 行声明了需要在这个类中实现的两个方法：

```
12: +(NSString)myClassMethod:(NSString *)aString;
13:
14: -(NSDate)myInstanceMethod:(NSString *)aString anotherParam:(NSURL *)aURL;
```

原型采用一种简单的结构。它们以“+”或“-”打头，其中“+”表示类方法，而“-”表示实例方法。接下来，在括号中指定了方法返回的数据类型，然后是方法名。如果方法接受一个参数，方法名后面将跟一个冒号、方法期望的信息类型以及方法将用来引用该信息的变量名。如果需要多个参数，将添加简短的描述标签，然后是另一个冒号、数据类型和变量名。根据需要的参数数量，这种模式将重复相应的次数。

在这个示例文件中，第 12 行定义了一个名为 myClassMethod 的类方法，它返回一个 NSString 对象并接受一个 NSString 对象作为参数，该参数是通过变量 aString 提供的。

第 14 行定义了一个名为 myInstanceMethod 的实例方法，它返回一个 NSString 对象，将一个NSString对象作为第一个参数，并将一个NSURL对象作为第二个参数（该参数是通过变量aURL提供的）。

By the Way

注意：

第4章将更详细地介绍NSString、NSDate和NSURL，但您可能猜到了，它们分别是用于存储和操纵字符串、日期和URL的对象。

Did you Know?

提示：

您经常会见到接受或返回id对象的方法。这是Objective-C中的一种特殊类型，可引用任何类型的对象，如果您不知道将给方法传递什么或希望能够从同一个方法返回不同类型的对象，id类型将很有用。

另一种常见的方法返回类型是void。当返回类型为void时，意味着方法什么也不返回。

5．结束接口文件

为结束接口文件，请在单独一行中添加@end，如这个示例文件的第17行所示：

```
17: @end
```

这就是接口文件的组成部分。虽然看起来有些简单，但这几乎包含了接口文件/头文件的所有组成部分。下面来看看实际完成工作的文件——实现文件。

3.2.2 实现文件

在接口文件中定义实例变量（属性）和方法后，需要编写代码来实现应用程序的逻辑。实现文件（扩展名为.m）包含让类能够工作的所有代码。来看一下示例实现文件myClass.m（如程序清单3.2所示），它对应于前面介绍的接口文件。

程序清单3.2 一个实现文件

```
 1: #import "myClass.h"
 2:
 3: @implementation myClass
 4:
 5: @synthesize myLabel;
 6:
 7: +(NSString)myClassMethod:(NSString *)aString {
 8:   // Implement the Class Method Here!
 9: }
10:
11: -(NSString)myInstanceMethod:(NSString *)aString anotherParam:(NSURL *)aURL {
12:   // Implement the Instance Method Here!
13: }
14:
15: @end
```

1. 编译指令#import

实现文件以第 1 行的编译指令@import 打头，它导入与类相关联的接口文件。

```
1: #import "myClass.h"
```

当您在 Xcode 中创建项目和类时，将自动添加上述代码。如果还有其他头文件需要导入，应在接口文件的开头（而不是这里）导入它们。

2. 编译指令@implentation

第 3 行的编译指令@implentation 告诉 Xcode 该文件将实现哪个类。在这里，该文件应包含实现 myClass 的代码。

```
3: @implementation myClass
```

3. 编译指令@synthesize

在第 5 行，我们使用编译指令@synthesize 在幕后为一个实例变量生成获取函数和设置函数的代码。

```
5: @synthesize myLabel;
```

通过与编译指令@property 结合使用，该编译指令确保我们能够以直观的方式访问和修改实例变量。

前面说过，属性不一定要与相应的实例变量同名。在 Apple 的模板和网上的代码示例中，就会遇到属性与相应实例变量不同名的情况，虽然您不会经常想这样做。要声明与相应实例变量不同名的属性，可采用如下语法：

```
@synthesize <myPropertyName>=<myInstanceVariableName>
```

在 Apple 模板中，通过属性声明隐式地定义实例变量时，就使用了这种语法来指定实例变量的名称。您还将发现，Apple 让实例变量名以下划线（_）打头，这只是一条额外的可视化线索，用于区分引用的是属性还是实例变量。

如果属性和实例变量同名，在实现类方法时，如何知道使用的是哪个呢？

很高兴您提出这个问题。我说过，在方法中直接访问实例变量是个馊主意，但与此同时，我们又采取了让属性与相应的实例变量同名的默认方式。那么，如果区分它们呢？

如果您编写实例化对象的代码，并想获取该对象包含的属性，可使用<objectname>.<propertyname>来访问属性。在这种情况下，不能直接访问实例变量。

这很好，但如果要在类内部访问其属性，该如何办呢？可以像前面那样做，但使用 self 来表示当前对象，即使用 self.<propertyname>。如果仅使用属性名本身，Xcode 将不知道您是要访问属性还是实例变量，进而假定您要访问实例变量。

在您开始编写代码后，这一点将显而易见，因此只需记住，如果您看到好像没有定义的变量，很可能它们是由@property 和@synthesize 隐式创建的，且其名称可能与相应的属性不同。

4. 方法实现

为提供编写代码的区域，必须在实现文件中再次声明方法定义，但在这里，不使用分号结束方法声明，而在后面添加一组花括号，如第 7～9 行和第 11～13 行所示。所有的编程戏法都将在这些花括号内进行。

```
 7: +(NSString)myClassMethod:(NSString *)aString {
 8:   // Implement the Class Method Here!
 9: }
10:
11: -(NSString)myInstanceMethod:(NSString *)aString anotherParam:(NSURL *)aURL {
12:   // Implement the Instance Method Here!
13: }
```

By the Way

注意：

在类文件中，可在任何行添加注释，只要该行以字符“//”打头即可。如果要编写跨越多行的注释，可以字符“/*”开头，并以字符“*/”结束。

5. 结束实现文件

要结束实现文件，可在单独一行中添加@end，就像结束接口文件一样，如第 15 行所示：

```
15: @end
```

3.2.3 自动生成的结构

虽然这里花了很多时间介绍接口文件和实现文件的结构，但您很少需要手工输入它们。每当您给 Xcode 项目添加新类时，Xcode 都将为您设置好文件结构。当然，您仍需定义变量和方法，但编译指令@interface 和@implementation 以及文件结构将自动生成，而无需您编写一行代码。更重要的是，大部分声明属性、实例变量和方法的工作都可以可视化方式完成。当然，您仍需要知道如何手工编写代码，但 Xcode 4 提供了很大帮助，让您无需关注细节。

3.3 Objective-C 编程基础

前面探索了如何声明类、方法和实例变量，但仍不知道如何让程序执行操作。本节将介绍几项重要的编程任务，您将使用它们来实现方法。

- 声明变量。
- 分配和初始化对象。
- 使用对象的实例方法。
- 使用表达式做出决策。
- 分支和循环。

3.3.1 声明变量

前面介绍了接口文件中的实例变量是什么样的，但并没有涉及如何声明（定义）和使用它们。实例变量只是您将在项目中使用的变量的一部分，它们存储类中的所有方法都可使用的信息，但并不适合用于完成临时性小型存储任务，如设置一行文本的格式以便向用户输出。通常，您将在方法开头声明多个变量，再使用它们进行各种计算，并在使用完毕后将其销毁。

无论出于什么目的，您都将使用如下语法来声明变量。

```
<Type> <Variable Name>;
```

其中 Type 可以是基本数据类型，也可以是您要实例化并使用的类的名称。

1．基本数据类型

基本数据类型是在 C 语言中定义的，用于存储非常基本的值。您将遇到的常见类型如下。

- int：整数，如 1、0 和−99。
- float：浮点数（带小数点的数字）。
- double：高精度的浮点数，可存储很多位。

例如，要声明一个用于存储用户年龄的整型变量，可使用如下代码。

```
int userAge;
```

声明基本数据类型变量后，便可将其用于赋值和数学运算。例如，下面的代码声明了两个变量——userAge 和 userAgeInDays，然后给其中一个变量赋值并计算另一个变量的值。

```
int userAge;
int userAgeInDays;
userAge=30;
userAgeInDays=userAge*365;
```

非常简单，不是吗？然而，基本数据类型变量只是您将使用的变量中的很少一部分，您声明的大多数变量都将用于存储对象。

2．对象数据类型和指针

您在 iOS 应用程序中使用的几乎任何东西都是对象，例如，文本字符串是类 NSString 的实例，而您在屏幕上显示的按钮是 UIButton 类的实例。下一章将介绍多种常见的数据类型。Apple 提供了数百个类，您可使用它们来存储和操纵数据。

不幸的是，要让计算机能够使用对象，不能仅仅像基本数据类型那样存储它。对象有相关联的实例变量和方法，这使其更复杂得多。要将变量声明为特定类的对象，必须将其声明为指向对象的指针。指针引用存储了对象的内存单元，而不是对象本身。要将变量声明为指针，需要在变量名前面加上星号。例如，要声明一个用于存储用户名的NSString变量，可能使用如下代码。

```
NSString *userName;
```

声明后便可在不添加星号的情况下使用该变量，星号只是用于在声明中指出变量是指向对象的指针。

By the Way

注意：

当变量是指向对象的指针时，便说它引用或指向对象。这不同于基本数据类型变量，对于这种变量，则说它存储数据。

即使将变量声明为指向对象的指针后，还不能使用它。至此，Xcode只知道您希望使用该变量来引用哪种对象。要创建对象，您必须手工给它分配内存并执行初始化操作。这是通过分配和初始化过程完成的，将在下一小节介绍。

3.3.2 分配和初始化对象

要使用对象，必须给它分配内存并初始化其内容。这是通过向要使用的类发送alloc消息，再向alloc返回的对象发送init消息完成的，其语法如下。

```
[[<class name> alloc] init];
```

例如，要声明并创建UILabel类的一个实例，可使用如下代码。

```
UILabel *myLabel;
myLabel=[[UILabel alloc] init];
```

分配并初始化对象后，便可使用它了。

By the Way

注意：

我们还没有介绍Objective-C中的消息发送语法，但稍后就将介绍。就目前而言，只需知道创建对象的语法就可以了。

1．方便方法

实例化UILabel实例时，确定创建了一个有用的对象，可它还没有任何其他让其变得有用的信息。诸如标签显示的文本以及标签应显示在屏幕的什么位置等属性还没有设置，要使用该对象，需要使用其多个其他的方法。

有时候，这些配置步骤令人讨厌，但Apple的类通常提供了一个特殊的实例化方法，它被称为方便（convenience）方法。可调用该方法给对象设置一组基本属性，以便能够立即使用它。

例如，NSURL类（后面处理网络地址时将使用它）定义了一个名为initWithString的方便方法。

要声明并初始化一个NSURL对象，使其指向网址http://http://www.teachyourselfios.com，可使用如下代码。

```
NSURL *iOSURL;
iOSURL=[[NSURL alloc] initWithString:@"http://www.teachyourselfios.com/"];
```

这里没有做任何额外的工作，在一行代码中就声明了一个 URL，并将其初始化为一个网址。

提示：

Did you Know?

在这个示例中，我们实际上还创建了另一个对象：一个 NSString 对象。通过在符号@后面输入用引号括起的字符，您分配并实例化了一个字符串。之所以提供了这种功能，是因为经常需要使用字符串，如果每次需要字符串时都必须分配并实例化，开发工作将变得极其繁琐。

2．强制类型转换

使用 Objective-C 的过程中，您将遇到这样的情况：在您实现的方法中，有一个指向对象的泛型引用，但您不能使用它，因为 Xcode 不知道该对象的准确类型。在这种情况下，必须使用强制类型转换让 Xcode 能够识别该对象。

例如，假设您实现的方法通过第一个参数接受一个对象，其类型为 id，名为 unknownObject。然而，您知道只能将 anImportantClass 类的一个实例传递给该方法。id 类型的变量可指向任何东西，因此要访问该对象的属性或方法，必须将其类型告诉 Xcode。

要对变量进行强制类型转换，使其被 Xcode 视为另一种类型，可在变量前面添加一对括号，并在括号中指定目标类型：

```
(anImportantClass *)unknownObject
```

这样，便可将 unknownObject 赋给一个类型正确的新变量了：

```
anImportantClass *myKnownObject=(anImportantClass *)unknownObject;
```

将强制类型转换后的变量赋给类型正确的变量后，便可将其作为该类型的对象与之交互了。也可等到需要时才进行强制类型转换。您甚至可使用强制类型转换来访问对象的属性。

如果 anImportantClass 有一个名为 anImportantProperty 的属性，可再使用括号将被转换的对象括起来，以便方法该属性：

```
((anImportantClass *)unknownObject).anImportantProperty
```

我知道，这看起来有点怪，但在本书后面将派上用场。在实际的应用程序中，这样的语法更容易理解。就目前而言，只需可以使用这种语法即可。

3.3.3 使用方法及发送消息

前面介绍了用于分配和初始化对象的方法，但这只是您将在应用程序中使用的方法中的很少一部分。下面首先介绍调用方法和发送消息的语法。

1．消息发送语法

要给对象发送消息，可指定引用该对象的变量的名称以及方法名，并将它们都放在方括号内。如果要使用类方法，则需指定类名而不是变量名。

```
[<object variable or class name> <method name>];
```

当方法有参数时，问题便变得要复杂些。调用接受一个参数的方法时，其语法类似于下面这样。

```
[<object variable> <method name>:<parameter value>];
```

接受多个参数的方法的调用语法看起来更怪异。

```
[<object variable> <method name>:<parameter value>
additionalParameter:<parameter value>];
```

下面是一个接受多个参数的方法的调用示例。

```
[userName compare:@"John" options:NSCaseInsensitive];
```

其中对象 userName（假定其类型为 NSString）使用方法 compare:options 将其自身与字符串 Jhon 进行比较，且比较时不区分大小写。这个方法返回一个 Boolean 值（真或假），可在应用程序中将其作为表达式的一部分来做出决策。表达式和决策将稍后介绍。

Did you Know?

提示：

在本书中，我们都将通过名称来引用方法。如果名称中包含冒号（:），则表明方法有必须提供的参数。这是 Apple 在其文档中使用的约定，本书也使用这种约定。

Did you Know?

提示：

在 Objective-C 中，一个很有用的预定义值是 nil。nil 表示根本就没有值。调用有些方法时，如果不知道其参数值，您将使用 nil。对于需要接受对象作为参数的方法，如果将该参数设置为 nil，实际上可能将把消息发送给 nil，而不会导致任何错误——nil 将另一个 nil 作为结果返回。

在本书后面将多次使用这种方式，这将让您更好地理解为什么这种行为是我们希望发生的。

2．嵌套消息发送

查看 Objective-C 代码时，您有时会遇到这样的情况，即将方法的结果作为另一个方法的参数。在有些情况下，如果方法的结果是一个对象，开发人员将向它直接发送消息。

在这两种情况下，直接使用结果可避免创建一个变量来存储结果。下面介绍一个这样的示例。

假设有两个 NSString 变量——userFirstName 和 userLastName，您想将首字母大写并拼接它们，再将结果存储在另一个 NSString 变量 finalString 中。NSString 的实例方法 capitalizedString

返回一个首字母大写的字符串，而 stringByAppendingString 接受一个字符串作为参数，并将其拼合到调用该方法的对象中。实现这种功能的代码如下（省略了变量声明）。

```
tempCapitalizedFirstName=[userFirstName capitalizedString];
tempCapitalizedSecondName=[userLastName capitalizedString];
finalString=[tempCapitalizedFirstName
     stringByAppendingString:tempCapitalizedSecondName];
```

然而，可不使用临时变量，而将方法调用合并到一行中。

```
finalString=[[userFirstName capitalizedString]
                    stringByAppendingString:[userLastName capitalizedString]];
```

这是一种强大的结构化代码的方法，但也可能导致代码冗长而难以理解。这两种方法都合法且结果相同，请根据您的喜欢选择吧。

注意：

使用方法被称为给对象发送消息，对此我难以理解。虽然这是 OOP 使用的术语，但我们实际上做的就是通过提供对象名和方法名来执行对象的方法。

By the Way

3. 块

虽然大部分代码都包含在方法中，但 Apple 最近在 iOS 框架中引入了块（block）的概念。在 iOS 文档中，有时也将其成为处理程序块（handler block），它是一系列代码，可作为值传递给方法。它们提供了方法在响应特定事件时应执行的指令。

例如，假设 personInformation 对象有一个名为 setDisplayName 的方法，它指定显示姓名时使用的格式。然而，setDisplayName 不仅显示姓名，还可能使用一个块，让您能够以编程方式指定如何显示姓名。

```
[personInformation setDisplayName:^(NSString firstName, NSString lastName)
                {
                    // Implement code here to modify the first name and last name
                    // and display it however you want.
                }];
```

是不是很有趣？块是新增的 iOS 开发功能，本书很少用到。但当您开发能检测运动的应用程序时，将给方法传递一个块，它描述了发生运动时应采取什么样的措施。

使用块时，我们将详细介绍其中的原理。如果您想更深入地了解这种奇特而不同寻常的功能，请参阅 Xcode 文档中的《A Short Practical Guide to Blocks》。

3.3.4 表达式和决策

要让应用程序对用户输入做出反应并处理信息，它必须能够做出决策。应用程序中的每个决策归根结底都是通过评估一组测试来得到是或否的结果。决策可简单如比较两个值，也可复杂到检查复杂数学计算的结果。结合使用多个测试来做出决策被称为表达式。

1．使用表达式

如果回想一下高中时期学习的代数，您将对表达式非常熟悉。表达式可包含算术运算、比较和逻辑运算。

下面的代码进行简单比较，检查变量 userAge 是否大于 30。

```
userAge>30
```

使用对象时，需要使用方法返回的对象的属性和值来创建表达式。要检查对象 userName 存储的字符串是否为 John，可使用如下代码。

```
[userName compare:@"John"]
```

表达式并非只能包含一个条件，可组合使用前面两个表达式来核实用户是否超过 30 岁且名为 John。

```
userAge>30 && [userName compare:@"John"]
```

常见的表达式语法

(): 将表达式编组，使得首先计算最里面的编组。

==: 测试两个值是否相等，如 userAge==30。

!=: 测试两个值是否不相等，如 userAge!=30。

&&: 执行逻辑“与”运算，如 userAge>30 && userAge<40。

||: 执行逻辑“或”运算，如 userAge>30 || userAge<10。

!: 对表达式结果取反，返回与原始结果相反的值，如!(userAge==30)与 userAge!=30 等价。

有关 C 语言表达式语法的完整列表，请访问 http://en.wikipedia.org/wiki/Operators_in_C_and_C%2B%2B。

前面反复说过，您将花大量时间使用复杂的对象及其方法。不能像使用简单的基本数据类型那样直接对对象进行比较，要使用对象创建表达式，必须了解每个对象的属性和方法。

2．使用 if-then-else 和 switch 语句做决策

通常，需要根据表达式的结果执行不同的代码语句。为定义这些不同的执行路径，最常用的方式是使用 if-then-else 语句。

```
if (<expression>) {
   // do this, the expression is true.
} else {
   // the expression isn't true, do this instead!
}
```

例如，请看前面用于检查 NSString 变量 userName 的内容是否为特定名字的比较。如果要对比较结果做出反应，可能编写如下的代码。

```
If ([userName compare:@"John"]) {
   userMessage=@"I like your name";
} else {
   userMessage=@"Your name isn't John, but I still like it!";
}
```

当表达式可能有众多不同的结果时，另一种实现不同代码路径的方法是使用 switch 语句。switch 语句检查变量的值，并根据结果执行不同的代码块。

```
switch (<numeric value>) {
   case <numeric option 1>:
      // The value matches this option
      break;
   case <numeric option 2>:
      // The value matches this option
      break;
   default:
      // None of the options match the number.
}
```

如果将 switch 语句用于检查用户的年龄（存储在 userAge 中）位于哪个区段，并据此给字符串变量 userMassage 设置合适的值，则代码类似于下面这样。

```
switch (userAge) {
   case 18:
      userMessage=@"Congratulations, you're an adult!";
      break;
   case 21:
      userMessage=@"Congratulations, you can drink champagne!";
      break;
   case 50:
      userMessage=@"You're half a century old!";
      break;
   default:
      userMessage=@"Sorry, there's nothing special about your age.";
}
```

3. 使用循环重复执行代码

有时候需要重复执行多条指令，此时可将这些代码行放在循环中，而不重复输入它们。循环指定要开始和结束执行多行代码的条件，只要满足循环条件，程序就将从上到下执行这些代码行，再从开头重新开始。您将使用的循环有两种：基于计数的和基于条件的。

在基于计数的循环中，语句将重复执行特定的次数；在基于条件的循环中，表达式决定了是否执行循环。

您将使用的基于计数的循环称为 for 语句，其语法如下：

```
for (<initialization>;<test condition>;<count update>) {
   // Do this, over and over!
}
```

在上述for语句语法中，3个“未知”项分别是用于初始化计数器以跟踪已执行的循环次数的语句、检查循环是否继续的条件以及计数器增量。下面的循环示例使用整型变量count来循环50次。

```
int count;
for (count=0;count<50;count=count+1) {
   // Do this, 50 times!
}
```

该for循环首先将count变量设置为0，然后不断执行循环，直到条件count<50为假。到达底部的花括号（}），循环将重新开始并执行递增操作——将count变量加1。

Did you Know?

提示：

在C语言和Objective-C中，通常在整型变量名后面使用++来执行递增操作。换句话说，您通常遇到的是count++，而不是count=count+1，它们的功能相同。递减的工作原理与此相似，但使用--。

在基于条件的循环中，只要表达式为真，循环就继续进行。您将遇到两种这样的循环：while和do-while。

```
while (<expression>) {
   // Do this, over and over, while the expression is true!
}
```

和

```
do {
   // Do this, over and over, while the expression is true!
} while (<expression>);
```

这两种循环之间的唯一差别在于何时计算表达式。在表示while循环中，在循环前检查表达式；而在do-while循环中，在每次循环结束时计算表达式。

例如，假设您要不断要求用户输入其名字，直到输入的是John，则可能使用类似于下面的do-while循环。

```
do {
   // Get the user's input in this part of the loop
} while (![userName compare:@"John"]);
```

这里假设名字存储在一个名为userName的字符串对象中。由于循环刚开始时您无需检查用户的输入，因此使用do-while循环将测试条件放在末尾。另外，必须使用运算符!对compare方法返回的值求反，因为您希望只要userName与John的比较结果不为真，就继续循环。

循环是很有用的编程元素，通过将其与决策语句一起使用，可对方法中的代码进行基本结构化。它们还让代码有分支，从而超越了线性执行流程。

虽然这里无法全面介绍编程，但这些内容应让您对本书将介绍的内容有一定的了解。在本章最后，将介绍一个让编程新手极度迷惑的主题：内存管理。

3.4 内存管理和 ARC

在本书第 1 章，简要地介绍了 iOS 平台的一些局限性。不幸的是，它们最大的局限性之一是应用程序可用的内存量，因此在如何管理内存方面，您必须做出非常明知的选择。例如，编写浏览在线食谱数据库的应用程序时，不应在应用程序启动时就给每个食谱分配内存。

3.4.1 旧方式：保留并释放对象

每当为对象分配内存时，您都在使用 iOS 设备的内存。如果分配过多的对象，将耗尽内存，导致应用程序崩溃或被迫退出。为避免内存问题，应在使用完对象后就将其销毁。

如果您阅读过本书以前的版本，或者浏览过网上的 iOS 源代码，就很可能遇到过 retain 和 release 消息很多次。将这些消息传递给对象时，分别表示还需要该对象和不再使用该对象（释放）。

在幕后，iOS 存储了“保留”计数，以判断可否将对象销毁。例如，分配对象时，其保留计数将加 1；每次给对象发送 retain 消息时，其保留计数也将加 1。

另一方面，release 消息将保留计数减 1。只要保留计数大于零，对象就不会从内存中删除。保留计数减少到零后，对象将被视为无人使用，进而被删除。

在以前，您需要在应用程序中给您分配的所有对象发送 release 消息。在大型应用程序中，可能包含数百个乃至数千个对象，每个对象都需要手工保留或释放，这样的工作量非常大。只要有一个对象没有释放，就会导致内存泄露，进而使应用程序崩溃！如果您过早地释放了对象，应用程序发生崩溃的可能性更大。

来看前面分配 NSURL 实例的示例。

```
NSURL *iOSURL;
iOSURL=[[NSURL alloc] initWithString:@"http://www.teachyourselfiOS/"];
```

假设分配并初始化该 URL 后，您使用它来加载一个网页。加载该网页后便不再需要它，您必须告诉 Xcode 您不再需要该 URL，为此可使用如下代码。

```
[iOSURL release];
```

在 Xcode 4.2 中，情况就不同了。您不再需要释放和保留对象，这都是拜 ARC 所赐。

3.4.2 新方式：自动引用计数

在 Xcode 4.2 中，Apple 实现了新编译器 LIVM 以及 ARC（Automatic Reference Counting,

自动引用计数）功能。ARC 使用功能强大的代码分析程序检查对象是如何分配和使用的，并在必要是自动保留和释放对象。当对象未被引用时，ARC 确保它自动从内存中删除。您不再需要发送 retain 和 release 消息，也不再会出现内存泄露和应用程序无缘无故地崩溃。您只需编写代码即可。

在 Xcode 4.2 或更高的版本中新建的项目（包括本书的项目）都将自动利用 ARC。事实上，ARC 做得如此之好，以至于它不允许您在应用程序中使用 release、retain、dealloc 和 autorelease。那么，这对开发过程有何影响呢？正如您希望的：您编写所需的代码，在需要时初始化并使用对象，在这些对象不再被引用时，其占用的内存将自动释放。但是……

是的，有但是。使用完对象后，仍应删除指向它的引用，以告诉 Xcode 编译器不再需要它了。对于在方法中声明和使用的大部分对象，您无需做任何这方面的处理：方法执行完毕后，就不再有指向这些对象的引用，而它们将被自动释放。但对于实例变量/属性，您需要在使用完它们后告诉 Xcode。如何告诉呢？很容易，将其设置为 nil 即可。

例如，对于名为 myObject 的属性/实例变量，可这样做：

```
self.myObject=nil;
```

Xcode 中的自动代码生成工具自动添加将属性设置为 nil 的代码，这些代码类似于下面这样：

```
[self setMyObject:nil];
```

这两种语法都管用，但我们将在示例项目中跟随 Xcode 的步伐，使用第二种语法。

By the Way

注意：

有些对象是 ARC 无法清理的。假设对象 A 引用了对象 B，对象 B 引用了对象 C，对象 C 引用了对象 D，而对象 D 引用了对象 B。这属于循环引用。对象 A 可使用完对象 B，但由于对象 B、C 和 D 之间存在循环引用，将无法释放这 3 个对象。

为避免这种问题，可使用弱引用（weak reference）。您不太可能经常遇到弱引用，但如果您想更深入地了解它，可参阅 Apple iOS 文档中的 Programming with ARC。

当然，ARC 不会出错有点言过其实。本章您学习了很多知识，很多地方即使是经验最丰富的开发人员也会犯错。与其他东西一样，熟能生巧，您将有大量机会应用您通过本书学到的知识。

请别忘了，典型的图书将花多章的篇幅介绍这些主题，但这里的目标是让您起步，为学习后面的章节打下基础，而不是全面介绍您需要掌握的 Objective-C 和 OOP 知识。

3.5 进一步探索

虽然您无需再花大量时间学习 Objective-C 也能学会 iOS 编程，但您对该语言越熟悉，创建负责的应用程序就越容易。正如前面指出的，仅用一章的篇幅无法全面介绍 Objective-C，它提供了一个丰富的功能集，这使其成为一种功能强大而优雅的开发平台。

当然，Apple 也提供了 Objective-C 文档，您可在 Xcode 文档工具中直接访问它们（下一章将更详细地介绍该主题）。推荐阅读 Apple 提供的下述文档。

➢ Learning Objective-C: A Primer。

➢ Object-Oriented Programming with Objective-C。

➢ The Objective-C 2.0 Programming Language。

➢ Programming with ARC。

您可在 Xcode 中阅读这些文档，也可通过在线 Apple iOS Reference Library 阅读，其网址为 http://developer.apple.com/library/ios。需要指出的是，这些文档的篇幅有几百页，因此您可能想在阅读本书的同时更深入地了解 Objective-C。

3.6 小结

本章介绍了介绍了面向对象编程和 Objective-C 语言。Objective-C 将是您开发的应用程序的基础，还提供了收集用户输入和其他变更并对此做出反应的工具。阅读本章后，您应该知道如何创建类、实例化对象、调用方法，以及使用决策和循环语句来创建代码以实现比简单的自上而下工作流程更复杂的逻辑。您还应对如下方面有一定的了解：内存管理以及如何使用 Xcode 4.2 ARC 系统。

您在应用程序中使用的大部分功能，都来自 Apple 在其 iOS SDK 中提供的数百个内置类，第 4 章将介绍该 SDK。

3.7 问与答

问：在 iOS 和 Mac OS X 中，Objective-C 是否相同？

答：在很大程度上说，答案是肯定的。然而，Mac OS X 包含数千个额外的 API，还让您能够访问底层的 UNIX 子系统。

问：可对 if-then-else 语句进行扩展，以评估多个表达式并做出相应的反应吗？

答：可以。可在 else 后面添加另一条 if 语句，从而对 if-then-else 语句进行扩展。

```
if (<expression>) {
   // do this, the expression is true.
} else if (<expression>) {
   // the expression isn't true, do this instead.
} else {
   // Neither of the expressions are true, do this anyway!
}
```

可根据需要使用任意多的 else-if 语句对该语句进行扩展。

问：为何要使用基本数据类型呢？不是任何东西独有相应的对象吗？

答：基本数据类型占用的内存比对象少得多，也比对象更容易操纵得多。在对象中实现简单的整型将增加复杂性并降低效率，这没有必要。

问：为何在我使用完对象的情况下也不能释放对象？ARC比我做得更好吗？

答：ARC是基于这样的理念的，即Objective-C的结构化程度非常高，可预测性非常强。通过在编译阶段分析您的代码，ARC和LIVM可以人类难以企及的方式优化内存管理。

3.8 作业

3.8.1 测验

1. 创建子类时，是否需要重新编写所有的方法？
2. 分配并初始化对象的基本语法是什么？
3. ARC有何功能？

3.8.2 答案

1. 不需要，子类继承了父类的所有方法。
2. 要分配并初始化对象，可使用语法[[<class name> alloc] init]。
3. ARC自动保留和释放您在应用程序中创建的对象，让您无需手工管理内存。

3.8.3 练习

1．启动Xcode并使用iPhone或iPad模板Single Veiw Application新建一个项目，再查看项目代码文件夹中的类代码。使用您在本章学到的知识，应该能够理解这些文件的结构。

2．回到Apple iOS开发中心（http://developer.apple.com//library/ios）并阅读教程《Learning Objective-C: A Primer》。

第 4 章

Cocoa Touch 内幕

本章将介绍：

- Cocoa Touch 是什么，它有何独特之处；
- 组成 iOS 平台的技术层；
- iOS 应用程序的生命周期；
- 本书将大量使用的类和开发技巧；
- 如何在 Apple 开发文档中获取帮助。

当计算机于大约 30 年前首次进入寻常百姓家时，不同应用程序很少使用相同的界面元素，用户必须通过使用手册才知道退出应用程序的按键序列。当前，用户界面已标准化，让用户从一个应用程序切换到另一个应用程序时无需从头开始学习。

是什么造就了这种情况呢？不是更快的处理器或更好的图形，而是框架让运行它们的设备以一致的方式实现其提供的功能。本章介绍开发 iOS 应用程序时将使用的框架。

4.1 Cocoa Touch 是什么

前一章介绍了 Objective-C 语言、其基本语法和代码的结构。Objective-C 构成了 iPhone 应用程序的功能骨架，它将帮助您编写应用程序、在应用程序的生命周期内做出决策以及控制事件何时和如何发生。然而，Objective-C 没有提供访问如下功能的途径：让 iOS 设备成为引入注目的触摸驱动平台的功能。

请看下面的 Hello World 应用程序。

```
int main(int argc, char *argv[]) {
    printf("Hello World");
}
```

这是一个典型的 Hello World 应用程序，是使用 C 语言编写的。它在 iPhone 和 iPad 中也能编译并执行，但由于 iOS 依赖于 Cocoa Touch 来创建界面及处理用户输入和输出，这个版本的 Hello World 应用程序几乎毫无意义。Cocoa Touch 是一系列软件框架和运行环境，框架用于创建 iOS 应用程序，而应用程序将在运行环境中执行。Cocoa Touch 包含数百个类，可用于管理从按钮和 URL 到操作照片和进行脸部识别的一切。

By the Way

注意：

iOS 包含多个服务层，Cocoa Touch 是最高层，但它并非您将在其中进行开发的唯一层。虽然如此，并不用关心 Cocoa Touch 从哪里开始，到哪里结束——这对开发工作没有影响。本章后面将概述所有的 iOS 服务层。

回到 Hello World 示例。如果在项目中定义了一个名为 iOSOutput 的文本标签对象，则可使用 Objective-C 和合适的 Cocoa Touch 类属性将其设置为 Hello World。

```
[iOSOutput.text=@"Hello World"];
```

这看起来很简单，只要知道 UILabel 对象有一个 text 属性，不是吗？

4.1.1 冷静面对大量的功能

现在，大多数初学者将提出的问题包括：我知道通过 iOS 应用程序可提供很多不同的功能，但本书怎么可能介绍所有这些功能呢？我如何找到在自己的应用程序中需要使用的功能呢？

这些问题很好，据我所知，这也是想进行 iOS 编程但不知道从何处入手的人最关心的问题。坏消息是本书无法介绍所有功能，而只介绍开始编写 iOS 应用程序所需的基本知识。鉴于 Cocoa Touch 的深度和广度，即使是多卷的自学丛书也不可能提供完备的“如何”指南。

好消息是 Cocoa Touch 和 Apple 开发工具提倡探索。在第 6 章，您将开始使用 Xcode 的 Interface Builder 工具以可视化方式创建界面。当您将控件（按钮、文本框等）拖放到界面中时，就是在创建 Cocoa Touch 类的实例。您捣鼓得越多，就越能更快地了解类名和属性以及它们在开发中扮演的角色。更重要的是，Xcode 开发文档提供了完整的 Cocoa Touch 参考，让您能够在所有类、方法和属性中搜索。本章后面将介绍该文档工具。

4.1.2 年轻而成熟

与诸如 Andriod 和 HP WebOS 等平台相比，使用 Cocoa Touch 进行编程的最大优点之一是，虽然 iOS 还是一种年轻的 Apple 平台，但 Cocoa 框架很成熟。Cocoa 脱胎于 NeXTSTEP 平台——NeXT Computer 在 20 世纪 80 年代中期使用的平台。在 20 世纪 90 年代初，NeXTSTEP 发展成了跨平台 OpenStep。Apple 于 1996 年收购了 NeXT Computer，在随后的 10 年中，

NeXTSTEP/OpenStep 框架成为 Macintosh 开发的事实标准，并更名为 Cocoa。您将发现，Cocoa 仍有其前身的烙印——类名以 NS 打头。

Cocoa 和 Cocoa Touch 之间有何不同？

Cocoa 是用于开发 Mac OS X 应用程序的框架。iOS 虽然以 Mac OS X 的众多基本技术为基础，但并不完全相同。Cocoa Touch 针对触摸界面进行了大量的定制，并受手持系统的约束。传统上需要占据大量屏幕空间的桌面应用程序组件被更简单的多视图组件取代，而鼠标单击事件则被“轻按”和“松开”事件取代。

好消息是，如果您决定从 iOS 开发转向 Mac 开发，在这两种平台上将遵循很多相同的开发模式，而不用从头开始学习。

4.2　探索 iPhone 技术层

Apple 以一系列层的方式来描述 iOS 实现的技术，其中每层都由可在应用程序中使用的不同框架组成。您可能猜到了，Cocoa Touch 层在最上面，如图 4.1 所示。

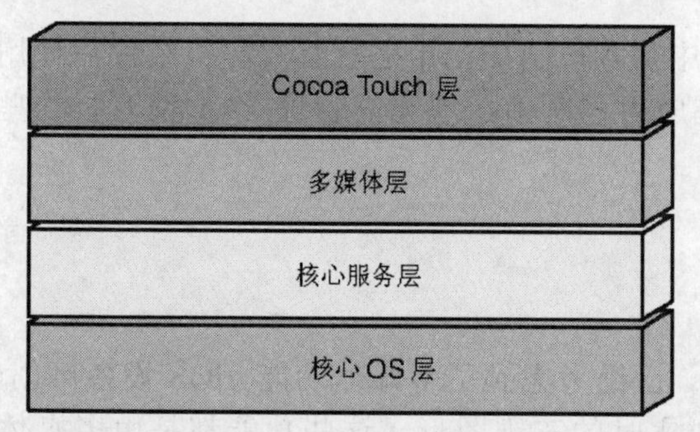

图 4.1

组成 iOS 的技术层

下面简要地介绍一下组成每层的最重要框架。如果您想全面了解所有的框架，只需在 Apple Xcode 文档中使用层名进行搜索。

注意： By the Way

Apple 在每个 iOS 应用程序模板中都包括三个重要的框架（CoreGraphics、Foundation 和 UIKit），对简单的 iOS 应用程序来说，有这三个框架就足够了，它们涵盖了您在本书将使用的大部分功能。在需要其他框架时，我们将介绍如何将其加入到项目中。

4.2.1　Cocoa Touch 层

Cocoa Touch 层有多个框架组成，它们为应用程序提供核心功能（包括 iOS 4.x 中的多任务和广告功能）。在这些框架中，UIKit 堪称“摇滚明星”，它提供的功能比起名称中的 UI 暗示的多得多。

1．UIKit

UIKit 提供了大量的功能。它负责启动和结束应用程序、控制界面和多点触摸事件，并让您能够访问常见的数据视图（如网页以及 Word 和 Excel 文档等）。

UIKit 还负责 iOS 内部的众多集成功能。访问多媒体库、照片库和加速计也是使用 UIKit 中的类和方法来实现的。

2．Map Kit

Map Kit 框架让开发人员在任何应用程序中添加 Google 地图视图，这包括标注、定位和事件处理功能。

3．Game Kit

Game Kit 框架进一步提高了 iOS 应用程序的网络交互性。Game Kit 提供了创建并使用对等网络的机制，这包括会话发现、仲裁和语音聊天。可将这些功能加入到任何应用程序中，而不仅仅是游戏中。

4．Message UI/Address Book UI/Event Kit UI

Apple 深谙用户对 iOS 应用程序之间的集成需求。框架 Message UI、Address Book UI 和 Event Kit UI 让您能够在任何应用程序中访问电子邮件、联系人和日历事件。

5．iAd

iAd 框架支持在应用程序中加入广告。iAd 是交互式广告组件，使用简单的拖放操作就可将其加入到软件中。在应用程序中，您无需管理 iAd 交互，这些工作由 Apple 完成。

4.2.2 多媒体层

当 Apple 设计计算设备时，已经考虑到了多媒体功能。iOS 设备可创建复杂的图形、播放音频和视频，甚至可生成实时的三维图形。这些功能都是由多媒体层中的框架处理的。

1．AV Foundation

AV Foundation 框架可用于播放和编辑复杂的音频和视频。该框架应用于实现高级功能，如电影录制、音轨管理和音频平移。

2．Core Audio

Core Audio 框架提供了在 iPhone 中播放和录制音频的方法；它还包含 AudioToolbox 框架和 AudioUnit 框架，其中前者可用于播放警报声或导致短暂震动，而后者可用于处理声音。

3．Core Image

使用 Core Image 框架，开发人员可在应用程序中添加高级图像和视频处理功能，而无需它们后面复杂的计算。例如，Core Image 提供了人脸识别和图像过滤功能，可轻松地将这些功能加入到任何应用程序中。

4．Core Graphics

通过使用 Core Graphics 框架，可在应用程序中添加 2D 绘画和合成功能。在本书中，大部分情况下都将在应用程序中使用现有的界面类和图像，但您可使用 Core Graphics 以编程方式操纵 iPhone 的视图。

5．Core Text

对 iPhone 屏幕上显示的文本进行精确的定位和控制。应将 Core Text 用于移动文本处理应用程序和软件中，它们需要快速显示和操作显示高品质的样式化文本。

6．Image I/O

Image I/O 框架可用于导入和导出图像数据和图像元数据，这些数据可以 iOS 支持的任何文件格式存储。

7．Media Player

Media Player 框架让开发人员能够使用典型的屏幕控件轻松地播放电影，您可在应用程序中直接调用播放器。

8．OpenGL ES

OpenGL ES 是深受欢迎的 OpenGL 框架的子集，适用于嵌入式系统（ES）。OpenGL ES 可用于在应用程序中创建 2D 和 3D 动画。要使用 OpenGL，除 Objective-C 知识外还需其他开发经验，但可为手持设备生成神奇的场景——类似于流行的游戏控制台。

9．Quartz Core

Quartz Core 框架用于创建这样的动画，即它们将利用设备的硬件功能。这包括被称为 Core Animation 的功能集。

4.2.3 核心服务层

核心服务层用于访问较低级的操作系统服务，如文件存取、联网和众多常见的数据对象类型。您将通过 Foundation 框架经常使用核心服务。

1．Accounts

鉴于其始终在线的特征，iOS 设备经常用于存储众多不同服务的账户信息。Accounts 框架简化了存储账户信息以及对用户进行身份验证的过程。

2．Address Book

Address Book 框架用于直接访问和操作地址簿。该框架用于在应用程序中更新和显示通信录。

3．CFNetwork

CFNetwork 让您能够访问 BSD 套接字、HTTP 和 FTP 协议请求以及 Bonjour 发现。

4．Core Data

Core Data 框架可用于创建 iOS 应用程序的数据模型，它提供了一个基于 SQLite 的关系数据库模型，可用于将数据绑定到界面对象，从而避免使用代码进行复杂的数据操纵。

5．Core Foundation

Core Foundation 提供的大部分功能与 Foundation 框架相同，但它是一个过程型 C 语言框架，因此需要采用不同的开发方法，这些方法的效率比 Objective-C 面向对象模型低。除非绝对必要，否则应避免使用 Core Foundation。

6．Foundation

Foundation 框架提供了一个 Objective-C 封装器（wrapper），其中封装了 Core Foundation 的功能。操纵字符串、数组和字典等都是通过 Foundation 框架进行的，还有其他必须的应用程序功能也如此，如管理应用程序首选项、线程和本地化。

7．Event Kit

Event Kit 框架用于访问存储在 iOS 设备中的日历信息，还让开发人员能够在新建事件，这包括闹钟。

8．Core Location

Core Location 框架可用于从 iPhone 和 iPad 3G 的 GPS（非 3G 设备支持基于 WiFi 的定位服务，但精度要低得多）获取经度和维度信息以及测量精度。

9．Core Motion

Core Motion 框架管理 iOS 平台中大部分与运动相关的事件，如使用加速计和陀螺仪。

10．Quick Look

Quick Look 框架在应用程序中实现文件浏览功能，即使应用程序不知道如何打开特定的文件类型。这旨在浏览下载到设备中的文件。

11．Store Kit

Store Kit 框架让开发人员能够在应用程序中创建购买事务，而无需退出程序。所有交互都是通过 App Store 进行的，因此无需通过 Store Kit 方法请求或传输金融数据。

12．System Configuration

System Configuration 框架用于确定设备网络配置的当前状态：连接的是哪个网络？哪些设备可达？

4.2.4 核心 OS 层

您可能猜到了，核心 OS 层由最低级的 iOS 服务组成。这些功能包括线程、复杂的数学运算、硬件配件和加密。需要访问这些框架的情况很少。

1．Accelerate

Accelerate 框架简化了计算和大数操作任务，这包括数字信号处理功能。

2．External Accessory

External Accessory 框架用于开发到配件的接口，这些配件是基座接口或蓝牙连接的。

3．Security

Security 框架提供了执行加密（加密/解密数据）的函数，这包括与 iOS 密钥链交互以添加、删除和修改密钥项。

4. System

System 框架让开发人员能够访问不受限制的 UNIX 开发环境中的一些典型工具。

4.3 跟踪 iOS 应用程序的生命周期

为帮助读者了解在开发 iOS 应用程序时所做的工作位于什么地方，看看应用程序的生命周期将有所帮助。图 4.2 是 Apple 提供的生命周期示意图。

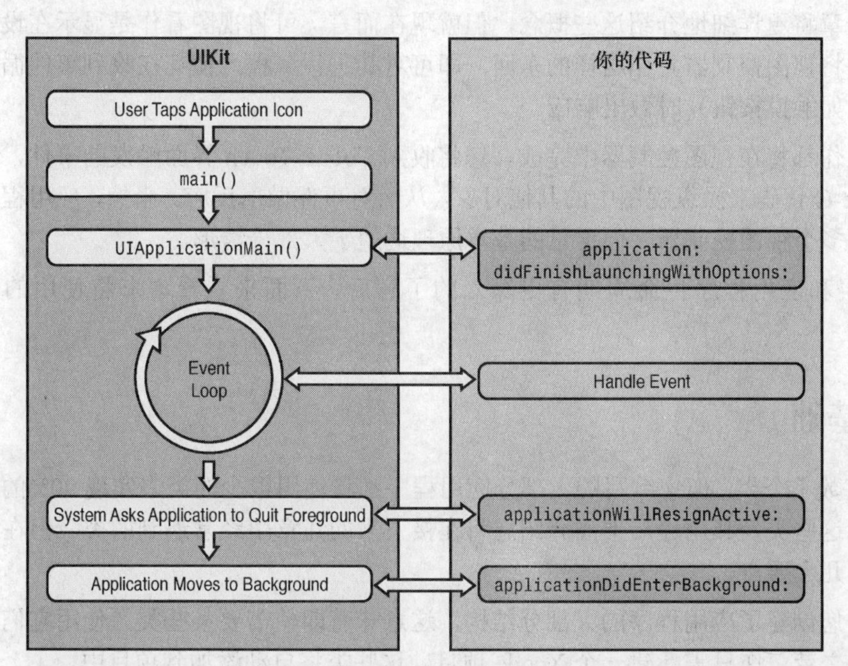

图 4.2
典型的iOS应用程序的生命周期

让我们来说说来龙去脉，首先从示意图的左侧开始。正如您所知道的，UIKit 是 Cocoa Touch 的一个组件，它向 iOS 应用程序提供了很多功能：用户界面管理、事件管理以及整个应用程序的执行管理。当您创建应用程序时，UIKit 负责通过函数 main 和 UIApplicationMain 创建应用程序对象——您无需涉足这两个函数。

应用程序启动后，事件循环便开始了。该循环接受诸如触摸等事件，并将其交给您编写的方法。该循环将不断运行，直到应用程序被要求进入后台（通常是用户按 iPhone 的主屏幕按钮）。

您编写的代码位于示意图右侧。Xcode 将自动设置 iOS 项目，使其包含一个应用程序委托类。这个类可实现方法 application:didFinishLaunchingWithOptions 和 application DidEnterBackground 等，让应用程序能够在启动和挂起（用户按主屏幕按钮）时执行自定义代码。

应用程序在什么时候停止运行？

从 iOS 4.0 起，用户按主屏幕按钮时，应用程序不再终止，而是暂停执行并进入后台。用户从任务管理器中选择应用程序或从主屏幕启动它时，应用程序将自动返回前台，并从暂停的地方继续执行。

> 为支持这种功能，应用程序委托提供了方法 applicationDidEnterBackground，该方法在应用程序进入后台时被调用。在您编写的代码中，应使用这个方法来存储应用程序所需的信息，以防应用程序位于后台时被终止：iOS 清理资源导致应用程序终止或用户在任务管理器中手工终止。
>
> 如果您开发的应用程序根本不支持后台处理，仍可使用以前的方法 applicationWillTerminate，但默认不使用它。有关这些方法和 iOS 后台处理方式的更详细信息，请参阅第 22 章。

应用程序启动后，委托对象通常创建一个视图控制器对象和一个视图，并将它们加入到 iOS 窗口中。下一章将更详细地介绍这些概念，但就现在而言，可将视图看作是显示在设备屏幕上的东西，并将视图控制器看作这样的东西，即可对其进行编程，使其在收到事件循环发出的事件通知（如触摸按钮）时做出响应。

您的大部分工作都将在视图控制器中完成。您将收到 Cocoa Touch 界面触发的事件，并通过编写 Objective-C 代码来操纵视图中的其他对象，从而对事件做出反应。当然，应用程序可能有多个视图和多个视图控制器，但这里的基本原理适用于大部分情形。

对 iOS 服务层和应用程序生命周期有更深入的了解后，下面来看看本书将使用的一些类。

4.4 Cocoa 基础

iOS SDK 中有数千个类，但您编写的大部分应用程序都将使用很少的类来实现 90%的功能。为让读者熟悉这些类及其用途，下面介绍您将在接下来的几章中经常遇到的类。但在此之前，请牢记下面几个要点。

- Xcode 为您创建了应用程序的大部分结构，这意味着即使需要某些类，使用它们也只是举手之劳。您只需新建一个 Xcode 项目，这些类将自动添加到项目中。
- 只需拖曳 Xcode Interface Builder 中的图标，就可将众多类的实例加入到项目中。同样，您无需编写任何代码。
- 使用类时，我们将指出为何需要它、它有何功能以及如何在项目中使用它。我们不希望您在书中翻来翻去，因此重点介绍概念，而不要求您记忆。
- 在本章的下一节，将介绍 Apple 文档工具。这些实用程序很有用，让您能够找到希望获得的所有类、属性和方法信息。如果这些正是您梦寐以求的详细信息，它们将触手可得。

4.4.1 核心应用程序类

新建应用程序时，即使它只支持最基本的用户交互，也将使用一系列常见的核心类。在这些类中，有很多您可能不需要涉足，但它们仍扮演了重要的角色。下面来看看其中的几个。

1．根类（NSObject）

正如第 3 章介绍过的，面向对象编程的威力在于，当您创建子类时，它将继承父类的功能。NSObject 是根类，几乎所有 Objective-C 类都是从它派生而来的。这个类定义了所有类都有的方法，如 alloc 和 init。在本书中，您不需要手工创建 NSObject 实例，但您将使用从这个类继承的方法来创建和管理对象。

2．应用程序类（UIApplication）

每个 iOS 应用程序都实现了 UIApplication 的一个子类。这个类处理事件（如告知应用程序完成了加载）以及应用程序配置（如控制状态栏和设置徽章——可能出现在应用程序图标中的小型红色数字）。与 NSObject 一样，您不需要自己创建这个类，只需知道它存在即可。

3．窗口类（UIWindow）

UIWindow 提供了一个用于管理和显示视图的容器。在 iOS 中，视图更像是典型桌面应用程序的窗口，而 UIWindow 的实例不过是用于放置视图的容器。在本书中，您将只使用一个 UIWindow 实例，它将在 Xcode 提供的项目模板中自动创建。

4．视图（UIView）

UIView 类定义了一个矩形区域，并管理该区域内的所有屏幕显示，我们将其称为视图。您编写的大多数应用程序都将首先将一个视图加入到一个 UIWindow 实例中。

视图可嵌套以形成层次结构：它们很少以单个对象存在。例如，顶级视图可能包含按钮和文本框，这些控件被称为子视图，而包含它们的视图称为父视图。可进行多级视图嵌套，从而形成复杂的子视图和父视图层次结构。几乎所有视图都将在 Interface Builder 中以可视化的方式创建，因此不必担心：复杂并不意味着困难。

5．响应者（UIResponder）

UIResponder 类让继承它的类能够响应 iOS 生成的触摸事件。UIControl 是几乎所有屏幕控件的父类，它是从 UIView 派生而来的，而后者又是从 UIResponder 派生而来的。UIResponder 的实例被称为响应者。

由于可能有多个对象响应同一个事件，iOS 将事件沿响应者链向上传递，能够处理该事件的响应者被赋予第一响应者的称号。例如，当您编辑文本框时，该文本框处于第一响应者状态，因为它积极地处理用户输入。当您离开该文本框后，它便退出第一响应者状态。在大多数 iOS 编程工作中，您都不会在代码中直接管理响应者。

6．屏幕控件（UIControl）

UIControl 类是从 UIView 派生而来的，且是几乎所有屏幕控件（如按钮、文本框和滑块）的父类。这个类负责根据触摸事件（如按下按钮）触发操作。

正如下一章将介绍的，按钮定义了几个事件，您可对其做出响应；Interface Builder 让您能够将这些事件同您编写的操作关联起来。UIControl 负责在幕后实现这种行为。

7．视图控制器（UIViewController）

几乎在本书的所有应用程序项目中，您都将使用 UIViewController 类来管理视图的内容。例如，您将使用 UIViewController 的一个子类来指定用户轻按按钮时怎么办。播放声音？显示图像？无论您选择如何反应，用于执行操作的代码都是在视图控制器实例中实现的。接下来的两章将更详细地介绍视图控制器。

4.4.2 数据类型类

对象可能存储数据。事实上，我们将使用的大多数类都有很多属性，它们存储了有关对象的信息。然而，本书都将使用一组 Foundation 类，它们只用于存储和操纵信息。

By the Way

> **注意：**
>
> 如果您以前使用过 C 或类似于 C 的语言，可能发现这些数据类型对象与 Apple 框架外定义的数据类型类似。通过使用框架 Foundation，可使用大量超出了 C/C++数据类型的方法和功能。另外，您还通过 Objective-C 使用这些对象，就像使用其他对象一样。

1．字符串（NSString/NSMutableString）

字符串是一系列字符——数字、字母和符号。在本书中，您将经常使用字符串来收集用户输入以及创建和格式化输出。

与您将使用的众多数据类型对象一样，有两个字符串类：NSString 和 NSMutableString。顾名思义，两者的差别在于，NSMutableString 可用于创建可被修改的字符串。NSString 实例在初始化后就保持不变，而 NSMutableString 实例是可修改的（加长、缩短、替换等）。

在 Cocoa Touch 应用程序中，字符串的使用非常频繁，这导致 Apple 允许您使用语法@"<my string value>"来创建并初始化 NSString 实例。例如，如果要将对象 myLabel 的 text 属性设置为字符串 Hello World!，可使用如下代码。

```
myLabel.text=@"Hello World!";
```

还可使用其他变量的值（如整数、浮点数等）来初始化字符串。

2．数组（NSArray/NSMutableArray）

一类很有用的数据类型是集合。集合让应用程序能够在单个对象中存储多项信息。NSArray 就是一种集合数据类型，可存储多个对象，这些对象可通过数字索引来访问。

例如，您可能创建一个数组，它包含您想在应用程序中显示的所有用户反馈字符串。

```
myMessages = [[NSArray alloc] initWithObjects: @"Good Job!",@"Bad job!",nil];
```

初始化数组时，总是使用 nil 来结束对象列表。要访问字符串，可使用索引。索引是表示位置的数字，从 0 开始。要返回 Bad job!，可使用方法 objectAtIndex。

```
[myMessages objectAtIndex: 1];
```

与字符串一样，也有一个 NSMutableArray 类，它用于创建初始化后可被修改的数组。

3．字典（NSDictionary/NSMutableDictionary）

与数字一样，字典也是一种集合数据类型，但它们之间存在重要的不同。数组中的对象可通过数字索引进行访问，而字典以对象-键对的方式存储信息。键可以是任何字符串，而对象可以是任何东西，如字符串。如果使用前述数组的内容来创建一个 NSDictionary 对象，代码将类似于下面这样。

```
myMessages = [[NSDictionary alloc] initwithObjectsAndKeys:@"Good Job!",
                                   @"positive",@"Bad Job!",@"negative",nil];
```

现在，要访问字符串，不能使用数字索引，而需使用方法 objectForKey 以及键 positive 或 negative，如下所示。

```
[myMessages objectForKey:@"negative"]
```

字典很有用，它让您能够以随机方式（而不是严格的数字顺序）存储和访问数据。通常，字典也有可修改的形式——NSMutableDictionary，这种类实例可在初始化后进行修改。

4．数字（NSNumber/NSDecimalNumber）

我们可存储字符串和对象集合，但数字呢？使用数字的方法稍有不同。一般而言，如果需要使用整数，可使用 C 语言数据类型 int；而需要使用浮点数时，可使用数据类型 float。在这种情况下，您根本不需要担心类、方法和面向对象编程。

那么，有表示数字的类吗？NSNumber 类用于将 C 语言中的数字数据类型存储为 NSNumber 对象。下面的代码创建一个值为 100 的 NSNumber 对象。

```
myNumberObject = [[NSNumber alloc] numberWithInt: 100];
```

这样，您便可将数字作为对象：将其加入到数组、字典中等。NSDecimalNumber 是 NSNumber 的一个子类，可用于对非常大的数字执行算术运算，但只在特殊情况下才需要它。

5．日期（NSDate）

如果您曾经手工处理过日期（在程序中解释日期字符串或手工执行日期算术运算），便知道它很容易带来麻烦。9 月有多少天呢？是否是闰年等？NSDate 类让您能够轻松地将日期作为对象进行处理。

例如，假设您有一个用户提供的日期（userDate）并想将其用于计算，但仅当它早于当前日期时才使用它。通常，这需要进行一系列的棘手的比较和赋值。有了 NSDate 后，您便可使用当前日期创建一个 NSDate 对象（date 方法可自动完成这项任务）。

```
myDate=[NSDate date];
```

然后使用方法 earlierDate 找出这两个日期中哪个更早。

```
[myDate earlierDate: userDate]
```

显然，您可执行众多其他的运算，但通过使用 NSDate 对象，可避免进行讨厌的日期和时间操作。

6．URL（NSURL）

URL 显然不是常见的数据类型，但在诸如 iPhone 和 iPad 等连接到 Internet 的设备中，能够操纵 URL 非常方便。NSURL 类让您能够轻松地管理 URL，例如，假设您有 URL http://www.floraphotographs.com/index.html，并只想从中提取主机名，该如何办呢？可创建一个 NSURL 对象。

```
MyURL=[[NSURL alloc] initWithString:
                    @"http://www.floraphotographs.com/index.html"];
```

然后使用 host 方法自动解析该 URL 并提取文本 www.floraphotographs.com。

```
[MyURL host]
```

这在您创建支持 Internet 的应用程序时非常方便。当然，还有很多其他的数据类型对象；正如前面指出的，有些对象存储了自己的数据，例如，您无需维护一个独立的字符串对象，以存储屏幕标签的文本。

既然说到标签，下面简要地介绍一些您将添加到应用程序中的 UI 元素，以结束对常见类的简介。

4.4.3 界面类

iPhone 和 iPad 之所以使用起来令人如此愉快，部分原因是您可在屏幕上创建的触摸界面。下一章探索 Xcode Interface Builder 时，您将获得使用一些界面类的第一手经验。阅读本节时需要牢记的是，很多 UI 对象的外观将随其配置有很大不同，这给您的呈现方式提供了很大的灵活性。

1．标签（UILabel）

您将在应用程序中添加标签（如图 4.3 所示）来实现下述两个目的：在屏幕上显示静态文本（这是标签的典型用途）；将其作为可控制的文本块，必要时程序可对其进行修改。

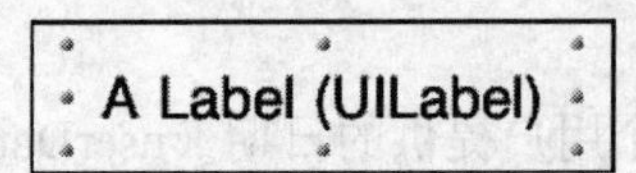

图 4.3

标签用于在应用程序视图中添加文本

2．按钮（UIButton）

按钮（如图 4.4 所示）是您将使用的最简单的用户输入方法之一。按钮可响应众多触摸时间，还让用户能够轻松地做出选择。

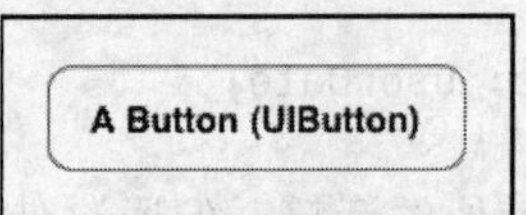

图 4.4

按钮提供了一种简单的用户输入/交互方式

3．开关（UISwitch）

开关（如图 4.5 所示）对象可用于从用户那里收集“开”和“关”响应。它显示为一个简单的开关，常用于启用或禁用应用程序功能。

图 4.5

开关在状态开和关之间切换

4．分段控件（UISegmentedControl）

分段控件创建一个可触摸的长条，其中包含多个命名的选项：类别 1、类别 2 等，如图 4.6 所示。触摸选项可激活它，还可能导致应用程序执行操作，如更新屏幕以隐藏或显示其他控件。

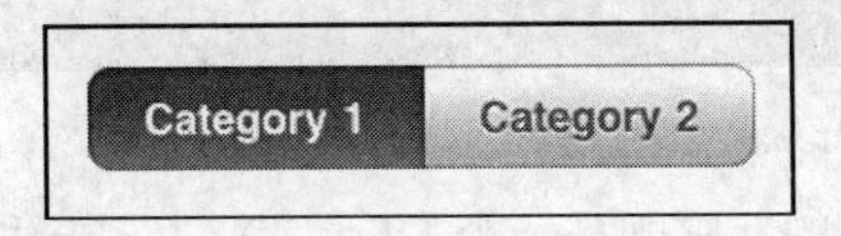

图 4.6

分段控件可用于从一组选项中选择一个并做出相应的反应

5．滑块（UISlider）

滑块向用户提供了一个可拖曳的小球，以便从特定范围内选择一个值，如图 4.7 所示。例如，滑块可用于控制音量、屏幕亮度以及以模拟方式表示的其他输入。

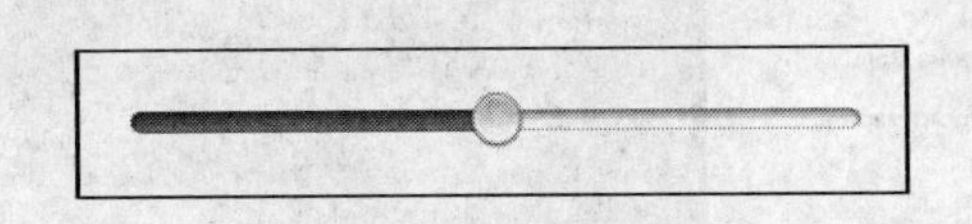

图 4.7

滑块让用户能够以可视化方式输入特定范围内的值

6．步进控件（UIStepper）

步进控件（UIStepper）类似于滑块。与滑块类似，步进控件也提供了一种以可视化方式输入指定范围内值的方式，如图 4.8 所示。按这个控件的一边将给一个内部属性加 1 或减 1。

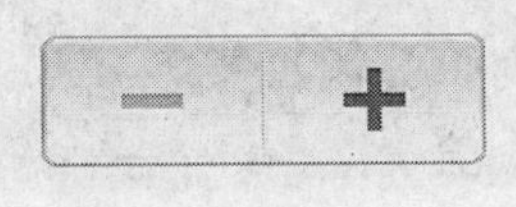

图 4.8

使用步进控件每次加 1 或减 1

7．文本框（UITextField/UITextView）

文本框用于收集用户通过屏幕（或蓝牙）键盘输入的内容，如图 4.9 所示。UITextField 是单行文本框，类似于网页订单；而 UITextView 类创建一个较大的多行文本输入区域，让用户能够输入较多的文本。

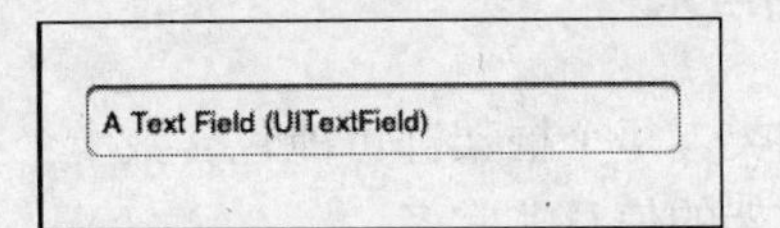

图 4.9

通过文本框收集用户输入

8．选择器（UIDatePicker/UIPicker）

选择器（picker）是一种有趣的界面元素，类似于自动贩卖机，如图 4.10 所示。通过让用户修改转盘的每个部分，选择器可用于输入多个值的组合。Apple 为您实现了一个完整的选择器：UIDatePicker 类。通过这种对象，用户可快速输入日期和时间。通过继承 UIPicker 类，您还可创建自己的选择器。

图 4.10
选择器让用户能够多个选项的组合

9．弹出框（UIPopoverController）

弹出框（popover）是 iPad 特有的，它既是一个 UI 元素，又是一种显示其他 UI 元素的手段。它让您能够在其他视图上面显示一个视图，以便用户选择其中的一个选项。例如，iPad 的 Safari 浏览器使用弹出框显示一个书签列表，供用户从中选择，如图 4.11 所示。

图 4.11
弹出框是一种 iPad 特有的 UI

当您创建使用整个 iPad 屏幕的应用程序时，弹出框将非常方便。

这里介绍的只是您可在应用程序中使用的部分类，在接下来的几章中，将探索这些类以及其他类。

4.5 使用 Xcode 探索 iOS 框架

至此，本章介绍了数十个框架和类。每个框架都可能包含数十个类，而每个类都可能有数百个方法；换句话说，有关 iOS 框架的信息非常多。

为更深入地学习它们，最有效的方法之一是选择一个您感兴趣的对象或框架，并借助 Xcode 文档系统进行学习。Xcode 让您能够访问浩瀚的 Apple 开发库，您可通过类似于浏览器的可搜索界面进行访问，也可使用上下文敏感的搜索助手（Research Assistant）。下面介绍这两种功能，让您能够立刻使用它们。

4.5.1 Xcode 文档

要打开 Xcode 文档，可选择菜单 Help>Documentation>API Reference，这将启动帮助系统，如图 4.12 所示。单击眼睛图标以探索所有的文档。导航器左边显示了主题和文档列表，而右边显示了相应的内容，就像 Xcode 项目窗口一样。

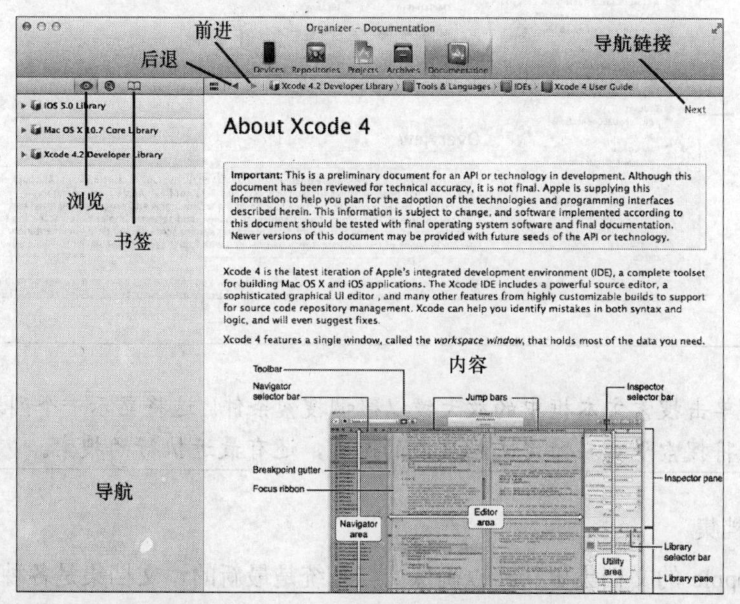

图 4.12
浏览浩如烟海的文档

进入您感兴趣的文档后，就可阅读它并使用蓝色链接在文档中导航。您还可以使用内容窗格上方的箭头按钮在文档之间切换，就像浏览网页一样。事实上，确实很像浏览网页，因为您可以添加书签，以便以后阅读。要创建书签，可右击导航器中的列表项或内容本身，在从上下文菜单中选择 Add Bookmark。还可访问所有的文档标签，方法是单击导航器顶部的书籍图标。

注意：

By the Way

要在文档之间甚至同一个文档的不同部分之间快速切换，可使用跳转栏（jump bar），它位于内容区域上方，显示了当前查看的文档的路径。

1．在文档库中搜索

浏览是一种不错的探索方式，但对于查找有关特定主题的内容（如类方法或属性）来说不那么有用。要在 Xcode 文档中搜索，可单击放大镜图标，再在搜索文本框中输入要查找的内容。您可输入类、方法或属性的名称，也可输入您刚兴趣的概念的名称。当您输入时，Xcode 将在搜索文本框下方返回结果，如图 4.13 所示。

搜索结果被分组，包括 Reference（API 文档）、System Guides/Tools Guides（解释/教程）和 Sample Code（Xcode 示例项目）。

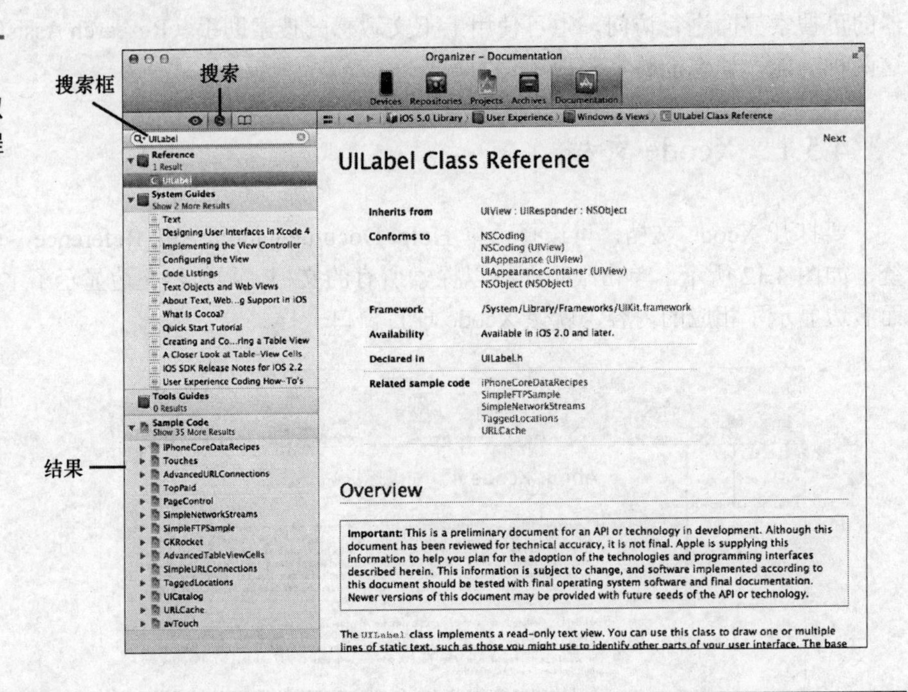

图 4.13
在文档中搜索，以查找文章和编程信息

Did you Know?

提示：

可单击搜索文本框中的放大镜以微调搜索条件。这将显示一个列表，其中包含将搜索限定在特定文档集内的选项，还有最近执行的搜索。

2．管理 Xcode 文档集

Xcode 接收来自 Apple 的文档集更新，以确保文档系统是最新的。文档集是各种文档类别，包括针对特定 Mac OS X 版本、Xcode 本身和 iOS 版本的开发文档集。要下载并自动获得文档集更新，可打开 Xcode 首选项（选择菜单 Xcode>Preferences），再单击工具栏中的 Documentation 图标。

在 Documentation 窗格中，选中复选框 Check for and Install Updates Automatically，这样 Xcode 将定期连接到 Apple 的服务器，并自动更新本地文档。还可能列出了其他文档集，要在以后自动下载相应的更新，可单击列表项旁边的 Get 按钮。

提示：

要手动更新文档，可单击按钮 Check and Install Now。

4.5.2 快速帮助

要在编码期间获取帮助，最简单、最快捷的方式之一是使用 Xcode Quick Help 助手。要打开该助手，可按住 Option 键并双击 Xcode 中的符号（如类名或方法名），也可选择菜单 Help>Quick Help。这将打开一个小窗口，其中包含有关该符号的基本信息，还有到其他文档资源的链接。

1. 使用快速帮助

请看下面的代码行，它分配一个字符串对象，并使用一个整型变量的内容对其进行初始化。

```
myString=[[NSString alloc] initWithFormat:@"%d",myValue];
```

在这个示例中，涉及一个类（NSString）和两个方法（alloc 和 initWithFormat）。为获取有关方法 initWithFormat:的信息，按住 Option 键并单击 initWithFormat:。这将打开如图 4.14 所示的 Quick Help 弹出框。

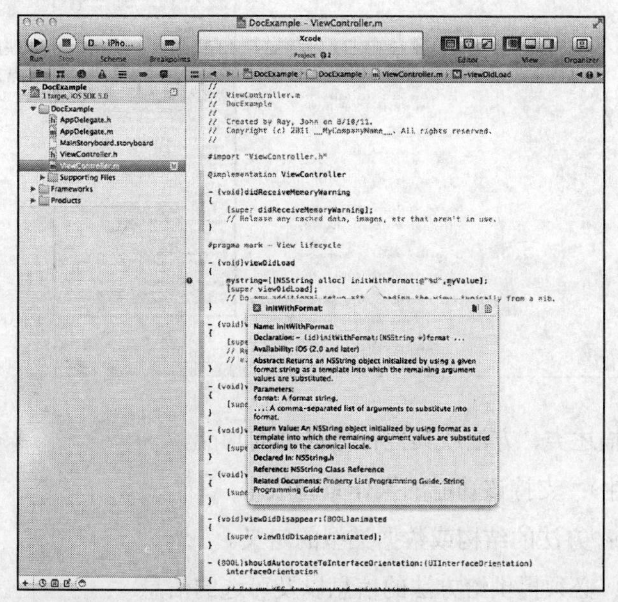

图 4.14

Quick Help 在代码编辑器中显示参考信息

要打开有关该符号的完整 Xcode 文档，单击右上角的书籍图标；您还可单击 Quick Help 结果中的任何超链接，以跳转到特定的文档部分或代码。

注意：

By the Way

通过将鼠标指向代码，可知道单击它是否能获得快速帮助；因为如果答案是肯定的，Xcode 编辑器中将出现蓝色虚线，而鼠标将显示问号。

2. 激活快速帮助检查器

如果您发现快速帮助很有用，并喜欢能够更快捷地访问它，那么您很幸运，因为任何时候都可使用快速帮助检查器来显示帮助信息。实际上，在您输入代码时，Xcode 就像根据输入的内容显示相关的帮助信息。

要打开快速帮助检查器，可单击工具栏的 View 部分的第三个按钮，以显示实用工具（Utility）区域。然后，单击显示快速帮助检查器的图标（包含波浪线的深色方块），它位于 Utility 区域的顶部，如图 4.15 所示。这样，快速帮助将自动显示有关光标所处位置的代码的参考资料。

3. 解读 Quick Help 结果

Quick Help 最多可在 10 个部分显示与代码相关的信息。具体显示哪些部分取决于当前选定的符号（代码）类型。例如，类属性没有返回类型，但类方法有。

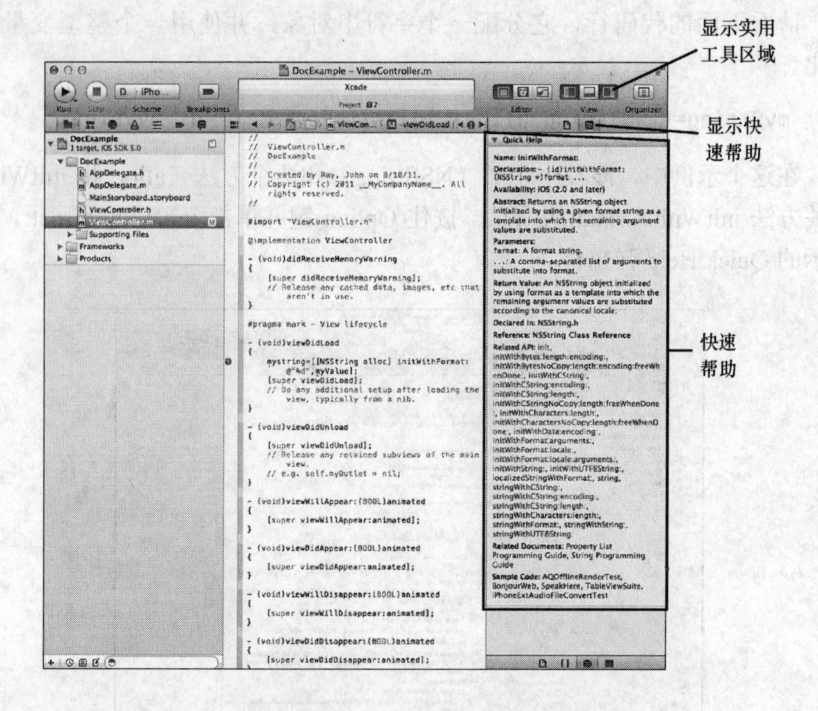

图 4.15

激活快速帮助检查器，以便始终能获得基于上下文的帮助信息

- Abstract（摘要）：描述类、方法或其他符号提供的功能。
- Availability（可用性）：支持该功能的操作系统版本。
- Declaration（声明）：方法的结构或数据类型的定义。
- Parameters（参数）：必须提供给方法的信息以及可选的信息。
- Return Value（返回值）：方法执行完毕后将返回的信息。
- Related API（相关 API）：选定方法所属类的其他方法。
- Declared In（声明位置）：定义选定符号的文件。
- Reference（参考）：官方参考文档。
- Related Documents（相关文档）：提到了选定符号的其他文档。
- Sample Code（示例代码）：包含类、方法或属性的使用示例的示例代码文件。

在需要对对象调用正确的方法时，Quick Help 简化了查找过程：您无需试图记住数10个实例方法，而只需了解基本知识，并在需要时让 Quick Help 指出对象暴露的所有方法。

4.6 进一步探索

说 Cocoa Touch“很大”都算保守。Apple 每年都发布重大的 iOS 更新，新增数千个类和方法。本书只介绍一些重点，可供探索的空间很大。要了解有多少框架和类，建议您从 iOS 5 文档的最顶层开始（选择菜单 Help>Documentation>API Reference），再沿特定主题向下挖掘，这将让您知道 OS 包含哪些与该主题相关的功能。

4.7 小结

本章探索了 iOS 的各层：Cocoa Touch 层、多媒体层、核心服务层和核心 OS 层。您学习了基本应用程序的结构——它使用了哪些对象，以及 iOS 如何管理应用程序的生命周期；还学习了开始使用 Cocoa 时将遇到的常见类，包括数据类型和 UI 控件。

为向您提供查找类和方法参考资料所需的工具，本章还介绍了 Xcode 的两项功能。首先，Xcode 文档窗口提供了类似于浏览器的界面，让您能够访问完整的 iOS 文档；其次，Quick Help 可用于查找有关当前使用的类或方法的帮助，这是在您输入代码时自动完成的。归根结底，这些工具将帮助您深入探索 Apple 开发环境。

4.8 问与答

问：为何将操作系统服务分层？这不会增加复杂性吗？

答：通过使用高级框架，可降低代码的复杂性。通过提供多级抽象，Apple 向开发人员提供了让其能够轻松使用 iOS 功能的工具，还提供了这样的灵活性，即开发人员可使用离 OS 更近的低级服务对其应用程序的行为进行高度定制。

问：如果找不到所需的界面对象，该如何办？

答：如果您编写的是“常规”iOS 应用程序，Apple 很可能提供了能满足您需求的 UI 类。如果您想标新立异，可从现有控件派生出子类，并根据需要修改其行为，也可创建全新的控件。

4.9 作业

4.9.1 测验

1．在简化的 Apple iOS 架构中，总共有多少层？

2．您在应用程序中手工创建 UIApplication 对象的可能性有多大？

3．哪项帮助功能监视您的输入并显示相关的帮助文章？

4.9.2 答案

1．4 层：Cocoa Touch 层、多媒体层、核心服务层和核心 OS 层。

2．如果使用 Apple 应用程序模板来创建应用程序，将自动创建 UIApplication 对象，因此您不需要创建它。

3．Quick Help 在您编码时提供交互式帮助。

4.9.3 练习

1. 使用 Apple Xcode 文档工具探索 NSString 类及其方法。找出您将用来比较字符串、从数字创建字符串以及将字符串改成大写或小写的方法。

2. 在您的台式机中启动 Xcode 并新建一个空应用程序。展开项目代码文件夹，并单击文件 AppDelegate.m。该文件的内容出现后，按住 Option 键并在类名 UIApplication 中双击，以打开 Quick Help，再查看结果。尝试单击 Xcode 类文件中的其他符号，并观察发生的情况。

第5章

探索 Xcode Interface Builder

本章将介绍：

- Xcode Interface Builder 在开发过程中所处的位置；
- 故事板（storyboard）和场景（scene）的作用；
- 如何使用对象库（Object Library）创建用户界面；
- 可用于定制界面的常见属性；
- 如何让有视觉障碍的用户方便使用您的界面；
- 如何使用输出口和操作将界面与代码关联起来。

通过前几章的学习，您熟悉了 iOS 核心技术、Xcode 项目和 iOS 模拟器。虽然这些无疑是成为成功的开发人员必须具备的技能，但没有什么比创建您的第一个 iOS 应用程序并看到它出现在屏幕上更令人激动的了。

本章将介绍 Interface Builder：Xcode 集成的杰出用户界面编辑器，它让您能够以可视化方式设计应用程序界面，这种方式有趣、直观且无比强大。

5.1 了解 Interface Builder

首先要指出的是，Interface Builder（IB）确实能帮助您创建应用程序界面，但它不仅是一个 GUI 绘画工具，还可帮助您在不编写任何代码的情况下添加应用程序功能。这可减少 bug、缩短开发时间并让项目更容易维护。

如果您阅读 Apple 的开发文档，将发现 Interface Builder 被称为 Xcode 中的编辑器。对于这个以前为 Apple Developer Suite 中独立应用程序的工具，这有点过于歪曲了。要使用 Objective-C 进行 iOS 开发，必须了解 IB 及其用法。如果没有 Interface Builder，即使创建最基本的交互式应用程序都将非常困难。

本章重点介绍如何在 Interface Builder 中导航，这将是您理解本章其余内容的关键。在第 6 章，您将结合使用首次结合使用已学到的有关 Xcode 项目、代码编辑器、Interface Builder 和 iOS 模拟器的知识。请保持警惕，并继续往下阅读。

5.1.1 Interface Builder 采用的方法

通过使用 Xcode 和 Cocoa 工具集，可手工编写生成 iOS 界面的代码：实例化界面对象、指定它们出现在屏幕的什么位置、设置对象的属性以及使其可见。例如，在第 2 章，您在 Xcode 中输入了如下程序清单，让 iOS 设备在屏幕的一角显示文本 Hello Xcode。

```
UILabel *myMessage;
myMessage=[[UILabel alloc]
          initWithFrame:CGRectMake(30.0,50.0,300.0,50.0)];
myMessage.font=[UIFont systemFontOfSize:48];
myMessage.text=@"Hello Xcode";
myMessage.textColor = [UIColor colorWithPatternImage:
                      [UIImage imageNamed:@"Background.png"]];
[self.window addSubview:myMessage];
```

想象一下吧，如果要创建一个包含文本、按钮、图像以及数十个其他控件的界面，这将需要多长时间；如果需要做细微的修改，将需要阅读所有的代码。

在过去几年，出现了采用多种方法的图形界面生成器。其中最常见的实现之一是，让开发人员“绘制”界面，并在幕后创建生成该界面的代码。在这种情况下，要做任何调整都必须手工编辑代码，这令人难以接受。

另一种策略是维护界面定义，但将实现功能的代码直接关联到界面元素。不幸的是，这意味着如果要修改界面或将功能从一个 UI 元素切换到另一个，则必须移动代码。

Interface Builder 的工作原理与此不同。它不是自动生成界面代码，也不将源代码直接关联到界面元素，而是生成实时的对象，并通过称为连接（connection）的简单关联将其连接到应用程序代码。当您需要修改应用程序功能的触发方式时，只需修改连接即可。正如您将在稍后看到的，要改变应用程序使用您创建的对象的方式，只需连接或重新连接即可。

5.1.2 剖析 Interface Builder 故事板

您在 Interface Builder 中所做的工作将变成一个 XML 文件，它被称为故事板（storyboard），包含应用程序要显示的每个屏幕的对象层次结构。这些对象可能是界面元素——按钮、开关等，但也可能是您需要在应用程序中使用的其他非界面对象。组成特定屏幕的一系列对象称为场景（scene）。故事板可根据需要包含任意数量的场景，并通过切换（segue）将场景关联起来。

例如，简单的食谱应用程序可能有两个场景，其中一个场景由可供用户选择的食谱列表组成，而另一个场景包含选定食谱的详细信息。可对食谱列表进行设置，以便用户触摸食谱名时以淡入淡出的方式切换到详细信息视图。所有这些功能都可在应用程序的故事板文件中加以描述。

然而，故事板不仅可用于创建视觉效果，还让您能够创建对象，而无需手工分配或初始化它们。应用程序加载故事板文件中的场景时，其描述的对象将被实例化，您可通过代码访问它们。

注意：

By the Way

这里快速地复习一下。实例化指的是创建对象的实例，让您能够在程序中使用。实例对象获得了其类描述的所有功能，例如，被单击时，按钮将呈高亮显示，而内容视图将滚动等。

1. 故事板文档大纲

在 IB 中，故事板文件是什么样的呢？请切换到第 5 章的 Project 文件夹并双击文件 Empty.storyboard，这将打开 Interface Builder 并在其中显示该故事板文件的骨架。该文件的内容将以可视化方式显示在 IB 编辑器区域，而在编辑器区域左边的文档大纲（Document Outline）区域，将以层次方式显示其中的场景，如图 5.1 所示。

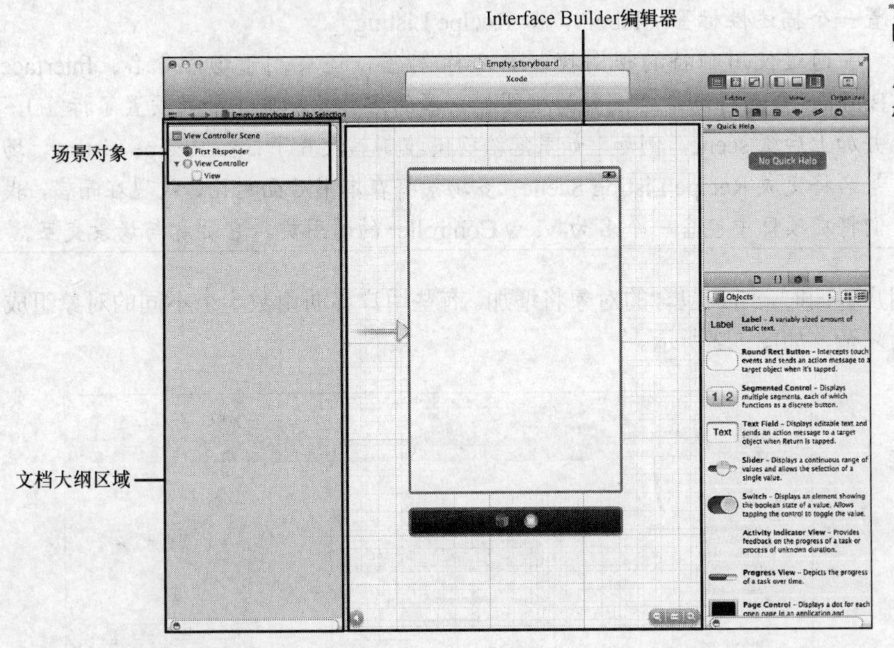

图 5.1

用图标表示故事板场景的对象

注意：

By the Way

如果在 Xcode 工作区中没有看到文档大纲区域，请选择菜单 Editor>Show Document Outline，也可单击 Xcode 编辑器区域左下角的展开箭头。

注意到这个文件只包含一个场景：View Controller Scene。在本书创建界面时，大多数情况下都是从单场景故事板开始的，因为它们提供了丰富的空间，让您能够收集用户输入和显示输出。从第 11 章开始，我们将探索多场景故事板。

在 View Controller Scene 中，有 3 个图标：First Responder（第一响应者）、View Controller（视图控制器）和 View（视图）。前两个特殊图标用于表示应用程序中的非界面对象，在您使用的所有故事板场景中都包含它们。

- First Responder：该图标表示用户当前正在与之交互的对象。当用户使用iOS应用程序时，可能有多个对象响应用户的手势或键击。第一响应者是当前与用户交互的对象。例如，当用户在文本框中输入时，该文本框将是第一响应者，直到用户移到其他文本框或控件。
- View Controller：该图标表示加载应用程序中的故事板场景并与之交互的对象。场景描述的其他所有对象几乎都是由它实例化的。第6章将更详细地介绍界面和视图控制器之间的关系。
- View：该图标是一个UIView实例，表示将被视图控制器加载并显示在iOS设备屏幕中的布局。从本质上说，视图是一种层次结构，这意味着当您在界面中添加控件时，它们将包含在视图中。您甚至可在视图中添加其他视图，以便将控件编组或创建可作为一个整体进行显示或隐藏的界面元素。

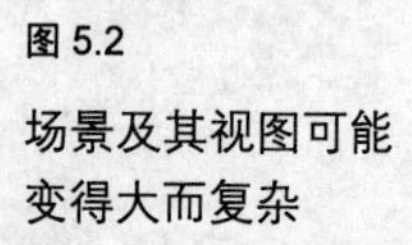

注意：

这里的故事板可能是最为“乏味”的。在包含多个场景的大型应用程序中，可能需要给视图控制器类命名，以更好地描述其控制的东西，或给它设置一个描述性标签（label），如Recipe Listing。

通过使用独特的视图控制器名称/标签，还有利于场景命名。Interface Builder自动将场景名设置为视图控制器的名称或标签（如果设置了标签），并加上后缀scene。例如，如果您给视图控制器设置了标签Recipe Listing，场景名将变成Recipe Listing Scene。多场景将在本书后面讨论，就现在而言，我们将在项目中包含一个名为View Controller的通用类，它负责与场景交互。

当您创建用户界面时，场景包含的对象将增加。有些用户界面由数十个不同的对象组成，导致场景拥挤而复杂，如图5.2所示。

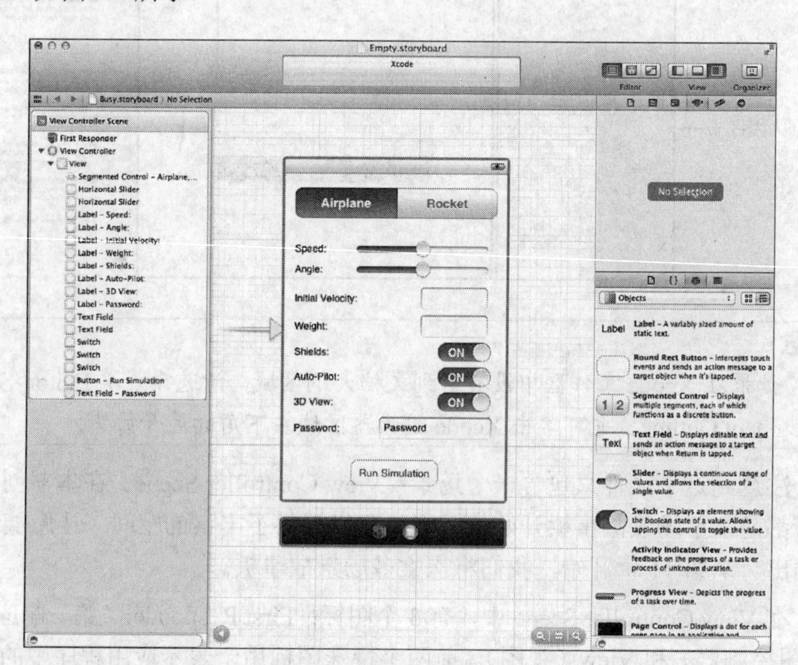

图5.2

场景及其视图可能变得大而复杂

当应用程序非常复杂的，为方便管理大量的信息，可折叠或展开文档大纲区域的视图层次结构。

提示：

Did you Know?

在最简单的情况下，视图（UIView）是一个矩形区域，可包含内容以及响应用户事件（触摸等）。事实上，您将加入到视图中的所有控件（按钮、文本框等）都是 UIView 的子类。对于这一点您不用担心，只是您在文档中可能遇到这样的情况，即将按钮和其他界面元素称为子视图，而将包含它们的视图称为父视图。

需要牢记的是，在屏幕上看到的任何东西几乎都可视为“视图”，这使得该术语看起来有点名不副实。

2．使用文档大纲区域的对象

文档大纲区域显示了表示应用程序中对象的图标，但这有何优点呢？除呈现一个漂亮的列表外，这些图标还有其他用途吗？

肯定有。这些图标让您能够以可视化方式引用它们代表的对象。您将从这些图标拖曳到其他地方或从其他地方拖曳到这些图标，从而创建让应用程序能够工作的连接。

假设您希望一个屏幕控件（如按钮）能够触发代码中的操作。通过从该按钮拖曳到 View Controller 图标，可将该 GUI 元素连接到您希望它激活的方法。您甚至可以将有些对象直接拖放到代码中，从而快速创建一个与该对象交互的变量或方法。

在 Interface Builder 中使用对象方面，Xcode 给开发人员提供了极大的灵活性。您可在 IB 编辑器中直接与 UI 元素交互，也可与文档大纲区域中表示这些 UI 元素的图标交互。另外，在编辑器中的视图下方有一个图标栏，所有在用户界面中不可见的对象（如第一响应者和视图控制器）都可在这里找到，如图 5.3 所示。

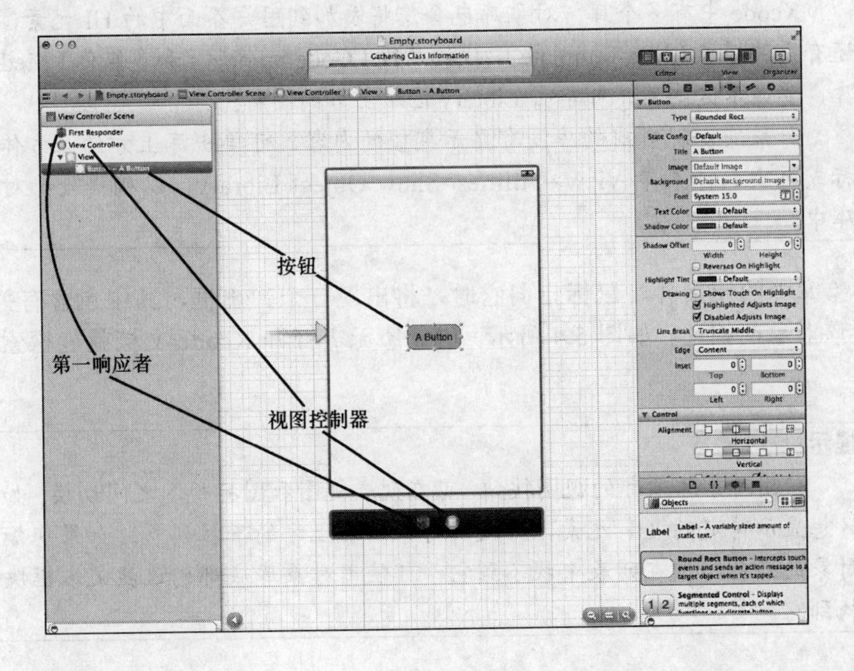

图 5.3

您将在编辑器或文档大纲区域中与对象交互

By the Way

注意：

如果视图下方的图标栏没有显示任何图标，而只显示了文本 View Controller，可单击它。图标栏默认显示场景的视图控制器的名称，您单击后它才显示图标。

本章后面将介绍一个示例，让您对如何同对象交互以及如何连接对象有所认识。但在此之前，先来看看如何将空视图变成杰出的界面。

5.2 创建用户界面

在图 5.1 和图 5.2 中，您分别看到了一个空视图和一个充实的界面，但如何将空视图变成充实的界面呢？本节将探索如何使用 Interface Builder 创建界面，换句话说，现在该介绍有趣的内容了。

如果您还没有打开本章 Project 文件夹中的文件 Empty.storyboard，请现在打开它。再确保文档大纲区域可见，且在编辑器中能够看到视图，为设计界面做好准备。

5.2.1 对象库

添加到视图中的任何控件都来自对象库（Object Library），从按钮到图像再到 Web 内容。要打开对象库，可选择菜单 View>Utilities>Show Object Library（Control + Option + Command + 3）。如果对象库以前不可见，这将打开 Xcode 的 Utility 区域，并在右下角显示对象库。确保从对象库顶部的下拉列表中选择了 Objects，这样将列出所有的选项。

Watch Out!

警告：无处不在的库

Xcode 中有多个库。对象库包含您将添加到用户界面中的 UI 元素，但还有文件模板（File Template）、代码片段（Code Snippet）和多媒体（Media）库，要显示这些库，可单击 Library 区域上方的图标。

如果您发现当前的库没有显示期望的内容，可单击库上方的立方体图标或再次选择菜单 View>Utilities>Show Object Library，以确保处于对象库中。

当您单击对象库中的元素并将鼠标指向它时，将出现一个弹出框，其中包含有关如何在界面中使用该对象的描述，如图 5.4 所示。这让您无需打开 Xcode 文档就能探索 UI 元素。

Did you Know?

提示：

使用对象库顶部的视图按钮，可在列表视图和图标视图之间切换。如果只想显示特定的 UI 元素，可使用对象列表上方的下拉列表。如果您知道对象的名称，但在列表中找不到它，可使用对象库底部的过滤文本框快速找到它。

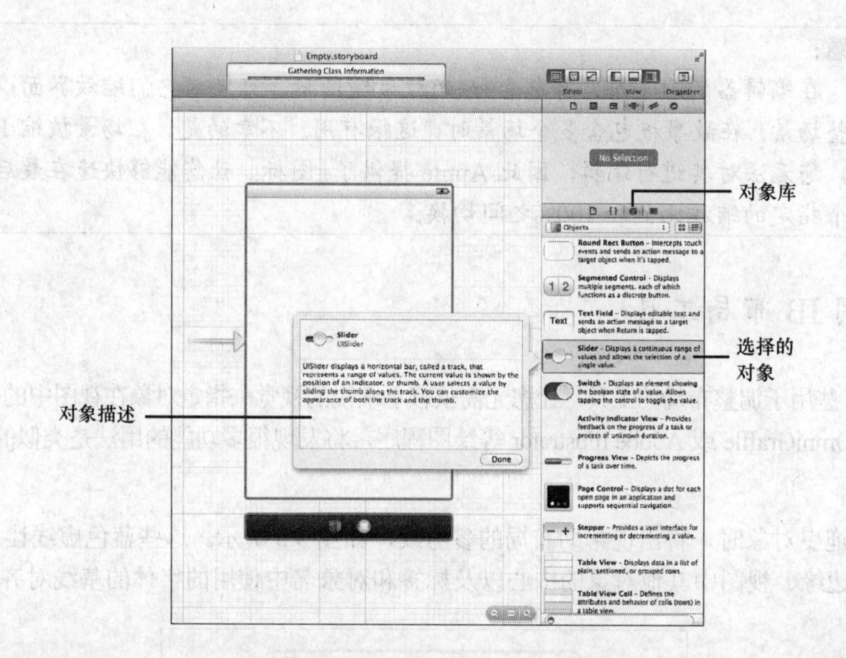

图 5.4

对象库包含大量可添加到视图中的对象

5.2.2 将对象加入到视图中

要将对象加入到视图中，只需在对象库中单击它，并将其拖放到视图中。例如，在对象库中找到标签对象（UILabel），并将其拖放到编辑器中的视图中央。标签将出现在视图中，并显示 Label。双击 Label 并输入 Hello，正如您预期的，文本将更新，如图 5.5 所示。

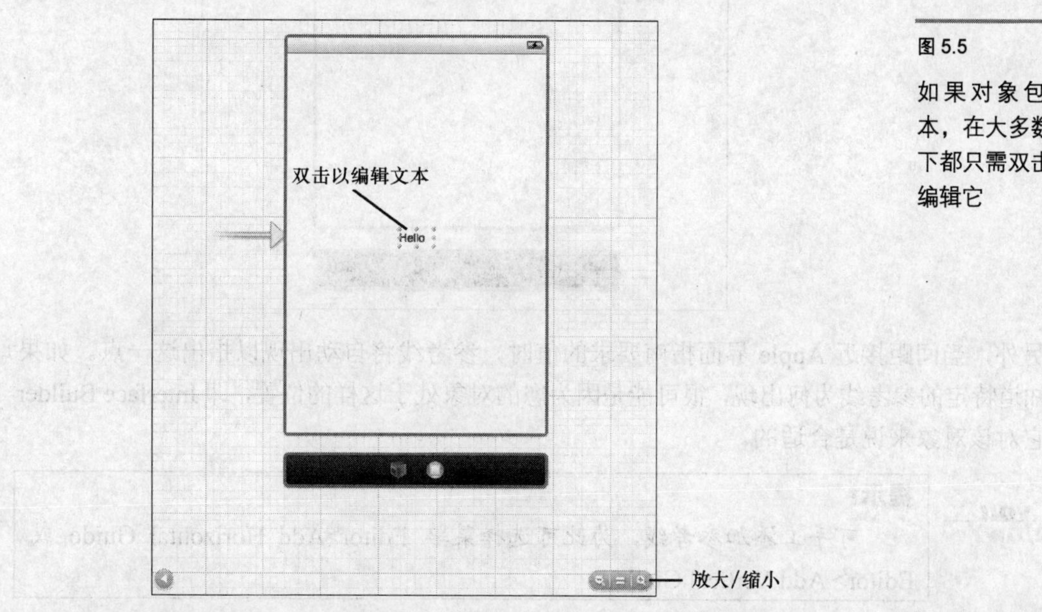

图 5.5

如果对象包含文本，在大多数情况下都只需双击就可编辑它

通过上述简单操作，您几乎就实现了本章前面列出的代码段实现的功能。尝试将其他对象（按钮、文本框等）从对象库中拖放到视图。在大多数情况下，对象的外观和行为都符合您的预期。

要将对象从视图中删除，可单击选择它，再按 Delete 键。您还可使用 Edit 菜单中的选项在视图间复制并粘贴对象以及在视图内复制对象多次。

By the Way

注意：

在编辑器的右下角，有包含+/–的放大镜图标，可使用它们缩放界面以调整场景。在故事板包含多个场景时，这很有用。不幸的是，在场景被缩小时，您无法对其进行编辑，因此 Apple 提供了=图标，让您能够快速在最后一个指定的缩放比例和 100%之间切换。

5.2.3 使用 IB 布局工具

Apple 提供了一些用于调整布局的工具，让您无需依赖于敏锐的视觉来指定对象在视图中的位置。如果您使用过 OmniGraffle 或 Adobe Illustrator 等绘图程序，将发现很多功能的用法是类似的。

1．参考线

当您在视图中拖曳对象时，将出现帮助布局的参考线，如图 5.6 所示。这些蓝色虚线让您能够将对象与视图边缘、视图中其他对象的中心以及标签和对象名中使用的字体的基线对齐。

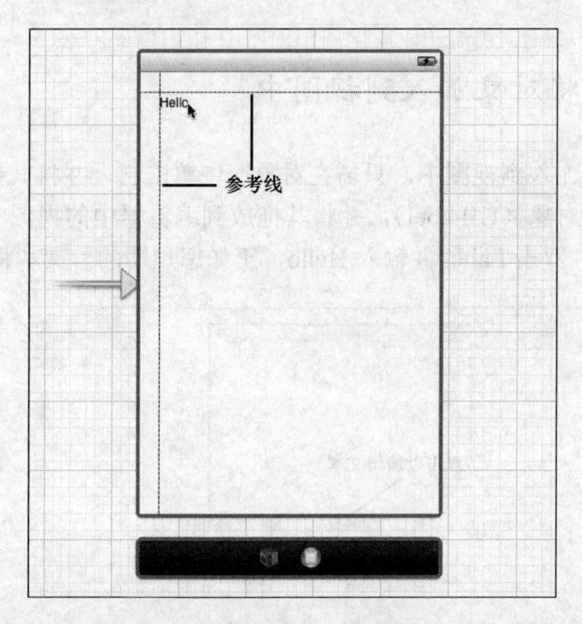

图 5.6
参考线帮助您在视图中放置对象

另外，当间距接近 Apple 界面指南要求的值时，参考线将自动出现以指出这一点。如果您不知道特定的参考线为何出现，很可能是因为您的对象处于这样的位置，即 Interface Builder 认为它对该对象来说是合适的。

Did you Know?

提示：

可手工添加参考线，为此可选择菜单 Editor>Add Horizontal Guide 或 Editor> Add Vertical Guide。

2．选取手柄

除布局参考线外，大多数对象都有选取手柄，可使用它们沿水平、垂直或这两个方向缩放对象。对象被选定后，其周围将出现小框，单击并拖曳它们可调整对象的大小，图 5.7 通过一个按钮演示了这一点。

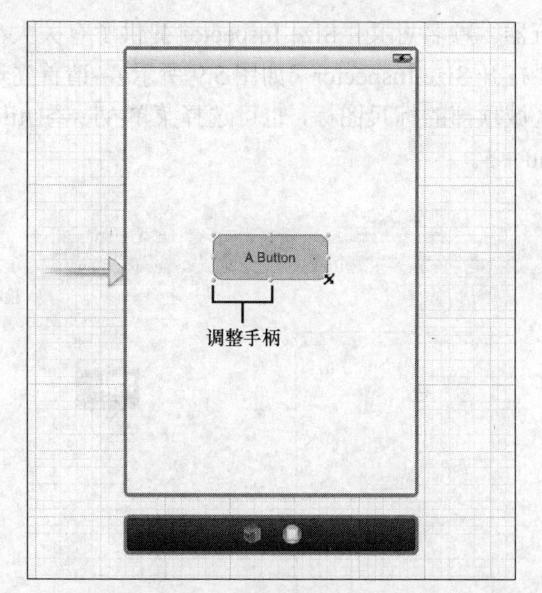

图 5.7
使用对象周围的大小调整手柄可调整其大小

请注意，有些对象将限制您如何调整其大小，这可确保 iOS 应用程序界面的一致性。

3．对齐

要快速对齐视图中的多个对象，可单击并拖曳出一个覆盖它们的选框，或按住 Shift 键并单击以选择它们，然后从菜单 Editor>Align 中选择合适的对齐方式。

例如，请尝试将多个按钮拖放到视图中，并将它们放在不同的位置。要基于水平中心对齐它们（一条线垂直穿越每个按钮的中点），可选择这些按钮，再选择菜单 Editor>Align>Align Horizontal Centers。图 5.8 显示了对齐前和对齐后的结果。

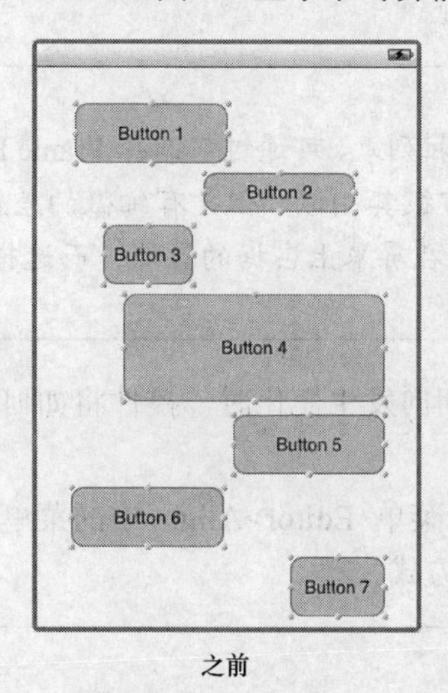

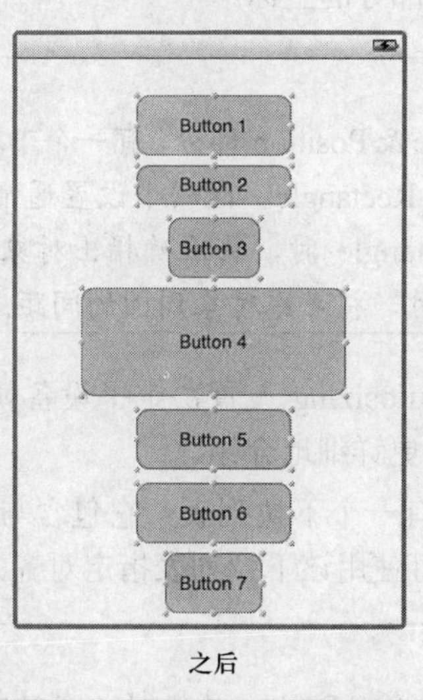

图 5.8
使用菜单 Align 基于边缘或中心快速对齐一组对象

提示：

要微调对象在视图中的位置，可选择它，再使用箭头键以每次一个像素的方式向上、下、左或右调整其位置。

Did you Know?

4．大小检查器

为控制布局，您可能想使用的另一个工具是 Size Inspector（大小检查器）。Interface Builder

有很多用于查看对象属性的检查器。顾名思义，Size Inspector 提供了有关大小的信息，以及有关位置和对齐方式的信息。要打开 Size Inspector（如图 5.9 所示），请首先选择要调整的一个或多个对象，再单击 Utility 区域顶部的标尺图标，也可选择菜单 View>Utilities> Show Size Inspector 或按 Option + Command + 5。

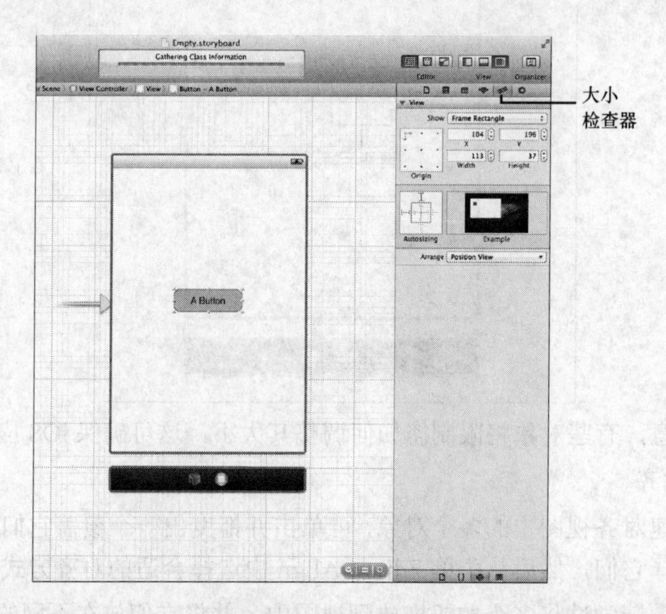

图 5.9

Size Inspector 让您能够调整一个或多个对象的大小和位置

通过该检查器顶部的文本框，可查看对象的大小和位置，还可通过修改文本框 Height/Width 和 X/Y 中的坐标了调整大小和位置。另外，通过单击网格中的黑点（它们用于指定读数对应的部分），可查看对象特定部分的坐标。

By the Way

注意：

在 Size & Position 部分，有一个下拉列表，可通过它选择 Frame Rectangle 或 Layout Rectangle。这两个设置通常极其相似，但也有细微的差别。选择 Frame Rectangle 时，将准确指出对象在屏幕上占据的区域；而选择 Layout Rectangle 时，将考虑对象周围的间距。

Size Inspector 中的 Autosizing 设置决定了设备朝向发生变化时，控件将如何调整其大小和位置，这将在第 16 章更详细地介绍。

最后，该检查器底部有一个下拉列表，它包含与菜单 Editor>Align 中的菜单项对应的选项。选择多个对象后，可使用该下拉列表指定对齐方式。

Did you Know?

提示：

在 Interface Builder 中选择一个对象后，如果按住 Option 键并移动鼠标，将显示选定对象与当前鼠标指向的对象之间的距离。

5.3 定制界面外观

最终用户看到的界面不仅仅取决于控件的大小和位置。对很多对象来说，有数十个不同的属性可供调整。虽然完全可以使用代码来设置诸如颜色和字体等属性，但使用 Interface Builder 中的工具来设置更容易。

5.3.1 使用属性检查器

为调整界面对象的外观，最常用的方式是通过 Attributes Inspector（属性检查器）；要打开该检查器，可单击 Utility 区域顶部的滑块图标，如果当前 Utility 区域不可见，可选择菜单 View>Utility>Show Attributes Inspector（Option + Command + 4）。下面通过一个简单示例演示如何使用它。

确保仍打开了文件 Empty.storyboard，并在该视图中添加了一个文本标签。选择该标签，再打开 Attributes Inspector，如图 5.10 所示。

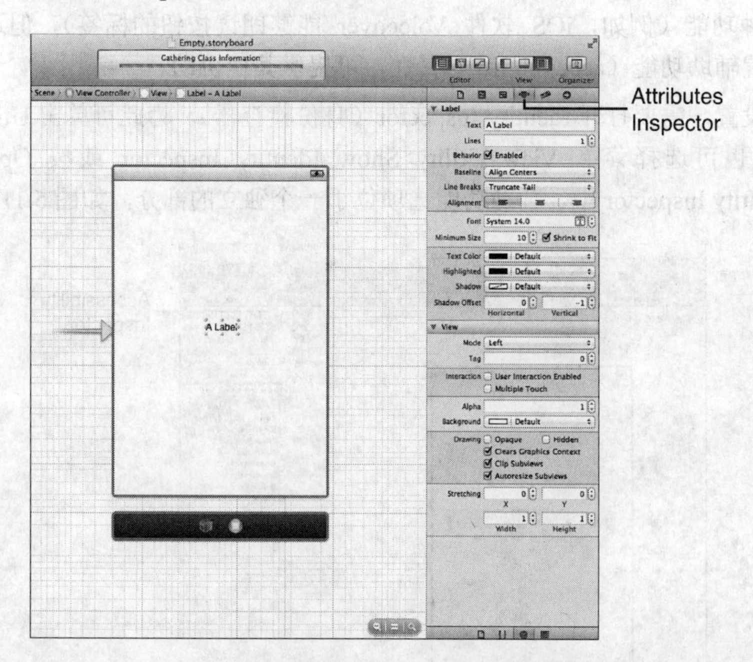

图 5.10
要改变对象的外观和行为，可选择它，再打开 Attributes Inspector

Attributes Inspector 的顶部包含当前选定对象的属性，就标签对象而言，这包括字体、字号、颜色、对齐方式等——您编辑文本时希望有的一切。

在该检查器的底部是继承而来的其他属性。前面说过，屏幕元素都是 UIView 的子类，这意味着它们有所有标准视图属性。在很多情况下，您不会修改这些属性，但背景和透明度属性很有用。

提示：

现在不要试图去记住每个控件的每个属性，本书后面在需要时将介绍一些有趣而重要的属性。

Did you Know?

请大胆地探索 Attributes Inspector 中的选项，看看对于不同类型的对象都可配置哪些方面。这个工具非常灵活。

Did you Know?

提示：

您在 Interface Builder 中修改的属性（attribute）实际上就是对象的属性（property）。要确定属性（attribute）的作用，可使用 Xcode 中的文档工具查找对象所属的类，并阅读有关其属性（property）的描述。

5.3.2 设置辅助功能属性

多年来，界面的“外观”只是意味着它看起来是什么样的；现在，出现了让界面能够通过声音向有视觉障碍的用户描述自己的技术。iOS 使用了 Apple 开发的屏幕阅读器技术 Voiceover，它集成了语音合成功能，可帮助用户导航应用程序。

通过使用 Voiceover，当用户触摸界面元素时，将听到有关其用途和用法的简短描述。虽然您可以免费获得这种功能（例如，iOS 软件 Voiceover 能够朗读按钮的标签），但通过在 Interface Builder 中配置辅助功能（accessibility）属性，可提供其他协助。

要访问辅助功能设置，需要打开 Identity Inspector（身份检查器），为此可单击 Utility 区域顶部的窗口图标，也可选择菜单 View>Utility>Show Identity Inspector 或按 Option + Command + 3。在 Identity Inspector 中，辅助功能选项位于一个独立的部分，如图 5.11 所示。

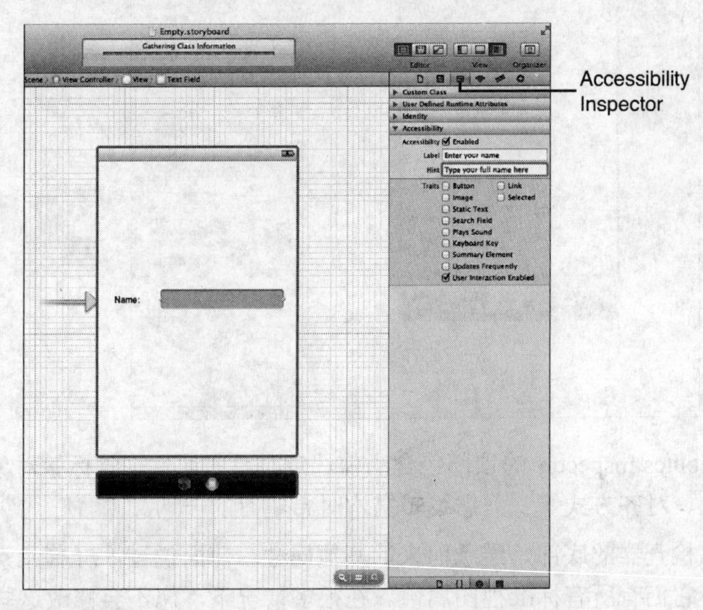

图 5.11
在 Identity Inspector 的 Accessibility 部分配置 Voiceover 如何与应用程序交互

在该区域，您可配置 4 组属性。

- Accessibility（辅助功能）：如果选中它，对象将具有辅助功能。如果您创建了只有看到才能使用的自定义控件，则应禁用该设置。
- Label（标签）：一两个简单的单词，用作对象的标签。例如，对于收集用户姓名的文本框，可使用 your name。
- Hint（提示）：有关控件用法的简短描述。仅当标签本身没有提供足够的信息时才需要设置该属性。
- Traits（特征）：这组复选框用于描述对象的特征——其用途以及当前的状态。

提示：

为让应用程序能够供最大的用户群使用，应尽可能利用辅助功能工具。即使像您在本章前面使用的文本标签这样的对象，也应配置其特征（traits）属性，以指出它们是静态文本，这可以让用户知道不能与之交互。

Did you Know?

5.3.3 测试界面

如果您使用过以前的 Xcode 版本，就知道可轻松地模拟界面。不幸的是，Apple 引入故事板后删除了这项功能。然而，现在 Xcode 将为您编写大部分界面代码。这意味着您创建界面并将其关联到应用程序类后，便可在 iOS 模拟器中运行该应用程序，即使该应用程序还未编写好。本书将采用一种利用了这一点的开发方式。除几个非常特殊的情况外，您可随时测试界面以及您添加的功能。

启用辅助功能检查器（Accessibility Inspector）

如果您创建了一个支持辅助功能的界面，可能想在 iOS 模拟器中启用 Accessibility Inspector（辅助功能检查器）。为此，可启动模拟器，再单击主屏幕（Home）按钮返回主屏幕。单击 Setting（设置），并选择 General>Accessibility（“通用”>“辅助功能”），然后使用开关启用 Accessibility Inspector，如图 5.12 所示。

Accessibility Inspector 在模拟器工作空间中添加一个覆盖层，用于显示您为界面元素配置的标签、提示和特征。注意，在辅助功能模式下，在 iPhone 界面中导航的方式完全不同。

使用该检查器左上角的 X 按钮可在关闭和开启模式之间切换。处于关闭状态时，该检查器折叠成一个小条，而 iOS 模拟器的行为将恢复正常。在此单击 X 按钮可重新开启。要禁用 Accessibility Inspector，只需再次单击 Setting 并选择 General> Accessibility。

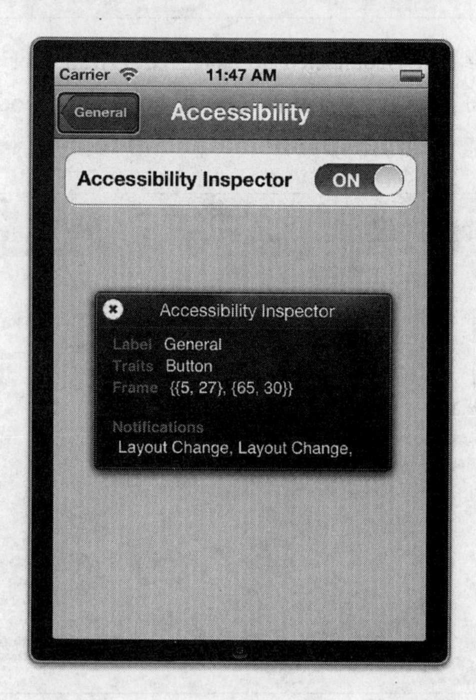

图 5.12

启用 Accessibility Inspector

5.4 连接到代码

您已经知道如何创建界面了，但如何使其起作用呢？前面说过，这需要将界面连接到您编写的代码。本节将完成这项工作：将界面连接到代码，让应用程序能够运行。

5.4.1 打开项目

首先，我们将使用本章 Projects 文件夹中的项目 Disconnected。打开该文件夹，并双击文件 Disconnected.xcodeproj，这将在 Xcode 中打开该项目，如图 5.13 所示。

图 5.13

首先在 Xcode 中打开项目

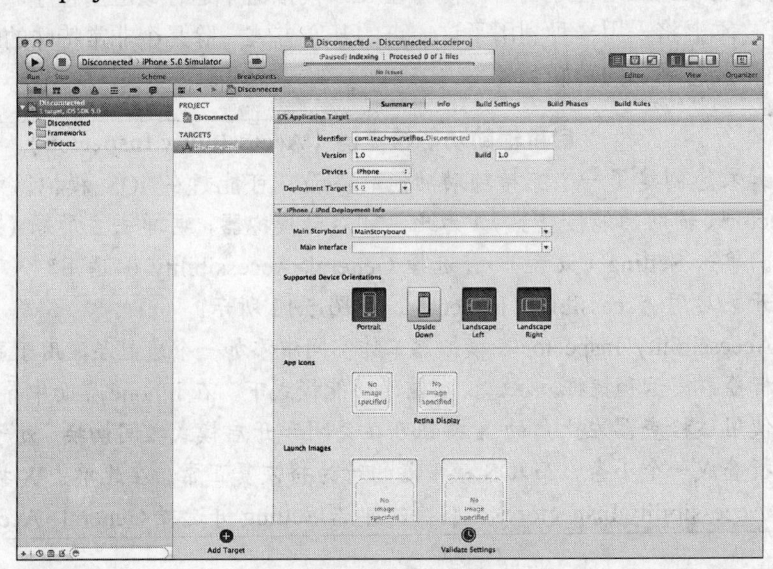

加载该项目后，展开项目代码编组（Disconnected），并单击文件 MainStoryboard.storyboard，这个故事板文件包含该应用程序将把它显示为界面的场景和视图。Xcode 将刷新，并在 Interface Builder 编辑器中显示场景，如图 5.14 所示。

图 5.14

Interface Builder 显示应用程序的场景和相应的视图

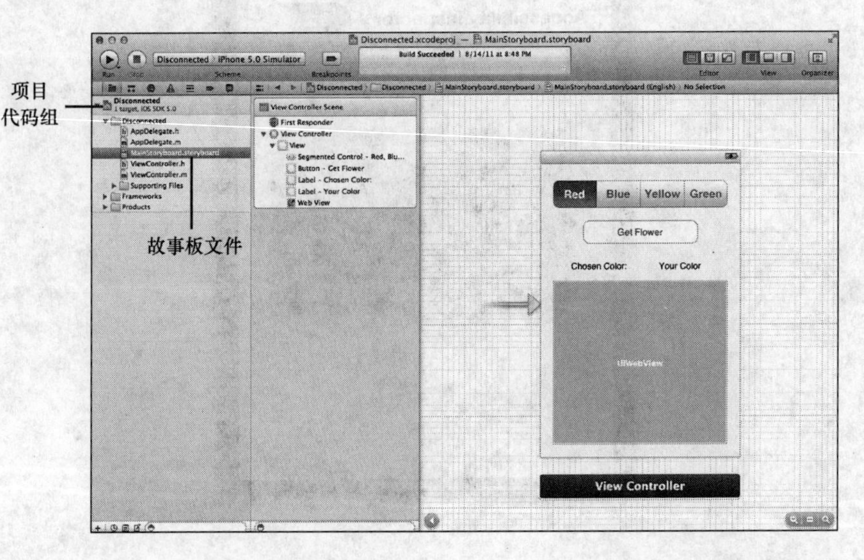

5.4.2 实现概述

该界面包含 4 个交互式元素：一个按钮栏（分段控件）、一个按钮、一个输出标签和一个 Web 视图（一个集成的 Web 浏览器组件）。这些控件将与应用程序代码交互，让用户选择花朵颜色并单击 Get Flower 按钮时，文本标签将显示选择的颜色，并从网站 http://www.floraphotographs.com 随机取回一朵这种颜色的花朵。最终的结果如图 5.15 所示。

图 5.15
最终的应用程序在用户选择一种颜色时显示一幅这种颜色的花朵图像

不幸的是，当前该应用程序什么也不做。还没有将界面连接到应用程序代码，因此它不过是一张漂亮的图片。为让应用程序能够正常运行，我们将创建到应用程序代码中定义的输出口和操作的连接。

5.4.3 输出口和操作

输出口（outlet）不过是一个通过它可引用对象的变量。例如，如果您在 Interface Builder 中创建了一个用于收集用户姓名的文本框，可能想在代码中为它创建一个名为 userName 的输出口。这样，便可使用该输出口和相应的属性获取或修改该文本框的内容。

另一方面，操作（action）是代码中的一个方法，在相应的事件发生时调用它。有些对象（如按钮和开关）可在用户与之交互（如触摸屏幕）时通过事件触发操作。通过在代码中定义操作，Interface Builder 可使其能够被屏幕对象触发。

通过将 Interface Builder 中的界面元素与输出口或操作相连，可创建连接。

为让应用程序 Disconnected 能够运行，需要创建到如下输出口和操作的连接。

➢ ColorChoice：一个对应于按钮栏的输出口，用于访问用户选择的颜色。

➢ GetFlower：这是一个操作，它从网上获取一幅花朵图像并显示它，然后将标签更新为选择的颜色。

➢ ChosedColor：对应于标签的输出口，将被 getFlower 更新以显示选定颜色的名称。

➢ FlowerView：对应于 Web 视图的输出口，将被 getFlower 更新以显示获取的花朵图像。

下面来建立连接。

1．创建到输出口的连接

要建立从界面元素到输出口的连接，可按住 Control 键，并从场景的 View Controller 图标（它出现在在文档大纲区域和视图下方的图标栏中）拖曳到视图中对象的可视化表示或文档大纲区域中的相应图标。

请尝试对按钮栏（分段控件）这样做。按住 Control 键，再单击文档大纲区域中的 View Controller 图标，并将其拖曳到屏幕上的按钮栏。拖曳时将出现一条线，让您能够轻松地指向要连接的对象，如图 5.16 所示。当您松开鼠标时，将出现一个下拉列表，其中列出可供选择的输出口（如图 5.17 所示），这里选择 colorChoice。

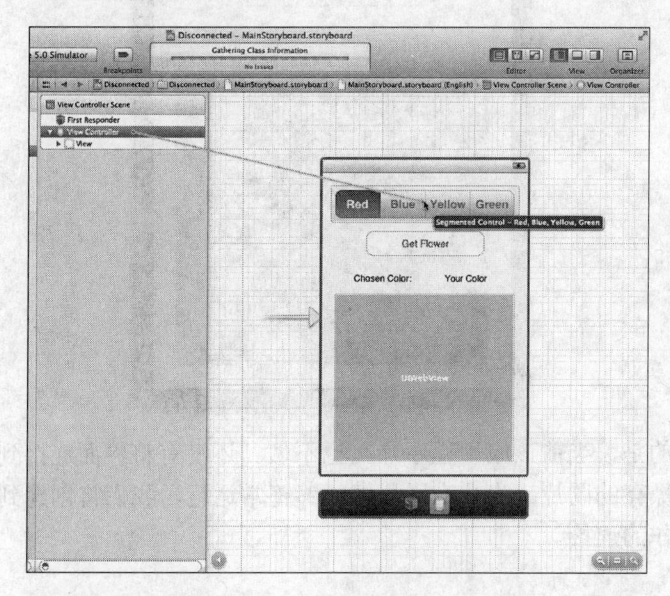

图 5.16

按住 Control 键并从 View Controller 拖曳到按钮栏

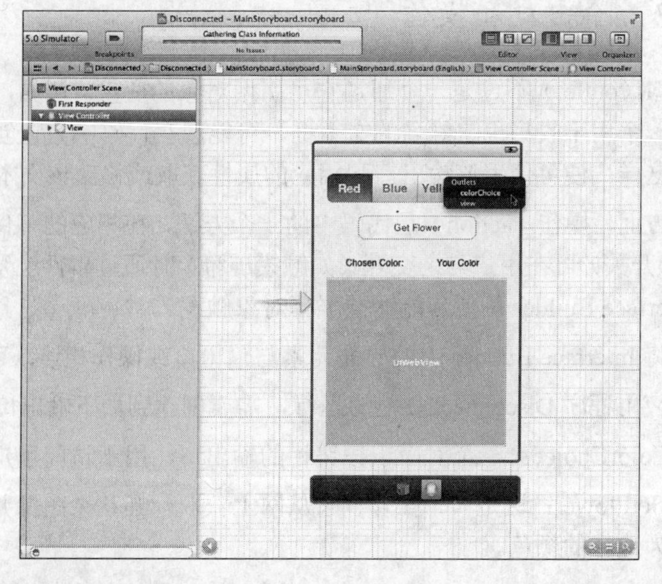

图 5.17

从可供使用的输出口中选择

> **注意：**
>
> Interface Builder 知道什么类型的对象可连接到给定的输出口，因此它只显示适合当前要创建的连接的输出口。

By the Way

对文本为 Your Color 的标签和 Web 视图重复上述过程，将它们分别连接到输出口 chosenColor 和 flowerView。

2．创建到操作的连接

连接到操作的方式稍有不同。对象的事件触发代码中的操作（方法），因此连接的方向相反：从触发事件的对象连接到场景的 View Controller。虽然可以像连接输出口那样按住 Control 键并拖曳来创建连接，但不推荐这样做，因为您无法指定哪个事件将触发它：用户轻按按钮还是用户的手指离开按钮呢？

操作可被很多不同的事件触发，因此需要确保选择了正确的事件，而不是让 Interface Builder 去决定。为此，选择将调用操作的对象，并单击 Utility 区域顶部的箭头图标以打开 Connections Inspector（连接检查器）。您也可以选择菜单 View>Utilities>Show Connections Inspector（Option + Command + 6）。

Connections Inspector 显示了当前对象（这里是按钮）支持的事件列表，如图 5.18 所示。每个事件旁边都有一个空心圆圈，要将事件连接到代码中的操作，可单击相应的圆圈并将其拖曳到文档大纲区域中的 View Controller 图标。

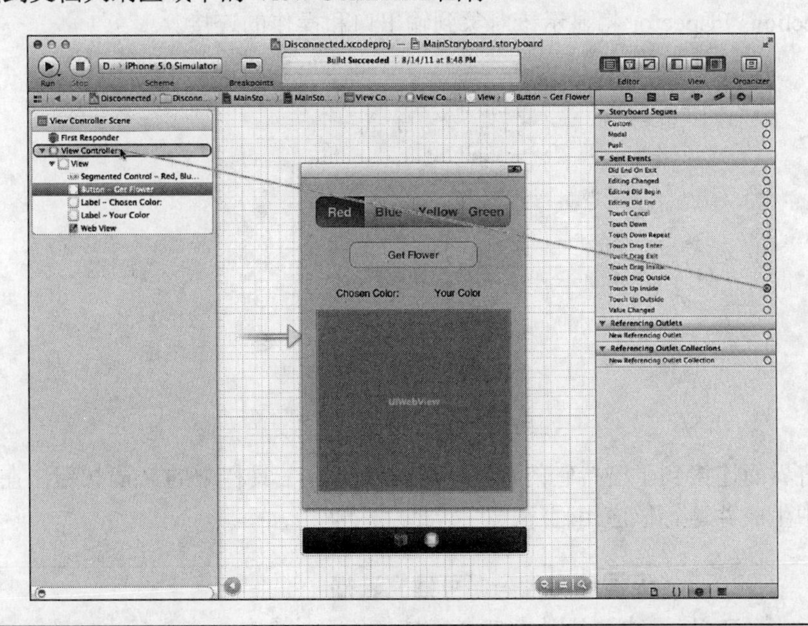

图 5.18

使用 Connections Inspector 来查看现有连接和建立新连接

> **注意：**
>
> 我经常说“创建到该场景的视图控制器的连接”或“将界面元素放到该场景的视图中”。这是因为 Interface Builder 故事板可包含多个场景，每个场景都有自己的视图控制器和视图。在接下来的几章介绍的示例中，只有一个场景，因此只有一个视图控制器。虽然如此，您也应该知道，在文档大纲区域包含多个视图控制器图标时，必须选择与当前编辑的场景对应的视图控制器图标。

By the Way

例如，要将按钮 Get Flower 连接到方法 getFlower，可选择该按钮并打开 Connections Inspector（Option + Command + 6）。然后将 Touch Up Inside 事件旁边的圆圈拖曳到场景的 View Controller 图标，再松开鼠标。当系统询问时选择操作 getFlower，如图 5.19 所示。

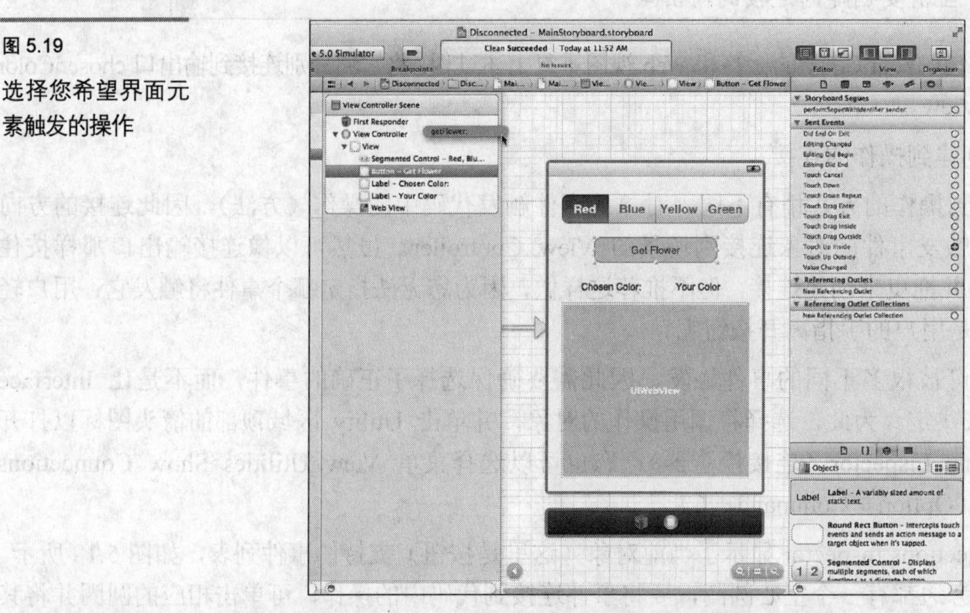

图 5.19
选择您希望界面元素触发的操作

建立连接后，该检查器将更新，以显示事件及其调用的操作，如图 5.20 所示。如果您单击其他对象，Connections Inspector 将显示该对象到输出口和操作的连接。

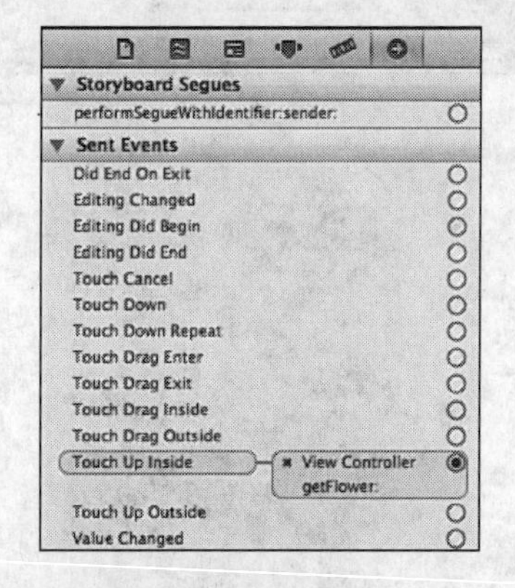

图 5.20
Connections Inspector 更新，以显示与对象相关的操作和输出口

做得很好！您将界面连接到了支持它的代码。单击 Xcode 工具栏中的 Run 按钮，在 iOS 模拟器或 iOS 设备中生成并运行该应用程序。

无需编写代码便可建立连接

虽然您在 Interface Builder 中建立的大部分连接都位于对象和您在代码中定义的输出口或操作之间，但有些对象实现了一些内置操作，不需要您编写任何代码。

例如，Web 视图实现了包括 goForward 和 goBack 在内的操作。通过使用这些操作，可给该视图添加基本的导航功能。为此，只需将按钮的 Touch Up Inside 事件拖曳到 Web 视图对象（而不是 View Controller 图标）。正如前面指出的，系统将要求您指定要连接到哪个操作，但这次连接的操作并非您自己编写的。

3．使用快速检查器编辑连接

连接到界面时，我常犯的一种错误是创建的连接并非我需要的。经过一些拖曳操作后，界面突然间不正确，不能正常运行了。要检查已建立的连接，可选择一个对象，并打开前面讨论过的 Connections Inspector，也可右击 Interface Builder 编辑器或文档大纲区域中的任何对象，以打开快速检查器（Quick Inspector）。这将出现一个浮动窗口，其中列出了与该对象相关联的所有输出口和操作，如图 5.21 所示。

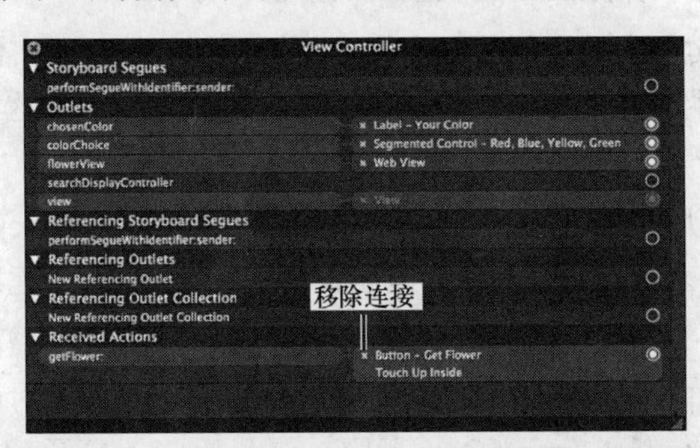

图 5.21

右击对象以快速检查其连接

除查看已有的连接外，还可删除连接，方法是单击连接的对象旁边的 X，如图 5.21 所示。您甚至可以通过单击圆圈并拖曳到对象来创建新连接，就像在 Connections Inspector 中所做的一样。要关闭 Quick Inspector，可单击其左上角的 X。

注意：

By the Way

虽然单击对象（如按钮）将显示与该对象相关的所有连接，但并不会显示您在 Interface Builder 编辑器中建立的所有连接。由于几乎您建立的所有连接都与场景的视图控制器相关，因此通过选择它并打开 Connections Inspector，可以更详细地了解您建立了哪些连接。

4．使用 Interface Builder 编写代码

前面创建了从用户界面对象到代码中定义的输出口和操作的连接。在下一章，您将编写一个完整的应用程序，包括定义输出口和操作以及将它们连接到故事板场景。在这个过程中有趣的是，除结合使用以前学到的知识外，Interface Builder 编辑器还将为您编写定义输出口和操作的 Objective-C 代码。

虽然 Xcode 不可能为您编写应用程序，但它确实会为应用程序的界面对象创建实例变量和属性，并生成界面将触发的方法的存根（stub）。您需要做的只是将 Interface Builder 对象拖放到源代码中。是否使用这种功能取决于开发人员，但它确实有助于节省时间和避免语法错误。

提示：

Did you Know?

方法存根（骨架）只不过是一个已声明但不执行任何指令的方法。在知道以后要编写哪些方法，但又还没有决定如何编写其代码时，可添加其存根。这在应用程序的初始设计阶段很有用，因为这有助于确定还有多少工作要做。

如果您有代码需要使用还未编写的方法，存根方法也很有用。通过提供并使用未编写的方法的存根，可让应用程序能够通过编译并运行，这让您能够在开发过程的任何阶段对已完成的代码进行测试。

5.4.4 对象身份

在结束对 Interface Builder 的简介之前，如果不简要地介绍另一项功能——Identity Inspector，就是我的失职。前面查看界面对象的辅助功能属性时，您使用过这个工具，但我们以后还将需要使用这个检查器，其原因是要设置类的身份和标签。

将对象拖放到界面中时，实际上是在创建现有类（按钮、标签等）的实例。然而，本书将偶尔创建一些自定义子类，并希望能够在 Interface Builder 中引用它。在这种情况下，需要给 Interface Builder 提供帮助，指出它应使用的子类。

例如，假设创建了标准按钮类 UIButton 的一个子类，并将其命名为 ourFancyButtonClass。然后，将一个按钮拖放到场景中以表示自定义按钮，但加载故事板文件时，创建的却是 UIButton 对象。

为修复这种问题，可选择加入到视图中的按钮，单击 Utility 区域顶部的窗口图标或选择菜单 View>Utilities> Show Identity Inspector（Option + Command + 3）打开 Identity Inspector，再通过下拉列表/文本框指定在运行阶段加载界面时我们要实例化的类，如图 5.22 所示。

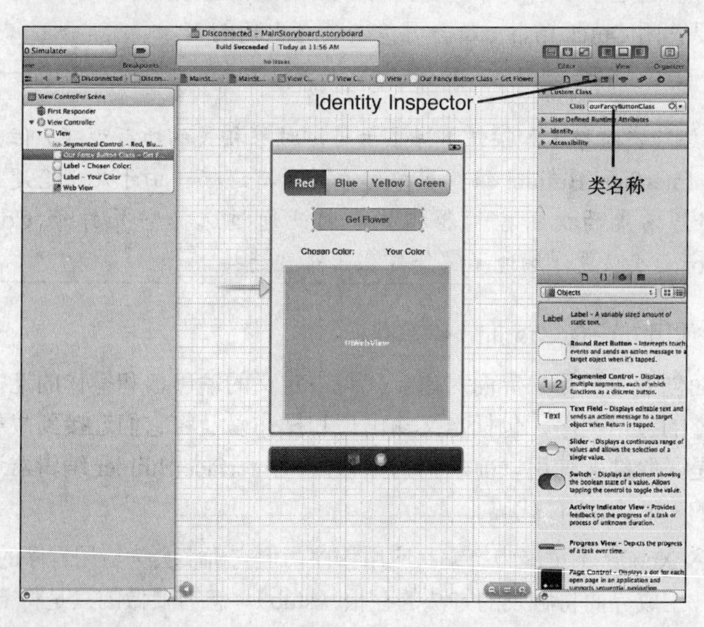

图 5.22
使用自定义类时，将需要在 Interface Builder 中手动设置对象的身份

我们将在需要时介绍这个主题，它看起来令人迷惑，但不用担心。本书后面将再次介绍它。

5.5 进一步探索

Interface Builder 编辑器让您能够尝试在 iOS 应用程序中看到的以及在本书前面学过的众多 GUI 对象。在下一章，将结合使用 Xcode 代码编辑器和 Xcode Interface Builder 从头到尾创建一个完整的项目。

要更深入地了解在 Interface Builder 中可以做哪些工作，建议您阅读下面三个 Apple 文档。

- Interface Builder Help：该文档可通过右击 Interface Builder 编辑器的背景来访问。它不仅仅是一个简单的帮助文档，还通过视频介绍了 IB 错综复杂的地方，并涵盖了当您的开发经验得到丰富后将变得非常重要的高级主题。
- iOS Human Interface Guidelines：该文档提供了一组创建 iOS 应用程序界面的规则，还描述了控件的使用时机及其显示结果，有助于创建更完美的专业级应用程序。
- Accessibility Programming Guide for iOS：可通过 Xcode 文档系统进行访问，如果您想开发支持辅助功能的应用程序，必须阅读该文档。它介绍了本章提到的辅助功能，还阐述了如何以编程方式改善辅助功能以及如何测试辅助功能。

从现在开始，您在每章中都将编写大量的代码，因此如果您有任何问题，现在是复习前面几章的好时机。

5.6 小结

本章探索了 Xcode Interface Builder 编辑器及其提供的用于为 iOS 应用程序创建华丽的图形用户界面的工具。您学习了如何在 IB 故事板中导航以及如何使用对象库中的 GUI 元素。通过使用 Interface Builder 中的各种检查器，您可自定义屏幕控件的外观以及视障人士使用它们的方法。

除漂亮的外观外，使用 IB 创建的界面还使用简单的输出口和操作连接到代码实现的功能。您使用 Interface Builder 的连接工具将不能运行的界面变成了完整的应用程序。通过将您编写的代码与向用户显示的界面分开，可根据需要随意修改界面，而不会破坏应用程序。在第 6 章，将讨论如何在 Xcode 中从空白开始创建输出口和操作，让读者获得开始开发所需的所有技能。

5.7 问与答

问：为何我经常会看到术语 NIB/XIB 文件？

答：Interface Builder 起源于 NeXT Computer 公司，它当时使用 NIB 文件来存储视图。实际上，当 Mac OS X 发布时，这些文件还被称为 NIB 文件。然而，不久前 Apple 将这些文件的扩展名改成了.xib，现在又使用故事板和场景取代了它们。但不幸的是，文档并没有跟上发展步伐，可能仍称之为 XIB/NIB 文件。在文档中见到这些术语时，只需将其替换为故事板场景即可。

问：Interface Builder 对象库中的有些对象不能加入到视图中，请问是什么原因？

答：并非对象库中的所有对象都是界面对象，有些用于向应用程序提供功能，这些对象可加入到场景中，而场景位于文档大纲区域和 IB 编辑器中场景布局下方的图标栏中。

问：我在有些应用程序中看到过对象库中没有的对象，它们来自什么地方？

答：请记住，iOS 对象是可定制的，开发人员经常以它们为基础创建自己的 UI 类或子类，其外观与内置 UI 差别很大。

5.8 作业

5.8.1 测验

1．判断正误：使用 IB 的 Simulate Document 功能模拟场景时，也将编译项目代码。

2．要查看应用程序中对象的辅助功能设置，可在 iOS 模拟器中使用哪个工具？

3．在 Xcode Interface Builder 中可建立哪两种连接？

5.8.2 答案

1．错。模拟场景时根本不会使用项目的代码，因此界面不会执行任何依赖于底层代码的操作。

2．Accessibility Inspector 让您能够查看在 Interface Builder 中配置的辅助功能属性。

3．在 Interface Builder 中，可建立到输出口和操作的连接。到输出口的连接让您能够在代码中引用和使用 UI 元素。到操作的连接定义了一个 UI 事件（如按下按钮），该事件将执行操作。

5.8.3 练习

1．使用文件 Empty.storyboard 来练习使用界面布局工具。在视图中添加每个可用的对象，并通过 Attributes Inspector 来查看该对象的属性。如果无法理解某个属性，可查看相应类的文档以获悉其每个属性的作用。

2．修订项目 Disconnected，使其界面支持辅助功能，再在 iOS 模拟器中使用 Accessibility Inspector 来检查完成后的设计。

第6章 模型-视图-控制器应用程序设计

本章将介绍：

- 模型-视图-控制器设计模式意味着什么；
- Xcode 实现 MVC 的方式；
- 设计基本视图；
- 实现视图控制器。

在前几章，您学习了很多知识：您配置了 iOS 设备使其能够用于测试，学习了 Objective-C 基本知识，探索了 Cocoa Touch，了解了 Xcode 和 Interface Builder 编辑器。虽然您使用了多个创建好的项目，但还没有从头开始创建一个项目。这种情况即将改变！

在本章中，您将学习称为模型-视图-控制器的应用程序设计模式，并从头到尾创建一个 iOS 应用程序。

6.1 了解设计模式模型-视图-控制器

当您开始编程时，将很快发现几乎做任何事都有多种“正确”的方式。编程的乐趣之一是这是一个创意过程，让您能够像想象的一样聪明。然而，这并不意味着在开发过程中添加结构是个馊主意。通过明确定义结构，并辅以详细的文档，让其他开发人员能够使用您的代码，无论项目是大是小都易于导航，还可在多个应用程序中重用完成的工作。

开发 iOS 应用程序时，您将使用的设计方法被称为模型-视图-控制器（MVC），它将帮助您创建出整洁、高效的应用程序。

注意：

在第 3 章，您学习了面向对象编程及其提供的重用性。然而，OO 程序的结构仍可能很糟糕，因此需要定义一种可指导面向对象实现的整体应用程序架构。

By the Way

6.1.1 制作意大利面条

介绍MVC之前，先来谈谈应避免的开发方式及其原因。创建与用户交互的应用程序时，有几点必须考虑。首先是用户界面，您必须提供让用户能够与之交互的东西：按钮、文本框等；其次，对用户输入进行处理并做出反应；第三，应用程序必须存储必要的信息以便正确地响应用户，这通常是以数据库方式存储的。

为结合这几个方面，一种方法是将它们合并到一个类中：将显示界面的代码、实现逻辑的代码以及处理数据的代码混合在一起。这是一种非常直观的开发方法，但在多个方面束缚了开发人员。

- 当代码混合在一起时，多个开发人员难以协作，因为功能单元之间没有明确的界线。
- 不太可能在其他应用程序中重用界面、应用程序逻辑和数据，因为这三方面的组合因项目而异，在其他地方不会有太大的用处。
- 应用程序难以扩展，添加新功能时需要修改现有代码。要添加新功能，开发人员必须修改现有代码，即使它们是不相关的。

总之，混合代码、逻辑和数据将导致混乱。这被称为“意大利面条式代码”，而我们希望iOS应用程序与此相反，解决之道是使用MVC设计模式。

6.1.2 使用MVC将应用程序设计结构化

MVC在应用程序重要组件之间定义了明确的界线。顾名思义，MVC定义了应用程序的3个部分。

- 模型提供底层数据和方法，它向应用程序的其他部分提供信息。模型没有定义应用程序的外观和工作方式。
- 用户界面由一个或多个视图组成，而视图由不同的屏幕控件（按钮、文本框、开关等）组成，用户可与之交互。
- 控制器通常与视图配对，负责接受用户输入并做出相应的反应。控制器可访问视图并使用模型提供的信息更新它，还可使用用户在视图中的交互结果来更新模型。总之，它在MVC组件之间搭建了桥梁。

应用程序功能单元之间的逻辑分离（如图6.1所示）意味着代码更容易维护、重用和扩展，这与意大利面条式代码正好相反。

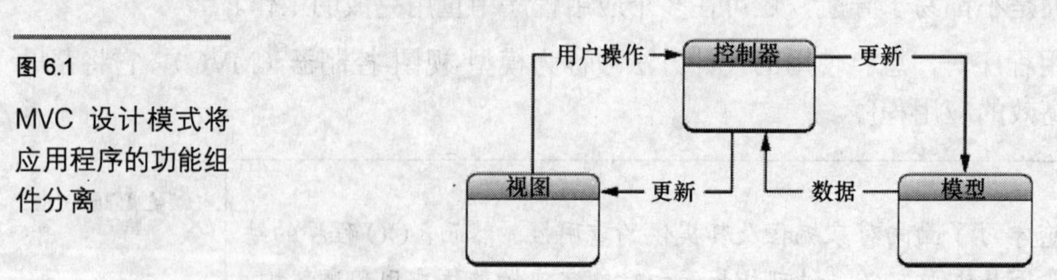

图6.1 MVC设计模式将应用程序的功能组件分离

不幸的是，在很多应用程序开发环境中，只是将MVC作为亡羊补牢的手段。当我建议采用 MVC 设计时，经常被问及的一个问题是如何实现它，这并非意味着对 MVC 是什么及其工作原理有错误的认识，而是意味着没有明确的实现途径。

在 Xcode 中，MVC 是天然存在的。当您新建项目并开始编码时，将被引领到使用 MVC 设计模式。实际上，在这种开发环境中，想进行糟糕的编程而不创建结构良好的应用程序都难。

6.2 Xcode 如何实现 MVC

在前几章，读者学习了 Xcode 及其集成的 Interface Builder 编辑器，并对如何使用它们有一定了解。在第 5 章，您还将故事板场景中的对象连接到了应用程序中的代码，虽然该章没有介绍底层细节，但您所做的就是将视图绑定到控制器。

6.2.1 视图

虽然可以编程方式创建视图，但通常使用 Interface Builder 以可视化方式设计它们。视图可包含众多界面元素，其中最常见的界面元素在第 4 章介绍过。在运行阶段被加载时，视图将创建可实现基本交互的对象（例如，当用户轻按文本框时，将打开键盘）。虽然如此，视图是完全独立于应用程序逻辑的，这种明确的界线是 MVC 设计方法的核心原则之一。

要让视图中的对象能够与应用程序逻辑交互，必须定义相应的连接。连接到的东西有两种：输出口和操作。输出口定义了代码和视图之间的一条路径，可用于读写特定类型的信息，例如，对应于开关的输出口让您能够访问描述开关是开还是关的信息；而操作定义了应用程序中的一个方法，可通过视图中的事件触发，如轻按按钮或在屏幕上轻扫。

那么，如果将输出口和操作连接到代码呢？在前一章，您学习了通过在 Interface Builder 中按住 Control 键并拖曳来建立连接，但 Interface Builder 知道什么样的连接是合法的。它当然猜不到您想在代码的什么地方建立连接，而必须由您在实现视图逻辑的代码（即控制器）中定义输出口和操作。

警告：视图、场景和故事板之间关系

Watch Out!

当前，认为故事板的场景和视图是一回事好像是符合逻辑的。这不完全对。场景用于以可视化方式描述视图，但它还包含对应于视图的控制器。

换句话说，您在场景中编辑视图并给它指定控制器。故事板是个文件，包含您将在项目中所有的场景。

6.2.2 视图控制器

控制器在 Xcode 被称为视图控制器，它负责处理与视图的交互，并为输出口和操作建立连接。为此，需要在项目代码中使用两个特殊的编译指令：IBAction 和 IBOutlet。IBAction 和 IBOutlet 是 Interface Builder 能够识别的标记，它们在 Objective-C 中没有其他用途。您在视图控制器的接口文件中添加这些编译指令，您可手工添加，也可使用 Interface Builder 的一项特殊功能自动生成它们。

By the Way

注意：

视图控制器可包含应用程序逻辑，但这并不意味着所有代码都应包含在视图控制器中。虽然在本书中，大部分代码都放在视图控制器中，但当您创建应用程序时，可在合适的时候定义额外的类，以抽象应用程序逻辑。

1. 使用 IBOutlet

IBOutlet 用于让代码能够与视图中的对象交互。例如，假设在视图中添加了一个文本标签（UILabel），而您想在视图控制器中创建实例变量/属性 myLabel。为此，可显式地声明它们，也可使用编译指令@property 隐式地声明实例变量，并添加相应的属性：

```
@property (strong, nonatomic) UILabel *myLabel;
```

这个应用程序提供了一个存储文本标签引用的地方，还提供了一个用于访问它的属性，但还需将其与界面中的标签关联起来。为此，可在属性声明中包含关键字 IBOutlet。

```
@property (strong, nonatomic) IBOutlet UILabel *myLabel;
```

添加该关键字后，便可在 Interface Builder 中以可视化方式将视图中的标签对象连接到变量/属性 MyLabel，然后便可在代码中使用该属性与该标签对象交互：修改其文本、调用其方法等。

就这么简单。这行代码声明了实例变量、属性和输出口，本书都将采用这种方式。

使用编译指令 property 和 synthesize 简化访问

第 3 章介绍了 Objective-C 编译指令@property 和@synthesize，从现在开始，您将经常看到它们，因此这里有必要复习一下。

实例变量存储的值或对象引用可在类的任何地方使用。如果您要创建并修改一个在所有类方法之间共享的字符串，就应声明一个实例变量来存储它。良好的编程惯例是，不直接操作实例变量。因此，要使用实例变量，需要有相应的属性。

编译指令@property 定义一个与实例变量对应的属性，该属性通常与实例变量同名。虽然可以先声明一个实例变量，再定义对应的属性，但也可以@property 隐式地声明一个与属性对应的实例变量。

例如，假设您要声明一个名为 myString 的实例变量（类型为 NSString）和相应的属性，可编写如下代码：

```
@property (strong, nonatomic) NSString *myString;
```

这与下面两行代码等效：

```
NSString *myString;
@property (strong, nonatomic) NSString *myString;
```

选择使用哪种语法由您决定。Apple Xcode 工具通常使用前者（隐式地声明实例变量），因此本书也这样做。

这同时创建了实例变量和属性，但要使用该属性，必须合成它。编译指令@synthesize创建获取函数和设置函数（如果您愿意，也可称其为存取函数或修改函数），让您很容易访问和设置底层实例变量的值。请记住，对于接口文件（.h）中的每个编译指令@property，实现文件（.m）中都必须有对应的编译指令@synthesize:

```
@synthesize myString;
```

添加这些代码行后，您就可通过属性安全地 myString 了：在其他类中，使用<object name>. myString；在定义属性 myString 的类中，使用 self.myString。

明白了吗？不用担心，创建几个示例应用程序后，这一点将变得非常清楚。

2．使用 IBAction

IBAction 用于指出在特定的事件发生时应调用代码中相应的方法。例如，如果用户按下了按钮或更新了文本框，您可能想应用程序采取措施并做出合适的反应。编写实现事件驱动逻辑的方法时，可在头文件中使用 IBAction 声明它，这将向 Interface Builder 编辑器暴露该方法。在接口文件中声明方法（实际实现前）被称为创建方法的原型。

例如，方法 doCalculation 的原型可能类似于下面这样：

```
-(IBAction)doCalculation:(id)sender;
```

注意到该原型包含一个 sender 参数，其类型为 id。这是一种通用类型，在不知道（或不需要知道）要使用的对象的类型时，可使用它。通过使用类型 id，可编写不与特定类相关联的代码，使其适用于不同的情形。

创建将用作操作的方法（如 doCalculation）时，可通过 sender 参数确定调用了操作的对象并与之交互。如果要设计一个处理多种事件（如多个按钮中的任何一个按钮被按下）的方法，这将很方便。

6.2.3　数据模型

首先需要指出的是，在本书的很多项目中，都不需要独立的数据模型，其数据需求是在控制器中处理的，这是小型项目（如您稍后将创建的项目）采用的折衷之一。虽然提供完整的 MVC 应用程序架构更理想，但有时因时间和空间的限制这无法实现。在您自己的项目中，您将决定是否实现独立的模型。对于小型应用程序，您可能发现很少需要实现数据模型，而是将其逻辑加入到控制器中。

随着您使用 iOS SDK（软件开发包）的经验日益丰富，并开始创建涉及大量数据的应用程序时，您可能想探索 Core Data。Core Data 抽象了应用程序和底层数据存储之间的交互。它还包含一个 Xcode 建模工具，该工具像 Interface Builder 那样可帮助您设计应用程序，但不是让您能够以可视化方式创建界面，而是让您以可视化方式建立数据结构，如图 6.2 所示。

就简单项目而言，使用 Core Data 犹如用大锤钉图钉。第 16 章将详细介绍 Core Data 的功能。下面开始创建您的第一个应用程序，它包含一个视图和一个视图控制器。

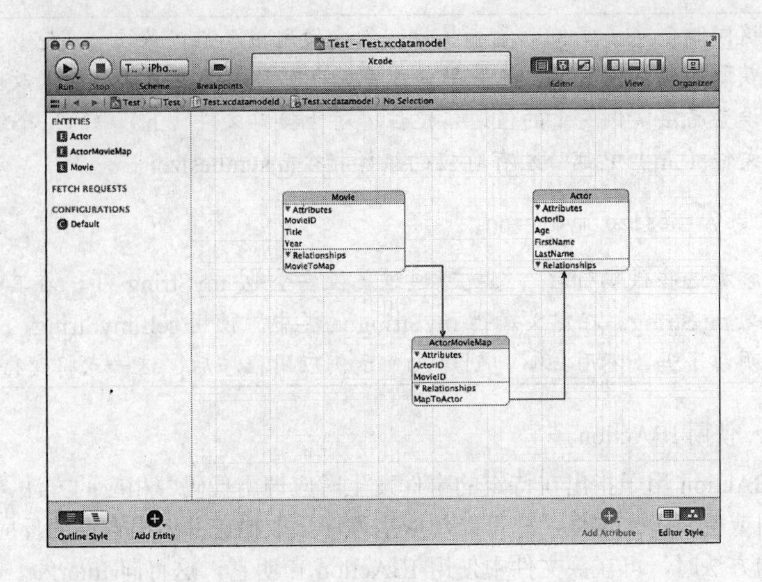

图 6.2
熟悉 iOS 开发后，您可能想探索用于管理数据模型的 Core Data 工具

6.3 使用模板 Single View Application

要了解 Xcode 和 Interface Builder 如何将逻辑与屏幕显示分离，最简单的方法是创建一个遵循这种模式的应用程序。Apple 在 Xcode 中提供了一种很有用的应用程序模板，可用于快速创建一个这样的项目，即包含一个故事板、一个空视图和相关联的视图控制器。模板 Single View Application（单视图应用程序）将是您众多应用程序的起点，因此在本章余下的篇幅中读者将学习如何使用它。

6.3.1 实现概述

这里要创建的项目很简单：不是编写典型的 Hello World 应用程序，而要提供更大的灵活性。该程序包含一个用于获取用户输入的文本框（UITextField）和一个按钮，当用户在文本框中输入内容并按下按钮时，将更新屏幕标签（UILabel）以显示 Hello 和用户输入。完成后的应用程序 HelloNoun 如图 6.3 所示。

图 6.3
该应用程序接受用户输入并相应地更新标签

虽然该程序并非杰作，但确实几乎包含了本章讨论的所有元素：视图、视图控制器、输出口和操作。由于这是读者第一次经历整个开发周期，因此这里将重点介绍各个部分如何组合在一起以及应用程序为何如此运行。

6.3.2 创建项目

首先在 Xcode 中新建一个项目，并将其命名为 HelloNoun。

1．从文件夹 Developer/Applications 或 Launchpad 的 Developer 编组中启动 Xcode。

2．选择菜单 File>New>New Project。

3．Xcode 将要求您选择项目类型和模板。在 New Project 窗口的左侧，确保选择了项目类型 iOS 中的 Application，在右边的列表中选择 Single View Application，再单击 Next 按钮。

4．在 Product Name 文本框中输入 HelloNoun。对于公司标识符，将其设置为您的域名，但顺序相反（我使用 com.teachyourselfios，更详细的信息请参阅第 2 章）。保留文本框 Class Prefix 为空，并确保从下拉列表 Device Family 中选择了 iPhone 或 iPad。最后，确保选择了复选框 Use Storyboard 和 Use Automatic Reference Counting，但没有选择复选框 Include Unit Tests，如图 6.4 所示。然后，单击 Next 按钮。

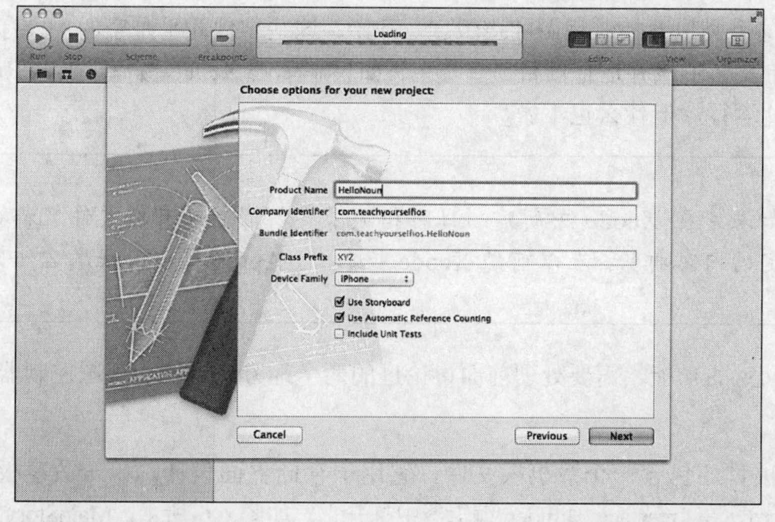

图 6.4
指定应用程序的名称和目标设备

5．在 Xcode 提示时指定存储位置，再单击 Create 按钮创建项目。

这将创建一个简单的应用程序结构，它包含一个应用程序委托、一个窗口、一个视图（在故事板场景中定义的）和一个视图控制器。几秒钟后，项目窗口将打开，如图 6.5 所示。

1．类文件

展开项目代码编组（名为 HelloNoun），并查看其内容。您将看到 5 个文件（如图 6.5 所示）：AppDelegate.h、AppDelegate.m、ViewController.h、ViewController.m 和 MainStoryboard.storyboard。

AppDelegate.h 和 AppDelegate.m 组成了该项目将创建的 UIApplication 实例的委托，换句话说，可对这些文件进行编辑，以添加控制应用程序运行时如何工作的方法。您可修改委托，在启动时执行应用程序级设置、告诉应用程序进入后台时如何做以及应用程序被迫退出时该如何处理。就这个项目而言，您不需要在应用程序委托中编写任何代码，但请记住它在整个应用程序生命周期中扮演的角色。

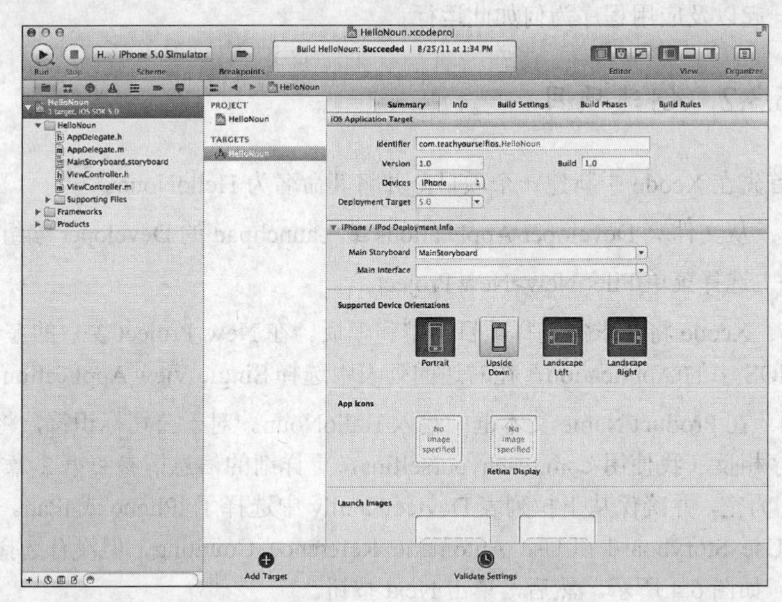

图 6.5
新项目的工作区

第二组文件是 ViewController.h 和 ViewController.m，它们实现了一个视图控制器（UIViewController），这个类包含控制视图的逻辑。一开始，这些文件几乎是空的，只有一个基本结构，让您一开始就能生成并运行项目。事实上，如果您单击 Xcode 窗口顶部的 Run 按钮，应用程序将编译并运行，但什么也不做！

By the Way

注意：

如果您在 Xcode 中新建项目时指定了类前缀，所有类文件名都将以您指定的内容打头。在以前的 Xcode 版本中，Apple 将应用程序名作为类前缀。

要让应用程序有一定的功能，需要处理前面讨论过的两个地方：视图和视图控制器。

2．故事板文件

除类文件外，该项目还包含一个故事板文件，它用于存储界面设计。单击故事板文件 MainStoryboard.storyboard，在 Interface Builder 编辑器中打开它。如图 6.6 所示，MainStoryboard.storyboard 包含如下图标：First Responder（一个 UIResponder 实例）、View Controller（我们的 ViewController 类）和应用程序视图（一个 UIView 实例）。视图控制器和第一响应者还出现在图标栏中，该图标栏位于编辑器中视图的下方。第 5 章说过，如果在该图标栏中没有看到图标，只需单击图标栏，它们就会显示出来。

前面说过，应用程序加载故事板文件时，其中的对象将被实例化，成为应用程序的一部分。就 HelloNoun（和其他使用 Single View Application 模板创建的应用程序）而言，当它启动时将创建一个窗口，加载 MainStoryboard.storyboard，实例化 ViewController 类及其视图，并将其加入到窗口中。

逻辑性强的读者现在可能正为几个问题抓破头皮。例如，怎么会加载 MainStoryboard.storyboard

呢？让应用程序这样做的代码在哪里？

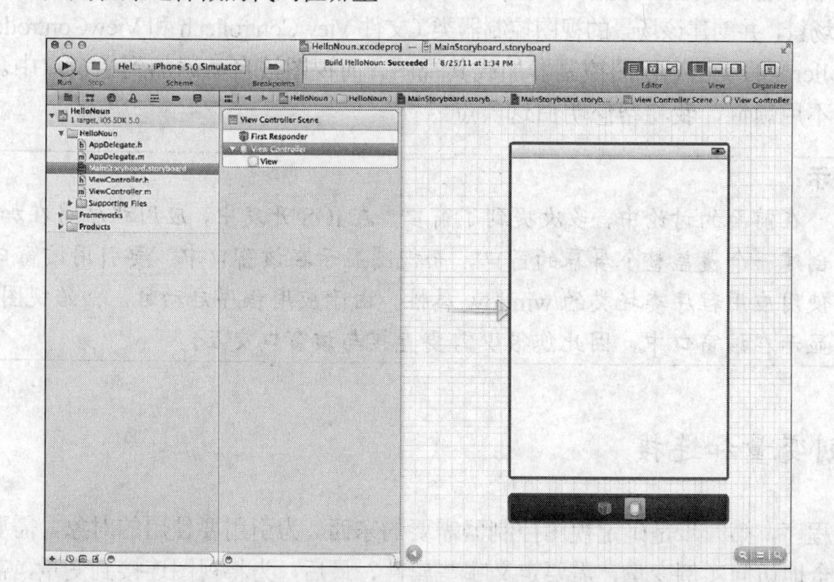

图 6.6

加载故事板文件时，将实例化应用程序的视图控制器和初始视图

在文件 HelloNoun-Info.plist 中，属性 Main storyboard file base name（主故事板文件名）指定了文件 MainStoryboard.storyboard。要核实这一点，可展开文件夹 Supporting Files，再单击 plist 文件显示其内容。也可以单击项目的顶级图标，确保选择了目标 HelloNoun，再查看选项卡 Summary 中的文本框 Main Storyboard，如图 6.7 所示。

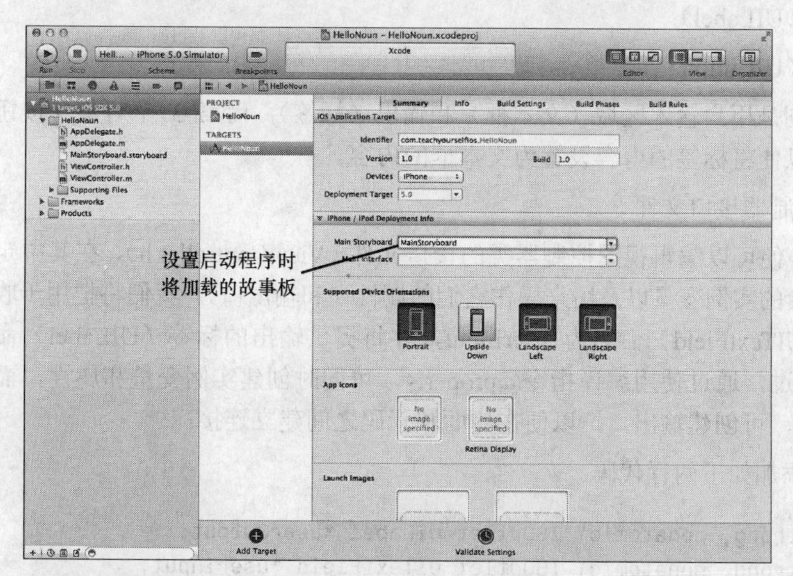

图 6.7

项目的 plist 文件指定了应用程序启动时将加载的故事板

这就是故事板文件得以加载的原因，但它怎么知道要加载哪个场景呢？本书前面说过，故事板可包含多个场景。就是因为这是一个单视图应用程序，它就加载唯一一个场景吗？如果有多个场景，结果将如何呢？这些问题问题很好。

在 Interface Builder 编辑器中，以很不明显的方式指定了初始场景，这是典型的 Apple 风格。如果您回过头去看图 6.6，将发现编辑器中有一个灰色箭头，它指向视图的左边缘。这个箭头是可以拖动的，有多个场景时，您可以拖动它，使其指向任何场景对应的视图。这就自动配置了项目，使其在应用程序启动时启动该场景的视图控制器和视图。

总之，对应用程序进行了配置，使其加载MainStoryboard.storyboard，而MainStoryboard.storyboard查找初始场景，并创建该场景的视图控制器类（文件ViewController.h和ViewController.m定义的ViewController）的实例。视图控制器加载其视图，而视图被自动添加到主窗口中。如果您还不明白，也不用烦恼，我将帮您明白这一点。

Did you Know?

提示：

在前面的讨论中，多次提到了窗口。在iOS开发中，应用程序将在加载时创建一个覆盖整个屏幕的窗口，而视图显示在该窗口中。要引用该窗口，可使用应用程序委托类的window属性。由于应用程序启动时，初始视图自动显示在该窗口中，因此您很少需要直接与该窗口交互。

6.3.3 规划变量和连接

要创建该应用程序，第一步是确定视图控制器需要的东西。为引用要使用的对象，需要哪些实例变量？为安全地访问实例变量，需要定义哪些属性？最后，为将视图连接到变量，需要提供哪些输出口？界面将触发哪些操作？

就这个简单项目而言，必须与3个对象交互：

- 一个文本框（UITextField）；
- 一个标签（UILabel）；
- 一个按钮（UIButton）。

前两个对象分别是用户输入区域（文本框）和输出（标签），而第3个对象（按钮）触发代码中的操作，以便将标签的内容设置为文本框的内容。

1. 修改视图控制器接口文件

基于上述信息，便可以编辑视图控制器类的接口文件（ViewController.h），在其中定义需要用来引用界面元素的实例变量以及用来操作它们的属性（和输出口）。我们将把用于收集用户输入的文本框（UITextField）命名为userInput，并将提供输出的标签（UILabel）命名为userOutput。前面说过，通过使用编译指令@property，可同时创建实例变量和属性，而通过添加关键字IBoutlet，可创建输出口，以便在界面和代码之间建立连接。

综上所述，可添加如下两行代码：

```
@property (strong, nonatomic) IBOutlet UILabel *userOutput;
@property (strong, nonatomic) IBOutlet UITextField *userInput;
```

为完成接口文件的编写工作，还需添加一个在按钮被按下时执行的操作。我们将该操作命名为setOutput：

```
-(IBAction)setOutput:(id)sender;
```

添加这些代码后，文件ViewController.h类似于程序清单6.1。其中以粗体显示的代码行是新增的。

程序清单 6.1 正确地设置接口文件 ViewController.h

```
#import <UIKit/UIKit.h>

@interface ViewController : UIViewController

@property (strong, nonatomic) IBOutlet UILabel *userOutput;
@property (strong, nonatomic) IBOutlet UITextField *userInput;

- (IBAction)setOutput:(id)sender;

@end
```

不幸的是，这并非我们需要完成的全部工作。为支持我们在接口文件中所做的工作，还需对实现文件（ViewController.m）做些修改。

警告：别手工输入代码

Watch Out!

注意到前面一直在说“可以”怎么做，而没有让您输入代码。这是因为您知道如何手工编写代码后，我将向您演示如何让 Xcode 自动生成代码。

有些开发人员喜欢手工声明输出口、属性等。您也可以这样做，但稍后您将知道，Xcode 可为您自动生成这些代码，而您几乎不需要输入。

2．修改视图控制器实现文件

光修改接口文件（.h）还不够。第 3 章说过，对于接口文件中的每个编译指令@property，实现文件中都必须有对应的编译指令@synthesize：

```
@synthesize userInput;
@synthesize userOutput;
```

这些代码行应加入到实现文件开头，并位于编译指令@implementation 后面，如程序清单 6.2 所示。

程序清单 6.2 ViewController.m 中的编译指令@synthesize

```
#import "ViewController.h"

@implementation ViewController
@synthesize userOutput;
@synthesize userInput;
```

另外，一种良好的习惯是，确保使用完视图后，在代码中定义的实例变量（即 userInput 和 userOutput）不再指向对象。这样，这些文本框和标签占用的内存可被重用。这很简单，只需将这些实例变量对应的属性设置为 nil 即可：

```
[self setUserInput:nil];
[self setUserOutput:nil];
```

Watch Out!

警告：并非一定要采取 Apple 的方式

您可能会说，对于刚才两行代码，为何不分别写成 self.userInput = nil 和 self.userOutput = nil 呢？我的回答很简单，因为那是 Apple 采取的方法。虽然如此，您并非一定要采取 Apple 的方式。

我采取 Apple 工具采用的代码格式，但您可根据自己的喜好采取任何方式。

这种清理工作是在视图控制器的一个特殊方法中进行的，这个方法名为 viewDiDUnload，在视图成功地从屏幕上删除时被调用。为添加上述代码，需要在实现文件 ViewController.h 中找到这个方法，并添加程序清单 6.3 中以粗体显示的代码行。同样，这里演示的是如果要手工准备输出口、操作、实例变量和属性时，需要完成的设置工作。

程序清单 6.3　在文件 ViewController.m 的方法 viewDidUnload 中执行清理工作

```
- (void)viewDidUnload
{
    [self setUserInput:nil];
    [self setUserOutput:nil];
    [super viewDidUnload];
}
```

By the Way

注意：

如果您浏览 HelloNoun 的代码文件，可能发现其中包含绿色的注释（以字符//打头的代码行）。为节省篇幅，通常在本书的程序清单中删除了这些注释。

3．一种简化的方法

虽然您还未输入任何代码，但希望您通过前面的讨论学到了这样一点：成功的项目始于成功的规划和设置。因此，您应该做如下工作。

- 确定所需的实例变量。哪些值和对象需要在类（通常是视图控制器）的整个生命周期内都存在。
- 确定所需的输出口和操作。哪些实例变量需要连接到界面中定义的对象？界面将触发哪些方法？
- 创建相应的属性。对于您打算操作的每个实例变量，都应使用@property 来定义实例变量和属性，并为该属性合成设置函数和获取函数。如果属性表示的是一个界面对象，还应在声明它是包含关键字 IBOutlet。
- 清理。对于在类的生命周期内不再需要的实例变量，使用其对应的属性将其值设置为 nil。对于视图控制器中，通常是在视图被卸载时（即方法 viewDidUnload 中）这样做。

前面说过，可手工完成这些工作，但 Xcode 能为您完成这些工作吗？Interface Builder 编辑器能够在您建立连接时（这在第 5 章介绍过）添加编译指令@property 和@synthesize、创建输出口和操作、插入清理代码吗？能够！

将视图与视图控制器关联起来的是前面介绍的代码，但您可在创建界面的同时让 Xcode 自动为您编写这些代码。创建界面前，您仍需要确定要创建的实例变量/属性、输出口和操作，而有时候还需做添加一些额外的代码，但让 Xcode 自动生成代码可极大地加快初始开发阶段的进度。

就说这些，下面来创建应用程序。

6.3.4 设计界面

正如您在本书前面看到的，Interface Builder 编辑器使得设计用户界面（UI）就像使用您喜欢的图形应用程序一样有趣，但这里重点介绍开发过程的基本知识以及可使用的对象。在不太重要的地方，我们将快速介绍界面创建方法。

1．添加对象

应用程序 HelloNoun 的界面很简单，它只需提供一个输出区域、一个用于输入的文本框以及一个将输出设置成与输入相同的按钮。请按如下步骤创建该 UI。

（1）在 Xcode 项目导航器中选择 MainStoryboard.storyboard，以打开它。

（2）打开它的是 Interface Builder 编辑器。其中文档大纲区域显示了场景中的对象，而编辑器中显示了视图的可视化表示。

（3）选择菜单 View>Utilities>Show Object Library（Control + Option + Command + 3）在右边显示对象库。在对象库中，确保从下拉列表中选择了 Objects，这样将显示可拖放到视图中的所有控件。此时的工作区类似于图 6.8

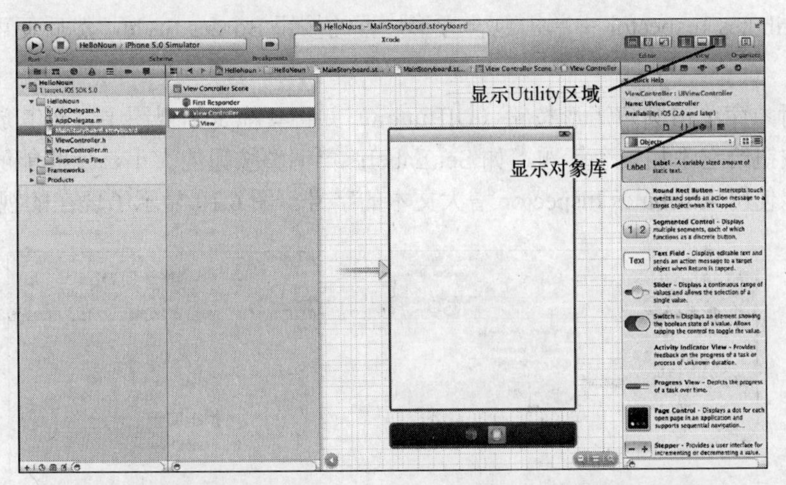

图 6.8
打开视图和对象库，以便开始创建界面

（4）通过在对象库中单击标签（UILabel）对象并将其拖曳到视图中，在视图中添加两个标签。

（5）第一个标签应包含静态文本 Hello，为此该标签的双击默认文本 Label 并将其改为 Hello。选择第二个标签，它将用作输出区域。

这里将该标签的文本改为<Noun Goes Here!>。这将作为默认值，直到用户提供新字符串。您可能需要增大该文本标签以便显示这些内容，为此可单击并拖曳其手柄。

我还将这些标签居中对齐。如果您也想这样做，可通过单击选择视图中的标签，再 Option + Command + 4 或单击 Utility 区域顶部的滑块图标。这将打开标签的 Attributes Inspector，如

图 6.11 所示。

使用 Alignment 选项调整标签文本的对齐方式。您还可能想探索其他属性对文本的影响，如字号、阴影、颜色等。现在，视图应包含两个标签，类似于图 6.9。

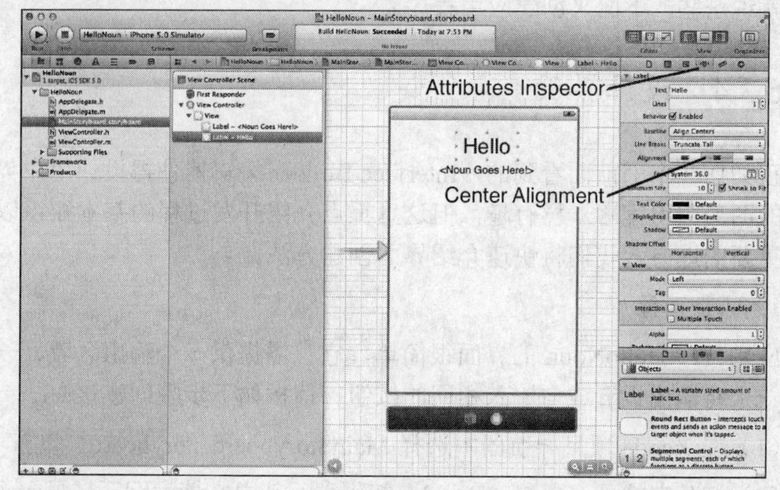

图 6.9

使用 Attributes Inspector 将标签文本的对齐方式设置为居中，并增大字体

（6）对结果满意后，便可添加用户将与之交互的元素了：文本框和按钮。为添加文本框，在对象库中找到文本框对象（UITextField），单击并将其拖曳到两个标签下方。使用手柄将其增大到与输出标签等宽。

（7）再次按 Option + Command + 4 打开 Attribute Inspector，并将字号设置成与标签的字号相同。注意到文本框并没有增大，这是因为默认 iPhone 文本框的高度是固定的。要修改文本框的高度，在 Attributes Inspector 中单击包含方形边框的按钮 Border Style，然后便可随意调整文本框的大小。

（8）最后，在对象库单击圆角矩形按钮（UIButton）并将其拖曳到视图中，将其放在文本框下方。双击该按钮给它添加一个标题，如 Set Label；再调整按钮的大小，使其能够容纳该标题。您也可能想使用 Attributes Inspector 增大文本的字号。图 6.10 显示了现在的视图。

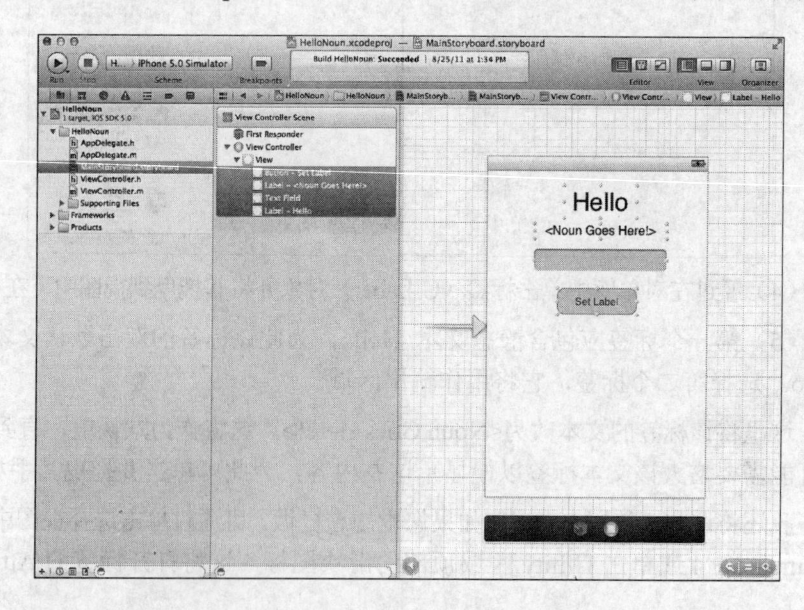

图 6.10

界面应包含 4 个对象：2 个标签、1 个文本框和 1 个按钮，就像这里一样

6.3.5 创建并连接输出口和操作

在 Interface Builder 编辑器中需要做的工作就要完成了，余下的最后一步是将视图连接到视图控制器。如果按前面介绍的方式手工定义了输出口和操作，则只需在对象图标之间拖曳即可。但即使就地创建输出口和操作，也只需执行拖放操作。

为此，需要从 Interface Builder 编辑器拖放到代码中您需要添加输出口或操作的地方。换句话说，需要能够同时看到接口文件 VeiwController.h 和视图。这是使用 Xcode 助手编辑器的绝佳时机。在 Interface Builder 编辑器还显示着刚设计的界面的情况下，单击工具栏的 Edit 部分的 Assistant Editor 按钮（中间那个），这将在界面右边自动打开文件 ViewController.h，因为 Xcode 知道，您在必须视图时必须编辑该文件。

现在，您可能注意到了一个问题：如果您使用的开发计算机是 MacBook，或编辑的是 iPad 项目，屏幕空间将不够用。为节省屏幕空间，单击工具栏中 View 部分最左边和最右边的按钮，以隐藏 Xcode 窗口的导航区域和 Utility 区域。您也可以单击 Interface Builder 编辑器左下角的展开箭头将文档大纲区域隐藏起来。这样，屏幕将类似于图 6.11。

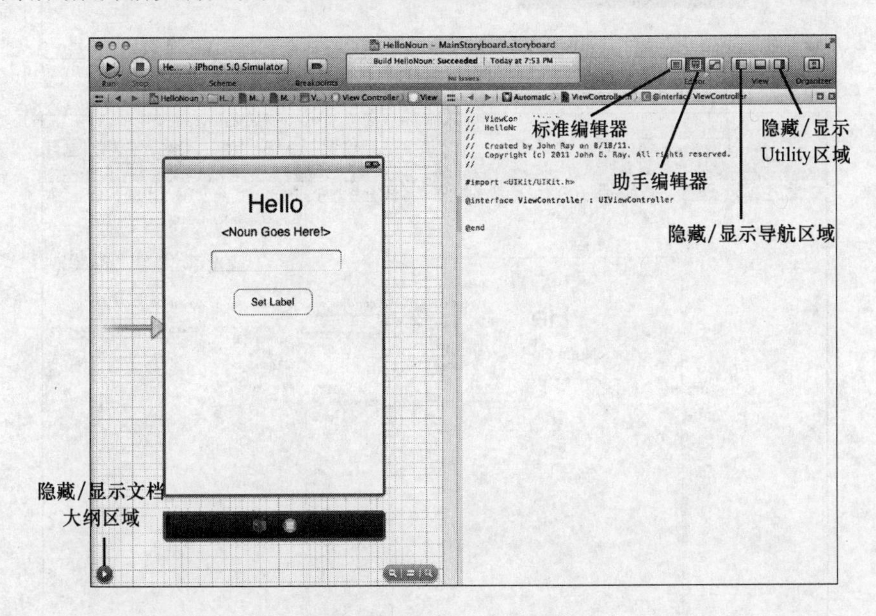

图 6.11
切换到助手编辑器并腾出工作空间

1．添加输出口

下面首先连接用于显示输出的标签。前面说过，我们想用一个名为 userOutput 的实例变量/属性表示它。

（1）按住 Control 键，并拖曳用于输出的标签（在这里，其标题为<Noun Goes Here!>）或文档大纲中表示它的图标。将其拖曳到包含文件 ViewController.h 的代码编辑器中，当鼠标位于@interface 行下方时松开。当您拖曳时，Xcode 将指出如果您此时松开鼠标，将插入什么，如图 6.12 所示。

（2）当您松开鼠标时，将被要求定义输出口。确保从下拉列表 Connection 中选择了 Outlet，从 Storage 下拉列表中选择了 Strong，并从 Type 下拉列表中选择了 UILabel（这是您拖曳的对象的类型)。最后,指定您要使用的实例变量/属性名(userOutput),再单击 Connect 按钮,如图 6.13 所示。

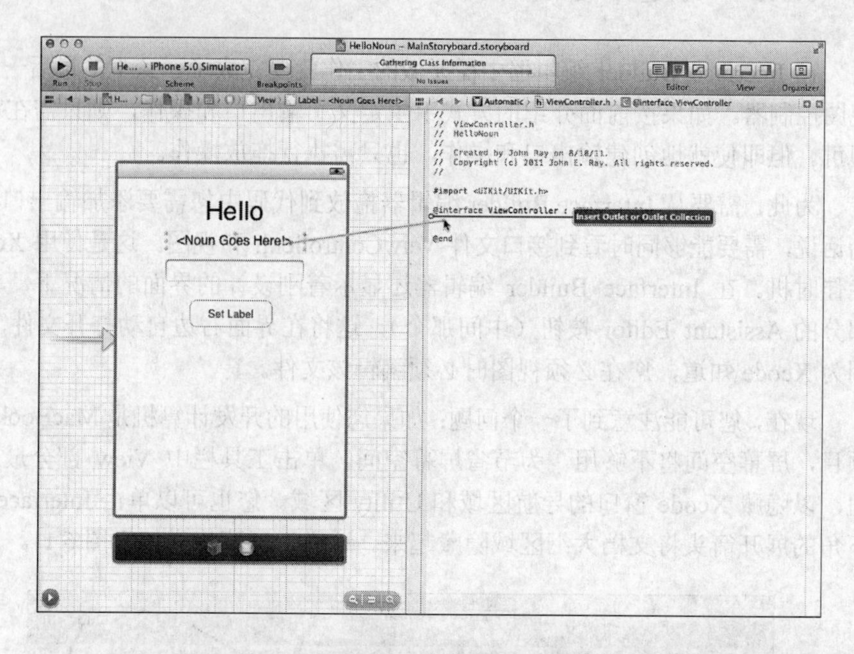

图 6.12
选择生成代码的位置

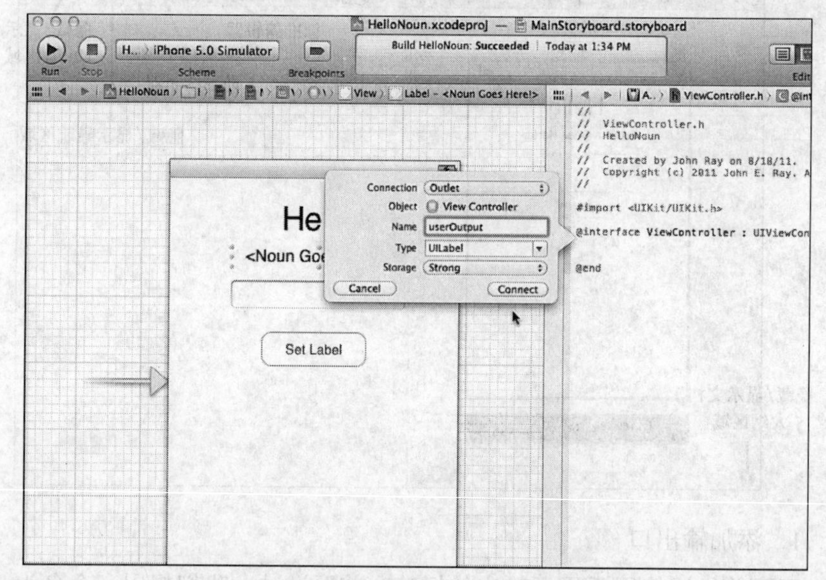

图 6.13
对创建的输出口进行配置

(3)您单击 Connect 按钮时,Xcode 将自动插入合适的编译指令@property 和关键字 IBOutput(隐式地声明实例变量)、编译指令@synthesize(插入到文件 ViewController.m 中)以及清理代码(也是文件 ViewController.m 中)。更重要的是,它还在刚创建的输出口和界面对象之间建立连接。如果您要验证这一点,只需查看 Connections Inspector 或右击该界面对象打开 Quick Inspector(这在第 5 章介绍过)。

(4)对文本框重复上述过程。将其拖曳到刚插入的@property 代码行下方,将 Type 设置为 UITextField,并将输出口命名为 userInput。

> **警告：注意拖曳的地方**
>
> 放置第一个连接很容易，但执行后续的拖曳时，必须找准代码的放置位置。拖曳后续界面对象时，必须将其放在 Xcode 添加的@property 代码行下方。
>
> 否则，Xcode 可能只插入实例变量，而没有插入支持属性的代码。发生这种情况时，可撤销操作并再次尝试。

Watch Out!

只需几个步骤，您就创建并插入了支持输入和输出视图对象的代码，并建立了到视图控制器的连接。然而，要完成该视图的创建，还必须定义一个 SetOutput 操作，并将按钮连接到它。

2．添加操作

添加操作并在按钮和操作之间建立连接的方式与添加输出口相同。唯一的差别是，在接口文件中，操作通常是在属性后面定义的，因此您需要拖放到稍微不同的位置。

（1）按住 Control 键，并将视图中的按钮拖曳到接口文件（ViewController.h）中刚添加的两个@property 编译指令下方。同样，当您拖曳时，Xcode 将提供反馈，指出它将在哪里插入代码。拖曳到要插入操作代码的地方后，松开鼠标。

（2）与输出口一样，Xcode 将要求您配置连接，如图 6.14 所示。这次，务必将连接类型设置为 Action，否则 Xcode 将插入一个输出口。将 Name（名称）设置为 setOutput（前面选择的方法名）。务必从下拉列表 Event 中选择 Touch Up Inside，以指定将触发该操作的事件。保留其他默认设置，并单击 Connect 按钮。

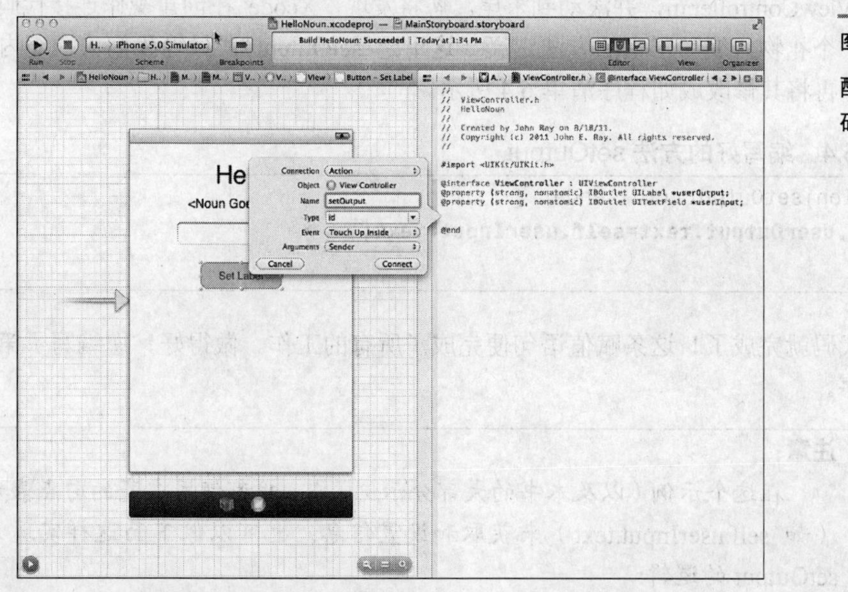

图 6.14 配置要插入到代码中的操作

至此，您添加了实例变量、属性、输出口，并将它们连接到了界面元素。

继续往下阅读前，请重新配置您的工作区：使用标准编辑器，并确保项目导航器可见。如果您要检查所做的工作，请查看文件 ViewController.h 和 ViewController.m 的代码，看看它们是否与本章前面介绍的相同。

Watch Out!

警告：Xcode帮助您编写代码，但代码正确吗？

刚才您完成了让Xcode为您编写代码，以支持用户界面对象的过程。这可节省大量的时间，还可省去很多令人不快的准备工作。虽然如此，它也不是十全十美——并非比手工编写代码好得多。

Xcode插入的代码就像是您自己编写的一样，可对其进行修改、编辑、移动和拆散。如果您要给同一个对象添加多个输出口，Xcode允许您这样做。给同一个对象和事件提供多个操作呢？也没有问题。总之，Xcode编写您需要的代码，但您必须确保它编写了正确的正确，建立了正确的连接。

结束本章的阅读前，强烈建议您确保自己明白如何手工创建输出口、操作、实例变量和属性。您需要这些知识，另外，您还需知道如何手工在界面对象和现有的输出口和操作之间建立连接，这样在Xcode没有生成您预期的连接和代码时，您才能修复其中的错误。

6.3.6 实现应用程序逻辑

创建好视图并建立到视图控制器的连接后，余下的唯一任务便是实现逻辑。现在将注意力转向文件ViewController.m以及setOutput的实现上。

该方法将输出标签的内容设置为用户在文本框中输入的内容。我们如何获取/设置这些值呢？很简单！UILabel和UITextField都有包含其内容的text属性，通过读写该属性，只需一个简单的步骤便可将userOutput的内容设置为userInput的内容。

打开文件ViewController.m，并滚动到末尾。您将发现，Xcode在创建操作连接代码时给我们带来了另一个礼物：编写了空的方法定义（这里是setOutput），只等我们去填充内容。找到这个方法，再将其修改成如程序清单6.4所示。

程序清单6.4 编写好的方法setOutput

```
- (IBAction)setOutput:(id)sender {
    self.userOutput.text=self.userInput.text;
}
```

只需一行代码就完成了！这条赋值语句便完成了所有的工作。做得好！您编写了第一个iPhone应用程序。

By the Way

注意：

在这个示例（以及本书的大部分示例）中，我都使用漂亮的句点表示法（如self.userInput.text）来获取和设置信息。也可以像下面这样实现方法setOutput的逻辑：

```
[[self userOutput] setText:[[self userInput] text]];
```

从技术上说，这两种方式都是合法的，但编写代码时务必考虑易读性和易维护性。您认为哪种更容易理解呢？

6.3.6 生成应用程序

现在可以生成并测试该应用程序了。如果要将其部署到 iOS 设备，务必将设备连接并设置好，在从 Xcode 工具栏中的下拉列表 Scheme 中选择 iOS 设备或 iOS Simulator，再单击 Run 按钮。

几秒钟后，应用程序将在 iOS 设备或模拟器窗口中启动，如图 6.15 所示。

图 6.15
最终的应用程序使用一个视图来处理 UI，并使用一个视图控制器来实现功能逻辑

6.4 进一步探索

进入下一章之前，您可能想更深入地了解 Apple 是如何实现 MVC 设计的，并将其与您使用过的开发环境进行比较。有一个名为 Cocoa Design Patterns 的优秀文档，它深入讨论了 Cocoa 如何应用 MVC。要找到并阅读该文档，可在第 4 章讨论的 Xcode 文档系统中搜索 Cocoa Design Patterns。

您还可能想休息一下，并使用完成的 HelloNoun 应用程序进行试验。本章只讨论了标签的几个属性，但还有几十个属性可用于定制文本框和按钮的外观。在 Interface Builder 中创建视图非常灵活，无法在一本书中对其做全面介绍，因此要充分利用这些工具，必须自我进行探索。学习创建更复杂（也更容易出现问题）的应用程序之前，正是探索这些工具并查看结果的好时机。

6.5 小结

本章介绍了 MVC 设计模式及其如何将应用程序的显示（视图）、逻辑（控制器）和数据

（模型）部分分开。您还探索了Apple如何在Xcode中通过使用Core Data、视图和视图控制器来实现这种设计。在本书的应用程序以及您自己的应用程序中，您将遵循这种设计方法，因此现在学习这些基本知识以后将得到回报。

为巩固本章介绍的知识，我们使用Single View Application模板创建了一个简单的应用程序，这包括确定需要的输出口和操作以及使用Xcode创建它们。虽然这不会是您将编写的最复杂的应用程序，但它包括用户互动体验的元素：输入、输出和非常简单的逻辑。

6.6 问与答

问：我不喜欢在没有看到的情况下代码就编写出来了？我该手工创建操作和输出口吗？

答：这完全取决于您。Xcode的代码生成功能相对较新，未来肯定会进一步改善。只要您明白如何手工设置项目，就建议您使用Xcode工具来生成代码，但要立即对生成的代码进行检查。

问：我注意到在接口文件和实现文件中，代码行旁边有些圆圈，它们是什么？

答：还有另一种将界面连接到代码的方式。如果您手工定义了输出口和操作，在代码的潜在连接点处将出现圆圈。您可按住Control键，并从界面对象拖曳到这些圆圈处，以建立连接。

6.7 作业

6.7.1 测验

1．您使用什么事件来检测用户轻按按钮？

2．编译指令@property/@synthesize有何作用？

3．哪种Apple项目模板创建简单的视图/视图控制器应用程序？

4．故事板、场景、视图和视图控制器之间有何关闭？

6.7.2 答案

1．通常使用Touch Up Inside事件。

2．编译指令@property和@synthesize定义与实例变量对应的属性。属性让您能够访问相应的实例变量，而无需直接操作实例变量。另外，声明属性时，如果之前没有创建相应的实例变量，将自动创建它；本书都采用这种方式，这也是Apple使用的方式。

3．模板Single View Application模板是本书众多应用程序的起点。它提供了一个故事板，其中包含一个场景/视图和相应的视图控制器（基本应用程序所需的一切）。

4．您在场景中编辑视图并给它指定视图控制器。故事板是一个文件，包含您将在项目中使用的所有场景。

6.7.3 练习

1．请在 Interface Builder 中探索您在本章项目中添加的界面对象的属性，尝试设置不同的字体、颜色和布局。使用这些工具定制视图，使其不再是简单布局。

2．重新创建项目 HelloNoun，但以手工方式定义输出口、操作、实例变量和属性，并使用第 5 章介绍的方式建立连接。这是一个不错的练习，可帮助您熟悉幕后发生的情况。

3．通过 Apple Xcode 文档了解 Cocoa 的 Core Data 功能。虽然您在本书的项目中不会使用这种技术，但这是一个重要的工具，编写高级数据驱动应用程序时必须熟悉它。

第 7 章

使用文本、键盘和按钮

本章将介绍：

- **如何使用文本框；**
- **在可滚动的文本视图中输入和输出；**
- **如何启用数据检测器；**
- **一种美化标准 iOS 按钮的方式。**

在前一章，您学习了视图和视图控制器，还创建了一个简单的应用程序，它接受用户输入并按钮被按下时生成输出。本章将详细介绍这些基本构件，并创建一个使用多种输入和输出技术的应用程序。您将学习如何实现并使用可编辑的文本框、文本视图和图形按钮以及配置屏幕键盘。

本章介绍的内容很多，但概念是类似的，您将很快熟悉这些新元素。

7.1 基本用户输入和输出

iOS 提供了多种向用户显示信息和收集反馈的方式。事实上，方式如此之多，以至于接下来几章都将介绍 iOS SDK（Software Development Kit，软件开发包）提供的用于与用户交互的工具，但从最基本的开始。

7.1.1 按钮

最常见的与用户交互之一是，检测用户轻按按钮（UIButton）并对此做出反应。您可能还记得，按钮是一个视图元素，它响应用户在界面中触发的事件，这通常是 Touch Up Inside 事件——用户用手指按下按钮并在该按钮上松开。检测到事件后，便可能触发相应视图控制器中的操作（IBAction）。

按钮的用途众多，从提供预设的问题答案到在游戏中触发动画等不一而足。虽然到目前为止我们只使用了一个圆角矩形按钮，但通过使用图像可赋予它们以众多不同的形式。图 7.1 显示了一个奇异的渐变按钮。

Generate Story

图 7.1

按钮可以简单、奇异或显示任何图像

7.1.2 文本框和文本视图

另一种常见的输入机制是文本框。文本框（UITextField）让用户能够在应用程序中输入一行他喜欢的任何信息，这类似于 Web 表单中的表单字段。当用户在文本框中输入数据时，您可使用各种 iOS 键盘将其输入限制为数字或文本，本章后面就将这样做。和按钮一样，文本框也能响应事件，但通常将其实现为被动（passive）界面元素，这意味着视图控制器可随时通过 text 属性读取其内容。

文本视图（UITextView）与文本框类似，差别在于文本视图可显示一个可滚动和编辑的文本块，供用户阅读或修改。仅当需要的输入很多时，才应使用文本视图。图 7.2 显示了文本框和文本视图。

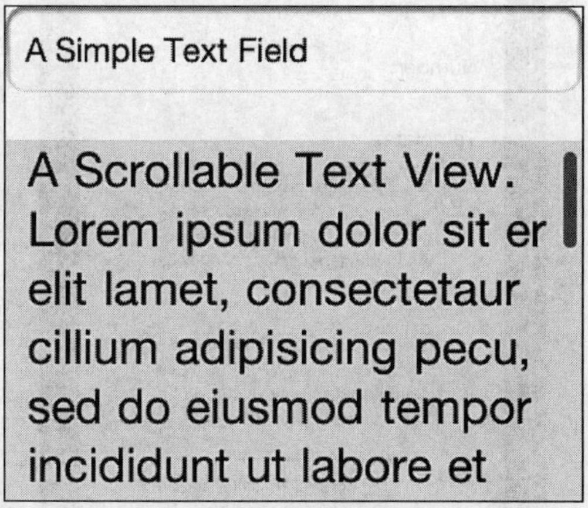

A Simple Text Field

A Scrollable Text View. Lorem ipsum dolor sit er elit lamet, consectetaur cillium adipisicing pecu, sed do eiusmod tempor incididunt ut labore et

图 7.2

文本框和文本视图让用户能够使用设备的虚拟键盘输入文本

7.1.3 标签

本章将使用的最后一个界面元素是标签（UILabel）。标签用于在视图中显示字符串，这是通过设置其 text 属性实现的。

对标签中的文本进行控制的属性很多，如字体和字号、对齐方式以及颜色。正如您将看到的，标签可用于在视图中显示静态文本，也可用于显示您在代码中生成的动态输出。

对本章将使用的输入和输出工具有基本了解后，下面开始创建本章的项目：一个简单的替代式故事生成器。

7.2 使用文本框、文本视图和按钮

不管其他人怎么认为，我喜欢在 iPhone 和 iPad 中输入文本。虚拟键盘响应速度快，易于使用。另外，可对输入进行限制，让用户只能输入数字或字母。您可让 iOS 自动修正简单的拼写错误，还可将字母显示为大写，而无需编写任何代码。这个项目将介绍文本输入过程的众多方面。

7.2.1 实现概述

在这个项目中，我们将创建一个 Mad Libs 式故事生成器。我们将让用户通过 3 个文本框（UITextField）输入一个名词（地点）、一个动词和一个数字；用户还可输入或修改一个模板，该模板包含将生成的故事概要。由于模板可能有多行，因此将使用一个文本视图（UITextView）来显示这些信息。当用户按下按钮（UIButton）时将触发一个操作，该操作生成故事并将其输出到另一个文本视图中，如图 7.3 所示。

图 7.3

本章的示例应用程序使用了两种文本输入对象

虽然与输入或输出没有直接关系，但我们还将探讨如何实现现在用户期望的界面标准——轻按背景时键盘将消失，还有其他几个要点。

我们将把该项目命名为 FieldButtonFun，当然，如果您愿意，也可使用其他更有创意的名称。

7.2.2 创建项目

与前一章一样，这个项目也将使用模板 Single View Application。如果 Xcode 没有运行，请启动它，再选择菜单 File>New>New Project。

选择项目类型 iOS Application，再在模板列表中找到并选择 Single View Application。单击 Next 按钮，输入项目名 FieldButtonFun，确保选择了设备类型，且只选择了复选框 Use Storyboard 和 Automatic Reference Counting，再单击 Next 按钮。最后，选择存储位置并单击 Create 按钮新建该项目。

同以前一样，这里的重点也是视图（已包含在 MainStoryboard.storyboard 中）和视图控制器类 ViewController。

1．规划变量和连接

这个项目总共包含 6 个输入区域，必需通过输出口将它们连接到代码。将使用 3 个文本框分别收集地点、动词和数字，它们分别对应于实例变量/属性 thePlace、theVerb 和 theNumber。这个项目还需要两个文本视图，一个用于显示可编辑的故事模板——theTemplate，另一个用于显示输出——theStory。

注意：

By the Way

我们将把文本视图用于输入和输出。文本视图提供了内置的滚动行为，还可将其设置为只读，这使其非常适合用于收集和显示信息。然而，它不能用于富文本输入或输出——其中的所有文本都使用一种字体样式。

最后，一个按钮用于触发方法 createStory，该方法充当操作，它创建故事。然而，不同于前一章的示例，这里还需要第 7 个实例变量 property 以及对应于按钮的输出口 theButton。在很多情况下，只使用按钮来触发操作，但这里还将在源代码中访问按钮，以修改其外观。

提示：

Did you Know?

对于只用于触发操作的 UI 元素，不需要有相应的输出口。然而，对于应用程序要操作的对象（如设置其标签、颜色、大小、位置等），则需要为其定义输出口和相应的实例变量/属性。

对我们将添加的界面对象以及如何引用它们有所了解后，下面来设计用户界面并创建到代码的连接。

7.2.3 设计界面

前一章说过，应用程序启动时将加载 MainStoryboard.storyboard，并实例化默认视图控制器。接下来，视图控制器将从故事板文件中加载其视图。请在项目代码文件夹中找到 MainStoryboard.storyboard，通过单击选择它并打开 Interface Builder 编辑器。

启动 Interface Builder 后，确保文档大纲区域可见（选择菜单 Editor>Show Document Outline）；如果觉得屏幕空间不够，请隐藏导航区域；再打开对象库（选择菜单 View>Utilityes>Show Object Library）。

1．添加文本框

为创建用户界面，首先在视图顶部添加 3 个文本框。要添加文本框，在对象库中找到文本框对象（UITextField）并将其拖放到视图中。重复该过程两次，再添加两个文本框。

将这些文本框在顶端依次排列，并在它们之间留下足够的空间，让用户能够轻松地轻按任何文本框而不会碰到其他文本框。为帮助用户区分这3个文本框，还需在视图中添加标签。为此，单击对象库中的标签对象（UILabel）并将其拖放到视图中。在视图中，双击标签以设置其文本。我按从上到下的顺序将标签的文本依次设置为Place、Verb和Number，如图7.4所示。

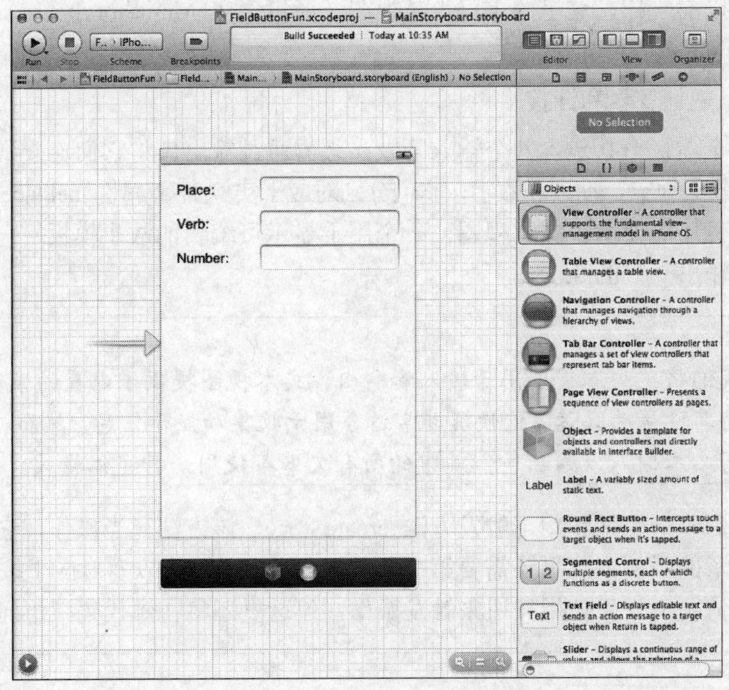

图7.4

添加文本框以及用于区分文本框的标签

（1）编辑文本框的属性

从技术上说，您刚创建的文本框很好，但需要调整它们的外观和行为以提供更好的用户体验。要查看文本框的属性，单击一个文本框，再按Option + Command + 4（或选择菜单View>Utilities>ShowAttributes Inspector）打开Attributes Inspector，如图7.5所示。

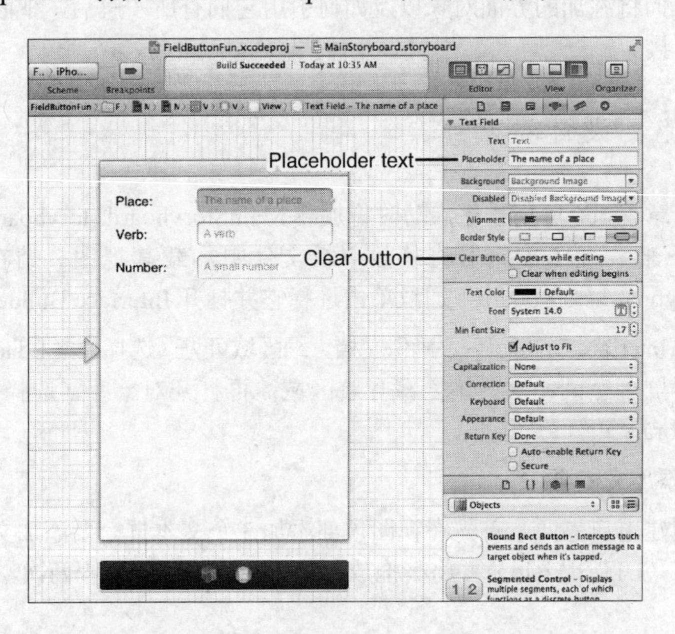

图7.5

编辑文本框的属性有助于创建更漂亮的UI

例如，可使用属性 Placeholder（占位符）指定在用户编辑前出现在文本框背景中的文本。这可用作提示或进一步阐述用户应输入的信息。

您还可能想激活清除按钮（Clear Button）。清除按钮是一个加入到文本框中的 X 图标，用户可通过轻按它快速清除文本框的内容。要添加清除按钮，只需从 Clear Button 下拉列表中选择一个可视选项：将自动把这种功能添加到应用程序中！您还可能选择在用户轻按文本框以便进行编辑时自动清除内容，为此只需选中复选框 Clear When Editing Begins。

请给视图中的 3 个文本框添加这些功能。图 7.6 显示了它们在应用程序中的外观。

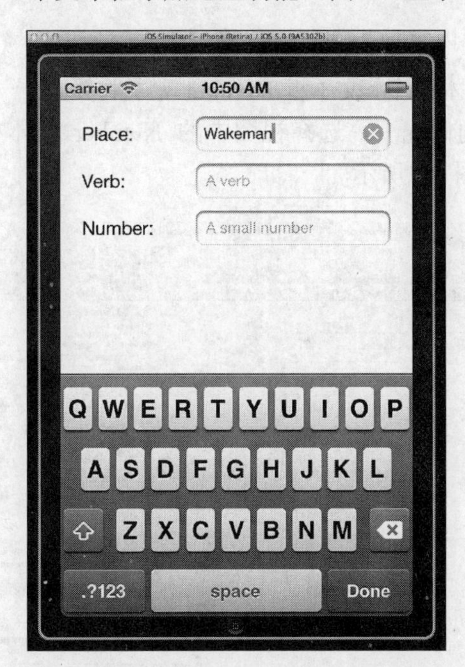

图 7.6
占位符文本向用户提供了有用的线索，而清除按钮使得清除文本框内容非常简单

提示：

占位符文本还有助于在 Interface Builder 编辑器中识别文本框，这让您后面建立连接时容易得多！

Did you Know?

除这些修改外，还有调整文本对齐方式、字体和字号以及其他外观方面的属性。使用 Interface Builder 的乐趣之一是，您可以探索工具并进行调整，而不需要编辑代码。

（2）使用文本输入特征定制键盘显示方式

对于输入文本框来说，可设置的最重要的属性可能是文本输入特征（text input traits），即键盘将在屏幕上如何显示。对于文本框，Attributes Inspector 底部有 7 个特征。

- Capitalize（首字母大写）：指定 iOS 自动将单词的第一个字母大写、句子的第一个字母大写还是将输入到文本框中的所有字符都大写。
- Correction（修正）：如果将其设置为 on 或 off，输入文本框将更正或忽略常见的拼写错误。如果保留为默认设置，文本框将继承 iOS 设置的行为。
- Keyboard（键盘）：设置一个预定义键盘来提供输入。默认情况下，输入键盘让用户能够输入字母、数字和符号。如果将其设置为 Number Pad（数字键盘），将只能输入数字；同样，如果将其设置为 Email Address，将只能输入类似于电子邮件地址的字符串。总共有 7 种不同的键盘。

- Appearance（外观）：修改键盘外观使其更像警告视图（这将在本书后面介绍）。
- Return Key（回车键）：如果键盘有回车键，其名称将为 Return Key 的设置。选项包括 Done、Search、Next、Go 等。
- Auto-Enable Return Key（自动启用回车键）：除非用户在文本框中至少输入了一个字符，否则禁用回车键。
- Secure（安全）：将文本框内容视为密码，并隐藏每个字符。

在我们添加到视图中的 3 个文本框中，文本框 Number 无疑将受益于一种输入特征设置。在仍打开了 Attributes Inspector 的情况下，选择视图中的 Number 文本框，再从下拉列表 Keyboard 中选择 Number Pad，如图 7.7 所示。

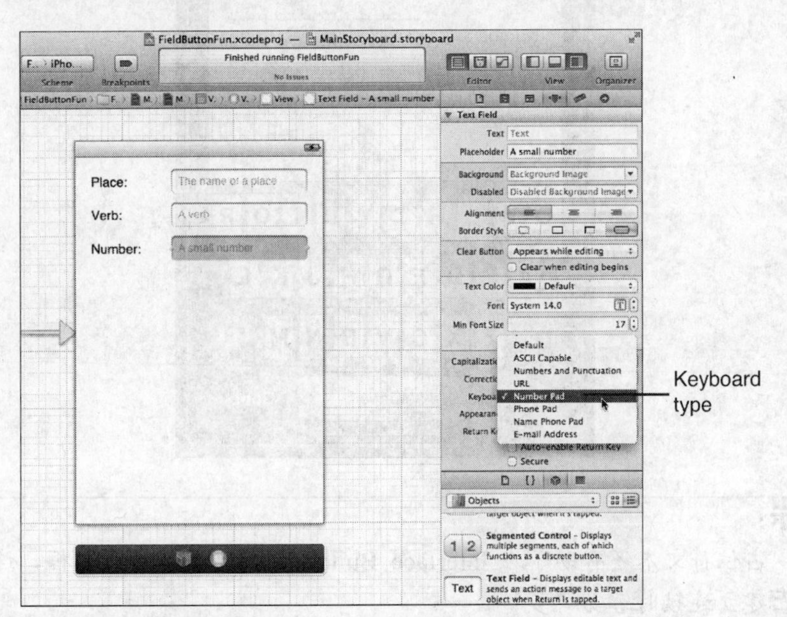

图 7.7

选择键盘类型有助于限制用户输入

您可能还想修改其他两个文本框的 Capitalize 和 Correction 设置，并将 Return Key 设置为 Done。同样，所有这些功能都可免费获得，稍后您可编辑界面并尝试需要的所有功能。现在暂时将这些文本框的 Return Key 都设置为 Done，并开始添加文本视图。

> **复制和粘贴**
>
> 文本输入区域自动支持复制和粘贴功能，而无需开发人员对代码做任何修改。对于高级应用程序，您可覆盖 UIResponderStandardEditActions 中定义的协议方法以定制复制、粘贴和选取功能。

2．添加文本视图

至此，您了解了文本框的方方面面，下面添加这个项目中的两个文本视图（UITextView）。在很大程度上说，文本视图的用法与文本框类似：您可以相同的方式访问它们的内容，它们还支持很多与文本框一样的属性，其中包含文本输入特征。

要添加文本视图，找到文本视图对象（UITextView）并将其拖曳到视图中。这将在视图中添加一个矩形，其中包含表示输入区域的希腊语文本（Lorem ipsum…）。使用矩形上的手柄增大或缩小输入区域，使其适合视图。由于这个项目需要两个文本视图，因此在视图中添加两个，并调整其大小使其适合现有 3 个文本框下面的区域。

与文本框一样，文本视图本身也不能向用户传递太多有关其用途的信息。为指出它们的用途，在每个文本视图上方都添加一个标签，并将这两个标签的文本分别设置为 Template 和 Story。现在，视图应该如图 7.8 所示。

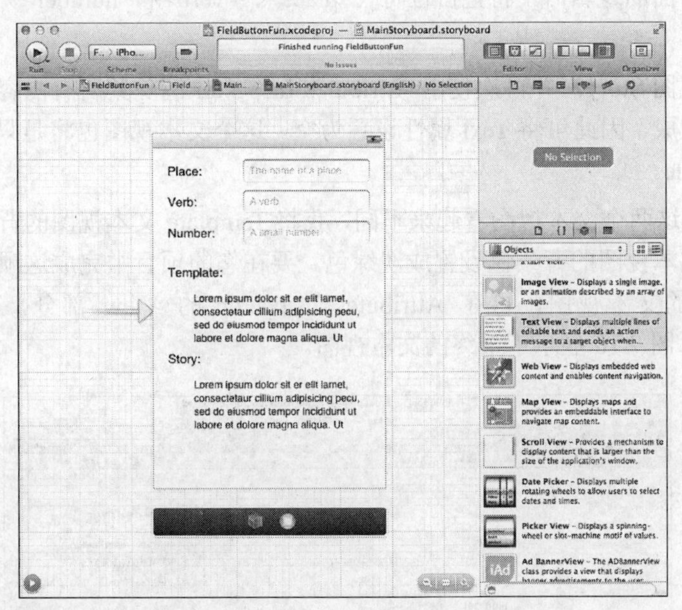

图 7.8

在视图中添加两个文本视图和相应的标签

（1）编辑文本视图的属性

文本视图的属性提供了众多与文本框相同的外观控制。请选择一个文本视图，再打开 Attributes Inspector（Option + Command + 4）以查看可用的属性，如图 7.9 所示。

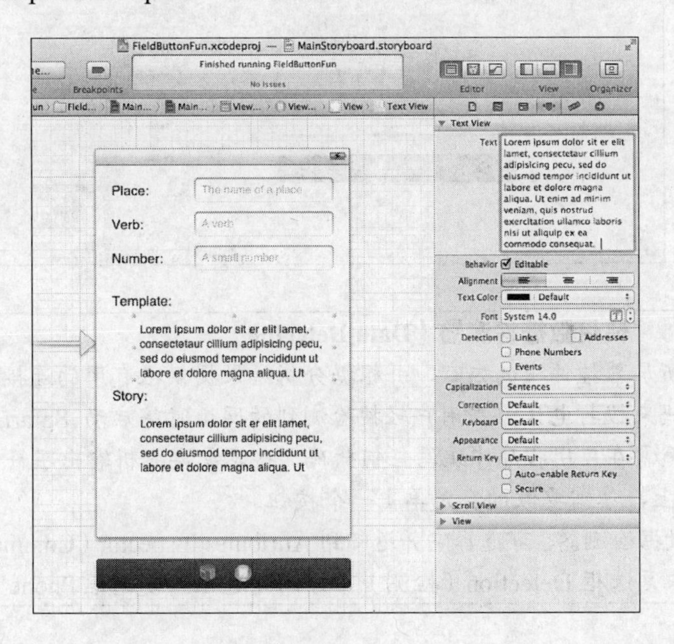

图 7.9

编辑每个文本视图的属性以便将其用于输入和输出

首先，需要修改 Text 属性，以删除默认的希腊语文本并提供我们自己的内容。对于上面那个用作模板的文本视图，在 Attributes Inspector 中选择属性 Text 的内容，并将其清除，再输入下面的文本，它将在应用程序中用作默认模板。

```
The iOS developers descended upon <place>. They vowed to <verb> night and day,
   until all <number> Android users came to their senses. <place> would never be
   the same again.
```

当我们实现该界面后面的逻辑时，将把占位符（<place>、<verb>和<number>）替换为用户的输入。

接下来，选择文本视图 Story，并再次使用 Attributes Inspector 清除其所有内容。由于该文本视图的内容将自动生成，因此可将 Text 属性设置为空。这个文本视图也将是只读的，因此取消选中复选框 Editable。

在这个实例中，为让这两个文本视图看起来不同，我将 Template 文本视图的背景色设置成淡红色，并将 Story 文本视图的背景色设置成淡绿色。要在您的项目中完成这项任务，只需选择要设置其背景色的文本视图，再在 Attributes Inspector 的 View 部分，单击属性 Background 打开拾色器。图 7.10 显示了最终的文本视图。

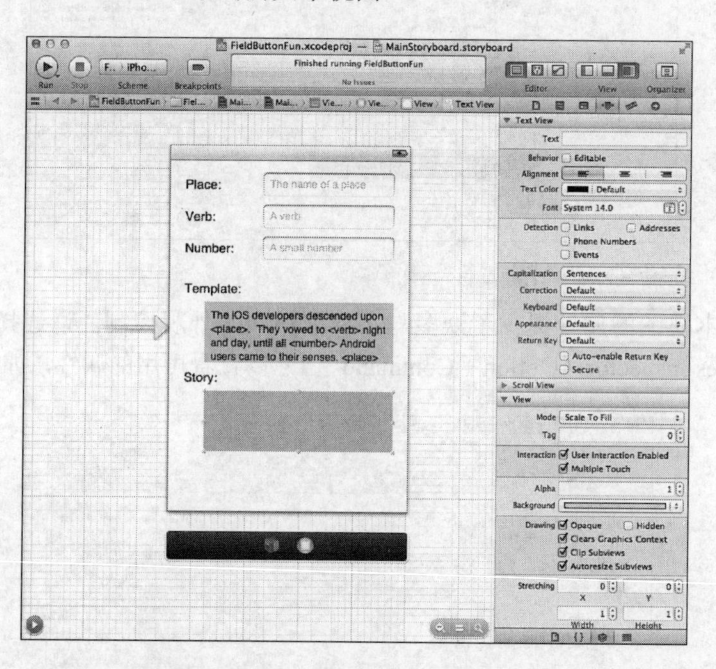

图 7.10

最终的两个文本视图的颜色、可编辑性和内容都不同

使用数据检测器（Data Detector）

数据检测器自动分析屏幕控件中的内容，并根据分析结果提供很有用的连接。例如，让用户能够轻按电话号码来拨打电话；当用户轻按检测到的网址时将启动 Safari。所有这些都是自动完成的，您无需在应用程序中编写任何代码，也不需要分析输出字符串是否像 URL 或电话号码。实际上，您需要做的只是单击一个按钮。

要对文本视图启用数据检测器，可选择它并返回到 Attributes Inspector（Command + 1）。在 Text View 部分，选中复选框 Detection（检测）下方的复选框：复选框 Phone Numbers

（电话号码）可识别表示电话号码的一系列数字，复选框 Address（地址）可识别邮寄地址，复选框 Events（事件）可识别包含日期和时间的文本，复选框 Links（链接）将网址或电子邮件地址转换为可单击的链接。

警告：

Watch Out!

数据检测器对用户来说非常方便，但也可能被滥用。如果您在项目中启用了数据检测器，请务必确保其有意义。例如，如果您对数字进行计算并将结果显示给用户，您很可能不希望这些数字被视为电话号码。

（2）设置滚动选项

编辑文本视图的属性时，您将看到一系列与其滚动特征相关的选项，如图 7.11 所示。

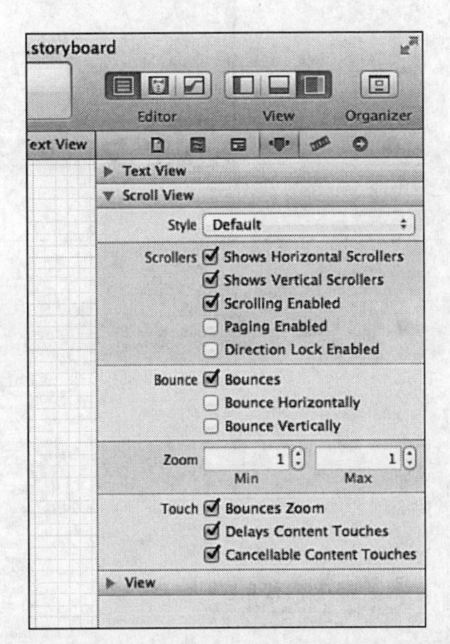

图 7.11

Scroll View 部分有大量可调整滚动行为的属性

使用这些属性可设置滚动指示器的颜色（黑色或白色）、指定是否启用垂直和水平滚动以及到达可滚动内容末尾时滚动区域是否有橡皮条“反弹”效果。

3．添加风格独特的按钮

在前一章，您创建了一个按钮（UIButton）并将其连接到了视图控制器中一个操作（IBAction）的实现。这没什么，不是吗？使用按钮相对简单，但您可能注意到了，默认情况下，您在 Interface Builder 中创建的按钮很乏味。

在这个项目中，只需要一个按钮，因此从对象库中将一个圆角矩形按钮（UIButton）实例拖放到视图底部，并将其标题设置为 Generate Story。图 7.12 显示了包含默认按钮的最终视图和文档大纲。

虽然可以使用标准按钮，但您可能想探索在 Interface Builder 中可执行哪些外观方面的修改，并最终通过代码进行修改。

（1）编辑按钮的属性

要调整按钮的外观，同样可使用 Attributes Inspector（Option + Command + 4）。通过使用

Attributes Inspector，可对按钮的外观做重大修改。通过如图 7.13 所示的下拉列表 Type（类型）可选择常见的按钮类型。

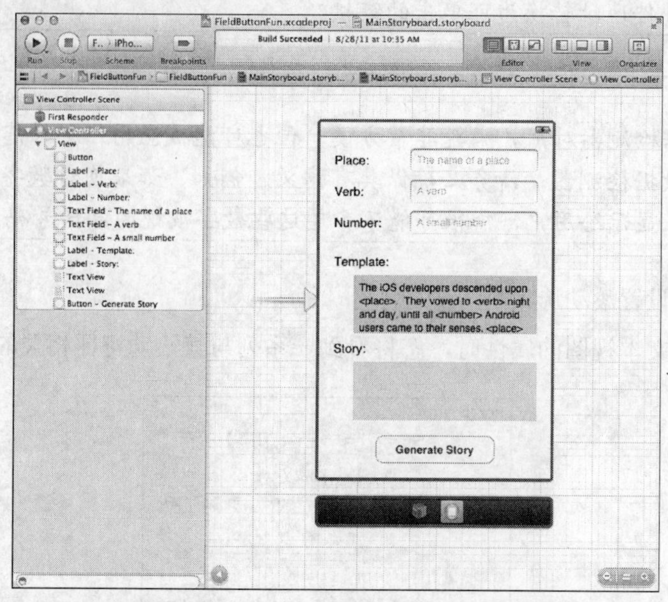

图 7.12

默认的按钮样式不太吸引人

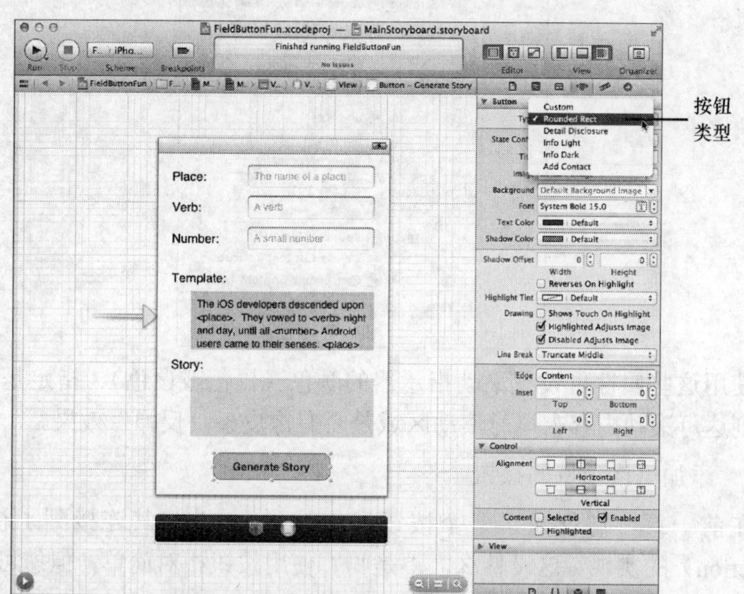

图 7.13

Attributes Inspector 提供了多种常见的按钮类型，用户还可自定义按钮

- Rounded Rect（圆角矩形）：默认的 iOS 按钮样式。
- Detail Disclosure（显示细节）：使用按钮箭头表示可显示其他信息。
- Info Light（亮信息按钮）：通常使用 i 图标显示有关应用程序或元素的额外信息。“亮”版本用于背景较暗的情形。
- Infor Dark（暗信息按钮）：暗版本的信息按钮，用于背景较亮的情形。
- Add Contact（添加联系人）：一个+按钮，常用于将联系人加入通信录。
- Custom（自定义）：没有默认外观的按钮，通常与按钮图像结合使用。

除选择按钮类型外，您还可让按钮响应用户触摸，这种概念被称为改变状态。例如，默认情况下，按钮在视图中不呈高亮显示，当用户触摸时，它将呈高亮显示，指出它被用户触摸。

在 Attributes Inspector 中，可使用下拉列表 State Config 修改按钮的标签、背景色甚至添加图像。

（2）设置自定义按钮图像

要创建自定义 iOS 按钮，需要制作自定义图像，这包括呈高亮显示的版本以及默认不呈高亮显示的版本。这些图像的形状和大小无关紧要，但鉴于 PNG 格式的压缩和透明度特征，建议使用这种格式。

通过 Xcode 将这些图像加入项目后，便可以在 Interface Builder 中打开按钮的 Attributes Inspector，并通过下拉列表 Image 或 Background 选择图像。使用下拉列表 Image 设置的图像将与按钮标题一起出现在按钮内，这让您能够使用图标美化按钮。

使用下拉列表 Background 设置的图像将拉伸以填满按钮的整个背景，这让您能够使用自定义图像覆盖整个按钮，但需要调整按钮的大小使其与图像匹配，否则图像将因拉伸而失真。

另一种使用大小合适的自定义按钮图像的方法是通过代码，下面先建立从界面到代码的连接，再看看为创建样式独特的按钮而需要编写的代码。

7.2.4 创建并连接输出口和操作

在设计好的界面中，需要通过视图控制器代码访问其中的 6 个输入/输出区域。另外，还必须为按钮创建输出口和操作，其中输出口让我们能够在代码中访问按钮并设置其样式，而操作将使用模板和文本框的内容生成故事。

总之，需要创建并连接 7 个输出口和 1 个操作。

- 地点文本框（UITextField）：thePlace。
- 动词文本框（UITextField）：theVerb。
- 数字文本框（UITextField）：theNumber。
- 模板文本视图（UITextView）：theTemplate。
- 故事文本视图（UITextView）：theStory。
- 故事生成按钮（UIButton）：theButton。
- 故事生成按钮触发的操作：createStory。

确保在 Interface Builder 编辑器中打开了文件 MainStoryboard.storyboard，并使用工具栏按钮切换到助手模式。您将看到 UI 设计和 ViewController.h 并排地显示，让您能够在它们之间建立连接。

1．添加输出口

首先，按住 Control 键，并从文本框 Place 拖曳到文件 ViewController.h 中编译指令 @interface 下方。在 Xcode 询问时，将连接设置为 Outlet，名称设置为 thePlace，并保留其他设置为默认值（类型为 UITextField，Storage 为 Strong），如图 7.14 所示。

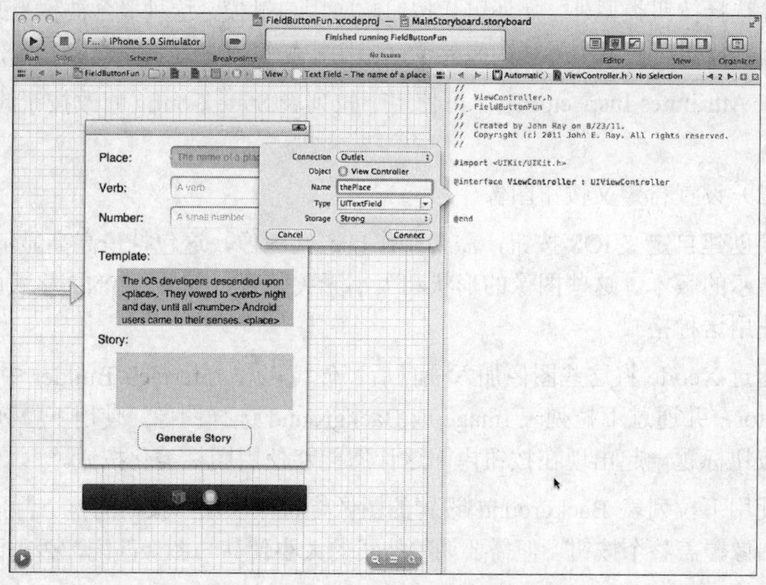

图 7.14

为每个输入/输出界面元素创建并连接输出口

对文本框 Verb 和 Number 重复上述操作，将它们分别连接到输出口 theVerb 和 theNumber。这次拖曳到前一次生成的编译指令@property 下方。以同样的方式将两个文本视图分别连接到输出口 theStory 和 theTemplate，但将 Type 设置为 UITextView。最后，对 Generate Story 按钮做同样的处理，并将连接类型设置为 Outlet，名称设置为 theButton。

至此，便创建并连接好了输出口，下面来创建操作。

2．添加操作

在这个项目中，我们创建一个名为 createStory 的方法，它充当操作。该操作在用户单击 Generate Story 被触发。要创建该操作并生成一个方法以便后面可以实现它，按住 Control 键，并从按钮 Generate Story 拖放到文件 ViewController.h 中最后一个编译指令@property 下方。

在 Xcode 提示时，将该操作命名为 createStory，如图 7.15 所示。

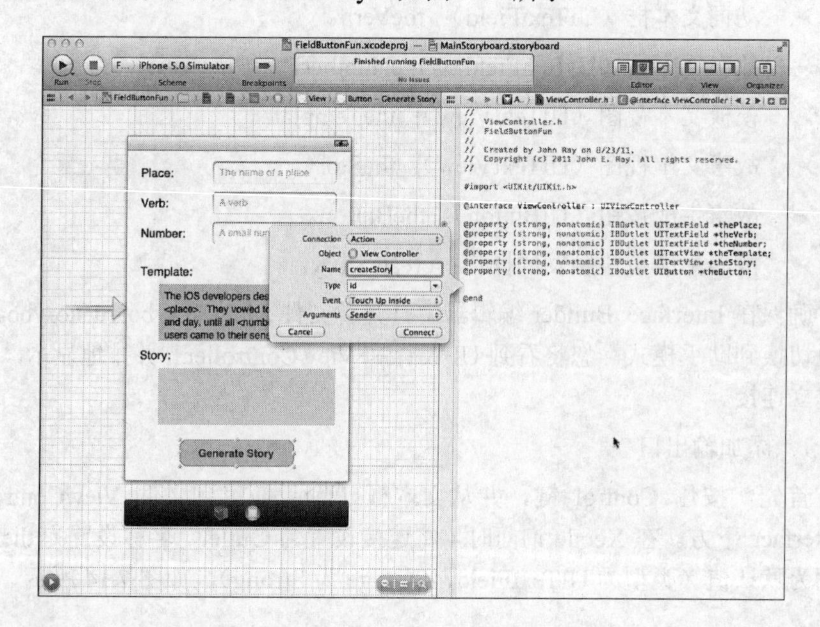

图 7.15

创建用于生成故事的操作

至此，基本的接口文件就完成了。此时的接口文件 ViewController.h 应类似于程序清单 7.1。当然，所有这些代码都是自动生成的，您无需手工进行编辑。

程序清单 7.1　完成基本设置后的接口文件 ViewController.h

```
#import <UIKit/UIKit.h>

@interface ViewController : UIViewController

@property (strong, nonatomic) IBOutlet UITextField *thePlace;
@property (strong, nonatomic) IBOutlet UITextField *theVerb;
@property (strong, nonatomic) IBOutlet UITextField *theNumber;
@property (strong, nonatomic) IBOutlet UITextView *theTemplate;
@property (strong, nonatomic) IBOutlet UITextView *theStory;
@property (strong, nonatomic) IBOutlet UIButton *theButton;

- (IBAction)createStory:(id)sender;

@end
```

不幸的是，按钮的样式仍是平淡而古老的。我们的第一个编码任务是，编写必要的代码，以实现样式独特的按钮。切换到 Xcode 标准编辑器，并确保能够看到项目导航器（Command + 1）。

7.2.5　实现按钮模板

Xcode Interface Builder 编辑器非常适合用于完成很多任务，但不包括创建样式独特的按钮。要在不为每个按钮提供一幅图像的情况下创建吸引人的按钮，可使用按钮模板，但这必需通过代码来实现。在本章的 Projects 文件夹中，有一个 Images 文件夹，其中包含两个 Apple 创建的按钮模板：whiteButton.png 和 blueButton.png。将文件夹 Images 拖放到该项目的项目代码编组中，并在必要时选择复制资源并创建编组，如图 7.16 所示。

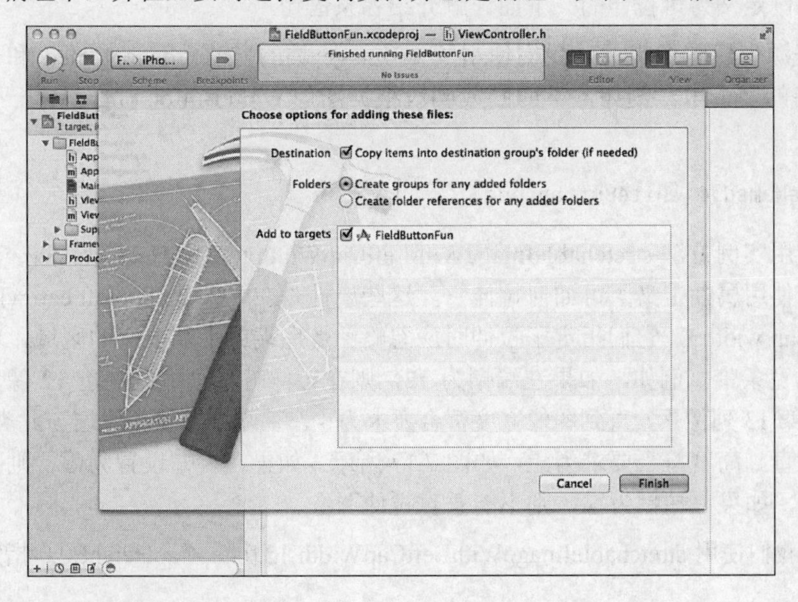

图 7.16

要使用自定义按钮，将文件夹 Images 拖放到 Xcode 中的项目代码编组中，并在必要时选择复制资源

现在，打开文件 ViewController.m，找到方法 ViewDidLoad，并使用程序清单 7.2 所示的代码实现它。

使用程序清单 7.2 所示的代码实现方法 ViewDidLoad。

程序清单 7.2 在视图加载时设置按钮模板

```
 1: - (void)viewDidLoad
 2: {
 3:     UIImage *normalImage = [[UIImage imageNamed:@"whiteButton.png"]
 4:                             stretchableImageWithLeftCapWidth:12.0
 5:                             topCapHeight:0.0];
 6:     UIImage *pressedImage = [[UIImage imageNamed:@"blueButton.png"]
 7:                             stretchableImageWithLeftCapWidth:12.0
 8:                             topCapHeight:0.0];
 9:     [self.theButton setBackgroundImage:normalImage
10:                               forState:UIControlStateNormal];
11:     [self.theButton setBackgroundImage:pressedImage
12:                               forState:UIControlStateHighlighted];
13:     [super viewDidLoad];
14: }
```

在这个代码块中，我们完成了多项任务，这旨在向按钮（theButton）提供一个知道如何拉伸自己的图像对象（UIImage）。

Did you Know?

提示：

为何在方法 viewDidLoad 中实现这些代码呢？将在根据 XIB 文件成功实例化视图后自动调用该方法，这让我们能够在视图显示到屏幕上时方便地进行修改（这里是添加按钮图像）。

在第 3～5 行和第 6～8 行，我们首先根据前面加入到项目资源中的图像文件创建了图像实例，然后将图像实例定义为可拉伸的。下面详解介绍各条语句。

为根据指定的资源创建图像实例，我们使用了 UIImage 类的方法 imageNamed 和一个包含图像资源文件名的字符串。例如，下面的代码段根据图像 whiteButton.png 创建一个图像实例。

```
[UIImage imageNamed:@"whiteButton.png"]
```

接下来，我们使用实例方法 stretchableImageWithLeftCapWidth:topCapHeight 返回一个新的图像实例，但这次使用属性定义了可如何拉伸它。这些属性是左端帽宽度（left cap width）和上端帽宽度（top cap width），它们指定了拉伸时应忽略图像左端或上端多宽的区域，然后到达可拉伸的 1 像素宽条带。例如，如果左端帽为 12，则在拉伸时将忽略最左边 12 像素的区域，然后不断重复第 13 列像素，直到图像宽度符合要求为止。上端帽的工作原理与此类似，但不断重复 1 行像素直到高度符合要求为止，如图 7.17 所示。如果左端帽设置为零，则不能水平拉伸图像；同样，如果上端帽为零，则不能垂直拉伸图像。

在这个例子中，我们使用 stretchableImageWithLeftCapWidth:12.0 topCapHeight:0.0 指定水

平拉伸第 13 列像素，并禁止垂直拉伸。然后将返回的 UIImage 实例赋值给变量 normalImage 和 pressedImage，它们分别对应于默认按钮状态和呈高亮显示的按钮状态。

图 7.17
端帽指定了图像的哪些区域可拉伸

第 9～10 行和第 11～12 行使用 UIButton 对象（theButton）的实例方法 setBackgroundImage: forState 将可拉伸图像 normalImage 和 pressedImage 分别指定为预定义按钮状态 UIControlState Normal（默认状态）和 UIControlStateHighlighted（呈高亮显示状态）的背景。

这看起来有点混乱，我也有同感。Apple 没有在 Interface Builder 编辑器中提供这些功能，虽然它们对包含按钮的任何应用程序来说都很有用。好消息是，您可以在自己的项目中重用这些代码。

在 Xcode 工具栏中，单击按钮 Run 编译并运行该应用程序。按钮 Generate Story 的外观将焕然一新，如图 7.18 所示。

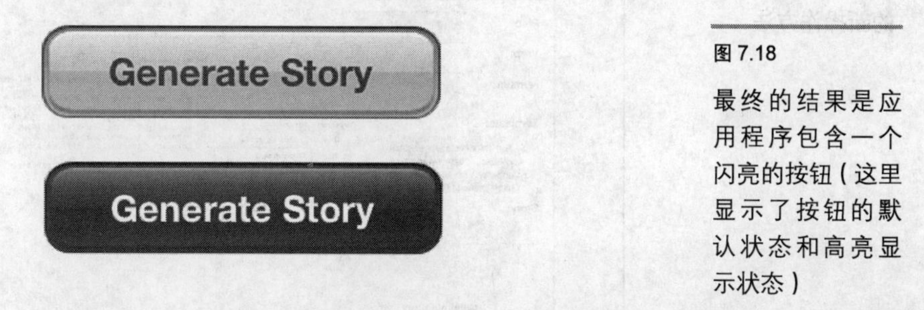

图 7.18
最终的结果是应用程序包含一个闪亮的按钮（这里显示了按钮的默认状态和高亮显示状态）

虽然我们创建了一个漂亮的按钮，但还没有编写它触发的操作（createStory）。但编写该操作前，还需完成一项与界面相关的工作：确保键盘按预期的那样消失。

7.2.6 隐藏键盘

要完成该应用程序，还需实现视图控制器逻辑以创建故事，但在此之前，有必要介绍一下支持字符输入的应用程序固有的一个问题：键盘不会消失。要明白这一点，再次在设备或 iOS 模拟器中运行该应用程序。

应用程序启动并运行后，在一个文本框中单击，这将显示键盘。再单击另一个文本框，键盘将变成与该文本框的文本输入特征匹配，但仍显示在屏幕上。按 Done 键，什么也没有发生！但即使键盘消失了，没有 Done 键的数字键盘该如何处理呢？如果您尝试使用该应用程序，还将发现键盘不会消失，且盖住了 Generate Story 按钮，导致您无法充分利用用户界面。问题在哪里呢？

第 4 章介绍过，响应者是处理输入的对象，而第一响应者是当前处理用户输入的对象。对文本框和文本视图来说，当它们成为第一响应者时，键盘将出现并一直显示在屏幕上，直到文本框或文本视图退出第一响应者状态。在代码中，这是如何实现的呢？对于文本框 thePlace，可使用如下代码行退出第一响应者状态，让键盘消失。

```
[self.thePlace resignFirstResponder];
```

调用 resignFirstResponder 让输入对象放弃其获取输入的权利，因此键盘将消失。

1．使用 Done 键隐藏键盘

在 iOS 应用程序中，触发键盘隐藏的最常用事件是文本框的 Did End on Exit，它在用户按键盘中的 Done 键时发生。

下面实现一个新的操作方法——hideKeyboard，它在文本框的 Did End on Exit 事件发生时被触发。

将注意力转向文件 MainStory.storyboard，并打开助手编辑器。按住 Control 键，并从文本框 Place 拖曳到文件 ViewController.h 中的操作 createStory 下方。在 Xcode 提示时，为事件 Did End on Exit 配置一个新操作（hideKeyboard），保留其他设置为默认值，如图 7.19 所示。

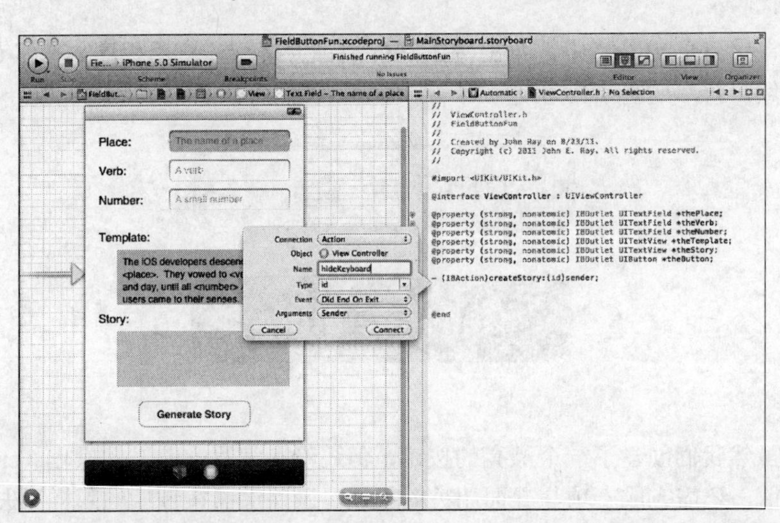

图 7.19

添加一个隐藏键盘的新操作方法

接下来，必须将文本框 Verb 连接到新定义的操作 hideKeyboard。连接到已有操作的方式很多，但只有几个让您能够指定事件。这里将使用第 5 章介绍的方式：使用 Connections Inspector。

首先，切换到标准编辑器，并确保能够看到文档大纲区域（选择菜单 Editor>Show Document Outline）。选择文本框 Verb，再按 Option + Command + 6（或选择菜单 View>Utilities>Connections Inspector）打开 Connections Inspector。从事件 Did End on Exit 旁边的圆圈拖曳到文档大纲区域中的 View Controller 图标，并在提示时选择操作 hideKeyboard，如图 7.20 所示。

不幸的是，用于输入数字的文本框打开的键盘没有 Done 键，而文本视图不支持 Did End on Exit 事件，那么如何为这些控件隐藏键盘呢？

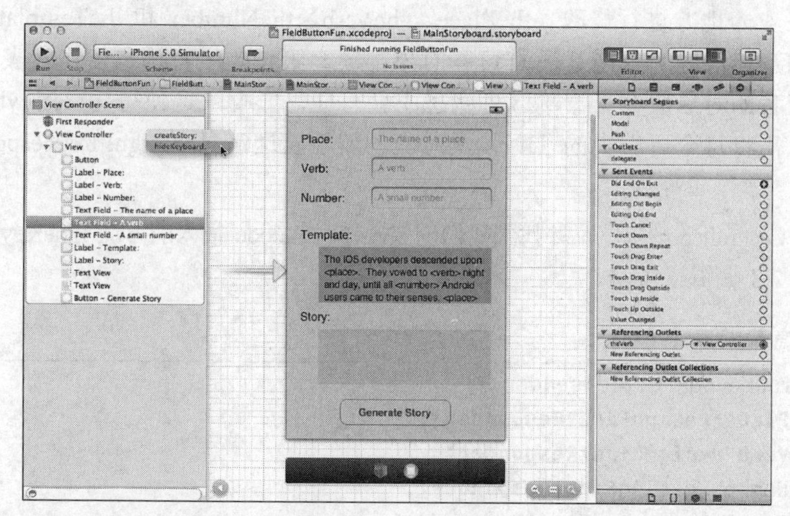

图 7.20

将文本框 Verb 连接到操作 hideKeyboard

2．通过触摸背景来隐藏键盘

一种流行的 iOS 界面约定是，在打开了键盘的情况下，如果用户触摸背景（任何控件外面），键盘将消失。对于用于输入数字的文本框以及文本视图，我们也将采用这种方法——为确保一致性，需要给其他所有文本框添加这种功能。

您可能会问：如何检测控件外面的事件呢？这没有什么特别的：只需创建一个大型的不可见按钮并将其放在所有控件后面，再将其连接到前面编写的 hideKeyboard 方法。

在 Interface Builder 编辑器中，选择菜单 View>Utilities> Object Library 打开对象库，并拖曳一个新按钮（UIButton）到视图中。

由于需要该按钮不可见，因此确保选择了它，再打开 Attributes Inspector（Option + Command + 4）并将 Type（类型）设置为 Custom，这将让按钮变成透明的。使用手柄调整按钮的大小使其填满整个视图。在选择了按钮的情况下，选择菜单 Editor>Arrange>Send to Back，将按钮放在其他所有控件的后面。

提示：

Did you Know?

要将对象放在最后面，也可在文档大纲区域将其拖放到视图层次结构的最顶端。对象按从上（后）到下（前）的顺序堆叠。

为将按钮连接到 hideKeyboard 方法，最简单的方式是使用 Interface Builder 文档大纲。选择刚创建的自定义按钮（它应位于视图层次结构的最顶端），再按住 Control 键并从该按钮拖曳到 View Controller 图标。提示时选择方法 hideKeyboard。

很好。现在可以实现 hideKeyboard，以便位于文本框 Place 和 Verb 中时，用户可通过触摸 Done 按钮来隐藏键盘，还可在任何情况下通过触摸背景来隐藏键盘。

3．添加隐藏键盘的代码

前面说过，要隐藏键盘很容易，只需让显示键盘的对象放弃第一响应者状态。当用户在文本框 Place（可通过属性 thePlace 访问它）中输入文本时，可使用下面的代码行来隐藏键盘：

```
[self.thePlace resignFirstResponder];
```

由于用户可能在 4 个地方进行修改（thePlace、theVerb、theNumber 和 theTemplate），因此必须确定当前用户修改的对象或让所有这些对象都放弃第一响应者状态。实践表明，如果让不是第一响应者的对象放弃第一响应者状态不会有任何影响，这使得 hideKeyboard 实现起来很简单，只需将每个可编辑的 UI 元素对应的属性发送消息 resignFirstResponder 即可。

滚动到文件 ViewController.m 末尾，并找到我们创建操作时 Xcode 插入的方法 hideKeyboard 的存根。按程序清单 7.3 编辑该方法。

程序清单 7.3 隐藏键盘

```
- (IBAction)hideKeyboard:(id)sender {
    [self.thePlace resignFirstResponder];
    [self.theVerb resignFirstResponder];
    [self.theNumber resignFirstResponder];
    [self.theTemplate resignFirstResponder];
}
```

By the Way

注意：

您可能会问：变量 sender 不是触发事件的文本框吗？可不可以只让 sender 退出第一响应者状态？绝对可以！这也是可行的，但我们还希望方法 hideKeyboard 在 sender 不是文本框时（如背景按钮触发该方法时）也管用。

保存所做的工作，再尝试运行该应用程序。现在，当您单击文本框和文本视图外面或按 Done 键时，键盘都将消失！

7.2.7 实现应用程序逻辑

为完成项目 FieldButtonFun，还需给视图控制器（ViewController.m）的方法 createStory 添加代码。这个方法在模板中搜索占位符<place>、<verb>和<number>，将其替换为用户的输入，并将结果存储到文本视图中。我们将使用 NSString 的实例变量 stringByReplacingOccurrencesOfString:WithString 来完成这项繁重的工作，这个方法搜索指定的字符串并使用另一个指定的字符串替换它。

例如，如果变量 myString 包含 Hello town，而您想将 town 替换为 world，并将结果存储到变量 myNewString 中，则可使用如下代码：

```
myNewString=[myString stringByReplacingOccurrencesOfString:@"town"
                                             withString:@"world"];
```

在这个应用程序中，我们的字符串是文本框和文本视图的 text 属性（self.thePlace.text、self.theVerb.text、self.theNumber.text、self.theTemplate.text 和 self.theStory.text）。

在 ViewController.m 中，在 Xcode 生成的方法 createStory 的存根中添加如程序清单 7.4 所示的代码。

程序清单 7.4 方法 createStory 的实现

```
 1: - (IBAction)createStory:(id)sender {
 2:     self.theStory.text=[self.theTemplate.text
 3:                         stringByReplacingOccurrencesOfString:@"<place>"
 4:                         withString:self.thePlace.text];
 5:     self.theStory.text=[self.theStory.text
 6:                         stringByReplacingOccurrencesOfString:@"<verb>"
 7:                         withString:self.theVerb.text];
 8:     self.theStory.text=[self.theStory.text
 9:                         stringByReplacingOccurrencesOfString:@"<number>"
10:                         withString:self.theNumber.text];
11: }
```

第 2～4 行使用文本库 thePlace 的内容替换模板中的占位符<place>，并将结果存储到文本视图 Story 中；接下来，第 5～第 7 行使用合适的用户输入替换占位符<verb>以更新更新文本视图 Story；第 8～10 行对占位符<number>重复该操作。最终的结果是在文本视图 theStory 中输出完成后的故事。

这个应用程序终于完成了！

7.2.8 生成应用程序

为查看并测试 FieldButtonFun，单击 Xcode 工具栏中的 Run 按钮。最终的应用程序应与图 7.21 极其相似。

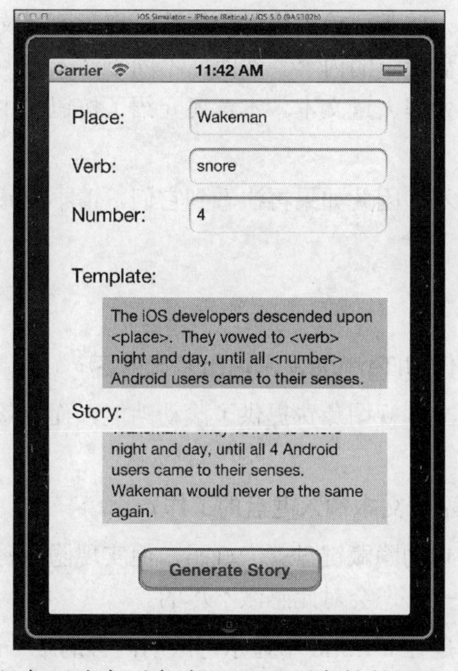

图 7.21 最终的应用程序包含滚动的文本视图、文本框和漂亮的按钮

这个项目为您探索可改变对象在 iOS 界面中的外观和行为的属性打下了基础。在了解可如

何配置对象前，不要对其做任何假设。

7.3 进一步探索

在接下来的几章中，您将探索大量的用户界面对象，因此现在您应将主要精力放在本章介绍的功能上，具体地说是对象的属性和方法以及它们能够响应的事件。

文本框和文本视图提供了定制外观的属性，但您也可实现一个委托（UITextFieldDelegate、UITextViewDelegate）来响应编辑状态的变化，如开始或结束编辑。第10章将更详细地介绍如何实现委托，但您现在就可预测通过使用委托可在应用程序中提供哪些功能。

另外，虽然这些对象有大量的方法，但还有从父类继承的方法和属性，牢记这一点很重要。例如，所有UI元素都是从UIControl、UIView或UIResponder派生而来的，这些父类提供了额外的功能，如用于操纵对象在屏幕上的大小和位置的属性，以及定制复制和粘贴过程（通过协议 UIResponderStandardExitActions）。通过访问这些低级方法，可以不那么显而易见的方式定制对象。

Apple 教程

Apple提供了示例项目UICatalog，它几乎包含了所有iOS用户界面控件，可通过Xcode文档访问它。该项目还包含大量图形示例，如本章使用的按钮图像。这是一个探索 UI 的优良运动场。

7.4 小结

本章介绍了常见输入控件以及一些重要输出控件的用法。您学习了文本框和文本视图，它们都让用户能够输入各种虚拟键盘限定的内容。然而，不同于文本框，文本视图可接受多行输入并可滚动，这使其适合用于处理大量文本。本章还介绍了按钮的用法和状态，包括如何使用代码来操纵按钮。

本书后面将不断本章介绍的技术，因此如果再次看到它们，请不要感到惊讶！

7.5 问与答

问：为何不能使用UILabel替代UITextView来输出多行内容？

答：完全可以这样做。然而，文本视图免费提供了滚动功能，而标签只显示它能容纳的文本量。

问：Apple为何不为我们处理隐藏文本输入键盘的工作？

答：在有些情况下，如果能够自动隐藏键盘就太好了，但实现隐藏键盘的方法并不难。这让您能够全面控制应用程序界面——您会对此感激不尽的。

问：文本视图（UITextView）是在iPhone中显示可滚动内容的唯一途径吗？

答：不！您将在第9章学习如何实现滚动行为。

7.6 作业

7.6.1 测验

1. 要配置可拉伸的图像，需要使用哪些属性？

2. 如果隐藏屏幕上显示的键盘？

3. 文本视图用于文本输入还是文本输出？

7.6.2 答案

1. 左端帽和上端帽指定了图像的哪些区域可被拉伸。

2. 要隐藏键盘，必须向当前控制键盘的对象（如文本框）发送 resignFirstResponder 消息。

3. 文本视图（UITextView）可用作可滚动的输出区域，也可用作多行文本输入区域。这完全取决于您。

7.6.3 练习

1. 请扩展故事生成器：添加更多的占位符和单词类型，并使用本章介绍的字符串操作函数添加新功能。

2. 修改故事生成器，使其使用一个您设计的图形按钮。为此，可设置背景图像，也可采用本章介绍的方法拉伸图像。

第 8 章

处理图像、动画、滑块和步进控件

本章将介绍：

- 使用滑块和步进控件（stepper）获取用户输入；
- 配置和操纵滑块和步进控件的取值范围；
- 如何在项目中添加图像视图；
- 创建和控制简单动画的方法。

前一章介绍的文本输入和输出当然很重要，但 iOS 以吸引人的图形和可触摸 UI 著称。本章扩充我们的界面工具箱，其中包含图像、动画和可触摸的滑块和步进控件。

我们将实现一个应用程序，它融合了这些新功能以及以独特的方式操纵输入数据的简单逻辑。这些新功能将帮助您创建更有趣、更有吸引力的应用程序；当然，后面还将介绍其他新功能。

8.1 用户输入和输出

虽然应用程序逻辑始终是应用程序最重要的组成部分，但界面在很大程度上决定了用户对应用程序的接受程度。对 Apple 和 iOS 设备来说，提供有趣、平滑和美妙的用户体验是其成功的关键，而您将负责让您开发的应用程序提供这样的体验。iOS SDK 的界面选项能够以有趣而独特的方式呈现应用程序的功能。

本章将介绍 3 个非常形象的界面组件：用于输入的滑块和步进控件以及用于输出的图像视图。

8.1.1 滑块

本章将使用的第一个新界面组件是滑块（UISlider），它是一个方便的控件，让用户能够以可视化方式设置指定范围内的值。

假设您想让用户提高或降低速度，采取让用户输入值的方式并不合理，相反，可提供一个如图 8.1 所示的滑块，让用户能够轻按并来回拖曳。在幕后，这将设置一个 value 属性，应用程序可使用它来设置速度。这不要求用户理解幕后的细节，也不需要用户执行除使用手指拖曳之外的其他操作。

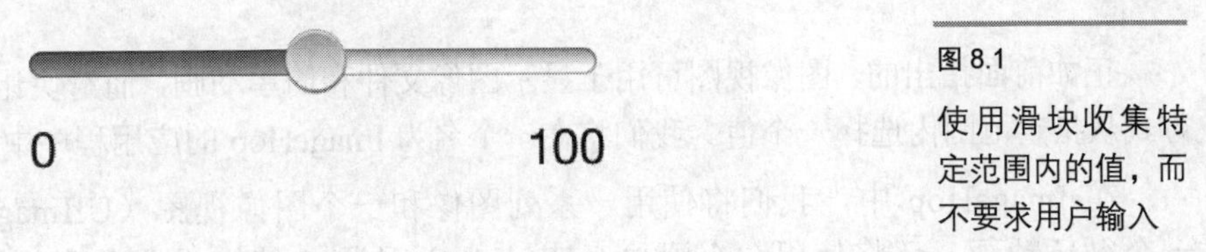

图 8.1
使用滑块收集特定范围内的值，而不要求用户输入

和按钮一样，滑块也能响应事件，还可像文本框一样被读取。如果希望用户对滑块的调整立刻影响应用程序，则需要让它触发操作。

8.1.2 步进控件

步进控件（UIStepper）类似于滑块。像滑块一样，步进控件也提供了一种以可视化方式输入指定范围值的数字，但它实现这一点的方式稍有不同。如图 8.2 所示，步进控件同时提供了+和−按钮，按其中一个按钮可让内部属性 value 递增或递减。

图 8.2
步进控件的作用类似于滑块

步进控件可用于替换传统的用于输入值的文本框，如设置定时器或控制屏幕对象的速度。由于步进控件没有显示当前的值，您必须在用户单击步进控件时，在界面的某个地方指出相应的值发生了变化。

步进控件支持的事件与滑块相同，这使得可轻松地对变化做出反应或随时读取内部属性 value。

8.1.3 图像视图

正如您预期的，图像视图（UIImageView）用于显示图像。可将图像视图加入到应用程序中，并用于向用户呈现信息。UIImageView 实例还可用于创建简单的基于帧的动画，其中包括开始、停止和设置动画播放速度的控件。

在使用 Retina 屏幕的设备中，图像视图可利用其高分辨率屏幕。更重要的是，您无需编写特殊代码！您无需检查设备类型，而只需将多幅图像加入到项目中，而图像视图将在正确的时间加载正确的图像。在本书中，并非每次使用图像时都会详细介绍实现这种功能的步骤，但本章后面将介绍如何在项目中添加这项功能。

8.2 创建并管理图像动画、滑块和步进控件

通过移动来引起用户注意的界面组件很有用。它们看起来很有趣，能够吸引用户的注意

力，在触摸屏中使用它们很有趣。在本章的项目中，将使用这些新 UI 元素（和一些介绍过的控件）来创建一个用户控制的动画。

8.2.1 实现概述

正如前面指出的，图像视图可用于显示图像文件和简单动画，而滑块让用户能够以可视化方式从指定范围内选择一个值。我们将在一个名为 ImageHop 的应用程序中结合使用它们。

在 ImageHop 中，我们将使用一系列图像和一个图像视图（UIImageView）实例创建一个循环动画；还将使用一个滑块（UISlider）让用户能够设置动画的播放速度。动画的内容是什么呢？一个跳跃的小兔子。用户控制什么呢？当然是每秒跳多少次。跳跃速度通过滑块设置，并显示在一个标签（UILabel）中；步进控件提供了另一种以特定的步长调整速度的途径。用户还可使用按钮（UIButton）开始或停止播放动画。

图 8.3 显示了这个正在运行的应用程序。

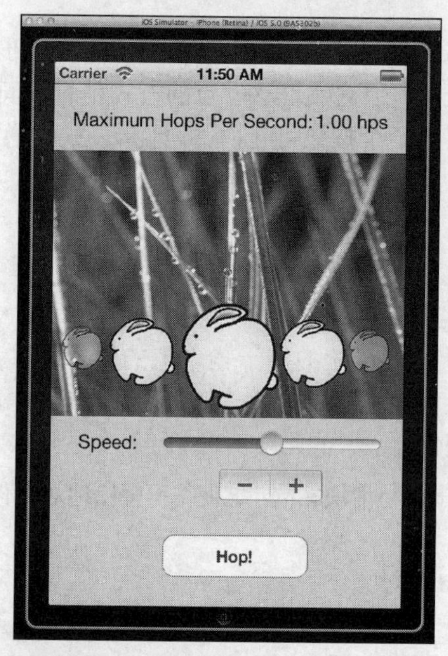

图 8.3
ImageHop 使用图像视图、滑块和步进控件来创建和控制简单的动画

进入探讨实现前，这个项目有两个部分需要讨论。

- 首先，动画是使用一系列图像创建的。我们在这个项目中提供了一个 20 帧的动画，但如果愿意，您也可以使用自己的图像。
- 其次，虽然滑块和步进控件让用户能够以可视化方式输入指定范围内的值，但对其如何设置该值您没有太大的控制权。例如，最小值必须小于最大值，但您无法控制沿哪个方向拖曳滑块将增大或减小设置的值。这些局限性并非障碍，而只是意味着您可能需要做一些计算（或试验）才能获得所需的行为。

8.2.2 创建项目

与以前一样，首先启动 Xcode，并选择菜单 File>New>New Project。

选择项目类型 iOS Application，在右边的模板列表中找到并选择 Single View Application 选项，再单击 Next 按钮。然后单击 Choose 按钮，输入项目名 ImageHop，确保选择了复选框 Use Automatic Reference Counting 和 Use Storyboard，并选择了正确的设备，再单击 Next 按钮。最后，选择存储文件的位置并单击 Create 按钮创建该项目。

1．添加动画资源

这个项目使用了 20 帧存储为 PNG 文件的动画，这些动画帧包含在项目文件夹 ImageHop 的文件夹 Images 中。

由于我们预先知道需要这些图像，因此可立即将其加入到项目中。为此，在 Xcode 的项目导航器中展开项目编组，再展开项目代码编组 ImageHop，然后将文件夹 Images 拖放到该编组中。在 Xcode 提示时，务必选择必要时复制资源并新建编组。

现在可以在 Interface Builder 编辑器中轻松地访问这些图像文件了，而无需编写代码。

2．规划变量和连接

在这个应用程序中，需要为多个对象提供输出口和操作。

总共需要 9 个输出口。首先，需要 5 个图像视图（UIImageView），它们包含动画的 5 个副本；将通过 bunnyView1、bunnyView2、bunnyView3、bunnyView4 和 bunnyView5 引用这些图像视图。滑块控件（UISlider）用于设置播放速度，将连接到 speedSlider，而播放速度本身将输出到一个名为 hopsPerSecond 的标签（UILabel）中。还有一个步进控件（UIStepper），它提供了另一种设置动画播放速度的途径，将通过 speedStepper 来访问它。

最后，用于开始和停止播放动画的按钮（UIButton）将连接到输出口 toggleButton。

注意：

By the Way

按钮为何需要一个输出口呢？它不是用于触发开始和停止动画播放的操作吗？在不使用输出口的情况下，也可实现该按钮，但通过将其连接到一个输出口，可轻松地在代码中设置按钮的标题。通过使用该输出口，可在播放动画时让按钮的标题为 Stop，而在动画没有播放时让标题为 Start。

我们需要 3 个操作。setSpeed 在用户修改了滑块值时，需要调整动画速度时被调用；setIncrement 的用途与 setSpeed 类似，在用户按下步进控件时被调用；toggleAnimation 用于开始和停止播放动画。

下面创建 UI。

8.2.3 设计界面

从前面讨论的输出口和操作看，创建 ImageHop 的界面将是异常噩梦。实际上，这非常简单，因为这 5 个动画实际上是由同一个图像视图（UIImageView）的 5 个副本显示的。创建一个图像视图后，只需复制它 4 次即可。

1．添加图像视图

创建这个项目的视图时，将首先创建最重要的对象：图像视图（UIImageView）。打开文件 MainStoryboard.storyboard，再打开对象库，并拖曳一个图像视图到应用程序的视图中。

由于还没有给该图像视图指定图像，将用一个浅灰色矩形表示它。使用该矩形的大小调整手柄调整图像视图的大小，使其位于视图上半部分的中央，如图 8.4 所示。

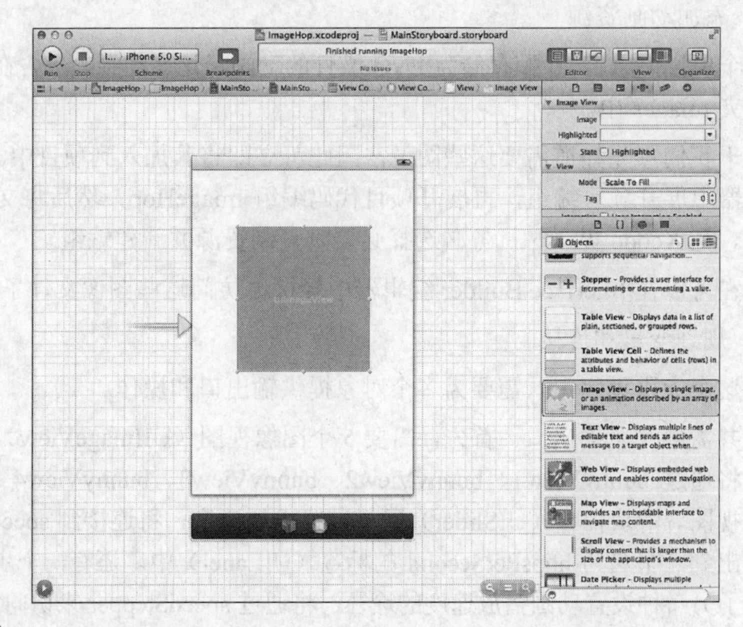

图 8.4 调整图像视图的大小，使其位于界面上半部分的中央

（1）设置默认图像

用于配置图像视图功能的属性很少。这里关心的是属性 image：将要显示的图像。选择图像视图，并按 Option + Command + 4 打开 Attributes Inspector，如图 8.5 所示。

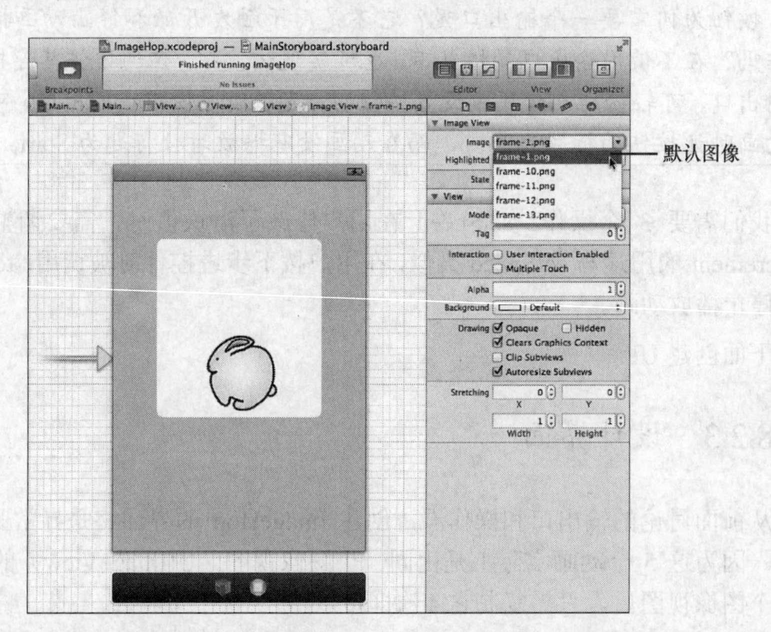

图 8.5 设置将显示在图像视图中的图像

从下拉列表 Image 中选择一个可用的图像资源。该图像将在播放动画前显示，因此使用第 1 帧（frame-1.png）是不错的选择。

注意：

By the Way

动画会怎么样呢？是否只有一帧。是的，如果不做其他处理，图像视图将显示一幅静态图像。要显示动画，需要创建一个包含所有帧的数组，并以编程方式将其提供给图像视图对象。稍后将这样做，现在暂时不要管它。

Interface Builder 中的图像视图将更新，显示您选择的图像资源。

（2）复制图像视图

添加图像视图后，创建其 4 个副本，方法是在 UI 中选择该图像视图，再选择菜单 Edit>Duplicate（Command + D）。调整这些副本的大小和位置，使其环绕在第一个图像视图周围。如果图像视图之间有些重叠，也不用担心，这根本不会影响应用程序。我还使用 Attributes Inspector（Option + Command + 4）将一些图像视图的 alpha 值设置为 0.75 和 0.50，让它们变成半透明的。

至此，便创建好了动画拷贝，此时的界面类似于图 8.6。

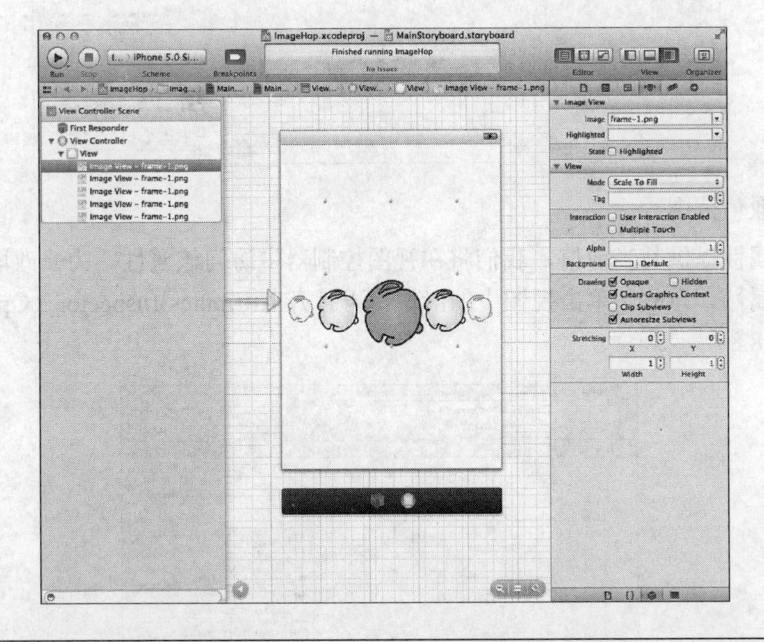

图 8.6

创建动画副本

您说过将介绍如何为 Retina 屏幕加载高分辨率图像。如何完成这项任务呢？

这是最佳的部分！需要做的工作都是您知道的。要支持 Retina 屏幕的高缩放因子，只需创建水平和垂直分辨率都翻倍的图像，并使用这样的文件名：在低分辨率图像的文件名后面加上@2x。例如，如果低分辨率图像的文件名为 Image.png，则将高分辨率图像命名为 Image@2x.png。最后，像其他资源一样，将它们加入到项目资源中。

在项目中，只需指定低分辨率图像，必要时将自动加载高分辨率图像。

2．添加滑块

接下来需要添加的界面对象是控制播放速度的滑块。打开对象库，将滑块（UISlider）拖放到视图中，并将其放在图像视图的下方。单击并拖曳滑块上的手柄，将滑块的宽度调整为图像视图的 2/3 左右，并使其与图像视图右对齐。这将在滑块左边留下足够的空间来放置标签。

由于滑块没有有关其用途的指示，因此最好给滑块配一个标签，让用户知道滑块的用途。从对象库中拖曳一个标签对象（UILabel）到视图中，双击标签的文本并将其改为 Speed:，再让标签与滑块垂直对齐，如图 8.7 所示。

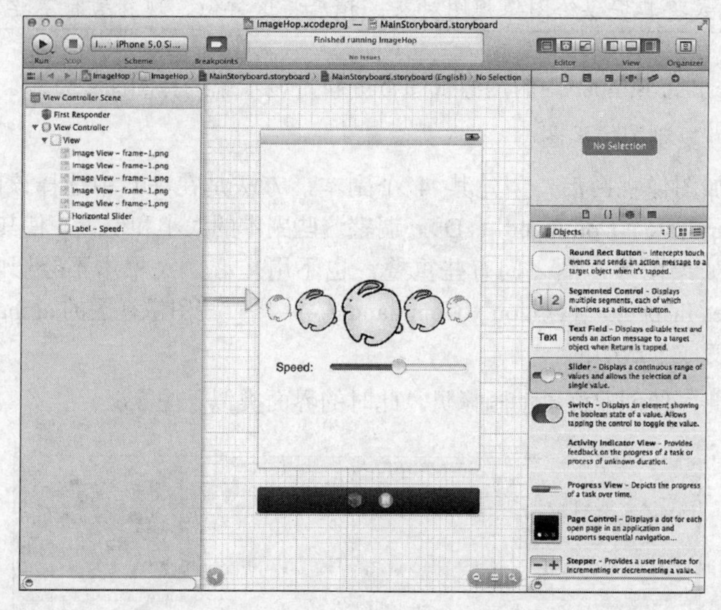

图 8.7

在视图中添加滑块和配套标签

（1）设置滑块的取值范围

滑块通过 value 属性提供其当前值，我们将在视图控制器中访问该属性。为修改取值范围，需要编辑滑块的属性。为此，单击视图中的滑块，再打开 Attributes Inspector（Option + Command + 1），如图 8.8 所示。

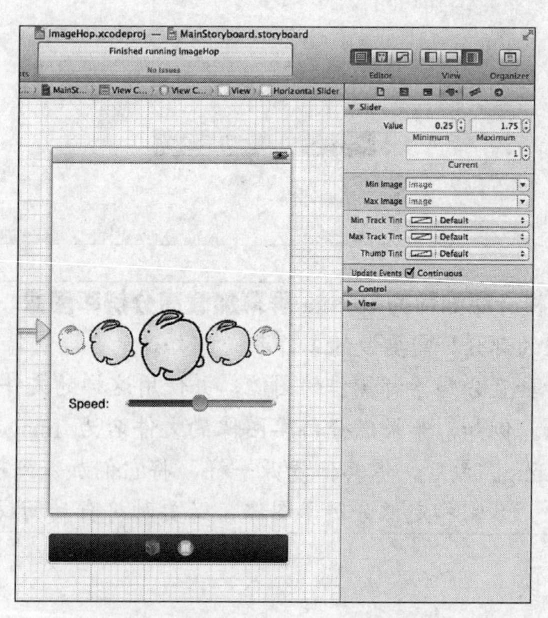

图 8.8

编辑滑块的属性以控制其取值范围

应修改文本框 Minimum、Maximum 和 Initial 的值，使其分别包含滑块的最小值、最大值和初始值。就这个项目而言，将它们分别设置为 0.25、1.75 和 1.0。

最小值、最大值和初始值是如何确定的？

这个问题提得很好，但没有明确的答案。就这个应用程序而言，滑块代表动画的播放速度；正如前面讨论的，动画速度是通过图像视图的 animationDuration 属性设置的，该属性表示播放动画一次需要多少秒。不幸的是，这意味着动画播放速度越快，该属性的值应越小；而播放速度越慢，该属性的值应越大。这与左边表示“慢”，右边表示“快”的传统界面正好相反。因此，我们需要反转该标尺，换句话说，我们希望滑块位于最左边时，animationDuration 属性的值最大（1.75），而滑块位于最右边时，该属性的值最小（0.25）。

为反转标尺，需要将最大值和最小值相加（1.75 + 0.25），再从中减去滑块返回的值。例如，当滑块返回最大值 1.75 时，计算得到的 animationDuration 属性值为 2 – 1.75（0.25）；而当滑块返回最小值时，计算结果为 2 – 0.25（1.75）。

初始值为 1.0，它位于标尺中央。

确保没有选中复选框 Continuous。如果选中了该复选框，当用户来回拖曳滑块时，将导致滑块生成一系列事件。如果没有选中该复选框，则仅当用户松开手指时才生成事件。就这个应用程序而言，这更合理且占用的资源更少。

还可给滑块的两端配置图像。如果您想使用这项功能，请分别在下拉列表 Min Image 和 Max Image 中选择项目中的一个图像资源（我们没有在该项目中使用这项功能）。

3．添加步进控件

添加滑块后，需要添加的下一个界面元素是步进控件。将对象库中的步进控件（UIStepper）拖放到视图中，将其放在滑块的下方，并与之水平居中对齐，如图 8.9 所示。

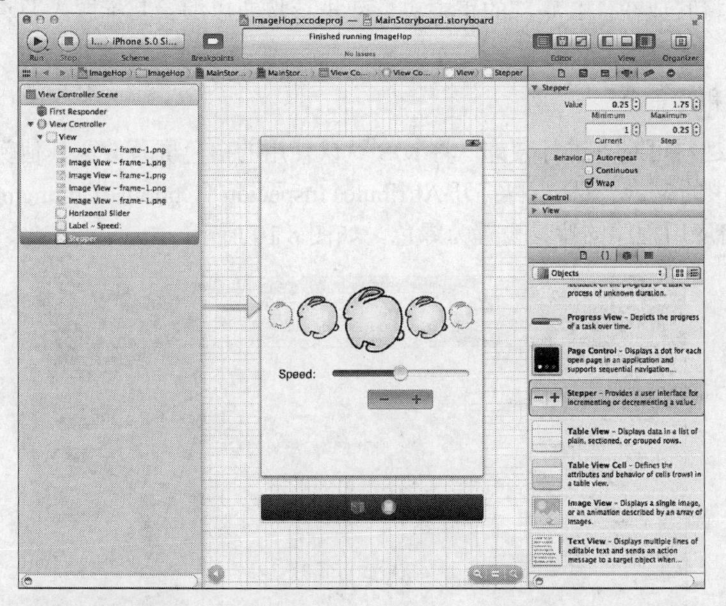

图 8.9 在视图中添加步进控件

（1）设置步进控件的取值范围

添加步进控件后，必须像滑块那样配置其取值范围。归根结底，我们将根据步进控件的 value 属性调整动画的播放速度，因此这两个控件的取值范围越接近越好。

要设置步进控件的取值范围，可在视图中选择它，再打开 Attributes Inspector（Option + Command + 4）。同样，将 Minimum、Maximum 和 Current 分别设置为 0.25、1.75 和 1。将 Step

设置为 0.25，它指的是用户单击步进控件时，当前值将增加或减少的量。

取消选择复选框 Autorepeat。如果选择了该复选框，当用户按住步进控件不放时，其取值将不断地增加或减少。还应取消选择复选框 Continous，这样仅当用户结束与步进控件交互时才会触发相关的事件。最后，选择复选框 Wrap，这样超过最大取值范围时，value 将自动设置为最小可能取值，反之亦然；这相当于步进控件的取值将循环变化。如果取消选择复选框 Wrap，则达到最大或最小值后，步进控件的值将不再变化。图 8.9 显示了 Atrributes Inspector 中步进控件的最终配置。

4．完成界面的创建

在 ImageHop 应用程序中，还需添加的界面对象都是您用过的，我们故意将它们放到最后来添加。下面来完成扫尾工作：添加一个按钮、两个标签和背景图像，其中按钮用于开始和停止动画、标签显示动画的播放速度（单位为每秒跳多少次）。

（1）添加显示速度的标签

拖曳两个标签（UILabel）到视图顶部。第一个标签的文本应设置为 Maximum Hops Per Second:，并位于视图的左上角。第二个标签用于输出实际速度值，位于视图的右上角。

将第二个标签的文本改为 1.00 hps（动画的默认播放速度）；使用 Attributes Inspector（Option + Command + 4）将其文本对齐方式设置为右对齐，这可避免用户修改速度时文本发生移动。

（2）添加 Hop 按钮

ImangeHop 界面的最后一部分是开始和停止动画播放的按钮（UIButton）。从对象库将一个按钮拖放到视图中，将其放在 UI 底部的正中央。双击该按钮以编辑其标题，并将标题设置为 Hop!。

（3）设置背景图像和背景色

为让应用程序更有趣，可对齐进行装饰，将 iOS 默认使用的白色屏幕改成其他颜色。为此，选择文档大纲区域中的 View 图标，再打开 Atrributes Inspector（Option + Command + 4）。通过属性 Background 将应用程序的背景设置为绿色，如图 8.10 所示。

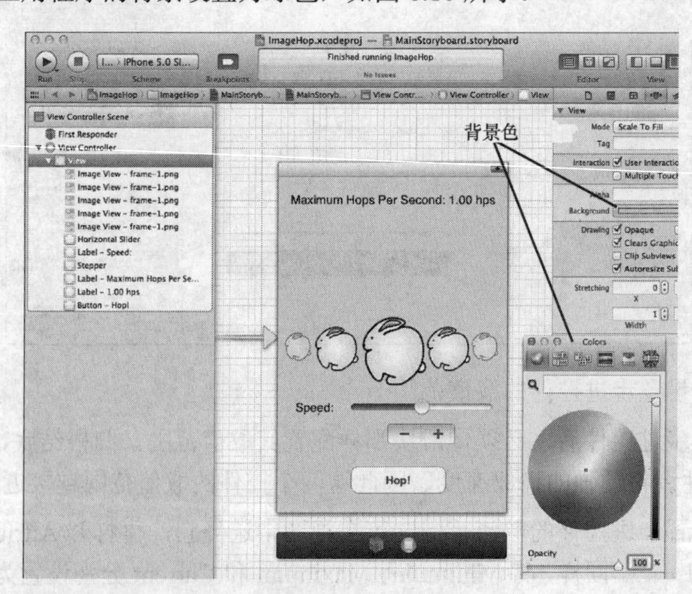

图 8.10

将应用程序的背景设置为绿色

除改变颜色外，如果能让兔子在草丛中跳跃就更好了（兔子喜欢草）。要添加背景图像，可在视图中再添加一个图像视图（UIImageView）。调整其大小，使其覆盖动画区域，再选择菜单 Editor>Arrange>Send to Back 将显示背景的图像视图放到显示动画的图像视图后面。

最后，在仍选择了背景图像视图的情况下，使用 Attributes Inspector 将 Image 属性设置为前面添加到项目中的文件 background.jpg。

下面该创建输出口和操作并开始编码了。最终的应用程序界面如图 8.11 所示。

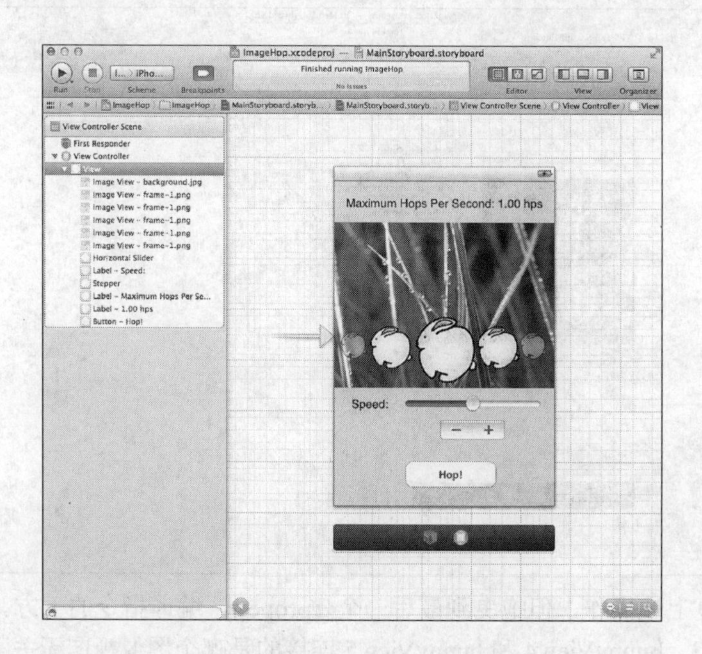

图 8.11

应用程序 ImageHop 的最终界面

8.2.4 创建并连接到输出口和操作

这是我们处理过的最复杂的应用程序界面。前面说过，需要创建 9 个输出口和 3 个操作。怕您不记得，这里复习一下。需要创建的输出口如下所述。

- 显示兔子动画的图像视图（UIImageView）：bunnyView1、bunnyView2、bunnyView3、bunnyView4 和 bunnyView5。
- 设置播放速度的滑块（UISlider）：speedSlider。
- 设置播放速度的步进控件（UIStepper）：speedStepper。
- 显示播放速度的标签（UILabel）：hopsPerSecond。
- 开始/停止播放动画的按钮（UIButton）：toggleButton。

需要创建的操作如下所述。

- 在用户单击 Hop/Stop 按钮是开始/停止播放动画：toggleAnimation。
- 在用户移动滑块时设置播放速度：setSpeed。
- 在用户单击步进控件时设置播放速度：setIncrement。

首先调整好工作空间，以便建立连接。确保在 Interface Builder 中打开了文件 MainStroyboard.

storyboard，并切换到助手编辑器模式，这将并排显示 UI 设计和文件 ViewController.h。

1．添加输出口

首先，按住 Control 键，并从主图像视图拖曳到文件 ViewController.h 中编译指令@interface 下方。在 Xcode 提示时，务必将连接类型设置为输出口，名称设置为 bunnyView1，并保留其他设置为默认值（Type 为 UIImageView、Storage 为 Strong），如图 8.12 所示。

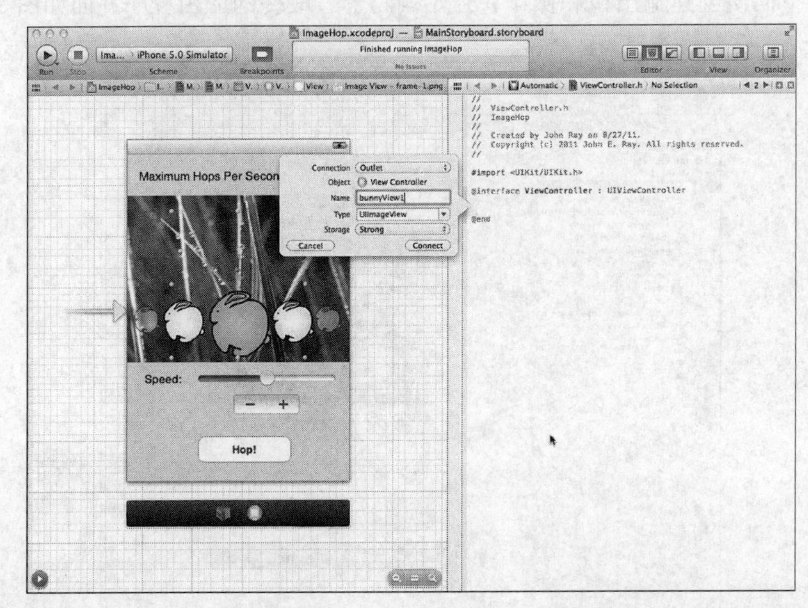

图 8.12
首先连接最大的图像视图

对其他图像视图重复上述操作，但拖曳到最后一个@property 编译指令的下方。输出口 bunnyView2、bunnyView3、bunnyView4 和 bunnyView5 连接的是哪个图像视图无关紧要，只要将所有图像视图都连接到了输出口即可。

连接图像视图后，再建立其他的连接。按住 Control 键，将滑块（UISlider）拖曳到最后一条编译指令@property 的下方，并添加一个名为 speedSlider 的新输出口。对步进控件（UIStepper）做同样的处理，以添加一个名为 speedStepper 的输出口。最后，将显示播放速度的标签（它最初显示的值为 1.00 hps）连接到输出口 hopsPerSecond，将 Hop 按钮连接到输出口 toggleButton。

添加输出口后，下面来添加操作。

2．添加操作

这个项目需要 3 个操作。第一个是 toggleAnimation，它开始播放动画，在用户按 Hop! 按钮时被触发。按住 Control 键，从界面中的按钮拖曳到属性声明语句的下方，为这个方法添加定义。在 Xcode 提示时，将连接类型设置为 Action，将名称设置为 toggleAnimation，保留其他设置为默认值，如图 8.13 所示。

接下来，按住 Control 键，从滑块拖曳到刚添加的 IBAction 代码行下方，以创建一个名为 setSpeed 的操作，它由该滑块的 Value Changed 事件触发。

最后，创建第 3 个操作。这个操作由步进控件的 Value Changed 事件触发，名为 setIncrement。

程序清单 8.1 列出了此时的文件 ViewController.h，以方便您检查自己所做的工作。

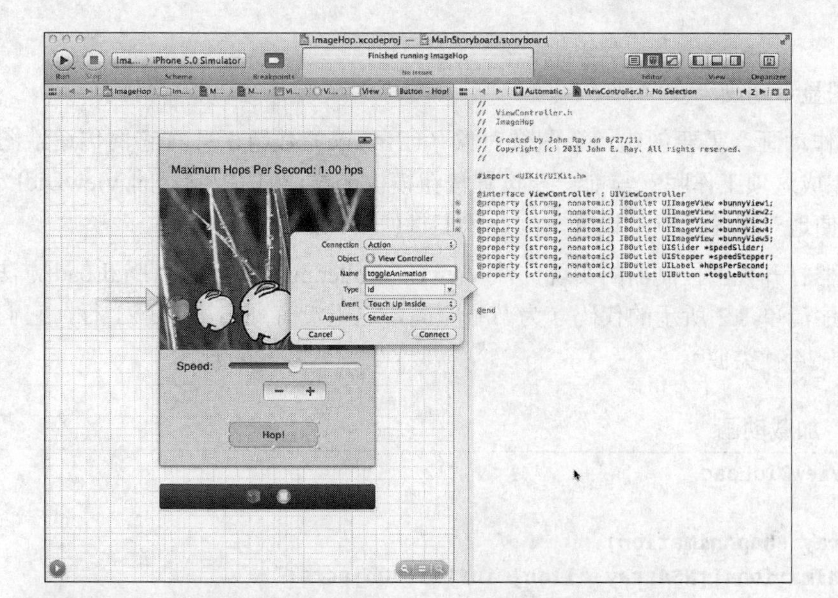

图 8.13

创建在开始和停止播放动画之间切换的操作

程序清单 8.1　最终的接口文件 ViewController.h

```
#import <UIKit/UIKit.h>

@interface ViewController : UIViewController
@property (strong, nonatomic) IBOutlet UIImageView *bunnyView1;
@property (strong, nonatomic) IBOutlet UIImageView *bunnyView2;
@property (strong, nonatomic) IBOutlet UIImageView *bunnyView3;
@property (strong, nonatomic) IBOutlet UIImageView *bunnyView4;
@property (strong, nonatomic) IBOutlet UIImageView *bunnyView5;
@property (strong, nonatomic) IBOutlet UISlider *speedSlider;
@property (strong, nonatomic) IBOutlet UIStepper *speedStepper;
@property (strong, nonatomic) IBOutlet UILabel *hopsPerSecond;
@property (strong, nonatomic) IBOutlet UIButton *toggleButton;

- (IBAction)toggleAnimation:(id)sender;
- (IBAction)setSpeed:(id)sender;
- (IBAction)setIncrement:(id)sender;

@end
```

现在可以编写代码，以实现跳跃的兔子动画了。令人惊讶的是，实现这项功能所需的代码不多。

8.2.5　实现应用程序逻辑

要让这个应用程序按期望的那样运行，视图控制器需要管理 4 个方面。

首先，需要为每个图像视图（bunnyView1、bunnyView2、bunnyView3、bunnyView4 和 bunnyView5）加载动画；在 Interface Builder 编辑器中，我们指定要图像视图显示的静态图像，但这不足以让它显示动画。其次，我们必须实现 toggleAnimation，让用户单击 Hop!按钮时能够开始和停止播放动画。最后，必须编写方法 setSpeed 和 setIncrement，以控制动画的最大播放速度。

1．让图像视图显示动画

要使用图像制作动画，需要创建一个图像对象（UIImage）数组，并将它们传递给图像视图对象。在哪里完成这项工作呢？与前一章设置按钮模板一样，视图控制器的 ViewDidLoad 方法让我们能够方便地对视图做额外设置，因此我们将使用该方法。

使用项目导航器打开视图控制器的实现文件 ViewController.m。找到 ViewDidLoad 方法，并在其中添加如程序清单 8.2 所示的代码（为节省空间，这里没有列出第 8～21 行，它们与第 5～7 行及第 22～24 行类似）。

程序清单 8.2　加载动画

```
1: - (void)viewDidLoad
2: {
3:     NSArray *hopAnimation;
4:     hopAnimation=[[NSArray alloc] initWithObjects:
5:                 [UIImage imageNamed:@"frame-1.png"],
6:                 [UIImage imageNamed:@"frame-2.png"],
7:                 [UIImage imageNamed:@"frame-3.png"],
...
22:                [UIImage imageNamed:@"frame-18.png"],
23:                [UIImage imageNamed:@"frame-19.png"],
24:                [UIImage imageNamed:@"frame-20.png"],
25:                nil
26:                ];
27:                self.bunnyView1.animationImages=hopAnimation;
28:                self.bunnyView2.animationImages=hopAnimation;
29:                self.bunnyView3.animationImages=hopAnimation;
30:                self.bunnyView4.animationImages=hopAnimation;
31:                self.bunnyView5.animationImages=hopAnimation;
32:                self.bunnyView1.animationDuration=1;
33:                self.bunnyView2.animationDuration=1;
34:         self.bunnyView3.animationDuration=1;
35:         self.bunnyView4.animationDuration=1;
36:         self.bunnyView5.animationDuration=1;
37:         [super viewDidLoad];
38: }
```

为给图像视图配置动画，首先声明了一个名为 hopAnimation 的数组（NSArray）变量（第 3 行）。接下来，第 4 行给这个数组分配内存，并使用 NSArray 的实例方法 initWithObject 初始化。这个方法接受一个以逗号分隔并以 nil 结尾的对象列表作为参数，并返回一个数组。

第 5～第 25 行初始化图像对象（UIImage）并将其加入到数组中。别忘了，您需要自己添加第 8～第 21 行，否则动画将缺少几帧。

使用图像对象填充数组后，便可使用它来设置图像视图的动画。为此，将图像视图

（imageView）的 animationImages 属性设置为该数组。第 27～31 行对 bunnyView1 到 bunnyView5 做了这种处理。

我们想马上设置的图像视图的另一个属性是 animationDuration，它表示动画播放一次将持续多少秒。如果不设置它，播放速度将为 30 帧每秒。默认情况下，我们希望在 1 秒钟内播放完动画中所有的帧，因此第 32～36 行将每个图像视图的 animationDuration 属性都设置为 1。

至此，为全部 5 个图像视图都配置了动画，但如果此时生成并运行该项目，什么也不会发生。这是因为我们还没有添加启动动画的功能。

2．开始和停止播放动画

前面刚介绍过，属性 animationDuration 可用于修改动画速度，但还需要另外 3 个属性/方法才能完成所需的工作。

- isAnimating：如果图像视图正在以动画方式播放其内容，该属性将返回 true。
- startAnimating：开始播放动画。
- stopAnimating：如果正在播放动画，则停止播放。

当用户轻按“Hop!”按钮时，将调用方法 toggleAnimation。这个方法应使用图像视图（imageView）之一（如 bunnyView1）的 isAnimating 属性判断是否正在播放动画，如果没有，应开始播放动画，否则应停止播放。为确保用户界面合乎逻辑，在播放动画时，按钮（toggleButton）的标题应为“Sit Still!”，而没有播放动画时应为“Hop!”。

在视图控制器的实现文件中，在方法 toggleAnimation 中添加如程序清单 8.3 所示的代码。

程序清单 8.3　在方法 toggleAnimation 中开始和停止播放动画

```
 1: - (IBAction)toggleAnimation:(id)sender {
 2:     if (bunnyView1.isAnimating) {
 3:         [self.bunnyView1 stopAnimating];
 4:         [self.bunnyView2 stopAnimating];
 5:         [self.bunnyView3 stopAnimating];
 6:         [self.bunnyView4 stopAnimating];
 7:         [self.bunnyView5 stopAnimating];
 8:         [self.toggleButton setTitle:@"Hop!"
 9:                            forState:UIControlStateNormal];
10:     } else {
11:         [self.bunnyView1 startAnimating];
12:         [self.bunnyView2 startAnimating];
13:         [self.bunnyView3 startAnimating];
14:         [self.bunnyView4 startAnimating];
15:         [self.bunnyView5 startAnimating];
16:         [self.toggleButton setTitle:@"Sit Still!"
17:                            forState:UIControlStateNormal];
18:     }
19: }
```

第2行和第10行是我们需要处理的两个条件。如果在播放动画，将执行第3～9行；否则将执行第11～17行。在第3～7行和第11～15行，对每个图像视图分别调用了方法stopAnimating和startAnimating，以停止和开始播放动画。

第8～9行和第16～17行使用UIButton的实例方法setTile:forState分别将按钮的标题设置为字符串Hop!和Sit Still!。这些标题是为按钮的UIControlStateNormal状态设置的。按钮的“正常”状态为默认状态，指的是没有任何用户事件发生前的状态。

现在，可以运行该应用程序，并开始和停止播放动画了。虽然如此，还需编写几行设置动画速度的代码，下面就这样做。

3．设置动画播放速度

用户调整滑块控件将触发操作 setSpeed，该操作必须在应用程序中做多项修改。首先，应修改动画的播放速度（animationDuration）；其次，如果当前没有播放动画，应开始播放它；再次，应修改按钮（toggleButton）的标题以表明正在播放动画；最后，应在标签hopsPerSecond中显示播放速度。

在视图控制器的实现文件中，在方法setSpeed的存根中添加如程序清单8.4所示的代码，下面将介绍其工作原理。

程序清单 8.4　最终的方法 setSpeed

```
 1: - (IBAction)setSpeed:(id)sender {
 2:     NSString *hopRateString;
 3:
 4:     self.bunnyView1.animationDuration=2-self.speedSlider.value;
 5:     self.bunnyView2.animationDuration=
 6:             self.bunnyView1.animationDuration+((float)(rand()%11+1)/10);
 7:     self.bunnyView3.animationDuration=
 8:             self.bunnyView1.animationDuration+((float)(rand()%11+1)/10);
 9:     self.bunnyView4.animationDuration=
10:             self.bunnyView1.animationDuration+((float)(rand()%11+1)/10);
11:     self.bunnyView5.animationDuration=
12:             self.bunnyView1.animationDuration+((float)(rand()%11+1)/10);
13:
14:     [self.bunnyView1 startAnimating];
15:     [self.bunnyView2 startAnimating];
16:     [self.bunnyView3 startAnimating];
17:     [self.bunnyView4 startAnimating];
18:     [self.bunnyView5 startAnimating];
19:
20:     [self.toggleButton setTitle:@"Sit Still!"
21:                        forState:UIControlStateNormal];
22:
23:     hopRateString=[[NSString alloc]
24:                initWithFormat:@"%1.2f hps",1/(2-self.speedSlider.value)];
25:     self.hopsPerSecond.text=hopRateString;
26: }
```

为显示速度，需要设置字符串格式，因此第 2 行首先声明了一个 NSString 引用——hopRateString。在第 4 行，将图像视图（imageView）bunnyView1 的属性 animationDuration 设置为 2 与滑块值（speedSlide.value）的差，从而设置了动画的播放速度。您可能还记得，这旨在反转标尺，使得滑块位于右边时播放速度较快，而位于左边时播放速度较慢。

第 5～12 行将其他图像视图的动画播放速度设置成比 bunnyView1 的速度慢零点几秒。其中的零点几秒是如何获得的呢？通过神奇的((float)(rand()%11+1)/10)。rand()+1 返回一个 1～10 的随机数，将其除以 10 后便得到零点几秒（1/10、2/10 等）。通过使用 float，确保结果为浮点数，而不是整数。

第 14～18 行使用方法 startAnimation 开始动画播放。注意，即使动画在播放，使用该方法也是安全的，因此不需要检查图像视图的状态。第 20 行和第 21 行将按钮的标题设置为字符串 Sit Still!，以指出正在播放动画。

第 23～24 行给第 2 行声明的 hopRateString 分配内存并对其进行初始化。初始化该字符串时，使用的格式为 1.2f，而其内容为 1/(2 - speedSlide.value)的结果。

下面详细介绍该语句。还记得吗，动画的速度是以秒为单位的。最快的速度为 0.25 秒，这意味着 1 秒钟播放动画 4 次（即 4 跳每秒）。为在应用程序中进行这种计算，只需将 1 除以用户选择的速度，即 1/(2 - speedSlide.value)。由于结果不一定是整数，因此我们使用方法 initWithFormat 创建一个字符串，它存储了格式漂亮的结果。给 initWithFormat 指定的格式参数 1.2f hps 表示要设置格式的值是一个浮点数（f），并在设置格式时在小数点左边和右边分别保留 1 位和 2 位（1.2）。格式参数中的 hps 是要在字符串末尾加上的单位“跳每秒”。例如，如果 1/(2 - speedSlide.value)的结果为 0.5，存储在 hopRateString 中的字符串将为 0.50 hps。

在第 25 行，将界面中输出标签（UILabel）的文本设置为 hopRateString 的值。

至此，通过滑块控制速度的功能就实现好了。但还有一个方法需要实现：界面对象 speedStepper 触发的 setIncrement。

注意：

如果这里的数学计算令您迷惑，请不用担心。这对理解 Cocoa 或 iOS 开发没有影响，而只是为获得所需的值而需要执行的恼人计算。强烈建议您深入探索滑块值和这里执行的计算，以便更好地理解这些发生的情况以及为在应用程序使用滑块的取值范围而需执行的步骤。

By the Way

4．调整动画速度

本章介绍的内容很多，如果您像我一样，可能手指因单击鼠标和输入代码变得疲惫不堪了。好消息还没有完，还需实现方法 setIncrement。那好消息呢？只需两行代码。

考虑到为在用户单击滑块时设置速度所做的工作，这怎么可能呢？原因很简单，因为我们将步进控件的取值范围设置得与滑块相同，因此只需将滑块的 value 属性设置成步进控件的 value 属性，然后手工调用方法 setSpeed 即可。

对视图控制器视图文件中方法 setIncrement 的存根进行修改，使其如程序清单 8.5 所示。

程序清单 8.5 方法 setIncrement 的一种简单实现

```
- (IBAction)setIncrement:(id)sender {
    self.speedSlider.value=self.speedStepper.value;
    [self setSpeed:nil];
}
```

第 1 行将滑块的 value 属性设置为步进控件的 value 属性。虽然这将导致界面中的滑块相应地更新，但不会触发其 Value Changed 事件，进而调用方法 setSpeed。因此，我们手工给 self（视图控制器对象）发送 setSpeed 消息。

很好，这个应用程序至此就编写好了。

By the Way

注意：

调用 setSpeed 时，传递了参数 nil。默认情况下，操作方法接受一个 sender 参数，该参数被自动设置为触发操作的对象。这样，操作便可查看 sender，并做出相应的响应。

在 setSpeed 中，我们从未使用 sender，因此只需将其设置为 nil，以满足调用该方法的要求即可。

8.2.6 生成应用程序

为尝试控制小兔子，单击 Xcode 工具栏中的 Run 按钮。几秒钟后，应用程序 ImageHop 将启动，如图 8.14 所示。

图 8.14
跳动的小兔子

虽然您不太可能将应用程序 ImageHop 保留在手机中很久，但它确实介绍了 iOS 应用程序工具包中的新工具。使用 UIImageView 类可轻松地在程序中添加动态图像，而 UISlider 和

UIStepper 提供了独特的输入解决方案。

8.3 进一步探索

虽然本书很多章都重点介绍如何添加新的用户界面元素，但现在应开始考虑让用户界面能够工作的应用程序逻辑了，这很重要。正如本书的应用程序表明的，为让应用程序按我们希望的工作，有时需要一些想象力。

请研究 UISlider 和 UIStepper 类的属性和方法，并考虑如何在应用程序中使用它们。在什么情况下可在应用程序中直接使用步进控件的值呢？如果在应用程序逻辑中将滑块值转换为有用的输入？在很大程度上说，编程就是解决问题——您很少编写不解决一些问题的应用程序。

除 UISlider 和 UIStepper 外，您还可能想研究有关 UIImage 的文档。虽然本章介绍的是如何使用 UIImageView 来播放图像动画，但图像本身是 UIImage 对象。为在用户控件中集成图形，图像对象将很有用。

最后，要全面了解应用程序如何自动利用分辨率更高的 Retina 屏幕，务必阅读 iOS Application Programming Guide 中的 Supporting High-Resolution Screens 一节。

> **Apple 教程**
>
> UIImageView, UIImage, UISlider – UICatalog（可通过 Xcode 文档访问）。该项目是探索 iOS 界面的优良运动场，其中包括图像、图像视图和滑块。

8.4 小结

栩栩如生的设备需要有栩栩如生的界面。本章介绍了三种可加入到应用程序中的栩栩如生的界面元素的用法：图像视图、滑块和步进控件。图像视图让您能够快速显示已加入到项目中的图像——甚至使用一系列图像来创建动画；滑块可用于收集位于特定范围内的用户输入；步进控件也提供输入特定范围内值的方式，但以采用的步进方式，更容易控制。这些新的输入/输出方法让我们能够探索超越简单文本和按钮的 iOS 界面。

您今天学习的界面元素虽然不复杂，却有助于创建丰富的可触摸用户界面。

8.5 问与答

问：UIImageView 是显示动画的唯一方式吗？

答：不。iOS SDK 提供了大量播放甚至录制视频的方式，UIImageView 并非作为视频播放机制提供的。

问：有垂直版本的滑块（UISlider）吗？

答：没有。当前，iOS SDK 只提供了水平滑块；如果要使用垂直滑块控件，需要自己实现。

8.6 作业

8.6.1 测验

1．滑块（UISlider）和步进控件（UIStepper）有何局限性？

2．设置属性 animationDuration 前，动画的播放速度是多少？

3．UIImageView 实例的 isAnimating 属性的值是什么？

8.6.2 答案

1．它们的值都必须从左到右递增，而不能直接对应于从正数（最左边）到负数（最右边）的取值范围。这可以克服，但唯一的方法是以编程方式操纵数字。

2．默认情况下，动画的播放速度为 30 帧每秒。

3．当 UIImageView 播放动画时，isAnimating 被设置为 true。当动画停止播放（或没有配置动画时），该属性为 false。

8.6.3 练习

1．增大动画示例 ImageHop 中播放速度的取值范围，但务必让滑块的默认位于中央，并相应地修改步进控件。

2．除使用滑块外，让用户能够手工输入一个数字，从而提供另一种设置速度的途径。该文本框的占位符文本默认为当前的滑块值。

第 9 章

使用高级界面对象和视图

本章将介绍：

- 如何使用分段控件（也叫按钮栏）；
- 通过开关输入布尔值的方式；
- 如何在应用程序中包含 Web 内容；
- 使用可滚动的视图克服屏幕的局限性。

经过前几章的学习，您对基本 iOS 界面元素有深入认识，但涉及的只是冰山一角。还有其他用户输入功能，让用户能够在多个预定义的选项之间做出选择。毕竟，如果轻按就足够了，手工输入将毫无意义。本章将重新启程，让您实际使用一组除文本框、按钮和滑块外的新用户输入方式。

另外，还将介绍两种向用户显示信息的新方法：Web 视图和滚动视图。这些功能让您能够创建这样的应用程序，即克服设备屏幕的局限性以及使用远程 Web 服务器的内容。

9.1 再谈用户输入和输出

刚打算编写本书时，我们原本只使用一两章的篇幅介绍 iOS 界面元素（文本框、按钮等），但开始编写后，我们发现在介绍 iOS 开发时，界面绝不能一笔带过。正是界面元素提升了用户使用设备的体验，它们向开发人员提供了大展拳脚的舞台。您仍需考虑应用程序将做什么，但界面决定了您的设想能否被目标用户接受。

在前两章，您学习了如何将文本框、滑块、标签和图像用作输入和输出界面元素，本章将介绍两种用于处理离散值的新输入元素，还有两种让您能够显示网页内容的新视图。

9.1.1 开关

在大多数传统的桌面应用程序中，通过复选框和单选按钮来选择开还是关。在 iOS 中，Apple 放弃了这些界面元素，取而代之的是开关和分段控件。开关（UISwitch）提供了一个简单的开/关 UI 元素，它类似于传统的物理开关，如图 9.1 所示。开关的可配置选项很少，应将其用于处理布尔值。

图 9.1

使用开关向用户提供输入选项开和关

By the Way

注意：

复选框和单选按钮虽然不包含在 iOS UI 库中，但通过 UIButton 类并使用按钮状态和自定义按钮图像来创建它们。Apple 让您能够随心所欲地进行定制，但建议您不要在设备屏幕上显示出乎用户意料的控件。

为利用开关，我们将使用其 Value Changed 事件来检测开关切换，并通过属性 on 或实例方法 isOn 来获取当前值。

检查开关时将返回一个布尔值，这意味着可将其与 TRUE 或 FALSE（YES/NO）进行比较以确定其状态，还可直接在条件语句中判断结果。

例如，要检查开关 mySwitch 是否是开的，可使用类似于下面的代码。

```
if ([mySwitch isOn]) { <switch is on> } else { <switch is off> }
```

9.1.2 分段控件

当用户输入不仅仅是布尔值时，可使用分段控件（UISegmentedControl）。分段控件提供一栏按钮（有时称为按钮栏），但只能激活其中一个按钮，如图 9.2 所示。

图 9.2

分段控件将多个按钮合而为一

按 Apple 指南使用时，分段控件导致用户在屏幕上看到的内容发生变化。它们常用于在不同类别的信息之间选择，或在不同的应用程序屏幕——如配置屏幕和结果屏幕之间切换。如果在一系列值中选择时不会立刻发生视觉方面的变化，应使用选择器（Picker）对象，这将在第 12 章介绍。

By the Way

注意：

Apple 建议使用分段控件来更新视图中显示的信息，但如果这种更新意味着修改屏幕上的一切，则最好使用工具栏或选项卡栏（tab bar）在多个彼此独立的视图之间切换。第 11 章将介绍如何使用多个视图。

处理用户与分段控件交互的方法与处理开关极其相似：监视 Value Changed 事件，并通过 selectedSegmentIndex 判断当前选择的按钮，它返回当前选定按钮的编号（从 0 开始按从左到右的顺序对按钮编号）。

可结合使用索引和实例方法 titleForSegmentAtIndex 来获得每个分段的标题。要获取分段控件 mySegment 中当前选定按钮的标题，可使用如下代码段：

```
[mySegment titleForSegmentAtIndex: mySegment.selectedSegmentIndex]
```

本章后面将使用这种技巧。

9.1.3 Web 视图

在您创建的前一个应用程序中，使用了典型的 iOS 视图——UIView 实例来放置控件、内容和图像。这是您在应用程序中最常用的视图，但并非 iOS SDK 支持的唯一一种视图。Web 视图（UIWebView）提供的高级功能打开了在应用程序中通往一系列全新可能性的大门。

> **注意：**
> 在第 7 章，您使用了另一种视图——UITextView，它提供了基本的文本输入和输出功能，它既是一种输入机制，又可称为视图。

By the Way

可将 Web 视图视为没有边框的 Safari 窗口，您可将其加入到应用程序中并以编程方式进行控制。通过使用这个类，您可以免费方式显示 HTML、加载网页以及支持两个手指张合与缩放手势。

1．支持的内容类型

Web 视图还可用于实现各种类型的文件，而无需有关这些文件格式的知识。

- HTML、图像和 CSS。
- Word 文档（.doc/.docx）。
- Excel 电子表格（.xls/.xlsx）。
- Keynote 演示文稿（.key.zip）。
- Numbers 电子表格（.numbers.zip）。
- Pages 文档（.pages.zip）。
- PDF 文件（.pdf）。
- PowerPoint 演示文稿（.ppt/.pptx）。

您可将这些文件作为资源加入到项目中并在 Web 视图中显示它们、访问远程服务器中的这些文件或读取 iOS 设备存储空间中的这些文件（这将在第 15 章介绍）。

2．使用 NSURL、NSURLRequest 和 requestWithURL 加载远程内容

Web 视图实现了一个名为 requestWithURL 的方法，您可使用它来加载任何 URL 指定的内容，但不幸的是，您不能通过传递一个字符串来调用它。

要将内容加载到 Web 视图中，通常使用 NSURL 和 NSURLRequest。这两个类让您能够操纵 URL，并将其转换为远程资源请求。为此，首先需要创建一个 NSURL 实例，这通常是根据字符串创建的。例如，要创建一个存储 Apple 网站地址的 NSURL，可使用如下代码。

```
NSURL *appleURL;
appleURL=[[NSURL alloc] initWithString:@"http://www.apple.com/"];
```

创建 NSURL 对象后，需要创建一个可将其传递给 Web 视图进行加载的 NSURLRequest 对象。要根据 NSURL 创建一个 NSURLRequest 对象，可使用 NSURLRequest 类的方法 requestWithURL，它根据给定的 NSURL 创建相应的请求对象。

```
[NSURLRequest requestWithURL: appleURL]
```

最后，将该请求传递给 Web 视图的 loadRequest 方法，该方法将接管工作并处理加载过程。将这些功能合并起来后，将 Apple 网站加载到 Web 视图 appleView 中的代码类似于下面这样：

```
NSURL *appleURL;
appleURL=[[NSURL alloc] initWithString:@"http://www.apple.com/"];
[appleView loadRequest:[NSURLRequest requestWithURL: appleURL]];
```

将在本章的第一个项目中实现 Web 视图，因此稍后您将有机会使用这种技术。

Did you Know?

提示：

在应用程序中显示内容的另一种方式是，将 HTML 直接加载到 Web 视图中。例如，如果您将 HTML 代码存储在一个名为 myHTML 的字符串中，则可使用 Web 视图的方法 loadHTMLString:baseURL 加载并显示 HTML 内容。假设 Web 视图名为 htmlView，则可编写类似于下面的代码。

```
[htmlView loadHTMLString:myHTML baseURL:nil]
```

9.1.4 可滚动的视图

您肯定使用过这样的应用程序，即它显示的信息在一屏中容纳不下；在这种情况下，将出现什么情况呢？该应用程序很可能允许您通过滚动查看其他内容。这通常是使用可滚动的视图（UIScrollView）实现的。顾名思义，可滚动的视图提供了滚动功能，可显示超过一屏的信息。

不幸的是，在让您能够通过 Interface Builder 将可滚动视图加入项目中方面，Apple 做得并不完美。您可以添加可滚动视图，但要让它滚动，您必须在应用程序中编写一行代码。在本章末尾，将通过一个非常简单的示例（一行代码）演示如何让您在 Interface Builder 中创建的 UIScrollView 实例能够滚动。

9.2 使用开关、分段控件和 Web 视图

您可能注意到了，我们喜欢提供具备一些功能的示例。在一章中演示几行代码并指出其功能是一回事，而结合使用一系列功能来创建一个可运行的应用程序是另一回事。在有些情况下，必须采用前一种方法，但这里不会这样做。本章的第一个示例将使用 Web 视图、分

段控件和开关。

9.2.1 实现概述

在这个项目中，我们将创建一个应用程序，它显示从网站 FloraPhotographs.com 获取的花朵照片和花朵信息。该应用程序让用户轻按分段控件（UISegmentedControll）中的一种花朵颜色，然后从网站 FloraPhotographs.com 取回一朵这样颜色的花朵，并在 Web 视图中显示它。随后，用户可使用开关（UISwitch）来显示和隐藏另一个 Web 视图，该视图包含有关该花朵的详细信息。最后，一个标准按钮（UIButton）让用户能够从网站取回另一张当前选定颜色的花朵照片。最终的应用程序与图 9.3 极其相似。

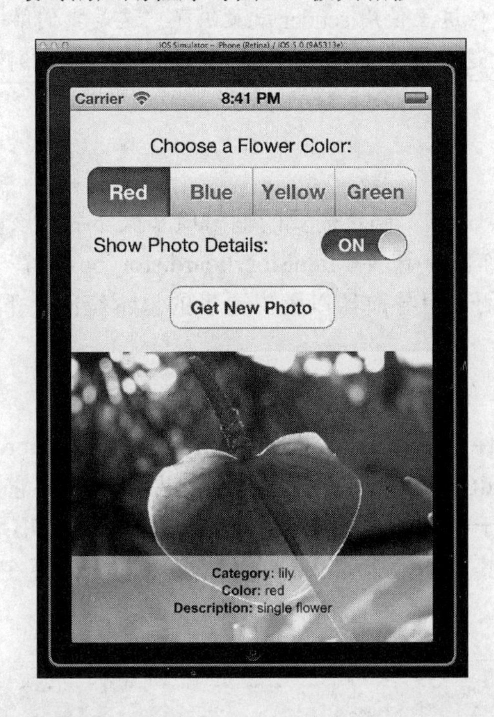

图 9.3
最终的应用程序使用了一个分段控件、一个开关和两个 Web 视图

9.2.2 创建项目

同样，这个项目也将使用我们喜欢的模板 Single View Application。如果 Xcode 当前还没有运行，请从文件夹 Developer/Applications 中启动它，再像前几章所做的那样新建一个项目，并将其命名为 FlowerWeb。

现在您应熟悉将发生的情况。Xcode 创建该项目，在 MainStory.storyboard 中创建一个默认视图，并创建视图控制器类 ViewController。像以前一样，我们将首先规划视图控制器所需的变量、属性、输出口和操作。

1．规划变量和连接

要创建这个基于 Web 的图像查看器，需要 3 个输出口和两个操作。分段控件将被连接到一个名为 colorChoice 的输出口，因为我们将使用它来确定用户选择的颜色。包含花朵图像的 Web 视图将连接到输出口 flowerView，而包含详细信息的 Web 视图将连接到输出口

flowerDetailView。

应用程序必须使用操作来完成两项工作：获取并显示一幅花朵图像以及显示/隐藏有关花朵的详细信息，其中前者将通过操作 getFlower 来完成，而后者将使用操作 toggleFlowerDetail 来处理。

By the Way

注意：为何不需要与开关相关联的输出口？

不需要对应于开关的输出口，因为我们将把它的 Value Changed 事件连接到方法 toggleFlowerDetail。该方法被调用时，发送给它的参数 sender 将引用开关，因此可使用 sender 来判断开关是开还是关。

如果有多个调用方法 toggleFlowerDetail 的控件，则通过定义输出口来区分它们很有帮助，但这里使用 sender 就足够了。这是我们第一次使用 sender，请注意。在类似于这里的情形下，sender 可避免您创建实例变量/属性。

9.2.3 设计界面

现在您应该对整个流程比较熟悉了。确定需要的输出口和操作后，该设计用户界面了。首先为设计 UI 配置好 Xcode 工作区：选择 MainStoryboard.storyboard 在 Interface Builder 编辑器中打开它；如果必要，关闭项目导航器以腾出更多的显示空间。下面首先添加分段控件。

1．添加分段控件

要在用户界面中添加分段控件，选择菜单 View>Utilities>Object Library 打开对象库，找到分段控件对象（UISegmentedControl），并将其拖曳到视图中。将它放在视图顶部附近并居中。由于该控件最终将用于选择颜色，单击并拖曳一个标签（UILabel）到视图中，将其放在分段控件的上方，并将其文本改为 Choose a Flower Color:。现在，视图应类似于图 9.4。

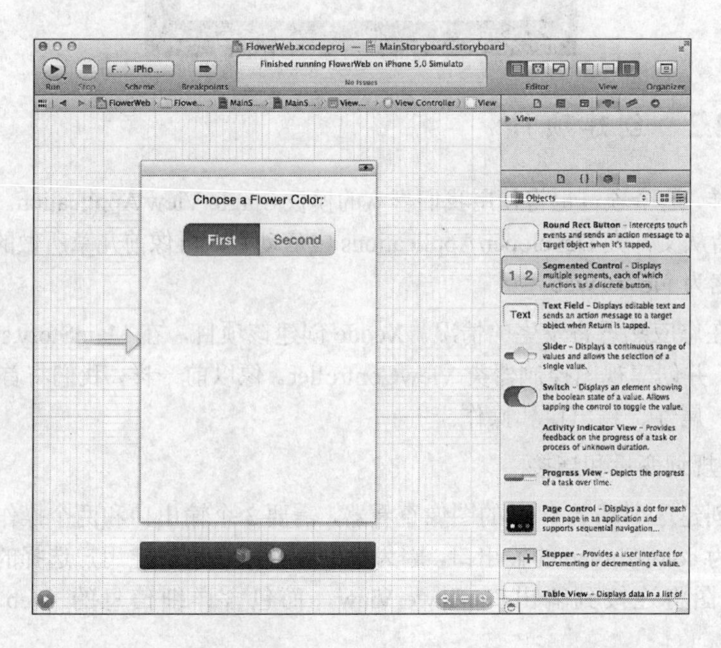

图 9.4

默认的分段控件有两个按钮：First 和 Second

默认情况下，分段控件有两段，其标题分别为 First 和 Second。可双击这些标题并在视图中直接编辑它们，但这不太能够满足我们的要求。

在这个项目中，我们需要一个有 4 段的分段控件，每段的文本分别为 Red、Blue、Yellow 和 Green，这些是用户可请求从网站 FloraPhotographs 获取的花朵颜色。显然，要提供所有这些选项，还需添加几段。

（1）添加并配置分段

分段控件包含的分段数可在 Attributes Inspector 中配置。为此，选择您添加到视图中的分段控件，并按 Option + Command + 4 打开 Attributes Inspector，如图 9.5 所示。

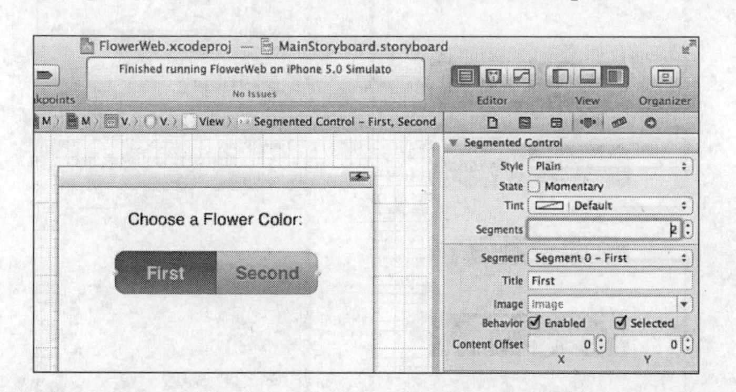

图 9.5
使用分段控件的 Attributes Inspector 来增加包含的段数

在文本框 Segments 中，将数字从 2 增加到 4，您将立刻能够看到新增的段。在该检查器中，文本框 Segments 下方有一个下拉列表，从中可选择每个段。您可通过该下拉列表选择一段，再在 Title 文本框中指定其标题。您还可添加图像资源，并指定每段显示的图像。

注意：

注意到第一段的编号为 0，下一段为 1，以此类推。检查用户选择了哪段时牢记这一点很重要。可能与您期望的不同，第一段的编号不是 1。

By the Way

更新分段控件中的 4 段，使其分别代表颜色 Red、Blue、Yello 和 Green。

注意：

iPad 开发人员可能想充分利用 iPad 的屏幕空间，为此可给分段控件添加更多的分段。可添加 FloraPhotographs 网站能够自动识别的紫色和洋红色。

By the Way

（2）指定分段控件的外观

在 Attributes Inspector 中，除颜色和其他属性外，还有 4 个指定分段控件样式的选项：使用图 9.5 所示的下拉列表 Style 选择 Plain、Bordered、Bar 或 Bezeled。图 9.6 显示了这些样式。

就这个项目而言，您可根据自己的喜好选择任何一种样式，但我选择的是 Plain。现在，分段控件包含表示所有颜色的标题，还有一个配套标签帮助用户了解其用途。

（3）调整分段控件的大小

分段控件的外观在视图中很可能不合适。为使其大小更合适，可使用控件周围的手柄放大或缩小它。另外，还可使用 Size Inspector（Option + Command + 5）中的 Width 选项调整每段的宽度，如图 9.7 所示。

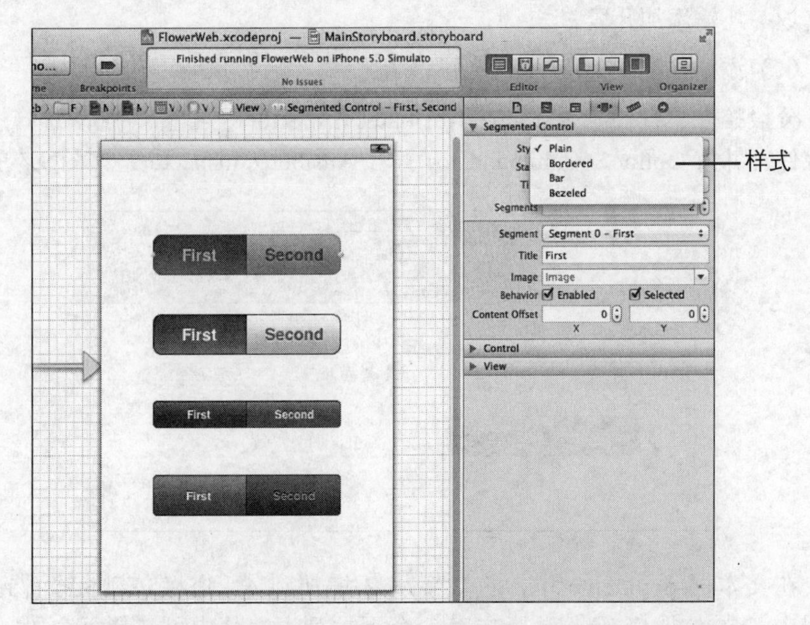

图 9.6

可为分段控件指定 4 种不同的样式

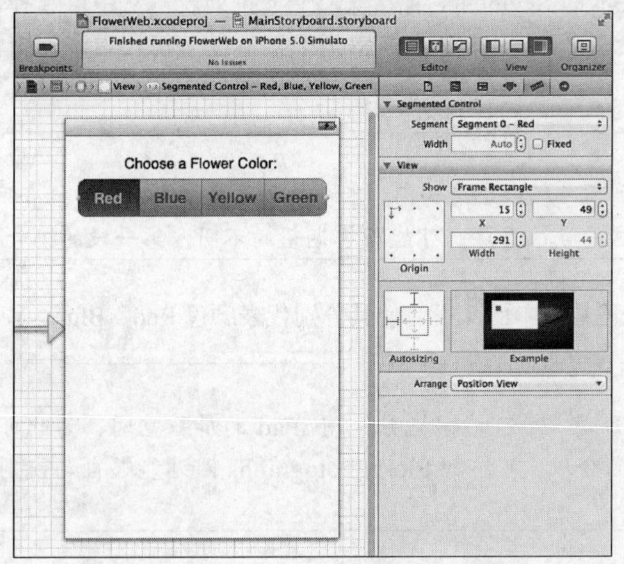

图 9.7

如果需要，可使用 Size Inspector 调整每个分段的宽度

2．添加开关

接下来要添加的 UI 元素是开关（UISwitch）。这个应用程序使用的开关的功能是，显示和隐藏包含花朵详细信息的 Web 视图（flowerDetailView）。为添加这个开关，从 Library 将开关（UISwitch）拖放到视图中，并将它放在屏幕的右边缘，并位于分段控件下方。

与分段控件一样，通过一个屏幕标签提供基本的使用指南很有帮助。为此，将一个标签

（UILabel）拖曳到视图中，并将其放在开关左边，再将其文本改为 Show Photo Details:。现在，视图应该如图 9.8 所示，但开关很可能显示 ON。

（1）设置默认状态

您已熟悉了前面使用过的控件的很多配置选项，但开关只有两个选项：默认状态是开还是关；在开关处于开状态时，应用哪种自定义色调。

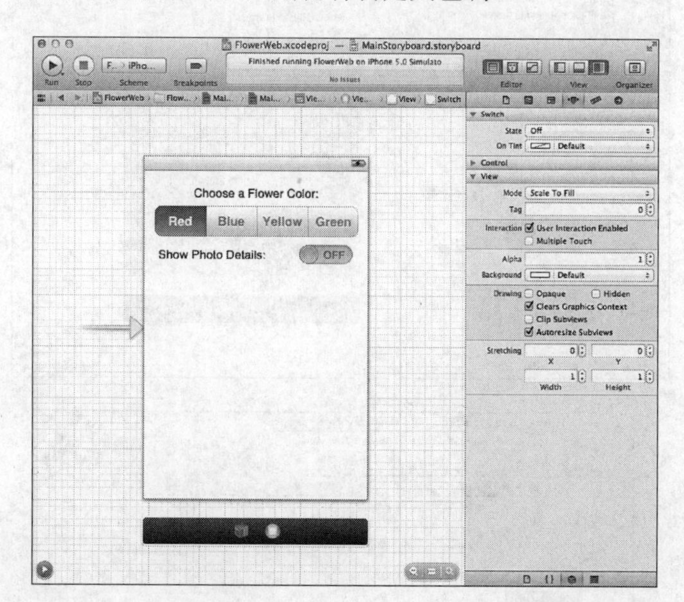

图 9.8
添加一个用于显示/隐藏花朵详细信息的开关

加入到视图中的开关的默认状态为 ON，但我们想将其默认状态设置为 OFF。要修改默认状态，选择开关并按 Option + Command + 4 打开 Attributes Inspector，再使用下拉列表 State（见图 9.8）将默认状态改为 OFF。这就完成了开关的设置。

3．添加 Web 视图

这个应用程序依赖于两个 Web 视图，其中一个显示花朵图像，而另一个显示有关花朵的详细信息（可显示/隐藏它）。包含详细信息的 Web 视图将显示在图像上面，因此首先添加主 Web 视图 flowerView。

要在应用程序中添加 Web 视图（UIWebView），在对象库中找到它并拖曳到视图中。Web 视图将显示一个可调整大小的矩形，您可通过拖曳将其放到任何地方。由于这是将在其中显示花朵图像的 Web 视图，因此将其上边缘放在屏幕中央附近，再调整大小，使其宽度与设备屏幕相同，且完全覆盖视图的下半部分。

重复上述操作，添加另一个用于显示花朵详细信息的 Web 视图（flowerDetailView），但将其高度调整为大约 0.5 英寸，将其放在屏幕底部并位于 flowerView 的上面，如图 9.9 所示。别忘了，可在文档大纲区域拖曳对象，以调整堆叠顺序。元素离层次结构顶部越近，就越排在后面。

（1）设置 Web 视图的属性

令人惊讶的是，可配置的 Web 视图属性很少，但这些属性都很重要。要访问 Web 视图的属性，选择您添加的 Web 视图之一，再按 Option + Command + 4 打开 Attributes Inspector，如图 9.10 所示。

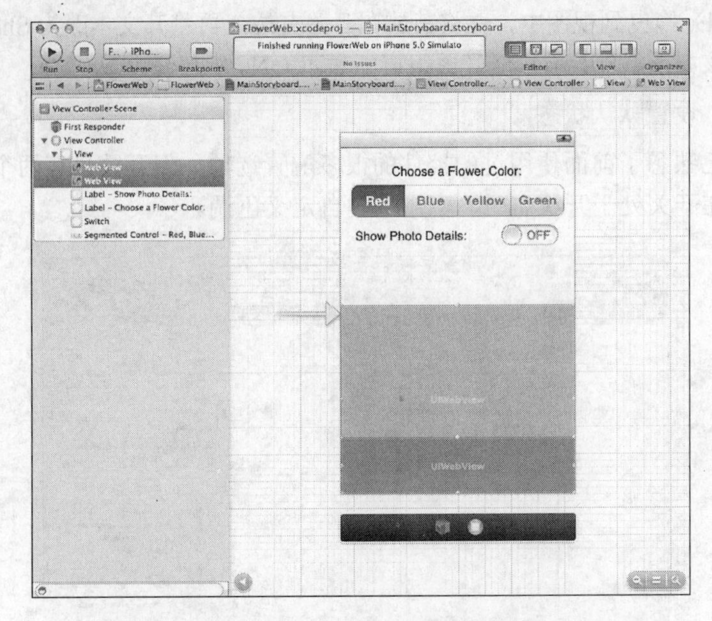

图 9.9

在视图中添加两个Web视图（UIWebView），再按如图所示调整其大小和位置

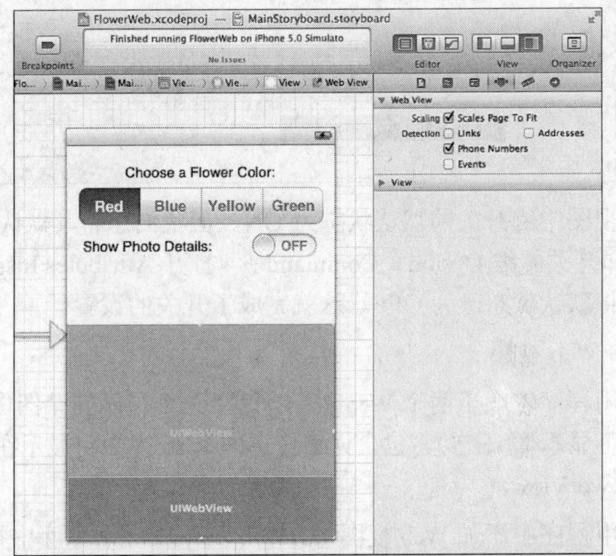

图 9.10

配置 Web 视图的行为

有两类复选框可供选择：Scaling（缩放）和 Detection（检测），其中检测类复选框包括 Phone Number（电话号码）、Address（地址）、Events（事件）和 Link（链接）。如果选中了复选框 Scales Page to Fit，大网页将缩小到与您定义的区域匹配；如果选中了检测类复选框，iOS 数据检测器将发挥作用，给它认为是电话号码、地址、日期或 Web 链接的内容添加下划线。

对于 Web 视图 flowerView，我们肯定希望图像缩放到适合它。因此，选择该 Web 视图，并在 Attributes Inspector 中选中复选框 Scales Page to Fit。

对于第二个 Web 视图，我们不希望使用这种设置，因此选择应用程序中显示花朵详细信息的 Web 视图，并使用 Attributes Inspector 确保不会进行缩放。另外，您可能还想修改该 Web 视图的属性，使其 Alpha 值大约为 0.65。这样，在照片上面显示详细信息时，将生成漂亮的透明效果。

警告：理解缩放的影响

Watch Out!

对于小型网页，缩放结果可能出乎意料。如果在启用了缩放功能的 Web 视图中显示一个只包含文本 Hello World 的网页，您可能预期文本将充满 Web 视图。但实际情况是文本很小。Web 视图认为文本是更大网页的一部分，因此缩小而不是放大它。

如果您能够控制网页本身，应添加元标签 viewport，向 Safari 指出整个网页的宽度（单位为像素）。

```
<meta name="viewport" content="width=320"/>
```

至此完成了最艰难的工作，对界面做最后的修饰后便可开始编写代码了。

4．完成界面设计

现在，该界面只缺少一个按钮（UIButton），它让用户能够随时手工触发 getFlower 方法。如果没有该按钮，则在需要看到新花朵图像时，用户必须使用分段控件切换颜色。该按钮只是触发一个操作（getFlower），这种工作您在前几章重复做了多次，因此现在对您来说应该是小菜一碟。

拖放一个按钮到视图中，并将它放在屏幕中央——Web 视图上方。将该按钮的标题改为 Get New Photo。至此，界面便设计好了，您知道这意味着什么：该将界面连接到代码了。

提示：

Did you Know?

虽然从功能上说界面是完整的，但您可能想选择视图本身，并设置其背景色。请确保界面整洁而友好！

9.2.4 创建并连接输出口和操作

在这个项目中，需要连接的界面元素有很多：分段控件、开关、按钮和 Web 视图都需要有到视图控制器的合适连接。下面列举需要使用的输出口和操作。

需要的输出口包括如下 3 项。

- 用于指定颜色的分段控件（UISegmentedControl）：colorChoice。
- 显示花朵本身的 Web 视图（UIWebView）：flowerView。
- 显示花朵详细信息的 Web 视图（UIWebView）：flowerDetailView。

需要的操作包括如下 2 项。

- 在用户单击 Get New Flower 按钮时获取新花朵：getFlower。
- 根据开关的设置显示/隐藏花朵详细信息：toggleFlowerDetail。

现在是老一套了，即准备好工作区：确保选择了文件 MainStoryboard.storyboard，再打开助手编辑器；如果空间不够，隐藏项目导航器和文档大纲区域。

这里假定您熟悉该流程，因此从现在开始，将快速介绍连接的创建。毕竟，这不过是单击、拖曳并连接而已。

1．添加输出口

首先，按住 Control 键，并从用于选择颜色的分段控件拖曳到文件 ViewController.h 中编译指令@interface 的下方。在 Xcode 提示时，将连接类型设置为输出口，将名称设置为 colorChoice，保留其他设置为默认值。这让我们能够在代码中轻松地获悉当前选择的颜色。

继续生成其他的输出口。将主（较大的）Web 视图连接到输出口 flowerView，方法是按住 Control 键，并将它拖曳到 ViewController.h 中编译指令@property 下方。最后，以同样的方式将第二个 Web 视图连接到输出口 flowerDetailView，如图 9.11 所示。

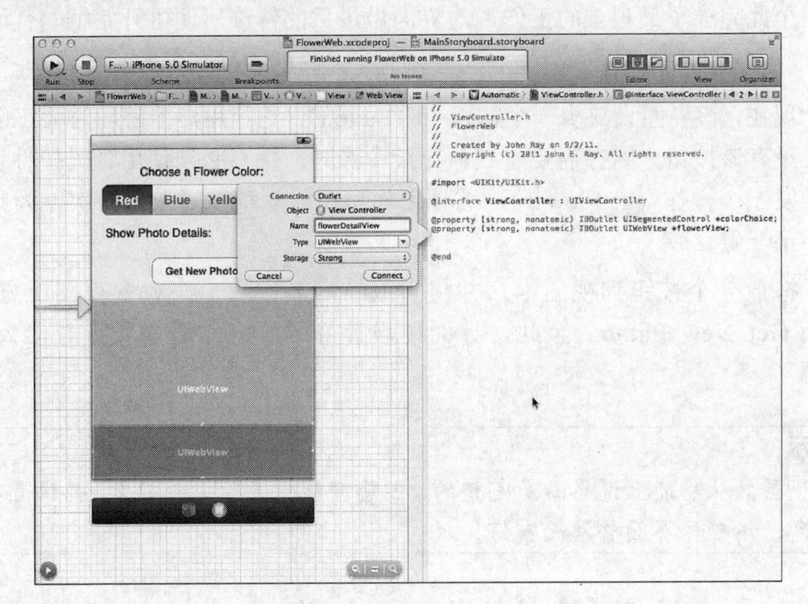

图 9.11
将 Web 视图连接到合适的输出口

2．添加操作

该应用程序 UI 触发的操作有两个：开关触发方法 toggleFlowerDetail，以隐藏/显示花朵的详细信息；标准按钮触发 getFlower，以加载新图像。很简单，不是吗？确实如此，但有时除用户可能执行的显而易见的操作外，您还需考虑他们在使用界面时期望发生的情况。

在这个应用程序中，向用户显示的界面很简单。用户应该能够立即意识到他们可选择一种颜色，再单击按钮以显示这种颜色的花朵。但应用程序是否应比较聪明，在用户选择颜色后立即显示新花朵呢？为何用户改变颜色后还需单击按钮？通过将 UISegmentedControl 的 Value Changed 事件连接到按钮触发的方法 getFlower，可实现这种功能，而无需多编写一行代码。

首先将开光（UISwitch）连接到操作 toggleFlowerDetail，方法是按住 Control 键，并从开关拖曳到 ViewController.h 中编译指令@property 下方。确保操作由事件 Value Changed 触发，如图 9.12 所示。

接下来，按住 Control 键，从按钮拖曳到刚创建的 IBAction 代码行下方。在 Xcode 提示时，配置一个新操作——getFlower，并将触发事件指定为 Touch Up Inside。最后，需要将分段控件（UISegmentedControl）连接到新添加的操作 getFlower，并将触发事件指定为 Value

Changed，这样用户只需选择颜色就将加载新的花朵图像。

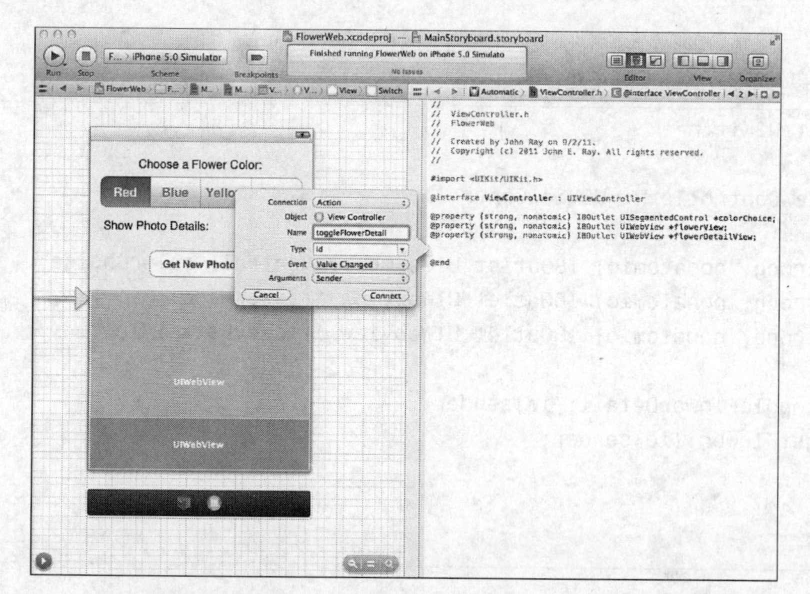

图 9.12 连接开关，并将事件指定为 Value Changed

为此，切换到标准编辑器，并确保文档大纲区域可见（选择菜单 Editor>Show Document Outline）。选择分段控件，并按 Option + Command + 6（或选择菜单 View>Utilities>Connections Inspector）打开 Connections Inspector。再从 Value Changed 旁边的圆圈拖曳到文档大纲区域中的 View Control 图标，如图 9.13 所示。然后，松开鼠标，并在 Xcode 提示时选择 getFlower。

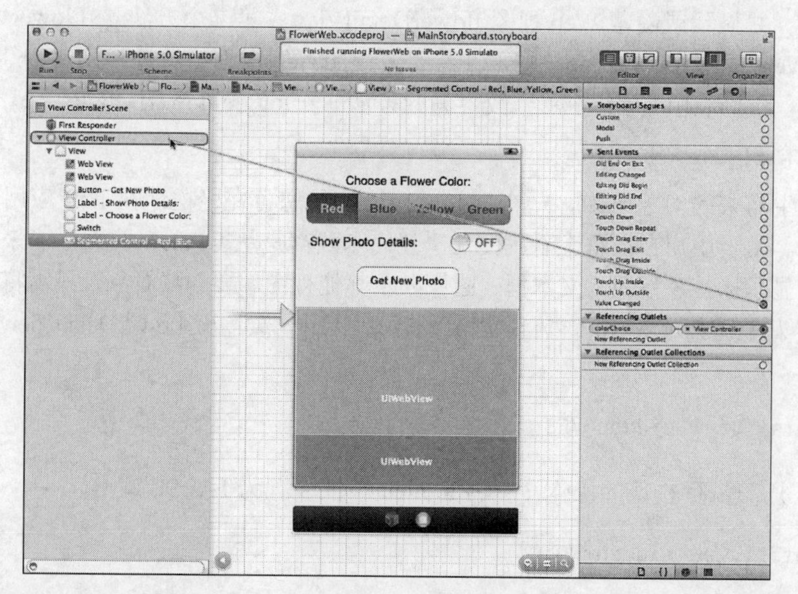

图 9.13 将分段控件的 Value Changed 事件连接到方法 getFlower

注意：

By the Way

这里采用了一种迂回的方式将分段控件连接到方法 getFlower，但也可以直接建立这种连接，方法是按住 Control 键，并从分段控件拖曳到助手编辑器中的 getFlower 操作。

这种方法更简单，但存在的问题是，您没有机会指定触发该操作的事件。这里只是碰巧 Xcode 将为您选择事件 Value Changed。

设计好界面并建立连接后，接口文件 ViewController.h 应类似于程序清单 9.1。下面该实现应用程序的逻辑了。

程序清单 9.1 最终的 ViewController.h

```
#import <UIKit/UIKit.h>

@interface ViewController : UIViewController

@property (strong, nonatomic) IBOutlet UISegmentedControl *colorChoice;
@property (strong, nonatomic) IBOutlet UIWebView *flowerView;
@property (strong, nonatomic) IBOutlet UIWebView *flowerDetailView;

- (IBAction)toggleFlowerDetail:(id)sender;
- (IBAction)getFlower:(id)sender;


@end
```

9.2.5 实现应用程序逻辑

视图控制器需要通过两个操作方法实现两项功能。第一个方法 toggleFlowerDetail 判断开关的状态是开还是关，并显示或隐藏 Web 视图 flowerDetailView；第二个方法 getFlower 将一幅花朵图像加载到 Web 视图 flowerView 中，并将有关该照片的详细信息加载到 Web 视图 flowerDetailView 中。下面首先编写其中那个较容易的方法——toggleFlowerDetail。

1．隐藏和显示详细信息 Web 视图

对从 UIView 派生而来的对象来说，一个很有用的特征是您可在轻松地在 iOS 应用程序界面中隐藏或显示它。由于用户在屏幕上看到的几乎任何东西都是从 UIView 类派生而来的，这意味着您可隐藏和显示标签、按钮、文本框、图像以及其他视图。要隐藏对象，只需将其布尔值属性 hidden 设置为 TRUE 或 YES（它们的含义相同）。因此，要隐藏 flowerDetailView，我们编写了如下代码。

```
self.flowerDetailView.hidden=YES;
```

要重新显示它，只需执行相反的操作——将 hidden 属性设置为 FALSE 或 NO。

```
self.flowerDetailView.hidden=NO;
```

要实现方法 toggleFlowerDetail:的逻辑，需要确定开关的当前状态。正如本章前面指出的，可通过方法 isOn 来检查开关的状态，如果开关的状态为开，该方法将返回 TRUE/YES，否则将返回 FALSE/NO。

由于没有创建与开关对应的输出口，因此将在方法中使用变量 sender 来访问它。当操作方法 toggleFlowerDetail 被调用时，该变量被设置为一个这样的引用，即指向触发操作的对象，也就是开关。要检查开关的状态是否为开，可编写如下代码。

```
If ([sender isOn]) { <switch is on> } else { <switch is off> }
```

下面是我们发挥聪明才智的地方。我们要根据一个布尔值决定隐藏还是显示 flowerDetailView，而这个布尔值是从开关的 isOn 方法返回的。这可转换为如下两个条件。

- 如果[sedn isOn]为 YES，则应显示该 Web 视图（`flowerDetailView.hidden=NO`）。
- 如果[sedn isOn]为 NO，则应隐藏该 Web 视图（`flowerDetailView.hidden=YES`）。

换句话说，开关的状态与要给 Web 视图的 hidden 属性设置的值正好相反。在 C 语言（和 Objective-C）中，要对布尔值取反，只需在它前面加上一个惊叹号（!）。因此，要决定显示还是隐藏 flowerDetailView，只需将 hidden 属性设置为![send isOn]。仅此而已，这只需一行代码！

在 ViewController.m 中，实现 Xcode 添加的方法存根 toggleFlowerDetail。完整的代码应类似于程序清单 9.2。

程序清单 9.2　方法 toggleFlowerDetail 的实现

```
- (IBAction)toggleFlowerDetail:(id)sender {
    self.flowerDetailView.hidden=![sender isOn];
}
```

2．加载并显示花朵图像和详细信息

为取回花朵图像，需要利用 FloraPhotographs 专门提供的一项功能。为与该网站交互，需采取 4 个步骤。

（1）从分段控件获取选定的颜色。

（2）生成一个被称为会话 ID 的随机数，让 FloraPhotographs.com 能够跟踪我们的请求。

（3）请求 URL http://www.floraphotographs.com/showrandomios.php?color=<color> &session=<session ID>，其中<color>和<session ID>分别是选定的颜色和生成的随机数。这个 URL 将返回一张花朵照片。

（4）请求 URL http://www.floraphotographs.com/detailios.php?session=<session ID>，其中<session ID>是第 3 步使用的随机数。该 URL 将返回前一步请求的花朵照片的详细信息。

下面来看看实现这些功能的代码，再讨论实现背后的细节。添加方法 getFlower 的实现，如程序清单 9.3 所示。

程序清单 9.3　添加方法 getFlower 的实现

```
1:-(IBAction)getFlower:(id)sender {
2: NSURL *imageURL;
3: NSURL *detailURL;
4: NSString *imageURLString;
5: NSString *detailURLString;
6: NSString *color;
7: int sessionID;
8:
9: color=[self.colorChoice titleForSegmentAtIndex:
10:         self.colorChoice.selectedSegmentIndex];
```

```
11: sessionID=random()%50000;
12:
13: imageURLString=[[NSString alloc] initWithFormat:
14:    @"http://www.floraphotographs.com/showrandomios.php?color=%@&session=%d"
15:                     ,color,sessionID];
16: detailURLString=[[NSString alloc] initWithFormat:
17:    @"http://www.floraphotographs.com/detailios.php?session=%d"
18:                    ,sessionID];
19:
20: imageURL=[[NSURL alloc] initWithString:imageURLString];
21: detailURL=[[NSURL alloc] initWithString:detailURLString];
22:
23: [self.flowerView loadRequest:[NSURLRequest requestWithURL:imageURL]];
24: [self.flowerDetailView loadRequest:[NSURLRequest requestWithURL:detailURL]];
25:
26: self.flowerDetailView.backgroundColor=[UIColor clearColor];
27:}
```

这是您到目前为止编写的最复杂的代码，但它分几块，因此理解起来并不难。

第2～7行声明了为向网站发出请求所需的变量。前两个变量（imageURL和detailURL）是NSURL实例，包含将被加载到Web视图flowerView和flowerDetailView中的URL。为创建这些NSURL对象，需要两个字符串——imageURLString和detailURLString，我们将使用前面介绍的URL（其中包括color和sessionID的值）设置这两个字符串的格式。

在第9～10行，我们获取分段控件实例colorChoice中选定分段的标题。为此，使用了该对象的实例方法tittleForSegmentAtIndex和属性selectedSegmentIndex。将[colorChoice titleForSegmentAtIndex:colorChoice.selectedSegmentIndex]的结果存储在字符串color中，以便在Web请求中使用。

第11行生成一个0～49999的随机数，并将其存储在整型变量sessionID中。

第13～18行让imageURLString和detailURLString包含我们将请求的URL。首先给这些字符串对象分配内存，然后使用initWithFormat方法来合并网站地址以及颜色和会话ID。为使用颜色和会话ID替换字符串中相应的内容，使用了分别用于字符串和整数的格式化占位符%@和%d。

第20～21行给NSURL对象imageURL和detailURL分配内存，并使用类方法initWithString和两个字符串（imageURLString和detailURLString）初始化它们。

第23～24行使用Web视图flowerView和flowerDetailView的方法loadRequest加载NSURL imageURL和detailURL。这些代码行执行时，将更新两个Web视图的内容。

By the Way

注意：

别忘了，UIWebView的loadRequest方法不能直接处理NSURL对象，而接受一个NSURLRequest对象，这在前面提到过。为解决这种问题，我们使用了NSURLRequest的类方法requestWithURL，并将对象imageURL和detailURL作为参数，以创建并返回NSURLRequest对象。

第 26 行进一步优化了该应用程序。这行代码将 Web 视图 flowerDetailView 的背景设置为一种名为 clearColor 的特殊颜色，这与前面设置的 Alpha 通道值一起赋予图像上面的详细信息以漂亮的透明外观。要了解有何不同，您可将这行代码注释掉或删除。

提示：

要创建与界面其他部分融为一体的 Web 视图，请别忘记 clearColor。通过将背景设置为这种颜色，可让网页的背景变成透明的，这意味着该网页的内容将与您在 iPhone 视图中添加的其他内容叠加在一起。

Did you Know?

3．修复应用程序加载时的界面问题

实现方法 getFlower 后，便可运行应用程序，且应用程序的一切都将正常工作，只是应用程序启动时，两个 Web 视图是空的，且显示了详细信息视图，虽然开关被设置为 OFF。

为修复这种问题，可在应用程序启动后立刻加载一幅图像，并将 flowerDetailView.hidden 设置为 YES。为此，将视图控制器的 viewDidLoad 改为如程序清单 9.4 所示。

程序清单 9.4　修改方法 viewDidLoad，以设置最初显示的内容

```
- (void)viewDidLoad
{
    self.flowerDetailView.hidden=YES;
    [self getFlower:nil];
    [super viewDidLoad];
}
```

正如预期的，self.flowerDetailView.hidden=YES 将隐藏详细信息视图。通过使用[self getFlower:nil]，可在视图控制器（被称为 self）中调用 getFlower:，并将一幅花朵图像加载到 Web 视图中。方法 getFlower:接受一个参数，因此向它传递 nil，就像前一章所做的那样（在方法 getFlower:中没有使用这个值，因此提供参数 nil 不会导致任何问题）。

9.2.6　生成应用程序

要测试 FlowerWeb 应用程序的最终版本，在 Xcode 中单击按钮 Run。

注意到您可以缩放 Web 视图并使用手指进行滚动。通过使用 UIWebView 类，您没有编写任何代码就获得了这些功能。

祝贺您又创建了一个应用程序！

9.3　使用可滚动视图

在前几章的项目中，iPhone 用户可能注意到了这样一点：我们几乎用尽了界面空间，界面变得有些混乱。

正如本章前面指出的，一种解决方案是使用 UI 对象的 hidden 属性在应用程序中隐藏和显示它们。不幸的是，如果使用了几十个控件，这种方法将不现实。另一种方法是使用多个视图，这将在第 11 章开始介绍。

然而，还有在视图中包含更多控件的第三种解决方案——让其变成滚动的。通过使用 UIScrollView 类的实例，可在添加控件和界面元素时不受设备屏幕边界的限制。Apple 让您能够在 Interface Builder 编辑器中访问该对象，但没有提供让其能够工作的功能。

在结束本章前，我们将通过一个迷你型项目向您演示如何使用简单的可滚动视图。

9.3.1 实现概述

当我们说简单时，就确实简单。这个项目包含一个可滚动视图（UIScrollView），并在 Interface Builder 编辑器中添加了超越屏幕限制的内容，如图 9.14 所示。

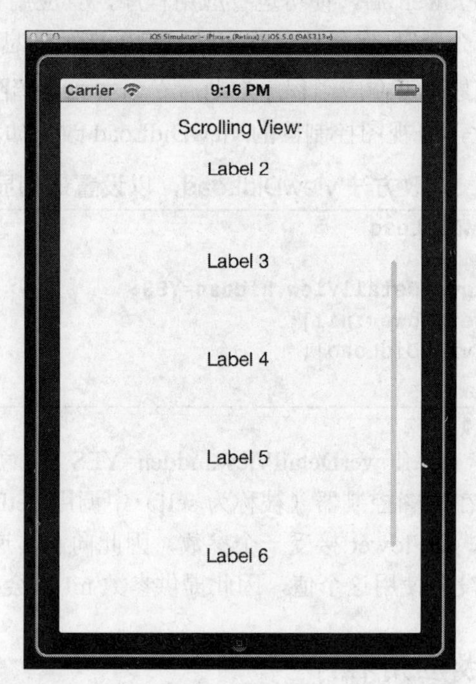

图 9.14
您将创建一个可滚动的视图

要在视图中启用滚动功能，需要设置一个名为 contentSize 的属性；它指出了内容多大后，将启用滚动。

9.3.2 创建项目

首先使用模板 Single View Application 新建一个项目，并将其命名为 Scroller。在这个示例中，我们将可滚动视图（UIScrollView）作为子视图加入到 MainStoryboard.storyboard 中现有的视图（UIView）中。这是一种完全可以接受的方法，但随着您使用工具的经验日益丰富，可能想完全替换默认视图。

1．规划变量和连接

在这个项目中，只需对一样东西进行编程，这就是设置可滚动视图对象的一个属性。为访问该对象，需要创建一个与之关联的输出口，我们将把这个输出口命名为 theScroller。

9.3.3 设计界面

这个项目涉及的内容不多，主要是可滚动的视图及其内容。您知道如何在对象库中寻找对象并将其加入到视图中，因此界面设计应很简单。首先，打开该项目的文件 MainStoryboard.storyboard，并确保文档大纲区域可见（选择菜单 Editor>Show Decument Outline）。

1．添加可滚动的视图

选择菜单 View>Utilities>Show Object Library 打开对象库，将一个可滚动视图（UIScrollView）实例拖曳到视图中。将其放在您喜欢的位置，并在上方添加一个标题为 Scrolling View 的标签，以免您忘记创建的是什么。

提示：

Did you Know?

您在第 7 章使用的文本视图（UITextView）是一种特殊的可滚动视图，对文本视图可设置的滚动属性也适用于可滚动视图，因此要了解其他的可能配置，请参阅该章。您也可按 Option + Command + 4 打开 Attributes Inspector 并进行探索。

（1）在可滚动视图中添加对象

将可滚动视图加入到视图后，需要使用一些东西填充它！通常，编写计算对象位置的代码来将其加入到可滚动视图中。在 Xcode 中，Apple 原本可添加将对象放置到更大的虚拟滚动视图中的功能，但它们没有这样做。

那么，我们如果将按钮和其他控件加入到屏幕中呢？首先，将添加的每个控件拖曳到可滚动视图对象中，就这个示例而言，我添加了 6 个标签。您可使用按钮、图像或您通常将加入到视图中的其他任何对象。

将对象加入可滚动视图中后，您有两种方案可供选择。首先，您可选择对象，然后使用箭头键将对象移到视图可视区域外面的大概位置；其次，可依次选择每个对象，并使用 Size Inspector（Option + Command + 5）手工设置其 X 和 Y 坐标，如图 9.15 所示。

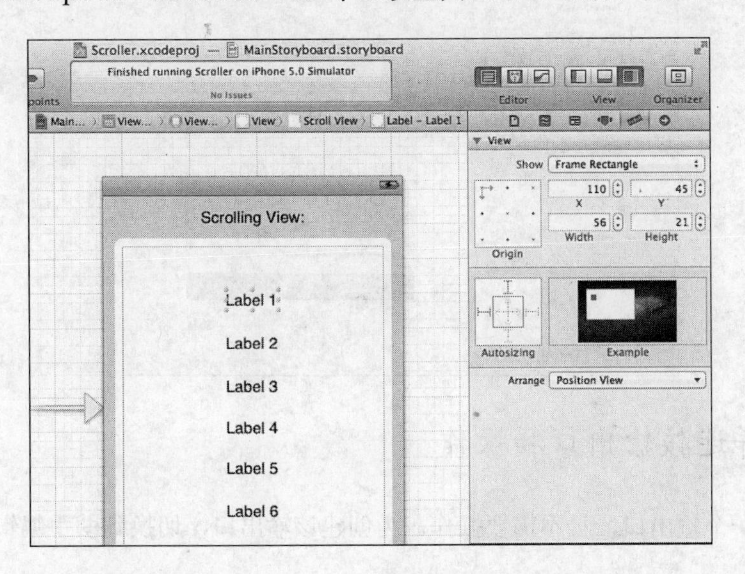

图 9.15

使用 Size Inspector 以点为单位设置每个对象的 X 和 Y 坐标

> **Did you Know?**
>
> **提示：**
>
> 对象的坐标是相对于其所属视图的。在这个示例中，可滚动视图的左上角的坐标为(0,0)，即原点。

为帮助您放置对象，下面是6个标签的左边缘中点的X和Y坐标。

如果应用程序将在iPhone上运行，可使用如下数字：

- Label 1：110，45。
- Label 2：110，125。
- Label 3：110，205。
- Label 4：110，290。
- Label 5：110，375。
- Label 6：110，460。

如果应用程序将在iPad上运行，可使用如下数字：

- Label 1：360，130。
- Label 2：360，330。
- Label 3：360，530。
- Label 4：360，730。
- Label 5：360，930。
- Label 6：360，1130。

从图9.16所示的最终视图可知，第6个标签不可见，要看到它，需要进行一定的滚动。

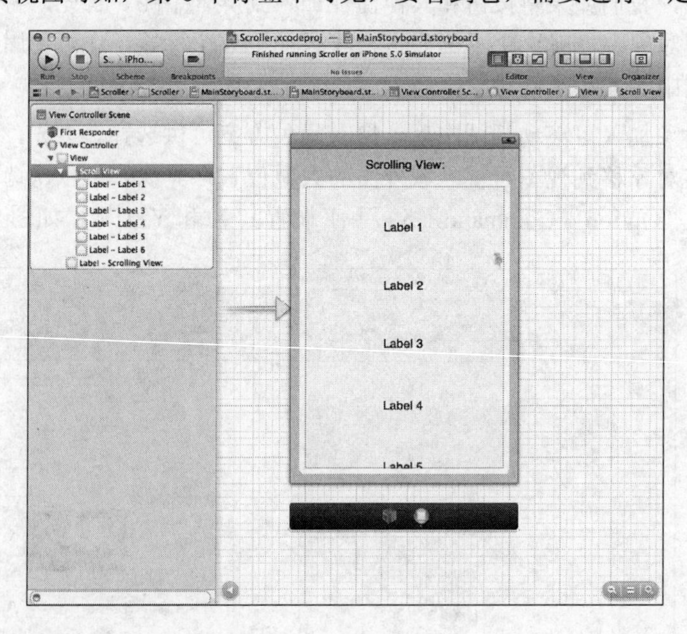

图9.16

最终的可滚动视图——使用标签作为其内容

9.3.4 创建并连接输出口和操作

这个项目只需要一个输出口，且不需要操作。为创建该输出口，切换到助手编辑器；如果需要腾出更多的控件，请隐藏项目导航器。按住 Control 键，从可滚动视图拖曳到文件 ViewController.h 中编译指令@interface 下方。

在 Xcode 提示时，新建一个名为 theScroller 的输出口，如图 9.17 所示。

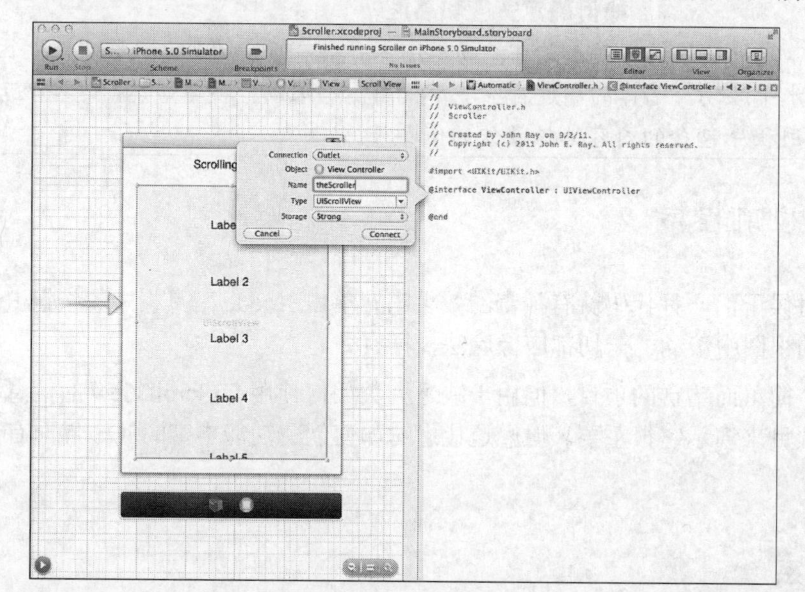

图 9.17
创建到输出口 theScroller 的连接

至此，需要在 Interface Builder 编辑器中做的工作就都完成了，余下的就是少量的实现了。切换到标准编辑器，显示项目导航器，再选择文件 ViewController.m，以完成实现。

9.3.5 实现应用程序逻辑

出于好玩的考虑，请尝试使用运行该应用程序。它将通过编译并运行，但不能滚动。实际上，其行为与典型的非滚动视图相同，这是因为还需指出其滚动区域的水平尺寸和垂直尺寸。除非可滚动视图知道自己能够滚动，否则它不会这样做。

1. 支持滚动

为给可滚动视图添加滚动功能，需要将属性 contentSize 设置为一个 CGSize 值。CGSize 是一个简单的 C 语言数据结构，它包含高度和宽度，可使用函数 CGSize(<width>, <height>) 轻松地创建一个这样的对象。例如，要告诉该可滚动视图（theScroller）可水平和垂直分别滚动到 280 点和 600 点，可编写如下代码。

```
self.theScroller.contentSize=CGSizeMake(280.0,600.0);
```

我们并非只能这样做，但我们愿意这样做。如果进行的是 iPhone 开发，将文件 ViewController.m 中的方法 viewDidLoad 修改成如程序清单 9.5 所示。

程序清单 9.5 启用可滚动视图的滚动功能

```
- (void)viewDidLoad
{
    self.theScroller.contentSize=CGSizeMake(280.0,600.0);
    [super viewDidLoad];
}
```

如果您进行的是 iPad 开发，需要增大 contentSize 的设置，因为 iPad 屏幕更大。为此，在调用函数 CGSizeMake 时传递参数 900.0 和 1500.0，而不是 280.0 和 600.0。

如何确定宽度和高度？

在这个示例中，我们使用的宽度正是可滚动视图本身的宽度。为什么这样做呢？因为我们没有理由进行水平滚动。选择的高度旨在演示视图能够滚动。换句话说，这些值可随意选择，您根据应用程序包含的内容选择最佳的值即可。

9.3.6 生成应用程序

现在是验证的时候了，一行代码就有神奇的效果吗？单击 Xcode 工具栏中的按钮 Run，然后尝试在您创建的视图中滚动，一切都应像魔法一样有效。

是的，这是一个简单而糟糕的项目，但由于缺乏有关如何使用 UIScrollView 的信息，因此通过一个简单的项目来演示它很重要。但愿这让您对如何创建功能丰富的 iOS 界面有新的认识。

9.4 进一步探索

分段控件（UISegmentedControl）和开关（UISwitch）很有用，也很容易掌握。做进一步探索时，最好将主要精力放在 UIWebView 和 UIScrollView 类提供的功能集上。

正如本章开头指出的，UIWebView 可处理各种内容，而不仅仅是 Web 内容。通过更深入地学习 NSURL，如 initFileURLWithPath:isDirectory 方法，您将能够直接从项目资源中加载文件。您还可利用 Web 视图内置的操作（如 goForward 和 goBack）来添加导航功能，而无需编写一行代码。另外，还可在 iOS 应用程序中使用一系列 HTML 文件创建一个独立的网站。总之，Web 视图通过支持 HTML 标记、JavaScript 和 CSS 扩展了应用程序的传统界面。

另一方面，UIScrollView 类提供了 iOS 应用程序广泛使用的功能：通过触摸进行滚动。本章末尾简单地演示了这一点，但还有其他可通过实现协议 UIScrollViewDelegate 协议来启用的功能，如手指张合和缩放。下一章将创建一个遵守协议的类，因此当您更熟悉概念后别忘了这一点。

Apple 教程

Segmented Controls, Switches, and Web Views – UICatalog（可通过 Xcode 开发文档访问）：正如前一章指出的，UICatalog 通过目标明确的示例演示了所有 iOS 界面概念。

Scrolling – ScrollViewSuite（可通过 Xcode 开发文档访问）：它通过示例演示了如何完成您可能想在可滚动视图中执行的所有操作。

9.5 小结

在本章中，您学习了如何使用两个控件让应用程序不仅仅通过按钮和文本字段来获取用户输入。开关和分段控件虽然提供的选项有限，但让用户能够在应用程序中通过触摸来做出决策。

您还探索了如何使用 Web 视图在项目中显示 Web 内容，以及如何调整它使其适合 iOS 屏幕。这个功能强大的类将很快成为您最信任的内容显示工具之一。

鉴于我们现在开发的应用程序界面已变得有些拥挤，本章最后简要地介绍了可滚动视图。您了解到在应用程序添加可滚动视图非常容易。

9.6 问与答

问：为何不能在 Xcode Interface Builder 编辑器中以可视化方式排列可滚动视图中的内容？

答：Apple 在不断改进 Xcode 和 Interface Builder 编辑器，使其适应 iOS 开发，但它们显然没有考虑这项功能，我希望 Apple 以后会添加这项功能。

问：您说过 UIWebView 包含操作。这意味着什么？如何使用它们？

答：这意味着您将这种对象拖曳到视图中后，它们就能够响应操作（如导航操作），而不需要您编写代码。要使用这些操作，需要将触发操作的 UI 事件连接到 Web 视图（而不是 File's Owner 图标），然后从弹出式菜单中选择合适的操作。

9.7 作业

9.7.1 测验

1．要让可滚动视图（UIScrollView）能够滚动，需要设置哪些属性？

2．如何对布尔值取反？

3．Web 视图加载远程 URL 时将哪种类型的对象作为参数？

9.7.2 答案

1．contentSize 属性。

2．要对布尔值取反，只需在它前面加上一个惊叹号。例如，!TRUE 的结果为 FALSE。

3．您通常在 Web 视图中使用 NSURLRequest 对象来发起 Web 请求。

9.7.3 练习

1．请结合使用文本框、按钮、分段控件和 Web 视图创建一个迷你型 Web 浏览器。将文本框用于输入 URL，将按钮用于导航，并通过分段控件让您能够快速访问一些您喜欢的网站。为充分利用空间，您可能想将一些控件与 Web 视图叠加在一起，然后添加一个用于显示和隐藏这些控件的开关。

2．在可滚动视图中练习创建一个界面。在 Interface Builder 中创建前，使用图纸绘制视图的草图并确定控件的坐标。

第 10 章

引起用户注意

本章将介绍：

- 各种类型的用户通知；
- 如何创建提醒视图；
- 从提醒收集输入的方法；
- 如何使用操作表显示选项；
- 如何实现短暂的声音和震动。

iOS 让开发人员能够创建独特的用户界面，但有些元素必须在所有应用程序中都一致。需要将应用程序事件通知用户或让他做出重要决策时，向他显示易于理解的界面元素很重要。本章介绍多种通知用户有事情发生的方式。“事情”的定义由您决定，但这些工具让您能够让应用程序用户“知情”。

10.1 提醒用户

iOS 应用程序以用户为中心，这意味着它们通常不在后台执行功能或在没有界面的情况下运行。它们让用户能够处理数据、玩游戏、通信或执行众多其他的操作。正如 Apple 说的，总有一款应用程序适合您。当应用程序需要发出提醒、提供反馈或让用户做出决策时，它总是以相同的方式进行。Cocoa Touch 通过各种对象和方法来引起用户注意，这包括 UIAlertView、UIActionSheet 和系统声音服务。不同于本书前面介绍的其他对象，您需要使用代码来创建它们，请不要忙着在 Interface Builder 对象库中查找它们。

By the Way

注意：

前面之所以说应用程序“通常”不在后台运行，是因为有了 iOS 4 和更高版本后，有些应用程序会在后台运行！在后台运行的应用程序具备一组独特的功能，包括额外的提醒和通知类型，这将在第 22 章更详细地介绍。

10.1.1 提醒视图

有时候，当应用程序运行时需要将发生的变化告知用户。例如，发生内部错误事件（如可用内存太少或网络连接断开）或长时间运行的操作结束时，仅调整当前视图是不够的。为此，可使用 UIAlertView 类。

UIAlertView 类创建一个简单的模态提醒窗口，其中包含一条消息和几个按钮，还可能有普通文本框和密码文本框，如图 10.1 所示。

图 10.1
典型的提醒视图

模态意味着什么？

模态 UI 元素要求用户必须与之交互（通常是按下按钮）后才能做其他事情。它们通常位于其他窗口前面，在可见时禁止用户与其他任何界面元素交互。

要实现提醒视图，需要费点工夫：声明一个 UIAlertView 对象，再初始化并显示它。请看程序清单 10.1 所示的代码片段。

程序清单 10.1 一种 UIAlertView 实现

```
1: UIAlertView *alertDialog;
2: alertDialog = [[UIAlertView alloc]
3:                 initWithTitle: @"Email Address"
4:                 message:@"Please enter your email address:"
5:                 delegate: self
6:                 cancelButtonTitle: @"Ok"
7:                 otherButtonTitles: @"Super",nil];
8: alertDialog.alertViewStyle=UIAlertViewStylePlainTextInput;
9: [alertDialog show];
```

第1行声明了一个名为alertDialog的变量，用于存储UIAlertView实例。

第2～7行为提醒视图分配内存并初始化它。正如您看到的，提醒视图的初始化方法几乎为我们完成了所有的工作。来看看这个方法及其参数。

- initWithTitle：初始化提醒视图并设置出现在提醒视图顶端的标题。
- message：指定将出现在对话框内容区域的字符串。
- delegate：指定将充当提醒委托（即响应提醒）的对象。如果不需要在用户关闭提醒视图后执行任何操作，可将该参数设置为nil。
- cancelButtonTitle：指定提醒视图中默认按钮的标题。
- otherButtonTitles：在提醒视图中添加额外的按钮，总是以nil结尾。

第8行设置属性alertViewStyle。该属性用于指定是否在提醒视图中包含其他文本框。在iOS 5中，可能的四种样式如下：

- UIAlertViewStyleDefault：没有设置样式时默认采用的样式，不包含输入文本框。
- UIAlertViewStyleSecureTextInput：添加一个安全（密码）文本框。
- UIAlertViewStylePlainTextInput：添加一个常规输入文本框。
- UIAlertViewStyleLoginAndPasswordInput：添加常规文本框和密码文本框。

最后，第9行向用户显示提醒视图。现在，假设要对输入文本或单击按钮的操作进行响应，为此需要在声明响应提醒视图的类时，让其遵守UIAlertViewDelegate。

1．响应提醒视图

我刚开始使用Objective-C时，发现它使用的术语很讨厌。无论概念有多容易理解，介绍它时使用的语言总是让它看起来更难。在我看来，协议就是这样的东西。

协议定义了一组执行任务的方法。为提供高级功能，有些类（如UIAlertView）要求您实现一个相关协议定义的方法，这被成为遵守协议。协议的有些方法必须实现，而有些是可选的，是否实现它取决于需要的功能。

为确定用户按下了多选项提醒视图中的哪个按钮或读取文本框的内容，响应提醒视图的类（通常是视图控制器）必须遵守协议UIAlertViewDelegate并实现方法alertView:clickedButtonAtIndex:。

要将类声明成遵守协议UIAlertViewDelegate，只需修改类的@interface行，如下所示：

```
@interface ViewController : UIViewController <UIAlertViewDelegate>
```

接下来，必须将UIAlertView的委托设置为实现了该协议的对象（如程序清单10.1的第5行所示）。如果委托刚好是创建提醒视图的对象，只需使用self即可，如下所示：

```
delegate:self
```

最后，必须实现方法alertView:clickedButtonAtIndex，以做出响应。这个方法将用户按下的按钮的索引作为参数。为简化任务，可利用UIAlertView的实例方法buttonTitleAtIndex，它返回索引返回相应按钮的标题，这让您无需跟踪索引对应的按钮。

如果提醒视图包含文本框，可像判断用户按下了哪个按钮那样访问文本框：使用提醒视图的方法 textFieldAtIndex。索引 0 表示第一个文本框，而索引 1 表示第二个。

程序清单 10.2 列出了方法 alertView:clickedButtonAtIndex 的部分实现，它处理一个包含多个按钮和文本框的提醒视图。

程序清单 10.2 响应提醒视图

```
1: - (void)alertView:(UIAlertView *)alertView
2:           clickedButtonAtIndex:(NSInteger)buttonIndex {
3:     NSString *buttonTitle=[alertView buttonTitleAtIndex:buttonIndex];
4:     NSString *fieldOne=[[alertView textFieldAtIndex:0] text];
5:     NSString *fieldTwo=[[alertView textFieldAtIndex:1] text];
6: }
```

虽然这个方法没有做任何事情，但它完成了所有的设置工作，为响应包含多个按钮和两个文本框的提醒视图做好了准备。第 3 行将变量 buttonTitle 设置为用户按下的按钮，第 4～5 行将 fieldOne 和 fieldTwo 分别设置为用户在提醒视图的文本框中输入的文本。

10.1.2 操作表

提醒视图用于显示消息，以告知用户应用程序的状态或条件发生了变化。然而，有时候需要让用户根据操作结果做出决策。例如，如果应用程序提供了让用户能够与朋友共享信息的选项，可能需要让用户指定共享方法（如发送电子邮件、上传文件等）。在 Safari 中添加书签时，您就能看到这种行为，如图 10.2 所示。这种界面元素被称为操作表，它是 UIActionSheet 类的实例。

图 10.2 操作表让用户在多个选项之间做出选择

操作表还可用于对可能破坏数据的操作进行确认。事实上，它们提供了一种亮红色按钮样式，让用户注意可能删除数据的操作。

操作表的实现方式与提醒视图极其相似：初始化、配置和显示，如程序清单 10.3 所示。

程序清单 10.3 一种 UIActionSheet 实现

```
1: - (IBAction)doActionSheet:(id)sender {
2:     UIActionSheet *actionSheet;
3:     actionSheet=[[UIActionSheet alloc] initWithTitle:@"Available Actions"
4:                                             delegate:self
5:                                    cancelButtonTitle:@"Cancel"
6:                               destructiveButtonTitle:@"Delete"
7:                                    otherButtonTitles:@"Keep",nil];
8:     actionSheet.actionSheetStyle=UIActionSheetStyleBlackTranslucent;
9:     [actionSheet showInView:self.view];
10: }
```

正如您看到的，设置 UIActionSheet 的方式与设置提醒视图极其相似。

第 2～7 行声明并实例化了一个名为 actionSheet 的 UIActionSheet 实例。与创建提醒类似，这个初始化方法几乎完成了所有的设置工作。该方法及其参数如下。

- initWithTitle：使用指定的标题初始化操作表。
- delegate：指定将作为操作表委托的对象。如果将其设置为 nil，操作表将能够显示，但用户按下任何按钮都只是关闭操作表，而不会有其他任何影响。
- cancelButtonTitle：指定操作表中默认按钮的标题。
- destructiveButtonTitle：指定将导致信息丢失的按钮的标题。该按钮将呈亮红色显示（与其他按钮形成强烈对比）。如果将其设置为 nil，将不会显示破坏性按钮。
- otherButtonTitles：在操作表中添加其他按钮，总是以 nil 结尾。

第 8 行设置操作表的外观，有 4 种样式可供选择：

- UIActionSheetStyleAutomatic：如果屏幕底部有按钮栏，则采用与按纽栏匹配的样式；否则采用默认样式。
- UIActionSheetStyleDefault：由 iOS 决定的操作表默认外观。
- UIActionSheetStyleBlackTranslucent：一种半透明的深色样式。
- UIActionSheetStyleBlackOpaque：一种不透明的深色样式。

第 9 行使用 UIActionSheet 的方法 showInView:在当前控制器的视图（self.view）中显示操作表。在这个示例中，使用方法 showInView:用于以动画方式从当前控制器的视图打开操作表。如果有工具栏或选项卡栏，可使用方法 showFromToolbar:或 showFromTabBar:让操作表看起来是从这些用户界面元素中打开的。

Did you Know?

提示：

在初始化、修改和响应方面，操作表与提醒视图很像。然而，不同于提醒视图的是，操作表可与给定的视图、选项卡栏或工具栏相关联。操作表出现在屏幕上时，将以动画方式展示它与这些元素的关系。

1. 响应操作表

正如您看到的，操作表和提醒视图在设置方面有很多相似性。在响应用户按下按钮方面，它们也是相似的，因此这里将遵循与处理提醒视图相同的步骤。

首先，负责响应操作表的类必须遵守协议 UIActionSheetDelete。为此，只需对类接口文件中的@interface 行做简单的修改：

```
@interface ViewController : UIViewController <UIActionSheetDelegate>
```

接下来，必须将操作表的属性 delegate 设置为实现了该协议的对象（如程序清单 10.3 的第 4 行所示）。如果负责响应和调用操作表的是同一个对象，只需将 delegate 设置为 self 即可：

```
delegate:self
```

最后，为捕获单击事件，需要实现方法 actionSheet:clickedButtonAtIndex。与方法 alertView: clickedButtonAtIndex 一样，这个方法也将用户按下的按钮的索引作为参数。与响应提醒视图时一样，也可利用方法 buttonTitleAtIndex 获取用户触摸的按钮的标题，而不通过数字来获悉。

程序清单 10.4 列出了方法 actionSheet:clickedButtonAtIndex 的部分实现。

程序清单 10.4　响应操作表

```
1: - (void)actionSheet:(UIActionSheet *)actionSheet
2:         clickedButtonAtIndex:(NSInteger)buttonIndex {
3:    NSString *buttonTitle=[actionSheet buttonTitleAtIndex:buttonIndex];
4: }
```

实际上，输入该方法的声明所需的时间比输入其实现所需的时间还多。第 3 行将 buttonTitle 设置为用户触摸的按钮的标题，接下来如何使用它就取决于您了。

10.1.3 系统声音服务

提供反馈或获取重要输入时，视觉通知很合适，但为引起用户注意，其他感官也很有用。例如，声音几乎在每个计算机系统中都扮演了重要角色，而不管其平台和用途如何。它们告知用户发生了错误或完成了操作。声音在用户没有紧盯屏幕时仍可提供有关应用程序在做什么的反馈。

震动让提醒再上一层楼。当设备能够震动时，即使用户不能看到或听到，设备也能够与用户交流。对 iPhone 来说，震动意味着即使它在口袋里或附近的桌子上，应用程序也可将事件告知用户。这是不是最好的消息？可通过简单代码处理声音和震动，这让您能够在应用程序中轻松地实现它们。

为支持声音播放和震动，我们将利用系统声音服务（System Sound Services）。系统声音服务提供了一个接口，用于播放不超过 30 秒的声音。它支持的文件格式有限，具体地说只有 CAF、AIF 和使用 PCM 或 IMA/ADPCM 数据的 WAV 文件。这些函数没有提供操纵声音和控制音量的功能，因此为最新、最棒的 iOS 游戏创建配乐时，您不会想使用系统声音服务。第 19 章将探索 iOS 的其他多媒体播放功能。

iOS 使用该 API 支持 3 种不同的通知。

- 声音：立刻播放一个简单的声音文件。如果手机被设置为静音，用户什么也听不到。
- 提醒：也播放一个声音文件，但如果手机被设置为静音和震动，将通过震动提醒用户。
- 震动：震动手机，而不考虑其他设置。

1. 访问声音服务

要在项目中使用系统声音服务，必须添加框架 AudioToolbox 以及要播放的声音文件。还需在实现声音服务的类中导入该框架的接口文件：

```
#import <AudioToolbox/AudioToolbox.h>
```

不同于本书讨论的其他大部分开发功能，系统声音服务并非通过类实现的，相反，您将使用传统的 C 语言函数调用来触发播放操作。

要播放音频，需要使用的两个函数是 AudioServicesCreateSystemSoundID 和 AudioServicesPlaySystemSound。还需要声明一个类型为 SystemSoundID 的变量，它表示要使用的声音文件。为对如何结合使用这些有大致认识，请看程序清单 10.5。

程序清单 10.5 加载并播放声音

```
1: SystemSoundID soundID;
2: NSString *soundFile = [[NSBundle mainBundle]
3:                        pathForResource:@"mysound" ofType:@"wav"];
4: AudioServicesCreateSystemSoundID((__bridge CFURLRef)
5:                                  [NSURL fileURLWithPath:soundFile]
6:                                  , &soundID);
7: AudioServicesPlaySystemSound(soundID);
```

这些代码看起来与我们一直使用的 Objective-C 代码有些不同，下面介绍其中的各个组成部分。

首先，第 1 行声明了变量 soundID，我们将使用它来引用声音文件（注意到这里没有将它声明为指针，声明指针时需要加上*）。接下来，第 2 行声明了字符串变量 soundFile，并将其设置为声音文件 soundeffect.wav 的路径。为此，首先使用 NSBundle 的类方法 mainBundle 返回一个 NSBundle 对象，该对象对应于当前应用程序的可执行二进制文件所属的目录。然后使用 NSBundle 对象的 pathForResource:ofType:方法通过文件名和扩展名指定具体的文件。

确定声音文件的路径后，必须使用函数 AudioServicesCreateSystemSoundID 创建一个代表该文件的 SystemSoundID，供实际播放声音的函数使用（第 4～6 行）。这个函数接受两个参数：一个指向文件位置的 CFURLRef 对象和一个指向我们要设置的 SystemSoundID 变量的指针。为设置第一个参数，我们使用 NSURL 的类方法 fileURLWithPath 根据声音文件的路径创建一个 NSURL 对象，并使用（__bridge CFURLRef）将这个 NSURL 对象转换为函数要求的 CFURLRef 类型，其中__bridge 是必不可少的，因为我们要将一个 C 语言结构转换为 Objective-C 对象。为设置第二个参数，只需使用&soundID 即可。

By the Way

注意：

还记得吗，&<variable>返回一个指向该变量的引用（指针）。使用 Objective-C 类时很少需要这样做，因为几乎任何东西都已经是指针。

正确设置 soundID 后，余下的就是播放它了。为此，只需将变量 soundID 传递给函数 AudioServicesPlaySystemSound，如第 7 行所示。

（1）提醒音和震动

提醒音和系统声音之间的差别在于，如果手机处于静音状态，提醒音将自动触发震动。提醒音的设置和用法与系统声音相同，事实上，要播放提醒音，只需使用函数 AudioServicesPlayAlertSound 而不是 AudioServicesPlaySystemSound。

震动更容易实现。要震动支持震动的设备（当前为 iPhone），只需调用 AudioServicesPlaySystemSound，并将常量 kSystemSoundID_Vibrate 传递给它：

```
AudioServicesPlaySystemSound(kSystemSoundID_Vibrate);
```

明白了我们必须使用的提醒方式后，该真正地实现它们了。在本章的示例应用程序中，我们将测试多个提醒视图、操作表和声音。

提示：

如果您试图震动不支持震动的设备（如 iPad2），将默默地失败。因此将震动代码留在应用程序中不会有任何害处，而不管目标设备是什么。

Did you Know?

10.2 探索提醒用户的方法

由于实现提醒、操作表或系统声音服务的所有逻辑都包含在一个易于理解的小型代码块内，本章的项目稍有不同。我们将本章的项目视为一个沙箱，创建后花大量时间探讨使其正确运行所需的代码，并不断测试。

您将生成提醒视图、包含多个按钮的提醒视图、包含文本框的提醒视图、操作表、声音，甚至震动设备（如果它是 iPhone 或即将发布的 iPad）。

10.2.1 实现概述

在本书的其他项目中，UI 设计与代码紧密相连，但这个项目的界面并不重要，它只包含一些按钮和一个输出区域；其中按钮用于触发操作，以便演示各种提醒用户的方法，而输出区域用于指出用户的响应。生成提醒视图、操作表、声音和震动的工作都是通过代码完成的，因此越早完成项目框架的设置，就能越早实现逻辑。

10.2.2 创建项目

为练习使用提醒类和方法，需要创建一个新项目，它包含激活各种通知的按钮。为此，启动 Xcode，使用 iOS 模板 Single View Application 新建一个项目，并将其命名为 GettingAttention。

我们将需要多个项目默认没有的资源，其中最重要的是我们要使用系统声音服务播放的声音以及播放这些声音所需的框架。下面就来添加这些重要资源。

1．添加声音资源

在 Xcode 中打开了项目 GettingAttention 的情况下，切换到 Finder 并找到本章项目文件夹中的 Sounds 文件夹。将该文件夹拖放到 Xcode 项目文件夹，并在 Xcode 提示时指定复制文件并创建编组。

该文件夹将出现在项目编组中，如图 10.3 所示。

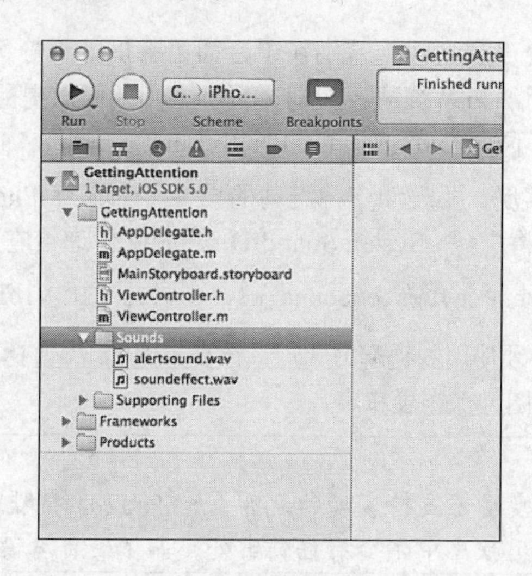

图 10.3
将声音文件加入到项目中

2．添加框架 AudioToolbox

要使用任何声音播放函数，都必须将框架 AudioToolbox 加入到项目中。为此，选择项目 GettingAttention 的顶级编组，并在编辑器区域选择选项卡 Summary。

接下来，在选项卡 Summary 中向下滚动，找到 Linked Frameworks and Libraries 部分，再单击列表下方的“+”按钮。在出现的列表中，选择 AudioToolbox.framework，再单击 Add 按钮，如图 10.4 所示。

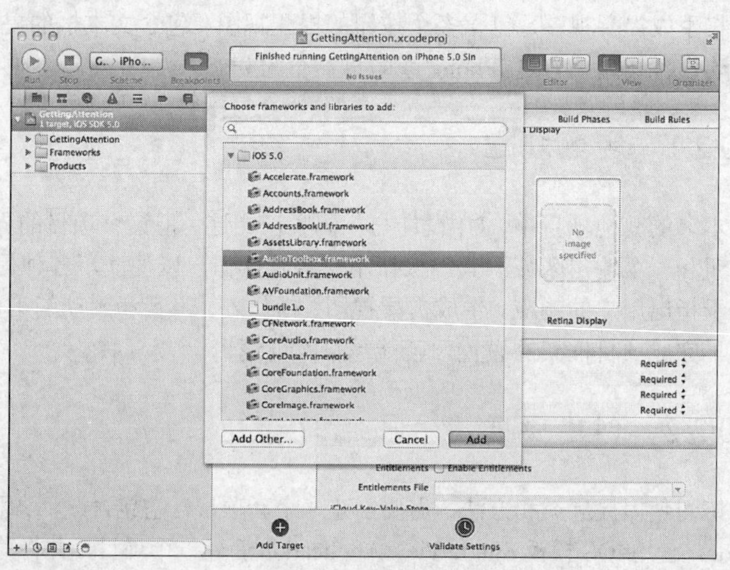

图 10.4
将框架 AudioToolbox 加入到项目中

添加该框架后，将其拖放到项目的 Frameworks 编组。这并非必须的，但让项目整洁有序，而这并不是坏事，不是吗？

3．规划变量和连接

在给应用程序 GettingAttention 设计界面和编写代码前，需要完成的最后一步是，确定需要哪些输出口和操作，以便能够进行我们想要的各种测试。我们只需要一个输出口，它对应于一个标签（UILabel），而该标签提供有关用户做了什么的反馈。我们将把这个输出口命名为 userOutput。

除输出口外，还总共需要 7 个操作，它们都是有用户界面中的各个按钮触发的，这些操作分别是 doAlert、doMultiButtonAlert、doAlertInput、doActionSheet、doSound、doAlertSound 和 doVibration。

就这些，其他方面都将由代码处理。下面来设计界面并建立连接。

10.2.3 设计界面

在 Interface Builder 中打开文件 MainStoryboard.storyboard。我们需要在空视图中添加 7 个按钮和一个文本标签。到现在您对这种操作应该非常熟悉了。

首先添加一个按钮，方法是选择菜单 View>Utilitise>Show Object Library 打开对象库，将一个按钮（IUButton）拖曳到视图中。再通过拖曳添加 6 个按钮，也可复制并粘贴第一个按钮。

修改按钮的标题，使其对应于将使用的通知类型。具体地说，按从上到下的顺序将按钮的标题分别设置为：

- Alert Me!；
- Alert with Buttons!；
- I Need Input!；
- Lights, Camera, Action Sheet；
- Play Sound；
- Play Alert Sound；
- Vibrate Device。

从对象库中拖曳一个标签（UILabel）到视图底部，删除其中的默认文本，并将文本设置为居中。现在界面应类似于图 10.5。我根据功能排列按钮，但您可以自己喜欢的顺序排列它们。

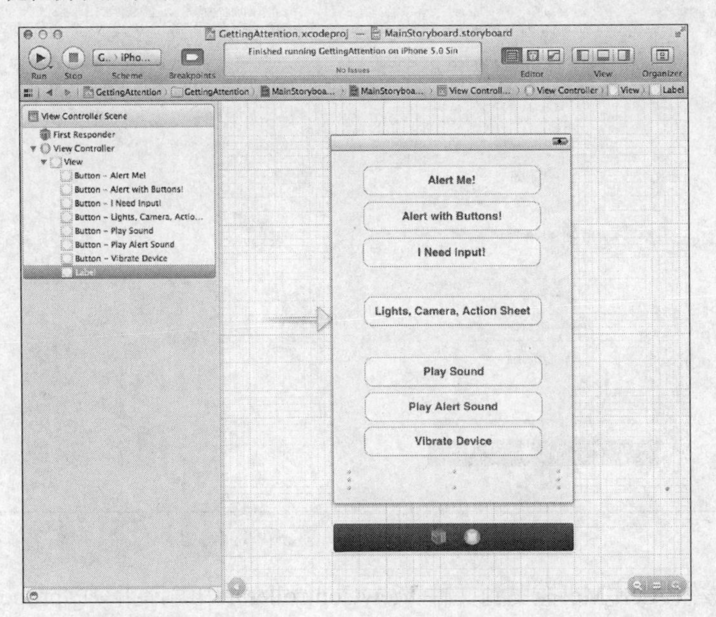

图 10.5
创建包含 7 个按钮和 1 个标签的界面

10.2.4 创建并连接输出口和操作

界面本身就设计好了，但还需在界面对象和代码之间建立连接。您需要建立的连接如下，这可能是不言自明的。

需要创建的输出口如下。

- 用户输出标签（UILabel）：userOutput。

需要创建的操作如下。

- Alert Me!（UIButton）：doAlert；
- Alert with Buttons!（UIButton）：doMultiButtonAlert；
- I Need Input!（UIButton）：doAlertInput；
- Lights, Camera, Action Sheet（UIButton）：doActionSheet；
- Play Sound（UIButton）：doSound；
- Play Alert Sound（UIButton）：doAlertSound；
- Vibrate Device（UIButton）：doVibration。

在选择了文件 MainStoryboard.storyboard 的情况下，单击 Assistant Editor 按钮，再隐藏项目导航器和文档大纲（选择菜单 Editor>Hide Document Outline），以腾出更多的空间，从而方便建立连接。文件 ViewController.h 应显示在界面的右边。

1．添加输出口

按住 Control 键，从唯一一个标签拖曳到文件 ViewController.h 中编译指令@interface 下方。在 Xcode 提示时，选择新建一个名为 userOutput 的输出口，如图 10.6 所示。

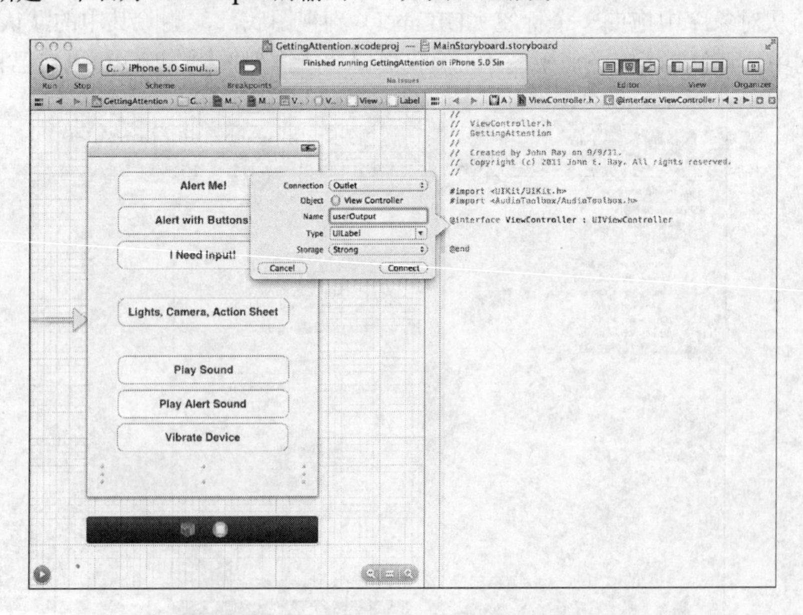

图 10.6
将标签连接到输出口 userOutput

2．添加操作

按住 Control 键，从按钮 Alert Me!拖曳到文件 ViewController.h 中编译指令@property 下方，

并连接到一个名为 doAlert 的新操作，如图 10.7 所示。

对其他 6 个按钮重复上述操作：将 Alert with Buttons!连接到 doMultiButtonAlert，将 I Need Input!连接到 doAlertInput，将 Lights, Camera, Action Sheet 连接到 doActionSheet，将 Play Sound 连接到 doSound，将 Play Alert Sound 连接到 doAlertSound，将 Vibrate Device 连接到 do Vibration。

至此，用于测试通知的框架就准备好了，可以开始编写代码了。切换到标准编辑器，并显示项目导航器（Command + 1），再打开文件 ViewController.m。下面首先实现一个简单的提醒视图。

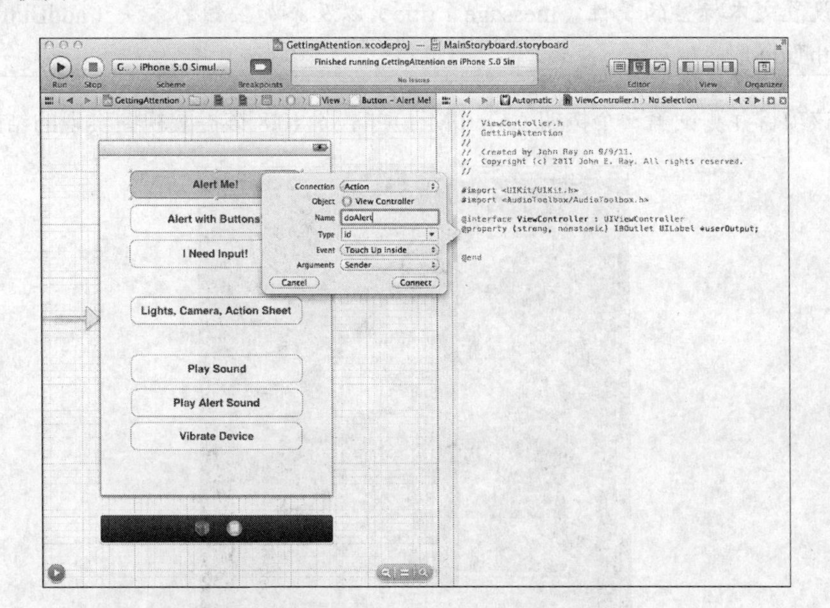

图 10.7

将每个按钮都连接到相应的操作

10.2.5 实现提醒视图

用户可能遇到（也是开发人员可能开发）的最简单的提醒视图是，在显示后关闭，对应用程序的执行流程没有任何影响。换句话说，它仅仅是起到一个提醒的作用。用户单击按钮关闭它时，一切都将照旧。

在文件 ViewController.m 中，按程序清单 10.6 实现方法 doAlert。

程序清单 10.6 方法 doAlert 的实现

```
 1: - (IBAction)doAlert:(id)sender {
 2:     UIAlertView *alertDialog;
 3:     alertDialog = [[UIAlertView alloc]
 4:                     initWithTitle: @"Alert Button Selected"
 5:                     message:@"I need your attention NOW!"
 6:                     delegate: nil
 7:                     cancelButtonTitle: @"Ok"
 8:                     otherButtonTitles: nil];
 9:     [alertDialog show];
10: }
```

如果您用心阅读了本章开头，这个方法应该看起来有点眼熟。

在第2～8行，我们声明并实例化了一个UIAlertView实例，再将其存储到变量alertDialog中。初始化这个提醒视图时，设置了标题（Alert Button Selected）、消息（I need your attention NOW!）和取消按钮（Ok）。没有添加其他的按钮，没有指定委托，因此不会响应该提醒视图。

初始化alertDialog后，第9行将它显示到屏幕上。

By the Way

注意：

如果您喜欢在初始化后再设置提醒消息和按钮，UIAlertView类包含用于设置文本标签的属性（message、title）以及添加按钮的方法（addButtonWithTitle）。

现在可以运行该项目并测试第一个按钮（Alert Me!）了，图10.8该提醒视图实现的结果。

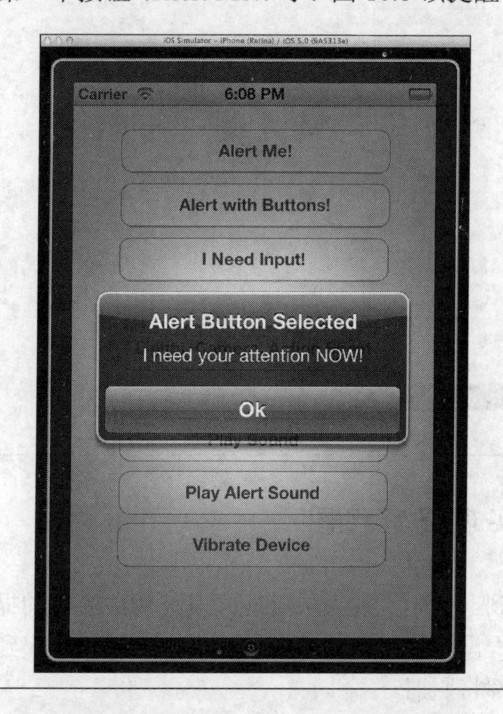

图10.8

在最简单的情况下，提醒视图显示一条消息和一个用于关闭它的按钮

By the Way

注意：

提醒视图对象并非只能使用一次。如果要重复使用提醒，可在视图加载时创建一个提醒实例，并在需要时显示它，但别忘了在不再需要时将其释放。

1. 创建包含多个按钮的提醒视图

只有一个按钮的提醒视图很容易实现，因为不需要实现额外的逻辑。用户轻按按钮后，提醒视图将关闭，而程序将恢复到正常执行。然而，如果添加了额外的按钮，应用程序必须能够确定用户按下了哪个按钮，并采取相应的措施。

除刚创建的只包含一个按钮的提醒视图外，还有其他两种配置。它们之间的差别在于提醒视图显示的按钮数。包含两个按钮的提醒视图并排放置按钮，超过两个后按钮将垂直堆叠。

创建包含多个按钮的提醒不难，只需利用初始化方法的otherButtonTitles参数即可：不将其设置为nil，而提供一个以nil结尾的字符串列表，这些字符串将用作新增按钮的标题。只有两个按钮时，取消按钮总是位于左边；有更多按钮时，它将位于最下面。

提示：

Did you Know?

提醒视图最多可同时显示7个按钮（包含被指定为取消按钮的按钮），如果试图添加更多的按钮，将导致不同寻常的屏幕效果，如按钮被裁剪掉或只显示一部分。

为测试这一点，在前面创建方法存根doMultiButtonAlert中，复制前面编写的doAlert方法，并将其修改成如程序清单10.7所示。

程序清单10.7 doMultiButtonAlert的初始实现

```
 1: - (IBAction)doMultiButtonAlert:(id)sender {
 2:         UIAlertView *alertDialog;
 3:         alertDialog = [[UIAlertView alloc]
 4:                        initWithTitle: @"Alert Button Selected"
 5:                        message:@"I need your attention NOW!"
 6:                        delegate: nil
 7:                        cancelButtonTitle: @"Ok"
 8:                        otherButtonTitles: @"Maybe Later", @"Never", nil];
 9:         [alertDialog show];
10: }
```

这里使用参数otherButtonTitles在提醒视图中添加了按钮Maybe Later和Never。按下按钮Alert with Buttons!，将显示如图10.9所示的提醒视图。

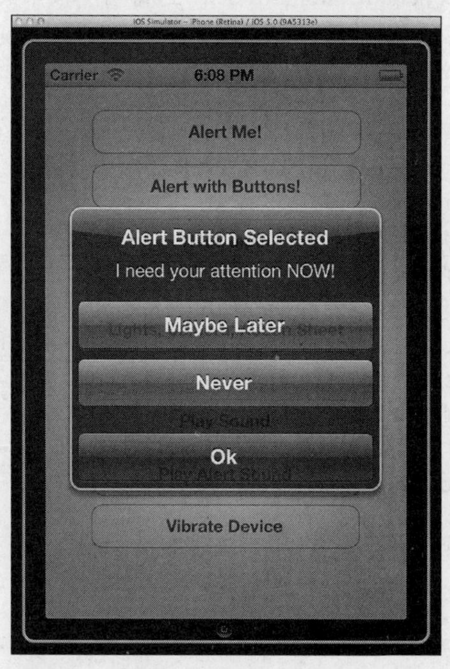

图10.9

现在提醒视图总共包含3个按钮

尝试按提醒视图中的一个按钮，提醒视图将消失。按其他按钮呢？结果一样。所有按钮都做同一件事——几乎什么也没有做。虽然对于单按钮提醒视图来说，这是可行的，但对当前的提醒视图来说，这种行为几乎没什么用处。

2. 响应用户单击提醒视图中的按钮

前面说过，要响应提醒视图，处理响应的类必须实现 AlertViewDelegate 协议。这里让应用程序的视图控制类承担这种角色，但在大型项目中，可能让一个独立的类承担这种角色。如何选择完全取决于您。

为确定用户按下了多按钮提醒视图中的哪个按钮，ViewController 遵守协议 UIAlertView Delegate 并实现方法 alertView:clickedButtonAtIndex:。

编辑接口文件 ViewController.h，将这个类声明为遵守所需的协议。为此，将@interface 行修改为如下所示：

```
@interface ViewController : UIViewController <UIAlertViewDelegate>
```

接下来，更新 doMultiButtonAlert 中初始化提醒视图的代码，将委托指定为实现了协议 UIAlertViewDelegate 的对象。由于它就是创建提醒视图的对象（视图控制器），因此可使用 self 来指定。

```
alertDialog = [[UIAlertView alloc]
                initWithTitle: @"Alert Button Selected"
                message:@"I need your attention NOW!"
                delegate: self
                cancelButtonTitle: @"Ok"
                otherButtonTitles: @"Maybe Later", @"Never", nil];
```

接下来需要编写方法 alertView:clickedButtonAtIndex，它将用户按下的按钮的索引作为参数，这让我们能够采取相应的措施。我们利用 UIAlertView 的实例方法 buttonTitleAtIndex 获取按钮的标题，而不使用数字索引值。

在 ViewController.m 中添加如程序清单 10.8 所示的代码，以便用户按下按钮时显示一条消息。请注意，这是一个全新的方法，ViewController.m 没有包含其存根。

程序清单 10.8 响应用户单击提醒视图中的按钮

```
 1: - (void)alertView:(UIAlertView *)alertView
 2:         clickedButtonAtIndex:(NSInteger)buttonIndex {
 3:     NSString *buttonTitle=[alertView buttonTitleAtIndex:buttonIndex];
 4:     if ([buttonTitle isEqualToString:@"Maybe Later"]) {
 5:         self.userOutput.text=@"Clicked 'Maybe Later'";
 6:     } else if ([buttonTitle isEqualToString:@"Never"]) {
 7:         self.userOutput.text=@"Clicked 'Never'";
 8:     } else {
 9:         self.userOutput.text=@"Clicked 'Ok'";
10:     }
11: }
```

首先，第 3 行将 buttonTitle 设置为被按下的按钮的标题。第 4～10 行将 buttonTitle 同我们创建提醒视图时初始化的按钮的名称进行比较，如果找到匹配的名称，则相应地更新视图中的标签 userOutput。

再次运行并测试该应用程序，将能够检测到用户单击了提醒视图中的哪个按钮。这只是响应用户单击提醒视图中按钮的方法之一。在有些情况下（如动态地生成按钮标题时），直接使用按钮的索引值可能更合适。您还可能想定义对应于按钮标题的常量。

警告：

Watch Out!

不要认为提醒窗口出现在屏幕上后应用程序将停止。显示提醒后代码将继续执行，您甚至可能想利用 UIAlertView 的实例方法 dismissWithClickedButtonIndex:，在用户在特定时间内没有做出响应时将提醒视图关闭。

3．在提醒对话框中添加文本框

虽然可在提醒视图中使用按钮来获取用户输入，但您可能注意到了，有些应用程序在提醒框中包含文本框。例如，App Store 提醒您输入 iTune 密码，然后才让您下载新的应用程序。

要在提醒视图中添加文本框，可将提醒视图的属性 alertViewStyle 设置为 UIAlertViewSecureTextInput 或 UIAlertViewStylePlainTextInput，这将添加一个密码文本框或一个普通文本框。第 3 种选择是将该属性设置为 UIAlertViewStyleLoginAndPasswordInput，这将在提醒视图中包含一个普通文本框和一个密码文本框。

以方法 doAlert 为基础来实现 doAlertInput，让提醒视图提示用户输入电子邮件地址，显示一个普通文本框和一个 Ok 按钮，并将 ViewControler 作为委托。程序清单 10.9 显示了该方法的实现。

程序清单 10.9 doAlertInput 的实现

```
 1: - (IBAction)doAlertInput:(id)sender {
 2:     UIAlertView *alertDialog;
 3:     alertDialog = [[UIAlertView alloc]
 4:                    initWithTitle: @"Email Address"
 5:                    message:@"Please enter your email address:"
 6:                    delegate: self
 7:                    cancelButtonTitle: @"Ok"
 8:                    otherButtonTitles: nil];
 9:     alertDialog.alertViewStyle=UIAlertViewStylePlainTextInput;
10:     [alertDialog show];
11: }
```

只需设置属性 alertViewStyle 就可在提醒视图中包含文本框。运行该应用程序，并触摸按钮 I Need Input!，您将看到如图 10.10 所示的提醒视图。余下的工作就是使用文本框的内容做些什么，这很容易。

4．访问提醒视图的文本框

前面说过，要访问用户通过提醒视图提供的输入，可使用方法 alertView:clickedButtonAtIndex。

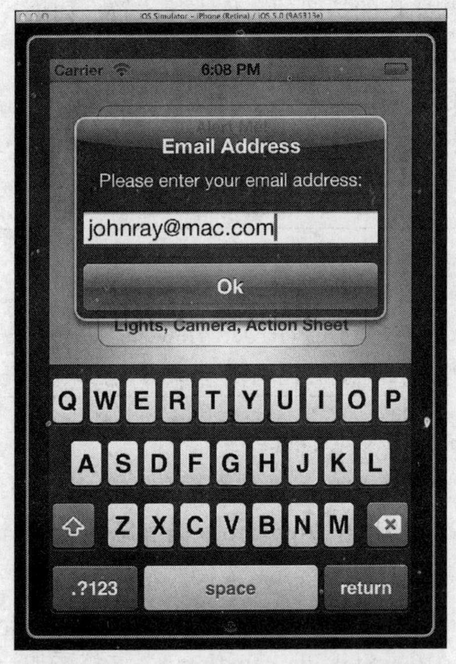

图 10.10
提醒视图包含一个普通文本框

前面不是在 doMultiButtonAlert 中使用过这个方法来处理提醒视图吗？是的，但如果我们足够聪明，就能知道调用的是哪种提醒，并做出相应的反应。

鉴于在方法 alertView:clickedButtonAtIndex 中可以访问提醒视图本身，因此可检查提醒视图的标题，如果它与包含文本框的提醒视图的标题（Email Address）相同，则将 userOutput 设置为用户在文本框中输入的文本。这很容易实现，只需对传递给 alertView:clickedButton AtIndex 的提醒视图对象的 title 属性进行简单的字符串比较即可。

修改方法 alertView:clickedButtonAtIndex，在其中添加程序清单 10.10 末尾以粗体显示的代码。

程序清单 10.10　读取提醒视图中文本框的内容

```
 1: - (void)alertView:(UIAlertView *)alertView
 2:         clickedButtonAtIndex:(NSInteger)buttonIndex {
 3:     NSString *buttonTitle=[alertView buttonTitleAtIndex:buttonIndex];
 4:     if ([buttonTitle isEqualToString:@"Maybe Later"]) {
 5:         self.userOutput.text=@"Clicked 'Maybe Later'";
 6:     } else if ([buttonTitle isEqualToString:@"Never"]) {
 7:         self.userOutput.text=@"Clicked 'Never'";
 8:     } else {
 9:         self.userOutput.text=@"Clicked 'Ok'";
10:     }
11:
12:         if ([alertView.title
13:                      isEqualToString: @"Email Address"]) {
14:         self.userOutput.text=[[alertView textFieldAtIndex:0] text];
15:     }
16: }
```

第 12～13 行对传入的 alertView 对象的 title 属性与字符串 Email Address 进行比较。如果它们相同，我们就知道该方法是由包含文本框的提醒视图触发的。

第 14 行使用方法 textFieldAtIndex 获取文本框。由于只有一个文本框，因此使用了索引零。然后，向该文本框对象发送消息 text，以获取用户在该文本框中输入的字符串。最后，将标签 userOutput 的 text 属性设置为该字符串。

完成上述修改后运行该应用程序。现在，用户关闭包含文本框的提醒视图时，该委托方法将被调用，从而将 userOutput 标签设置为用户输入的文本。

10.2.6 实现操作表

实现多种类型的提醒视图后，再实现操作表将毫无困难。实际上，在设置和处理方面，操作表比提醒视图更简单，因为操作表只做一件事情：显示一系列按钮。

注意：

在保持标准布局的情况下，操作表最多可包含 7 个按钮（其中包含取消按钮和破坏性按钮）。然而，如果超过了 7 个按钮，显示方式将自动变成可滚动的表。这让您能够根据需要添加任意数量的按钮。

By the Way

为创建您的第一个操作表，将实现在文件 ViewController.m 中创建的方法存根 doActionSheet。还记得吗，该方法将在用户按下按钮 Lights, Camera, Action Sheet 时触发。它显示标题 Available Actions、名为 Cancel 的取消按钮以及名为 Destroy 的破坏性按钮，还有其他两个按钮，它们分别名为 Negotiate 和 Compromise。将使用 ViewController 作为委托。

请将程序清单 10.11 所示的代码加入到方法 doActionSheet 中。

程序清单 10.11　方法 doActionSheet 的实现

```
 1: - (IBAction)doActionSheet:(id)sender {
 2:     UIActionSheet *actionSheet;
 3:     actionSheet=[[UIActionSheet alloc] initWithTitle:@"Available Actions"
 4:                 delegate:self
 5:                 cancelButtonTitle:@"Cancel"
 6:                 destructiveButtonTitle:@"Destroy"
 7:                 otherButtonTitles:@"Negotiate",@"Compromise",nil];
 8:     actionSheet.actionSheetStyle=UIActionSheetStyleBlackTranslucent;
 9:     [actionSheet showFromRect:[(UIButton *)sender frame]
10:                 inView:self.view animated:YES];
11: }
```

第 2～7 行声明并实例化了一个名为 actionSheet 的 UIActionSheet 实例。与创建提醒视图类似，这个初始化方法几乎完成了所有的设置工作。

出于好玩，第 8 行将操作表的样式设置为 UIActionSheetStyleBlackTranslucent。

第 9～10 行在当前视图控制器的视图（self.view）中显示操作表。

运行该应用程序并触摸 Lights, Camera, Action Sheet 按钮，结果如图 10.11 所示。请注意，在遵守 UIAactionSheetDelegate 协议前（下一节将这样做），可能出现警告，但这并不妨碍您现在对该应用程序进行测试。

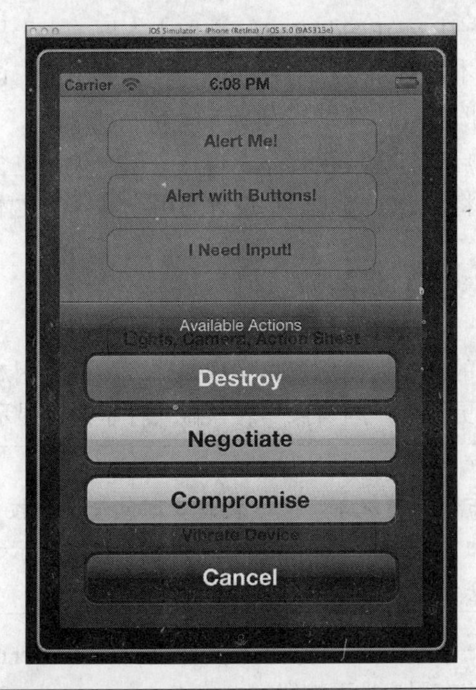

图 10.11
操作表可包含取消按钮、破坏性按钮以及其他按钮

iPad 弹出框（即第 9 行为何使用方法 showFromRect？）

本章前面说过，要显示准备就绪的操作表，可使用类似于下面的代码：

```
[actionSheet showInView:self.view]
```

事实上，在方法 doActionSheet 的实现中，可将第 9～10 行替换为这种更简单的版本。问题是在 iPad 中，不应在视图上显示操作表。Apple 用户界面指南指出，必须在弹出框中显示操作表。弹出框（popover）是一种独特的用户界面元素，在用户触摸某个屏幕元素时出现，并通常在用户触摸背景时消失。弹出框还包含一个小箭头，指向触发它的 UI 元素。下一章将更详细地介绍弹出框。

为符合 Apple 的要求，即操作表必须显示在弹出框中，可使用方法 showFromRect:inView:animated 来显示一个包含操作表的弹出框。其中第一个参数（showFromRect）指定了屏幕上的一个矩形区域，弹出框的箭头将指向它。为正确设置该参数，可使用 sender 变量（我们知道它是一个 UIButton 对象）的 frame 属性。参数 inView 指定了操作表/弹出框将显示在其中的视图（这里将其设置为 self.view）。而参数 animated 是一个布尔值，指定是否以动画方式显示。

当您在 iPad 上运行该应用程序时，操作表将包含在一个弹出框中；而在 iPhone 上运行时，将忽略额外的参数，就像使用方法 showInView 那样显示操作表。

对于操作表，需要指出的最后一点是，当您在 iPad 上在弹出框中显示操作表时，将自动忽略取消按钮。这是因为触摸弹出框的外面与单击取消按钮的效果相同，因此这个按钮是多余的。

1．响应用户单击操作表按钮

为让应用程序能够检测并响应用户单击操作表按钮，ViewController 类必须遵守 UIAction

SheetDelegate 协议，并实现方法 actionSheet:clickedButtonAtIndex。

为接口文件 ViewController.h 中，像下面这样修改@interface 行，让这个类遵守必要的协议：

```
@interface ViewController : UIViewController <UIAlertViewDelegate,
                                              UIActionSheetDelegate>
```

注意到 ViewController 类现在遵守了两种协议：UIAlertViewDelegate 和 UIActionSheet Delegate。类可根据需要遵守任意数量的协议。

接下来，为捕获单击事件，需要实现方法 actionSheet:clickedButtonAtIndex，这个方法将用户单击的操作表按钮的索引作为参数。在 ViewController.m 中添加如程序清单 10.12 所示的代码。

程序清单 10.12　响应用户单击操作表按钮

```
 1: - (void)actionSheet:(UIActionSheet *)actionSheet
 2:         clickedButtonAtIndex:(NSInteger)buttonIndex {
 3:     NSString *buttonTitle=[actionSheet buttonTitleAtIndex:buttonIndex];
 4:     if ([buttonTitle isEqualToString:@"Destroy"]) {
 5:         self.userOutput.text=@"Clicked 'Destroy'";
 6:     } else if ([buttonTitle isEqualToString:@"Negotiate"]) {
 7:         self.userOutput.text=@"Clicked 'Negotiate'";
 8:     } else if ([buttonTitle isEqualToString:@"Compromise"]) {
 9:         self.userOutput.text=@"Clicked 'Compromise'";
10:     } else {
11:         self.userOutput.text=@"Clicked 'Cancel'";
12:     }
13: }
```

第 3 行使用 buttonTitleAtIndex 根据提供的索引获取用户单击的按钮的标题，其他的代码与前面处理提醒视图时使用的相同：第 4～12 行根据用户单击的按钮更新输出消息，以指出用户单击了哪个按钮。

另一种方法

同样，这里也根据标题来确定按下了哪个按钮。然而，如果按钮是动态添加的，这可能不是最佳的方法。例如，方法 addButtonWithTitle 添加按钮并返回该按钮的索引；而方法 cancelButtonIndex 和 destructiveButtonIndex 提供这两个特殊的操作表按钮的索引。

通过比较索引，可编写不依赖于按钮标题的 actionSheet:clickedButtonAtIndex:方法。在应用程序中到底采用哪种方法呢？采用创建的代码效率最高、最容易维护的方法。

10.2.7　实现提醒音和震动

前面说过，要在项目中使用系统声音服务，需要框架 AudioToolbox 以及要播放的声音。

前面已经将这些资源加入到项目中，但应用程序还不知道如何访问声音函数。为让应用程序知道该框架，需要在接口文件 ViewController.h 中导入该框架的接口文件。为此，在现有的编译指令#import 下方添加如下代码行：

```
#import <AudioToolbox/AudioToolbox.h>
```

现在可以播放声音以及震动设备了，需要的代码与本章前面介绍的差别很小。

1．播放系统声音

我们首先要实现的是用于播放系统声音的方法 doSound。系统声音比较短，如果设备处于静音状态，它们不会导致震动。前面设置项目时添加了文件夹 Sounds，其中包含文件 soundeffect.wav，我们将使用它来实现系统声音播放。

在实现文件 ViewController.m 中，按程序清单 10.13 实现方法 doSound。

程序清单 10.13　方法 doSound 的实现

```
 1: - (IBAction)doSound:(id)sender {
 2:     SystemSoundID soundID;
 3:     NSString *soundFile = [[NSBundle mainBundle]
 4:                            pathForResource:@"soundeffect" ofType:@"wav"];
 5:
 6:     AudioServicesCreateSystemSoundID((__bridge CFURLRef)
 7:                                      [NSURL fileURLWithPath:soundFile]
 8:                                      , &soundID);
 9:     AudioServicesPlaySystemSound(soundID);
10: }
```

第 2 行声明了变量 soundID，它将指向声音文件。

第 3 行声明了字符串变量 soundFile，并将其设置为声音文件 soundeffect.wav 的路径。

第 6～8 行使用函数 AudioServicesCreateSystemSoundID 创建了一个 SystemSoundID（它表示文件 soundeffect.wav），供实际播放声音的函数使用。

第 9 行使用函数 AudioServicesPlaySystemSound 播放声音。

运行并测试该应用程序。现在按 Play Sound 按钮将播放文件 soundeffect.wav。

2．播放提醒音并震动

提醒音和系统声音之间的差别在于，如果手机处于静音状态，提醒音将自动触发震动。提醒音的设置和用法与系统声音相同，事实上，要实现 ViewController.m 中的方法存根 doAlert Sound，只需复制方法 doSound 的代码（程序清单 10.13），再替换为声音文件 alertsound.wav 并使用函数 AudioServicesPlayAlertSound 而不是 AudioServicesPlay SystemSound。

```
AudioServicesPlayAlertSound(soundID);
```

实现这个方法后，运行并测试该应用程序。按 Play Alert Sound 按钮将播放指定的声音，如果 iPhone 处于静音状态，则用户按下该按钮将导致手机震动。

3．震动设备

作为压轴戏，我们将实现应用程序 GettingAttention 中的最后一个方法——doVibration。正如您知道的，让我们能够播放声音和提醒音的系统声音服务也让我们能够实现震动。这里需要使用的魔法是常量 kSystemSoundID_Vibrate，通过在调用 AudioServicesPlaySystemSound 时使用这个常量来代替 SystemSoundID，设备将震动。就这么简单！按程序清单 10.14 实现方法 doVibration。

程序清单 10.14 方法 doVibration 的实现

```
- (IBAction)doVibration:(id)sender {
    AudioServicesPlaySystemSound(kSystemSoundID_Vibrate);
}
```

仅此而已。至此，您探索了 7 种引起用户注意的方式，您可在任何应用程序中使用这些技术，以确保用户知道发生的变化并在需要时做出响应。

10.3 进一步探索

为利用本章讨论的通知方式，下一步是使用它们。这些简单而重要的 UI 元素使得实现众多重要的用户操作更容易。本章没有介绍的主题之一是，开发人员可在 iOS 设备中使用推送通知（push notification）。

即使没有推送通知，您也可能想给应用程序添加数字徽章。这些徽章在应用程序没有运行时也可见，并可显示您喜欢的任何整数——通常是应用程序中新东西的计数（如新闻、短信、事件等）。要创建应用程序徽章，可使用 UIApllication 类的 applicationIconBageNumber 属性，将该属性设置为除零外的任何值都将创建并显示徽章。

您可能想探索的另一个领域是如何使用多媒体（这将在第 19 章介绍）。本章讨论的声音播放函数只适合用于播放提醒类声音。如果要提供更完备的多媒体功能，需要借助于 AVFoundation 框架，它让您能够全面控制 iOS 的录制和播放功能。

本章介绍的是应用程序运行时发出的通知。有关如何在应用程序未运行时发出通知，请参阅第 22 章。

10.4 小结

在本章中，您学习了两种模态对话框，可使用它们将信息告知应用程序用户以及让用户能够在关键时候提供输入。提醒和操作表的外观和用途不同，但其实现却极其相似。不同于我们在本书使用的众多 UI 元素，不能在 Interface Builder 中通过拖曳来实例化这些元素。

我们还探索了两种与用户交流的非视觉方式：声音和震动。通过使用系统声音服务（借助于 AudioToolbox 框架），可轻松添加短暂的声音效果以及震动 iOS 设备。同样，这些元素也必须使用代码来实现，但只需使用不超过 5 行代码，就可让应用程序发出声音以及让手机在用户手中震动。

10.5 问与答

问：可结合使用声音和提醒视图吗？

答：可以。由于提醒经常在不发出提醒的情况下显示，因此无法保证用户正在看屏幕。使用提醒音可最大限度地引起用户注意，这是通过音频或震动（如果设备处于静音状态）实现的。

问：为何操作表和提醒视图不能互换？

答：从技术上说，除非要向用户提供大量选项，否则可将它们互换，但这将误导用户。不同于提醒，操作表以动画方式出现在当前视图中，这旨在表明可执行的操作与屏幕上当前显示的内容相关，而提醒无需与屏幕上的任何东西相关。

10.6 作业

10.6.1 测验

1．判断正误：提醒视图与特定的 UI 元素相关联。

2．判断正误：可根据需要在提醒视图中添加任意数量的文本框。

3．判断正误：系统声音服务支持播放大量声音文件格式，包括 MP3。

4．判断正误：要震动 iPhone，需要进行大量复杂的编码。

10.6.2 答案

1．错。提醒视图在视图外显示，且不与任何其他 UI 元素相关联。

2．错。最多只能在提醒视图中包含两个文本框：一个密码文本框和一个普通文本框。

3．错。系统声音服务只支持 AIF、WAV 和 CAF 格式。

4．错。加载框架 AudioToolbox 后，只需调用一个函数就可让 iPhone 震动。

10.6.3 练习

1．重新编写提醒视图或操作表的处理程序，使用按钮索引值而不是标题来确定被按下的按钮。这将为您编写这样的应用程序做好准备，即按钮是动态地生成并添加到提醒视图/操作表中的，而不是在初始化时指定的。

2．回到本书前面创建的项目，并给用户操作添加声音提示：用户按开关时发出滴答声、按按钮时发出响亮的声音等。让声音简短、清晰，使其与用户执行的操作相得益彰。

第 11 章

实现多场景和弹出框

本章将介绍：

- 如何在故事板中创建多个场景；
- 使用切换（segue）在场景间过渡；
- 如何在场景之间传输数据；
- 如何呈现和使用弹出框（popover）。

对您提高 iOS 应用程序开发技能来说，本章是一个重要的里程碑。在前一章，您学习了提醒视图和操作表，它们是重要的 UI 元素，可充当独立视图，用户可与之交互。您还知道如何隐藏和显示视图，这让您能够定制用户界面。然而，所有这些都是在一个场景中发生的，这意味着不管屏幕上包含多少内容，都将使用一个视图控制器和一个初始视图来处理它们。本章将突破这种限制，介绍让您能够创建多场景应用程序的功能，即应用程序包含多个视图控制器和多个视图。

在本章中，您将学习如何创建新场景以及为支持新场景所需的视图控制器类。您还将学习如何以可视化方式定义场景间过渡以及如何自动或以编程方式触发过渡。另外，iPad 开发人员还将探索如何使用弹出框在伪“窗口”中显示信息。

开始之前，我要指出的一点是，本章将介绍完成任务的多种方式，而 Apple 改进 iOS 的频率很高，这让 SDK 更优雅，但您将遇到不一致的地方。我的经验教训是采取自己最熟悉的方式。很多“巧妙”的解决方案导致的结果是，代码虽然正确，但除编写代码的人外，其他人都看不懂。

11.1 多场景故事板简介

使用单个视图也能创建功能众多的应用程序，但很多应用程序不适合使用单视图。在您下载的应用程序中，几乎都有配置屏幕、帮助屏幕或在启动时加载的初始视图之外显示信息。

要在应用程序中实现这样的功能，需要在故事板文件中创建多个场景。本书前面说过，场景是由一个视图控制器和一个视图定义的。在前 6 章中，您创建的应用程序都只有一个视图控制器和一个视图。如果能够不受限制地添加场景（视图和视图控制器），将能够增加很多功能。iOS 项目故事板让您能够这样做。

不仅如此，您还可在场景之间建立连接。要在用户触摸 Help 按钮时显示一个信息屏幕吗？没有问题，只需从该按钮拖曳到一个新场景，就这么简单。图 11.1 显示了一个包含切换的多场景应用程序的设计。

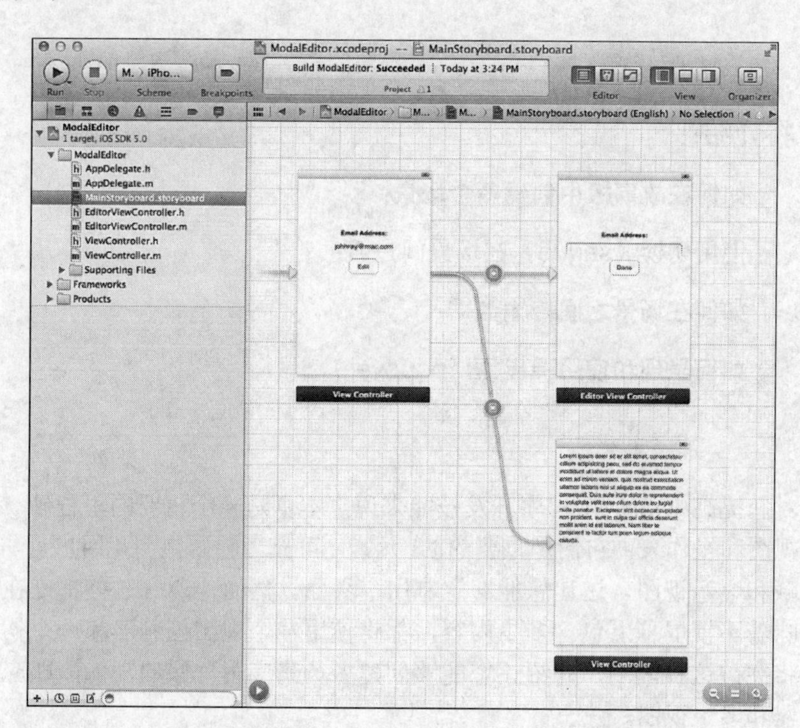

图 11.1

一个多场景应用程序的设计

11.1.1 术语

介绍多场景开发之前，需要介绍一些术语，其中的几个您在本书前面了解过，但可能没有深入思考过。

- 视图控制器（view controller）：管用用户与其 iOS 设备交互的类。在本书的很多示例中，都使用单视图控制器来处理大部分应用程序逻辑，但存在其他类型的控制器，接下来的几章将使用它们。
- 视图（view）：用户在屏幕上看到的布局，本书前面一直在视图控制器中创建视图。
- 场景（scene）：视图控制器和视图的独特组合。假设您要开发一个图像编辑程序，您可能创建用于选择文件的场景、实现编辑器的场景、应用滤镜的场景等。
- 切换（segue）：切换是场景间的过渡，常使用视觉过渡效果。有多种切换类型，具体可使用哪些类型取决于您使用的视图控制器类型。

- 模态视图（modal view）：模态视图在需要进行用户交互时显示在另一个视图上，在本书中，您将经常通过切换类型“模态”来使用模态视图。
- 关系（relationship）：类似于切换，用于某些类型的视图控制器，如选项卡栏控制器。关系是在主选项卡栏的按钮之间创建的，用户触摸这些按钮时，将显示独立的场景，这将在第 13 章介绍。
- 故事板（storyboard）：包含项目中场景、切换和关系定义的文件。

要在应用程序中包含多个视图控制器，必须创建相应的类文件；如果您需要快速复习一下如何在 Xcode 中添加新文件，请参阅第 2 章。除此之外，唯一的要求是知道如何按住 Control 键并拖曳，到现在您应该非常擅长这一点了。

不同的角度

前面介绍了为创建多场景应用程序，您必须理解的各个组成部分，但这对您理解 Apple 故事板概念的用途不一定有帮助。

可以这样的方式思考：故事板提供了一个空间，让您能够以可视化方式描述应用程序的设计和工作流程。每个场景都是一个用户将遇到的屏幕；每个切换都是场景间过渡。如果您是以可视化方式思考的人，将发现只需少量的练习，就能快速将有关应用程序运行和设计的纸质草图转换为以 Xcode 故事板表示的原型。

11.1.2 创建多场景项目

要创建包含多个场景和切换的应用程序，您必须知道如何在项目中添加新视图控制器和视图。对于每对视图控制器和视图，还需要提供支持的类文件，您将在其中使用代码实现场景的逻辑。为让您对这一点有更深入的认识，这里将以模板 Single View Application 为起点。

您知道，模板 Single View Application 只包含一个视图控制器和一个视图，换句话说，它只包含一个场景。然而，这并不意味着您必须使用这种配置，而可对其进行扩展，以支持任意数量的场景——这个模板只是给您提供了一个起点。

1．在故事板中添加场景

为在故事板中添加场景，在 Interface Builder 编辑器中打开故事板文件（MainStoryboard.storyboard）。接下来，确保打开了对象库（Control + Option + Command + 3），在搜索文本框中输入 view controller，以列出可用的视图控制器对象，如图 11.2 所示。

接下来，将 View Controller 拖曳到 Interface Builder 编辑器的空白区域。这将在故事板中添加一个视图控制器和相应的视图，从而新增一个场景，如图 11.3 所示。您可在故事板编辑器中拖曳新增的视图，将其放到方便的地方。

注意：

如果您发现在编辑器中拖曳视图比较困难，可使用它下方的对象栏，它让您能够方便地移动对象。

By the Way

图 11.2
在对象库中查找视图控制器对象

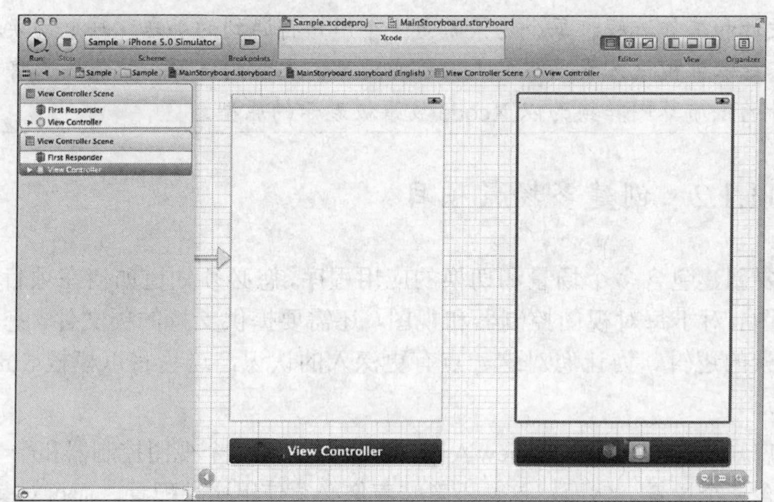

图 11.3
添加新视图控制器/视图，以新建场景

2．给场景命名

新增场景后，您将发现文档大纲区域（Editor>Show Document Outline）有个小问题。默认情况下，每个场景都根据其视图控制器类命名。项目中原本就有一个名为 ViewController 的类，因此在文档大纲中，默认场景名为 View Controller Scene。而新增场景时，还没有给它指定视图控制器类，因此该场景也名为 View Controller Scene。如果您继续添加场景，它也名为 View Controller Scene。

为避免这种二义性，有两种选择。首先，可添加视图控制器类，并将其指定给新场景，本书总是这样做。但有时候，根据自己的喜好给场景指定名称，而不反应底层代码的功能是更好的选择（对视图控制器类来说，名称 John's Awesome Image Editor Scene 是糟糕的选择）。要根据自己的喜好给场景命名，可在文档大纲中选择其视图控制器，再打开 Identity Inspector 并展开 Identity 部分，如图 11.4 所示。然后，再文本框 Label 中输入场景名。Xcode 将自动在指定的名称后面添加 Scene，因此您不需要输入它。

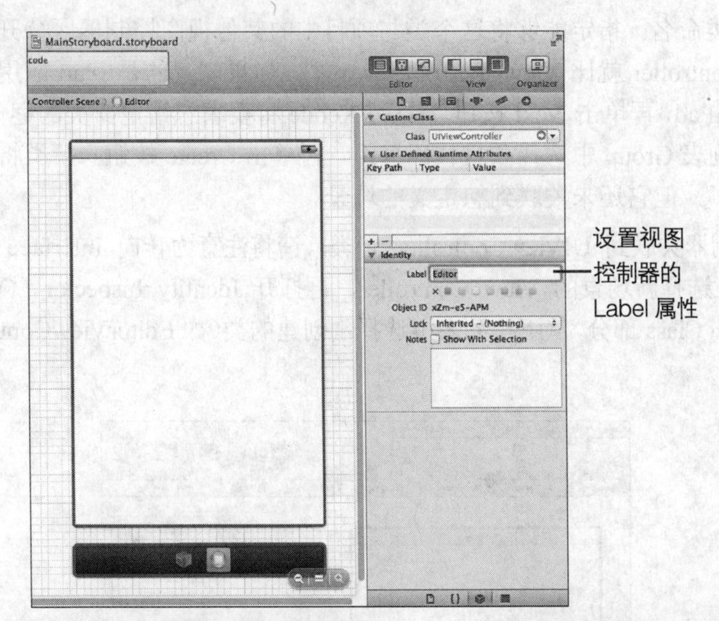

图 11.4
设置视图控制器的Label属性,以方便区分不同的场景

3．添加提供支持的视图控制器子类

在故事板中添加新场景后，需要将其与代码关联起来。在模板 Single View Application 中，已经将初始视图的视图控制器配置成了 ViewController 类的一个示例，您可通过编辑文件 ViewController.h 和 ViewController.m 来实现这个类。为支持新增的场景，需要创建类似的文件。

> **注意：**
>
> 如果添加的场景将显示静态内容（如 Help 或 About 页面），则无需添加自定义子类，而可使用给场景指定的默认类 UIViewController，但如果这样，您就不能在场景中添加互动性。

By the Way

要在项目中添加 UIViewController 的子类，确保项目导航器可见（Command + 1），再单击其左下角的+按钮。在打开的对话框中，选择模板类别 iOS Cocoa Touch，再选择图标 UIViewController subclass（见图 11.5），然后单击 Next 按钮。

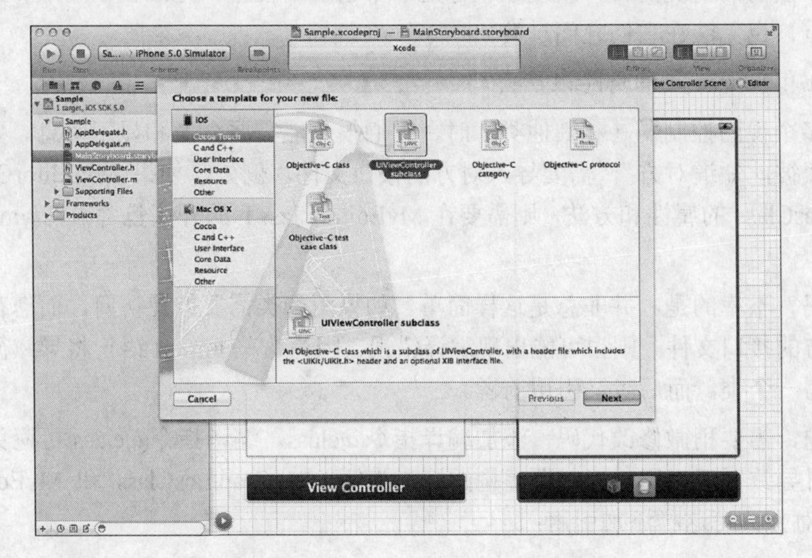

图 11.5
设置视图控制器的Label 属性，以方便区分不同的场景

Xcode 将要求您给类命名。指定能够将这个类与项目中的其他视图控制器区分开来的名称。例如，EditorViewController 就比 ViewControllerTwo 好。如果创建的是 iPad 应用程序，选择复选框 Targeted for iPad，再单击 Next 按钮。最后，Xcode 将要求您指定新类的存储位置。在对话框底部，从下拉列表 Group 中选择项目代码编组，再单击 Create 按钮。新类将加入到项目中，可编写其代码了，但它还未关联到您定义的场景。

要将场景的视图控制器关联到 UIViewController 子类，请将注意力转向 Interface Builder 编辑器。在文档大纲中，选择新场景的 View Controller，再打开 Identity Inspector（Option + Command + 3）。在 Custom Class 部分，从下拉列表中选择刚创建的类（如 EditorViewController），如图 11.6 所示。

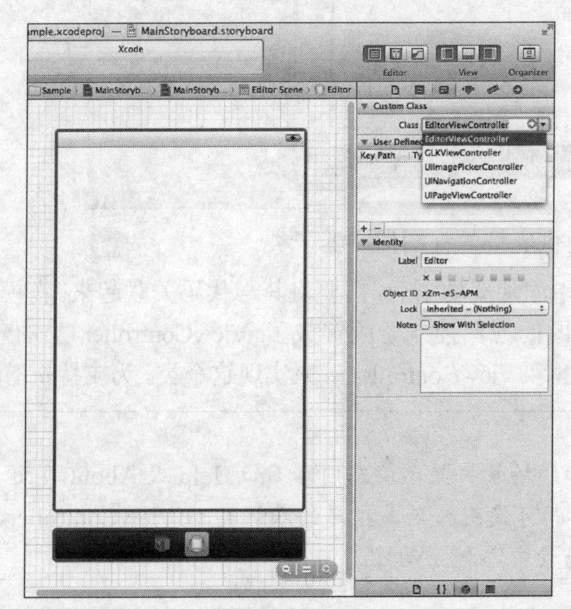

图 11.6
将视图控制器同新创建的类关联起来

给视图控制器指定类后，便可以像开发初始场景那样开发新场景了，但将在新的视图控制器类中编写代码。至此，创建多场景应用程序的大部分流程就完成了，但这两个场景还是完全彼此独立的。就当前的情况而言，新场景就像是一个新应用程序，无法在该场景和原来的场景之间交换数据，也无法在它们之间过渡。

4．使用#import 和@class 共享属性和方法

在项目中添加多个视图控制器（和其他类）时，它们很可能需要交换和显示信息。要以编程方式让这些类"彼此知道对方"，需要导入对方的接口文件。例如，如果 MyEditorClass 需要访问 MyGraphicsClass 的属性和方法，则需要在 MyEditorClass.h 的开头包含语句#import "MyGraphicsClass"。

很简单，不是吗？不幸的是，并非总是这样简单。如果两个类需要彼此访问，而您在这两个类中都导入对方的接口文件，则很可能出现编译错误，因为这些 import 语句将导致循环引用：一个类引用另一个类，而后者又引用前者。

为解决这种问题，需要稍微修改代码，添加编译指令@class。编译指令@class 可避免接口文件引用其他类时导致循环引用。以前面虚构的情形为例：MyGraphicsClass 和 MyEditor Class 需要彼此导入对方，可这样添加引用：

（1）在 MyEditorClass.h 中，添加#import MyGraphicsClass.h。在其中一个类中，只需使用#import 来引用另一个类，而无需做任何特殊处理。

（2）在 MyGraphicsClsss.h 中，在现有#import 代码行后面添加@class MyEditorClass;。

（3）在 MyGraphicsClsss.m 中，在现有#import 代码行后面添加#import “MyEditorClass.h”。

在第一个类中，像通常那样添加#import，但为避免循环引用，在第二个类的实现文件中添加#import，并在其接口文件中添加编译指令@class。这看起来令人费解，但确实管用。

> **注意：**
>
> 在有些情况下，只需在每个接口文件中添加#import 就管用，因此可以先尝试这种处理手法。然而，如果这导致生成应用程序时出现不同寻常的错误，指出某个类不存在，请转而采用第二种方式。

By the Way

创建新场景，给它指定视图控制器类，并在类中添加合适的导入引用后，便可以创建切换了——让您能够从一个场景过渡到另一个场景的机制。

11.1.3 创建切换

要在场景之间创建切换，可采用您在本书前面常用的方法：按住 Control 键并拖曳。例如，假设故事板包含两个场景，而您想在初始场景中添加一个按钮，用户单击该按钮时将过渡到第二个场景。为创建这种切换，可按住 Control 键，并从该按钮拖曳到第二个场景的视图控制器（场景本身的可视化表示或文档大纲中的视图控制器），如图 11.7 所示。

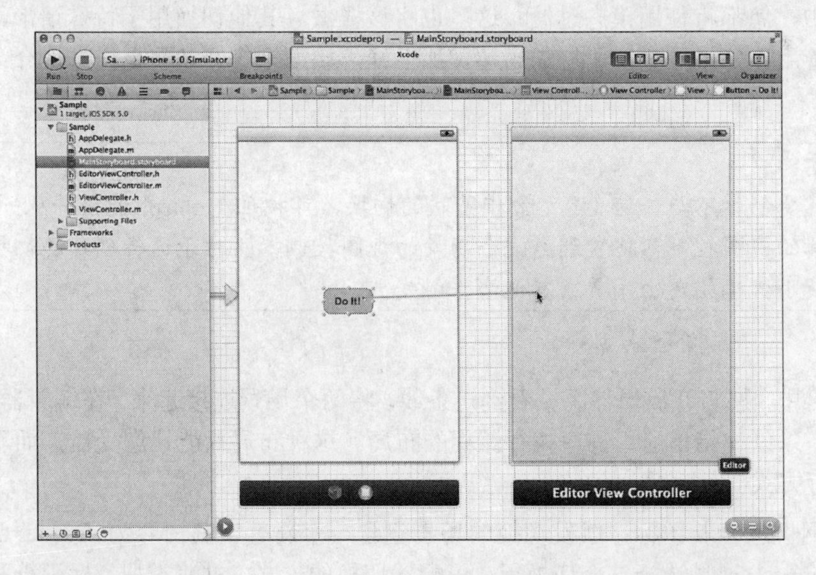

图 11.7 按住 Control 键，并从对象拖曳到目标场景的视图控制器

松开鼠标后，将出现一个 Storyboard Segues（故事板切换）框，如图 11.8 所示。在这里，您可选择要创建的切换的样式——通常选择 Modal（模态）。可能出现的选项总共有 5 个。

- Modal（模态）：过渡到另一个场景，以完成一项任务。任务完成后，将关闭该场景，并返回到原来的场景。这是本书将使用的主要切换。

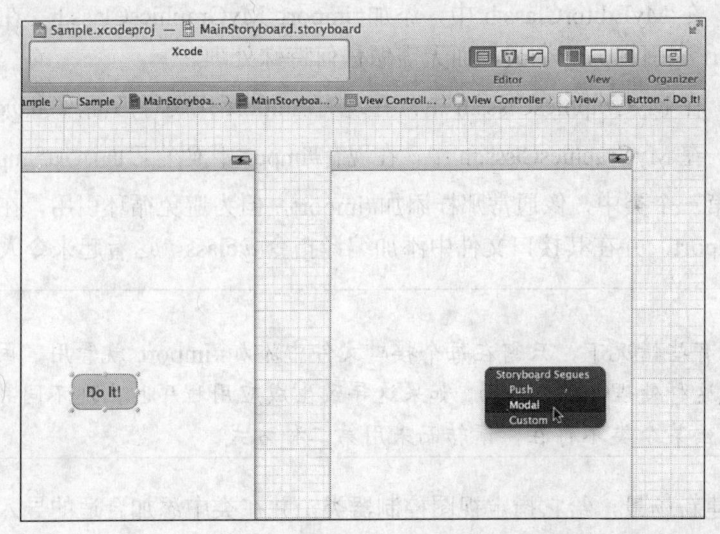

图 11.8

选择要创建的切换样式

- ➢ Push（压入）：创建一个场景链，用户可在其中前后移动。用于导航视图控制器，这将在第 13 章介绍。
- ➢ Replace（替换，仅适用于 iPad）：替换当前场景，用于一些 iPad 特有的视图控制器。第 14 章将介绍一种流行的 iPad 视图控制器——分割视图控制器。
- ➢ Popover（弹出框，仅适用于 iPadsegue）：在当前视图的上面的弹出式“窗口”显示场景。弹出框将在本章后面介绍。
- ➢ Custome（自定义）：通过编译在场景之间进行自定义过渡。

在大多数项目中，您都将使用模态过渡，这里也将这样做。其他切换用于特殊情形，且仅在这些情形下才管用。如果这激发了您的兴趣，那很好，接下来的几章将更详细地介绍这些切换。

Did you Know?

提示：

要创建不与任何 UI 元素相关联的切换，可按住 Control 键，并从一个场景的视图控制器拖曳到另一个场景的视图控制器。对于这样创建的切换，可使用代码指定由手势或其他事件触发。

1．配置切换

将切换加入项目中，您将在编辑器区域看到一条线，将两个场景连接起来。在编辑器中，您可重新排列场景，以创建指出应用程序执行流程的布局。这种布局只能让您受益，而不会改变应用程序的运行方式。

另外，文档大纲也包含其图标：触发切换的场景包含一个新行，其内容为 Segue from <origin> to <destination>。通过选择这个切换行，可配置切换的样式、过渡类型、标识符和显示样式（presentation，仅适用于 iPad），如图 11.9 所示。

标识符是一个随意的字符串，可用于触发切换或以编程方式指定切换（如果有多个切换的话）。即使您不打算使用多个切换，也应给切换指定有意义的名称，如 toEditor、toGameView 等。

过渡类型是从一个场景切换到另一个场景时播放的动画，有 4 个可能的选项。

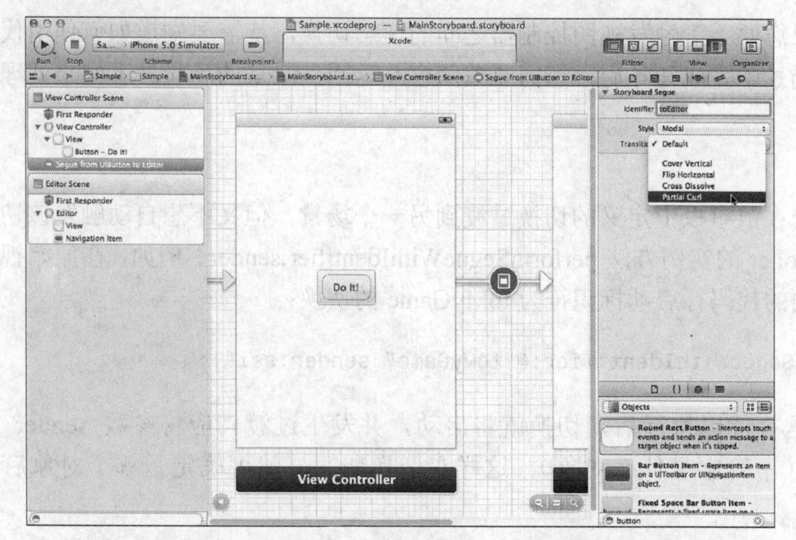

图 11.9
对您添加的切换进行配置

- Cover Vertical：新场景从下向上移动，逐渐覆盖旧场景。
- Flip Horizontal：视图水平翻转，以显示背面的新场景。
- Cross Dissolve：旧场景淡出，新场景淡入。
- Partial Curl：旧场景像书页一样翻开，显示下面的新场景。

在 iPad 应用程序中，还可设置显示属性，它决定了模态视图在屏幕上的显示方式。iPad 的屏幕比 iPhone 大，可以稍微不同的方式做事。有 4 种可能的显示样式。

- Form Sheet（表单）：将场景调整到比屏幕小（不管朝向），并在当前场景后面显示原始场景，这几乎相当于在一个 iPad 窗口中显示。
- Page Sheet（页面）：调整场景大小，使其以纵向格式显示。
- Full Screen（全屏）：调整场景大小，使其覆盖整个屏幕。
- Current Context（当前上下文）：以原始场景的显示方式显示场景。

警告：小心选择显示样式

Watch Out!

并非所有的显示样式都与所有的过渡类型兼容。例如，在未覆盖整个屏幕的表单上，就不能翻页。使用不兼容的组合将导致应用程序崩溃，因此，如果您选择了糟糕的组合，将很快发现这一点（也可查看打算使用的过渡类型和显示样式的文档）。

设置切换的标识符、样式、过渡和显示方式后，便可以使用它了。按前面的步骤编写应用程序时，您不用编写任何代码，就能在场景之间切换。然而，您不能以编程方式与这样的切换交互；另外，切换到目标视图后，就不能返回到原来的视图。为返回到原来的视图，需要编写一些代码。下面介绍如何以编程方式创建和触发模态切换，以及在用户使用完毕后关闭模态场景（这可能是最重要的）。

11.1.4 手工控制模态切换

虽然通过按住 Control 键并拖曳来创建切换很容易，但在有些情况下，您需要手工与切换交互。例如，如果您要手工触发视图控制器之间的模态切换，就需要知道如何使用代码触发它。用户在模态场景中完成任务后，您需要关闭它并返回到原来的场景。下面来处理这些情形。

1．启动切换

首先，要使用您在故事板中定义的切换过渡到另一个场景，但又不想自动触发该切换，可使用 UIViewController 的实例方法 performSegueWithIdentifier:sender。例如，在原始视图控制器中，可使用下面的代码行启动标识符为 toMyGame 的切换：

```
[self performSegueWithIdentifier:@"toMyGame" sender:self];
```

就这么简单。这行代码执行后，切换就将启动，并发生过渡。应将参数 sender 设置为启动切换的对象（不管它是什么对象），这样在切换期间，就可确定是哪个对象启动了切换。

2．关闭模态场景

执行模态切换（无论是手工还是自动）时，存在一个小问题：无法返回到原来的场景。您可能想提供一种途径，让用户与模态视图交互完毕后能够返回到原来的地方。当前，模态切换没有这样的机制，您必须求助于代码。要返回到原始场景，可使用 UIViewController 的方法 dismissViewControllerAnimated:completion；可在显示模态场景的视图控制器中调用该方法，也可在模态场景的试图控制器中调用它：

```
[self dismissViewControllerAnimated:YES completion:nil];
```

其中 completion 是一个可选参数，用于指定过渡完毕后将执行的代码块。第 3 章介绍了代码块，而第 22 章将创建一个代码块。关闭模态场景后，就回到了原始场景，用户可像通常那样继续与该场景交互。

11.1.5 以编程方式创建模态场景切换

Xcode 4 的故事板使得创建多场景应用程序比以前容易得多，但并非创建任何应用程序时使用它都是正确的选择。如果您喜欢以编程方式显示场景，而根本不定义切换，也可以这样做。下面就来看看其流程。

1．设置视图控制器标识符

创建故事板场景后，必须在进行任何编码之前，给您要以编程方式显示的视图控制器指定标识符。为此，可在 Interface Builder 编辑器中选择该视图控制器，并打开 Attributes Inspector（Option + Command + 4）。在该检查器的 View Controller 部分，输入一个简单的字符串，用于标识该视图控制器，如图 11.10 所示，其中将视图控制器的标识符设置成了 myEditor。

2．实例化视图控制器和视图

接下来，将注意力转向实现文件，并打开要在其中通过代码显示视图控制器的方法。应用程序需要调用方法 storyboardWithName，以创建一个指向故事板文件的 UIStoryboard 对象。

该对象可用于加载视图控制器及其视图（即场景）。例如，要创建指向项目文件 MainStoryboard.storyboard 的对象 mainStroyboard，可使用如下代码：

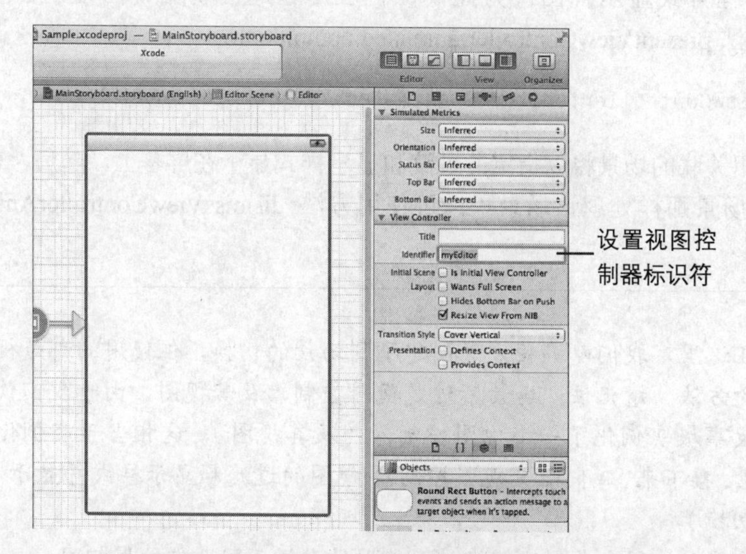

图 11.10

给视图控制器指定标识符

```
UIStoryboard *mainStoryboard=[UIStoryboard
                                  storyboardWithName:@"MainStoryboard" bundle:nil];
```

接下来，通过故事板对象调用方法 instantiateViewControllerWithIdentifier，以实例化要切换到的视图控制器。假设您创建了一个名为 EditorViewController 的 UIViewController 子类，并将其视图控制器标识符设置为 myEditor，则可使用如下代码新建一个 EditorViewController 实例：

```
EditorViewController *editorVC=[mainStoryboard
                        instantiateViewControllerWithIdentifier:@"myEditor"];
```

然后，就可显示 EditorViewController 实例 editorVC 了。然而，在显示它之前，您可能想调整其显示方法。

3．配置模态显示样式

前面介绍了在 iPhone 和 iPad 上显示模态场景时，可使用的各种过渡样式和显示样式。手工显示视图控制器时，可设置视图控制器的属性 modalTransitionStyle 和 modalPresentation Style，以编程方式应用这些效果。例如，为配置视图控制器实例 editorVC，我可能使用如下代码：

```
editorVC.modalTransitionStyle=UIModalTransitionStyleCoverVertical;
editorVC.modalPresentationStyle=UIModalPresentationFormSheet;
```

您可以指定本章前面介绍的过渡样式和显示样式，但需要使用如下常量。

- 过渡样式：UIModalTransitionStyleCoverVertical、UIModalTransitionStyleFlipHorizontal、UIModalTransitionStyleCrossDissolve 和 UIModalTransitionStylePartialCurl。
- 显示样式：UIModalPresentationFormSheet、UIModalPresentationPageSheet、UIModal PresentationFullScreen 和 UIModalPresentationCurrentContext。

4．显示视图控制器

最后一步是以编程方式显示视图。为此，可在应用程序的初始视图控制器中调用 UIViewController 的方法 presentViewController:animated:completion:

```
[self presentViewController:editorVC animated:YES completion:nil];
```

视图控制器及其相关联的场景将以指定的过渡和显示样式显示在屏幕上。随后，就可像处理通过切换显示的场景那样处理该场景了：可使用方法 dismissViewControllerAnimated:completion 关闭该场景。

By the Way

注意：

在这里，我们以编程方式创建了到场景的切换，但使用的都是视图控制器的方法。请记住，场景不过是视图控制器及其视图。由于我们使用项目的故事板实例化了一个视图控制器（及其视图），这相当于实例化了一个场景。接下来，我们配置视图控制器/视图的过渡和显示样式并显示它（相当于切换）。

虽然以编程方式创建切换时，使用的术语不同，但结果相同。

11.1.6 在场景之间传递数据

至此，您知道了如何创建并显示场景，但还有一项非常重要的内容没有介绍：如何在应用程序的不同场景之间共享信息。当前，这些场景就像是完全彼此独立的应用程序，如果这正是您希望的，那太好了；然而，您很可能想将它们集成起来。下面就这样做。

要在类之间交换信息，最简单的方式是通过接口文件暴露的属性和方法。唯一的麻烦在于，需要在一个场景的视图控制器中获取另一个场景的视图控制器实例，而使用以可视化方式创建的切换时，如果实现这一点并不明显。

Did you Know?

提示：

如果您像前一节那样完全以编程方式创建和显示场景，则在初始视图控制器中已经有新场景的视图控制器实例。在显示新视图控制器之前和关闭它之后，您可设置/访问其属性（editorVC.myImportantProperty = <value>）。

1．方法 preparForSegue:sender

要获取指向切换中的视图控制器的引用，可实现方法 preparForSegue:sender。在即将发生切换前，将对发起切换的视图控制器自动调用该方法。传递给这个方法的参数为一个 UIStoryboardSegue 对象以及发起切换的对象。UIStoryboardSegue 对象包含属性 sourceViewController 和 destinationViewController，它们分别表示启动切换的视图控制器（源视图控制器）和要显示的视图控制器（目标控制器）。

程序清单 11.1 是这个方法的一种简单实现。在这里，我要从初始视图控制器（一个 ViewController 实例）切换到一个新的视图控制器（虚构的 EditorViewController 类的实例）。

程序清单 11.1 使用 preparForSegue:sender 获取视图控制器

```
- (void)prepareForSegue:(UIStoryboardSegue *)segue sender:(id)sender {

    ViewController *startingViewController;
    EditorViewController *destinationViewController;

    startingViewController=(ViewController *)segue.sourceViewController;
    destinationViewController=
              (EditorViewController *)segue.destinationViewController;

}
```

首先，我声明了两个变量，用于指向源视图控制器和目标视图控制器。然后，我对UIStoryboardSegue 的属性 sourceViewController 和 destinationViewController 进行强制类型转换，并将结果分别赋给这两个变量。进行强制类型转换旨在让 Xcode 知道视图控制器的类型；如果不这样做，就无法访问它们的属性。当然，源视图控制器其实就是 self，因此这个示例有点做作。

获取指向目标视图控制器的引用后，就可设置和访问其属性，甚至在显示前修改其显示样式和过渡样式。如果将目标视图控制器赋给一个实例变量/属性，就可在源视图控制器的任何地方访问它。

如果要让目标视图控制器将信息发回给源视图控制器，该如何办呢？使用方法 preparForSegue:sender 时，只能进行从源视图控制器到目标视图控制器的单向通信，因为方法 preparForSegue:sender 是在源视图控制器中实现的。一种解决方案是，在目标视图控制器中创建一个属性，它存储指向源视图控制器的引用（下一章将采取这种方式解决这个问题的变种）。然而，还有另一种方法，那就是使用 UIViewController 内置的属性，这些属性使得处理模态场景非常容易。

并非只能用于获取视图控制器

方法 preparForSegue:sender 不仅可用于获取与切换相关联的视图控制器，还可用于在切换期间做出决策。由于场景可能定义多个切换，您可能需要知道发生的是哪个切换，并采取相应的措施。为此，可使用 UIStoryboardSegue 的属性 identifier 来获悉您为切换设置的标识符：

```
if ([segue.identifier isEqualToString:@"myAwesomeSegue"]) {
    // Do something unique for this segue
}
```

2. 简单方式

preparForSegue:sender 提供了一种通用方式，可用于处理应用程序中发生的任何切换，但并不总是获取切换涉及的视图控制器的最简单方式。对于模态切换，UIViewController 的两个属性让您能够轻松地获取源视图控制器和目标视图控制器：presentingViewController 和 presentedViewController。

换句话说，在目标视图控制器中，可使用 self.presentingViewController 来获取源视图控制器；同样，在源视图控制器中，可使用 self.presentedViewController 来获取目标视图控制器。就这么简单。例如，假设源视图控制器是 ViewController 类的实例，而目标视图控制器是 EditorViewController 的实例。

则在 EditorViewController 中，可使用如下语法来访问源视图控制器的属性：

```
((ViewController *)self.presentingViewController).<property>
```

而在源视图控制器中，可采用如下方式来操纵目标视图控制器的属性：

```
((EditorViewController *)self.presentedViewController).<property>
```

其中的括号和类名是必不可少的，旨在将属性 presentingViewController/presentedViewController 强制转换为正确的对象类型。如果没有它们，Xcode 将不知道这些属性是什么类型的视图控制器，而您将无法访问它们的属性。稍后将通过一个示例项目测试这一点。

介绍示例项目前，我想简要地介绍另一种切换，它显示一种特定的视图：iPad 弹出框。如果您只从事 iPhone 开发，可跳过下一节；否则，请接着阅读，以了解这种 iPad 特有的神奇 UI 元素。

11.2 理解 iPad 弹出框

弹出框是一个这样的 UI 元素，即在现有视图上面显示内容，并通过一个小箭头指向一个屏幕对象（如按钮），以提供上下文。弹出框在 iPad 应用程序中无处不在，从 Mail（邮件）到 Safari，如图 11.11 所示。

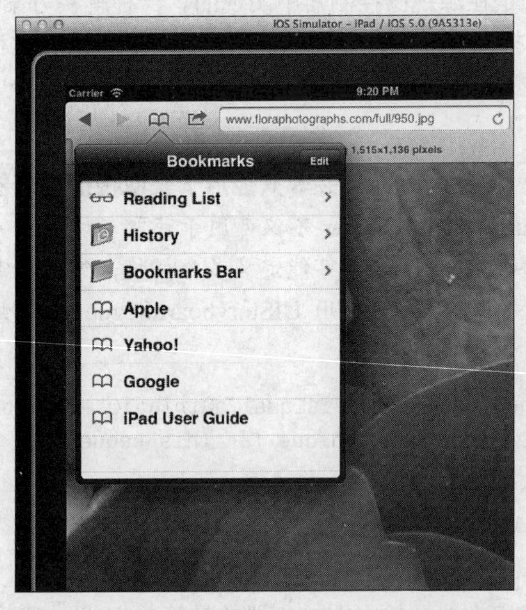

图 11.11

在 iPad 应用程序中，弹出框无处不在

通过使用弹出框，可在不离开当前屏幕的情况下向用户显示新信息，还可在用户使用完毕后隐藏这些信息。几乎没有与弹出框对应的桌面元素，但弹出框大致类似于工具面板、检查器面板和配置对话框。换句话说，它们在 iPad 屏幕上提供了与内容交互的用户界面，但不永久性占据 UI 空间。

与前面介绍的模态场景一样，弹出框的内容也由一个视图和一个视图控制器决定，不同之处在于，弹出框还需要另一个控制器对象——弹出框控制器（UIPopoverController）。该控制器指定弹出框的大小及其箭头指向何方。用户使用完弹出框后，只要触摸弹出框外面就可自动关闭它。

然而，与模态场景一样，也可在 Interface Builder 编辑器中直接配置弹出框，而无需编写一行代码。

11.2.1 创建弹出框

弹出框的创建步骤与模态场景完全相同。除显示方式外，弹出框与其他视图没什么不同。首先在项目的故事板中新增一个场景，再创建并指定提供支持的视图控制器类。这个类将为弹出框提供内容，因此被称为弹出框的“内容视图控制器”。在初始故事板场景中，创建一个用于触发弹出框的 UI 元素。

接下来开始不同了：不是在该 UI 元素和您要在弹出框中显示的场景之间添加模态切换，而是创建弹出切换。

11.2.2 创建弹出切换

要创建弹出切换，按住 Control 键，并从用于显示弹出框的 UI 元素拖曳到为弹出框提供内容的视图控制器。在 Xcode 要求您指定故事板切换的类型时，选择 Popover，如图 11.12 所示。

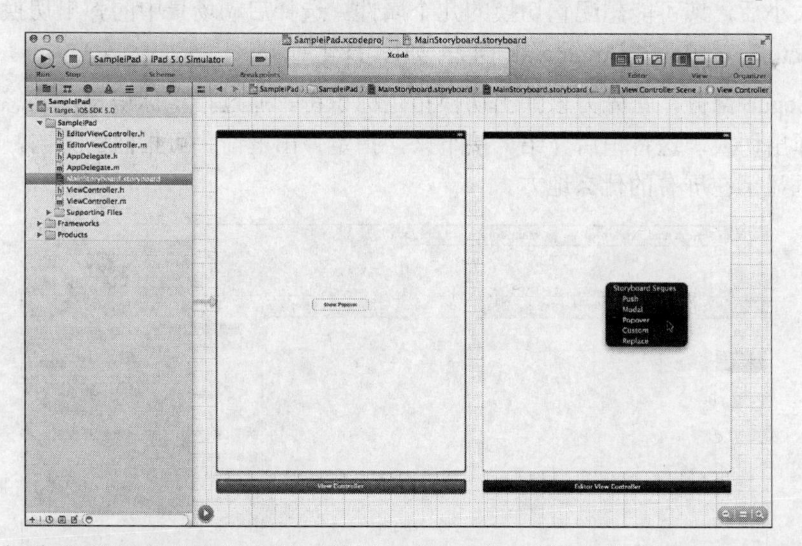

图 11.12 将切换类型设置为 Popover

您将发现要在弹出框中显示的场景发生了细微的变化：Interface Builder 编辑器将该场景顶部的状态栏删除了，视图显示为一个平淡的矩形。这是因为弹出框显示在另一个视图上面，因此状态栏没有意义。

1．设置弹出框大小

另一个不那么明显的变化时，可调整视图的大小了。通常，与视图控制器相关联的视图的大小被锁定，与 iOS 设备（这里是 iPad）屏幕相同。然而，显示弹出框时，其场景必须更小些。

对于弹出框，Apple 允许的最大宽度为 600 点，而允许的最大高度与 iPad 屏幕相同，但建议宽度不超过 320 点。要设置弹出框的大小，选择给弹出框提供内容的场景中的视图，再打开 Size Inspector（Option + Command + 5）。然后，在文本框 Width 和 Height 中输入弹出框的大小，如图 11.13 所示。

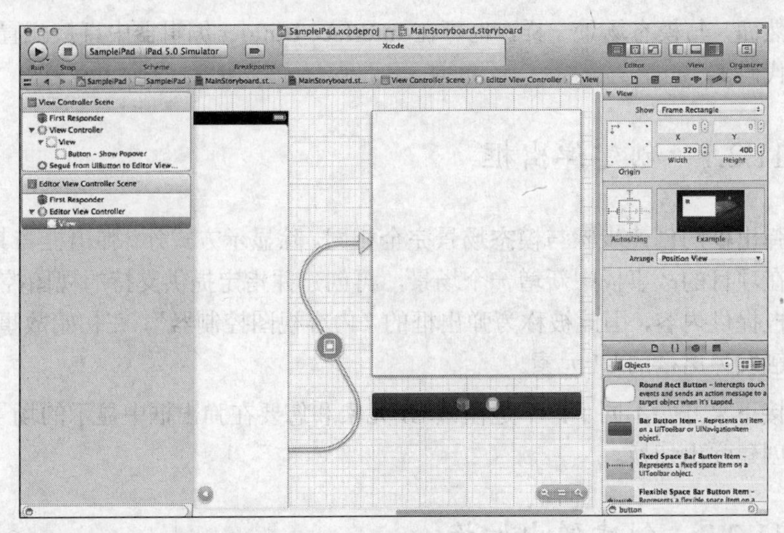

图 11.13

通过配置内容视图的大小设置弹出框的大小

设置视图的大小后，Interface Builder 编辑器中场景的可视化表示将相应的变化。这使得创建内容视图容易得多。

2．配置箭头方向以及要忽略的对象

设置弹出框的大小后，您可能想配置切换的几个属性。选择启动场景中的弹出切换，再打开 Attributes Inspector（Option + Command + 4），如图 11.4 所示。

在 Storyboard Segue 部分，首先为该弹出切换指定标识符。通过指定标识符，让您能够以编程方式启动该弹出切换，这将稍后介绍。接下来，指定弹出框箭头可指向的方向，这决定了 iOS 将把弹出框显示在屏幕的什么地方。

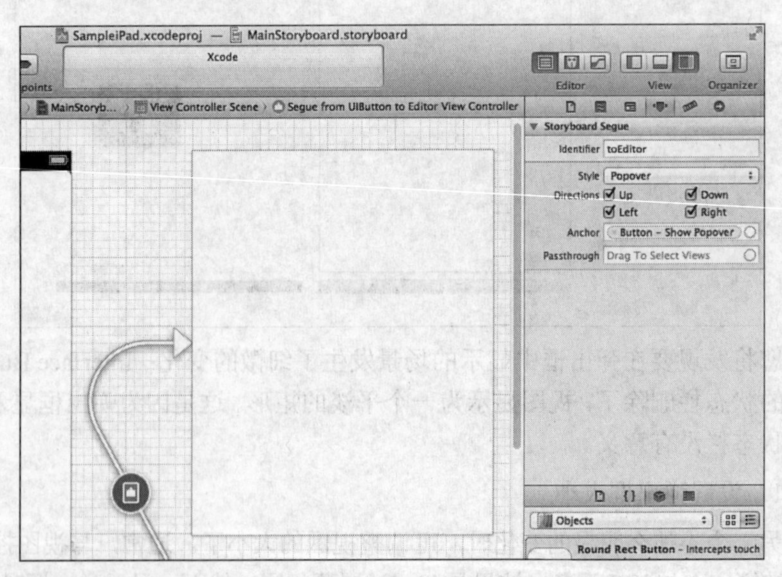

图 11.14

通过编辑切换的属性配置弹出框的行为

例如，如果您只允许箭头指向左边，弹出框将显示在触发它的对象右边。

弹出框显示后，用户触摸弹出框外面可让它消失。如果您要在用户触摸某些 UI 元素时弹出框不消失，只需从文本框 Passthrough 拖曳到这些对象。

> **注意：**
>
> 默认情况下，弹出框的"锚"在您按住 Control 键并从 UI 元素拖曳到视图控制器时被设置。锚为弹出框的箭头将指向的对象。
>
> 与前面介绍的模态切换一样，可创建不锚定的通用弹出切换。为此，可按住 Control 键，从始发视图控制器拖曳到弹出框内容视图控制器，并在提示时选择弹出切换。稍后将介绍如何从任何按钮打开这种通用的弹出框。

By the Way

这就是在 Interface Builder 中创建弹出框需要做的全部工作。不同于模态视图，弹出框在用户触摸它外面时自动关闭，因此您几乎不需要编写一行代码就能创建交互式弹出框。

11.2.3 手工显示弹出框

在有些应用程序中，有条件地显示弹出框更合理。实际上，第 15 章就需要这样做。在 Interface Builder 中，给静态 UI 元素定义弹出切换很容易，但如果您需要以编程方式显示弹出框，可采取与显示模态场景类似的方式：使用方法 performSegueWithIdentifier:sender:

```
[self performSegueWithIdentifier:@"myPopoverSegue" sender:myObject];
```

在这里，只要有一个标识符为 myPopoverSegue 的弹出框，就将显示它。不幸的是，您可能以为箭头将指向对象 myObject，不是这样的。在早期的 iOS 5 测试版中是这样，但在最终的发布版中不是这样。您仍可以编程方式启动弹出切换，但必须在 Interface Builder 中将其关联到一个界面元素。有关如何使用代码全面定制弹出框，请参阅本章后面的"以编程方式创建并显示弹出框"。

11.2.4 响应用户关闭弹出框

不同于模态视图及其切换，在交换信息方面，弹出框并非最容易处理的。没有属性 presentingViewController/presentedViewController，因此没有获取源视图控制器的简单方式。另外，默认情况下，弹出框关闭时，父视图控制器也无法获悉这一点。

要在弹出框关闭时获悉这一点，并获取其内容，需要遵守协议 UIPopoverControllerDelegate。该协议提供了方法 popoverControllerDidDismissPopover，可通过实现它来响应弹出框关闭。在这个方法中，还可获取弹出框的内容视图控制器，并访问其任何属性。

> **注意：**
>
> 如果要在另一端处理这个问题，可在内容视图控制器中实现 UIViewController 的方法 viewWillDisppear。这个方法在视图控制器的内容从屏幕上删除（就弹出框而言，是弹出框关闭）时被调用。当然，如果要影响弹出框的外部，则仍需要额外的代码，如指向源视图控制器的属性。

By the Way

1．实现协议 UIPopoverControllerDelegate

在前一章，您学习了如何实现与提醒视图和操作表相关的协议，实现与弹出框相关的协议几乎相同。首先，必须将一个类声明为遵守该协议。在小型项目中，这很可能是显示弹出框的类——ViewController，因此，需要编辑文件 ViewController.h，将其@interface 行修改成下面这样：

```
@interface ViewController : UIViewController <UIPopoverControllerDelegate>
```

下一步是更新控制弹出框的 UIPopoverController，将其 delegate 属性设置为遵守该协议的类。处理提醒视图时，我们创建提醒视图实例，并设置其 delegate 属性——这很简单。但我们在什么地方分配并初始化了弹出框控制器呢？答案是没有这样的地方，在 Xcode 4.2 中，这完全是在幕后完成的，而 Interface Builder 没有提供设置该对象的 delegate 属性的机制。

要设置弹出框的委托，必须实现方法 prepareForSegue:sender，以访问“隐藏”的 UIPopoverController，它是由 Xcode 和 Interface Builder 为我们创建的。前面介绍模态切换时说过，这个方法在切换即将发生时自动被调用。通过传递给这个方法的参数 segue，可访问切换涉及的源视图控制器和目标视图控制器。当切换为弹出切换时，也可使用该参数来获取幕后的 UIPopoverController 实例。程序清单 11.2 提供了一种可能的解决方案，可将其加入到 ViewController.m 中。

程序清单 11.2　获取并配置 UIPopoverController

```
1: - (void)prepareForSegue:(UIStoryboardSegue *)segue sender:(id)sender {
2:     if ([segue.identifier isEqualToString:@"toEditorPopover"]) {
3:         ((UIStoryboardPopoverSegue *)segue).popoverController.delegate=self;
4:     }
5: }
```

在这种实现中，我在第 2 行首先检查发生的切换是弹出切换（我已经将该切换的标识符设置为 toEditorPopover。如果是，我便知道处理的是弹出框。由于任何切换（弹出切换、模态切换等）发生时都将调用这个方法，因此必须根据切换执行正确的代码，这很重要。然而，如果所有切换都是弹出切换，则第 2 行便是可选的。

第 3 行将 segue 转换为 UIStoryboardSegue 子类 UIStoryboardPopoverSegue 的对象，它用于表示弹出切换。然后，便可以通过 popoverController 获取 UIPopoverController 实例，并将其 delegate 属性设置为当前类（self）。这样，当弹出框关闭时，将调用 ViewController.m 中的方法 popoverControllerDidDismissPopover。余下的工作就是实现这个方法。

方法 popoverControllerDidDismissPopover 接受一个参数：帮助显示弹出框的 UIPopover Controller。通过该对象，可访问属性 contentViewController，以获取弹出框的内容视图控制器，进而通过它来访问我们需要的任何属性。例如，假定弹出框的内容视图控制器是 EditorViewController 类的实例，而这个类有一个名为 email 的字符串属性，且我们要在弹出框关闭时访问该属性，则 popoverControllerDidDismissPopover 的一种可能实现如程序清单 11.3 所示。

程序清单 11.3 在弹出框关闭时访问弹出框的内容

```
1: - (void)popoverControllerDidDismissPopover:
2:                                   (UIPopoverController *)popoverController {
3:    NSString *emailFromPopover;
4:    emailFromPopover=((EditorViewController *)
5:                 popoverController.contentViewController).email;
6: }
```

首先，第 3 行声明了字符串变量 emailFromPopover，用于存储弹出框的内容视图控制器（EditorViewController）的 email 属性。

第 4～5 行通过属性 contentViewController 获取弹出框的内容视图控制器，并将其强制转换为 EditorViewController 类型，然后将属性 email 赋给字符串变量 emailFromPopover。

正如您看到的，处理弹出框并不难，但无疑没有模态切换那么简单。很多开发人员都选择在弹出框内容视图控制器中添加一个属性，并让它指向源视图控制器，我们将在下一章这样做。

对弹出框做简要介绍后，下面来看看如何使用代码手工创建弹出框。这与手工创建模态切换类似，但还需要一个 UIPopoverController，以管理弹出框的显示。

在一个方法中响应多个弹出框关闭

在创建可受益于弹出框的应用程序时，经常会定义多个弹出框视图控制器，供不同情形下使用。不幸的是，这导致响应弹出框关闭比较困难。如何确定关闭的是哪个弹出框呢？

答案是检查属性 contentViewController 指向的对象属于哪个类。例如，如果要查看属性 contentViewController，以确定关闭的弹出框是否是 EditorViewController 的实例，可编写下面这样的代码：

```
if ([popoverController.contentViewController
    isMemberOfClass:[EditorViewController class]]) {
   // Do something specific for this type of popover
}
```

通过采用这种方式，可使用方法 popoverControllerDidDismissPopover 来处理任意数量的弹出框。

11.2.5 以编程方式创建并显示弹出框

要在不定义切换的情况下创建弹出框，必须首先按“以编程方式创建模态场景切换”一节介绍的那样做。先创建一个场景和相应的视图控制器，后者将为弹出框提供内容。请务必给场景的视图控制器指定标识符，详情请参考图 11.10。

接下来，必须分配并初始化内容视图和视图控制器。同样，这与手工创建模态切换相同，首先创建一个指向项目文件 MainStoryboard.storyboard 的对象：

```
UIStoryboard *mainStoryboard=[UIStoryboard
                          storyboardWithName:@"MainStoryboard" bundle:nil];
```

通过这个故事板对象，调用方法 instantiateViewControllerWithIdentifier 实例化一个视图控制器，它将用做弹出框内容视图控制器。假设您创建了 UIViewController 子类 EditorView Controller，并将其视图控制器标识符设置成了 myEditor，则可使用如下代码新建一个 Editor ViewController 实例：

```
EditorViewController *editorVC=[mainStoryboard
                    instantiateViewControllerWithIdentifier:@"myEditor"];
```

然后，就可将 EditorViewController 实例 editorVC 作为弹出框的内容显示出来了。为此，必须声明、初始化并配置一个 UIPopoverController。

1. 创建并配置 UIPopoverController

在 iOS 5 和 Xcode 4.2（启用了 ACR）中，有时会出现这样的问题：分配并初始化对象后，在我们需要使用前它们就被 ACR 释放了。这种情形不会经常发生，但一旦发生，应用程序就将崩溃，虽然从技术上说代码是正确的。为避免这种问题，可声明一个实例变量/属性，并让它指向要保留的对象。这种引用将避免 ARC 将该对象释放，从而确保一切按预期进行。

我为何在这里说这种问题呢？因为 UIPopoverController 就是这种问题的受害者。如果您在同一个方法中声明、分配、配置和显示 UIPopoverController，应用程序将崩溃。但愿 Apple 以后会修复这个问题，但就目前而言，避免这种问题的方案也不太难。

要创建一个新的 UIPopoverController，首先将其声明为显示弹出框的类的属性。例如，我可能在文件 ViewController.h 中添加如下代码：

```
@property (strong, nonatomic) UIPopoverController *editorPopoverController;
```

然后，在文件 ViewController.m 中添加相应的@synthesize 编译指令：

```
@synthesize editorPopoverController;
```

并在 ViewController.m 的方法 viewDidUnload 中执行清理工作，将该属性设置为 nil：

```
[self setEditorPopoverController:nil];
```

编写这些代码行后，便可创建并配置弹出框控制器，而不用担心它消失了。为分配并初始化弹出框控制器，可使用 UIPopoverController 的方法 initWithContentViewController。这让我们能够告诉弹出框要使用哪个内容视图。例如，如果我想使用本节开头创建的视图控制器对象 editorVC 来初始化弹出框控制器，可使用如下代码：

```
self.editorPopoverController=[[UIPopoverController alloc]
                        initWithContentViewController:editorVC];
```

接下来，使用 UIPopoverController 的属性 popoverContentSize 设置弹出框的宽度和高度。这个属性实际上是一个 CGSize 结构，该结构包含宽度和高度。为创建合适的 CGSize 结构，可使用函数 CGSizeMake( )。为将弹出框设置为宽 300 点、高 400 点，我编写了如下代码：

```
self.popoverController.popoverContentSize=CGSizeMake(300,400);
```

在显示弹出框之前，需要完成的最后一步是，设置弹出框控制器的委托，让弹出框控制器自动调用协议 UIPopoverControllerDelegate 定义的方法 popoverControllerDidDismissPopover：

```
self.editorPopoverController.delegate=self;
```

2．显示弹出框

要使用前面费劲配置的弹出框控制器显示弹出框，还必须做一些与显示相关的设置。首先，弹出框将指向哪个对象？您添加到视图中的任何对象都是 UIView 的子类，而 UIView 类有一个 frame 属性。可轻松地配置弹出框，使其指向对象的 frame 属性指定的矩形，条件是您有指向该对象的引用。例如，如果您要在操作中显示弹出框，则可使用如下代码获取触发该操作的对象的框架：

```
((UIView *)sender).frame
```

传入的参数 sender（在您创建操作时将自动添加该参数）包含一个引用，它指向触发操作的对象。由于您并不关心这个对象的具体类型，因此将其强制转换为 UIView，并访问其 frame 属性。

注意： *By the Way*

当然，也可以将 sender 强制转换为它实际指向的对象类型（如 UIButton），但上述实现更灵活：无论触发操作的是什么 UI 对象，都可获取其 frame 属性的值。

确定弹出框将指向的箭头后，需要设置箭头可指向的方向。为此，可使用如下常量。

- UIPopoverArrowDirectionAny：箭头可指向任何方向，这给 iOS 在确定如何显示弹出框时提供了最大的灵活性。
- UIPopoverArrowDirectionUp：箭头只能指向上方，这意味着弹出框必须位于对象下方。
- UIPopoverArrowDirectionDown：箭头只能指向下方，这意味着弹出框必须位于对象上方。
- UIPopoverArrowDirectionLeft：箭头只能指向左方，这意味着弹出框必须位于对象右边。
- UIPopoverArrowDirectionRight：箭头只能指向右方，这意味着弹出框必须位于对象左边。

Apple 建议尽可能使用常量 UIPopoverArrowDirectionAny。显示弹出框时，可结合使用多个箭头方向，方法是使用管道线（|）分隔这些常量。选择箭头方向后，便可显示弹出框了。

要显示弹出框，可使用 UIPopoverController 的方法 presentPopoverFromRect:inView: permittedArrowDirections:animated，如下所示：

```
[self.editorPopoverController presentPopoverFromRect:((UIView *)sender).frame
 inView:self.view permittedArrowDirections:UIPopoverArrowDirectionAny
 animated:YES];
```

需要输入的内容很多，但其功能是显而易见的。它显示弹出框，让其指向变量 sender 指向的对象的框架，而箭头可指向任何方向。唯一一个还没有讨论的参数是 inView，它指向显示弹出框的视图。由于我们假定从 ViewController 类中显示该弹出框，因此将其设置为 self.view。

仅此而已。为结束本章，我们将创建两个简单的项目，演示如何使用模态切换和弹出切换。

11.3 使用模态切换

现在到了本章您最新化的部分了：证明前面学习的东西确实可行。在第一个示例项目中，我们将演示如何使用第二个视图，来编辑第一个视图中的信息。这个项目显示一个屏幕，其中包含电子邮件地址和 Edit 按钮；用户单击 Edit 按钮时，将出现一个新场景，让用户能够修改电子邮件地址。关闭编辑器视图后，原始场景中的电子邮件地址将相应地更新。这个项目名为 ModalEditor。

11.3.1 实现概述

首先使用模板 Single View Application 新建一个项目，再在项目中添加一个视图以及提供支持的视图控制器类。第一个视图包含一个标签，其中显示了当前使用的电子邮件地址；还有一个 Edit 按钮，它启动到第二个控制器的切换，而该控制器在一个可编辑的文本框中显示当前的电子邮件地址，还包含一个 Dismiss 按钮。Dismiss 按钮关闭模态视图并更新第一个视图中的电子邮件地址标签。

11.3.2 创建项目

首先，使用模板 Single View Application 新建一个项目，并将其命名为 ModalEditor。前面说过，我们将在项目中添加额外的视图和视图控制器类，因此接下来的设置工作非常重要，除非您确定完成了准备工作，否则不要往前赶。

1．添加 EditorViewController 类

我们将添加一个名为 EditorViewController 的类，它控制用于编辑电子邮件地址的视图。为此，在创建项目后，单击项目导航器左下角的+按钮。在出现的对话框中，选择类别 iOS Cocoa Touch，再选择图标 UIViewController subclass，然后单击 Next 按钮，如图 11.15 所示。在新出现的对话框中，将名称设置为 EditroViewController。如果您创建的是 iPad 项目，务必选择复选框 Targeted for iPad，再单击 Next 按钮。在最后一个对话框中，务必从下拉列表 Group 中选择项目代码编组，再单击 Create 按钮。

这个新类将加入到项目中。下一步是在文件 MaimStoryboard.storyboard 中创建该新类的一个实例。

2．添加新场景并将其关联到 EditorViewController

在 Interface Builder 编辑器中打开文件 MaimStoryboard.storyboard，按 Control + Option + Command + 3 打开对象库，并拖曳 View Controller 到 Interface Builder 编辑器的空白区域，此时的屏幕应类似于图 11.16。

为将新的视图控制器关联到您添加到项目中的 EditorViewController，在文档大纲中选择第二个场景中的 View Controller 图标，再打开 Identity Inspector（Option + Command + 3），并

从下拉列表 Class 中选择 EditorViewController，如图 11.17 所示。

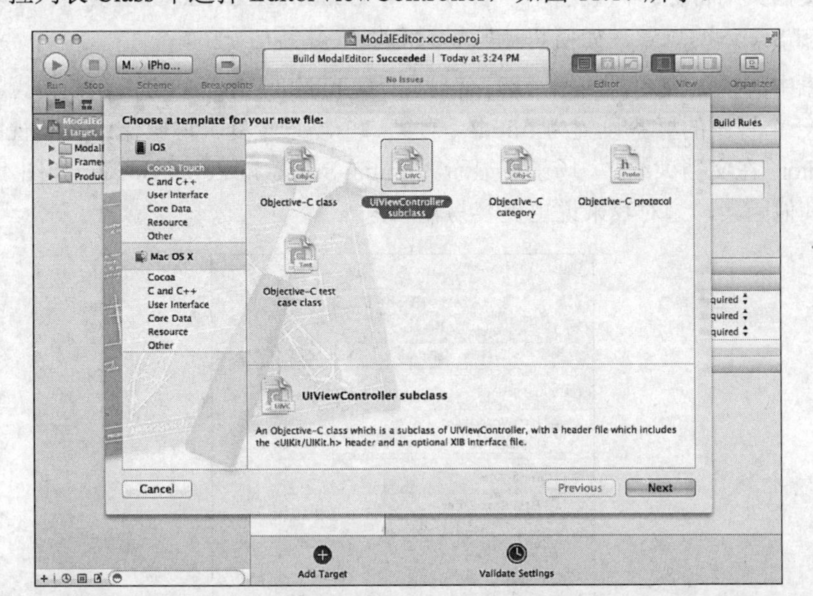

图 11.15

新建一个 UIView Controller 子类

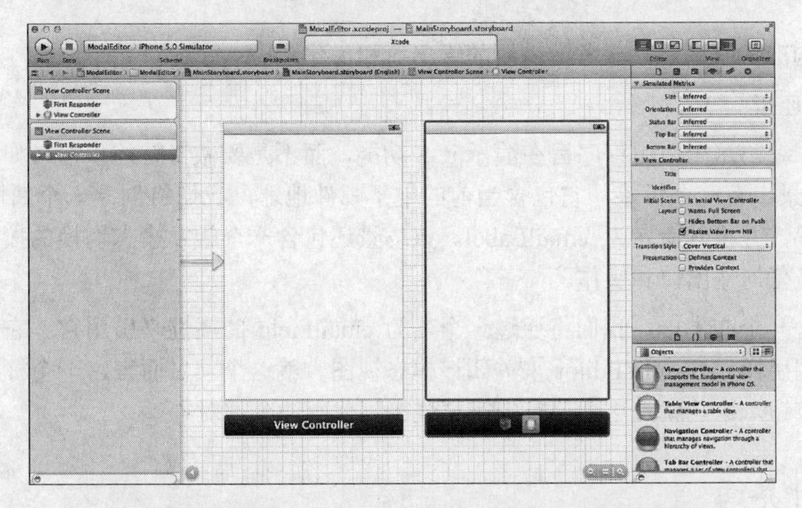

图 11.16

在项目中新增一个视图控制器

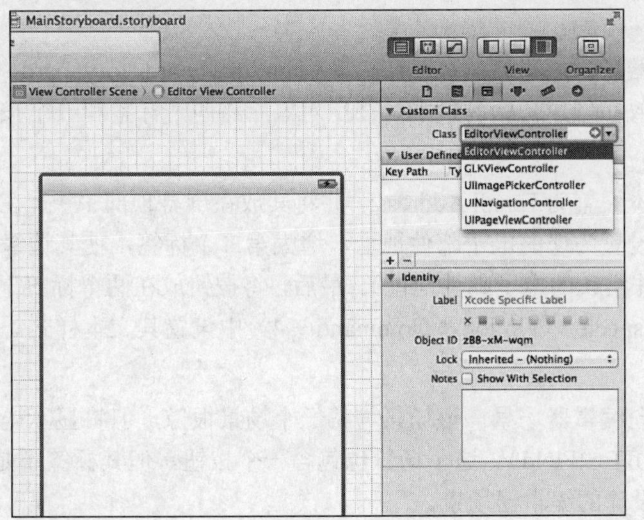

图 11.17

将 Interface Builder 中的视图控制器关联到 EditorView Controller

建立关联后，文档大纲将更新，显示一个名为 View Controller Scene 的场景和一个名为 Editor View Controller Scene 的场景。如何将这些场景名修改得更友好呢？

选择第一个场景中的视图控制器图标，确保仍打开了 Identity Inspector。在该检查器的 Identity 部分，将第一个视图的标签设置为 Initial。对第二个场景重复上述操作，将其视图控制器标签设置为 Editor。在文档大纲中，场景将显示为 Initial Scene 和 Editor Scene，如图 11.18 所示。就是不考虑其他因素，这对我来说也更容易输入。

图 11.18

设置视图控制器标签，让场景名更友好

应用程序的结构准备就绪后，该考虑需要的输出口和操作了。

3．规划变量和连接

您肯定猜到了，编写这个应用程序旨在演示 iOS 功能，而不是要做奇特的事情（如跳动的小兔子）。初始场景中有一个标签，它包含当前的电子邮件地址。我们将创建一个属性/实例变量来指向该标签，并将其命名为 emailLabel。该场景还包含一个触发模态切换的按钮，但我们无需为此定义任何输出口和操作。

编辑器场景包含一个文本框，我们将通过一个名为 emailField 的属性来引用它。它还包含一个按钮，通过调用操作 dismissEditor 来关闭该模态视图。就这个项目而言，一个标签、一个文本框和一个按钮，这些就是这个项目中需要连接到代码的全部对象。

11.3.4 设计界面

为给初始场景和编辑器场景创建界面，打开文件 MainStoryboard.storyboard，在编辑器中滚动，以便能够将注意力放在创建初始场景上。使用对象库将两个标签和一个按钮拖放到视图中。

将其中一个标签的文本设置为 Email Address:，并将其放在屏幕顶部中央。在它下方放置第二个标签，并将其文本设置为您的电子邮件地址。增大第二个标签，使其边缘与视图的边缘参考下对齐（以防遇到非常长的电子邮件地址）。最后，将按钮放在两个标签下方，并根据自己的喜好在 Attributes Inspector（Option + Command + 4）中设置其文本样式。我设计的初始场景如图 11.19 所示。

接下来，将注意力转向编辑器场景。该场景与第一个场景很像，但将显示电子邮件地址的标签替换为空文本框（UITextField）。这个场景也包含一个按钮，但其标签不是 Edit 而是 Done。图 11.20 显示了我设计的编辑器场景。

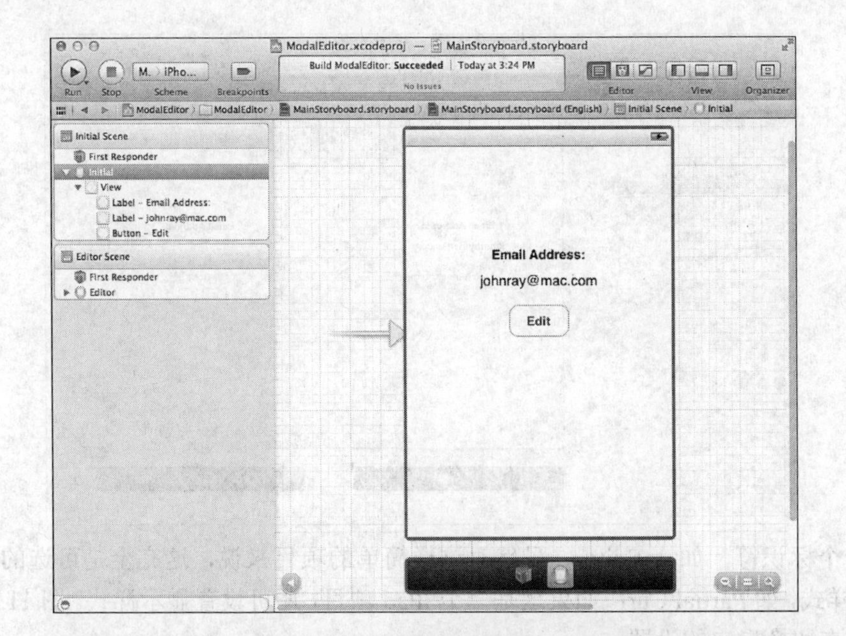

图 11.19
创建初始场景

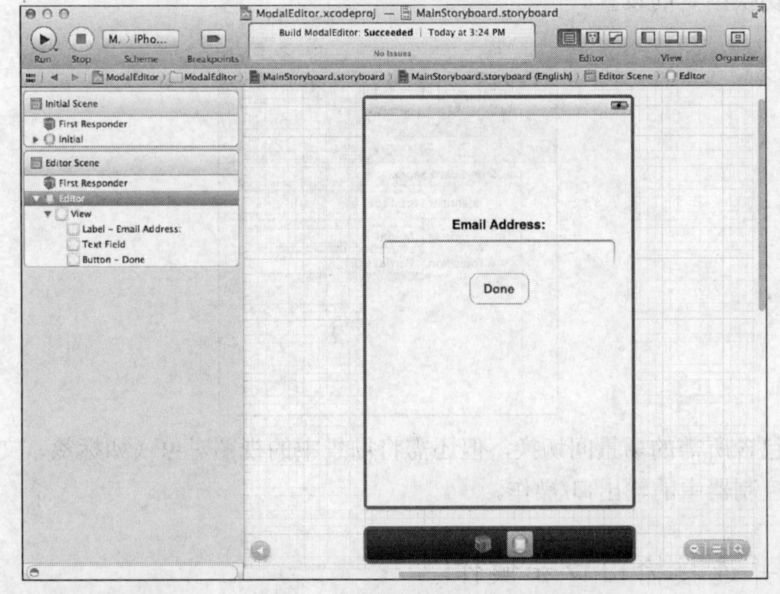

图 11.20
创建编辑器场景

两个场景都创建好后，该建立连接，将各个部分关联起来了，但在此之前，先来定义切换。

11.3.5 创建模态切换

为创建从初始场景到编辑器场景的切换，按住 Control 键，并从 Interface Builder 编辑器中的 Edit 按钮拖曳到文档大纲中编辑器场景的视图控制器图标（现在名为 Editor），如图 11.21 所示。

在 Xcode 要求您指定故事板切换类型时，选择 Modal；在文档大纲中，初始场景中将新增一行，其内容为 Segue from UIButton to Editor。选择这行并打开 Attributes Inspector（Option + Command + 4），以配置该切换。

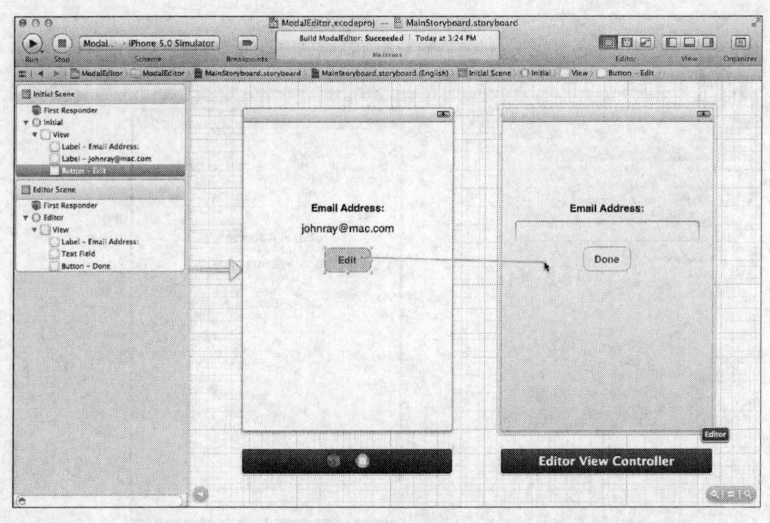

图 11.21
创建模态切换

给切换指定一个标识符，如 toEditor，虽然对这样简单的项目来说，这完全是可选的。接下来，选择过渡样式，如 Partial Curl。如果这是一个 iPad 项目，还可设置显示样式。图 11.22 显示了我给这个模态切换指定的设置。

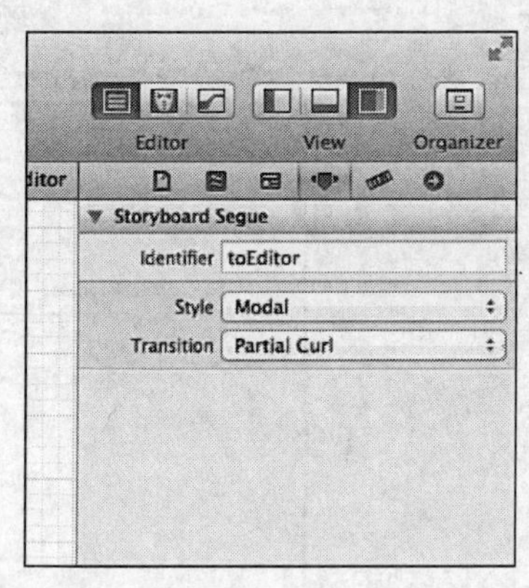

图 11.22
配置模态切换

至此，应用程序包含所需的场景间切换，但还需将场景中的视图对象（如标签、文本框和按钮）连接到视图控制器中的输出口/操作。

11.3.6 创建并连接输出口和操作

您肯定在想：这种事情我都做了无数遍了，这里只需连接 3 个 UI 对象，有什么大不了的。虽然我深信您能够建立正确的连接，但别忘了，您现在处理的是两个视图控制器：初始场景中的 UI 对象需要连接到文件 ViewController.h 中的输出口，而编辑器场景中的 UI 对象需要连接到文件 EditorViewController.h。有时候，Xcode 在助手编辑器模式下会有点混乱，如果您没有看到您认为应该看到的东西，请单击另一个文件，再单击原来的文件。

1. 添加输出口

首先选择初始场景中包含电子邮件地址的标签，并切换到助手编辑器。按住 Control 键，并从该标签拖曳到文件 ViewController.h 中编译指令@interface 下方。在 Xcode 提示时，新建一个名为 emailLabel 的输出口。解决了一个场景，还有一个。

移到编辑器场景，并选择其中的文本框（UITextField）。助手编辑器应更新，在右边显示文件 EditorViewController.h。按住 Control 键，并从该文本框拖曳到文件 EditorViewController.h 中编译指令@interface 下方。将该输出口命名为 emailField，如图 11.23 所示。

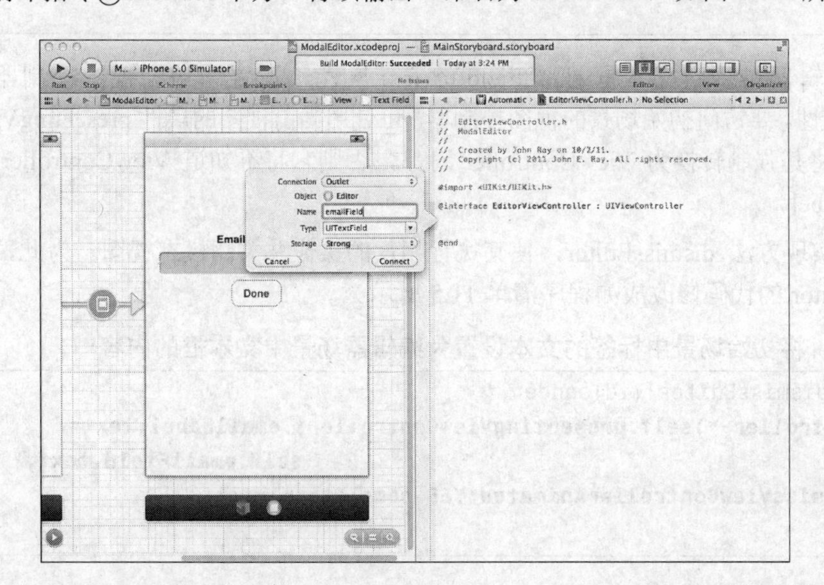

图 11.23
将 UI 对象连接到输出口

2. 添加操作

这个项目只需要一个操作：dismissEditor，它由编辑器场景中的 Done 按钮触发。为创建该操作，按住 Control 键，并从 Done 按钮拖曳到文件 EditorViewController.h 中属性定义的下方。在 Xcode 提示时，新增一个名为 dismissEditor 的操作。至此，界面就设计好了，下面来实现应用程序逻辑。

11.3.7 实现应用程序逻辑

终于进入了最后冲刺阶段。该应用程序的逻辑很容易理解。用户显示编辑器场景时，应用程序应从源视图控制器的属性 emailLabel 获取内容，并将其放在编辑器场景的文本框 emailField 中。用户单击 Done 按钮时，应用程序应采取相反的措施：使用文本框 emailField 的内容更新 emailLabel。我们在 EditorViewController 类中进行这两种修改；在这个类中，可通过属性 presentingViewController 访问初始场景的视图控制器。

然而，执行这些修改前，必须确保 EditorViewController 类知道 ViewController 类的属性。为此，应在 EditorViewController.h 中导入接口文件 ViewController.h。在文件 EditorViewController.h 中，在现有的#import 语句后面添加如下代码行：

```
#import "ViewController.h"
```

现在可以编写余下的三四行代码了。要在编辑器场景加载时设置 emailField 的值，可实现 EditorViewController 类的方法 viewDidLoad，如程序清单 11.4 所示。默认情况下，这个方法被注释掉，因此请务必删除它周围的/*和*/。

程序清单 11.4 使用当前的电子邮件地址填充文本框

```
- (void)viewDidLoad
{
```

```
    self.emailField.text=
        ((ViewController *)self.presentingViewController).emailLabel.text;
    [super viewDidLoad];
}
```

上述实现将编辑器场景中文本框 emailField 的 text 属性，设置为初始视图控制器的 emailLabel 的 text 属性。要访问初始场景的视图控制器，可使用当前视图的属性 presentingViewController，但必须将其强制转换为 ViewController 对象，否则它将不知道 ViewController 类暴露的属性 emailLabel。

接下来，需要实现方法 dismissEditor，使其执行相反的操作并关闭模态视图。为此，将方法存根 dismissEditor 的代码修改成如程序清单 11.5 所示。

程序清单 11.5 将初始场景中标签的文本设置为编辑器场景中文本框的内容

```
- (IBAction)dismissEditor:(id)sender {
    ((ViewController *)self.presentingViewController).emailLabel.text=
                                                  self.emailField.text;
    [self dismissViewControllerAnimated:YES completion:nil];
}
```

正如您看到的，第一行的作用与程序清单 11.4 中设置文本框内容的代码相反。第二行调用方法 dismissViewControllerAnimated:completion 关闭模态视图，并返回到初始场景。

这个应用程序就创建好了。这个项目的设置工作比编码工作多。

11.3.8 生成应用程序

运行该应用程序并进行全面测试（在这个包含两个按钮和一个文本框的应用程序中，将您能做的都做了）。通过编写 3 行代码，我们创建了一个应用程序，它在场景间切换并在场景间交换数据，如图 11.24 所示。

图 11.24 最终的应用程序在场景间切换并在它们之间传输数据

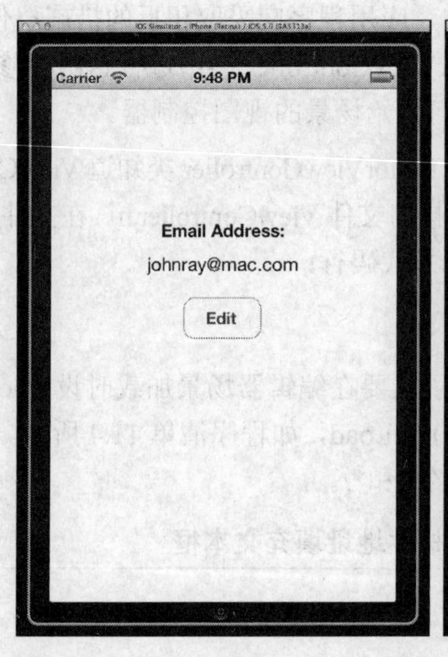

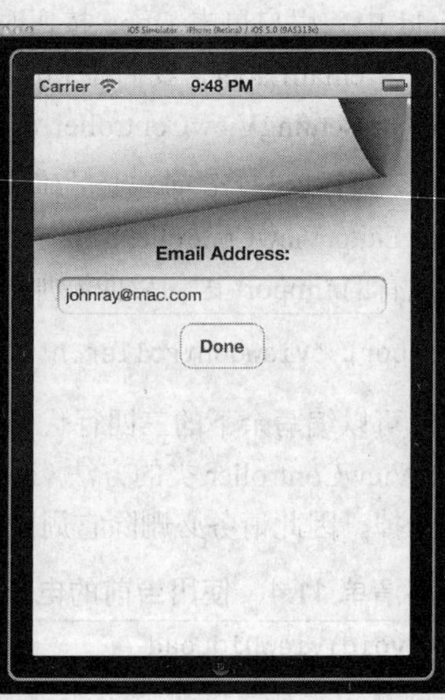

11.4 使用弹出框

本章的第二个实例与其说是一个独立的项目，不如说是您刚创建的项目 ModalEditor 的变种。该项目的功能与 ModalEditor 相同，但不是在模态视图中显示编辑器，而在弹出框中显示它，如图 11.25 所示。用户关闭弹出框时，初始视图的内容将更新；这里不需要 Done 按钮。

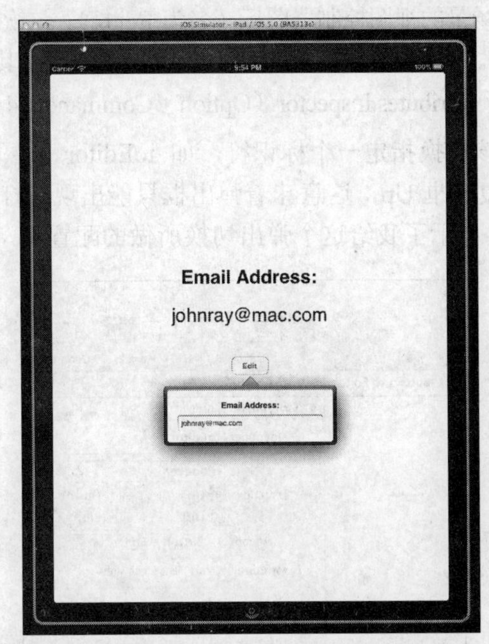

图 11.25 这个项目使用弹出框提供同样的功能

几乎所有的设置工作都相同，主要差别在于实现代码。有鉴于此，我们将以稍微不同的方式介绍该项目，且只介绍如何以不同的方式编写代码。

11.4.1 创建项目

新建一个单视图 iOS 项目，并将其命名为 PopoverEditor。这个项目将使用弹出框，因此目标平台必须是 iPad，而不能是 iPhone。新建项目后，像本书前面那样添加一个 EditorViewController 类，再添加一个新场景，并将其关联到 EditorViewController 类。设置视图控制器的标签，使得文档大纲中显示的场景名为 Initial Scene 和 Editor Scene。

1. 规划变量和连接

这个项目需要两个输出口：一个连接到初始场景中的标签（UILabel），名为 emailLabel；另一个连接到编辑器场景中的文本框（UITextField），名为 emailField。最大的不同在于，编辑器场景不需要使用 Done 按钮（和方法 dismissEditor）来关闭弹出框。用户只需触摸弹出框外面，就可关闭弹出框并让修改生效。

11.4.2 设计界面

像项目 ModalEditor 中那样创建初始场景；但设计编辑器场景时，不要添加 Done 按钮，并将文本框和配套标签放在编辑器视图的左上角。别忘了，该视图将显示在弹出框中，因此定义弹出切换后，其尺寸将变化很大。

11.4.3 创建弹出切换

按住 Control 键，从初始视图中的 Edit 按钮拖曳到 Interface Builder 中编辑器视图的可视化表示，也可拖曳到文档大纲中编辑器场景的视图控制器图标（名为 Editor）。这次在 Xcode 要求您指定故事板切换类型时，选择 Popover。在文档大纲中，初始场景中将新增一行，其内容为 Segue from UIButton to Editor。选择这行并打开 Attributes Inspector（Option + Command + 4），以配置该切换。

为养成良好的编码习惯，给该切换指定一个标识符，如 toEditor。接下来，指定弹出框箭头可指向的方向。我只选择了复选框 Up，这意味着弹出框只能出现在打开它的按钮下方。保留其他设置为默认值，图 11.26 显示了我给这个弹出切换所做的配置。

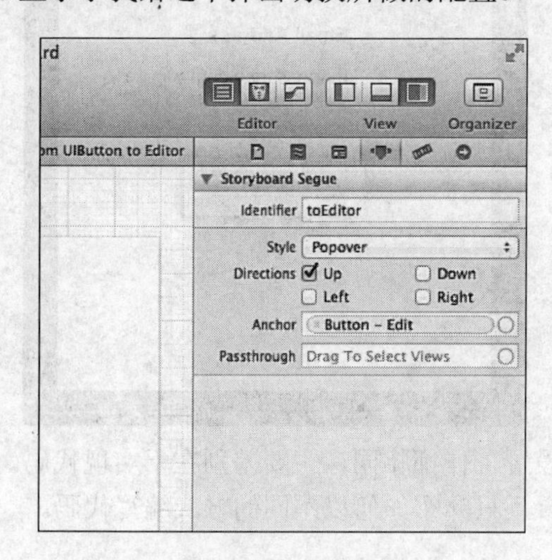

图 11.26

给弹出切换配置标识符和箭头方向

1．设置弹出框视图的大小

您创建弹出切换后，对于给弹出框提供内容的视图，Xcode 将自动解除对其宽度和高度的锁定。选择编辑器场景中的视图对象，并打开 Size Inspector。将宽度设置为大约 320 点，高度设置为大约 100 点，如图 11.27 所示。调整编辑器视图（它现在很小）的内容，使其完全居中。

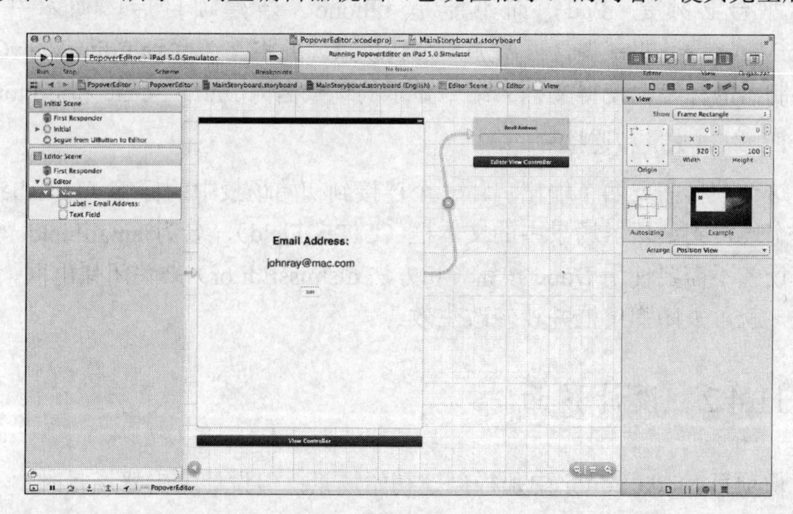

图 11.27

设置弹出框的内容视图的大小

11.4.4　创建并连接输出口

像前一个项目中那样将包含电子邮件地址的标签连接到文件 ViewController.h，并将输出口命名为 emailLabel；将编辑器场景中的文本框连接到文件 EditorViewController.h，并将输出口命名为 emailField。这次没有按钮需要连接。

至此，就创建好了弹出框界面和连接。不幸的是，这个项目的应用程序逻辑与项目 Modal Editor 截然不同，因为在弹出框的内容场景和显示弹出框的场景之间交换信息不那么简单。

11.4.5　实现应用程序逻辑

在前一个项目中，EditorViewController 对象负责获取和设置 ViewController 对象的数据。然而，在这里，让 ViewController 获取和设置弹出框的内容视图控制器（EditorViewController 实例）的信息更容易。这意味着 ViewController 类需要导入 EditorViewController 类的接口文件。切换到标准编辑器，在文件 ViewController.h 中，在现有#import 语句下方添加如下代码行：

```
#import "EditorViewController.h"
```

还记得吗，我们的第一项任务是使用初始场景的 emailLabel 的文本填充编辑器的 emailField。为此，在方法 prepareForSegue:sender 中访问 UIPopoverController 的属性 contentViewController（它包含一个 EditorViewController 实例）。

在文件 ViewController.m 中，按程序清单 11.6 实现该方法。

程序清单 11.6　访问弹出框的 contentViewController 属性

```
 1: - (void)prepareForSegue:(UIStoryboardSegue *)segue sender:(id)sender {
 2:     UIStoryboardPopoverSegue *popoverSegue;
 3:     popoverSegue=(UIStoryboardPopoverSegue *)segue;
 4:
 5:     UIPopoverController *popoverController;
 6:     popoverController=popoverSegue.popoverController;
 7:     popoverController.delegate=self;
 8:
 9:     EditorViewController *editorVC;
10:     editorVC=(EditorViewController *)popoverController.contentViewController;
11:     editorVC.emailField.text=self.emailLabel.text;
12: }
```

对于在 Interface Builder 中创建的弹出框，本章前面介绍了如何获取负责管理它的 UIPopover Controller；这里采取的就是这种方式。第 2 行声明了一个名为 popoverSegue 的 UIStoryboard Segue 变量。第 3 行将传入的 segue 参数强制转换为 UIStoryboardPopoverSegue，并将结果存储在 popoverSegue 中，以便能够使用它来获取 UIPopoverController 对象。

第 5 行声明了一个名为 popoverController 的 UIPopoverController 变量，并在第 6 行将对象 popoverSegue 的属性 popoverController 赋给它。现在有一个指向 UIPopoverController 的变量

了，第 7 行使用它来设置弹出框控制器的委托。这让我们能够实现协议 UIPopoverController Delegate，从而在弹出框关闭时做出响应。

第 9 行声明了变量 editorVC，用于指向弹出框包含的 EditorViewController。第 10 行将 popoverController 的属性 contentViewController 强制转换为 EditorViewController，并将结果赋给 editorVC。

最后（但不是最不重要的），第 11 行将弹出框内容视图控制器的 emailField 属性设置为初始场景中 emailLabel 标签的文本。

Watch Out!

警告：有完成这项任务的更简洁方式吗？

在本章前面，我仅使用一行代码就将 UIPopoverController 的 delegate 属性设置成了 self。这里也可如法炮制吗？可以。从技术上说，我原本也可编写两行代码来设置委托和文本框的内容。然而，这两行代码将占据多行，且包含多条强制转换语句。

换句话说，这样的代码简直令人不忍卒读。而上述代码虽然冗长，也不那么漂亮，但要容易理解得多。

有趣的是，如果您只需访问弹出框的内容视图控制器，可完全忽略弹出框控制器。在方法 prepareForSegue:sender，可使用 segue.destinationViewController 来获取弹出框的视图控制器。

至此，项目 PopoverEditor 差不多完成了。它能够运行，并能够将标签内容复制到弹出框的文本框中，但用户关闭弹出框时，所做的修改不会反映到标签中。为完成这个项目，需要实现协议 UIPopoverControllerDelegate，以便能够在用户关闭弹出框时做出响应。

1．响应弹出框关闭

如果遵守了 UIPopoverControllerDelegate 协议，在用户关闭弹出框时，我们就可以在方法 popoverControllerDidDismissPopover 中获取弹出框内容视图控制器（EditorViewController）的实例。为此，首先需要编辑 ViewController.h 中的@interface 代码行，在其中包含如下协议：

```
@interface ViewController : UIViewController <UIPopoverControllerDelegate>
```

接下来，需要实现方法 popoverControllerDidDismissPopover，如程序清单 11.7 所示。

程序清单 11.7　响应弹出框关闭

```
1: - (void)popoverControllerDidDismissPopover:
2:                        (UIPopoverController *)popoverController {
3:     NSString *newEmail=((EditorViewController *)
4:             popoverController.contentViewController).emailField.text;
5:     self.emailLabel.text=newEmail;
6: }
```

第 3 行声明了一个字符串变量 newEmail，通过 popoverController 的属性 contentViewController 访问 emailField，并将其 text 属性赋给该变量。通过参数将弹出框控制器提供给了这个方法，因此这里无需像程序清单 11.6 那样挖掘它。

第 4 行将初始场景中标签 emailLabel 的文本设置为字符串变量 newEmail 的值。

11.4.6 生成应用程序

至此，这个使用弹出框的应用程序就创建好了。请尝试运行 PopoverEditor，并修改电子邮件地址多次。这个项目虽然有点做作，但有望让您对如何使用弹出框让用户在单个场景中执行任务（而不用在完全独立的视图之间切换）有所认识。

还需指出的是，您可能认为使用弹出框时在视图之间交换信息比较麻烦，很多人都这么认为。在下一章将改变策略，让弹出框更像典型的模态视图。

11.5 进一步探索

需要澄清的一点是，故事板和切换是全新的；事实上，有关它们的文档很少。我期望 Apple 在以后的 Xcode 版本中扩展并改进故事板和切换的功能，消除当前接口的一些缺点（如弹出框委托）。

与此同时，请阅读现有的文档：Xcode 帮助系统中的 Storyboarding Tool Guide。它就故事板以及 Apple 希望开发人员如何使用它做了很好的介绍。另外，您还应花时间阅读 View Controller Programming Guide for iOS，从中您将获得有关视图、视图控制器以及如何在代码中操纵它们的知识。

如果您想更深入地了解模态视图和弹出框，请阅读 Modal View Controller 以及有关 Popover 的文档，这些内容都可通过 Xcode 帮助系统找到。当前，Apple 没有提供故事板示例项目，您只能到别的地方寻找。

11.6 小结

本章很长，探讨了多场景和切换等主题，它们是非常重要的 iOS 开发方面，可让您的应用程序从单视图工具型程序变成功能齐备的软件。您学习了如何以可视化和编程方式创建模态切换和处理场景之间的交互。您还探索了 iPad 特有的 UI 元素——弹出框，以及如何以可视化和编程方式创建它。

在开发过程中，需要牢记的一点是，虽然以可视化方式创建的切换很棒，能够应对很多不同的情形，但这并非总是最佳的方式。与使用 Interface Builder 创建切换相比，以编程方式在视图之间切换以及显示弹出框提供了更大的灵活性。如果您发现自己使用 Interface Builder 很难完成某项任务，请考虑使用代码来完成。

11.7 问与答

问：iOS 为何不提供窗口？

答：您知道仅通过手指来控制窗口有多难吗？iOS 界面是为触摸而设计的，不能采用针对鼠标操作的桌面应用程序设计。

问：在 iPhone 中，应使用哪种控件来代替弹出框？

答：根据要显示的内容多少，可以编程方式在主视图中显示一个 UIView，以模拟弹出框。在大多数情况下，只需在模态场景中显示内容即可。

11.8 作业

11.8.1 测验

1．判断正误：模态场景只能用作提醒视图。

2．判断正误：无需编写代码就可显示和关闭模态场景。

3．判断正误：所有显示样式和过渡样式都是彼此兼容的。

11.8.2 答案

1．错。虽然提醒视图属于模态视图，但任何场景都可以模态方式显示。

2．错。无需编写代码就可显示模态场景，但要关闭它，必须编写代码。

3．错。有些过渡样式和显示样式不兼容。有关这方面的完整指南，请参阅开发文档。

11.8.3 练习

1．在本书前面的一个项目中，使用模态视图或弹出框实现一个“配置”屏幕。

2．修改本章的示例项目，以编程方式显示场景和弹出框。

第 12 章

使用工具栏和选择器做出选择

本章将介绍：

- 工具栏和选择器在 iOS 应用程序界面中的用途；
- 如何实现日期选择器对象；
- 定制选择器视图的方式；
- 选择器、工具栏和弹出框之间的关系；
- 如何用一个内容类同时支持模态视图和弹出框。

本章继续介绍多视图应用程序的开发，但重点是两个新的用户界面元素：工具栏和选择器。工具栏显示在屏幕顶部或底部，其中包含一组执行常见功能的按钮。选择器是一种独特的 UI 元素，它既向用户显示信息，又收集用户输入。

工具栏类似于其他 GUI 元素，但选择器并非通过单个方法就能实现，而需要多个方法。这意味着我们的示例代码将更复杂，但都是您能够应付的！为提供足够的信息，我们需要提高速度，现在就开始吧。

12.1 了解工具栏

相对而言，工具栏（UIToolbar）是较简单的 UI 元素之一。工具栏是一个实心条，位于屏幕顶部或底部（见图 12.1），它包含的按钮（UIBarButtonItem）对应于用户可在当前视图中执行的操作。这些按钮提供了一个选择器（selector）操作，其工作原理几乎与 Touch Up Inside 事件相同，而您使用了 UIButton 的 Touch Up Inside 事件很多次了。

顾名思义，工具栏用于提供一组选项，让用户执行功能，而并非用于在完全不同的应用程序界面之间切换，要在不同的应用程序界面切换，应使用选项卡栏，这将在下一章介绍。

图 12.1
在 iOS 应用程序界面中，工具栏很常见

为何现在介绍工具栏和选择器？

前一章介绍了故事板切换、多视图和弹出框，而本章又回过头去讨论 UI 元素，这让人觉得有点颠三倒四。深入探讨本章的内容前，有必要对这样安排的原因做出解释。

本章之所以回过头去讨论 UI，是因为本章将使用的两个 UI 元素很少在不涉及弹出框的情况下单独使用。事实上，在 iPad 中，在弹出框外面实现选择器有违 Apple iOS 用户界面指南。

工具栏可单独使用，但常用于显示弹出框，以至于 UIPopoverController 类包含方法 presentPopoverFromBarButtonItem:permittedArrowDirections:animated，它是专门为从工具栏按钮显示弹出框而设计的。可使用这个方法代替前一章介绍的方法 presentPopoverFrom Rect。

工具栏的实现几乎完全是以可视化方式完成的，它是在 iPad 中显示弹出框的标准途径。要在视图中添加工具栏，可打开对象库并使用 toolbar 进行搜索，再将工具栏对象拖曳到视图顶部或底部——在 iPhone 应用程序中，工具栏通常位于底部。

您可能认为，工具栏的实现与分段控件类似，但工具栏中的控件是完全独立的对象。UIToolbar 实例不过是一个横跨屏幕的灰色条而已，要让工具栏具备一定的功能，需要在其中添加按钮。

12.1.1 栏按钮项

如果让我来给工具栏中的按钮取名，我会称之为工具栏按钮，但 Apple 将其称为栏按钮项（bar button item，UIBarButtonItem）。不管它叫什么，栏按钮项是一种交互式元素，让工具栏除了看起来像 iOS 设备屏幕上的一个条带外，还能有点作用。iOS 对象库提供了三种栏按钮对象，如图 12.2 所示。虽然这些对象看起来不同，但它们实际上是同一样东西——一个栏按钮项实例。可对栏按钮项进行定制，将其设置为十多种常见的系统按钮类型，还可设置其文本和图像。

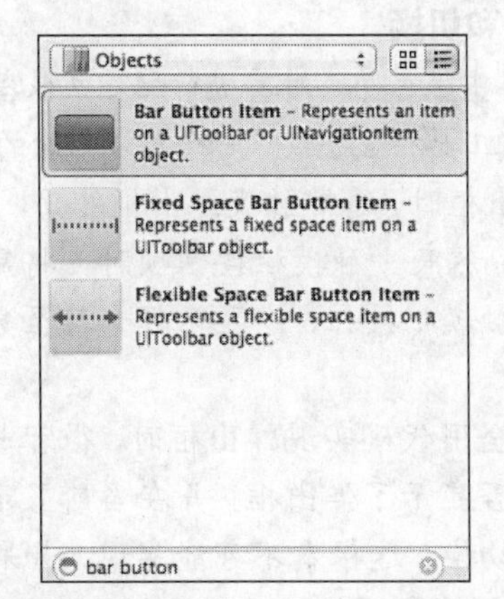

图 12.2

同一个对象的 3 种不同配置

要在工具栏中添加栏按钮，可将一个栏按钮项拖曳到视图中的工具栏中。在文档大纲区域，栏按钮项将呈现为工具栏的子对象。双击按钮上的文本，可对其进行编辑，就像标准 UIButton 一样。还可使用栏按钮项的手柄调整其大小。然而，您不能通过拖曳在工具栏中移动按钮。

要调整工具栏按钮的位置，需要在工具栏中插入特殊的栏按钮项：灵活间距栏按钮项和固定间距栏按钮项。灵活间距（flexible space）栏按钮项自动增大，以填满它两边的按钮之间的空间（或工具栏两端的空间）。例如，要将一个按钮放在工具栏中央，可在它两边添加灵活间距栏按钮项。要将两个按钮分放在工具栏两端，只需在它们之间添加一个灵活间距栏按钮项即可。顾名思义，固定间距栏按钮项的宽度是固定的，可插入到现有按钮的前面或后面。

1. 栏按钮的属性

要配置栏按钮项的外观，可选择它并打开 Attributes Inspector（Option + Command +4），如图 12.3 所示。有三种样式可供选择：Border（简单按钮）、Plain（只包含文本）和 Done（呈蓝色）。另外，还可设置多个“标识符”，它们是常见的按钮图标/标签，让您的工具栏按钮符合 Apple iOS 应用程序标准；还有灵活间距和固定间距标识符，让栏按钮项的行为像这两种特殊的按钮类型一样。

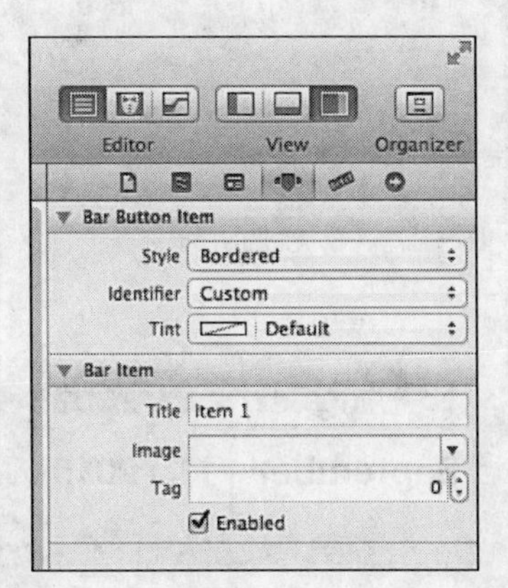

图 12.3

配置栏按钮项

如果这些标准按钮样式都不合适，可将让按钮显示一幅图像。这种图像的尺寸必须是 20×20 点，其透明部分将变成白色，而纯色将被忽略。

警告：工具栏、弹出框和切换

将工具栏添加到项目中很容易，对其进行配置也很容易，还让您能够使用代码轻松地显示弹出框。但工具栏也导致了一个难以消除的问题。

从UI元素显示弹出框时，通常触摸弹出框外面，包括触发它的对象（如按钮），就可让它消失。然而，触摸栏按钮项时，将显示一个新的弹出框实例。事实上，您可不断触摸栏按钮，以显示数十甚至数百个相互堆叠的弹出框。这很不好。

这令人讨厌，但完全用代码实现弹出框时，很容易设置一个标记并对其进行检查，看看当前是否显示了弹出框，并在当前显示了弹出框时不创建新的弹出框。然而，对于切换，这根本不可能实现。如果您在Interface Builder编辑器中定义了一个由栏按钮项触发的弹出切换，则该切换启动后您就无法中断它。因此，应用程序将面临同时显示多个弹出框的问题，除非编写自定义弹出框类，当前几乎没有太多解决这个问题的办法。

在本章的示例项目中，我将演示一种可能的解决方案，但我希望以后Xcode版本能够修复这种异常行为。

12.2 探索选择器

鉴于我们用了很大篇幅介绍选择器（UIPickerView），您可能认为它与本书前面介绍的其他UI对象不太一样。选择器是iOS的一种独特功能，它们通过转轮界面提供一系列多值选项，这类似于自动贩卖机。选择器的每个组件显示数行可供用户选择的值，而不是水果或数字。在桌面应用程序中，与选择器最接近的组件是一组下拉列表。图12.4显示了标准的日期选择器（UIDatePicker）。

当用户需要选择多个（通常相关）的值时应使用选择器。它们通常用于设置日期和时间，但可对其进行定制以处理您能想到的任何选择方式。

图12.4

选择器提供了一种独特的界面，用于选择一系列不同但通常相关的值

注意：

在第9章，您学习了分段控件，它在单个UI元素中向用户呈现多个选项。然而，分段控件向应用程序返回用户选择的单个值。另一方面，选择器可返回多个用户选择的值，而这是通过单个界面元素实现的。

By the Way

Apple 认识到，在选择日期和时间方面，选择器是一种不错的界面元素，因此提供了两种形式的选择器：日期选择器和自定义选择器视图，其中前者易于实现，且专门用于处理日期和时间，而后者可根据需要配置成显示任意数量的组件。

12.2.1 日期选择器

日期选择器（UIDatePicker）与前几章介绍过的其他对象极其相似，如图 12.4 所示。要使用它，需要将其加入视图，将其 Value Changed 事件连接到一个操作，再读取返回的值。日期选择器返回一个 NSDate 对象，而不是字符串或整数。NSDate 类用于存储和操纵 Apple 称为“时点”的东西（即日期和时间）。

要访问 UIDatePicker 提供的 NSDate，可使用其 date 属性。很简单，不是吗？在本章的示例项目中，我们将显示一个日期选择器，然后检索结果、执行日期算术运算并以自定义格式显示结果。

1. 日期选择器的属性

与众多其他的 GUI 对象一样，也可使用 Attributes Inspector 对日期选择器进行定制，如图 12.5 所示。例如，可对日期选择器进行配置，使其以 4 种模式显示。

- Date & Time（日期和时间）：显示用于选择日期和时间的选项。
- Time（时间）：只显示时间。
- Date（日期）：只显示日期。
- Timer（计时器）：显示类似于时钟的界面，用于选择持续时间。

还可设置 Locale（区域，这决定了各个组成部分的排列顺序）、设置默认显示的日期/时间以及设置日期/时间约束（这决定了用户可选择的范围）。

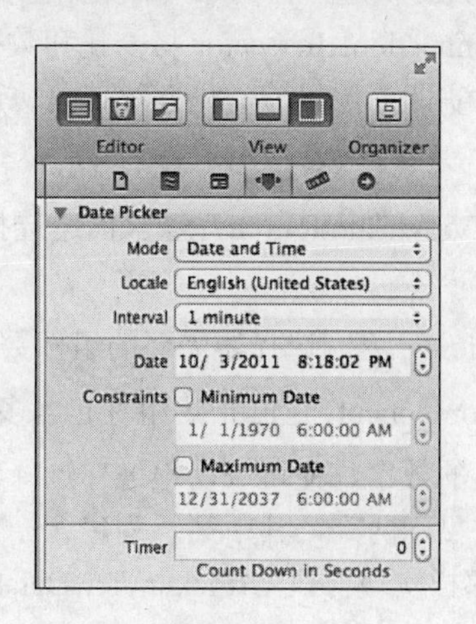

图 12.5

在 Attributes Inspector 中配置日期选择器的外观

By the Way

> **注意：**
> 属性 Date（日期）被自动设置为您在视图中加入该控件的日期和时间。

12.2.2 选择器视图

从外观上说，选择器视图（UIPickerView）类似于日期选择器，但其实现几乎完全不同。在选择器视图中，只为您定义了整体行为和外观，选择器视图包含的组件数以及每个组件的内容都将由您定义。图 12.6 所示的选择器视图包含两个组件，它们分别显示文本和图像。

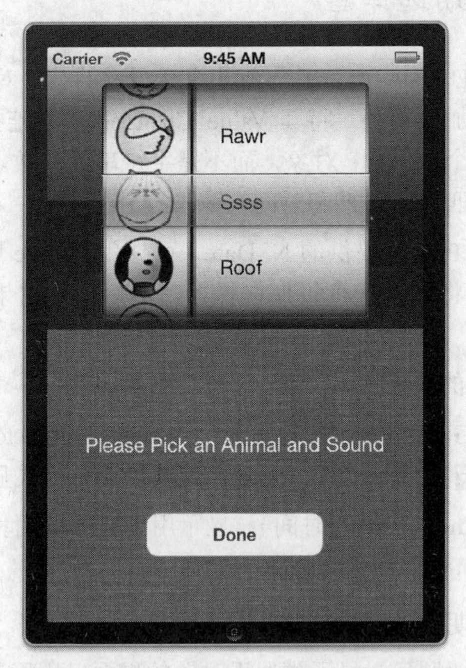

图 12.6
可对选择器视图进行配置使其显示任何您希望的东西

要在应用程序中添加选择器视图，可使用 Interface Builder 编辑器：从对象库拖曳选择器视图到您的视图中。不幸的是，不能在 Attributes Inspector 中配置选择器视图的外观，而需要编写遵守两个协议的代码，其中一个协议提供选择器的布局（数据源协议），另一个提供选择器将包含的信息（委托）。您可使用 Connections Inspector 将委托和数据源输出口连接到一个类，也可使用代码设置这些属性。编写实际的项目前，先介绍这些协议的简单实现。

1．选择器视图数据源协议

选择器视图数据源协议（UIPickerViewDataSource）包含描述选择器将显示多少信息的方法。

- numberOfComponentInPickerView：返回选择器需要的组件数。
- pickerView:numberOfRowsInComponent：返回指定组件包含多少行（不同的输入值）。

只要创建这两个方法并返回有意义的数字，便可成功地遵守选择器视图数据源协议。例如，如果要创建一个自定义选择器，它显示两列，其中第一列包含一个可供选择的值，而第二列包含两个，则可像程序清单 12.1 那样实现协议 UIPickerViewDataSource。

程序清单 12.1 自定义选择器的一种数据源协议实现

```
 1: - (NSInteger)numberOfComponentsInPickerView:(UIPickerView *)pickerView {
 2:     return 2;
 3: }
 4:
 5: - (NSInteger)pickerView:(UIPickerView *)pickerView
 6:             numberOfRowsInComponent:(NSInteger)component {
 7:     if (component==0) {
 8:         return 1;
 9:     } else {
10:         return 2;
11:     }
12: }
```

第 1～3 行实现了方法 numberOfComponentsInPickerView。这个方法返回 2，因此选择器将有两个组件，即两个转轮。

第 5～12 行实现了方法 pickerView:numberOfRowsInComponent。当 iOS 指定的 component 为 0 时（选择器的第一个组件），这个方法返回 1（第 8 行），这意味着这个转轮中只显示一个标签。当 component 为 1 时（选择器的第二个组件），这个方法返回 2（第 10 行），因此该转轮将向用户显示两个选项。

显然，如果选择器的组件只包含一两个选项，其用处不大——使用选择器的目的之一是，提供一个让用户能够不断滚动的 UI 元素。然而，完全可以通过少量代码演示自定义选择器。

实现数据源协议后，还需实现一个协议（选择器视图委托协议）才能提供一个可行的选择器视图。

2．选择器视图委托协议

委托协议（UIPickerViewDelegate）负责创建和使用选择器的工作。它负责将合适的数据传递给选择器进行显示，并确定用户是否做出了选择。为让委托按我们希望的方式工作，将使用多个协议方法，但只有两个是必不可少的。

- pickerView:titleForRow:forComponent：根据指定的组件和行号返回该行的标题，即应向用户显示的字符串。
- pickerView:didSelectRow:inComponent：当用户在选择器视图中做出选择时，将调用该委托方法，并向它传递用户选择的行号以及用户最后触摸的组件。

注意：

如果您查看有关 UIPickerViewDelegate 协议的文档，将发现实际上所有委托方法都是可选的，但除非我们至少实现这两个方法之一，否则选择器将不能显示任何东西，也不会对用户选择做出任何反应。

By the Way

继续以前面包含两个组件（其中一个组件包含一个值，另一个包含两个值）的选择器为例，下面实现方法 pickerView:titleForRow:forComponent，让该选择器在第一个组件中显示 Good，在第二个组件中显示 Night 和 Day。程序清单演示了选择器视图委托协议的简单实现。

程序清单 12.2 自定义选择器的一种委托协议实现

```
 1: - (NSString *)pickerView:(UIPickerView *)pickerView
 2:              titleForRow:(NSInteger)row
 3:             forComponent:(NSInteger)component {
 4:     if (component==0) {
 5:         return @"Good";
 6:     } else {
 7:         if (row==0) {
 8:             return @"Day";
 9:         } else {
10:            return @"Night";
11:         }
12:     }
13: }
14:
15: - (void)pickerView:(UIPickerView *)pickerView didSelectRow:(NSInteger)row
16:        inComponent:(NSInteger)component {
17:     if (component==0) {
18:        // User selected an item in the first component.
19:     } else {
20:        // The User selected an item in the second component
21:        if (row==0) {
22:            // The user selected the string "Day"
23:        } else {
24:            // The user selected the string "Night"
25:        }
26:     }
27: }
```

第 1～13 行根据传递给方法的组件和行，指定了自定义选择器视图应在相应位置显示的值。第一个组件（组件零）只包含 Good，因此第 4 行检查参数 component 是否为零，如果是，则返回字符串 Good。

第 6～12 处理第二个组件。由于它包含两个值，因此需要检查传入的参数 row，以确定需要给那行提供值。如果参数 row 为零（第 7 行），则返回字符串 Day（第 8 行）；如果为 1，则返回 Night（第 10 行）。

第 15～27 行实现了方法 pickerView:didSelectRow:inComponent。这与给选择器提供值以便显示的代码相反，但不是返回字符串，而是根据用户的选择做出响应。我在原本需要添加逻辑的地方添加了注释。

正如您看到的，实现选择器协议并不很复杂——虽然需要实现几个方法，但只有几行代码。

3．高级选择器委托方法

在选择器视图的委托协议实现中，还可包含其他几个方法，进一步定制选择器的外观。在本章的示例项目中，我们将使用下述三个。

➢ pickerView:rowHeightForComponent：给指定组件返回其行高，单位为点。

- pickerView:widthForComponent：给指定组件返回宽度，单位为点。
- pickerView:viewForRow:viewForComponent:ReusingView：给指定组件和行号返回相应位置应显示的自定义视图。

前两个方法的含义不言自明；如果您要修改组件的宽度或行高，可实现这两个方法，让其返回合适的值（单位为点）。第三个方法更复杂，它让开发人员能够完全修改选择器显示的内容的外观。

方法 pickerView:viewForRow:viewForComponent:ReusingView 接受行号和组件作为参数，并返回包含自定义内容的视图，如图像。这个方法优先于方法 pickerView:titleForRow:forComponent，换句话说，如果您使用 pickerView:viewForRow:viewForComponent:ReusingView 指定了自定义选择器显示的任何一个选项，就必须使用它指定全部选项。

一个简单的（虚构）示例是，假定对于前面显示 Good、Day 和 Night 的选择器，要在第一个组件中显示文本（Good），并在第二个组件中显示图像（night.png 和 day.png）。则首先需要删除方法 pickerView:titleForRow:forComponent，再实现方法 pickerView:viewForRow:viewForComponent:ReusingView。程序清单 12.3 是一种可能的实现。

程序清单 12.3　在选择器中显示自定义视图

```
 1: - (UIView *)pickerView:(UIPickerView *)pickerView
 2:             viewForRow:(NSInteger)row
 3:           forComponent:(NSInteger)component
 4:            reusingView:(UIView *)view {
 5:
 6:     if (component==0) {
 7:         // return a label
 8:         UILabel *goodLabel;
 9:         goodLabel=[[UILabel alloc] initWithFrame:CGRectMake(0,0,75,32)];
10:         goodLabel.backgroundColor=[UIColor clearColor];
11:         goodLabel.text=@"Good";
12:         return goodLabel;
13:     } else {
14:         if (row==0) {
15:             // return day image
16:             return [[UIImageView alloc]
17:                     initWithImage:[UIImage imageNamed:@"day.png"]];
18:         } else {
19:             // return night image
20:             return [[UIImageView alloc]
21:                     initWithImage:[UIImage imageNamed:@"night.png"]];
22:         }
23:     }
24: }
```

指定自定义视图的逻辑始于第 6 行，它检查询问的是哪个组件。如果是第一个组件（0），则应显示 Good。由于这个方法需要返回 UIView，因此返回@"Good"不可行。然而，可初始化并配置一个 UILabel。第 8 行声明该标签，第 9 行分配它，并使用一个宽 75 点、高 32 点的矩形初始化它。

第10行将背景色改为透明（clearColor），而第11行将该UILabel对象的text属性设置为Good。

第12行返回配置好的标签。

如果向这个方法查询的是第二个组件（1），将执行第14～22行。在这里，首先检查参数row，以确定查询的是Day行（row为零）还是Night行（row为1）。如果row为0，第16～17分配一个UIImageView对象，并使用图像资源day.dng初始化它。同样，如果参数row为1，第20～21行使用图像资源night.png创建一个UIImageView对象，并返回它。

接下来该介绍示例项目了。为使用选择器，我们将首先创建一个简单的日期选择器，然后实现一个自定义选择器视图及相关联的协议。

Watch Out!

警告：不仅仅是工具栏和选择器

本章的重点是探索工具栏、日期选择器和自定义选择器的用法，但不止是这些。本章的示例项目还将演示常用的日期函数，以及在无需遵守弹出框委托协议的情况下实现iPad弹出框。

实际上，我们最终创建的是一个自定义视图控制器类，在iPhone上可通过工具栏将其显示为模态视图，而在iPad上显示为弹出框，但使用的代码完全相同。但愿您阅读本章后，会喜欢上各种定制对象的方式。在Cocoa Touch和Ojective-C中，几乎没有什么东西是一成不变的。如果您不喜欢某样东西的工作方式，可根据需要对其进行定制；可别让它影响您的应用程序逻辑

12.3 使用日期选择器

在本章的第一个示例项目中，我们将实现一个日期选择器，它是通过位于工具栏中央的栏按钮项打开的。在iPhone上，该选择器通过模态切换显示，而在iPad上，该选择器出现在一个弹出框中，这符合Apple用户界面指南。

用户选择日期后，模态视图（弹出框）将消失，并出现一条消息，指出当前日期和选择的日期相隔多少天，如图12.7所示。

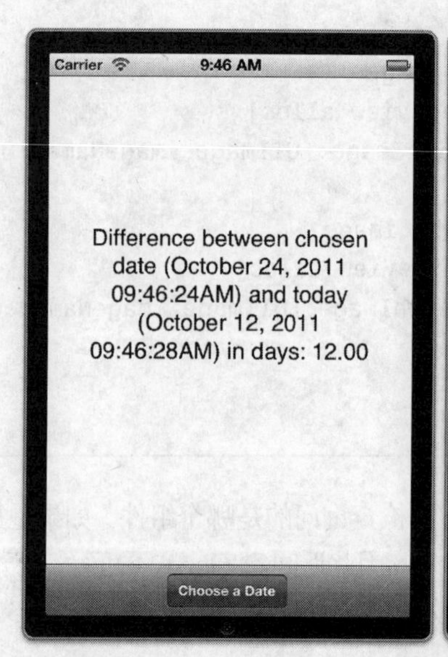

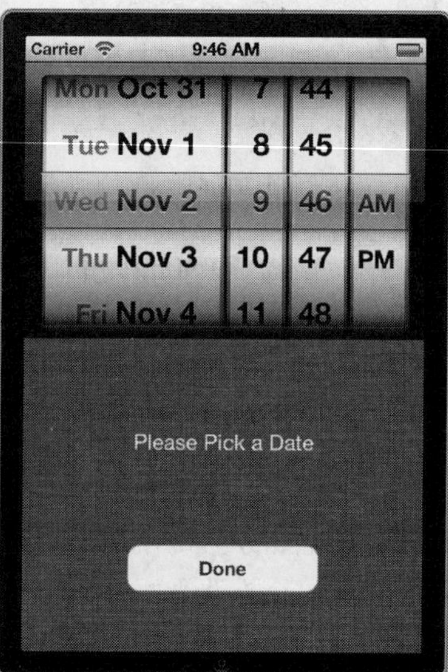

图12.7
显示日期选择器并将选择的日期用于计算

12.3.1 实现概述

这个项目名为 DateCalc，创建它时，我们将使用模板 Single View Application，并采取前一章介绍的流程。初始场景包含一个输出标签以及一个工具栏，其中输出标签用于显示日期计算的结果，而工具栏包含一个按钮，用户触摸它将触发到第二个场景的手动切换。在 iPhone 上，第二个场景为模态场景，而在 iPad 上为弹出框。第二个场景包含一个日期选择器（在 iPhone 上，它还包含一个按钮，用于关闭模态视图）。

在 iPad 上，为防止出现多个弹出框，初始场景的视图控制器还有一个布尔属性，它跟踪日期选择器是否可见。如果可见，则禁止再次显示它。另外，我们还在包含日期选择器的视图中添加了一个 delegate 属性，它将指向初始场景的视图控制器。这样就访问属性 presentingViewController，从而消除了弹出框和模态视图在处理方面的差异。我们将使用同一个类来处理第二个场景，不管它以什么方式显示。

12.3.2 创建项目

使用模板 Single View Application 新建一个项目，并将其命名为 DateCalc。模板创建的初始场景/视图控制器将包含日期计算逻辑，但我们还需添加一个场景和视图控制器，它们将用于显示日期选择器界面。

1．添加 DateChooserViewController 类

为使用日期选择器显示日期并在用户选择日期时做出响应，需要在项目中添加一个 DateChooserViewController 类。为此，单击项目导航器左下角的+按钮；在出现的对话框中选项类别 iOS Cocoa Touch 和图标 UIViewController subclass，再单击 Next 按钮。在下一个屏幕中输入名称 DateChooserViewController。在最后一个设置屏幕中，从 Group 下拉列表中选择项目代码编组，再单击 Create 按钮。

下面在文件 MainStoryboard.storyboard 中创建一个 DateChooserViewController 实例。

2．添加 Date Chooser 场景并关联视图控制器

在 Interface Builder 编辑器中打开文件 MainStoryboard.storyboard，打开对象库（Control + Option + Command + 3），并将一个视图控制器拖曳到 Interface Builder 编辑器的空白区域（或文档大纲区域）。现在，项目将包含两个场景。

为将新增的视图控制器关联到 DateChooserViewController 类，在文档大纲区域中，选择第二个场景的 View Controller 图标，按 Option + Command + 3 打开 Identity Inspector，并从 Class 下拉列表中选择 DateChooserViewController。

选择第一个场景的 View Controller 图标，并确保仍显示了 Identity Inspector。在 Identity 部分，将视图控制器标签设置为 Initial。对第二个场景重复上述操作，将其视图控制器标签设置为 Date Chooser。现在，文档大纲区域将显示 Initial Scene 和 Date Chooser Scene，如图 12.8 所示。

3．规划变量和连接

这个项目需要的输出口和操作不多。在初始场景中，将包含一个用于显示输出的标签：outputLabel。还将添加一个操作——showDateChooser，用于显示日期选择场景。另外，初始场景的视图控制器类 ViewController 需要包含一个属性（dateChooserVisible），用于跟踪日期选择场景是否可见；它还需要一个方法（calculateDateDifference），用于计算当前日期和选定日期相差多少天。

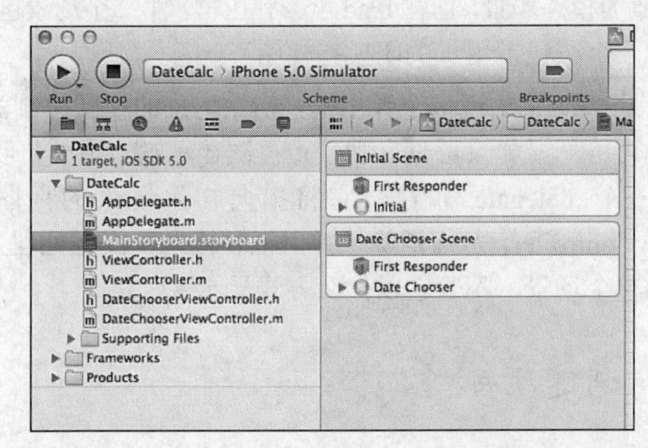

图 12.8

设置初始场景和日期选择场景

至于日期选择场景，它不需要输出口，而只需两个操作：setDatetime 和 dismissDateChooser。其中前者在用户通过日期选择器选择日期时被调用，而后者用于 iPhone 的模态视图，在用户触摸日期选择场景中的按钮时关闭该场景。在 DateChooserViewController 中，还将添加一个非常重要的属性（delegate），它存储了指向初始场景的视图控制器的引用。我们将利用该属性访问 ViewController 类的属性和方法。

12.3.3 设计界面

打开文件 MainStoryboard.storyboard，并滚动到在编辑器中能够看到初始场景。打开对象库（Control + Option + Command + 3），并拖曳一个工具栏到该视图底部。默认情况下，工具栏只包含一个名为 item 的按钮。双击 item，并将其改为 Choose a Date。接下来，从对象库拖曳两个灵活间距栏按钮项（Flexible Space Bar Button Item）到工具栏中，并将它们分别放在按钮 Choose a Date 两边。这将让按钮 Choose a Date 位于工具栏中央。

接下来，在视图中央添加一个标签。使用 Attributes Inspector（Option + Command + 4）增大标签的字体，让文本居中，并将标签扩大到至少能够容纳 5 行文本。将文本改为 No Date Selected。最终的视图如图 12.9 所示。

现在将注意力转向日期选择场景。我首先选择该场景的视图，并将其背景色设置为 Scroll View Texted Background Color。当然，并非必须这样做，但视图看起来很酷。拖曳一个日期选择器到视图顶部。如果您创建的是该应用程序的 iPad 版，该视图最终将显示为弹出框，因此只有左上角部分可见。

在日期选择器下方，放置一个标签，并将其文本改为 Please Pick a Date。最后，如果您创建的是该应用程序的 iPhone 版，拖曳一个按钮到视图底部，它将用于关闭日期选择场景。将该按钮的标签设置为 Done。图 12.10 显示了我设计的日期选择界面。

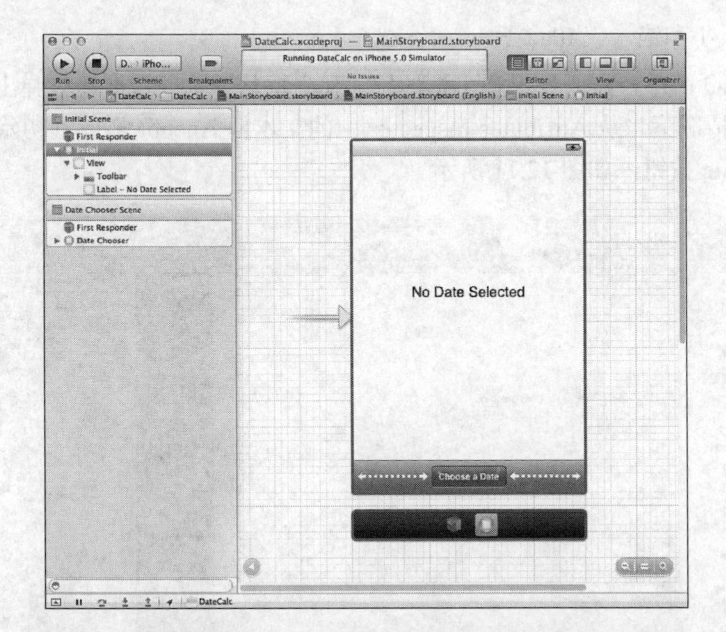

图 12.9

初始场景

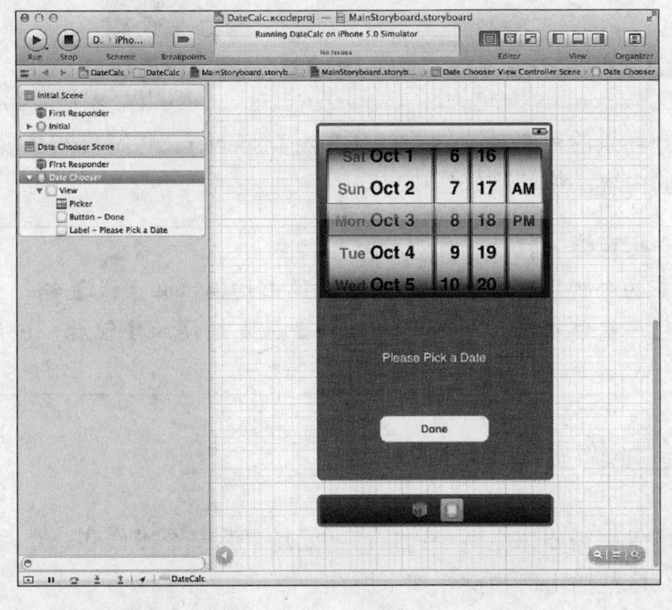

图 12.10

日期选择场景

12.3.4 创建切换

按住 Control 键，从初始场景的视图控制器拖曳到日期选择场景的视图控制器：您可直接在文档大纲区域中这样做，也可使用 Interface Builder 编辑器中场景的可视化表示。在 Xcode 要求您指定故事板切换类型时，选择 Modal（iPhone）或 Popover（iPad）。在文档大纲区域，初始场景中将新增一行，其内容为 Segue from UIViewController to DateChooseViewController。选择这行并打开 Attributes Inspector（Option + Command + 4），以配置该切换。

给切换指定标识符 toDateChooser。我们将手工触发该切换，因此将标识符设置为前面所说的值很重要，这样代码才能正确运行。对于该应用程序的 iPhone 版本，切换就配置好了；但对于 iPad 版本，还需要做些其他的设置。

1. 设置弹出框的大小和锚（仅 iPad 版）

在该应用程序的 iPad 版中，需要设置弹出框的锚（弹出框从屏幕的什么地方弹出）和大小。在仍选择了切换的情况下，从 Attributes Inspector 中的文本框 Anchor 拖曳到初始场景中工具栏上的 Choose a Date 按钮，如图 12.11 所示。

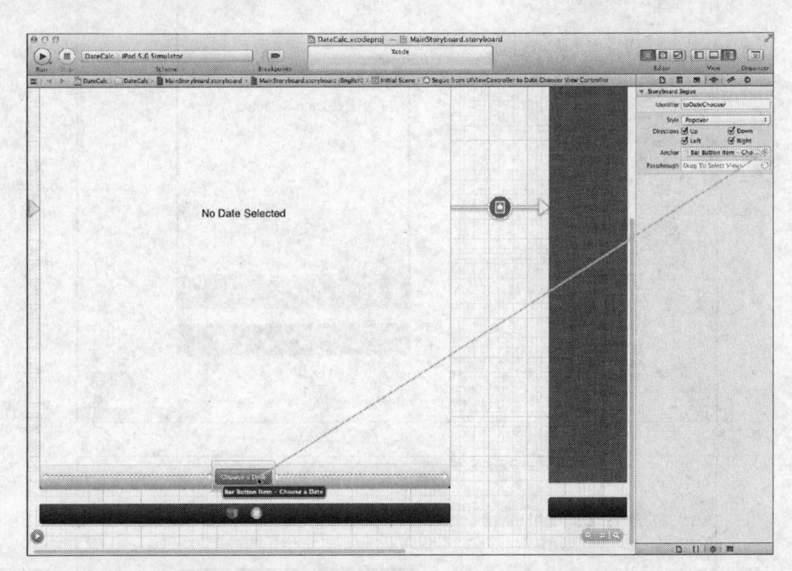

图 12.11

设置 iPad 弹出框的锚

接下来，选择日期选择场景的视图对象，并打开 Size Inspector。将宽度和高度都设置为大约 320 点，调整该视图的内容，使其刚好居中。

Watch Out!

警告：务必指定锚

对于在两个视图控制器之间创建的弹出切换，必须设置锚。如果不设置，应用程序也能够生成并运行，但单击触发切换的按钮后，应用程序将崩溃。

12.3.5 创建并连接输出口和操作

这个应用程序的每个场景都需要建立两个连接：初始场景是一个操作和一个输出口，而日期选择场景是两个操作。这些输出口和操作如下所述。

- outputLabel（UILabel）：该标签在初始场景中显示日期计算的结果。
- showDateChooser：这是一个操作方法，由初始场景中的栏按钮项触发。
- dismissDateChooser：这是一个操作方法，由日期选择场景中的 Done 按钮触发。
- setDateTime：这是一个操作方法，在日期选择器的值发生变化时触发。

切换到助手编辑器，并首先连接初始场景的输出口。

1. 添加输出口

选择初始场景中的输出标签，按住 Control 并从该标签拖曳到文件 ViewController.h 中编译指令@interface 下方。在 Xcode 提示时，创建一个名为 outputLabel 的新输出口，如图 12.12 所示。

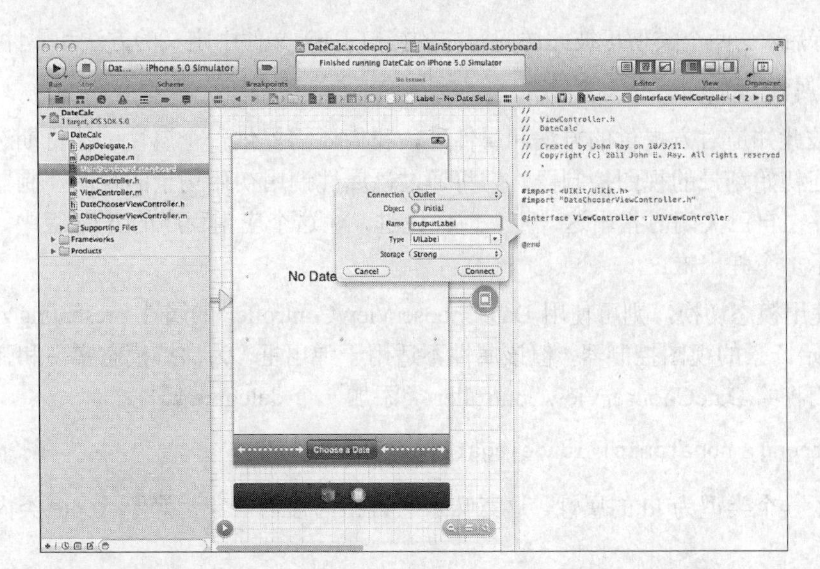

图 12.12

连接到输出标签

2．添加操作

在这个项目中，除一个连接是输出口外，其他连接都是操作。在初始场景中，按住 Control 键，并从按钮 Choose a Date 拖曳到文件 ViewController.h 中属性定义的下方。在 Xcode 提示时，添加一个名为 showDateChooser 的新操作。

切换到第二个场景（日期选择场景），按住 Control 键，并从日期选择器拖曳到文件 DateChooserViewController.h 中编译指令@interface 下方。在 Xcode 提示时，新建一个名为 setDateTime 的操作，并将触发事件指定为 Value Changed。如果您开发的是该应用程序的 iPad 版，至此创建并连接操作和输出口的工作就完成了：用户将触摸弹出框的外面来关闭弹出框。如果您创建的是 iPhone 版，还需按住 Control 键，并从按钮 Done 拖曳到文件 DateChooserViewController.h，以创建由该按钮触发的操作 dismissDateChooser。

12.3.6 实现场景切换逻辑

在应用程序逻辑中，需要处理两项主要任务。首先，需要处理初始场景的视图控制器和日期选择场景的视图控制器之间的交互；其次，需要计算并显示两个日期相差多少天。首先来处理视图控制器之间的通信。

1．导入接口文件

前一章的示例项目也有两个视图控制器，但只有其中一个需要访问另一个的属性/方法。在这个示例项目中，ViewController 类和 DateChooserViewControler 类需要彼此访问对方的属性。

在 ViewController.h 中，在现有的#import 语句下方添加如下代码行：

```
#import "DateChooserViewController.h"
```

同样，在文件 DateChooserViewController.h 中，添加导入 ViewController.h 的代码：

```
#import "ViewController.h"
```

添加这些代码行后，这两个类便可彼此访问对方的接口（.h）文件中定义的方法和属性了。

2．创建并设置属性 delegate

除让这两个类彼此知道对方提供的方法和属性外，我们还需提供一个属性，让日期选择视图控制器能够访问初始场景的视图控制器。它将通过该属性调用初始场景的视图控制器中的日期计算方法，并在自己关闭时指出这一点。前面说过，在这个应用程序的 iPad 版中，需要禁止用户同时显示多个弹出框。

如果该项目只使用模态切换，则可使用 DateChooserViewController 的属性 presentingViewController 来获取初始场景的视图控制器，但该属性不适用于弹出框。为保持模态实现和弹出框实现的一致，我们将给 DateChooserViewController 类添加一个 delegate 属性：

```
@property (strong, nonatomic) id delegate;
```

上述代码定义了一个类型为 id 的属性，这意味着它可指向任何对象，就像 Apple 类内置的 delegate 属性一样。

接下来，修改文件 DateChooserViewController.m，在@implementation 后面添加配套的编译指令@synthesize：

```
@synthesize delegate;
```

最后，执行清理工作：将该实例变量/属性设置为 nil。为此，在文件 DateChooserViewController.m 的方法 viewDidUnload 中，添加如下代码行：

```
[self setDelegate:nil];
```

要设置属性 delegate，可在 ViewController.m 的方法 prepareForSegue:sender 中进行。当初始场景和日期选择场景之间的切换被触发时，将调用这个方法。修改文件 ViewController.h，在其中添加该方法，如程序清单 12.4 所示。

程序清单 12.4 在切换期间设置属性 delegate

```
- (void)prepareForSegue:(UIStoryboardSegue *)segue sender:(id)sender {
    ((DateChooserViewController *)segue.destinationViewController).delegate=self;
}
```

这行代码将参数 segue 的属性 destinationViewController 强制转换为一个 DateChooserViewController（我们知道它是这样的对象），并将其 delegate 属性设置为 self，即初始场景的 ViewController 类的当前实例。

By the Way

> **注意：**
>
> 敏锐的读者可能会问，能否像前一章那样使用属性 contentViewController，这样代码也将适用于弹出框。属性 destinationViewController 返回的引用与属性 contentViewController 返回的引用相同，但访问前者需要做的工作更少。

至此，让初始场景和日期选择器场景能相互通信所需的准备工作就全部完成了。通过导入接口文件，让两个场景的视图控制器能够彼此访问对方的方法和属性；而属性 delegate 提供了一种交换信息的机制。

下一步是实现场景之间的切换，并使用属性 delegate（以及稍后将定义的另一个属性）避免创建日期选择场景的多个拷贝。

3．处理初始场景和日期选择场景之间的切换

在这个应用程序中，切换是在视图控制器之间，而不是对象和视图控制器之间创建的。我将这种切换称为“手工”切换，因为需要在方法 showDateChooser 中使用代码来触发它。触发场景时，首先需要检查当前是否显示了日期选择器，这是通过一个布尔属性（dateChooser Visible）进行判断的。因此，需要在 ViewController 类中添加该属性。为此，修改文件 View Controller.h，在其中包含该属性的定义：

```
@property (nonatomic) Boolean dateChooserVisible;
```

布尔值不是对象，因此声明这种类型的属性/变量时，不需要使用关键字 strong，也无需在使用完后将其设置为 nil。然而，确实需要在文件 ViewController.m 中添加配套的编译指令 @synthesize：

```
@synthesize dateChooserVisible;
```

下面实现方法 showDateChooser，使其首先核实属性 dateChooserVisible 不为 YES，再调用 performSegueWithIdentifier:sender 启动到日期选择场景的切换，然后将属性 dateChooser Visible 设置为 YES，以便我们知道当前显示了日期选择场景。程序清单 12.5 显示了我在文件 ViewController.m 中实现的方法 showDateChooser。

程序清单 12.5　必要时显示日期选择场景

```
- (IBAction)showDateChooser:(id)sender {
    if (self.dateChooserVisible!=YES) {
        [self performSegueWithIdentifier:@"toDateChooser" sender:sender];
        self.dateChooserVisible=YES;
    }
}
```

现在可以运行该应用程序，并触摸 Choose a Date 按钮显示日期选择场景了，但在 iPad 版本中，您将只能显示日期选择场景一次，因为我们还没有编写将属性 dateChooserVisible 设置为 NO 的代码；而在 iPhone 版本中，用户将无法关闭模态的日期选择场景，因为还没有给 Done 按钮触发的操作编写代码。

为解决第一个问题，需要在文件 DateChooserViewController.m 中添加方法 viewWillDisappear。这个方法非常适合用于将属性 dateChooserVisible 设置为 NO，因为它在视图即将消失时被调用。由于这里是在日期选择视图控制器中修改 dateChooserVisible，因此需要通过前面定义的属性 delegate 来访问它。在文件 DateChooserViewController.m 中，实现方法 viewWillDisappear，如程序清单 12.6 所示。

程序清单 12.6　将指示日期选择场景是否可见的标记设置为 NO

```
-(void)viewWillDisappear:(BOOL)animated {
    ((ViewController *)self.delegate).dateChooserVisible=NO;
}
```

最后一个处理切换的方法只有 iPhone 版需要：在用户单击日期选择场景中的 Done 时关闭该场景。前面已经建立了到操作 dismissDateChooser 的连接，因此只需在该方法中调用 dismissViewControllerAnimated:completion 即可。程序清单 12.7 显示了文件 DateChooserViewController.m 中方法 dismissDateChooser 的实现，它只有一行代码。

程序清单 12.7 关闭模态场景

```
- (IBAction)dismissDateChooser:(id)sender {
    [self dismissViewControllerAnimated:YES completion:nil];
}
```

至此，为显示和隐藏日期选择场景所需做的工作都完成了。在 iPhone 中，这是通过模态切换实现的，而在 iPad 中，这是通过弹出框实现的。然而，还未实现这样的逻辑，即计算当前日期和用户选择的日期相差多少天。

12.3.7 实现日期计算逻辑

为实现日期选择器，我们面临的最困难的工作是编写 calculateDateDifference 的代码。为实现我们制定的目标（显示当前日期与选择器中的日期相差多少天），需要完成多项工作。

- 获取当前的日期。
- 显示日期和时间。
- 计算这两个日期之间相差多少天。

编写代码前，先来看看完成这些任务所需的方法和数据类型。

1. 获取日期

为获取当前的日期并将其存储在一个 NSDate 对象中，只需使用 date 方法初始化一个 NSDate。初始化这种对象时，它默认存储当前日期。这意味着完成第一项任务只需一行代码。

```
todaysDate=[NSDate date];
```

2. 显示日期和时间

不幸的是，显示日期和时间比获取当前日期要棘手些。由于将在标签（UILabel）中显示输出，且知道它将如何显示在屏幕上，因此真正的问题是，如何根据 NSDate 对象获得一个字符串并设置其格式？

有趣的是，有一个为我们处理这项工作的类！我们将创建并初始化一个 NSDateFormatter 对象；然后，使用该对象的 setDateFormat 和一个模式字符串创建一种自定义格式；最后，使用 NSDateFormatter 的另一个方法 stringFromDate 将这种格式应用于日期，这个方法接受一个 NSDate 作为参数，并以指定格式返回一个字符串。

例如，如果已经将一个 NDDate 存储在变量 todaysDate 中，并要以“月份，日，年 小时:分:秒(AM 或 PM)”的格式输出，则可使用如下代码。

```
dateFormat = [[NSDateFormatter alloc] init];
[dateFormat setDateFormat:@"MMMM d, yyyy hh:mm:ssa"];
todaysDateString = [dateFormat stringFromDate:todaysDate];
```

首先，分配并初始化了一个 NSDateFormatter 对象，再将其存储到 dateFormat 中；然后，将字符串@“MMMM d, yyyy hh:mm:ssa”用作格式化字符串以设置格式；最后，使用 dateFormat 对象的实例方法 stringFromDate 生成一个新的字符串，并将其存储在 todaysDateString 中。

日期格式字符串来自何方?

可用于定义日期格式的字符串是在一项 Unicode 标准中定义的，该标准可在如下网址找到：http://unicode.org/reports/tr35/tr356.html#Date_Format_Patterns。

对这个示例中使用的模式解释如下。

MMMM：完整的月份名。

d：没有前导零的日期。

YYYY：4 位的年份。

hh：两位的小时（必要时加上前导零）。

mm：两位的分钟。

ss：两位的秒。

a：AM 或 PM。

3．计算两个日期相差多少天

我们需要明白的最后一点是，如何计算两个日期相差多少天。可使用 NSDate 对象的实例方法 timeIntervalSinceDate，而无需进行复杂的计算。这个方法返回两个日期相差多少秒，例如，如果有两个 NSDate 对象——todaysDate 和 futureDate，可使用如下代码计算它们之间相差多少秒。

```
NSTimeInterval difference;
difference = [todaysDate timeIntervalSinceDate:futureDate];
```

注意到这里将结果存储到了一个类型为 NSTimeInterval 的变量中。这种类型并非对象，在内部，它只是一个双精度浮点数。通常，可使用 C 语言数据类型 double 来声明这种变量，但 Apple 使用新类型 NSTimeInterval 进行了抽象，让我们知道日期差异计算的结果是什么。

注意：

By the Way

如果调用 timeIntervalSinceDate 方法时，提供的日期参数比调用该方法的对象早（即在这个示例中，futureDate 表示的日期比 todaysDate 早），返回的结果将为负；否则，结果将为正。为将结果转为正值，我们将使用 C 语言函数 fabs(<float>)，它接受一个浮点数作为参数，并返回其绝对值。

4．实现日期计算和显示

为计算两个日期相差多少天并显示结果，我们在 ViewController.m 中实现方法 calculateDateDifference，它接受一个参数（chosenDate）。编写该方法后，我们在日期选择视图控制器中编写调用该方法的代码，而这些代码将在用户使用日期选择器时被执行。

首先，在文件 ViewController.h 中，添加日期计算方法的原型：

```
- (void)calculateDateDifference:(NSDate *)chosenDate;
```

接下来，在文件 ViewController.m 中，添加方法 calculateDateDifference，如程序清单 12.8

所示。

程序清单 12.8 计算两个日期相差多少天

```
 1:- (void)calculateDateDifference:(NSDate *)chosenDate {
 2:     NSDate *todaysDate;
 3:     NSString *differenceOutput;
 4:     NSString *todaysDateString;
 5:     NSString *chosenDateString;
 6:     NSDateFormatter *dateFormat;
 7:     NSTimeInterval difference;
 8:
 9:     todaysDate=[NSDate date];
10:     difference = [todaysDate timeIntervalSinceDate:chosenDate] / 86400;
11:
12:     dateFormat = [[NSDateFormatter alloc] init];
13:     [dateFormat setDateFormat:@"MMMM d, yyyy hh:mm:ssa"];
14:     todaysDateString = [dateFormat stringFromDate:todaysDate];
15:     chosenDateString = [dateFormat stringFromDate:chosenDate];
16:
17:     differenceOutput=[[NSString alloc] initWithFormat:
18:     @"Difference between chosen date (%@) and today (%@) in days: %1.2f",
19:          chosenDateString,todaysDateString,fabs(difference)];
20:     self.outputLabel.text=differenceOutput;
21:}
```

鉴于前面的示例，您应对大部分代码都很熟悉，但这里还是详细介绍一下其中的逻辑。首先，第 2～6 行声明了将要使用的变量：todaysDate 存储当前日期；differenceOutput 是最终要显示给用户的经过格式化的字符串；todaysDateString 包含当前日期的格式化版本；chosenDateString 将存储传递给这个方法的日期的格式化版本；dateFormat 是日期格式化对象，而 difference 是一个双精度浮点数变量，用于存储两个日期相差的秒数。

第 9 行和第 10 行执行了我们要完成的大部分工作。第 9 行给 todaysDate 分配内存并将其初始化为一个新的 NSDate 对象。这将自动把当前日期和时间存储到这个对象中。

第 10 行使用 timeIntervalSinceDate 计算 todaysDate 和[sender date]之间相差多少秒。sender 将是日期选择器对象，而 date 方法命令 UIDatePicker 实例以 NSDate 对象的方式返回其日期和时间，这给我们要实现的方法提供了所需的一切。将结果除以 86400 并存储到变量 difference 中。为何是 86400 呢？这是一天的秒数，这样便能够显示两个日期相差的天数而不是秒数。

第 12～15 行创建了一个新的日期格式器（NSDateFormatter）对象，再使用它来格式化 todaysDate 和 chosenDate，并将结果存储到变量 todaysDateString 和 chosenDateString 中。

第 17～19 行设置最终输出字符串的格式：分配一个新的字符串变量（differenceOutput）并使用 initWithFormat 对其进行初始化。提供的格式字符串包含要向用户显示的消息以及占位符%@和%1.2f——它们分别表示字符串以及带一个前导零和两位小数的浮点数。这些占位符将替换为 todayDateString、chosenDateString 以及两个日期相差的天数的绝对值（fabs (defference)）。

第 20 行对我们加入到视图中的标签 differenceResult 更新，使其显示 differenceOutput 存储的值。

5. 更新输出

为完成该项目，需要添加调用 calculateDateDifference 的代码，以便在用户选择日期时更新输出。实际上，需要在两个地方调用 calculateDateDifference：用户选择日期时以及显示日期选择场景时。在第二种情况下，用户还未选择日期，且日期选择器显示的是当前日期。

首先考虑最重要的用例：对用户的操作做出响应，即在方法 setDateTime 被调用时，计算两个日期相差的天数。前面说过，这个方法在日期选择器的值发生变化时被触发。在文件 DateChooserViewController.m 中，将方法 setDateTime 修改成如程序清单 12.9 所示。

程序清单 12.9 计算两个日期相差多少天

```
- (IBAction)setDateTime:(id)sender {
    [(ViewController *)self.delegate
                        calculateDateDifference:((UIDatePicker *)sender).date];
}
```

这里通过属性 delegate 来访问 ViewController.m 中的方法 calculateDateDifferenc，并将日期选择器的 date 属性传递给这个方法。不幸的是，如果用户在没有显式选择日期的情况下退出选择器，将不会进行日期计算。

在这种情况下，可假定用户选择的是当前日期。为处理这种隐式选择，可在文件 DateChooser ViewController.m 中，将方法 viewDidAppear 修改成如程序清单 12.10 所示。

程序清单 12.10 在日期选择场景出现时执行默认计算

```
-(void)viewDidAppear:(BOOL)animated {
    [(ViewController *)self.delegate
                        calculateDateDifference:[NSDate date]];
}
```

这里的代码与方法 setDateTime 相同，但传递的是包含当前日期的 NSDate 对象，而不是日期选择器返回的日期。这确保即使用户马上关闭模态场景或弹出框，也将显示计算得到的结果。

12.3.8 生成应用程序

至此，这个日期选择器应用程序就编写好了。请运行并测试该应用程序，以了解各个部分是如何协同工作的。在测试期间，注意该应用程序的 iPad/弹出框版的行为。您可能会问，为何每次用户选择日期时都更新初始场景的输出标签，而不等到用户关闭日期选择场景时再这样做。这是因为在 iPad 版中，在弹出框中显示日期选择场景期间，初始场景始终可见。因此，用户选择新日期时，可看到实时的反馈。

您实现了一个日期选择器，学习了如何执行一些基本的日期算术运算，还使用日期格式字符串设置了日期的格式以便将其输出。还有什么比这更好的呢？当然是创建自定义选择器，并在其中显示您自己的数据！

12.4 实现自定义选择器

在本章的第二个示例项目中，您将创建一个自定义选择器，它包含两个组件，一个显示图像（动物），另一个显示字符串（动物声音）。显示该选择器的方式与前一个项目相同：在 iPhone 上，通过模态切换显示它，而在 iPad 中，通过弹出框显示它，如图 12.13 所示。

图 12.13

创建一个自定义选择器

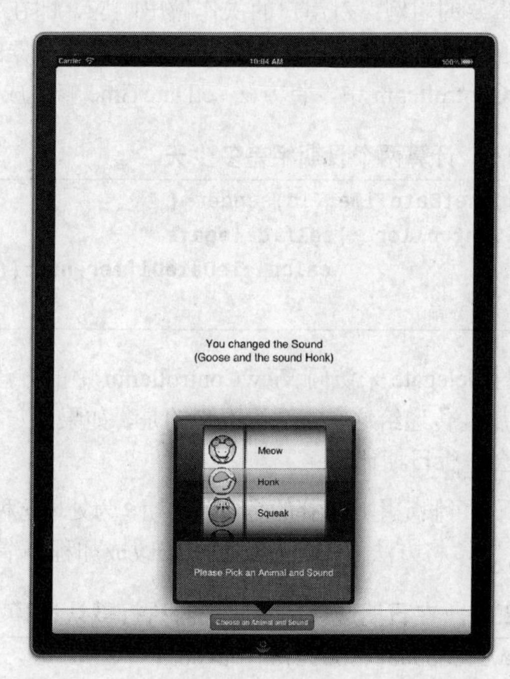

用户在自定义选择器视图中选择动物或声音时，输出标签将指出用户所做的选择。

12.4.1 实现概述

虽然要实现自定义选择器，必须让一个类遵守选择器委托协议和选择器数据源协议，但这个应用程序的很多核心处理都与前一个应用程序相同。初始场景包含一个输出标签，还有一个只包含一个按钮的工具栏。触摸该按钮将切换到自定义选择器场景。在该场景中，用户可操纵自定义选择器，并通过触摸 Done 按钮（在 iPad 上，是触摸弹出框外面）返回到初始场景。

我们将使用前面介绍的方法，添加防止出现多个弹出框的逻辑。使用的属性名将稍有不同，这旨在更好地反映它们在应用程序中扮演的角色，但逻辑和实现几乎相同。由于这种相似性，我们将提高速度，仅在项目不同的地方提供详细说明。

12.4.2 创建项目

使用模板 Single View Application 新建一个项目，并将其命名为 CustomPicker。如果您的前一个项目是针对 iPhone 开发的，建议您针对 iPad 开发这个项目（反之亦然）。虽然针对这两种设备的开发几乎相同，但这有助于您了解用于不同硬件平台的设计工具。

1．添加图像资源

为让自定义选择器显示动物照片，需要在项目中添加一些图像。为此，将文件夹 Images 拖曳到项目代码编组中，在 Xcode 询问时选择复制文件并创建编组。

打开项目中的 Images 编组，核实其中有 7 幅图像：bear.png、cat.png、dog.png、goose.png、mouse.png、pig.png 和 snake.png。

2．添加 AnimalChooserViewController 类

就像 DateChooserViewController 负责处理包含日期选择器的场景一样，将添加 AnimalChooser ViewController 类，它将负责处理这样的场景，即其中有一个包含动物和声音的自定义选择器。为此，单击项目导航器左下角的+按钮，新建一个 UIViewController 子类，并将其命名为 Animal ChooserViewController。将这个新类放到项目代码编组中。

3．添加动物选择场景并关联视图控制器

打开文件 MainStoryboard.storyboard 和对象库（Control + Option + Command + 3），将一个视图控制器拖曳到 Interface Builder 编辑器的空白区域（或文档大纲区域）。

选择新场景的视图控制器图标，按 Option + Command + 3 打开 Identity Inspector，并从 Class 下拉列表中选择 AnimalChooserViewController。使用 Identity Inspector 将第一个场景的视图控制器标签设置为 Initial，将第二个场景的视图控制器标签设置为 Animal Chooser。这些修改将立即在文档大纲中反映出来。

4．规划变量和连接

这个项目需要的输出口和操作与前一个项目相同，但有一个例外。在前一个项目中，在日期选择器的值发生变化时，需要执行一个方法，但在这个项目中，我们将实现选择器协议，其中包含的一个方法将在用户使用选择器时自动被调用。

初始场景中将包含一个输出标签（outputLabel），还有一个用于显示动物选择场景的操作（showAnimalChooser）。该场景的视图控制器类 ViewController 将通过属性 animalChooser Visible 跟踪动物选择场景是否可见，还有一个显示用户选择的动物和声音的方法：displayAnimal: WithSound:FromComponent。

至于动物选择场景，它有一个与按钮相关联的操作（dismissAnimalChooser），在 iPhone 实现中用于退出动物选择模态视图。我们还将实现 4 个属性。其中最重要的是 delegate，它存储了指向初始场景的视图控制器的引用。其他 3 个（animalNames、 animalSounds 和 animalImages）是 NSArray 对象，分别包含要显示的动物名、要在自定义选择器中显示的声音以及与动物对应的图像资源名。

5．添加表示自定义选择器组件的常量

创建自定义选择器时，必须实现各种协议方法，而在这些方法中需要使用数字来引用组件（小转轮）。为简化自定义选择器实现，可定义一些常量，这样就可使用符号来引用组件了。

在这个示例项目中，组件 0 为动物组件，而组件 1 为声音组件。通过在实现文件开头定义几个常量，可通过名称来引用组件。为此，在文件 AnimalChooserView.m 中，在#import

代码行后面添加如下代码行：

```
#define kComponentCount 2
#define kAnimalComponent 0
#define kSoundComponent 1
```

第一个常量 kcomponetCount 是要在选择器中显示的组件数，而其他两个常量——kanimal Component 和 ksoundComponent 可用于引用选择器中不同的组件，而无需借助于它们的实际编号。

> **使用编号进行引用有何不妥？**
>
> 这样做绝对没有任何问题。然而，使用常量来引用很有帮助，因为如果设计发生变化，而您决定调整组件的顺序或添加新组件时，只需修改常量对应的编号，而无需修改代码中每个使用它们的地方。

12.4.3 设计界面

打开文件 MainStoryboard.storyboard，并滚动到在编辑器中能够看到初始场景。打开对象库（Control + Option + Command + 3），并拖曳一个工具栏到该视图底部。修改默认栏按钮项的文本，将其改为 Choose an Animal and Sound。使用两个灵活间距栏按钮项（Flexible Space Bar Button Item）让该按钮位于工具栏中央。

接下来，在视图中央添加一个标签，将其文本改为 Nothing Selected。使用 Attributes Inspector，让文本居中、增大标签的字体并将标签扩大到至少能够容纳 5 行文本。图 12.14 显示了初始视图的布局。

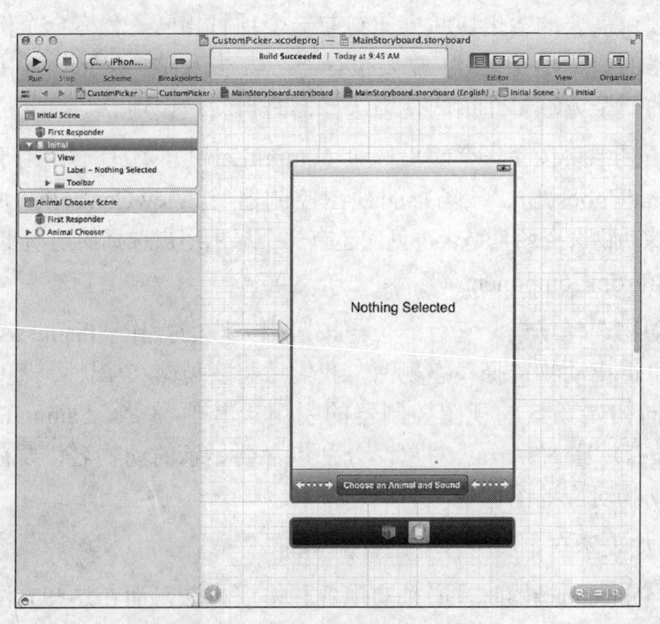

图 12.14
初始场景

像前面配置日期选择场景一样配置动物选择场景：设置背景色，添加一个文本为 Please Pick an Animal and Sound 的标签，但拖曳一个选择器视图对象到场景顶部。如果您创建的是该应用程序的 iPad 版，该视图最终将显示为弹出框，因此只有左上角部分可见。

如果您创建的是该应用程序的 iPhone 版，拖曳一个按钮到视图底部，并将其标签设置为 Done。与前一个项目一样，它将用于关闭动物选择场景。图 12.15 显示了我设计的动物选择界面。

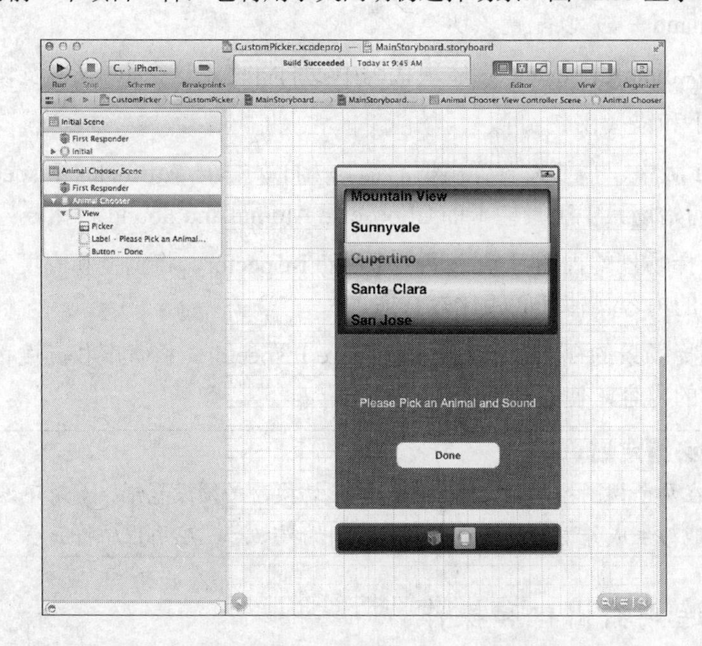

图 12.15
动物选择场景

1．设置选择器视图的数据源和委托

在这个项目中，我们让 AnimalChooserViewController 类承担双重职责，即充当选择器视图的数据源和委托。换句话说，AnimalChooserViewController 类将负责实现让自定义选择器能够正常运行所需的所有方法。

要为选择器视图设置数据源和委托，可在动物选择场景或文档大纲区域选择它，再打开 Connections Inspector（Option + Command + 6）。从输出口 dataSource 拖曳到文档大纲中的视图控制器图标 Animal Chooser；对输出口 delegate 做相同的处理。完成这些处理后，Connection Inspector 应类似于图 12.16。

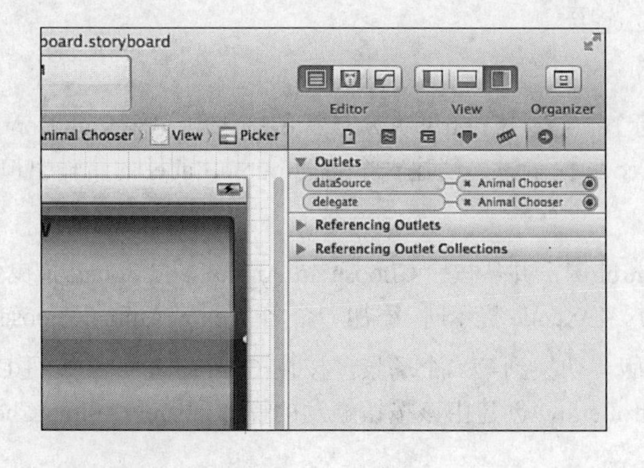

图 12.16
将选择器视图的输出口 dataSource 和 delegate 连接到视图控制器对象 Animal Chooser

12.4.4 创建切换

现在该在场景之间创建切换了。按住 Control 键，从初始场景的视图控制器拖曳到动物选择场景的视图控制器，创建一个模态切换（iPhone）或弹出切换（iPad）。创建切换后，将新增内容为 Segue from UIViewController to AnimalChooseViewController 的一行。打开 Attributes Inspector（Option + Command + 4）以配置该切换。

给切换指定标识符 toAnimalChooser，在实现代码中我们将使用这个 ID 来触发切换。

1．设置弹出框的大小和锚（仅 iPad 版）

在该应用程序的 iPad 版中，需要设置弹出框的锚。为此，打开 Attributes Inspector，并从文本框 Anchor 拖曳到初始场景中工具栏上的 Choose an Animal and Sound 按钮。

接下来，选择动物选择场景的视图对象，并打开 Size Inspector。将宽度和高度都设置为大约 320 点，调整该视图的内容，使其间距比较合适。

接下来，选择日期选择场景的视图对象，并打开 Size Inspector。将宽度和高度都设置为大约 320 点，调整该视图的内容，使其刚好居中。

Watch Out!

警告：务必指定锚

对于在两个视图控制器之间创建的弹出切换，必须设置锚。如果不设置，应用程序也能够生成并运行，但单击触发切换的按钮后，应用程序将崩溃。

12.4.5 创建并连接输出口和操作

总共需要建立 3 个连接（初始场景的一个操作和一个输出口，动物选择场景中的一个操作）。

- outputLabel（UILabel）：该标签在初始场景中显示用户与选择器视图交互的结果。
- showAnimalChooser：这是一个操作方法，由初始场景中的栏按钮项 Choose an Animal and Sound 触发。
- dismissAnimalChooser：这是一个操作方法，由动物选择场景中的 Done 按钮触发。只有 iPhone 版需要这个操作方法。

切换到助手编辑器并建立连接。

1．添加输出口

选择初始场景中的输出标签，按住 Control 并从该标签拖曳到文件 ViewController.h 中编译指令@interface 下方。在 Xcode 提示时，创建一个名为 outputLabel 的新输出口。

2．添加操作

在初始场景中，按住 Control 键，并从按钮 Choose an Animal and Sound 拖曳到文件 ViewController.h 中属性定义的下方。在 Xcode 提示时，添加一个名为 showAnimalChooser 的新操作。

如果您创建的是 iPhone 版，切换到第二个场景，按住 Control 键并从按钮 Done 拖曳到文件 AnimalChooserViewController.h，创建由该按钮触发的操作 dismissAnimalChooser。

12.4.6 实现场景切换逻辑

与前一个示例项目一样，自定义选择器视图的实现也有一些需要特别注意的地方。我们需要确保 iPad 版不会显示多个相互堆叠的动物选择场景，为此将采取 DateCalc 采取的方式。

1．导入接口文件

修改两个视图控制器类的接口文件，让它们彼此导入对方的接口文件。为此，在 ViewController.h 中，在现有的#import 语句下方添加如下代码行：

```
#import "AnimalChooserViewController.h"
```

在文件 AnimalChooserViewController.h 中，添加导入 ViewController.h 的代码：

```
#import "ViewController.h"
```

2．创建并设置属性 delegate

这里也使用属性 delegate 来访问初始场景的视图控制器。在文件 AnimalChooserViewController.h 中，在编译指令@interface 后面添加如下代码行：

```
@property (strong, nonatomic) id delegate;
```

接下来，修改文件 AnimalChooserViewController.m，在@implementation 后面添加配套的编译指令@synthesize：

```
@synthesize delegate;
```

执行清理工作，将该实例变量/属性设置为 nil。为此，在文件 AnimalChooserViewController.m 的方法 viewDidUnload 中，添加如下代码行：

```
[self setDelegate:nil];
```

为设置属性 delegate，修改文件 ViewController.h，在其中添加如程序清单 12.11 所示的方法。

程序清单 12.11　在切换期间设置属性 delegate

```
- (void)prepareForSegue:(UIStoryboardSegue *)segue sender:(id)sender {
    ((AnimalChooserViewController *)segue.destinationViewController).delegate=self;
}
```

3．处理初始场景和日期选择场景之间的切换

在这个示例项目中，我们使用一个属性（animalChooserVisible）来存储动物选择场景的当前可见性。修改文件 ViewController.h，在其中包含该属性的定义：

```
@property (nonatomic) Boolean animalChooserVisible;
```

在文件 ViewController.m 中添加配套的编译指令@synthesize：

```
@synthesize animalChooserVisible;
```

实现方法 showAnimalChooser，使其在标记 animalChooserVisible 为 NO 时调用 performSegueWithIdentifier:sender。程序清单 12.12 显示了我在文件 ViewController.m 中实现的方法 showAnimalChooser。

程序清单 12.12 必要时显示日期选择场景

```
- (IBAction)showAnimalChooser:(id)sender {
    if (self.animalChooserVisible!=YES) {
        [self performSegueWithIdentifier:@"toAnimalChooser" sender:sender];
        self.animalChooserVisible=YES;
    }
}
```

为在动物选择场景关闭时将标记 animalChooserVisible 设置为 NO，可在文件 AnimalChooser ViewController.m 的方法 viewWillDisappear 中这样做，如程序清单 12.13 所示。

程序清单 12.13 将指示动物选择场景是否可见的标记设置为 NO

```
-(void)viewWillDisappear:(BOOL)animated {
    ((ViewController *)self.delegate).animalChooserVisible=NO;
}
```

在这个应用程序的 iPhone 版中，需要手工关闭模态场景。如果您开发的是这种版本，在文件 AnimalChooserViewController.m 中实现方法 dismissAnimalChooser，如程序清单 12.14 所示。

程序清单 12.14 关闭模态场景

```
- (IBAction)dismissAnimalChooser:(id)sender {
    [self dismissViewControllerAnimated:YES completion:nil];
}
```

至此，完成了处理弹出/模态切换的工作，还实现了确保切换按预期进行的逻辑。余下的工作就是实现自定义选择器视图以及指出用作所做的选择。

12.4.7 实现自定义选择器视图

本章前面，提供了一种自定义选择器视图的实现，其中包含的内容很少。虽然它不能代码实际应用程序，但很好地说明了为完成这个示例需要做的工作。在这个示例项目中，我们将创建一个自定义选择它，它在两个组件中分别显示图像和文本。这里将放慢速度，详细阐述如何创建自定义选择器视图。

1．加载选择器视图所需的数据

要显示选择器，需要给它提供数据。我们已经将图像资源加入到项目中，但要将这些图像提供给选择器，需要通过名称引用它们。另外，还需要在动物图像和动物名之间进行转换，即如果用户选择了小猪图像，我们希望应用程序显示 Pig，而不是 pig.png。为此，我们将创建一个动物图像数组（animalImages）和一个动物名数组（animalName）；在这两个数组中，同一种动物的图像和名称的索引相同。例如，如果用户选择的动物图像对应于数组 animal Images 的第三个元素，则可从数组 animalNames 的第三个元素获取动物名。我们还需要表示动物声音的数据，它们显示在选择器视图的第二个组件中。因此，我们还需创建第三个数组：animalSounds。

在文件 AnimalChooserViewController.h 中，将这 3 个数组声明为属性：

```
@property (strong, nonatomic) NSArray *animalNames;
@property (strong, nonatomic) NSArray *animalSounds;
@property (strong, nonatomic) NSArray *animalImages;
```

然后，在文件 AnimalChooserViewController.m 中，添加配套的编译指令@synthesize：

```
@synthesize animalNames;
@synthesize animalSounds;
@synthesize animalImages;
```

再在方法 viewDidUnload 中清理这些属性：

```
[self setAnimalNames:nil];
[self setAnimalImages:nil];
[self setAnimalSounds:nil];
```

现在，需要分配并初始化每个数组。对于名称和声音数组，只需在其中存储字符串即可。然而，对于图像数组，需要在其中存储 UIImageView。在文件 AnimalChooserViewController.m 中，按程序清单 12.15 实现方法 viewDidLoad。

程序清单 12.15 加载选择器视图所需的数据

```
 1: - (void)viewDidLoad
 2: {
 3:     self.animalNames=[[NSArray alloc]initWithObjects:
 4:             @"Mouse",@"Goose",@"Cat",@"Dog",@"Snake",@"Bear",@"Pig",nil];
 5:     self.animalSounds=[[NSArray alloc]initWithObjects:
 6:             @"Oink",@"Rawr",@"Ssss",@"Roof",@"Meow",@"Honk",@"Squeak",nil];
 7:     self.animalImages=[[NSArray alloc]initWithObjects:
 8:                       [[UIImageView alloc]
 9:                         initWithImage:[UIImage imageNamed:@"mouse.png"]],
10:                        [[UIImageView alloc]
11:                         initWithImage:[UIImage imageNamed:@"goose.png"]],
12:                        [[UIImageView alloc]
13:                         initWithImage:[UIImage imageNamed:@"cat.png"]],
14:                        [[UIImageView alloc]
15:                         initWithImage:[UIImage imageNamed:@"dog.png"]],
16:                        [[UIImageView alloc]
17:                         initWithImage:[UIImage imageNamed:@"snake.png"]],
18:                        [[UIImageView alloc]
19:                         initWithImage:[UIImage imageNamed:@"bear.png"]],
20:                        [[UIImageView alloc]
21:                         initWithImage:[UIImage imageNamed:@"pig.png"]],
22:                        nil
23:                        ];
24:     [super viewDidLoad];
25: }
```

第 3～4 行创建数组 animalNames，其中包含 7 个动物名。别忘了，数组以 nil 结尾，因此需要将第 8 个元素指定为 nil。

第 5～6 行初始化数组 animalSounds，使其包含 7 种动物声音。

第 7～23 行创建数组 animalImages，它包含 7 个 UIImageView 实例，这些实例是使用本节开头导入的图像创建的。

2．实现选择器视图数据源协议

下一步是实现自定义选择器要求的协议。首先，数据源协议提供如下信息：将显示多少个组件，每个组件包含多少个元素。

在文件 AnimalChooserViewController.h 中，将@interface 行改成下面这样，将这个类声明为遵守协议 UIPickerViewDataSource：

```
@interface AnimalChooserViewController :
                     UIViewController <UIPickerViewDataSource>
```

接下来，实现方法 numberOfComponentsInPickerView。这个方法返回选择器将显示多少个组件。由于我们为此定义了一个常量（kComponentCount），因此只需返回该常量即可，如程序清单 12.16 所示。

程序清单 12.16　返回组件数

```
- (NSInteger)numberOfComponentsInPickerView:(UIPickerView *)pickerView {
        return kComponentCount;
}
```

必须实现的另一个数据源方法是 pickerView:numberOfRowsInComponent。它根据编号返回相应组件将显示的元素数。为简化确定组件的方式，可使用常量 kAnimalComponent 和 kSoundComponent，并使用 NArray 类的方法 count 来获取数组包含的元素数。pickerView:numberOfRowsInComponent 的实现如程序清单 12.17 所示。

程序清单 12.17　返回每个组件包含的元素数

```
1: - (NSInteger)pickerView:(UIPickerView *)pickerView
2:      numberOfRowsInComponent:(NSInteger)component {
3:     if (component==kAnimalComponent) {
4:         return [self.animalNames count];
5:     } else {
6:         return [self.animalSounds count];
7:     }
8: }
```

第 3 行检查查询的组件是否是动物组件。如果是，第 4 行返回数组 animalNames 包含的元素数（也可以返回图像数组包含的元素数）。

如果查询的不是动物组件，便可认为查询的是声音组件（第 5 行），因此返回数组 animal Sounds 包含的元素数。

这就是实现数据源协议需要做的全部工作。其他与选择器视图相关的工作由选择器视图委托协议（UIPickerViewDelegate）处理。

3．实现选择器视图委托协议

选择器视图委托协议负责定制选择器的显示方式，以及在用户在选择器中选择时做出反应。在文件 AnimalChooserViewController.h 中，指出我们要遵守委托协议：

```
@interface AnimalChooserViewController : UIViewController
                               <UIPickerViewDataSource, UIPickerViewDelegate>
```

要生成我们所需的选择器，需要实现多个委托方法，但其中最重要的是 pickerView:viewForRow:forComponent:reusingView。这个方法接受组件和行号作为参数，并返回要在选择器相应位置显示的自定义视图。

在我们的实现中，我们需要给第一个组件返回动物图像，并给第二个组件返回标签，其中包含对动物声音的描述。在项目中，按程序清单 12.18 实现这个方法。

程序清单 12.18　给每个选择器元素提供自定义视图

```
 1: - (UIView *)pickerView:(UIPickerView *)pickerView viewForRow:(NSInteger)row
 2:           forComponent:(NSInteger)component reusingView:(UIView *)view {
 3:     if (component==kAnimalComponent) {
 4:         return [self.animalImages objectAtIndex:row];
 5:     } else {
 6:         UILabel *soundLabel;
 7:         soundLabel=[[UILabel alloc] initWithFrame:CGRectMake(0,0,100,32)];
 8:         soundLabel.backgroundColor=[UIColor clearColor];
 9:         soundLabel.text=[self.animalSounds objectAtIndex:row];
10:         return soundLabel;
11:     }
12: }
```

第 3～4 行检查 component 是否是动物组件，如果是，则根据参数 row 返回数组 animalImages 中相应的 UIImageView。如果 component 参数引用的不是动物组件，则需要根据 row 使用 animalSounds 数组中相应的元素创建一个 UILabel，并返回它。这是在第 5～11 行处理的。

第 6 行声明了一个名为 soundLabel 的 UILabel。第 7 行分配 soundLabel，并使用方法 initWith Frame 根据一个框架初始化它。本书前面说过，视图定义了屏幕中可显示内容的矩形区域。要创建标签，需要定义其框架对应的矩形。函数 CGRectMake 接受起点的 x 和 y 坐标以及宽度和高度作为参数。在这里，定义了一个起点坐标为(0,0)、宽 100 点、高 32 点的矩形。

第 8 行将标签的背景色设置为透明的。正如本书前面介绍 Web 视图时指出的，[UIColor clearColor]返回一个透明的颜色对象。如果没有这行代码，矩形将不会融合到选择器视图的背景中。

第 9 行将标签的文本设置为数组 animalSounds 中索引为 row 的字符串。

最后，第 10 行返回可显示的 UILabel。

4．修改组件的宽度和行高

如果现在运行该应用程序，您将看到自定义选择器，但显得比较拥挤。为调整选择器视图的组件大小，可实现另外两个委托方法：pickerView:rowHeightForComponent 和 pickerView:widthForComponent。

对于这个示例应用程序，我通过试错确定动物组件的宽度应为 75 点，而声音组件在宽度大约为 150 点时看起来最佳。

这两个组件都应使用固定的行高——55 点。

将这些变成代码，在文件 AnimalChooserViewController.m 中实现这两个方法，如程序清单 12.19 所示。

程序清单 12.19 设置选择器组件的宽度和行高

```
- (CGFloat)pickerView:(UIPickerView *)pickerView
  rowHeightForComponent:(NSInteger)component {
        return 55.0;
}

- (CGFloat)pickerView:(UIPickerView *)pickerView
    widthForComponent:(NSInteger)component {
        if (component==kAnimalComponent) {
                return 75.0;
        } else {
                return 150.0;
        }
}
```

5．在用户做出选择时进行响应

在日期选择器示例中，您将选择器连接到一个操作方法，并使用事件 Value Changed 来捕获用户修改选择器的操作。不幸的是，自定义选择器的工作原理不是这样的。要获取用户在自定义选择器中所做的选择，您必须实现另一个委托方法：pickerView:didSelectRow:inComponent。给这个方法提供的参数为用户选择的组件和行号。

注意到这个方法有什么奇怪的地方吗？它给我们提供了用户选择的组件和行号，但没有指出其他组件的状态。要获取其他组件的值，我们必须使用选择器的实例方法 selectedRowInComponent，并将我们要获取其值的组件作为参数提供给它。

在这个项目中，当用户做出选择时，我们将调用方法 displayAnimal:withSound:fromComponent，将选择情况显示在初始场景的输出标签中。我们还没有实现这个方法，现在就这样做。在文件 ViewController.h 中，添加这个方法的原型：

```
- (void)displayAnimal:(NSString *)chosenAnimal
          withSound:(NSString *)chosenSound
      fromComponent:(NSString *)chosenComponent;
```

在文件 ViewControler.m 中实现这个方法。它应将传入的字符串参数显示在输出标签中，这不用玩什么花样。程序清单 12.20 显示了我的实现。

程序清单 12.20 创建一个将用户的选择情况显示出来的方法

```
- (void)displayAnimal:(NSString *)chosenAnimal
            withSound:(NSString *)chosenSound
        fromComponent:(NSString *)chosenComponent {

    NSString *animalSoundString=[[NSString alloc]
                     initWithFormat:@"You changed %@ (%@ and the sound %@)",
                     chosenComponent,chosenAnimal,chosenSound];
    self.outputLabel.text=animalSoundString;

}
```

根据字符串参数 chosenComponent、chosenAnimal 和 chosenSound 的内容，创建了一个字符串——animalSoundString，然后设置输出标签的内容，以显示这个字符串。

有了用于显示用户选择情况的机制后，需要在用户选择时做出响应了。在文件 AnimalChooser ViewController.m 中，实现方法 pickerView:didSelectRow:inComponent，如程序清单 12.21 所示。

程序清单 12.21 在用户选择时做出响应

```
 1: - (void)pickerView:(UIPickerView *)pickerView didSelectRow:(NSInteger)row
 2:     inComponent:(NSInteger)component {
 3:
 4: ViewController *initialView=(ViewController *)self.delegate;
 5:
 6: if (component==kAnimalComponent) {
 7:    int chosenSound=[pickerView selectedRowInComponent:kSoundComponent];
 8:    [initialView displayAnimal:[self.animalNames objectAtIndex:row]
 9:                 withSound:[self.animalSounds objectAtIndex:chosenSound]
10:                 fromComponent:@"the Animal"];
11: } else {
12:    int chosenAnimal=[pickerView selectedRowInComponent:kAnimalComponent];
13:    [initialView displayAnimal:[self.animalNames objectAtIndex:chosenAnimal]
14:                withSound:[self.animalSounds objectAtIndex:row]
15:                fromComponent:@"the Sound"];
16: }
17:
18: }
```

在第 4 行，这个方法首先获取指向初始场景的视图控制器的引用，我们需要它来在初始场景中指出用户做出的选择。

第 6 行检查当前选择的组件是否是动物组件，如果是，则还需获取当前选择的声音（第 7 行）。第 8～10 行调用前面编写的方法 displayAnimal:withSound:fromComponent，将动物名（第 8 行）、当前选择的声音（第 9 行）以及一个字符串（它描述了用户最后选择的组件，第 10

行）传递给它，其中动物名是根据参数 row 从相应的数组中获取的。

如果用户选择的是声音，将执行第 11～16 行。在这种情况下，需要查询当前选择的动物第 12 行），然后再次将相关的值传递给方法 displayAnimal:withSound:fromComponent，以便将它们显示到屏幕上。

6. 处理隐式选择

与日期选择器一样，用户显示自定义选择器后，也可能在不做任何选择的情况下关闭它。在这种情况下，我们应假定用户想选择默认的动物和声音。为实现这一点，我们可在动物选择场景显示后，立即更新初始场景中的输出标签，让其显示默认的动物名和声音以及一条消息，让消息指出用户没有做任何选择（noting yet…）。

与日期选择器一样，可在文件 AnimalChooserViewController.m 的方法 viewDidAppear 中这样做。请按程序清单 12.22 实现这个方法。

程序清单 12.22 指定默认选择情况

```
-(void)viewDidAppear:(BOOL)animated {
    ViewController *initialView;
    initialView=(ViewController *)self.delegate;
    [initialView displayAnimal:[self.animalNames objectAtIndex:0]
                    withSound:[self.animalSounds objectAtIndex:0]
                fromComponent:@"nothing yet..."];
}
```

这里的实现很简单，它调用方法 displayAnimal:withSound:fromComponent，并将动物名数组和声音数组的第一个元素传递给它，因为它们是选择器默认显示的元素。对于参数 from Component，则将其设置为一个字符串，指出用户还未做出选择。

12.4.8 生成应用程序

运行该应用程序并测试其中的自定义选择器视图。其行为应该与日期选择器几乎相同，虽然实现不同。在 iPad 版中，用户在选择器视图（显示在一个弹出框中）做出选择后，输出标签将立即更新。iPhone 版也如此，但初始场景被模态场景遮住了。最重要的是，这个项目在 iPad 和 iPhone 版使用的是同一个类，开发这两个版本的流程也相同，且创建的 UI 功能遵守了最佳实践。在第 23 章学习通用应用程序后，您可能想进一步复习这个主题。

12.5 进一步探索

正如您在本章看到的，UIDatePicker 和 UIPickerView 使用起来相当简单，且在完成任务方面非常灵活。这些控件还有一些有趣的方面，本章没有介绍它们，但您可能想自己进行探索。首先，这两个类都提供了这样的机制，即以编程方式选择值，其选择器组件不断旋转，直到到达您选择的值：setDate:animated 和 selectRow:inComponent:animated。如果您使用过实现了选择器的应用程序，很可能见过这样的情形。

另一种流行的实现选择器的方法是，创建看起来不断旋转的组件，而不是到达起点或终点时停止。您可能惊奇地发现这只是一种编程技巧。实现这种功能的最常见方式是，使用一个不断重复（数千次）组件行的选择器视图。这要求您在委托和数据源协议方法中编写必要的逻辑，但总体效果是组件在不断旋转。

为拓展您的选择器知识，这些是必须探索的领域，但您还可能想深入探索有关工具栏（UIToolbar）和NSDate类的文档。工具栏提供了一种简洁的方式，让您能够创建不唐突的用户界面；相当于在视图中四处添加按钮，工具栏还可节省大量的屏幕空间。编写应用程序时，操纵日期的能力非常重要。

Apple 教程

UIDatePicker, UIPickerView – UICatalog（可通过Xcode开发文档访问）：这个优秀的示例代码包提供了简单UIDatePicker实现和完整UIPickerView实现的示例。

Dates, Times, and Calendars – Date and Time Programming Guide for Cocoa（可通过Xcode开发文档访问）：该指南提供了有关您可能想对日期和时间执行的任何操作的信息。

12.6 小结

在本章中，您探索了3种UI元素：UIToolbar、UIDatePicker和UIPickerView，它们都向用户显示一系列选项。工具栏在屏幕顶部或底部显示一系列静态按钮或图标。选择器显示类似于自动贩卖机的视图，用户可通过旋转其中的组件来创建自定义的选项组合。这两种UI元素经常与弹出框结合使用，事实上，Apple要求必须在弹出框中显示选择器。

虽然工具栏和选择器类似于前几章介绍的其他UI元素类似，但自定义选择器视图截然不同，它要求您编写遵守协议UIPickerViewDelegate和UIPickerViewDataSource的方法。

编写本章的选择器示例应用程序时，您还使用了NSDate的方法来计算两个日期之间的间隔，并使用NSDateFormatter根据NSDate实例创建用户友好的字符串。虽然这些并非本章的主题，但它们是处理日期和时间以及与用户交互的强大工具。

12.7 问与答

问：为何没有介绍UIDatePicker的计时器模式？

答：计时器模式并不会实现计时器，而只是一种可显示计时器信息的视图。要实现计时器，需要跟踪时间并相应地更新视图，这在一章的篇幅中很难介绍清楚。

问：从哪里获悉UIPickerView协议定义的方法及其参数？

答：本章实现的方法是通过有关UIPickerViewDelegate和UIPickerViewDataSource的Apple Xcode文档获悉的。您可将该文档中的方法定义复制并粘贴到代码中。

问：如果必须创建一个矩形来定义UILabel的框架，为何创建UIImageView对象时不需要这样做呢？

答：使用NSImage初始化UIImage时，其框架将根据图像的尺寸设置。

12.8 作业

12.8.1 测验

1．判断正误：NSDate 实例只存储了日期。

2．判断正误：栏按钮项和灵活间距栏按钮项是两种彼此独立的东西。

3．判断正误：选择器视图可使用 pickerView:titleForRow:forComponent 方法来显示图像。

12.8.2 答案

1．错。NSDate 实例存储一个“时点”，这意味着包含日期和时间。

2．错。灵活间距栏按钮项只是一种特殊的栏按钮项。

3．错。要在选择器中显示图像，必须实现方法 pickerView:viewForRow:forComponent:reusingView。

12.8.3 练习

1．更新项目 dateCalc 让程序能够在加载时将选择器设置为自动选择当前日期，为此需要使用方法 setDate:animated。

2．修改项目 CustomPicker，在用户选择的动物和声音匹配时给予奖励。这个示例项目原来就是这样的，但为节省篇幅，对其进行了简化。提示：让声音和动物的排列顺序相反。

第 13 章 使用导航控制器和选项卡栏控制器

本章将介绍：

- 导航控制器和选项卡栏控制器的用途；
- 如何使用故事板创建基于导航控制器的场景；
- 如何使用 iOS 选项卡栏模板创建选项卡栏应用程序；
- 使用导航控制器和选项卡栏控制器在场景间共享数据。

通过前几章的学习，您熟悉了如何使用模态场景切换和弹出框创建多场景应用程序。它们很有用，也是常用的用户界面功能，但很多 iOS 应用程序采用结构化程度更高的场景布局，其中两种最流行的应用程序布局方式是使用导航控制器和选项卡栏控制器。导航控制器让用户能够从一个屏幕切换到另一个屏幕，以显示更多细节。在 iOS 中，导航控制器无处不在，从“设置”应用程序到 Safari 书签。第二种方法是实现选项卡栏控制器，它用于开发包含多个功能屏幕的应用程序，其中每个选项卡都显示一个不同的场景，让用户能够与一组控件交互。

本章介绍这两种控制器以及如何在应用程序中使用全新的界面选项。

13.1 高级视图控制器

无论是 iOS 还是其他 OS，因其升级导致开发工作更容易的情况很少。每个新版本都会新增功能，导致 OS 更复杂。然而，随着 iOS 5 和 Xcode 4.2 的推出，更容易在项目中使用两种常见的 iOS 视图控制器：导航控制器和选项卡栏控制器。

以前，这两种高级视图控制器严重依赖于代码，其基本实现需要多章的篇幅才能介绍清楚，而涉及的代码非常多。而现在，只需拖放就能实现它们。

介绍这些新功能前，先花点时间复习前几章介绍的内容。

13.1.1 多场景开发

您已进入本书的后半部分了。在前面的 12 章中，您学习了如何通过 iOS 界面元素与用户交互，现在应对如何填充场景及处理用户输入有深入认识。

在前两章，您还创建了多场景应用程序。这包括：创建新的视图控制器子类，以处理每个场景；添加切换；必要时编写手工触发切换的代码。要成功地创建多场景应用程序，关键在于能够轻松地在不同场景之间交换信息，以提供一致的用户体验。场景越多，需要做的预先规划就越多，这样才能确保一切按预期的那样进行。

在前一章，您给一个自定义视图控制器子类添加了属性 delegate，并使用它来存储初始场景的视图控制器对象。另一种方法是创建一个全新的类，专门用于管理需要在场景之间共享的信息。本章将使用的两种视图控制器包含一个“父”视图控制器，它负责管理将向用户显示的多个场景。这个父控制器让您能够轻松地在场景之间交换信息，因此不管当前显示的是哪个场景，它都存在。我们将在本章后面的示例项目中测试这一点。

Watch Out!

警告：Xcode 提示您创建切换

如果需要在一个场景的视图控制器中访问另一个场景的视图控制器，可使用一个连接到它的输出口。为此，只需按住 Control，从一个视图控制器拖曳到另一个视图控制器的接口文件，并创建一个指向它的属性。

然而，在您视图添加连接到视图控制器的输出口时，Xcode 将让您创建切换。请记住，如果您要创建连接，而 Xcode 提示您创建切换，可使用 Connections Inspector 精确地指定输出口，这样 Xcode 就不会提示您创建切换了。

本章的大部分工作都是以可视化方式完成的，这让您从事代码输入的手指能够休息一下，直到进入下一章。Xcode 4.2 新增了故事板功能，让您能够将重点放在应用程序逻辑上，而不用担心正确显示场景的问题。

编写代码还是不编写代码，这是个问题

在可行的情况下，本书都会介绍如何通过代码来执行操作。就故事板切换而言，同样的代码适用于任何切换，前两章介绍了如何以编程方式触发切换，这些知识也适用于本章。

当然，也可编写代码，而不使用故事板切换。例如，第 11 章介绍了如何使用代码创建并显示弹出框。这不难，但不如通过切换显示弹出框那么简洁。然而，这确实让您知道了如何以编程方式实例化视图控制器并显示它。

对于导航控制器和选项卡栏控制器，以编程方式实例化和显示它们非常复杂，在书中介绍这种方式是否有意义都成问题：没有足够的篇幅提供代码示例和故事板示例。对于有些高级项目，您可能还是要编写一些代码，但 Apple 让您无需了解手工实现高级视图控制器的细节就能创建功能齐备的应用程序。

在我看来，与其介绍 iOS 的方方面面，还不如让读者阅读几小时后就能创建应用程序，尤其在读者知道到哪里可以找到更详细信息时。我只在书中包含自己想学的东西。如果您有不同的看法，请告诉我，我会努力让本书对读者更有用。

13.2 探索导航控制器

导航控制器（UINavigationController 类）管理一系列显示层次型信息的场景。换句话说，第一个场景显示有关特定主题的高级视图，第二个场景进一步挖掘，第三个场景再进一步挖掘，以此类推。例如，iPhone 应用程序“通信录”显示一个联系人编组列表；触摸编组将打开其中的联系人列表，而触摸联系人将显示其详细信息，如图 13.1 所示。另外，用户可随时返回到上一级，甚至直接回到起点（根）。

图 13.1
导航控制器在 iOS 中无处不在

管理这种场景间过渡的是导航控制器管理，它创建一个视图控制器“栈”，栈底为根视图控制器。用户在场景间切换时，依次将视图控制器压入栈中，且当前场景的视图控制器位于栈顶。要返回到上一级，导航控制器将弹出栈顶的控制器，从而回到它下面的控制器。

提示：

在 iOS 文档中，都使用术语压入（push）和弹出（pop）来描述导航控制器；对于导航控制器下面的场景，也是使用压入（push）切换显示的。在应用程序中使用导航控制器前，务必理解这个概念。

Did you Know?

13.2.1 导航栏、导航项和栏按钮项

除管理视图控制器栈外，导航控制器还管理一个导航栏（UINavigationBar）。导航栏看起来类似于前一章介绍的工具栏，但它是使用导航项（UINavigationItem）实例填充的，该实例被加入到导航控制器管理的每个场景中。

默认情况下，场景的导航项包含一个标题和一个 Back 按钮。Back 按钮是以栏按钮项（UIBarButtonItem）的方式加入到导航项的，就像前一章使用的栏按钮一样。您甚至可以将额外的栏按钮项拖放到导航项中，从而在场景显示的导航栏中添加自定义按钮。

阅读完上述描述后，您肯定会对手工处理这些对象感到害怕（以编程方式处理它们确实不容易）。不用担心，Interface Builder 使得这项工作很容易完成；知道如何创建每个场景后，就很容易在应用程序中使用这些对象。

13.2.2 在故事板中使用导航控制器

在前两种，您添加了视图控制器多次，而在故事板中添加导航控制器与此类似。虽然看起来有些不同，但流程完全相同。这里假设您使用模板 Single View Application 新建了一个项目。

首先，需要添加视图控制器子类，以处理用户在导航控制器管理的场景中进行的交互。这些场景与其他场景没什么不同。如果您忘记了如何在项目中添加视图控制器子类，请复习第 11 章和第 12 章，了解模态场景示例项目的工作原理。

在 Interface Builder 编辑器中打开故事板文件。如果要让整个应用程序都置于导航控制器的控制之下，选择默认场景的视图控制器并将其删除（您还需删除文件 ViewController.m 和 ViewController.h）。这就删除了默认场景。接下来，从对象库拖曳一个导航控制器对象到文档大纲或编辑器中，这好像在项目中添加了两个场景，如图 13.2 所示。

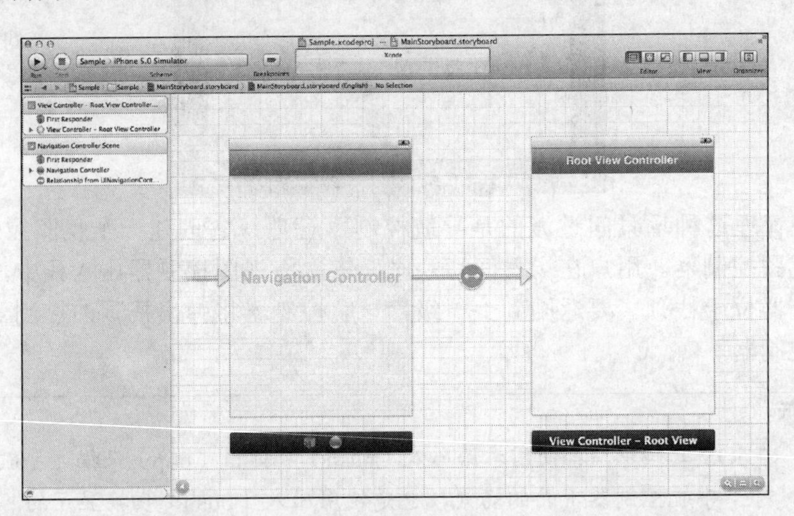

图 13.2
在项目中添加导航控制器

名为 Navigation Controller Scene 的场景表示的是导航控制器。它只是一个对象占位符，该对象将控制与之相关所有场景。虽然您不会想对导航控制器做太多修改，但可使用 Attributes Inspetor 定制其外观（如指定其颜色）。

导航控制器通过一个“关系”连接到名为 Root View Controller 的场景，您将给这个场景指定自定义视图控制器。需要澄清的一点是，这个场景与其他场景没有任何不同，只是顶部有一个导航栏，且可使用压入切换来过渡到其他场景。开发这个场景的方式也与前几章介绍的方式完全相同。

提示：

Did you Know?

这里之所以使用模板 Single View Application，是因为使用它创建的应用程序包含故事板文件和初始视图。如果需要，我可在切换到另一个视图控制器前显示初始视图；如果不需要初始场景，可将其删除，并删除默认创建的文件 ViewController.h 和 ViewController.m。在我看来，相对于使用空应用程序模板并添加故事板，这样做的速度更快，它为众多应用程序提供了最佳的起点。

1．设置导航栏项的属性

要修改导航栏中的标题，只需双击它并进行编辑，也可选择场景中的导航项，再打开 Attributes Inspector（Option + Command + 4），如图 13.3 所示。

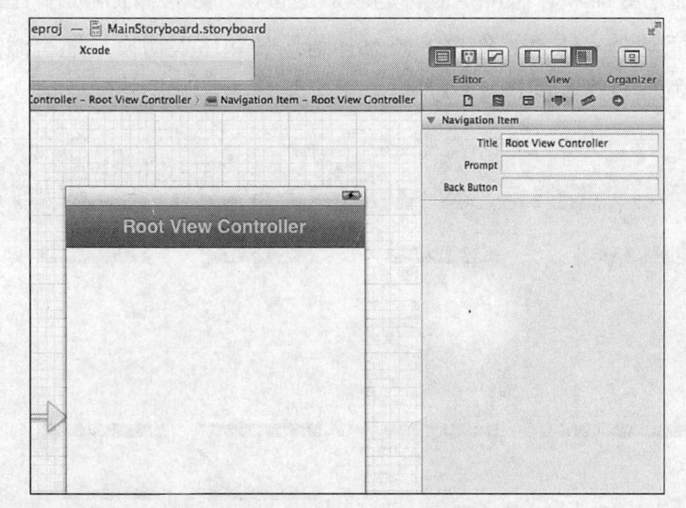

图 13.3

为场景定制导航项

您可修改的属性有 3 个。

- Title（标题）：显示在视图顶部的标题字符串。
- Prompt（提示）：一行显示在标题上方的文本，向用户提供使用说明。
- Back Button（日期）：下一个场景的后退按钮的文本。

等等，下一个场景还未创建，能编辑其按钮的文本吗？可以。默认情况下，从一个导航控制器场景切换到另一个场景时，后者的后退按钮将显示前者的标题。然而，标题可能很长或者不合适，在这种情况下，可将属性 Back Button 设置为所需的字符串；如果用户切换到下一个场景，该字符串将出现在让用户能够返回到前一个场景的按钮上。

编辑属性 Back Button 确实会导致一种副作用：由于 iOS 不再能够使用默认方式创建后退按钮，因此它在导航项中新建一个自定义栏按钮项，其中包含您指定的字符串。您可进一步定制该栏按钮项：使用 Attributes Inspector 修改其颜色和外观。

当前，导航控制器管理的场景只有一个，因此后退按钮不会出现。下面介绍如何串接多个场景，创建导航控制器知道的挖掘层次结构。

注意：

By the Way

别忘了，您可在场景的导航项中添加额外的栏按钮项，从而在场景中添加类似于工具栏的东西。

2．添加其他场景并使用压入切换

要在导航层次结构中添加场景，可像添加模态场景时那样做。首先，在导航控制器管理的场景中添加一个控件，用于触发到另一个场景的过渡。如果您想手工触发切换，这就足够了——您将把视图控制器连接起来。

接下来，拖曳一个视图控制器实例到文档大纲或编辑器中。这将创建一个空场景，没有导航栏，没有导航项……此时，还需指定一个自定义视图控制器子类，用于编写视图后面的代码，但现在您应该对这项任务很熟悉了。

最后，按住 Control 键，从要用于触发切换的对象拖曳到新场景的视图控制器。在 Xcode 提示时，选择压入切换。源场景将新增一个切换，而目标场景将发生很大的变化。新场景将包含导航栏，并自动添加并显示导航项。您可定制标题和后退按钮，还可添加额外的栏按钮项。

这里需要认识到的更重要的一点是，您可不断添加新场景和压入切换，还可添加分支，让应用程序能够沿不同的流程执行，如图 13.4 所示。Xcode 将为您跟踪这一切。

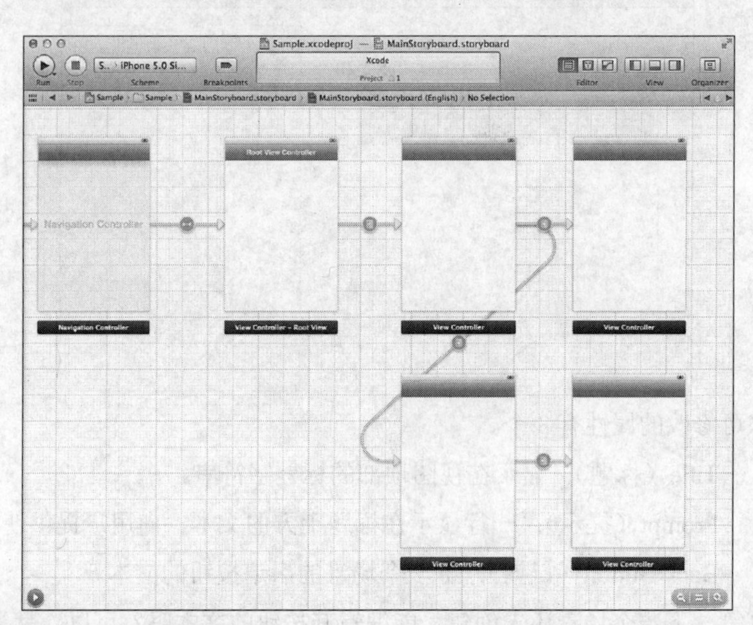

图 13.4

可根据需要创建任意数量的切换，还可有分支

别忘了，它们都是视图，就像其他视图一样；您还可同时在故事板中添加模态切换和弹出框。相对于模态切换，本章介绍的控制器的优点之一是，它们能够自动处理视图之间的切换。您无需编写任何代码，就可在导航控制器中使用后退按钮；在选项卡栏应用程序中，也无需编写任何代码就可在场景间切换。

13.2.3 在导航场景之间共享数据

前面说过，导航控制器和选项卡栏控制器管理一系列视图，非常适合用来共享数据。在任何场景中，都可通过属性 parentViewController 来获取这些控制器，就像在模态场景中可通过属性 presentingViewController 获取源场景的视图控制器一样。

我们将创建一个 UINavigationBar 子类，它包含要在场景间共享的属性；然后，将其指定为管理所有场景的导航栏控制器类，并通过 parentViewController 访问这些属性。

13.3 了解选项卡栏控制器

本章将使用的第二种视图控制器是选项卡栏控制器（UITabBarController）。与导航控制器一样，选择卡栏控制器也被广泛用于各种 iOS 应用程序。顾名思义，选项卡栏控制器在屏幕底部显示一系列“选项卡”；这些选项卡表示为图标和文本，用户触摸它们将在场景间切换。每个场景都呈现了应用程序的一项功能，或提供了一种查看应用程序信息的独特方式。

例如，iPhone 应用程序“电话”使用选项卡栏控制器提供了多种显示通话记录的方式，如图 13.5 所示。

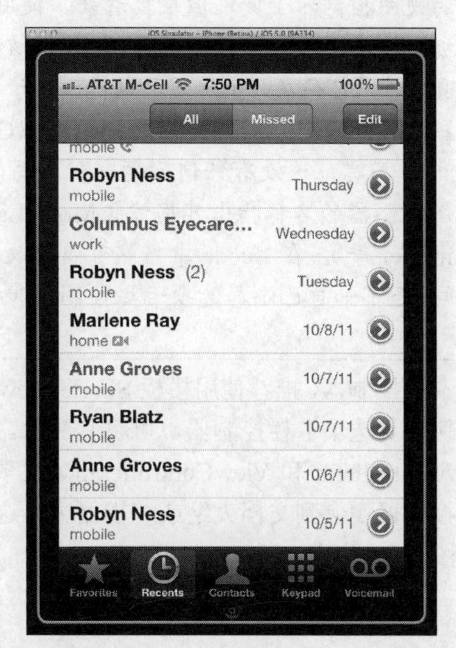

图 13.5
用于在不同场景间切换的选项卡栏控制器

与导航控制器一样，选项卡栏控制器为您处理了一切。用户触摸按钮时，就将在场景间切换；您无需以编程方式处理选项卡栏事件，也无需手工在视图控制器之间切换。导航控制器和选项卡栏控制器之间的相似之处不止这些。

13.3.1 选项卡栏和选项卡栏项

在故事板中，选项卡栏的实现与导航控制器也很像。它包含一个 UITabBar，这类似于工具栏，但只是表面上像而已。选项卡栏控制器管理的每个场景都将继承这个导航栏。

选项卡栏控制器管理的场景必须包含一个选项卡栏项（UITabBarItem），它包含标题、图像和徽章（包含数字的红圈）。

提示：

您可能会问，选项卡为何需要徽章？假设您在应用程序的一个场景中执行长时间的计算，如果用户切换到其他选项卡，计算将继续。您可让该场景的视图控制器更新选项卡中的徽章，即使用户查看的是其他场景。这提供了视觉指示，且用户无需在场景间切换就能看到。

Did you Know?

13.3.2 在故事板中使用选项卡栏控制器

在故事板中添加选项卡栏控制器与添加导航控制器一样容易。下面介绍如何在故事板中添加选项卡栏控制器、配置选项卡栏按钮以及添加选项卡栏控制器管理的场景。

> **Watch Out!**
>
> **警告：我们不需要讨厌的选项卡栏模板**
>
> 创建基于选项卡的应用程序前，我想指出的是，Apple 提供了 iOS 应用程序模板 Tabbed Application。在使用这种模板创建的应用程序中，包含两个选项卡以及相关的视图控制器子类，但在我看来，使用该模板毫无意义。
>
> 与自己在故事板中添加选项卡栏控制器相比，使用该模板也许能节约点时间，但创建实际项目时，它存在一个严重的缺陷：对于与两个默认选项卡相关联的视图控制器，Apple 将它们分别命名为 FirstViewController 和 SecondViewController。就学习而言，这没有任何问题，但编写实际应用程序时，您可能希望这些视图控制器的名称指出其用途（MovieListViewController、TheaterListViewController 等）。在 Xcode 中当然可以修改这些名称，但考虑到这样做所需的时间，还不如自己添加选项卡栏控制器和视图控制器子类并将其关联起来呢。

如果要在应用程序中使用选项卡栏控制器，推荐使用模板 Single View Application 创建项目。如果您不想从默认创建的场景切换到选项卡栏控制器，可将其删除。为此，可删除其视图控制器，再删除相应的文件 ViewController.h 和 ViewController.m。故事板处于您想要的状态后，从对象库拖曳一个选项卡栏控制器实例到文档大纲或编辑器中，这将添加一个选项卡栏控制器和两个相关联的场景，如图 13.6 所示。

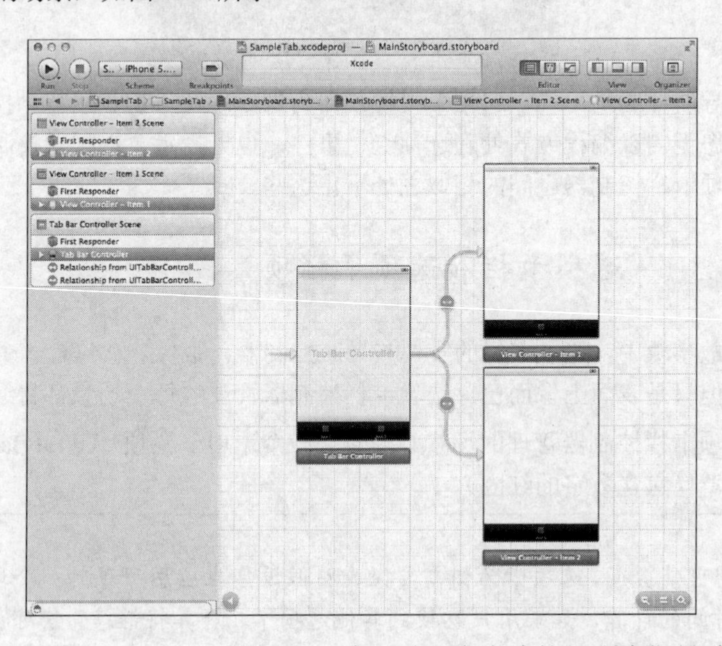

图 13.6
在应用程序中添加选项卡栏控制器时，将添加两个场景

选项卡栏控制器场景表示 UITabBarController 对象，该对象负责协调所有场景过渡。它包含一个选项卡栏对象，可使用 Interface Builder 对其进行定制：修改颜色。

有两条从选项卡栏控制器出发的“关系”连接，它们连接到将通过选项卡栏显示的两个场景。这些场景可通过选项卡栏按钮的名称（默认为 Item 1 和 Item 2）进行区分。

提示：

Did you Know?

虽然所有的选项卡栏按钮都显示在选项卡栏控制器场景中，但它们实际上属于各个场景。要修改选项卡栏按钮，您必须在相应的场景中进行，而不能在选项卡栏控制场景中进行修改。

1．设置选项卡栏项的属性

要编辑场景对应的选项卡栏项（UITabBarItem），在文档大纲中展开场景的视图控制器，选择其中的选项卡栏项，再打开 Attributes Inspector（Option + Command + 4），如图 13.7 所示。

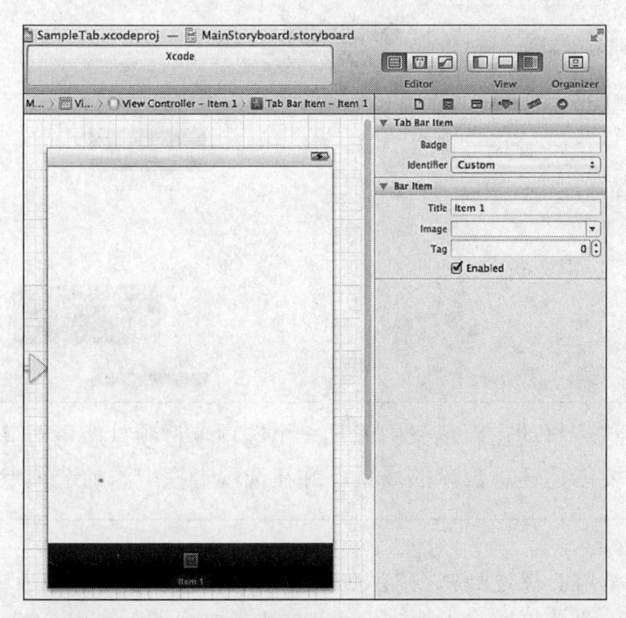

图 13.7 定制每个场景的选项卡栏项

在 Tab Bar Item 部分，可指定要在选项卡栏项的徽章中显示的值，但通常应在代码中通过选项卡栏项的属性 badgeValue（其类型为 NSString）进行设置。您还可通过下拉列表 Identifier 从十多种预定义的图标/标签中进行选择；如果您选择使用预定义的图标/标签，就不能进一步定制了，因为 Apple 希望这些图标/标签在整个 iOS 中保持不变。

要自定义图像和标题，可使用 Bar Item 部分的设置。其中，文本框 Title 用于设置选项卡栏项的标签，而下拉列表 Image 让您能够将项目中的图像资源关联到选项卡栏项。

提示：

Did you Know?

这种图像不能大于 32 × 32 点，而 iOS 将自动设置其样式，使其变成单色的（而不管原来的图像如何）。实践表明，对于用于选项卡栏的图像，背景透明的简单线条图最合适。

对于选项卡栏控制器管理的场景，这些就是涉及的全部配置。但如果要添加额外的场景，该如何办呢？下面就这样做，您将发现，这比添加导航控制器管理的场景更容易。

2．添加额外的场景

不同于前面使用的其他切换，选项卡栏明确指定了用于切换到其他场景的对象——选项卡栏项。其中的场景过渡甚至都都不叫切换，而是选项卡栏控制器和场景之间的关系。要添加场景、选项卡栏项以及控制器和场景之间的关系，首先在故事板中添加一个视图控制器。

拖曳一个视图控制器实例到文档大纲或编辑器中。接下来，按住 Control 键，并在文档大纲中从选项卡栏控制器拖曳到新场景的视图控制器。在 Xcode 提示时，选择 Relationship - viewControllers，如图 13.8 所示。

图 13.8

在控制器之间建立关系

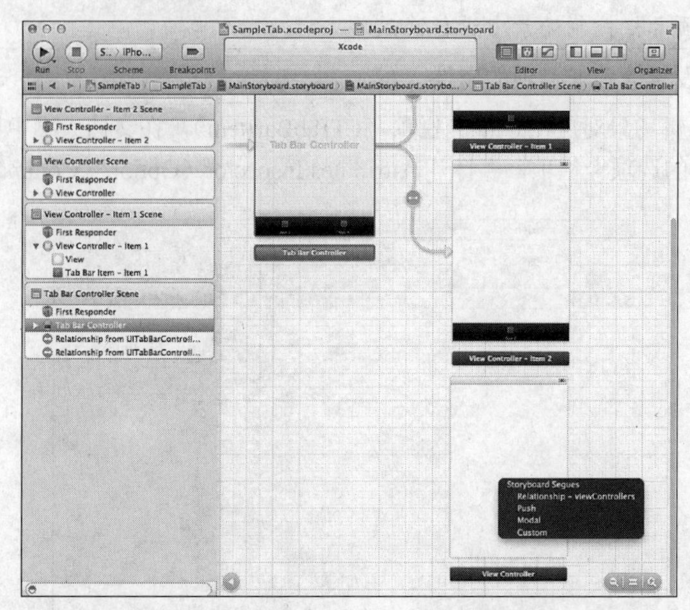

只需创建关系就行了：这将自动在新场景中添加一个选项卡栏项，您可对其进行配置。您可重复上述操作，根据需要创建任意数量的场景，并在选项卡栏中添加选项卡。

By the Way

注意：

让我重申前面说过的话：您添加到选项卡栏控制器中的场景与其他场景没什么两样。您使用 Identity Inspector 将其关联到一个视图控制器子类，然后就可像其他场景一样与这种场景交互了。

例如，要设置选项卡栏项的 badgeValue 属性，可在视图控制器中添加一个属性，并让它指向选项卡栏项。就像您在视图中添加了一个按钮或标签，而您想以编程方式修改它时一样。

13.3.3 在选项卡栏控制器管理的场景之间共享数据

与导航控制器一样，选项卡栏控制器也让您能够轻松地共享信息。为此，可创建一个选项卡栏控制器（UITabBarController）子类，并将其关联到选项卡栏控制器。再在这个子类中添加一些属性，用于存储要共享的数据，然后在每个场景中通过属性 parentViewController 获取该控制器，进行访问这些属性。

知道如何在项目中添加导航控制器和选项卡栏控制器后，下面通过几个示例项目演示如何使用这些知识。正如前面承诺的，编写的代码很少，因此不要指望这些项目会是杰作。然而，明白使用这些控制器有多容易后，就为您的应用程序打开了通往众多可能性的大门。

13.4 使用导航控制器

在本章的第一个项目中，我们将通过导航控制器显示 3 个场景。每个场景都有一个 Push 按钮，它将计数器加 1，再切换到下一个场景。该计数器存储在一个自定义的导航控制器子类中。换句话说，这里将提供一个这样的示例：创建基于导航的 UI，并使用导航控制器管理一个所有场景都能访问的属性。

图 13.9 显示了我们要创建的应用程序。

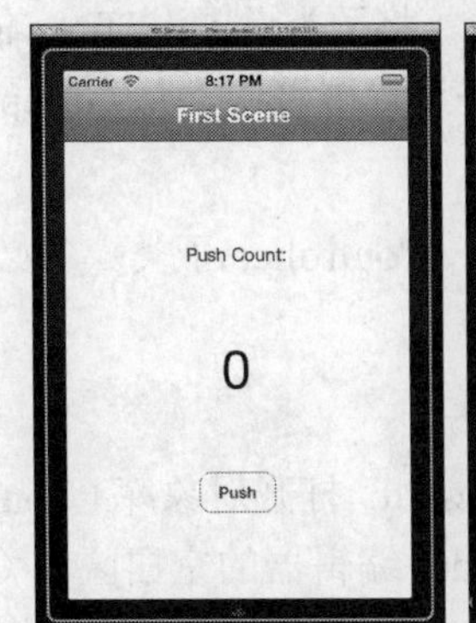

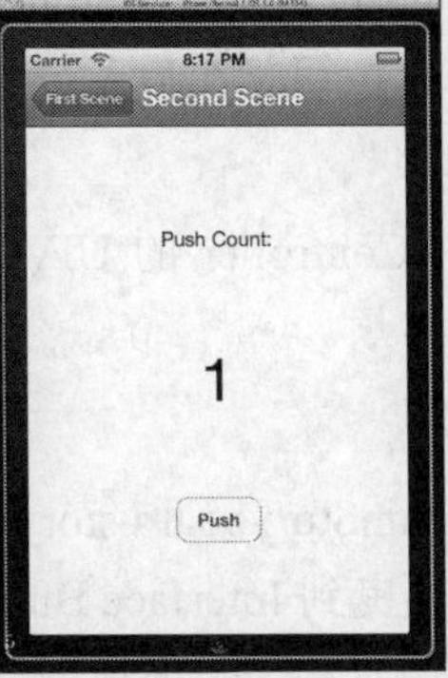

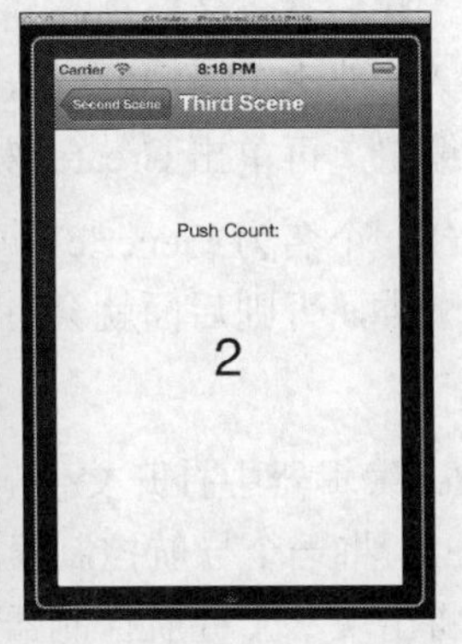

图 13.9
在场景间切换并管理共享的信息

13.4.1 实现概述

实现时采用前面介绍过的流程。首先使用模板 Single View Application 新建一个项目，删除初始场景及其视图控制器，再添加一个导航控制器和两个自定义类：一个导航控制器子类，让应用程序的场景能够共享信息；另一个是视图控制器子类，负责处理场景中的用户交互。

除随导航控制器添加的默认根场景外，我们还将添加另外两个场景。每个场景的视图都包含一个 Push 按钮，该按钮连接到一个将计数器加 1 的操作方法，它还触发到下一个场景的切换。

注意：

By the Way

每个场景都需要独立的视图控制器子类吗？答案是肯定的，也是否定的。在大多数应用程序中，需要为每个场景创建视图控制器。但在这个应用程序中，我们在每个场景中做的事情都相同，因此可使用一个视图控制器，这可节省时间，还可减少代码。

13.4.2 创建项目

使用模板 Single View Application 新建一个项目，并将其命名为 LetsNavigate。首先清理该项目，使其只包含我们需要的东西。为此，首先选择 ViewController 类的文件（ViewController.h

和 ViewController.m），并按 Delete 键，在 Xcode 提示时，选择删除文件而不仅仅是引用。

接下来，单击文件 MainStoryboard.storyboard，再选择文档大纲（Editor>Show Document Outline）中的 View Controller，并按 Delete 键。该场景将消失。这样，就为我们的应用程序提供了最佳的起点。

1．添加导航控制器类和通用的视图控制器类

我们需要在项目中添加两个类。第一个是 UINavigationController 子类，它将管理计数器属性，并被命名为 CountingNavigatorController。第二个是 UIViewController 子类，它将被命名为 GenericViewController，负责将计数器加 1 以及在每个场景中显示计数器。

单击项目导航器左下角的+按钮。选择类别 iOS Cocoa Touch 和 UIViewController subclass 图标，再单击 Next 按钮。将新类命名为 CountingNavigationController，将子类设置为 UINavigation Controller（您必须输入该类名），再单击 Next 按钮。在最后一个设置屏幕中，从 Group 下拉列表中选择项目代码编组，再单击 Create 按钮。

重复上述过程创建一个名为 GenericViewController 的 UIViewController 子类。务必要为每个新类选择合适的子类，否则后面就会有麻烦。

2．添加导航控制器

在 Interface Builder 编辑器中打开文件 MainStoryboard.storyboard。打开对象库（Control + Option + Command + 3），将一个导航控制器拖曳到 Interface Builder 编辑器的空白区域（或文档大纲）中。项目中将出现一个导航控制器场景和一个根视图控制器场景，现在暂时将重点放在导航控制器场景上。

我们要将这个控制器关联到 CountingNavigationController 类，因此选择文档大纲中的 Navigation Controller，再打开 Identity Inspctor（Option + Command + 3），并从下拉列表 Class 中选择 CountingNavigationController。

下面添加需要的额外场景，并将其前面创建的通用视图控制器类关联起来。

3．添加场景并关联视图控制器

在仍打开了故事板的情况下，从对象库拖曳两个视图控制器实例到编辑器或文档大纲中。稍后将把这些场景与根视图控制器场景连接起来，形成一个由导航控制器管理的场景系列。

添加额外的场景后，需要对每个场景（包括根视图控制器场景）做两件事情。首先，需要设置每个场景的视图控制器的身份。在这里，将使用一个视图控制器类来处理这 3 个场景，因此它们的身份都将设置为 GenericViewController。其次，最好给每个视图控制器设置标签，让场景的名称更友好。

首先，选择根视图控制器场景的视图控制器对象，并打开 Identity Inspector（Option + Command + 3），再从下拉列表 Class 中选择 GenericViewController。在 Identity Inspector 中，将文本框 Label 的内容设置为 First。切换到您添加的场景之一，选择其视图控制器，将类设置为 GenericViewController，并将标签设置为 Second。对最后一个场景重复上述操作，将类设置为 GenericViewController，并将标签设置为 Third。完成这些设置后，文档大纲应类似于图 13.10 所示。

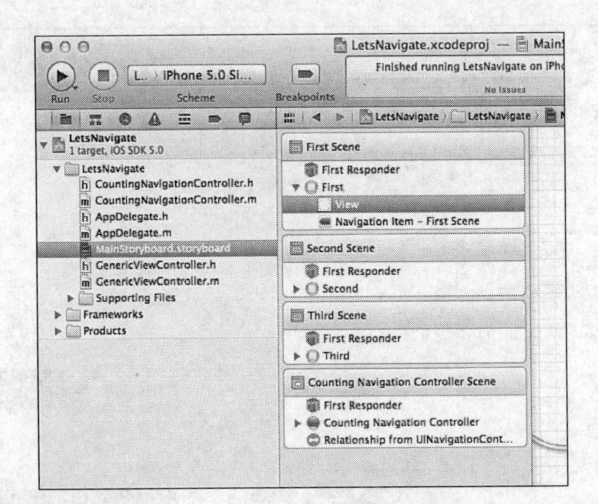

图 13.10

最终的文档大纲包含 1 个导航控制器和 3 个场景（排列顺序无关紧要）

4．规划变量和连接

我故意让本章的项目比较简单，这样需要存储的信息就不会太多，需要定义的操作也不多。

CountingNavigationController 类只有一个属性（pushCount），它指出用户使用导航控制器在场景之间切换了多少次。

GenericViewController 类只有一个名为 countLabel 的属性，它指向 UI 中的一个标签，该标签显示计数器的当前值。这个类还有一个名为 incrementCount 的操作方法，这个方法将 CountingNavigationController 的属性 pushCount 加 1。

By the Way

注意：

在 GenericViewController 类中，只需定义输出口和操作一次，但要在每个场景中使用它们，必须将它们连接到每个场景的标签和按钮。

13.4.3 创建压入切换

不是该设计 UI 吗？在前两章中，我们都是先设计用户界面再创建切换，这里为何反过来呢？在应用程序只包含两个场景时，很容易分别处理它们，也容易区分它们。添加更多的场景后，在故事板中排列它们时包含切换将很有帮助，这样设计界面时就知道它们是如何组合在一起的。另外，在应用程序中使用了导航控制器或选项卡栏控制器时，创建连接将在场景中添加对象，而您设计界面时可能想对这些对象进行配置。因此，在我看来，先创建切换更合理。

要为导航控制器创建切换，需要有触发切换的对象。在故事板编辑器中，在第一个和第二个场景中分别添加一个按钮（UIButton），并将其标签设置为 Push。但不要在第三个场景中添加这种按钮，为什么呢？因为它是最后一个场景，后面没有需要切换到的场景。

接下来，按住 Control 键，并从第一个场景的按钮拖曳到文档大纲中第二个场景的视图控制器（或编辑器中的第二个场景）。在 Xcode 要求您指定切换类型时，选择 Push，如图 13.11 所示。在文档大纲中，第一个场景将新增一个切换，其内容为 Segue for UIButton to Second；而第二个场景将继承导航控制器的导航栏，且其视图中将包含一个导航项。

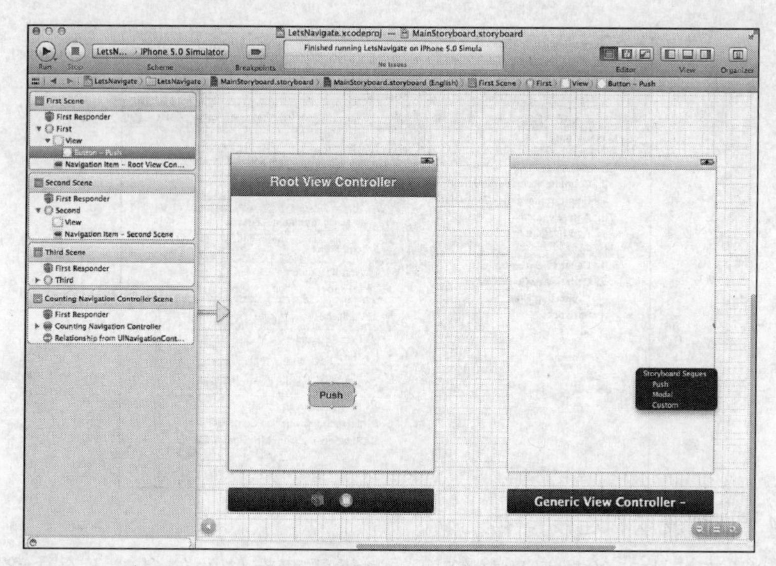

图 13.11

创建压入切换

重复上述操作，创建一个从第二个场景中的按钮到第三个场景的压入切换。现在，Interface Builder 编辑器将包含一个完整的导航控制器序列。单击并拖曳每个场景，以您认为合理的方式排列它们，图 13.12 显示了我采用的排列。

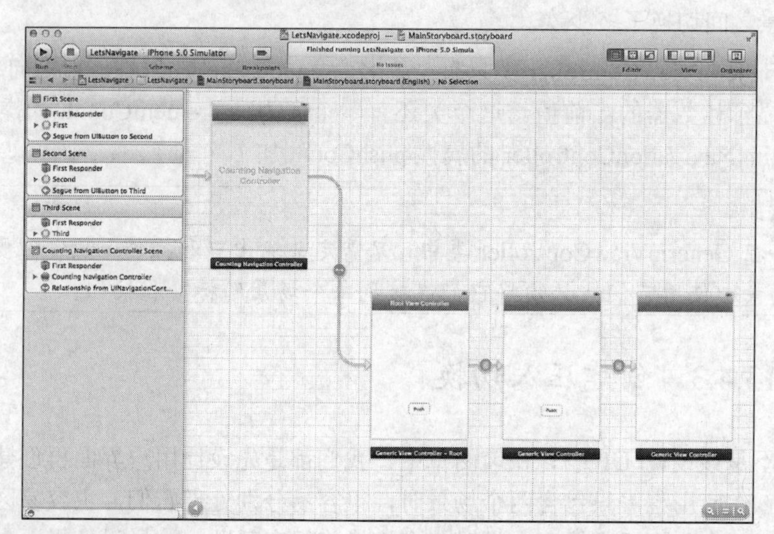

图 13.12

通过切换将所有视图连接起来

13.4.4 设计界面

通过添加场景和按钮，实际上完成了大部分界面设计工作。最后的步骤是定制每个场景的导航项的标题以及添加显示切换次数的输出标签。

首先，依次查看每个场景，检查导航栏的中央（它现在应出现在每个视图的顶部）。将这些视图的导航栏项的标题分别设置为 First Scene、Second Scene 和 Third Scene。

最后，在每个场景中，在顶部附近添加一个文本为 Push Count:的标签（UILabel），并在中央再添加一个标签（输出标签）。将第二个标签的默认文本设置为 0（如果愿意，还可让文本居中，并使用较大的字体）。

最终的界面设计如图 13.13 所示。

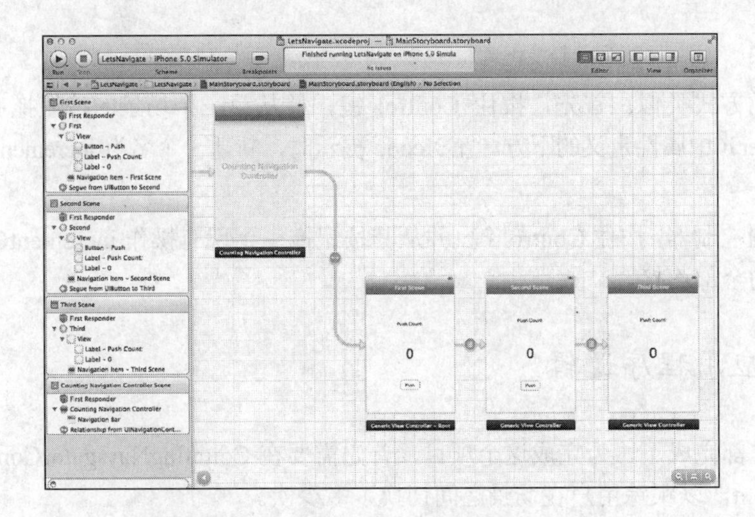

图 13.13
导航应用程序的最终布局

13.4.5 创建并连接输出口和操作

在这个项目中，只需定义一个输出口和一个操作，但需要连接它们多次。输出口（到显示切换次数的标签的连接，countLabel）将连接到全部三个场景，而操作（incrementCount）只需连接到第一个场景和第二个场景中的按钮。

在 Interface Builder 编辑器中滚动，以便能够看到第一个场景（也可使用文档大纲来达到这个目的），单击其输出标签，再切换到助手编辑器模式。

1．添加输出口

按住 Control 键，从第一个场景中央的标签拖曳到文件 GenericViewController.h 中编译指令@interface 下方。在 Xcode 提示时，新建一个名为 countLabel 的输出口。

这就创建了输出口并连接到第一个场景了。接下来，需要将该输出口连接到其他两个场景。为此，按住 Control 键，并从第二个场景的输出标签拖曳到刚创建的 countLabel 属性。定义该属性的整行代码都将呈高亮显示，如图 13.14 所示，这表明将建立一条到现有输出口的连接。对第三个场景重复上述操作，将其输出标签连接到属性 countLabel。

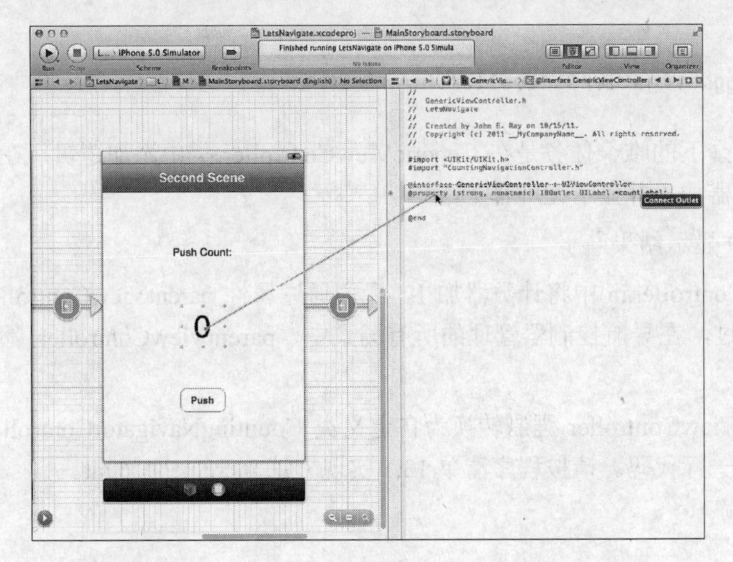

图 13.14
创建输出口，再将其连接到其他两个场景的输出标签

2．添加操作

添加并连接操作的方式类似。首先，按住 Control 键，并从第一个场景的按钮拖曳到文件 GenericViewController.h 中属性定义的下方。在 Xcode 提示时，新建一个名为 incrementCount 的操作。

切换到第二个视图控制器，按住 Control 键，并从其按钮拖曳到现有操作 incrementCount。至此，就建立了所需的全部连接。

13.4.6 实现应用程序逻辑

至此，大部分工作都完成了。为完成这个项目，首先需要在 CountingNavigatorController 类中添加属性 pushCount，以跟踪用户在场景之间切换了多少次。

1．添加属性 pushCount

打开接口文件 CountingNavigatorController.h，在编译指令@interface 下方定义一个名为 pushCount 的 int 属性：

```
@property (nonatomic) int pushCount;
```

接下来，打开文件 CountingNavigatorController.m，并在@implementation 代码行下方添加配套的@synthesize 编译指令：

```
@synthesize pushCount;
```

这就是实现 CountingNavigatorController 需要做的全部工作。由于它是一个 UINavigation Controller 子类，它原本就能执行所有的导航控制器任务，而现在还包含属性 pushCount。

要在处理应用程序中所有场景的 GenericViewController 类中访问这个属性，需要在 GenericViewController.h 中导入自定义导航控制器的接口文件。为此，在现有#import 语句下方添加如下代码行：

```
#import "CountingNavigationController.h"
```

实现就要完成了，余下的唯一任务是在 GenericViewController 类中添加逻辑，在用户切换到新场景时，将计数器加 1 并显示在屏幕上。

2．将计数器加 1 并显示结果

为在 GenericViewController.m 中将计数器加 1，我们通过属性 parentViewController 来访问 pushCount。前面说过，在导航控制器管理的所有场景中，parentViewController 都自动被设置为导航控制器对象。

我们需要将 parentViewController 强制转换为自定义类 CountingNavigatorController 的对象，但整个实现只需要一行代码。请按程序清单 13.1 实现方法 incrementCount。

程序清单 13.1 方法 incrementCount 的实现

```
- (IBAction)incrementCount:(id)sender {
((CountingNavigationController *)self.parentViewController).pushCount++;
}
```

最后一步是显示计数器的当前值。由于单击 Push 按钮将导致计数器增加 1，并切换到新场景，因此在操作 incrementCount 中显示计数器的值并不一定是最佳的选择。事实上，这样显示的计数器并非总是准确的，因为可能在其他视图中修改计数器，然后使用后退按钮返回到原始场景，在这种情况下，显示的计数器将是错误的。

为避免这种问题，只需将显示计数器的代码放在方法 viewWillAppear:animated 中。这个方法在视图显示前被调用（而不管显示是因切换还是用户触摸后退按钮导致的），因此这里更新输出标签的绝佳位置。在文件 GenericViewController.m 中，添加如程序清单 13.2 所示的代码。

程序清单 13.2 在方法 viewWillAppear:animated 中更新输出标签

```
1: -(void)viewWillAppear:(BOOL)animated {
2:     NSString *pushText;
3:     pushText=[[NSString alloc] initWithFormat:@"%d",
4:               ((CountingNavigationController *)
5:                self.parentViewController).pushCount];
6:     self.countLabel.text=pushText;
7: }
```

第 2 行声明了一个字符串变量（pushText），用于存储计数器的字符串表示。第 3 行给这个字符串变量分配空间，并使用 NSString 的方法 initWithFormat 初始化它。格式字符串%d 将被替换为 pushCount 的内容，而访问该属性的方式与方法 incrementCount 中相同。

最后，第 6 行使用字符串变量 pushText 更新 countLabel。

13.4.7 生成应用程序

运行该应用程序并对导航控制器进行测试。使用按钮将新场景压入导航控制器栈，再使用自动添加的后退按钮弹出它们。切换计数器将在不同场景之间同步，因为我们使用了一个中央控制类（CountingNavigatorController）来管理这个共享属性。

13.5 使用选项卡栏控制器

在本章的第 2 个小型项目中，我们将使用使用选项卡栏控制器来管理 3 个场景。与前一个项目一样，每个场景都包含一个将计数器加 1 的按钮，但每个场景都有独立的计数器（且显示在其视图中）。我们还将设置选项卡栏项的徽章，使其包含相应场景的计数器值。同样，这里也将演示如何通过选项卡栏控制器类在场景间共享信息。

图 13.15 显示了我们要创建的应用程序。

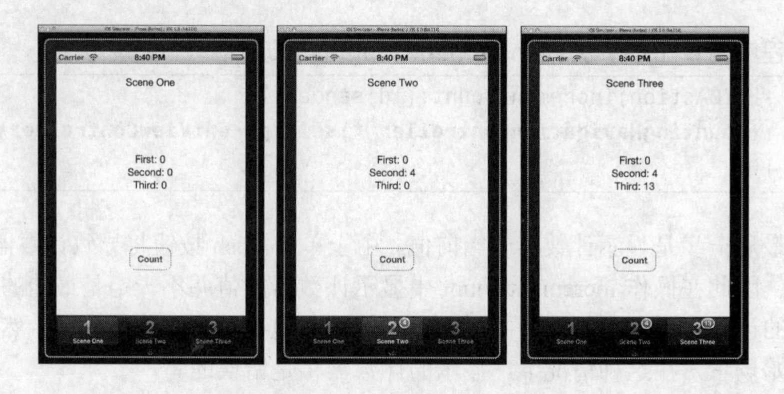

图 13.15

我们将创建一个选项卡栏应用程序并集中存储一些属性

13.5.1 实现概述

我们将首先使用模板 Single View Application 新建一个项目，并对其进行清理，再添加一个选项卡栏控制器和两个自定义类：一个是选项卡栏控制器子类，负责管理应用程序的属性；另一个是视图控制器子类，负责显示其他 3 个场景。

同样，每个场景都有一个按钮，它触发将当前场景的计数器加 1 的方法。由于在这个项目要求每个场景都有自己的计数器，而每个按钮触发的方法差别不大，这让我们能够在视图之间共享相同的代码(更新徽章和输出标签的代码)，但每个将计数器递增的方法又稍有不同。

仅此而已，这次不需要切换。

13.5.2 创建项目

使用模板 Single View Application 新建一个项目，并将其命名为 LetsTab。清理该项目，方法与前面一样：删除 ViewController 类文件和初始视图。您的起点应该是这样一个项目：没有视图控制器，只有一个空的故事板文件。

1．添加选项卡栏项图像

选项卡栏控制器管理的每个场景都需要一个图标，用于在选项卡栏中表示该场景。在本章的项目文件夹中，包含一个 Images 文件夹，其中有 3 个 png 文件（1.png、2.png 和 3.png），可供这个示例使用。将该文件夹拖放到项目代码编组中，并在 Xcode 询问时选择创建新编组并复制图像资源。

2．添加选项卡栏控制器类和通用的视图控制器类

这个项目需要两个类。第一个是 UITabBarController 子类，它将存储 3 个属性，它们分别是这个项目的场景的计数器。这将类将被命名为 CountingTabBarController。第二个是 UIViewController 子类，将被命名为 GenericViewController，它包含一个操作，该操作在用户单击按钮时将相应场景的计数器加 1。

单击项目导航器左下角的+按钮。选择类别 iOS Cocoa Touch 和 UIViewController subclass 图标，再单击 Next 按钮。将新类命名为 CountingTabBarController，将将其设置为 UITabBar Controller 的子类，再单击 Next 按钮。务必在项目代码编组中创建这个类，也可在创建后将其拖曳到这个地方。

重复上述过程创建一个名为 GenericViewController 的 UIViewController 子类。在前一个示例中，所做的与这里完全相同；如果您有似曾相识之感，那就对了。

3．添加选项卡栏控制器

打开故事板文件，将一个选项卡栏控制器拖曳到 Interface Builder 编辑器的空白区域（或文档大纲）中。项目中将出现一个选项卡栏控制器场景和另外两个场景。

将选项卡栏控制器关联到 CountingTabBarController 类，方法是选择文档大纲中的 Tab Bar Controller，再打开 Identity Inspctor（Option + Command + 3），并从下拉列表 Class 中选择 Counting TabBarController。

4．添加场景并关联视图控制器

选项卡栏控制器默认在项目中添加两个场景。为什么是两个呢？因此仅当有多个场景时，使用选项卡栏控制器在有意义，因此 Apple 选择默认包含两个场景。然而，这个项目需要三个由选项卡栏控制器管理的场景，因此从对象库在拖曳一个视图控制器实例到编辑器或文档大纲中。

添加额外的场景后，使用 Identity Inspector 将每个场景的视图控制器都设置为 Generic ViewController，并指定标签以方便区分。

选择对应于选项卡栏中第一个选项卡的场景 Item 1，在 Identity Inspector（Option + Command + 3）中从下拉列表 Class 中选择 GenericViewController，再将文本框 Label 的内容设置为 First。切换第二个场景，并重复上述操作，但将标签设置为 Second。最后，选择您创建的场景的视图控制器，将类设置为 GenericViewController，并将标签设置为 Third。

5．规划变量和连接

在这个项目中，需要跟踪 3 个不同的计数器。CountingTabBarController 将包含三个属性，它们分别是每个场景的计数器：firstCount、secondCount 和 thirdCount。

GenericViewController 类将包含两个属性。第一个是 outputLabel，它指向一个标签（UILabel），其中显示了全部 3 个场景的计数器的当前值。第二个是 barItem，它连接到每个场景的选项卡栏项，让我们能够更新选项卡栏项的徽章值。

由于有 3 个不同的计数器，GenericViewController 类需要 3 个操作方法：incrementCountFirst、incrementCountSecond 和 incrementCountThird。每个场景中的按钮都触发针对该场景的方法。还需添加另外两个方法（updateCounts 和 updateBadge），这样就可轻松地更新当前计数器和徽章值，而不用在每个 increment 方法中重写同样的代码。

13.5.3 创建选项卡栏关系

与导航控制器一样，应在花大量时间设计用户界面前，将场景连接到选项卡栏控制器。通过建立连接，将给每个场景添加选项卡栏项对象；如果要操纵选项卡栏项的徽章值，就需要用到这些对象。

按住 Control 键，从文档大纲中的 Counting Tab Bar Controller 拖曳到您添加到场景（Third），在 Xcode 要求指定切换类型时，选择 Relationship – viewControllers，如图 13.16 所示。在 Counting Tab Bar Controller 场景中，将新增一个切换，其名称为 Relationship from UITabBar Controller to Third。另外，您将在场景 Third 中看到选项卡栏，其中包含一个选项卡栏项。

由于其他场景都已连接到选项卡栏控制器，切换连接就创建好了。下面该设计界面了。

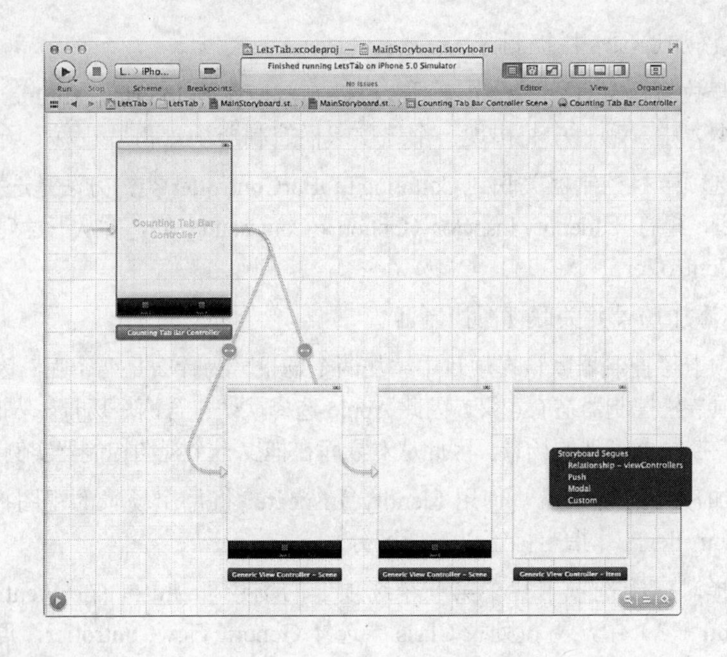

图 13.16
创建到场景 Third 的关系

13.5.4　设计界面

从外观看，除选项卡栏项和显示场景名的标签不同外，这个项目的每个场景都相同。

首先，在第一个场景的顶部附近添加一个标签，并将其文本设置为 Secne One；再在视图中央添加一个输出标签。该输出标签将包含多行内容，因此使用 Attributes Inspector（Option + Command + 4）将该标签的行数设置为 5。您还可让文本居中，并调整字号。

接下来，在视图底部添加一个标签为 Count 的按钮，它将该场景的计数器加 1。

现在，单击视图底部的选项卡栏项，打开 Attributes Inspector，将标题设置为 Scene One，并将图像设置为 1.png，如图 13.17 所示。

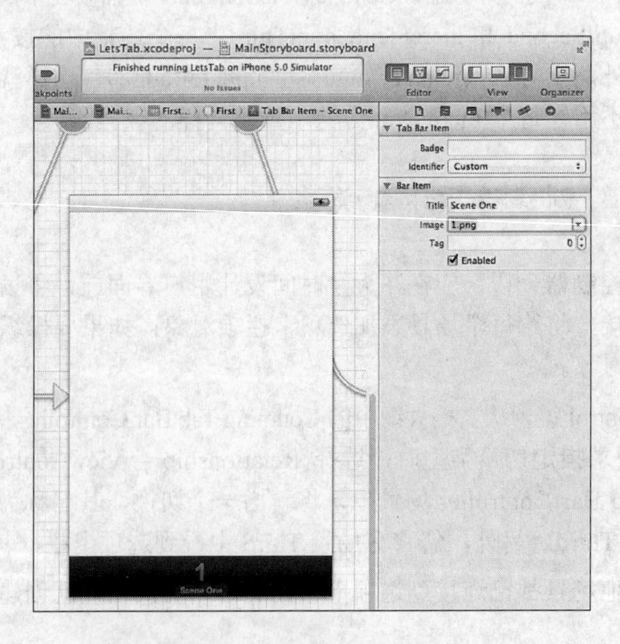

图 13.17
配置每个场景的选项卡栏项

对其他两个场景重复上述操作。第二个场景的标题应为 Scene Two，并使用图像文件 2.png；而第三个场景的标题应为 Scene Three，并使用图像文件 3.png。图 13.18 显示了该应用程序的最终界面设计。

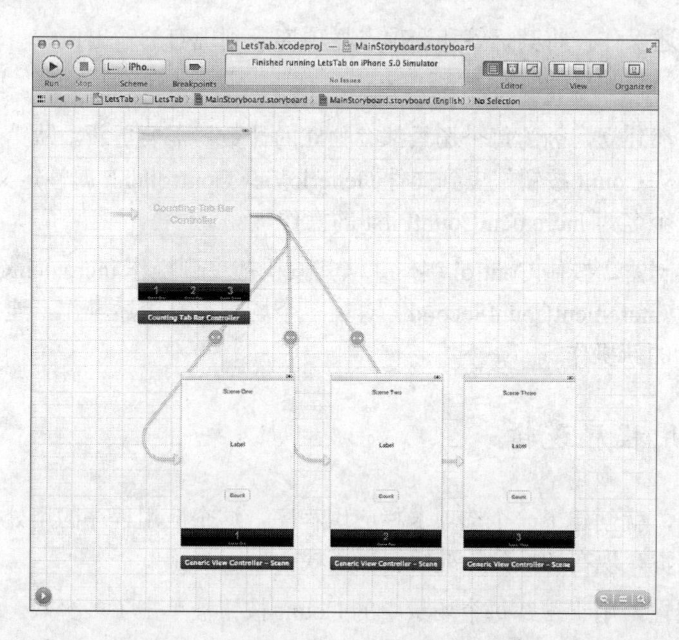

图 13.18
选项卡栏应用程序的最终布局

13.5.5 创建并连接输出口和操作

在这个项目中，需要定义 2 个输出口和 3 个操作。每个输出口都将连接到所有场景，但每个操作只连接到对应的场景。下面列出这些连接。

需要的输出口如下所述。

- outputLabel（UILabel）：用于显示所有场景的计数器，必须连接到每个场景。
- barItem（UITabBarItem）：指向选项卡栏控制器自动给每个场景添加的选项卡栏项，必须连接到每个场景。

需要的操作如下所述。

- incrementCountFirst：连接到第一个场景的 Count 按钮，更新第一个场景的计数器。
- incrementCountSecond：连接到第二个场景的 Count 按钮，更新第二个场景的计数器。
- incrementCountThird：连接到第三个场景的 Count 按钮，更新第三个场景的计数器。

在 Interface Builder 中滚动，以便能够看到第一个场景（也可使用文档大纲来达到这个目的），再切换到助手编辑器模式。

1．添加输出口

按住 Control 键，从第一个场景中央的标签拖曳到文件 GenericViewController.h 中编译指令@interface 下方。在 Xcode 提示时，新建一个名为 countLabel 的输出口。

接下来，按住 Control 键，并从第一个场景的选项卡栏项拖曳到属性 outputLabel 下方，并添加一个名为 barItem 的输出口。

为第一个场景创建输出口后，将这些输出口连接到其他两个场景。为此，按住 Control 键，并从第二个场景的输出标签拖曳到文件 GenericViewController.h 中的属性 outputLabel；对第二个场景的选项卡栏项做同样的处理。

对第三个场景重复上述操作，将其标签和选项卡栏项连接到现有的输出口。

2. 添加操作

每个场景连接的操作都独立，因为每个场景都有独立的计数器需要更新。从第一个场景开始。按住 Control 键，并从 Count 按钮拖曳到文件 GenericViewController.h 属性定义的下方，在 Xcode 提示时，新建一个名为 incrementCountFirst 的操作。

切换到第二个视图控制器，按住 Control 键，并从其按钮拖曳到操作 incrementCountFirst 下方，并将新操作命名为 incrementCountSecond。对第三个场景重复上述操作，连接到一个名为 incrementCountThird 的新操作。

13.5.6 实现应用程序逻辑

我们只做了少量工作，就创建了一个选项卡栏应用程序。这个应用程序的用处不大，但让应用程序有用是您的职责！现在切换到标准编辑器模式。

我们首先添加 3 个属性，用于跟踪每个场景中的 Count 按钮被单击了多少次。这些属性将加入到 CountingTabBarController 类中，它们分别名为 firstCount、secondCount 和 thirdCount。

1. 添加记录按钮被单击多少次的属性

打开接口文件 CountingTabBarController.h，在编译指令@interface 下方定义 3 个 int 属性：

```
@property (nonatomic) int firstCount;
@property (nonatomic) int secondCount;
@property (nonatomic) int thirdCount;
```

接下来，打开文件 CountingTabBarController.m，并在@implementation 代码行下方添加配套的@synthesize 编译指令：

```
@synthesize firstCount;
@synthesize secondCount;
@synthesize thirdCount;
```

要在 GenericViewController 类中访问这个属性，需要在 GenericViewController.h 中导入自定义选项卡栏控制器的接口文件。为此，在现有#import 语句下方添加如下代码行：

```
#import "CountingTabBarController.h"
```

为完成实现，还需要创建两个对场景显示的内容进行更新的方法，再在操作方法中将计数器加 1 并调用这些更新方法。

2. 显示计数器

虽然每个场景的计数器不同，但显示这些计数器的逻辑是相同的，它是前一个示例项目使用的代码的扩展版。我们将在一个名为 updateCounts 的方法中实现这种逻辑。

在文件 GenericViewController.h 中，声明方法 updateCounts 的原型。如果将这个方法放在实现文件的开头，就无需声明该原型，但声明它是一种好习惯，还可避免 Xcode 发出警告。在文件 GenericViewController.h 中，在现有操作定义下方添加如下代码行：

```
-(void)updateCounts;
```

接下来，在文件 GenericViewController.m 中实现方法 updateCounts，如程序清单 13.3 所示。

程序清单 13.3　更新显示的计数器值

```
1: -(void)updateCounts {
2:     NSString *countString;
3:     countString=[[NSString alloc] initWithFormat:
4:          @"First: %d\nSecond: %d\nThird: %d",
5:          ((CountingTabBarController *)self.parentViewController).firstCount,
6:          ((CountingTabBarController *)self.parentViewController).secondCount,
7:          ((CountingTabBarController *)self.parentViewController).thirdCount];
8:     self.outputLabel.text=countString;
9: }
```

第 2 行声明了一个 countString 变量，用于存储格式化后的输出字符串。第 3～7 行使用存储在 CountingTabBarController 实例中的属性创建该字符串。

第 8 行在标签 outputLabel 中输出格式化后的字符串。

3．让选项卡栏项的徽章值递增

为将选项卡栏项的徽章值递增，我们从徽章中读取当前值（badgeValue），将其转换为整数再加 1，然后将结果转换为字符串，并将 badgeValue 设置为该字符串。为何必须执行这些转换呢？因为 badgeValue 是一个 NSString，而不是整数，因此要修改它，必须使用格式正确的字符串。

由于我们添加了一个适用于所有场景的 barItem 属性，因此只需在 GenericViewController 类中使用一个方法将徽章值递增。我们将这个方法命名为 updateBadge。

首先，在文件 GenericViewController.h 中声明该方法的原型：

```
-(void)updateBadge;
```

然后，在文件 GenericViewController.m 中添加如程序清单 13.4 所示的代码：

程序清单 13.4　更新选项卡栏项的徽章

```
1: -(void)updateBadge {
2:     NSString *badgeCount;
3:     int currentBadge;
4:     currentBadge=[self.barItem.badgeValue intValue];
5:     currentBadge++;
6:     badgeCount=[[NSString alloc] initWithFormat:@"%d",
7:                currentBadge];
8:     self.barItem.badgeValue=badgeCount;
9: }
```

第 2 行声明了字符串变量 badgeCount，它将存储一个经过格式化的字符串，以便赋给属性 badgeValue。

第 3 行声明了整型变量 currentBadge，它将存储当前徽章值的整数表示。

第 4 行调用 NSString 的实例方法 intValue，将选项卡栏项的 badgeValue 属性的整数表示存储到 currentBadge 中。

第 5 行将当前徽章值加 1。

最后，第 6 行分配字符串变量 badgeCount，并使用 currentBadge 的值初始化它；而第 8 行将选项卡栏项的 badgeValue 属性设置为新的字符串。

4．触发计数器更新

这个项目的最后一步是实现方法 incrementCountFirst、incrementCountSecond 和 increment CountThird。这听起来工作量好像很多，但不用担心：由于更新标签和徽章的代码包含在独立的方法中，因此这 3 个方法都只有 3 行代码，且除设置的属性不同外，其他方面都相同。

这些方法必须更新 CountingTabBarController 类中相应的计数器，然后调用方法 update Counts 和 updateBadge 以更新界面。程序清单 13.5 显示了方法 incrementCountFirst 的实现。

程序清单 13.5 GenericViewController.m 中添加方法，以更新场景显示的计数器

```
- (IBAction)incrementCountFirst:(id)sender {
    ((CountingTabBarController *)self.parentViewController).firstCount++;
    [self updateBadge];
    [self updateCounts];
}
```

对于其他两个方法——incrementCountSecond 和 incrementCountThird，添加类似的代码。唯一的差别是要递增的属性，不是递增 firstCount，而是 secondCount 和 thirdCount。

13.5.7 生成应用程序

运行该应用程序并在不同场景之间切换。使用每个场景的 Count 按钮让其计数器递增。由于将计数器存储在了中央共享类 CountingTabBarController 中，每个场景都能访问并显示它们。

用户单击 Count 按钮时，选项卡栏项中的徽章值也将递增，这让您能够以另一种方式向用户提供视觉反馈。

现在，您应该能够得心应手地创建基于选项卡栏和导航栏的应用程序，相对于单场景应用程序来说，这是一种极大的改善，不是吗？下一章将介绍另一种有趣的 UI 元素和一个全新的应用程序模板，从而结束对自定义视图控制器的讨论。让您的手指准备好输入代码吧！

13.6 进一步探索

至此，您应该对如何实现多视图以及如何手工（或通过切换）在它们之间切换有深入认识。本章介绍的内容非常多，建议您复习这些主题，并花点时间阅读 Apple 文档，以了解相关的类、属性和方法。通过在 Interface Builder 中查看 UI 元素，将给您对如何在应用程序中使用它们有更深入的认识。

导航控制器（UINavigationController）经常与其他类型的视图（表视图）结合使用，以便以合乎逻辑的方式显示结构化信息。这将在下一章更深入地介绍，但建议您现在就阅读有关 UINavigationController 类的文档。不同于众多其他类的文档，有关导航控制器的文档详尽地介绍了可以和应该如何使用导航控制器。您可能还想了解 UINavigationController 视图层次结构以及协议 UINavigationControllerDelegate，这将有助于您对导航控制器中发生的高级用户事件做出响应。

选项卡栏控制器（UITabBarController）还有本章没有介绍的其他功能，例如，如果按钮太多，无法在一个选项卡栏中显示，选项卡栏控制器以导航控制器的方式提供了"更多"视图，这让您能够包含在屏幕上不能马上看到的用户选项。协议 UITabBarControllerDelegate 和 UITabBarDelegate 提供了可选方法，让用户能够定制应用程序中的选项卡栏。Apple 应用程序"音乐"就提供了这样的功能。

Apple 教程

Tabster（可通过 Xcode 开发文档访问）：这个示例使用选项卡栏控制器演示了一种复杂的多视图界面。

TheElements（可通过 Xcode 开发文档访问）：这个演示了如何使用导航控制器和表视图显示详细信息。

13.7 小结

本章介绍了 iOS 工具包中两个新的视图控制器类。首先，导航控制器依次显示一系列场景，常用于提供更详细的信息。导航控制器还提供了一种自动切换到前一个场景的途径。切换到下一个场景称为压入，而返回前一个场景称为弹出。

其次，选项卡栏控制器用于创建这样的应用程序：每个场景底部都包含一个选项卡栏，可用于在不同场景之间切换。根据 Apple 界面设计指南，每个场景都应执行独特的功能。不同于导航控制器，用户可随机访问选项卡栏控制器管理的场景，这意味着用户可在任何两个选项卡之间切换，而没有预定的显示顺序。

这两种控制器都让您能够在它们管理的场景之间共享信息，为此，只需在自定义的控制器子类中实现相关的属性和方法。

最后，这两个控制器都几乎可以完全使用 Xcode 故事板工具以可视化方式实现，这可能是您在本章学到的最好的知识。这与以前的 iOS 版本完全不同，以前必须使用代码来实现这些功能，使得讨论起来非常困难。

13.8 问与答

问：在没有中央控制器类的情况下，如何在对象之间共享信息？

答：选项卡栏控制器和导航控制器可包含共享属性，这很好，但并非必须使用它们才能共享信息。您总是可以在应用程序中创建一个自定义类，并在需要交换数据的其他类中引用它。

问：可混合使用压入切换和模态切换吗？

答：答案是肯定的，也是否定的。在不使用导航控制器的情况下，您就无法使用压入切换；在不使用选项卡栏控制器的情况下，就无法创建选项卡栏应用程序。然而，您可结合使用导航控制器和选项卡栏控制器，以模态方式切换到一系列由导航控制器管理的场景。

问：选项卡栏和工具栏可以互换吗？

答：绝对不能。选项卡栏用于在应用程序的不同功能区域切换，而工具栏用于在同一个功能区域执行不同的功能。

13.9 作业

13.9.1 测验

1．判断正误：要使用导航控制器和和选项卡栏控制器，需要编写大量的代码。

2．判断正误：选项卡栏项图像与工具栏图像是一回事。

3．判断正误：将操作连接到触发切换的对象将导致切换被忽略。

13.9.2 答案

1．错。Xcode 故事板使得几乎只需通过拖放就可实现这些功能。

2．错。选项卡栏项图像为 32×32 点，且其 alpha 通道值将被忽略。这种图像应为简单的线条图。

3．错。操作和切换都将被触发。

13.9.3 练习

1．使用选项卡栏控制器创建一个简单的计算器应用程序。例如，使用一个视图计算常见形状（如圆形、正方形等）的面积，并使用另一个视图计算相应的三维形状（球形、立方体等）的体积。使用选项卡栏控制器类来存储用户在一个视图中输入的尺寸值，以便能够在另一个视图中使用它们。

2．修改本章的导航控制器示例项目，以便能够根据用户的选择沿不同的分支导航。

第 14 章

使用表视图和分割视图控制器导航数据

本章将介绍：

- 表视图类型；
- 如何实现简单的表视图和控制器；
- 使用复杂的数据结构在包含分区的表中显示文本和图像；
- iPad 分割视图控制器的用途；
- 如何使用模板 Master-Detail Application。

至此，我们介绍了 iOS 开发涉及的典型界面元素，重点是从用户那里获取信息，而很少关注输出。我们还没有介绍如何以结构化方式显示分类信息。以引人注目而有序的方式显示信息的方法随处可见——网站、图书以及计算机应用程序，iOS 有其显示这种信息的独特方式。

首先是表视图，这种 UI 元素相当于分类列表，类似于浏览 iOS 通讯录时的情形。其次，iPad 提供了 SplitViewController，它将表、弹出框和详细视图融为一体，让用户获得类似于使用 iPad 应用程序 Mail（电子邮件）的体验。本章首先探索如何实现表视图，然后使用这方面的知识创建一个通用应用程序。在 iPhone 上运行时，该应用程序结合使用表和导航控制器来导航信息；而在 iPad 上运行时，它使用分割视图控制器来导航信息。

14.1 了解表视图

与本书前面介绍的其他视图一样，表视图（UITable 也用于放置信息，但其外观不太直观。表视图在屏幕上显示一个单元格列表，而不是像 Excel 工作表那样显示一个真正的表格。每个单元格都可包含多项信息，但仍是一个整体。另外，可将表视图划分成多个区（section），以便从视觉上将信息分组。例如，可按制造商列出计算机型号或按年份列出 Macintosh 计算机型号。

表视图能够响应触摸事件，借助表视图控制器（UITableViewController）以及两个协议——UITableViewDataSource和UITableViewDelegate，还可让用户轻松地在冗长的信息列表中上下滚动并选择单元格。

By the Way

注意：

表视图控制器是一种只能显示表视图的标准视图控制器，可在表视图占据整个视图时使用这种控制器。虽然如此，相对于使用标准视图控制器并添加表视图，使用表视图控制器除了将自动设置委托和数据源属性外，没有任何其他的优势。

事实上，通过使用标准视图控制器并遵守这两种协议，可根据需要在视图中创建任意尺寸的表。我们只需将表的委托和数据源输出口连接到视图控制器类即可。

由于使用标准视图控制器来创建表视图控制器有极大的灵活性，本章将采取这种方式。

14.1.1 表视图的外观

有两种基本的表视图样式：无格式（plain）和分组，如图14.1所示。无格式表不像分组表那样在视觉上将各个区分开，但通常带可触摸的索引（类似于通讯录）。因此，它们有时被称为索引表。我们将使用Xcode指定的名称（无格式/分组）来表示它们。

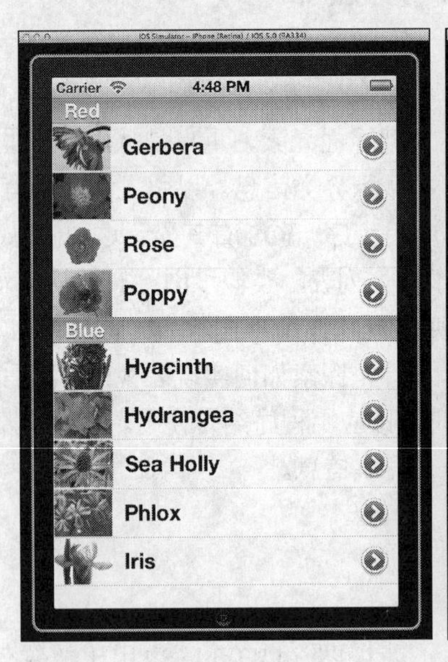

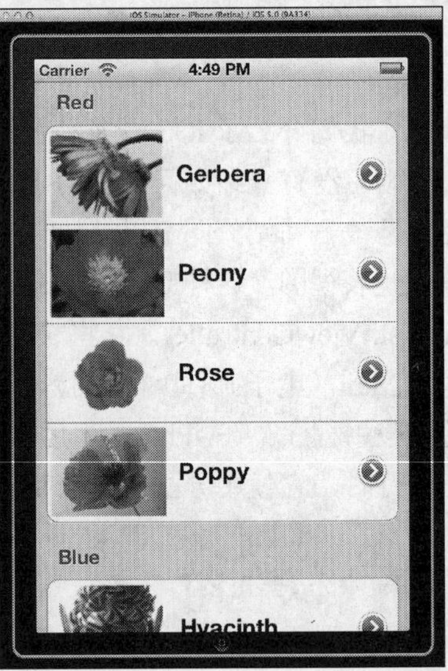

图14.1

无格式表类似于简单列表，而分组表突出了分区

14.1.2 表单元格

表只是一个容器，要在表中显示内容，您必须给表提供信息，这是通过配置表视图单元格（UITableViewCell）实现的。默认情况下，单元格可显示标题、详细信息标签（detail label）、图像和附属视图（accessory），其中附属视图通常是一个展开箭头，告诉用户可通过压入切换

和导航控制器挖掘更详细的信息。图 14.2 显示了一种单元格布局，其中包含前面说的所有元素。

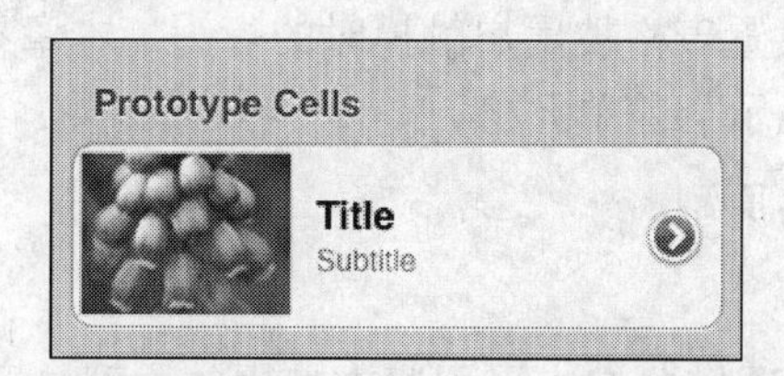

图 14.2
表由单元格组成

除视觉方面的设计外，每个单元格都有独特的标识符。这种标识符被称为重用标识符（reuse identifier），用于在编码时引用单元格；配置表视图时，必须设置这些标识符。

14.1.3 添加表视图

要在视图中添加表格，可从对象库拖曳 UITableView 到视图中。添加表格后，可调整大小，使其赋给整个视图或只占据视图的一部分。如果拖曳一个 UITableViewController 到编辑器中，将在故事板中新增一个场景，其中包含一个填满整个视图的表格。

1．设置表视图的属性

添加表视图后，就可设置其样式了。为此，可在 Interface Builder 编辑器中选择表视图，再打开 Attributes Inspector（Option + Command + 4），如图 14.3 所示。

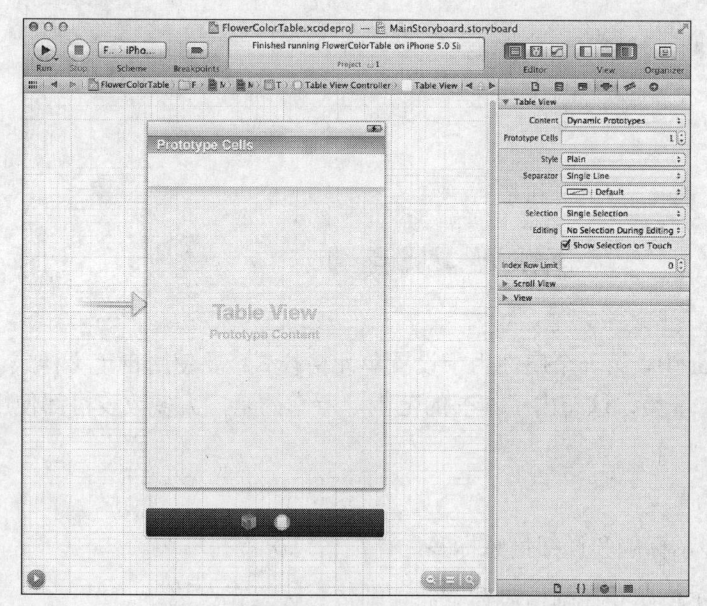

图 14.3
设置表视图的属性

第一个属性是 Content，它默认被设置为 Dynamic Prototypes（动态原型），这意味着您可直接在 Interface Builder 中以可视化方式设计表格和单元格布局——这正是我们希望的。另一项设置是 Static Cells（静态单元格），这是以前使用的方法，没有 Xcode 4.2 和更高版本提供的灵活性。您也可增加原型单元格的数量，以显示多个样例单元格；每个样例单元格都可以有不同的外观，并可在代码中通过其重用标识符来访问（稍后您将看到在什么地方设置该标识符）。

使用下拉列表 Style 选择表格样式 Plain 或 Grouped；下拉列表 Separator 用于指定分区之

间的分隔线的外观，而下拉列表 Color 用于设置单元格分隔线的颜色。

设置 Selection 和 Editing 用于设置表格被用户触摸时的行为。本章不编辑表格，因此使用默认设置即可（用于触摸时高亮显示当前单元格）。

设置好表格后，需要设计单元格原型。

2．设置原型单元格的属性

要控制表格中的单元格，必须配置您要在应用程序中使用的原型单元格。添加表视图时，默认只有一个原型单元格。

要编辑原型，首先在文档大纲中展开表视图，再选择其中的单元格（也可在编辑器中直接单击单元格）。单元格呈高亮显示后，使用选取手柄增大单元格的高度。其他设置都需要在 Attributes Inspector 中进行，如图 14.4 所示。

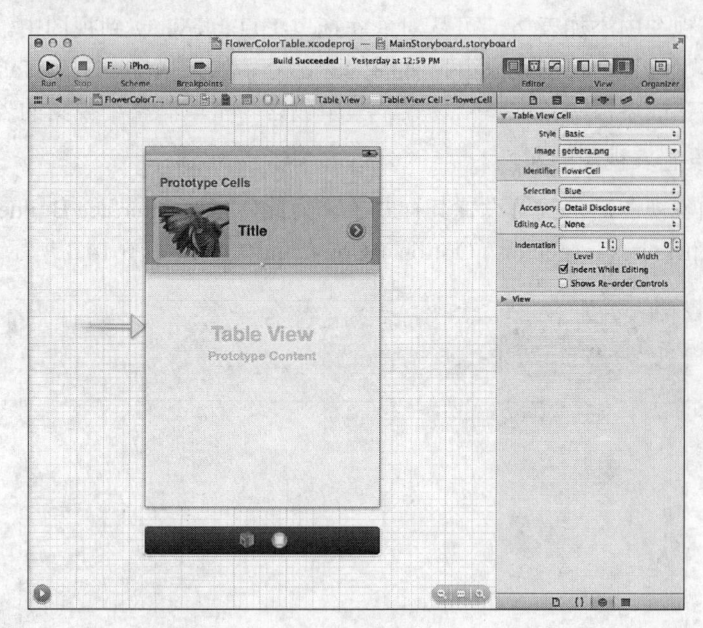

图 14.4
配置原型单元格

在 Attributes Inspector 中，第一个属性用于设置单元格样式。要使用自定义样式，必须创建一个 UITableViewCell 子类，这超出了本书的范围。所幸的是，大多数表格都使用标准样式之一。

- Basic：只显示标题。
- Right Detail：显示标题和详细信息标签，详细信息标签在右边。
- Left Detail：显示标题和详细信息标签，详细信息标签在左边。
- Subtitle：详细信息标签在标题下方。

Did you Know?

提示：

设置单元格样式后，可选择标题和详细信息标签。为此，可在原型单元格中单击它们，也可文档大纲的单元格视图层次结构中单击它们。选择标题或详细信息标签后，就可使用 Attributes Inspector 定制它们的外观。

使用下拉列表 Image 在单元格中添加图像，当然，项目中必须有需要显示的图像资源。

别忘了，您在原型单元格中设置的图像以及标题/详细信息标签不过是占位符，将替换为您在代码中指定的实际数据。

下拉列表 Selection 和 Accessory 分别用于配置选定单元格的颜色以及添加到单元格右边的附属图形（通常是展开箭头）。除 Identifier 外，其他属性都用于配置可编辑的单元格。

Identifier 可能是最重要的属性。如果不设置它，就无法在代码中引用原型单元格并显示内容。您可将标识符设置为任何字符串；例如，Apple 在其大部分示例代码中都使用 Cell。如果您添加了多个设计不同的原型单元格，则必须给每个原型单元格指定不同的标识符。

这就是表格的外观设计。那么如何编写代码让表格能够正常运行呢？要填充表格，需要选择表视图，并使用 Connection Inspector 将输出口 delegate 和 dataSource 连接到将实现协议 UITableViewDelegate 和 UITableViewDataSource 的类（可能是视图控制器）。如果您使用表视图控制器，这些输出口已经连接好了，但您需要在项目中添加一个 UITableViewController 子类，并将表视图控制器的身份设置为这个子类，以便在其中添加代码。

3．表视图数据源协议

表视图数据源协议（UITableViewDataSource）包含这样的方法，即描述表视图将显示多少信息，并将 UITableViewCell 对象提供给应用程序进行显示。这与选择器视图不太一样，选择器视图的数据源协议方法只提供要显示的信息量。

我们的重点是下面 4 个最有用的数据源协议方法。

- numberofSectionsInTableView：返回表视图将划分成多少个分区。
- tableView:tableViewnumberOfRowsInSection：返回给定分区包含多少行。分区编号从零开始。
- tableView:titleForHeaderInSection：返回一个字符串，用作给定分区的标题。
- tableView:cellForRowAtIndexPath：返回一个经过正确配置的单元格对象，用于显示在表视图的指定位置。

例如，假设要创建一个表视图，它包含两个标题分别为 One 和 Tow 的分区，其中第一个分区只有一行，而第二个分区包含两行。为指定这样的设置，可使用前三个方法，如程序清单 14.1 所示。

程序清单 14.1 配置表视图的分区和行数

```
1: - (NSInteger)numberOfSectionsInTableView:(UITableView *)tableView
2: {
3:     return 2;
4: }
5:
6: - (NSInteger)tableView:(UITableView *)tableView
7:          numberOfRowsInSection:(NSInteger)section
8: {
9:     if (section==0) {
10:        return 1;
11:    } else {
12:        return 2;
```

```
13:     }
14: }
15:
16: - (NSString *)tableView:(UITableView *)tableView
17:             titleForHeaderInSection:(NSInteger)section {
18:
19:     if (section==0) {
20:         return @"One";
21:     } else {
22:         return @"Two";
23:     }
24: }
```

第 1～4 行实现了方法 numberOfSectionsInTableView。这个方法返回 2，因此表视图将包含两个分区。

第 6～14 行实现了方法 tableView:numberOfRowsInSection。在 iOS 指定的分区编号为 0（第一个分区）时，这个方法返回 1（第 10 行）；当分区编号为 1（第二个分区）时，这个方法返回 2（第 12 行）。

第 16～24 行实现了方法 tableView:titleForHeaderInSection。它与前一个方法很像，但返回的是用作分区标题的字符串。如果分区编号为 0，该方法返回 One（第 20 行），否则返回 Two（第 22 行）。

这 3 个方法设置了表视图的布局，但要给单元格提供内容，必须实现 tableView: cellForRowAtIndexPath。iOS 将一个 NSIndexPath 对象传递给这个方法，该对象包含一个 section 属性和一个 row 属性，这些属性指定了您应返回的单元格。在这个方法中，需要初始化一个 UITableViewCell 对象，并设置其属性 textLabel、detailTextLabel 和 imageView，以指定单元格将显示的信息。

下面简单地实现这个方法，让它能够向表视图提供单元格对象。这里假设原型单元格标识符为 Cell，并被配置成显示图像、标题和详细信息标签；另外，项目中有一个名为 generic.png 的图像文件，而我们要在每个单元格中都显示这幅图像。这个示例不太符合现实，符合现实的例子作为练习留给读者去完成。程序清单 14.2 是方法 tableView:cellForRowAtIndexPath 的一种实现。

程序清单 14.2 一种无聊的 tableView:cellForRowAtIndexPath 实现

```
1: - (UITableViewCell *)tableView:(UITableView *)tableView
2:          cellForRowAtIndexPath:(NSIndexPath *)indexPath
3: {
4:     UITableViewCell *cell = [tableView
5:                          dequeueReusableCellWithIdentifier:@"Cell"];
6:
7:     UIImage *cellImage;
8:     cellImage=[UIImage imageNamed:@"generic.png"];
9:
10:    if (indexPath.section==0) {
```

```
11:         cell.textLabel.text=@"Section 0, Row 0";
12:         cell.detailTextLabel.text=@"Detail goes here.";
13:         cell.imageView.image=cellImage;
14:     } else {
15:         if (indexPath.row==0) {
16:             cell.textLabel.text=@"Section 1, Row 0";
17:             cell.detailTextLabel.text=@"Detail goes here.";
18:             cell.imageView.image=cellImage;
19:         } else {
20:             cell.textLabel.text=@"Section 1, Row 2";
21:             cell.detailTextLabel.text=@"Detail goes here.";
22:             cell.imageView.image=cellImage;
23:         }
24:     }
25:
26:     return cell;
27: }
```

首先，第 4～5 行声明了一个单元格对象，使用根据标识符为 Cell 的原型单元格初始化它。在这个方法的所有实现中，都应以这些代码行打头。

第 7～8 行声明了一个 UIImage 对象（cellImage），并使用项目资源 generic.png 初始化它。在实际项目中，您很可能在每个单元格中显示不同的图像。

第 10～13 行配置第一个分区（indexPath.section == 0）的单元格。由于这个分区只包含一行，因此无需考虑查询的是哪行。

通过设置属性 textLabel、detailTextLabel 和 imageView 给单元格填充数据。这些属性是 UILabel 和 UIImageView 实例，因此，对于标签，需要设置 text 属性，而对于图像视图，需要设置 image 属性。

第 14～24 行配置第二个分区（编号为 1）的单元格。然而，对于第二个分区，需要考虑行号，因为它包含两行。因此，检查 row 属性，看它是 0 还是 1，并相应地设置单元格的内容。

第 26 行返回初始化后的单元格。

这就是填充表视图需要做的全部工作，但要在用户触摸单元格时做出响应，需实现 UITableViewDelegate 协议定义的一个方法。

4．表视图委托协议

表视图委托协议包含多个对用户在表视图中执行的操作进行响应的方法，从选择单元格到触摸展开箭头，再到编辑单元格。就本章而言，我们只关心用户触摸并选择单元格感兴趣，因此我们将使用方法 tableView:didSelectRowAtIndexPath。

通过向方法 tableView:didSelectRowAtIndexPath 传递一个 NSIndexPath 对象，指出了触摸的位置。这意味着您需要根据触摸位置所属的分区和行做出响应。程序清单 14.3 演示了当用户在前面创建的虚构表视图中触摸时，如何做出响应。

程序清单 14.3 响应用户触摸

```
- (void)tableView:(UITableView *)tableView
                didSelectRowAtIndexPath:(NSIndexPath *)indexPath {
    if (indexPath.section==0) {
        // The user chose the first cell in the first section
        } else {
        if (indexPath.row==0) {
            // The user chose the first row in the second section
        } else {
            // The user chose the second row in the second section
        }
    }
}
```

很简单，不是吗？这里的比较逻辑与程序清单 14.2 相同，如果您不知道这个方法是如何判断用户触摸的分区/行，请参阅程序清单 14.2。

这就是创建表视图需要做的全部工作。下面介绍一种特殊的视图控制器和应用程序模板，它将导航控制器、表视图和通用的 iPad/iPhone 应用程序融为一体。要使用它，不需要任何新的编程知识，但需要用到前几章学到的一些知识。

Did you Know?

提示：

要在应用程序中充分发挥表视图的作用，应阅读有关 UITableView 以及协议 UITableViewDataSource 和 UITableViewDelegate 的 Apple 文档。有很多这方面的信息，可帮助您使用本章没有介绍的表视图功能。

14.2 探索分割视图控制器（仅适用于 iPad）

本章要介绍的第二个界面元素是分割视图控制器。这种控制器只能用于 iPad，它不仅是一种可在应用程序中添加的功能，还是一种可用来创建完整应用程序的结构。

分割视图控制器让您能够在一个 iPad 屏幕中显示两个不同的场景。在横向模式下，屏幕左边的三分之一为主视图控制器的场景，而右边包含详细视图控制器场景。在纵向模式下，详细视图控制器管理的场景将占据整个屏幕。在这两个区域，您可根据需要使用任何类型的视图和控件：选项卡栏控制器、导航控制器等。

在大多数使用分割视图控制器的应用程序中，它都将表、弹出框和视图组合在一起，其工作方式如下：在横向模式下，左边显示一个表，让用户能够做出选择；用户选择表中的元素后，详细视图将显示该元素的详细信息。如果 iPad 被旋转到纵向模式，表将消失，而详细视图将填满整个屏幕；要进行导航，用户可触摸一个工具栏按钮，这将显示一个包含表的弹出框。这让用户能够轻松地在大量信息中导航，并在需要时将重点放在特定元素上。

无论是 Apple 提供的 iPad 应用程序还是第三方开发的 iPad 应用程序，都广泛地使用了这种应用程序结构。例如，应用程序 Mail（电子邮件）使用分割视图显示邮件列表和选定邮件的内容。在诸如 Dropbox 等流行的文件管理应用程序中，也在左边显示文件列表，并在详细视图中显示选定文件的内容，如图 14.5 所示。

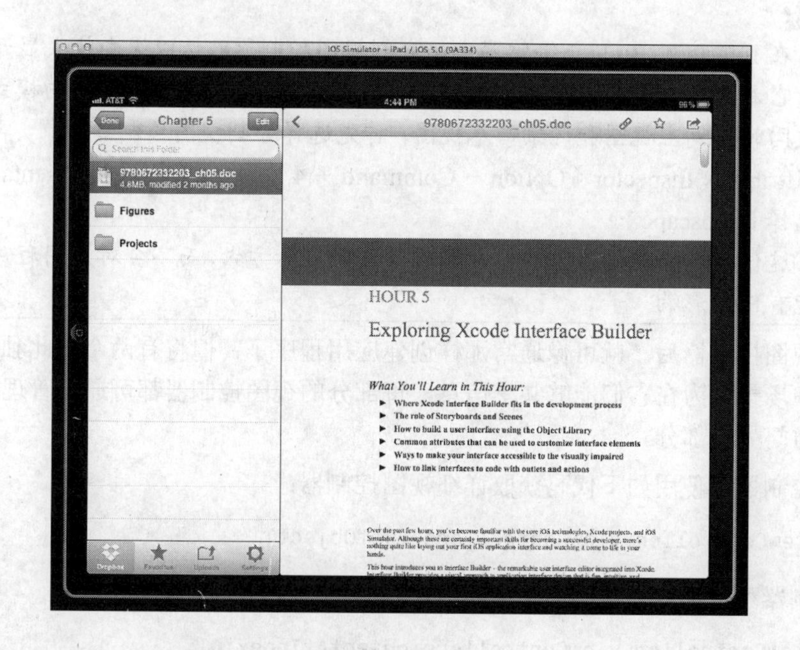

图 14.5

左边是一个表，而右边是详细信息

14.2.1 实现分割视图控制器

要在项目中添加分割视图控制器，可将其从对象库拖曳到故事板中。在故事板中，它必须是初始视图，您不能从其他任何视图切换到它。添加后，它包含多个与主视图控制器和详细视图控制器相关联的默认视图，如图 14.6 所示。

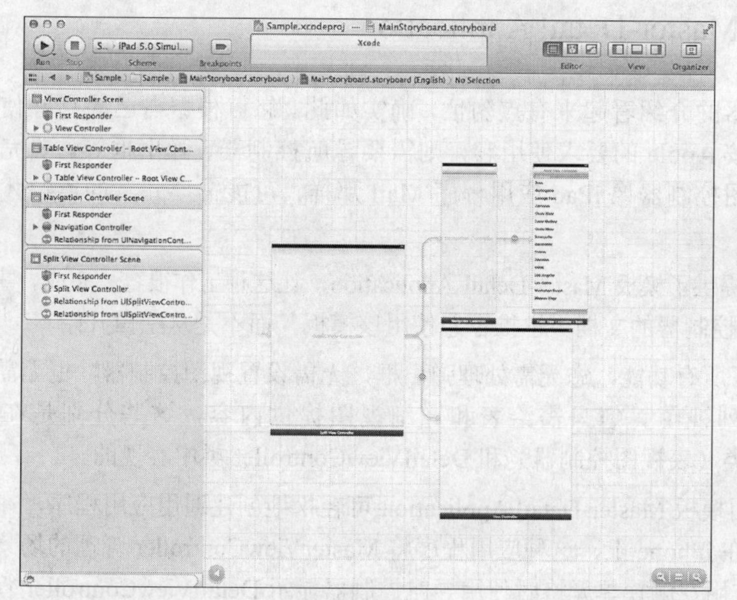

图 14.6

添加分割视图控制器将添加一些应用程序界面

可将这些默认视图删除，添加新场景，再在分割视图控制器和主/详细场景之间重新建立关系。为此，可按住 Control 键，并从分割视图控制器对象拖曳到主场景或详细场景，再在 Xcode 提示时选择 Relationship – masterViewController 或 Relationship – detailViewController。

By the Way

注意：

在 Interface Builder 编辑器中，分割视图控制器默认以纵向模式显示。这让它看起来好像只包含一个场景（详细信息场景）。要切换到横向模式，以便同时看到主视图和详细信息视图，首先选择分割视图控制器对象，再打开 Attributes Inspector（Option + Command + 4），并从下拉列表 Orientation 中选择 Landscape。

这仅改变分割视图控制器在编辑器中的显示方式，而不会对应用程序的功能有任何影响。

在设置好分割视图控制器后，就可像通常那样创建应用程序了，但将有两个彼此独立的部分：主场景和详细场景。为在它们能够共享信息，每部分的视图控制器都可通过管理它的分割视图控制器来访问另一部分。

例如，主视图控制器可使用如下代码获取详细视图控制器：

```
[self.splitViewController.viewControllers lastObject]
```

而详细视图控制器可使用如下代码获取主视图控制器：

```
[self.splitViewController.viewControllers objectAtIndex:0]
```

属性 splitViewController 包含一个名为 viewControllers 的数组。通过使用 NSArray 的方法 lastObject，可获取该数组的最后一个元素（详细信息视图）。通过调用方法 objectAtIndex，并将索引 0 传递给它，可获取该数组的第一个元素（主视图）。这样，两个视图控制器就可交换信息了。

14.2.2 模板 Master-Detail Application

对分割视图控制器的介绍看起来有点匆忙，确实如此。您可根据自己的喜好使用分割视图控制器，但如果按 Apple 的要求使用它，则需要导航控制器、弹出框等。要完成这些设置工作，让分割视图控制器像 iPad 应用程序 Mail 那样，可能需要几章的篇幅才能介绍清楚。

所幸的是，Apple 提供了模板 Master-Detail Application，让这种工作很容易完成。事实上，Apple 在有关分割视图控制器的文档中也推荐您使用该模板，而不是从空白开始。

该模板自动提供了所有功能，您无需处理弹出框，无需设置视图控制器，也无需在用户旋转 iPad 后重新排列视图。您只需给表和详细视图提供内容，这些分别是在模板的 MasterViewController 类（表视图控制器）和 DetailViewController 类中实现的。

更重要的是，使用模板 Master-Detail Application 可轻松地创建通用应用程序，在 iPhone 和 iPad 上都能运行。在 iPhone 上，这种应用程序将 MasterViewController 管理的场景显示为一个可滚动的表，并在用户触摸单元格时使用导航控制器显示 DetailViewController 管理的场景。同一个应用程序可在 iPhone 和 iPad 上运行，因此在本章中您将首次涉足通用应用程序开发，但在此之前，先来创建一个表视图应用程序。

14.3　一个简单的表视图应用程序

在本章的第一个示例项目中，我们将创建一个表视图，它包含两个分区，这两个分区的标题分别为 Red 和 Blue，且分别包含常见的红色和绿色花朵的名称。除标题外，每个单元格还包含一幅花朵图像和一个展开箭头。用户触摸单元格时，将出现一个提醒视图，指出选定花朵的名称和颜色。最终的应用程序如图 14.7 所示。

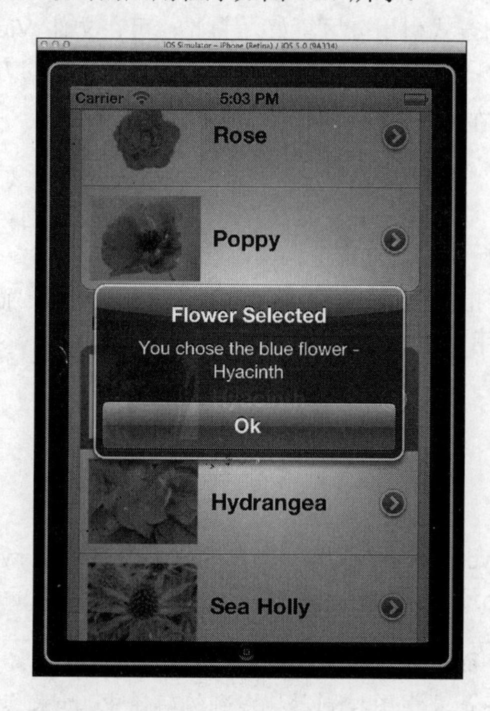

图 14.7

在本章的第一个应用程序中，将创建一个能够响应用户操作的表

14.3.1　实现概述

在项目中添加表视图所需的技能与您使用选择器时学到的技能极其相似。我们将使用模板 Single View Application 新建一个项目，在其中添加一个表视图，并实现 UITableView 委托协议和数据源协议。

我们将使用两个数组来存储要在表中显示的数据，但不需要额外的输出口和操作，所有的一切都通过遵守合适的协议来处理。

14.3.2　创建项目

首先，使用 iOS 模板 Single View Application 新建一个项目，并将其命名为 FlowerColorTable。我们将把标准 ViewController 类用作表视图控制器，因为它在实现方面提供了极大的灵活性。

1．添加图像资源

在我们将创建的表视图中，将显示每种花朵的图像。为添加花朵图像，将文件夹 Images 拖曳到项目代码编组中，并在 Xcode 提示时选择复制文件并创建编组。

2．规划变量和连接

在这个项目中，需要两个数组（redFlowers 和 blueFlowers）。顾名思义，它们分别包含一系列要在表视图中显示的红色花朵和蓝色花朵。每种花朵的图像文件名与花朵名相同，只需在这些数组中的花朵名后面加上.png，就可访问相应的花朵图像。

只需要建立两个连接：将 UITableView 的输出口 delegate 和 dataSource 连接到 ViewController。

3．添加表示分区的常量

相对于使用数字，以更抽象的方式引用分区更好。为此，可在文件 ViewController.m 中添加几个常量，这样就无需牢记分区零包含红色花朵，而可使用更友好的方式引用它。

在文件 ViewController.m 中，在#import 代码行下方添加如下代码行：

```
#define kSectionCount 2
#define kRedSection 0
#define kBlueSection 1
```

第一个常量 kSectionCount 指的是表视图将包含多少个分区，而其他两个常量（kRedSection 和 kBlueSection）将用于引用表视图中的分区。

需要做的设置工作就完成了。

14.3.3 设计界面

打开文件 MainStoryboard.storyboard，并拖曳一个表视图（UITableView）实例到场景中。调整表视图的大小，使其覆盖整个场景。

Watch Out!

警告：是表视图，而不是表视图控制器

将表视图而不是表视图控制器拖曳到编辑器中。如果您拖曳的是表视图控制器，将添加一个全新的场景。如果您想这样做，没有问题，但必须删除原有的场景，并将表视图控制器的身份设置为 ViewController 类。

现在，选择表视图并打开 Attributes Inspector（Option + Command + 4），从下拉列表 Content 中选择 Dynamic Prototypes。如果您要与这里的示例完全相同，将表视图样式设置为 Grouped，如图 14.8 所示。

祝贺您完成了 99%的界面设计工作！余下的就是配置原型单元格。在编辑器中单击单元格以选择它，也可在文档大纲中展开表视图对象，再选择单元格对象。在 Attributes Inspector 中，首先将单元格标识符设置为 flowerCell；如果不执行这一步，应用程序将无法正常运行！

接下来将样式设置为 Basic，并使用下拉列表 Image 选择前面添加的图像资源之一。使用下拉列表 Accessory 在单元格中添加 Detail Disclosure（详细信息展开箭头）。这样布局就设计好了。

现在，单元格已准备就绪，但看起来可能有点拥挤。单击并拖曳单元格底部的手柄，以增大单元格的高度，直到您满意为止。我完成后的 UI 如图 14.9 所示。

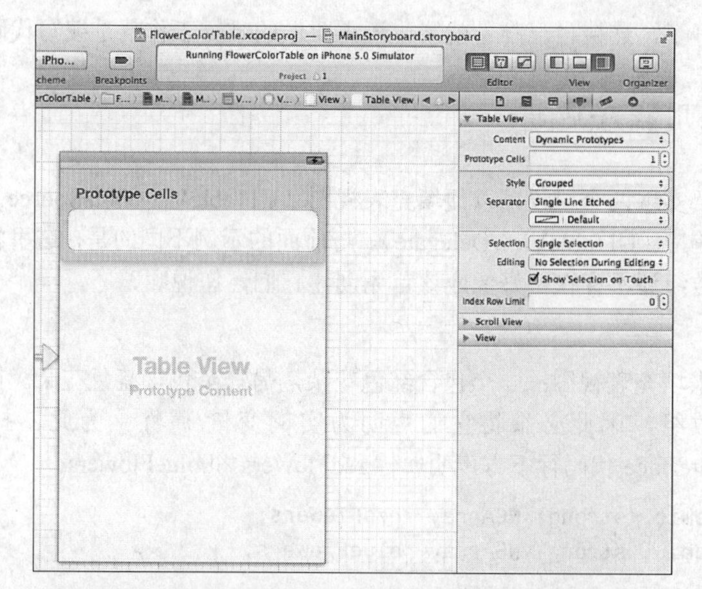

图 14.8

设置表视图的属性

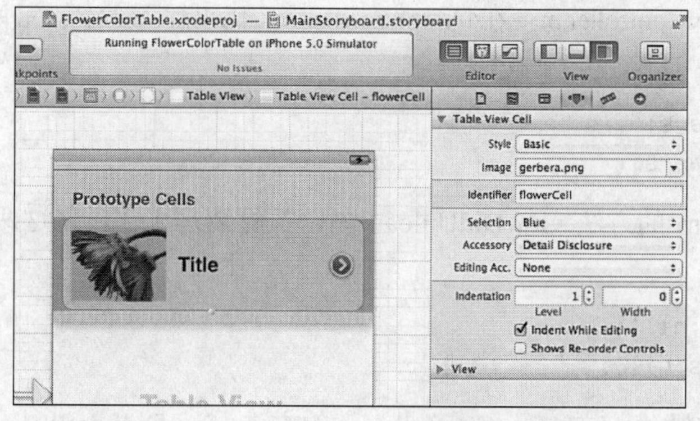

图 14.9

设计好的原型单元格

14.3.4 连接输出口 delegate 和 dataSource

创建项目时，无需定义大量的输出口和操作是不是很爽？我是这样认为的。要让表视图显示信息并在用户触摸时做出反应，它必须知道在哪里能够找到委托和数据源协议方法。我们将在 ViewController 类中实现这些方法，下面将其连接到这个类。

选择场景中的表视图对象，再打开 Connections Inspector（Option + Command + 6）。在 Connections Inspector 中，从输出口 delegate 拖曳到文档大纲中的 ViewController 对象；对输出口 dataSource 执行同样的操作。现在的 Connections Inspector 应类似于图 14.10。

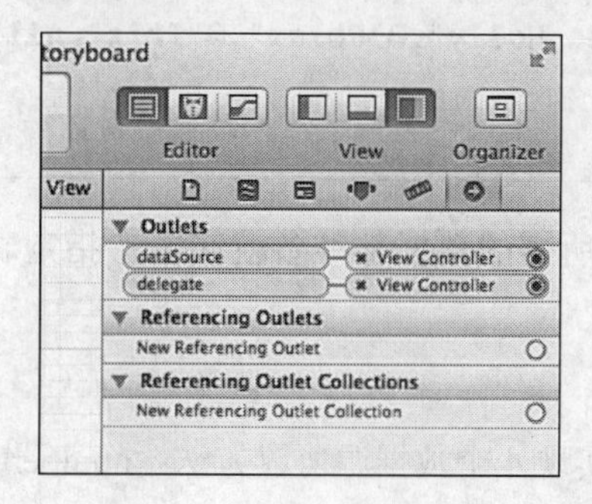

图 14.10

将输出口 delegate 和 dataSource 连接到视图控制器

至此，界面就设计好了，连接也已准备就绪。还需要做的唯一工作就是编写代码。

14.3.5 实现应用程序逻辑

本章开头说过，需要实现两个协议，以便填充表视图（UITableViewDataSource）以及在用户选择单元格时做出响应（UITableViewDelegate）。与前面的示例不同的是，这里将从数组中获取数据。由于这些数组还不存在，好像应该首先创建它们，您说呢？

1. 填充花朵数组

我们需要两个数组来填充表视图：一个包含红色花朵，另一个包含蓝色花朵。由于在整个类中都将访问这些数组，因此必须将它们声明为实例变量/属性。为此，打开文件 ViewController.h，在@interface 代码行下方声明属性 redFlowers 和 blueFlowers：

```
@property (nonatomic, strong) NSArray *redFlowers;
@property (nonatomic, strong) NSArray *blueFlowers;
```

接下来，打开文件 ViewController.m，在@implementation 代码行下方添加配套的编译指令@synthesize：

```
@synthesize redFlowers;
@synthesize blueFlowers;
```

在文件 ViewController.m 的方法 viewDidUnload 中，执行清理工作，将这两个属性设置为 nil：

```
[self setRedFlowers:nil];
[self setBlueFlowers:nil];
```

为使用花朵名填充这些数组，在 ViewController.m 的方法 viewDidLoad 中，分配并初始化它们，如程序清单 14.4 所示。

程序清单 14.4 填充花朵数组

```
- (void)viewDidLoad
{
    self.redFlowers = [[NSArray alloc]
                       initWithObjects:@"Gerbera",@"Peony",@"Rose",
                       @"Poppy",nil];
    self.blueFlowers = [[NSArray alloc]
                       initWithObjects:@"Hyacinth",@"Hydrangea",
                       @"Sea Holly",@"Phlox",@"Iris",nil];
    [super viewDidLoad];
}
```

至此，为实现表视图数据源协议所需的数据都准备就绪了：指定表视图布局的常量以及提供信息的花朵数组。

2. 实现表视图数据源协议

为给表视图提供信息，总共需要实现 4 个数据源协议方法：numberOfSectionsInTableView、

tableView:numberOfRowsInSection、tableView:titleForHeaderInSection 和 tableView:cellForRowAtIndexPath。下面依次实现这些方法，但首先需要将类 ViewController 声明为遵守协议 UITableViewDataSource。为此，打开文件 ViewController.h，将@interface 代码行修改成下面这样：

```
@interface ViewController : UIViewController <UITableViewDataSource>
```

下面实现上述方法，首先是 numberOfSectionsInTableView。这个方法返回表视图将包含的分区数，我们已经将其存储在 kSectionCount 中。只需返回该常量就大功告成了。按程序清单 14.5 实现这个方法。

程序清单 14.5　返回表视图包含的分区数

```
- (NSInteger)numberOfSectionsInTableView:(UITableView *)tableView
{
    return kSectionCount;
}
```

下一个方法是 tableView:numberOfRowsInSection，它返回分区包含的行数（即红色分区的红色花朵数和蓝色分区的蓝色花朵数）。为此，可将参数 section 与表示红色分区和蓝色分区的常量进行比较，并使用 NSString 的方法 count 返回相应数组包含的元素数。实现很简单，如程序清单 14.6 所示。

程序清单 14.6　返回每个分区的行数（数组元素数）

```
- (NSInteger)tableView:(UITableView *)tableView
    numberOfRowsInSection:(NSInteger)section
{
        switch (section) {
                case kRedSection:
                        return [self.redFlowers count];
                case kBlueSection:
                        return [self.blueFlowers count];
                default:
                        return 0;
        }
}
```

其中唯一可能让您感到迷惑的可能是 switch 语句。它检查传入的参数 section，如果该参数与常量 kRedSection 匹配，则返回数组 redFlowers 包含的元素数；如果与常量 kBlueSection 匹配，则返回数组 BlueFlowers 包含的元素数。其中的 default 分支应该不会执行，因此返回 0 不会有任何问题。

tableView:titleForHeaderInSection 更简单。同样，它必须将传入参数 section 与表示红色分区和蓝色分区的常量进行比较，但只需返回表示分区标题的字符串（Red 或 Blue）。在项目中添加如程序清单 14.7 所示的实现。

程序清单 14.7 返回每个分区的标题

```
- (NSString *)tableView:(UITableView *)tableView
          titleForHeaderInSection:(NSInteger)section {
    switch (section) {
        case kRedSection:
            return @"Red";
        case kBlueSection:
            return @"Blue";
        default:
            return @"Unknown";
    }
}
```

最后一个数据源协议方法最复杂，也最重要，它提供单元格对象供表视图显示。在这个方法中，必须根据前面在 Interface Builder 中配置的标识符 flowerCell 创建一个新的单元格，再根据传入的参数 indexPath，使用相应的数据填充该单元格的属性 imageView 和 textLabel。在文件 ViewController.m 中，按程序清单 14.8 创建这个方法。

程序清单 14.8 配置要在表视图中显示的单元格

```
1: - (UITableViewCell *)tableView:(UITableView *)tableView
2:          cellForRowAtIndexPath:(NSIndexPath *)indexPath
3: {
4:     UITableViewCell *cell = [tableView
5:                              dequeueReusableCellWithIdentifier:@"flowerCell"];
6:
7:
8:     switch (indexPath.section) {
9:         case kRedSection:
10:            cell.textLabel.text=[self.redFlowers
11:                                 objectAtIndex:indexPath.row];
12:            break;
13:        case kBlueSection:
14:            cell.textLabel.text=[self.blueFlowers
15:                                 objectAtIndex:indexPath.row];
16:            break;
17:        default:
18:            cell.textLabel.text=@"Unknown";
19:    }
20:
21:    UIImage *flowerImage;
22:    flowerImage=[UIImage imageNamed:
23:                 [NSString stringWithFormat:@ "%@%@",
24:                  cell.textLabel.text,@".png"]];
25:    cell.imageView.image=flowerImage;
26:
```

```
27:     return cell;
28: }
```

第 4～5 行根据前面创建的标识符为 flowerCell 的原型单元格创建了一个名为 cell 的 UITableViewCell。

第 8～19 行处理了大部分逻辑。通过查看传入参数 indexPath 的 section 属性，可确定 iOS 查询的是红色分区还是蓝色分区。另一方面，indexPath 的属性 row 指定了我们需要配置的单元格对应的行号。

第 10～11 行将 row 作为索引来访问红色花朵数组，从而将单元格的 textLabel 设置为该数组中相应位置的字符串。第 14～15 行对蓝色分区做同样的处理。

第 17～18 行应该永远都不会执行。

为获取并设置花朵图像，可不区分花朵是红色的还是蓝色的，而使用相同的逻辑。如何做呢？使用前面为单元格配置了的属性 textLabel，再在后面加上.png，就可得到图像文件的名称。

第 21 行声明了一个 UIImage 变量——flowerImage，用于存储我们查找的图像。第 22～24 行将单元格对象的 textLabel.text 和字符串.png 拼接起来，从项目资源中返回一幅图像。

提示：

Did you Know?

在本书前面，我们使用过 NSString 的方法 stringWithFormat 来创建包含整数和浮点数的字符串。这里使用格式字符串@%@%表示两个相连的字符串，并将要拼接的两个字符串值传递给这个方法。结果是一个包含完整图像文件名的新字符串。

第 25 行将单元格的 imageView 对象的 image 属性设置为新创建的 flowerImage。

最后，第 27 行返回配置好的单元格。

如果现在生成该应用程序，将能够看到可滚动的漂亮花朵列表，但触摸单元格时，什么也不会发生。要在用户触摸单元格时做出反应，还需要实现一个方法，这个方法是协议 UITableViewDelegate 定义的。

3．实现表视图委托协议

表视图委托协议处理用户与表视图的交互。要在用户选择了单元格时检测到这一点，必须实现委托协议方法 tableView:didSelectRowAtIndexPath。这个方法在用户选择单元格时自动被调用，且传递给它的参数 IndexPath 包含属性 section 和 row，这些属性准确地指出了用户触摸的是哪个单元格。

编写这个方法前，再次修改文件 ViewController.h 中的代码行@interface，指出这个类要遵守协议 UITableViewDelegate：

```
@interface ViewController : UIViewController
                           <UITableViewDataSource, UITableViewDelegate>
```

在用户选择单元格时如何反应取决于您，但在这个示例中，我们将使用 UIAlertView 显示一条消息。实现如程序清单 14.9 所示，到现在您应该对其非常熟悉。将这个委托协议方法加入到文件 ViewController.m 中。

程序清单 14.9 响应单元格选择事件

```
1: - (void)tableView:(UITableView *)tableView
2:              didSelectRowAtIndexPath:(NSIndexPath *)indexPath {
3:
4:     UIAlertView *showSelection;
5:     NSString *flowerMessage;
6:
7:     switch (indexPath.section) {
8:         case kRedSection:
9:             flowerMessage=[[NSString alloc]
10:                            initWithFormat:
11:                            @"You chose the red flower - %@",
12:                            [self.redFlowers objectAtIndex: indexPath.row]];
13:            break;
14:        case kBlueSection:
15:            flowerMessage=[[NSString alloc]
16:                           initWithFormat:
17:                           @"You chose the blue flower - %@",
18:                           [self.blueFlowers objectAtIndex: indexPath.row]];
19:            break;
20:        default:
21:            flowerMessage=[[NSString alloc]
22:                           initWithFormat:
23:                           @"I have no idea what you chose!?"];
24:            break;
25:    }
26:
27:    showSelection = [[UIAlertView alloc]
28:                     initWithTitle: @"Flower Selected"
29:                     message:flowerMessage
30:                     delegate: nil
31:                     cancelButtonTitle: @"Ok"
32:                     otherButtonTitles: nil];
33:    [showSelection show];
34: }
```

第 4 和 5 行声明了变量 flowerMessage 和 showSelection，它们分别是要向用户显示的消息字符串以及显示消息的 UIAlertView 实例。

第 7～25 行使用 switch 语句和 indexPath.section 判断选择的单元格属于哪个花朵数组，并使用 indexPath.row 确定是数组中的哪个元素。然后分配并初始化一个字符串（flowerMessage），其中包含选定花朵的信息。

第 27～33 行创建并显示一个提醒视图（showSelection），其中包含消息字符串（flowerMessage）。

14.3.6 生成应用程序

实现委托协议方法后，生成并运行该应用程序。您将能够在划分成分区的花朵列表中上下滚动。表中的每个单元格都显示一幅图像、一个标题和一个展开箭头（它表示触摸它将发生某种事情）。

选择一个单元格将显示一个提醒视图，指出触摸的是哪个分区以及选择的是哪一项。当然，实际应用程序还会做其他事情，因此在结束本章前，我们将做点奇特的事情：创建一个通用应用程序，它使用了分割视图控制器、导航控制器、表视图和 Web 视图。

这听起来很难，但您将发现需要编写的代码与创建表视图时相同。

14.4 创建基于主-从视图的应用程序

对表视图控制器有基本认识后，便可创建这样的应用程序：它结合使用了表视图、弹出框和详细视图，并能动态地调整屏幕内容的大小；不仅如此，它还在 iPad 和 iPhone 上都能运行。听起来很难？并非如此，所有艰巨的工作都由 Apple 模板 Master-Detail Application 处理，我们只需提供内容并处理 Apple 遗留的一些问题。

这个示例项目将利用您学到的有关表视图的知识，创建一个按颜色分区的花朵列表，并在每行都包含图像和详细信息 URI。用户还可轻按特定花朵以查看其详细视图。详细视图将加载一篇针对指定花朵的 Wikipedia 文章，最终的应用程序如图 14.11 所示。

图 14.11

这个基于主-从视图的应用程序将显示花朵，包括花朵的缩览图及其详细信息

14.4.1 实现概述

在前一个示例中，我们创建了一个表视图控制器，并详细介绍了如何添加方法以显示内容。我们将重复这个过程，但 UI 已准备就绪。不幸的是，模板提供的表视图没有动态原型，因此我们需要对故事板做一些修改。

为管理数组，我们将结合使用 NSDictionary 和 NSArray。第 15 章将介绍持久化数据存储，这有助于进一步简化您在以后的项目中处理数据的工作。

这个项目的最大不同在于，我们将创建一个通用应用程序，这意味着它在 iPad 和 iPhone 上都能运行。第 23 章将更详细地介绍通用应用程序，但就现在而言，您只需知道一点：这个项目将包含两个故事板，一个用于 iPhone（MainStoryboard_iPhone.storyboard），另一个用于 iPad（MainStoryboard_iPad.storyboard）。

14.4.2 创建项目

启动 Xcode，使用模板 Master-Detail Application 新建一个项目，并将其命名为 FlowerDetail。在项目创建向导中，务必从下拉列表 Device Family 中选择 Universal，且不要选择复选框 Use Core Data。

模板 Master-Detail Application 完成了所有艰难的工作：设置场景以及显示表视图的视图控制器（MasterViewController）和显示详细信息的视图控制器（DetailViewController）。这是众多应用程序的“心脏和灵魂”，它提供了很高的起点，让我们能够再添加功能。

1．添加图像资源

与前一个示例项目一样，这里也想在表视图中显示花朵的图像。为添加花朵图像，将文件夹 Images 拖曳到项目代码编组中，并在 Xcode 提示时选择复制文件并创建编组。

2．了解分割视图控制器层次结构

新建项目后，查看文件 MainStoryboard_iPad.storyboard。您将看到一个有趣的层次结构，如图 14.12 所示。

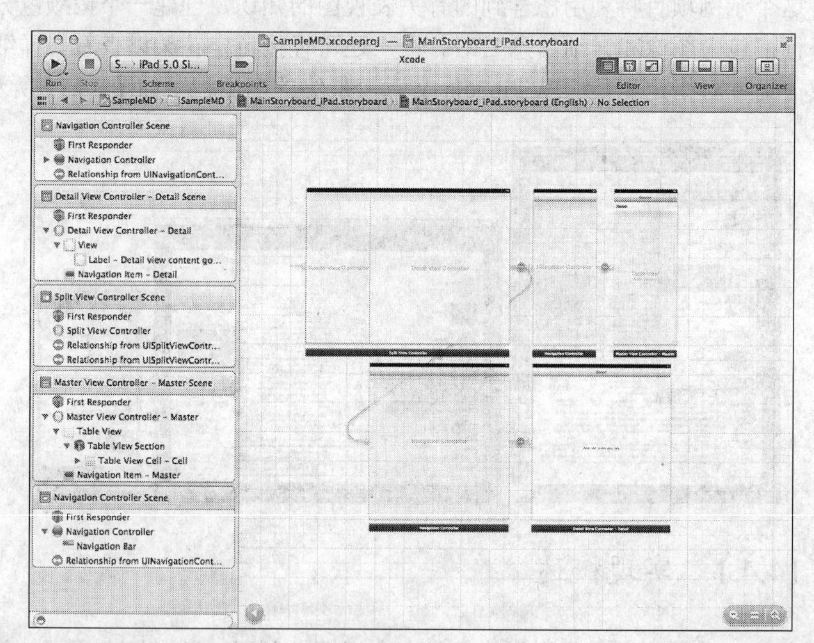

图 14.12

iPad 故事板包含一个分割视图控制器，它连接到其他的视图控制器

分割视图控制器连接到两个导航控制器（UINaviagtionController）。主导航控制器连接到一个包含表视图（UITabView）的场景，这是主场景，由 MasterViewController 类处理。

详细信息导航控制器连接到一个简单的空场景，这是详细信息场景，由 DetailViewController 类处理。您可能会问，详细信息场景为何需要一个导航控制器？

这是因为当 iPad 处于纵向模式时，详细信息场景顶部的导航栏将自动显示一个弹出框，其中包含主场景的内容。如果没有导航控制器，就无法显示弹出框！

现在打开并查看文件 MainStoryboard_iPone.storyboard，它看起来要简单得多。其中有一个导航控制器，它连接到两个场景。第一个是主场景（MasterViewController），第二个是详细信息场景（DetailViewController）。在前一章，您创建过与此类似的应用程序。

不幸的是，我们需要对这些文件做些修改，但过一会儿再这样做，先来看看需要的变量和连接。

3．规划变量和连接

Apple 在该模板中添加了很多变量和连接。您可以查看它们并了解其功能，也可假定 Apple 知道如何编写软件，并将重点放在添加其他功能上。我选择第二种做法。

我们将在 MasterViewController 类中添加两个类型为 NSArray 的属性：flowerData 和 flowerSections。其中第一个属性存储描述每种花朵的字典对象，而第二个存储我们将在表视图中创建的分区的名称。通过使用这种结构，很容易实现表视图数据源方法和委托方法。

在 DetailViewController 中，我们将添加一个输出口（detailWebView），它指向我们将加入到界面中的 UIWebView。该 UIWebView 用于显示有关选定花朵的详细信息。这是我们需要添加的唯一一个对象。

14.4.3 调整 iPad 界面

在这个项目中，应用程序解决与其说是我们决定的，还不如说是模板提供的。虽然如此，我们仍需要对 iPad 和 iPhone 故事板做些修改。先来修改 iPad 故事板。在项目导航器中选择它，以便进行修改。

1．修改主场景

首先，滚动到 iPad 故事板的右上角。在这里您将看到主场景的表视图，其导航栏中的标题为 Master。双击该标题，并将其改为 Flower Types。

接下来，在主场景层次结构中选择表视图（最好在文档大纲中选择），并打开 Attributes Inspector（Option + Command + 4）。从 Content 下拉列表中选择 Dynamic Protypes；如果您愿意，将表样式改为 Grouped。

现在将注意力转向单元格本身。将单元格标识符设置为 flowerCell，将样式设置为 Subtitle。这种样式包含标题和详细信息标签，且详细信息标签（子标题）显示在标题下方，我们将在详细信息标签中显示每种花朵的 Wikipedia URL。

选择您添加到项目中的图像资源之一，让其显示在原型单元格预览中。如果您愿意，使用下拉列表 Accessory 指定一种展开箭头。我选择不显示展开箭头，因为在模板 Master-Detail Application 的 iPad 版中，它的位置看起来不太合适。

为完成主场景的修改，选择子标题标签，并将其字号设置为 9（或更小）。再选择单元格本身，并使用手柄增大其高度，使其更有吸引力。图 14.13 显示了修改好的主场景。

2．修改详细信息场景

为修改详细信息场景，从主场景向下滚动，您将看到一个很大的白色场景，其中有一个标签，标签的内容为 Detail View Content Goes Here。将该标签的内容改为 Choose a Flower，因为这是用户将在该应用程序的 iPad 版中看到的第一项内容。

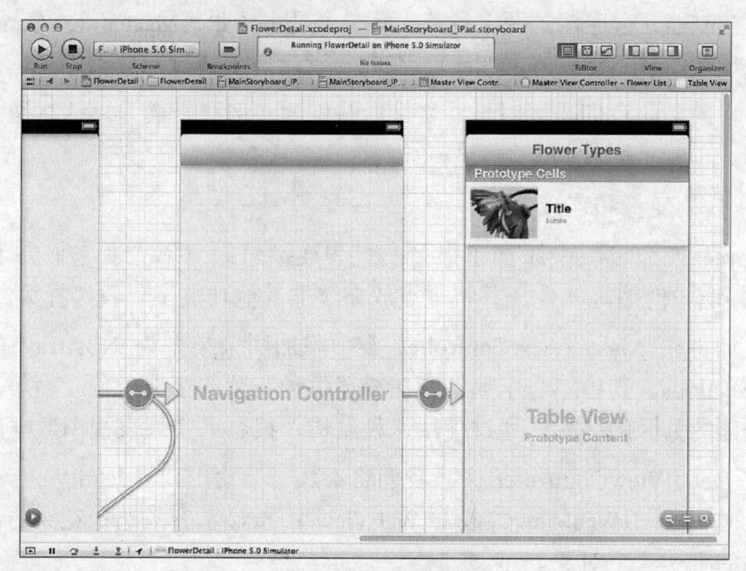

图 14.13

将主场景调整成如这里所示

接下来，从对象库拖曳一个 Web 视图（UIWebView）到场景中。调整其大小，使其覆盖整个视图。这个 Web 视图将用于显示一个描述选定花朵的 Wikipedia 页面。将标签 Choose a Flower 放到 Web 视图前面，为此，可在文档大纲中将其拖曳到 Web 视图上方，也可选择 Web 视图，再选择菜单 Editor>Arrange>Send to Back，还可在文档大纲中将标签拖放到视图层次结构顶端。

最后，修改导航栏标题，完成对详细信息场景的修改。为此，双击该标题，并将其改为 Flower Detail。iPad 版的 UI 就准备就绪了。

3．创建并连接输出口

考虑到已经在 Interface Builder 编辑器中，与其在修改 iPhone 界面后再回来，还不如现在就将 Web 视图连接到代码。为此，在 Interface Builder 编辑器中选择 Web 视图，再切换到助手编辑器模式，这将显示文件 DetailViewController.h。

按住 Control 键，从 Web 视图拖曳到现有属性声明下方，并创建一个名为 detailWebView 的输出口，如图 14.14 所示。

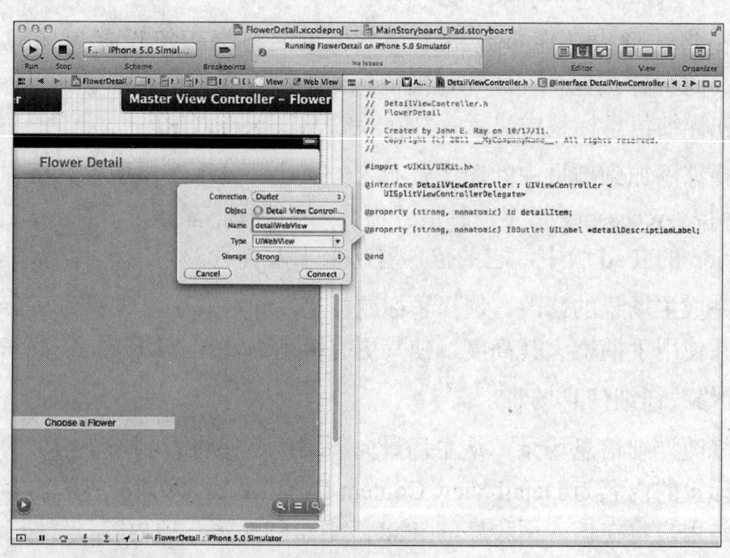

图 14.14

将 Web 视图连接到详细信息视图控制器中的一个输出口

下面以类似的方式修改 iPhone 版界面。为此，返回到标准编辑器模式，再单击项目导航器中的文件 MainStoryboard_iPhone.storyboard。

14.4.4 调整 iPhone 界面

您可能认为，如果故事板中的连接出现问题，这种问题将出现在 iPad 故事板像迷宫一样的连接中。不是这样的，在我们修改期间，iPhone 故事板将受损，我们需要修复它。

1. 修改主场景

首先，执行修改 iPad 主场景时执行的所有步骤：给场景指定新标题；配置表视图，将 Content 设置为 Dynamic Prototypes，再修改原型单元格，使其使用样式 Subtitle（并将子标题的字号设置为 9 点），显示一幅图像并使用标识符 flowerCell。在我的设计中，唯一的差别是添加了展开箭头；其他方面都完全相同。

2. 修复受损的切换

修改表视图，使其使用动态原型时，您猜会导致什么后果？破坏了应用程序。不管处于什么原因，做这样的修改都将破坏单元格到详细信息场景的切换。

做其他修改前，先修复这种问题，方法是按住 Control 键，并从单元格（不是表）拖曳到详细信息场景，并在 Xcode 提示时选择 Push，如图 14.15 所示。

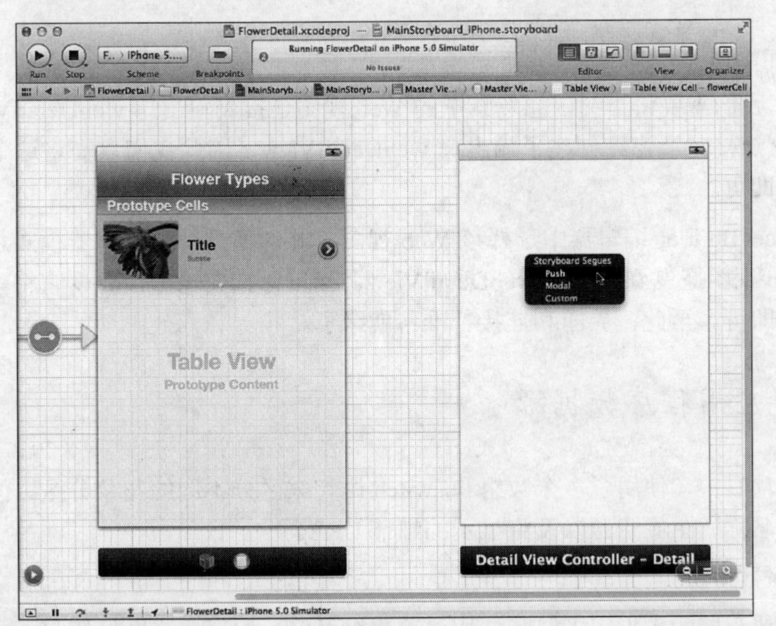

图 14.15 修复受损的切换

现在一切正常了。如果不修复该切换，该应用程序的 iPad 版本不受影响，但 iPhone 版将不会显示详细信息视图。

3. 修改详细信息场景

为结束对 iPhone 版 UI 的修改，在详细信息场景中添加一个 Web 视图，调整其大小，使其覆盖整个视图。将标签 detail view content goes here 放到 Web 视图后面。为什么是后面呢？因为在 iPhone 版本中，这个标签永远都看不到，因此没有必要修改其内容，也无需担心其显示。在模板 Master-Detail Application 中，引用了该标签，不能随便将它删除，因此退而求其次，将其放到 Web 视图后面。

最后，将详细信息场景的导航栏标题改为 Flower Detail。图 14.16 显示了最终的 iPhone 界面。

图 14.16

最终的 iPhone 界面

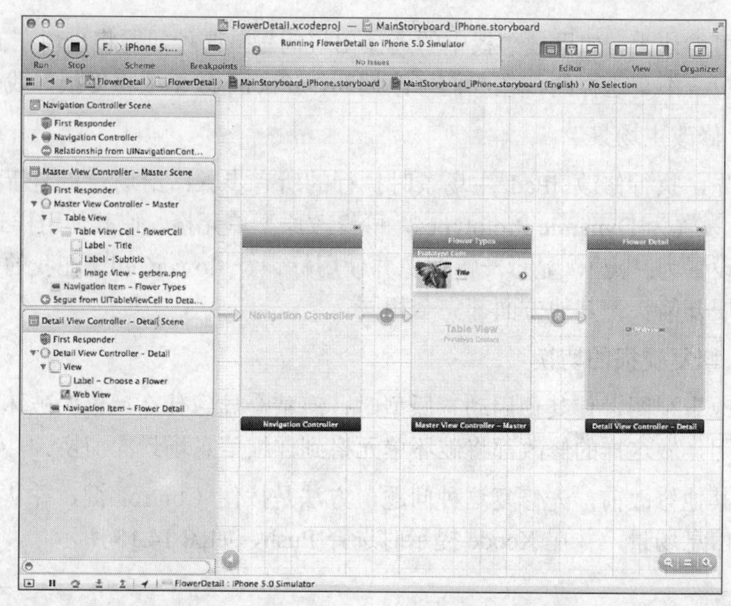

4. 创建并连接输出口

与 iPad 版一样，我们需要将详细信息场景中的 Web 视图连接到输出口 webDetailView。前面为 iPad 界面建立连接时，已经创建了输出口 webDetailView，因此我们只需将这个 Web 视图连接到该输出口即可。

为此，在 Interface Builder 编辑器中选择该 Web 视图，并切换到助手编辑器模式。按住 Control 键，并从 Web 视图拖曳到输出口 webDetailView。当鼠标指向输出口时，它将呈高亮显示，此时松开鼠标即可。至此，界面和连接都准备就绪了。

14.4.5 实现应用程序数据源

在前一个表视图项目中，使用了多个数组和 switch 语句来区分不同的花朵分区，但这里需要跟踪花朵分区、名称、图像资源以及将显示的细节 URL。

1. 创建应用程序数据源

这个应用程序需要存储的数据较多，无法用简单数组存储。相反，这里将使用一个元素为 NSDictionary 的 NSArray 来存储每朵花的属性，并使用另一个数组来存储每个分区的名称。我们将使用当前要显示的分区/行作为索引，因此不再需要 switch 语句。

首先，在文件 MasterViewController.h 中，声明属性 flowerData 和 flowerSections。为此，在现有属性下方添加如下代码行：

```
@property (strong, nonatomic) NSArray *flowerData;
@property (strong, nonatomic) NSArray *flowerSections;
```

在文件 MasterViewController.m 中，在编译指令@implementation 下方添加配套的编译指令@synthesize：

```
@synthesize flowerData;
@synthesize flowerSections;
```

在文件 MasterViewController.m 的方法 viewDidUnload 中，添加如下代码行以执行清理工作：

```
[self setFlowerData:nil];
[self setFlowerSections:nil];
```

我们添加了两个 NSArray：flowerData 和 flowerSections，它们将分别用于存储花朵信息和分区信息。我们还需声明方法 createFlowerData，它将用于将数据加入到数组中。为此，在文件 MasterViewController.h 中，在属性下方添加如下方法原型：

```
- (void)createFlowerData;
```

下一步呢？加载数据！在文件 MasterViewController.m 中，实现方法 createFlowerData，如程序清单 14.10 所示。它看起来可能有点怪，稍后将详细解释。

程序清单 14.10　填充花朵数据结构

```
1: - (void)createFlowerData {
2:
3:     NSMutableArray *redFlowers;
4:     NSMutableArray *blueFlowers;
5:
6:     self.flowerSections=[[NSArray alloc] initWithObjects:
7:                             @"Red Flowers",@"Blue Flowers",nil];
8:
9:     redFlowers=[[NSMutableArray alloc] init];
10:    blueFlowers=[[NSMutableArray alloc] init];
11:
12:    [redFlowers addObject:[[NSDictionary alloc]
13:                       initWithObjectsAndKeys:@"Poppy",@"name",
14:                       @"poppy.png",@"picture",
15:                       @"http://en.wikipedia.org/wiki/Poppy",@"url",nil]];
16:    [redFlowers addObject:[[NSDictionary alloc]
17:                       initWithObjectsAndKeys:@"Tulip",@"name",
18:                       @"tulip.png",@"picture",
19:                       @"http://en.wikipedia.org/wiki/Tulip",@"url",nil]];
20:
21:    [blueFlowers addObject:[[NSDictionary alloc]
22:                       initWithObjectsAndKeys:@"Hyacinth",@"name",
23:                       @"hyacinth.png",@"picture",
24:                       @"http://en.m.wikipedia.org/wiki/Hyacinth_(flower)",
25:                       @"url",nil]];
26:    [blueFlowers addObject:[[NSDictionary alloc]
27:                       initWithObjectsAndKeys:@"Hydrangea",@"name",
28:                       @"hydrangea.png",@"picture",
29:                       @"http://en.m.wikipedia.org/wiki/Hydrangea",
```

```
30:                @"url",nil]];
31:
32:
33:    self.flowerData=[[NSArray alloc] initWithObjects:
34:                redFlowers,blueFlowers,nil];
35:
36: }
```

方法 createFlowerData 创建两个数组：flowerData 和 flowerSections。

第 6~7 行分配并初始化了数组 flowerSections。将分区名加入到数组中，以便能够将分区号作为索引。例如，首先添加的是 Red Flowers，因此可以使用索引（和分区号）0 访问它；接下来添加了 Blue Flower，可通过索引 1 访问它。需要分区的标签时，只需使用[flowerSections objectAtIndex:section]即可。

flowerData 的结构要复杂些。与数组 flowerSections 一样，我们希望能够根据分区访问信息。还希望能够存储每个分区的多朵花以及每朵花的多项信息，那么如何实现呢？

首先将重点放在每个分区中各朵花的数据上。第 3~4 行声明了两个 NSMutableArrays：redFlowers 和 blueFlowers，它们用于填充每朵花的信息，这是在第 12~30 行完成的：分配 NSDictionary，并使用表示花朵名称（name）、图像文件（picture）和 Wikipedia 参考资料（url）的键/值对初始化它，然后将它插入到两个数组之一中。

等一等，这是否将得到两个数组并需要将它们合并成一个？是的，但马上就这样做：第 33~34 行使用数组 redFlowers 和 blueFlowers 创建 NSArray flowerData。对我们的应用程序来说，这意味着可使用[flowerData objectAtIndex:0]和[flowerData objectAtIndex:1]来分别引用红花数组和蓝花数组（其中使用的索引对应于表分区，这正是我们希望的）。

By the Way

注意：

在方法 createFlowerData 的代码中，列出的数据只是实际项目中使用的数据的很少一部分。如果您要在自己的程序中使用完整的数据集，可从本章的项目文件中复制，也可手工将下述数据加入到该方法中：

红花

名称	图片	URL
Gerbera	gerbera.png	http://en.wikipedia.org/wiki/Gerbera
Peony	peony.png	http://en.wikipedia.org/wiki/Peony
Rose	rose.png	http://en.wikipedia.org/wiki/Rose
Hollyhock	hollyhock.png	http://en.wikipedia.org/wiki/Hollyhock
Straw Flower	strawflower.png	http://en.wikipedia.org/wiki/Strawflower

蓝花

名称	图片	URL
Sea Holly	seaholly.png	http://en.wikipedia.org/wiki/Sea_holly
Grape Hyacinth	grapehyacinth.png	http://en.wikipedia.org/wiki/Grape_hyacinth
Phlox	phlox.png	http://en.wikipedia.org/wiki/Phlox
Pin Cushion Flower	pincushionflower.png	http://en.wikipedia.org/wiki/Scabious
Iris	iris.png	http://en.wikipedia.org/wiki/Iris_(plant)

2. 填充数据结构

准备好方法 createFlowerData 后，便可在 MasterViewController 的 viewDidLoad 方法中调用它了。在文件 MasterViewController.m 中，在这个方法的开头添加如下代码行：

```
[self createFlowerData];
```

警告：看，但不要动

Watch Out!

务必不要修改项目模板文件中现有的支持代码，修改 Apple 的模板代码可能导致项目无法正常运行。

14.4.6 实现主视图控制器

现在可以修改 MasterViewController 控制的表视图了，其实现方式几乎与常规表视图控制器相同。同样，需要遵守合适的数据源和委托协议以提供访问和处理数据的接口。

在实现方面，最大的不同是访问数据的方式。由于创建了一个比较复杂的结构：元素为字典的数组，因此必须确保引用的数据是正确的。

1. 创建表视图数据源协议方法

这里不赘述实现细节，只复习一下如何在各种方法中返回所需的信息。

与前一个示例一样，首先在 MasterViewController.m 中实现 3 个基本的数据源方法。还记得吗，这些方法（numberOfSectionsInTableView、tableView:numberOfRowsInSection 和 tableView:titleforHeaderInSection）必须分别返回分区数、每个分区的行数以及分区标题。

要返回分区数，只需计算数组 flowerSections 包含的元素数即可：

```
return [self.flowerSections count];
```

获悉给定分区包含的行数稍难些。由于数组 flowerData 包含两个对应于分区的数组，因此首先必须访问对应于指定分区的数组，然后返回其包含的元素数：

```
return [[self.flowerData objectAtIndex:section] count];
```

最后，要通过方法 tableView:titleforHeaderInSection 给指定分区提供标题，应用程序应使用分区编号作为索引来访问数组 flowerSections，并返回该索引指定位置的字符串：

```
return [self.flowerSections objectAtIndex:section];
```

在文件 MasterViewController.m 中添加合适的方法，让它们返回这些值。正如您看到的，这些方法现在都只有一行代码，这是使用复杂的结构存储数据获得的补偿。

2. 创建单元格

现在，余下的是最重要的数据源协议方法：tableView:cellForRowAtIndexpath。不同于前一个示例项目，这里需要深入挖掘数据结构以取回正确的结果。下面来复习一下实现需要的各个代码片段。

首先，必须声明一个单元格对象，并使用前面给原型单元格指定的标识符 flowerCell 初始化：

```
UITableViewCell *cell = [tableView
                    dequeueReusableCellWithIdentifier:@"flowerCell"];
```

这里没有什么新东西，但相似的地方到这里就结束了。要设置单元格的标题、详细信息标签（子标题）和图像，需要使用类似于下面的代码：

```
cell.textLabel.text=@"Title String";
cell.detailTextLabel.text=@"Detail String";
cell.imageView.image=[UIImage imageNamed:@"MyPicture.png"];
```

不太糟糕，不是吗？所有的信息都有了，只需取回即可。来快速复习一下 flowerData 结构的三级层次结构：

```
flowerData(NSArray)→NSArray→NSDictionary
```

第一级是顶层的 flowerData 数组，它对应于表中的分区；第二级是 flowerData 包含的另一个数组，它对应于分区中的行；最后，NSDictionary 提供了每行的信息。

那么，如何向下挖掘三层以获得各项数据呢？首先使用 indexPath.section 返回正确的数组，再使用 indexPath.row 从该数组中返回正确的字典，最后使用键从字典中返回正确的值。

例如，要获得给定分区和行中与键 name 对应的值，并将其作为单元格标题，可编写如下代码：

```
cell.textLabel.text=[[[self.flowerData objectAtIndex:indexPath.section]
                    objectAtIndex: indexPath.row] objectForKey:@"name"];
```

根据同样的逻辑，要将单元格对象的详细信息标签设置为给定分区和行中与键 url 对应的值，可使用如下代码：

```
cell.detailTextLabel.text=[[[self.flowerData objectAtIndex:indexPath.section]
                    objectAtIndex: indexPath.row] objectForKey:@"url"];
```

同样，可使用如下代码返回并设置图像：

```
cell.imageView.image=[UIImage imageNamed:
            [[[self.flowerData objectAtIndex:indexPath.section]
              objectAtIndex: indexPath.row] objectForKey:@"picture"]];
```

最后一步是返回单元格。在文件 MasterViewController.m 添加这些代码。现在，主视图应该能够显示一个表，但我们还需要在用户选择单元格时做出响应：相应地修改详细信息视图。

3．使用委托协议处理导航事件

在前一个示例应用程序中，使用了 UITableViewDelegate 协议方法 tableView:didSelectRowAtIndexPath 方法来处理触摸事件，并向用户显示一个提醒视图。但这里需要让 DetailViewController 更新，并显示存储在数据结构中的 URL 内容。

为与 DetailViewController 通信，将使用其属性 detailItem（该属性的类型为 id）。由于 detailItem 可指向任何对象，我们将把它设置为选定花朵的 NSDictionary，这让我们能够在详细视图控制器中直接访问 name、url 和其他键。

在文件 MasterViewController.m 中，实现方法 tableView:didSelectRowAtIndexPath，如程

序清单 14.11 所示。

程序清单 14.11　设置详细控制器的 detailItem 属性

```
- (void)tableView:(UITableView *)aTableView
        didSelectRowAtIndexPath:(NSIndexPath *)indexPath {
    self.detailViewController.detailItem=[[flowerData
                                          objectAtIndex:indexPath.section]
                                         objectAtIndex: indexPath.row];
}
```

用户选择花朵后，detailViewController 的属性 detailItem 将被设置为相应的值。

看起来是不是太容易了？要在详细视图控制器中捕获事件并更新视图，是不是要做大量的工作？不是这样的。要实现详细视图控制器，只需修改一个方法：configureView。

14.4.7　实现细节视图控制器

前面在详细视图中添加了一个 Web 视图，并知道它应如何工作。用户选择花朵后，应让 UIWebView 实例（detailWebView）加载存储在属性 detailItem 中的 Web 地址。为实现这种逻辑，可使用方法 configureView。每当详细视图需要更新时，都将自动调用这个方法。由于 configureView 和 detailItem 都已就绪，因此只需添加一些代码。

1．显示详细信息视图

鉴于 detailItem 存储的是对应于选定花朵的 NSDictionary，因此需要使用 url 键来获取 URL 字符串，然后将其转换为 NSURL。要完成这项任务，非常简单：

```
NSURL *detailURL;
detailURL=[[NSURL alloc] initWithString:[self.detailItem objectForKey:@"url"]];
```

首先声明了一个名为 detailURL 的 NSURL 对象，然后分配它，并使用存储在字典中的 URL 对其进行初始化。

您可能还记得，要在 Web 视图中加载网页，可使用方法 loadRequest，它将一个 NSURLRequest 对象作为输入参数。鉴于我们只有 NSURL（detailURL），因此还需使用 NSURLRequest 的类方法 requestWithURL 返回类型合适的对象。为此，只需再添加一行代码：

```
[self.detailWebView loadRequest:[NSURLRequest requestWithURL:detailURL]];
```

还记得吗，前面将详细信息场景的导航栏标题改为了 Flower Detail，如果能将其设置为当前显示的花朵的名称（[detailItem objectForKey:@“name”]）就好了。

完全可以！通过使用 navigationItem.title，可将导航栏标题设置为任何值。可使用如下代码来设置详细视图顶部的导航栏标题：

```
self.navigationItem.title = [self.detailItem objectForKey:@"name"];
```

最后，用户选择花朵后，应隐藏消息 Choose a Flower。模板中包含一个指向该标签的属性——detailDescriptionLabel，将其 hidden 属性设置为 YES 就可隐藏该标签：

```
self.detailDescriptionLabel.hidden=YES;
```

在一个方法中实现这些逻辑。为此，在文件 DetailViewController.m 中，按程序清单 14.12 实现方法 configureView。

程序清单 14.12 使用属性 detailItem 配置详细信息视图

```
- (void)configureView
{
    // Update the user interface for the detail item.
    if (self.detailItem) {
        NSURL *detailURL;
        detailURL=[[NSURL alloc] initWithString:
                                    [self.detailItem objectForKey:@"url"]];
        [self.detailWebView loadRequest:[NSURLRequest requestWithURL:detailURL]];
        self.navigationItem.title = [self.detailItem objectForKey:@"name"];
        self.detailDescriptionLabel.hidden=YES;
    }
}
```

设置属性 detailItem 为何会导致方法 configureView 被执行

还记得吗，通过设置函数和获取函数访问属性。代码 myObject.coolProperty=<something>与[myObject setCoolProperty:<something>]等效。DetailViewController 的实现利用了这一点，它为 detailItem 定义了设置函数（setDetailItem），该函数给 detailItem 赋值并调用方法 configureView。

这意味着每当您设置 detailItem（即使使用句点表示法），都将调用这个自定义设置函数。

2．设置详细视图中的弹出框按钮

为让这个项目正确，还需做最后一项调整。在纵向模式下，分割视图中有一个按钮，这个按钮用于显示包含详细视图的弹出框，其标题默认为 Root List。我们要将其改为 Flower Types。

为此，在文件 DetailViewController.m 中，找到方法 splitViewController: willHideViewController: withBarButtonItem:forPopoverController，再找到下面这样代码：

```
barButtonItem.title = NSLocalizedString(@"Master", @"Master");
```

然后将其改为下面这样：

```
barButtonItem.title = NSLocalizedString(@"Flower List", @"Flower List");
```

运行该应用程序，并尝试触摸几朵花。只编写了不多的代码，就创建了一个看起来非常复杂的 iPad 应用程序！

然而，除非不在 iPhone 上运行该应用程序，否则就将发现它不能正确运行。

14.4.8 修复细节视图控制器引用问题

您可能认为该应用程序编写好了，答案是否定的，这令人惊讶！该应用程序在 iPad 上能正常运行，但其 iPhone 版存在一个小问题。iPad 版利用了这样一点，即在分割视图控制器管理的场景中，可轻松地访问另一个场景的视图控制器。在该应用程序的 iPhone 实现中，这种逻辑不正确，因此它试图设置详细信息视图控制器的 detailItem 时，实际设置的是一个 nil（不存在）的对象。这不会导致错误，但应用程序不能正确运行。

要修复这种问题，需要在 iPhone 实现中获取详细信息视图控制器，并将 MasterViewController 的 detailViewController 属性设置为该引用。这听起来是不是有点耳熟？在前几章，我们在方法 prepareForSegue:sender 中这样做过多次了。在这个方法中，我们可以访问属性 segue.destinationViewController，并将其赋给 detailViewController。这样做后，应用程序就将正常运行了。

在文件 MasterViewController.m 中，添加程序清单 14.13 所示的方法。

程序清单 14.13　让 iPhone 能够访问详细信息视图控制器

```
- (void)prepareForSegue:(UIStoryboardSegue *)segue sender:(id)sender {
    self.detailViewController=segue.destinationViewController;
}
```

14.4.9 生成应用程序

在 iPhone 模拟器和 iPad 模拟器上运行并测试这个应用程序。在 iPad 模拟器上，尝试旋转设备，界面将相应地调整（可能比较突兀）。然而，在 iPhone 上，使用了相同的代码来提供相同的功能，但界面截然不同。

这个示例项目有点不同寻常，但很重要。模板 Master-Detail Application 用得非常多，是开发高品质平板电脑和手持设备应用程序的跳板。

14.5 进一步探索

本章最生动的部分是实现 UISplitViewController，但还有很多有关表视图的内容没有涉及。要继续探索表视图，建议将重点放在一些重要的改进上。

首先探索如何处理单元格。查看 UITableViewCell 的属性列表，除 TextLabel 和 ImageView 外，您还可进行众多的定制，其中包括设置背景、详细标签等。事实上，如果默认表单元格不能满足需求，您可在 Interface Builder 中创建自定义单元格原型，以可视化方式定制单元格。

对表视图有基本了解后，可在表视图控制器中实现其他一些方法来改善其功能。请阅读有关 UITableViewController、UITableViewDataSource 和 UITableViewDelegate 的参考资料。通过实现其他几个方法，可让表视图支持编辑功能。您可能需要花些时间考虑要使用哪些编辑控件以及结果是什么，但实现这些方法后，将自动获得基本的删除、重新排序和插入功能（以及 iPad 应用程序中常见的图形控件）。

Apple 教程

Customizing table cells and views – TableViewSuite（可通过 Xcode 开发文档访问）：该教程详细介绍了如何根据应用程序的需求定制表视图。

Editing table cells – EditableDetailView（可通过 Xcode 开发文档访问）：该教程在表视图中实现了编辑行的功能，包括插入、重新排序和删除。

14.6　小结

本章介绍了两个最重要的 iOS 界面元素：表视图和分割视图控制器。表视图让用户能够有条不紊地在大量信息中导航。我们介绍了如何填充表单元格（包括文本和图像）以及响应用户选择单元格的机制。

还探索了分割视图控制器在管理主视图和详细视图方面扮演的角色，而使用模板 Master-Detail Application 可轻松地实现分割视图控制器。

阅读完本章后，您将能够在应用程序中熟练地使用表以及使用模板 Master-Detail Application 创建基本应用程序。

14.7　问与答

问：哪种向表提供数据的方式效率最高？

答：您很可能得出了结论：必须有更好的方法向复杂视图提供数据，而不是手工在应用程序中定义所有的数据。第 15 章将介绍持久化数据以及如何在应用程序中使用它。需要处理大量信息时，这是最佳的方式。

问：表行可包含多个单元格吗？

答：不能，但可定制单元格使其以比默认单元格更灵活的方式显示信息。可在 Interface Builder 中通过原型单元格来定制单元格。

问：必须使用 Apple 提供的模板 Master-Detail Application 才能实现分割视图控制器吗？

答：绝对不是。然而，该模板给基于分割视图的应用程序提供了很多方法，对初学者来说是个不错的起点。

14.8　作业

14.8.1　测验

1．在表视图控制器的方法中使用 NSIndexPath 对象时，哪两个属性很方便？

2．要显示表视图和处理事件，UITableViewController 子类需要遵守哪两种协议？

14.8.2 答案

1．section 属性标识了表中的分区，而 row 标识了该分区的特定行。

2．表视图要显示信息，必须使用协议 UITableViewDataSource 和 UITableViewDelegate 中定义的方法。

14.8.3 练习

1．修改本章的第一个示例项目，使用可扩展性更好的数据结构，它不依赖于常量来定义分区数和分区类型。

2．使用 Interface Builder 创建并定制 UITableViewCell 类的一个实例。

第 15 章

读写应用程序数据

本章将介绍：

- 优秀的应用程序首选项设计原则；
- 如何存储和读取应用程序首选项；
- 如何将应用程序首选项暴露给 Setting（设置）应用程序；
- 如何在应用程序中存储数据。

无论是在计算机还是移动设备中，大多数重要的应用程序都允许用户根据其需求和愿望定制操作。您可能诅咒过某个应用程序后，发现有设置可删除讨厌的东西；也可能有喜欢的应用程序，您根据需要对其进行定制，使其像旧手套一样合适。本章介绍 iOS 应用程序如何使用首选项让用户定制其行为，还将介绍应用程序如何在 iOS 设备中存储数据。

By the Way

注意：

应用程序首选项（application preference）是 Apple 使用的术语，但您可能更熟悉其他术语，如设置、用户默认设置、用户首选项或选项，它们实际上指的是同一个概念。

15.1 iOS 应用程序和数据存储

iOS 应用程序的主要设计美学标准是，应用程序简单、用途单一，可快速启动且快速而高效地完成任务；当然，如果能够有趣、巧妙和美观就更好了。应用程序首选项与这种设计观有何关系呢？

您可能想创建独特的软件来限制应用程序首选项的数量。为此，有 3 种有效的方法，但您应为应用程序选择最佳的方法，然后以完美而直观的方式实现这种方法，让用户也认为这

您可能想创建独特的软件来限制应用程序首选项的数量。将其他两种方法留给其他人的应用程序去使用。与试图取悦每个人的应用程序相比，独特软件的市场要大得多，虽然这好像有悖于常识。

在讲述应用程序首选项的章节中，这样的建议看起来有些奇怪，但并未建立您完全抛弃首选项。应用程序首选项有一些非常重要的作用。在首选项中包含用户必须做出的选择，而不是用户可能做出的所有选择。例如，如果当您代表用户连接到第三方 Web 应用程序的应用程序编程接口（API），用户必须提供凭证才能访问该服务。用户必须做，而不可能采用其他方式，因此这种信息非常适合存储在应用程序首选项中。

另一种应考虑创建应用程序首选项的情形是，首选项可简化应用程序的使用流程。例如，让用户能够记录其默认输入或感兴趣的内容，以免它们不断做同样的选择。您希望用户首选项能够在用户使用应用程序实现其目的时减少输入量和轻按操作。

确定需要某个首选项后，还需做出另一个决策。您如何将首选项暴露给用户呢？一种方法是根据用户在使用应用程序期间执行的操作隐式地设置首选项。一种隐式设置的首选项是返回到应用程序最后的状态。例如，假设用户轻按开关以查看细节，则当用户下次使用应用程序时，自动切换该开关以显示细节。

另一种方式是在 Apple 的 Settings（设置）应用程序中暴露应用程序首选项，如图 15.1 所示。Settings 应用程序是 iOS 内置的，让用户能够在单个地方定制设备。在 Settings 应用程序中可定制一切：从硬件和 Apple 内置应用程序到第三方应用程序。

图 15.1

应用程序 Settings

设置束（settings bundle）让您能够对应用程序首选项进行声明，让 Settings 应用程序提供用于编辑这些首选项的用户界面。如果让 Settings 处理应用程序首选项，需要编写的代码将更少，但这并非总是主要的考虑因素。对于设置后就很少修改的首选项，如用于访问 Web 服务的用户名和密码，非常适合在 Settings 中配置；而对于用户每次使用应用程序时都可能修改的选项，如游戏的难易等级，则并不适合在 Settings 中设置。

警告：关键是简洁

如果用户不得不反复退出应用程序，才能启动 Settings 以修改首选项，然后重新启动应用程序，他们就会很恼火。请确定应将每个首选项放在 Settings 中还是您自己的应用程序中，但将它们放在这两者中通常不好。

另外，请记住 Settings 提供的用于编辑应用程序首选项的用户界面有限。如果首选项要求使用自定义界面组件或自定义有效性验证代码，将无法在 Settings 中设置，而必须在应用程序中设置。

15.2 数据存储方式

确定应用程序需要存储数据后，下一步是确定如何存储。iOS 应用程序存储信息的方式很多，本章重点介绍如下 3 种。

- 用户默认设置：针对没有应用程序存储的设置，通常不需要用户干预。
- 设置束：提供了一个通过 iOS 应用程序 Settings 对应用程序进行配置的接口。
- 直接访问文件系统：让您能够读取属于当前应用程序的 iOS 文件系统部分的文件。

每种方法都有其优点和缺点，在应用程序中使用哪种方式由您决定。然而，使用这些方式前，先深入介绍它们的工作原理和用途。

15.2.1 用户默认设置

Apple 将整个首选项系统称为应用程序首选项，用户可通过它定制应用程序。应用程序首选项系统负责如下低级任务：将首选项持久化到设备中；将各个应用程序的首选项彼此分开；通过 iTune 将应用程序首选项备份到计算机，以免在需要恢复设备时用户丢失其首选项。您通过易于使用的一个 API 与应用程序首选项交互，该 API 主要由单例（singleton）类 NSUserDefaults 组成。

NSUserDefaults 类的工作原理类似于 NSDirectionary，主要差别在于 NSUserDefault 是单例类，且在它可存储的对象类型方面受到更多的限制。应用程序的所有首选项都以键/值对的方式存储在 NSUserDefaults 单例中。

Did you Know?

提示：

单例是单例模式的一个实例，而模式单例是一种常见的编程方式。在 iOS 中，单例模式很常见，它用于确保特定类只有一个实例（对象）。单例最常用于表示硬件或操作系统向应用程序提供的服务。

1．读写用户默认设置

要访问应用程序首选项，首先必须获取指向应用程序 NSUserDefaults 单例的引用：

```
NSUserDefaults *userDefaults = [NSUserDefaults standardUserDefaults];
```

然后便可读写默认设置数据库了，方法是指定要写入的数据类型以及以后用于访问该数据的键（任意字符串）。要指定类型，必须使用 6 个函数之一：setBool:forKey、setFloat:forKey、setInteger:forKey、setObject:forKey、setDouble:forKey、setURL:forKey，具体使用哪个取决于要存储的数据类型。函数 setObject:forKey 可用于存储 NSString、NSDate、NSArray 以及其他常见的对象类型。

例如，要使用键 age 存储一个整数，并使用键 name 存储一个字符串，可使用类似于下面的代码：

```
[userDefaults setInteger:10 forKey:@"age"];
[userDefaults setObject:@"John" forKey:@"name"];
```

当您将数据写入默认设置数据库时，并不一定会立即保存这些数据。如果您认为首选项已存储，而 iOS 还没有抽出时间完成这项工作，将导致问题。为确保所有数据都写入了用户默认设置，可使用方法 synchronize：

```
[userDefaults synchronize];
```

要将这些值读入应用程序，可使用根据键读取并返回相应值或对象的函数，例如：

```
    float myAge = [userDefaults integerForKey:@"age"];
NSString *myName = [userDefaults stringForKey:@"name"];
```

不同于 set 函数，要读取值，必须使用专门用于字符串、数组等的方法，这让您能够轻松地将存储的对象赋给特定类型的变量。请根据要读取的数据的类型，选择 arrayForKey、boolForKey、dataforKey、dictionaryForKey、floatForKey、integerForKey、objectForKey、stringArrayForKey、doubleForKey 或 URLForKey。

15.2.2 设置束

另一种处理应用程序首选项的方法是使用设置束。设置束使用前面介绍的底层用户默认设置系统，但提供了通过 iOS 应用程序 Settings 管理的用户界面。

从开发的角度看，设置束的优点在于，它们完全是通过 Xcode plist 编辑器创建的，无需设计 UI 或编写代码，而只需定义要存储的数据及其键即可。

默认情况下，应用程序没有设置束。要在项目中添加它们，可选择菜单 File>New File，再在 iOS Resource 类别中选择 Setting Bundle，如图 15.2 所示。

设置束中的文件 Root.plist 决定了应用程序首选项如何出现在应用程序 Settings 中。有 7 种类型的首选项，如表 15.1 所示，Settings 应用程序可读取并解释它们，以便向用户提供用于设置应用程序首选项的 UI。

图 15.2
必须手工在项目中添加设置束

表 15.1 首选项类型

类　型	键	描　述
Text Field（文本框）	PSTextFieldSpecifier	可编辑的文本字符串
Toggle Switch（开关）	PSToggleSwitchSpecifier	开关按钮
Slide（滑块）	PSSliderSpecifier	取值位于特定范围内的滑块
Multivalue（多值）	PSMultiValueSpecifier	下拉式列表
Title（标题）	PSTitleValueSpecifier	只读文本字符串
Group（编组）	PSGroupSpecifier	首选项逻辑编组的标题
Child Pane（子窗格）	PSChildPaneSpecifier	子首选项页

要创建自定义设置束，只需在文件 Root.plist 的 Preference Items 键下添加新行。您将遵循 iOS Reference Library（参考库）中的 Settings Application Schema Reference（应用程序“设置”架构指南）中的简单架构来设置每个首选项的必须属性和一些可选属性，如图 15.3 所示。

创建好设置束后，用户就可通过应用程序 Settings 修改用户默认设置了，而开发人员可使用“读写用户默认设置”一节介绍的方法访问这些设置。

Did you Know?

提示：

在设置束中，首选项的 identifier 属性与从用户默认设置中读取值时使用的键是一回事。

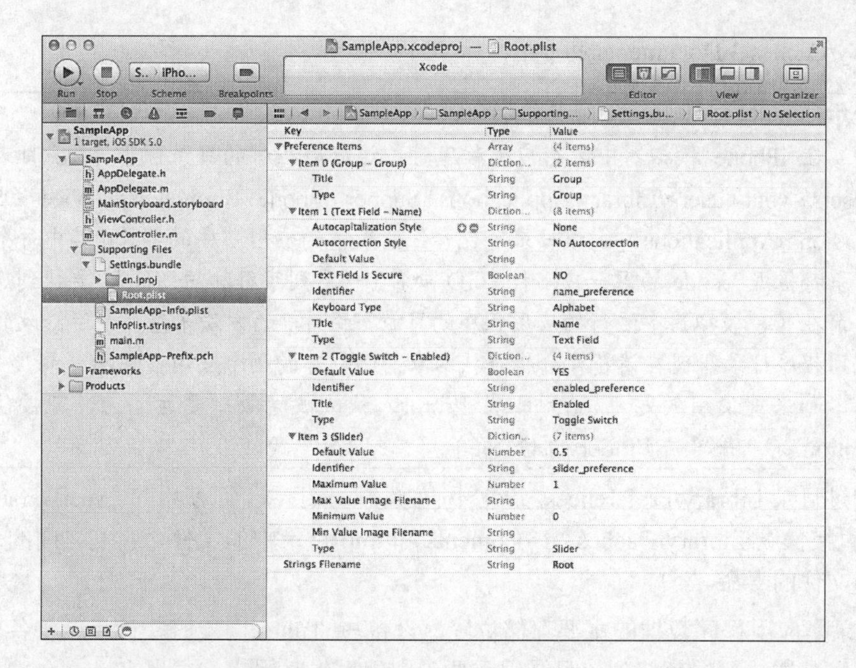

图 15.3

设置 UI 是在文件 Root. plist 中定义的

15.2.3 直接访问文件系统

本章将介绍的最后一种数据存储方法是直接访问文件系统，即打开文件并读写其内容。这种方法可用于存储任何数据——从 Internet 下载的文件、应用程序创建的文件等，但并非能存储到任何地方。

开发 iOS SDK 时，Apple 增加了各种限制，旨在保护用户设备免受恶意应用程序的伤害。这些限制被统称为应用程序沙箱（sandbox）。您使用 iOS SDK 创建的任何应用程序都被限制在沙箱内——无法离开沙箱，也无法消除沙箱的限制。

其中一些限制指定了应用程序数据将如何存储以及应用程序能够访问哪些数据。给每个应用程序都指定了一个位于设备文件系统中的目录，应用程序只能读写该目录中的文件。这意味着放纵的应用程序最多只能删除自己的数据，而不能删除其他应用程序的数据。

另外，这些限制也不是非常严格：在很大的程度上说，通过 iOS SDK 中的 API 暴露了 Apple 应用程序（如通讯录、日历、照片库和音乐库）的信息，更详细的信息请参阅第 19 章和第 20 章。

警告：限制在沙箱内

在每个 iOS SDK 版本中，Apple 都在不断降低应用程序沙箱的限制，但有些沙箱限制是通过策略而不是技术实现的。即使在文件系统中找到了位于应用程序沙箱外且可读写其中文件的地方，也并不意味着您应该这样做。如果您的应用程序违反了应用程序沙箱限制，肯定无法进入 iTune Store。

1．应用程序数据的存储位置

在应用程序的目录中，有 4 个位置是专门为存储应用程序数据而提供的：目录 Library/

Preferences、Library/Caches、Documents 和 tmp。

Did you Know?

提示：

在 iPhone 模拟器中运行应用程序时，该应用程序的目录位于 Mac 目录 /Users/<your user>/Library/Applications Support/iPhone Simulator/<Device OS Version>/Applications 中。该目录可包含任意数量的应用程序的目录，其中每个目录都根据 Xcode 的唯一应用程序 ID 命名（一系列字符和短划线）。要找到您当前在 iOS 模拟器中运行的应用程序的目录，最简单的方法是查找最近修改的应用程序目录。现在请花几分钟查找本章前面创建的两个应用程序的目录。

如果您使用的是 Lion，目录 Library 默认被隐藏。要访问它，可按住 Option 键，并单击 Finder 的 Go 菜单。

本章前面提到过目录 Library/Preferences。通常不直接读写该目录，而使用 NUSuerDefault API。然而，通常直接操纵 Library/Caches、Documents 和 tmp 目录中的文件，它们之间的差别在于其中存储的文件的寿命。

Documents 目录是应用程序数据的主要存储位置，设备与 iTunes 同步时，该目录将备份到计算机中，因此将这样的数据存储到该目录很重要：它们丢失时用户将很沮丧。

Library/Caches 用户缓存从网络获取的数据或通过大量计算得到的数据。该目录中的数据将在应用程序关闭时得以保留，将数据缓存到该目录是一种改善应用程序性能的重要方法。

最后，对于您不想将其存储在设备有限的易失性内存中，但不需要在应用程序关闭后得以保留的数据，可将其存储到 tmp 目录中。tmp 目录是 Library/Caches 的临时版本，可将其视为应用程序的便笺本。

Watch Out!

警告：存储空间方面的考虑

应用程序负责清理它写入的文件，包括写入到目录 tmp 或 Library/Caches 中的文件。所有应用程序共享设备中有限的文件系统空间（通常为 8-64GB），一个应用程序的文件占据的空间不能供音乐、播客、照片和其他应用程序使用。在选择持久化存储时需做出明知的选择，并确保将应用程序生命周期内创建的所有临时文件删除。

2．获取文件路径

iOS 设备中的每个文件都有路径，这指的是文件在文件系统中的准确位置。要让应用程序能够读写其沙箱中的文件，需要指定该文件的完整路径。

Core Foundation 提供了一个名为 NSSearchPathForDirectoriesInDomains 的 C 语言函数，它返回指向应用程序的目录 Documents 或 Library/Caches 的路径。该函数可返回多个目录，因此该函数调用的结果为一个 NSArray 对象。使用该函数来获取指向目录 Documents 或 Library/Caches 的路径时，它返回的数组将只包含一个 NSString；要从数组中提取该 NSString，可使用 NSArray 的 objectAtIndex 方法，并将索引指定为 0。

NSString 提供了一个名为 stringByAppendingPathComponent 的方法，可用于将两个路径段合并起来。通过将调用 NSSearchPathForDirectoriesInDomains 的结果与特定文件名合并起来，可获取一条完整的路径，它指向应用程序的 Documents 或 Library/Caches 目录中相应的文件。

例如，假设您开发的下一个石破天惊的 iOS 应用程序计算圆周率的前 100000 位，而您希望应用程序将结果写入到一个缓存文件中以免重新计算。为获取指向该文件的完整路径，您首先需要获取指向目录 Library/Caches 的路径，再在它后面加上文件名。

```
NSString *cacheDir =
    [NSSearchPathForDirectoriesInDomains(NSCachesDirectory,
    NSUserDomainMask, YES) objectAtIndex: 0];
NSString *piFile = [cacheDir stringByAppendingPathComponent:@"American.pi"];
```

要获取指向目录 Documents 中特定文件的路径，可使用相同的方法，但需要将传递给 NSSearchPathForDirectoriesInDomains 的第一个参数设置为 NSDocumentDirectory。

```
NSString *docDir =
       [NSSearchPathForDirectoriesInDomains(NSDocumentDirectory,
       NSUserDomainMask, YES) objectAtIndex: 0];
NSString *scoreFile = [docDir stringByAppendingPathComponent:@"HighScores.txt"];
```

Core Foundation 还提供了另一个名为 NSTemporaryDirectory 的 C 语言函数，它返回应用程序的 tmp 目录的路径。与前面一样，也可使用该函数来获取指向特定文件的路径。

```
NSString *scratchFile =
       [NSTemporaryDirectory() stringByAppendingPathComponent:@"Scratch.data"];
```

3．读写数据

创建表示您要使用的文件路径的字符串后，读写数据就非常简单了。首先，检查指定的文件是否存在，如果不存在，则需要创建它；否则，应显示错误消息。要检查字符串变量 myPath 表示的文件是否存在，可使用 NSFileManager 的方法 fileExistsAtPath:

```
fileExistsAtPath:
if ([[NSFileManager defaultManager] fileExistsAtPath:myPath]) {
    // file exists
}
```

接下来，使用 NSFileHandle 类的方法 fileHandleForWritingAtPath、fileHandleForReadingAtPath 或 fileHandleForUpdatingAtPath 获取指向该文件的引用，以便读取、写入或更新。例如，要创建一个用于写入的文件句柄，可编写下面的代码：

```
NSFileHandle *fileHandle =
            [NSFileHandle fileHandleForWritingAtPath:myPath];
```

要将数据写入 fileHandle 指向的文件，可使用 NSFileHandle 的方法 writeData。要将字符串变量 stringData 的内容写入文件，可使用如下代码：

```
[fileHandle writeData:[stringData dataUsingEncoding:NSUTF8StringEncoding]];
```

通过在写入文件前调用 NSString 的方法 dataUsingEncoding，可确保数据为标准 Unicode 格式。写入完毕后，必须关闭文件手柄：

```
[fileHandle closeFile];
```

要将文件的内容读取到字符串变量中，必须执行类似的操作，但使用 read 方法，而不是 write 方法。首先，获取要读取的文件的句柄，再使用 NSFileHandle 的实例方法 availableData 将全部内容读入一个字符串变量，然后关闭文件句柄：

```
NSFileHandle *fileHandle =
        [NSFileHandle fileHandleForReadingAtPath:myPath];
NSString *surveyResults=[[NSString alloc]
                    initWithData:[fileHandle availableData]
                    encoding:NSUTF8StringEncoding];
[fileHandle closeFile];
```

需要更新文件内容时，可使用 NSFileHandle 的其他方法（如 seekToFileOffset 或 seekToEndOfFile）移到文件的特定位置。在本章后面的示例项目中，就将使用这种方式。

有关 iOS 数据存储方式的介绍到这里就结束了。下面使用这些知识创建 3 个简短的示例项目。

15.3 创建隐式首选项

在本章的第一个示例中，将创建一个手电筒应用程序，它包含一个开关，并在这个开关开启时从屏幕上射出一束光线。将使用一个滑块来控制光线的强度。我们将使用首选项来恢复到用户保存的最后状态。

15.3.1 实现概述

这个项目总共需要 3 个界面元素。首先是一个视图，它从黑色变成白色以发射光线；其次是一个开关手电筒的开关；最后是一个调整亮度的滑块。它们都将连接到输出口，以便能够在代码中访问它们。开关状态和亮度发生变化时，将被存储到用户默认设置中。应用程序重新启动时，将自动恢复存储的值。

15.3.2 创建项目

在 Xcode 中使用 iOS 模板 Single View Application 新建一个项目，并将其命名为 Flashlight。您只需编写一个方法并修改另一个方法，因此需要做的设置工作很少。

1. 规划变量和连接

总共需要 3 个输出口和 1 个操作。开关将连接到输出口 toggleSwitch，视图将连接到 lightSource，而滑块将连接到 brightnessSlider。

滑块或开关的设置发生变化时，将触发操作方法 setLightSourceAlpha。

By the Way

注意：

为控制亮度，您将在黑色背景上放置一个白色视图。为修改亮度，您将调整视图的 alpha 值（透明度）。视图的透明度越低，光线越暗；透明度越高，光线越亮。

2．添加用作键的常量

本章开头说过，要访问用户默认首选项系统，必须给要存储的数据指定键，在存储或获取存储的数据时，都需要用到这些字符串。由于将在多个地方使用它们且它们是静态值，因此很适合定义为常量。在这个项目中，我们将定义两个常量：kOnOffToggle 和 kBrightnessLevel，前者是用于存储开光状态的键，而后者是用于存储手电筒亮度的键。

在文件 ViewController.m 中，在#import 行下方添加这些常量：

```
#define kOnOffToggle @"onOff"
#define kBrightnessLevel @"brightness"
```

下面来设计这个应用程序的 UI。

15.3.3 创建界面

在 Interface Builder 编辑器中，打开文件 MainStoryboard.storyboard，并确保文档大纲和 Utility 区域可见。

选择场景中的空视图，再打开 Attributes Inspector（Option + Command + 4）。使用该检查器将视图的背景色设置为黑色（我们希望手电筒的背景为黑色）。

接下来，从对象库（View>Utilities>Show Object Library）拖曳一个 UISwitch 到视图左下角。将一个 UISlider 拖曳到视图右下角，调整滑块的大小，使其占据未被开关占用的所有水平空间。

最后，添加一个 UIView 到视图顶部。调整其大小，使其宽度与视图相同，并占据开关和滑块上方的全部垂直空间。现在视图应类似于图 15.4 所示。

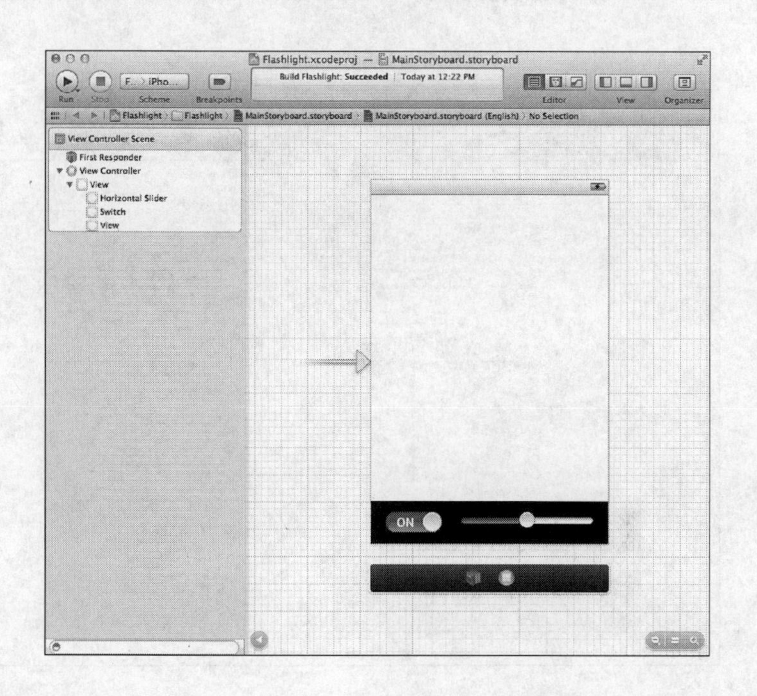

图 15.4
应用程序 Flashlight 的 UI

15.3.4 创建并连接输出口和操作

为编写让 Flashlight 应用程序正常运行并处理应用程序首选项的代码，需要访问开关、滑块和光源；还将响应开关和滑块的 Value Changed 事件，以调整手电筒的亮度。总之，需要创建并连接如下输出口。

- 开关（UISwitch）：toggleSwitch。
- 亮度滑块（UISlider）：brightnessSlider。
- 发射光线的视图（UIView）：lightSource。

还需添加一个操作。

- 响应开关或滑块（UISwitch/UISlider）的 Value Changed 事件：setLightSourceAlphaValue。

切换到助手编辑器模式，并在必要时隐藏项目导航器和 Utility 区域。

1．添加输出口

首先，按住 Control 键，并从您添加到 UI 中的视图拖曳到文件 ViewController.h 中@interface 代码行下方。在 Xcode 提示时，创建一个名为 lightSource 的输出口。对开关和滑块重复上述操作，将它们分别连接到输出口 toggleSwitch 和 brightnessSlider。

除访问这 3 个控件外，代码还需响应开关状态变化和滑块位置变化。

2．添加操作

为创建开关和滑块都将使用的操作，按住 Control 键，并从滑块拖曳到编译指令@property 下方。定义一个由事件 Value Changed 触发的操作——setLightSourceAlphaValue，如图 15.5 所示。

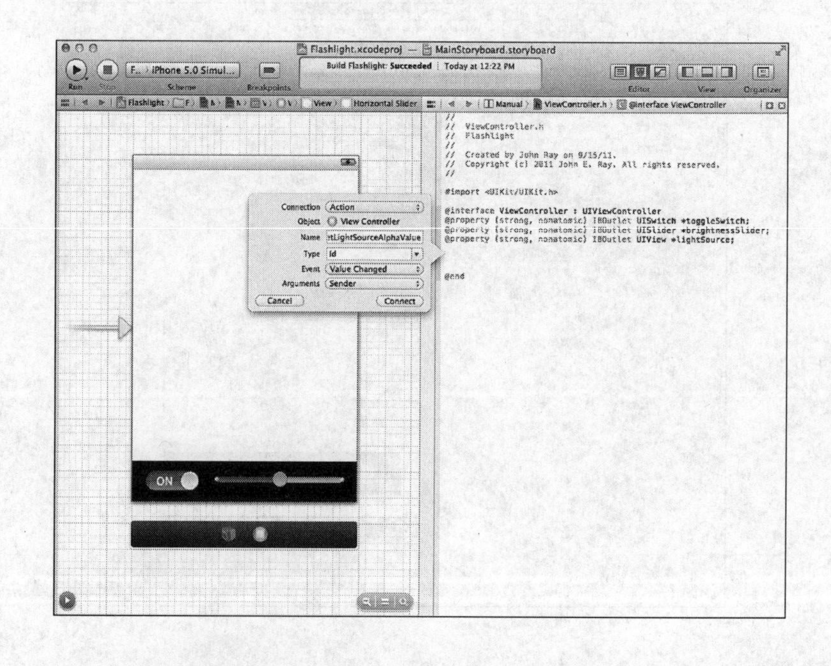

图 15.5
将开关和滑块都连接到操作 setLightSourceAlphaValue

为将开关也连接到该操作，可打开 Connections Inspector（Option + Command + 5），并从开关的 Value Changed 事件拖曳到新增的 IBAction 行，也可按住 Control 键，并从开关拖曳到 IBAction 行，这将自动选择事件 Value Changed。无论您喜欢哪种方式，都请采用该方式建立连接。

通过将开关和滑块都连接到操作 setLightSourceAlphaValue，可确保用户调整滑块或切换开关时将立刻获得反馈。

15.3.5 实现应用程序逻辑

应用程序 Flashlights 的逻辑很简单！

用户开关手电筒及调整亮度时，应用程序将通过调整视图 lightSource 的 alpha 属性来做出响应。视图的 alpha 属性决定了视图的透明度，其值为 0.0 时视图完全透明，其值为 1.0 时视图完全不透明。视图 lightSource 为白色，且位于黑色背景之上。该视图越透明，透过它显示的黑色就越多，而手电筒就越暗。如果要将手电筒关掉，只需将 alpha 属性设置为 0.0，这样将不会显示视图 lightSource 的白色背景。

在文件 ViewController.m 中，按程序清单 15.1 修改方法 setLightSourceAlphaValue。

程序清单 15.1　方法 setLightSourceAlphaValue 的初步实现

```
-(IBAction) setLightSourceAlphaValue {
    if (self.toggleSwitch.on) {
        self.lightSource.alpha = self.brightnessSlider.value;
    } else {
        self.lightSource.alpha = 0.0;
    }
}
```

这个方法很简单，它检查对象 toggleSwitch 的 on 属性，如果为 on，则将视图 lightSource 的 alppha 属性设置为滑块的 value 属性的值。滑块的 value 属性返回一个 0～100 的浮点数，因此这些代码足以让手电筒正常工作。您可以运行该应用程序，并看看结果。

1．存储 Flashlight 首选项

我们不仅要让手电筒能够工作，还希望用户再次运行该应用程序时恢复到前一次的状态。为此，将把开关状态和亮度存储为隐式首选项。还记得吗，前面定义了两个常量（kOnOffToggle 和 kBrightnessLevel），它们将用作这些首选项的键。

修改方法 setLightSourceAlphaValue，在其中添加如程序清单 15.2 所示的代码行。

程序清单 15.2　方法 setLightSourceAlphaValue 的最终实现

```
1: -(IBAction) setLightSourceAlphaValue {
2:     NSUserDefaults *userDefaults = [NSUserDefaults standardUserDefaults];
3:     [userDefaults setBool:self.toggleSwitch.on forKey:kOnOffToggle];
4:     [userDefaults setFloat:self.brightnessSlider.value
5:                     forKey:kBrightnessLevel];
```

```
 6:     [userDefaults synchronize];
 7:
 8:     if (self.toggleSwitch.on) {
 9:         self.lightSource.alpha = self.brightnessSlider.value;
10:     } else {
11:         self.lightSource.alpha = 0.0;
12:     }
13: }
```

第2行使用方法 standardUserDefaults 获取 NSUserDefaults 单例，第3行以及第4～5行分别使用方法 setBool 和 setFloat 存储首选项。第6行调用 NSUserDefaults 的方法 synchronize，确保立即存储设置。

By the Way

注意：

至此，我们编写的代码将存储两个键对应的值，但这些值存储在什么地方呢？我们不需要知道，因为使用的 API NSUserDefaults 对我们隐藏了这种细节，并让 Apple 能够在以后的 iOS 版本中调整处理默认设置的方式。然而，知道这些细节仍很有用，答案是首选项存储在一个 plist 文件中。如果您是经验丰富的 Mac 用户，可能属性 plist 文件，Mac 应用程序也使用这种文件。在设备上运行应用程序时，plist 将存储在设备中；但如果在 iPhone 模拟器中运行应用程序，模拟器将使用计算机硬盘来存储 plist 文件，这让我们能够轻松地查看它们。

为此，在 iPhone 模拟器中运行应用程序 Flashlight，然后使用 Finder 切换到文件夹/Users/<your username>/Library/Application Support/iPhone Simulator/ <Device OS Version>/Applications。Applications 中的目录使用全局唯一的 ID，但只需查看最近修改的数据，就很容易找到应用程序 Flashlight 的目录。通过最新修改的目录列表可找到 Flashlight.app，而 com.yourcompany.Flashlig ht.plist 位于子目录./Library/Preferences 中。这是一个常规 Mac plist 文件，可通过双击在 Property List Editor（属性列表编辑器）中打开它，其中显示了应用程序 Flashlight 的两个首选项。

2．读取 Flashlight 首选项

当前，每当用户修改设置时，该应用程序都将保存两个控件的状态。为获得所需的行为，还需做相反的操作，即每当应用程序启动时，都读取首选项并使用它们来设置两个控件的状态。为此，我们将使用方法 viewDidLoad 以及 NSUserDefaults 的方法 floatForkey 和 boolForKey。编辑 viewDidLoad，并使用前面的方式获取 NSUserDefaults 单例，但这次将使用首选项来设置控件的值而不是相反。

在文件 ViewController.m 中，按程序清单 15.3 实现方法 viewDidLoad。

程序清单 15.3　在 viewDidLoad 中处理设置

```
1: - (void)viewDidLoad
2: {
```

```
3:     NSUserDefaults *userDefaults = [NSUserDefaults
4:                                      standardUserDefaults];
5:     self.brightnessSlider.value = [userDefaults
6:                                      floatForKey:kBrightnessLevel];
7:     self.toggleSwitch.on = [userDefaults
8:                              boolForKey:kOnOffToggle];
9:     if ([userDefaults boolForKey: kOnOffToggle]) {
10:        self.lightSource.alpha = [userDefaults
11:                                   floatForKey:kBrightnessLevel];
12:    } else {
13:        self.lightSource.alpha = 0.0;
14:    }
15:
16:    [super viewDidLoad];
17: }
```

第3～4行获取NSUserDefault单例，并使用它来获取首选项，再设置滑块（第5～6行）和开关（第7～8行）。第9～14行检查开关的状态，如果它是开的，则将视图的alpha属性设置为存储的滑块值；否则将alpha属性设置为0（完全透明的），这导致视图看起来完全是黑的。

15.3.6 生成应用程序

仅此而已。运行该应用程序，并查看其运行情况，如图15.6所示。您也可利用App Store变成百万富翁。

图15.6
运行的应用程序Flashlight

Did you Know?

提示：

如果您运行该应用程序，并按主屏幕（Home）按钮，应用程序并不会退出，而在后台挂起。要全面测试应用程序 Flashlight，务必使用 Xcode 中的 Stop 按钮停止该应用程序，再使用 iOS 任务管理器（Task Manager）关闭该应用程序，然后重新启动并检查设置是否恢复了。

在等待收益滚滚而来的同时，来看一个让用户能够更直接地控制首选项的应用程序。

15.4 实现系统设置

为提供应用程序首选项，可考虑的第二种方式是使用应用程序 Settings。为此，只需在 Xcode 中为应用程序创建一个设置束并编辑它，而无需编写代码和设计 UI，因此这种方法快速而容易。

在本章的第二个示例中，将创建一个应用程序，它告诉捡到设备的人如何将其归还给失主。这里将使用应用程序 Settings 来编辑失主的联系信息，并选择一张图片来唤起拾者的同情心。

15.4.1 实现概述

通过使用设置束，可自动完成大量烦琐的 UI/存储工作，而无需编写任何代码，您很快就会发现这一点。在这个应用程序中，您将创建一个设置束，它定义了多个可在 iOS 应用程序 Settings 中设置的值。应用程序运行时，将读取这些设置，并使用它们来更新屏幕显示。该应用程序本身无需接收用户输入，这使得它的逻辑比前一个示例项目还要简单。

15.4.2 创建项目

与往常一样，首先在 Xcode 中，使用模板 Single View Application 新建一个名为 ReturnMe 的项目。

我们将向捡到设备的人显示一张能够唤起同情心的图片，还有失主的姓名、电子邮件地址和手机号码。这些内容都可通过应用程序首选项进行配置，因此需要连接到这些 UI 元素的输出口，但不需要操作。

1．规划变量和连接

我们将使用标签（UILabel）来显示 3 个文本值，这些标签将连接到输出口 name、email 和 phone。图像将在 UIImageView 中显示，而该 UI 对象将连接到输出口 picture。仅此而已，我们不需要任何输入控件，因为输入都将通过设置束管理。

2．添加用作键的常量

与前一个项目一样，我们将使用键来引用存储的用户默认设置。总共需要 4 个键，分别对应于需要处理的 4 项设置。为保持整洁有序，我们定义一些常量，用于表示键。为此，打开文件 ViewController.m，并在现有的#import 后面添加如下代码行：

```
#define kName @"name"
#define kEmail @"email"
```

```
#define kPhone @"phone"
#define kPicture @"picture"
```

这些常量的含义不言自明，它们的名称和字符串值提供了明确的线索。

3．添加图像资源

在这个项目中，我们将显示一幅图像，以唤起拾者的同情心，将捡到的手机归还给失主而不是卖掉。为此，将文件夹 Images 拖放到项目代码编组中。将该文件夹拖曳到 Xcode 中时，务必选择复制文件并在必要时创建编组。

提示：

Did you Know?

本书前面说过，为支持 Retina 屏幕，只需创建这样的图像：其水平和垂直分辨率都是标准 iPhone 图像的两倍，且文件名包含后缀@2x；然后将这些图像加入到项目中，其他的工作将由开发工具和 iOS 完成。

在本书的很多项目中，都包含@2x 图像资源。

15.4.3 设计界面

下面来设计应用程序 ReturnMe 的 UI。双击文件 MainStoryboard.storyboard 打开 Interface Builder 编辑器。接下来，打开对象库，以便能够在界面中添加组件。

将 3 个 UILabel 拖曳到视图中。单击每个标签并打开 Attributes In spector（Option + Command +4 ），再分别将文本设置为您选择的姓名、电子邮件和电话号码。

接下来，将一个 UIImageView 拖曳到视图中，调整图像视图的大小使其占据设备的大部分屏幕空间。在选择了图像视图的情况下，使用 Attributes Inspector 将模式设置为 Aspect Fill，从下拉列表 Image 中选择一幅已加入到该 Xcode 项目中的动物图像。

再添加一些标签，以解释该应用程序的目的以及每个首选项（姓名、电子邮件和电话号码）。

只要 UI 中包含 3 个标签和一个图像视图（如图 15.7 所示），其他部分可按您认为适合的任何方式设计。

图 15.7

创建一个界面，它包含图像、标签和其他您想要的任何东西

15.4.4 创建并连接输出口

创建好界面后，切换到助手编辑器模式，将 UIImageView 和 3 个 UILabel 连接到相应的输出口：picture、name、email 和 phone。不需要连接任何操作，因此只需按住 Control 键，从每个界面元素拖曳到文件 ViewController.h，并在提示时提供合适的名称即可。

创建界面后，下面来创建设置束，它让您能够集成 iOS 应用程序 Settings。

15.4.5 创建设置束

在 Xcode 中创建一个新的设置束，方法是选择菜单 File>New File，再选择类别 iOS Resource 中的 Settings Bundle，如图 15.8 所示。为指定设置束的存储位置，单击 Next 按钮。在 Save 对话框中，保留默认位置和默认名称，但从底部的下拉列表 Group 中选择 Supporting Files。如果忘记了这样做，可在以后将设置束拖曳到编组 Supporting Files 中。

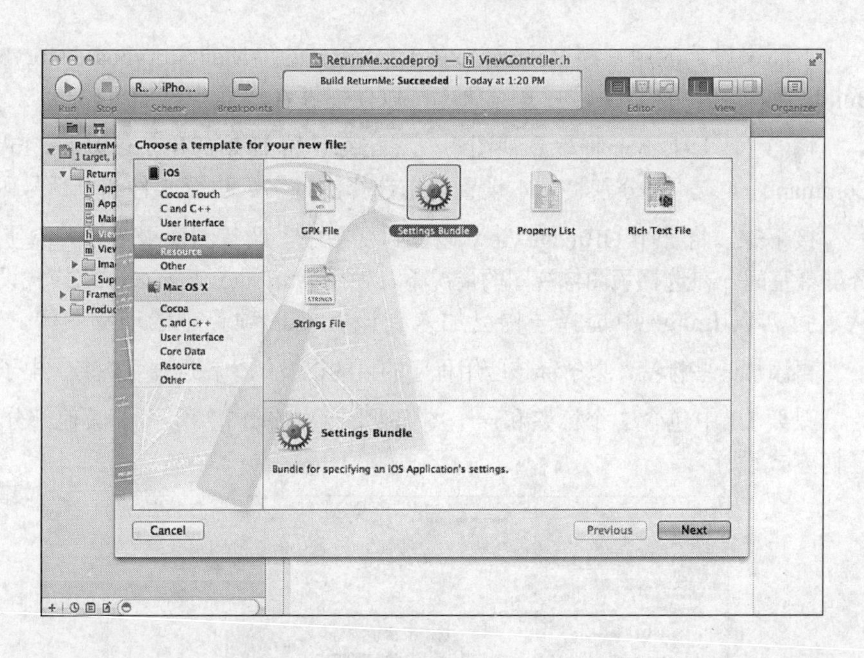

图 15.8
Xcode New File 对话框中的 Settings Bundle

ReturnMe 的首选项将分成 3 组：Sympathy Image（唤起同情心的图像）、Contact Information（联系信息）和 About（有关该应用程序）。Sympathy Image 组将包含一个多值首选项，用于选择图像之一；Contact Information 组将包含 3 个文本框；而 About 组将链接到一个子页面，其中包含 3 个只读标题。

警告：慢慢阅读并动手实践

Watch Out!

开始创建应用程序首选项前，需要指出的是，由于 Apple 工具使用的术语，这个过程很难描述。下面是需要牢记的重点。

1. 在这里说到属性时，指的是 plist 文件中的一行。属性是由键、类型以及一个或多个值定义的。

2. 属性可包含多个其他的属性。我将这些属性称为原有属性内的属性或子属性。

3. 在 plist 编辑器中，定义属性的特性（attributes，键、类型和值）为列。在需要修改这些特性时，我尽量用列名表示。

4. 对于每项任务，完成的方式都有很多。如果您找到了更好的方式，使用它就是了。

在 Xcode 中展开 Settings.bundle 并单击文件 Root.plist，您将看到一个包含三列的表格：Key（键）、Type（类型）和 Value（值）。展开表格中的属性 Preference Items，您将看到 4 个类型为字典的属性。这些属性是 Xcode 作为示例提供的，每个属性都将被应用程序 Settings 解释为一个首选项。您将遵循 iOS Reference Library（参考库）中的 Settings Application Schema Reference（应用程序“设置”架构指南）中的简单架构来设置每个首选项的必须属性和一些可选属性。

展开 Preference Items 中的第一个字典属性（名为 Item 0），您将看到它有一个值为 Group 的 Type 属性，这是定义首选项组（将一组相关的首选项编组）的正确类型，但我们需要根据所需的设置做些修改。单击属性 Title，将其值改为 Sympathy Image。这将在应用程序 Settings 中提供一个不错的编组标题。

第二项（Item 1）应包含多个选项，用于指定唤起同情心的图像。如果您查看 Item 1 右边的括号中的内容，将发现它当前被设置为 Text Field（文本框）。我们将让用户通过下拉列表（而不是文本框）选择唤起同情心的图像，因此单击该属性的 Key 列，并将其改为 Multi Value。接下来，展开该属性，将其子属性 Title 的值改为 Image Name，将子属性 Identifier 的值改为 picture（在应用程序中，我们将使用该标识符来引用这个值），并将子属性 DefaultValue 的值改为 Dog。

注意：

By the Way

对于大多数属性，都可单击 Key 列的属性名来修改其类型，这将打开一个下拉列表，其中包含可用的类型。不幸的是，这个下拉列表并未包含所有类型。要访问完整的类型列表，需要展开属性，并设置其子属性 Type 的值：使用 Value 列的下拉列表。

多值选择器（下拉列表）的值来自两个数组属性：选项名数组和选项值数组。在这里，选项名数组和选项值数组相同，但仍必须提供它们。为在 DefaultValue 后面添加一个属性，右击 DefaultValue 行，并选择 Add Row，如图 15.9 所示。这将添加一个同级属性。

将新属性名称改为 Values，并将 Type 列改为 Array。对于可供选择的 3 幅图像中的每一幅，都需要在 Values 中有一个子属性。展开 Values 以查看其内容（当前什么也没有）。在 Values 展开了的情况下右击它，并选择 Add Row；执行这种操作 3 次，在 Values 添加 3 个字符串子属性：Item 0、Item 1 和 Item 2，如图 15.10 所示。

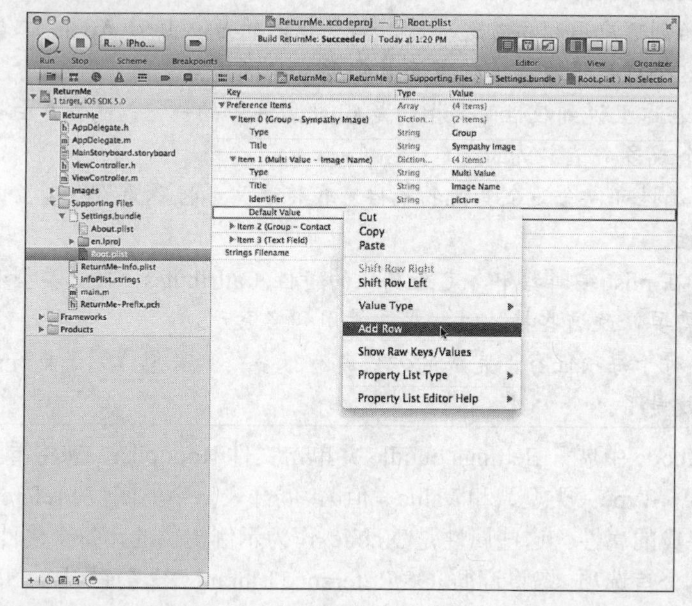

图 15.9

在 Xcode 属性列表编辑器中添加属性

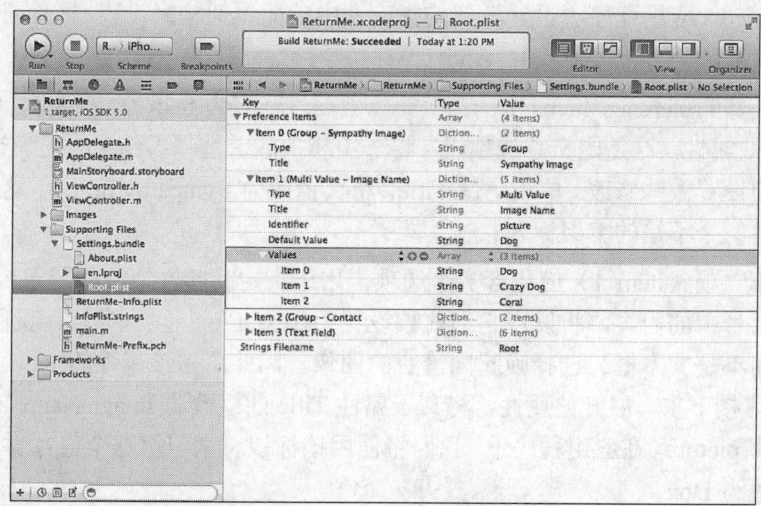

图 15.10

在 Xcode 属性列表编辑器中添加子属性

By the Way

注意：

您可能注意到了，属性旁边有+/–图标。在有些情况下，单击这些图标将添加同级属性；如果当前属性为数组，单击该图标将添加子属性。由于实现不太一致，我发现使用上下文菜单项 Add Row 添加属性更容易，也更直观。

基本规则如下所述。

要添加子属性，可展开当前属性，再右击它并选择 Add Row。

要添加同级属性，确保当前属性折叠起来了，再右击它并选择 Add Row。

将这 3 个子属性的 Value 列分别改为 Dog、Crazy Dog 和 Coral。重复上述步骤，添加一个与 Values 同级的数组属性，并将其命名为 Titles（首先将刚添加的 Values 属性折叠起来，再右击它并选择 Add Row）。Titles 的类型也应为 Array，包含 3 个类型为 String 的子属性，且这些子属性的值也分别为 Dog、Crazy Dog 和 Coral，如图 15.11 所示。

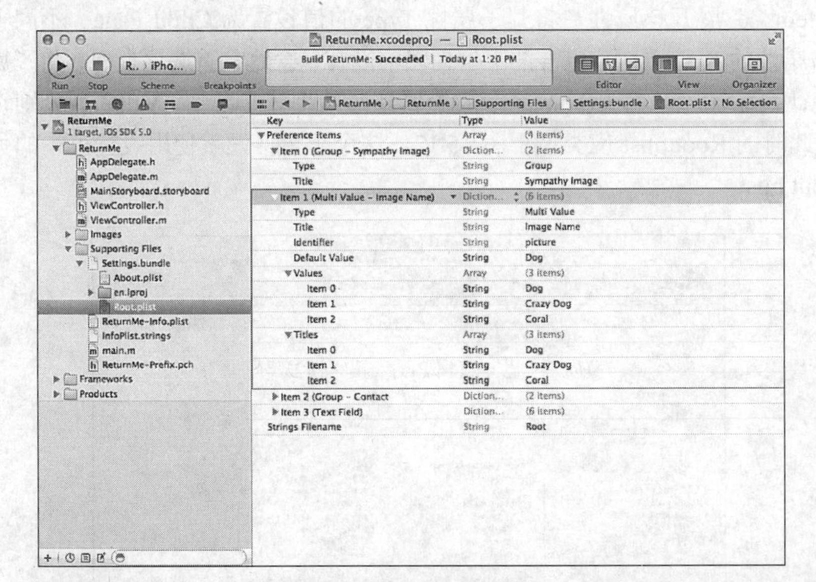

图 15.11 Xcode 属性编辑器中设计好的图像选择器

在 Preference Items 中，第 3 个属性（Item 2）的类型和标题应分别为 Group 和 Contact Information。为此，单击该属性的 Key 列，并修改其类型；再展开该属性，修改其子属性 Title 修改，并删除其他所有子属性。

第 4 个属性（Item 3）为姓名首选项。单击该属性的 Key 列，并将类型改为 Text Field。展开该属性，并按如下方式配置其子属性：将子属性 Identifier 的值设置为 name，将子属性 Default Value 的值设置为 Your Name；对于这两个子属性，类型都应设置为 String。给 Item 3 再添加 3 个子属性，它们是类型为 String 的可选参数，旨在设置用于输入文本的键盘。将这些键的名称分别设置为 KeyboardType、Autocapitalization Type 和 Autocorrection Type，并将值分别设置为 Alphabet、Words 和 No。

现在可以测试设置了：在 iOS 模拟器中运行应用程序 ReturnMe，再按 Home（主屏幕）按钮退出该应用程序，然后在模拟器中运行应用程序 Settings。您将看到针对应用程序 ReturnMe 的设置选项，单击它将看到用于设置 Sympathy Image（唤起同情心的图像）和 Name（姓名）的界面。

在 plist 中，在属性 Preference Items 中再添加 2 个类型为 Text Field 的子属性，其中一个针对电子邮件地址，另一个针对电话号码。确保它们类似于姓名首选项，但将 Key 分别设置为 email 和 phone，并将子属性 Keyboard Type 分别设置为 Email Address 和 Number Pad。添加新属性时，它可能包含一些多余的子属性。例如，您刚添加的 Text Field 属性包含子属性 Title，可将其删除，方法是选择它并按 Delete 键。然而，这些 Text Filed 默认没有包含子属性 Keyboard Type、Autocapitalization Style 等。要添加子属性，可右击现有的子属性并选择 Add Row，再使用 Key、Type 和 Value 列的下拉列表对其进行配置。

最后一个首选项是 About，它打开一个首选项子窗格。为此，需要再添加两个属性。首先，在 plist 中添加一个新属性（Item 6）。单击该属性的 Key 列，并将其类型设置为 Group。展开属性 Item 6，并将其子属性 Title 的值设置为 About ReturnMe（使用 Type 列将其类型设置为 String）。与前两个编组一样，这个编组也在 Settings 界面中添加分区，并将分区标题设置为 About RetureMe。

接下来，添加 Item 7。展开该属性，将其子属性 Type 的值设置为 Child Pane。不同于其他首选项类型，单击属性的 Key 列时，打开的下拉列表中没有包含这种首选项类型。将子属性 Title 的值改为 About；再添加一个名为 Filename 的子属性，并将其 Type 和 Value 列分别设置为 String 和 About。此时的 Root.plist 应类似于图 15.12。这个子窗格元素使用设置束中的另一个 plist，这里是 About.plist。

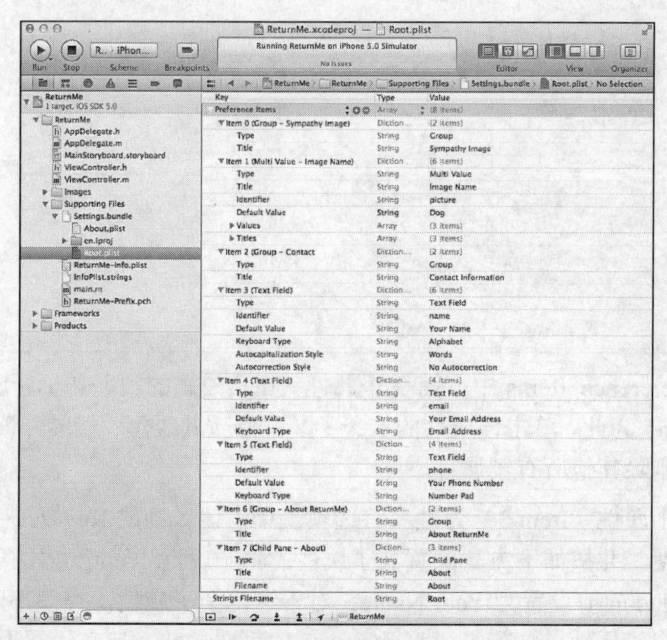

图 15.12 完成后的文件 Root.plist

要在设置束中创建文件 About.plist，最简单的方法是复制现有的文件 Root.plist。为此，在项目导航器中选择文件 Root.plist，再选择菜单 File>Duplicate，并将新文件命名为 About.plist。Xcode 不会立刻注意到设置束中有新的 plist 文件，要刷新设置束的内容，折叠 Settings.bundle 再展开它。

选择 About.plist，并右击其包含的任何属性。在出现的上下文菜单中，选择 Property List Type>iPhone Settings plist。这告诉 Xcode 您要将该 plist 文件用于做什么，这样属性名将变成易懂的英语。

编辑文件 About.plist 的 Preference Items 数组，使其包含 4 个子属性。第一个是编组属性，包含一个值为 About ReturnMe 的 Title 子属性。对于其他 3 个，应将类型设置为 Title，它们分别表示版本、版权和网站信息。默认情况下，类型为 Title 的属性包含 3 个子属性：Type、Title 和 Key。其中子属性 Type 已设置为 Title；对于子属性 Title，应设置为要显示的信息的标题字符串：Version、Copyright 和 Website。子属性 Identifier 的值无关紧要，因为我们不会在代码中设置这些信息。对于 3 个类型为 Title 的属性，还需添加名为 Default Value 的子属性，该子属性的类型为 String，值为您要在应用程序 Settings 中显示的文本信息。图 15.13 是最终的文件 About.plist。

如果您创建 plist 文件时遇到问题，请运行该应用程序再退出，然后将您的首选项 UI 与图 15.14 进行比较，并将您的 plist 文件与本章源代码的设置束中的 plist 文件进行比较，以确定哪里做得不对。

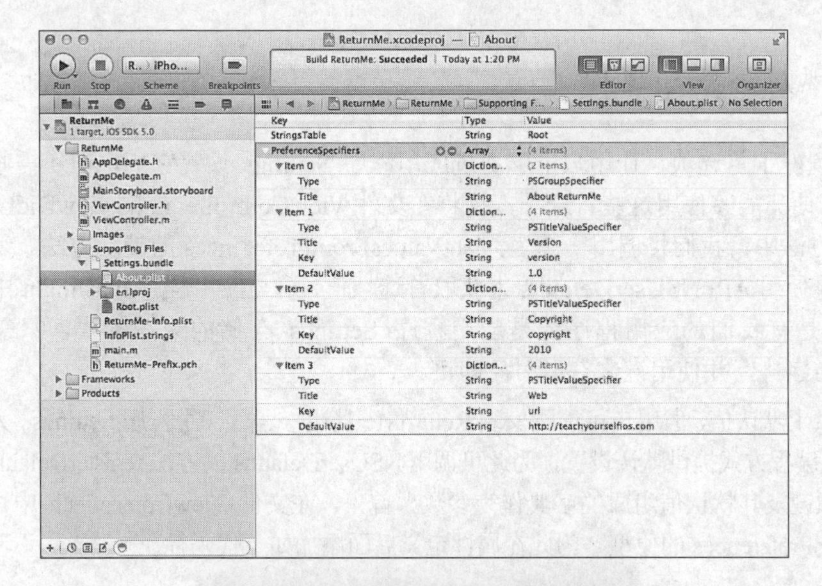

图 15.13

文件 About.plist

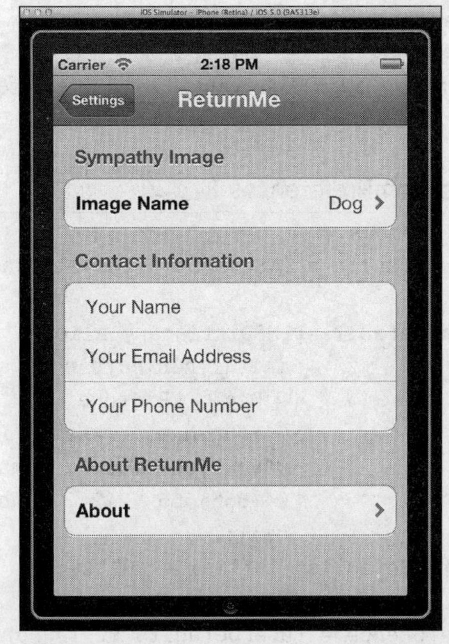

图 15.14

应用程序 Settings 中显示的 Return Me 首选项

By the Way

警告：太乱了

您很容易迷失在 plist 编辑器中，因为其 UI 和术语令人费解。例如，在这里我们创建了一个多值选择器，它需要一个名为 Values 的数组，而该数组的元素包含 Value 列，因此我们必须处理 Values 的 Value 列。太乱了？

雪上加霜的是，添加新属性时，我们必须指定其类型。每个属性都有底层数据类型（Array、Dictionary、String 等），而属性还可能包含子属性 Type，它指定了该属性（及其子属性）表示的是什么，如 Text Field（文本框）。一大堆混乱的术语会让您发疯。

建议您亲自动手完成这个练习，并修改键和值，以了解其影响。掌握其中的窍门后就不难了，但 Apple 使得描述起来是件非常痛苦的事情。

15.4.6 实现应用程序逻辑

至此，我们设置好了首选项，让用户能够通过应用程序 Settings 设置它们，但还需修改应用程序 ReturnMe 使其能够使用这些首选项，这将在文件 ViewController.m 的 viewDidLoad 方法中进行。在该方法中，我们将调用一个名为 setValuesFromPreferences 的辅助方法。编写这个辅助方法时，将使用 API NSUserDefaults 来获取首选项值，这与应用程序 Flashlight 中完全相同。首选项值是有我们的应用程序还是应用程序 Settings 存储的无关紧要，只需将 NSUserDefaults 视为字典，并使用键来获取对象即可。

在设置束中提供了默认值，但用户可能刚安装 ReturnMe 且还未运行应用程序 Settings。为应对这种情形，需要以编程方式提供默认设置，为此可调用 NSUserDefaults 的方法 registerDefaults，并提供一个由首选项键及其默认值组成的字典作为参数。首先，在文件 ViewController.h 中，添加方法 setValuesFromPreferences 的原型，为此在属性定义后面添加如下代码行：

```
-(void)setValuesFromPreferences;
```

接下来，在文件 ViewController.m 中实现方法 setValuesFromPreferences，如程序清单 15.4 所示。

程序清单 15.4 方法 setValuesFromPreferences 的实现

```
 1: -(void)setValuesFromPreferences {
 2:     NSUserDefaults *userDefaults = [NSUserDefaults standardUserDefaults];
 3:
 4:     NSDictionary *initialDefaults=[[NSDictionary alloc]
 5:                                    initWithObjectsAndKeys:
 6:                                    @"Dog", kPicture,
 7:                                    @"Your Name", kName,
 8:                                    @"you@yours.com", kEmail,
 9:                                    @"(555)555-1212", kPhone,
10:                                    nil];
11:     [userDefaults registerDefaults: initialDefaults];
12:
13:     NSString *picturePreference = [userDefaults stringForKey:kPicture];
14:     if ([picturePreference isEqualToString:@"Dog"]) {
15:         self.picture.image = [UIImage imageNamed:@"dog1.png"];
16:     } else if ([picturePreference isEqualToString:@"Crazy Dog"]) {
17:         self.picture.image = [UIImage imageNamed:@"dog2.png"];
18:     } else {
19:         self.picture.image = [UIImage imageNamed:@"coral.png"];
20:     }
21:
22:     self.name.text = [userDefaults stringForKey:kName];
23:     self.email.text = [userDefaults stringForKey:kEmail];
24:     self.phone.text = [userDefaults stringForKey:kPhone];
25: }
```

第 2 行获取指向 NSUserDefaults 单例的引用。

第 4～10 行分配并初始化一个名为 initialDefaults 的 NSDictionary，它包含默认键/值对；如果还未使用应用程序 Settings 设置首选项，应用程序将使用这些键/值对。加入到字典时，值在前面，键在后面（这些键是使用前面加入到项目中的常量表示的）。为标识数据末尾，在字典中添加了 nil 值。

第 11 行使用 NSUserDefaults 的方法 registerDefaults 注册默认设置。其他的代码与前一个示例项目类似。第 13～24 行获取使用每个键存储的值，并相应地设置用户界面元素。

然而，我们还需在应用程序启动时加载首选项。为此，编辑文件 ViewController.m，在方法 viewDidLoad 中调用方法 setValuesFromPreferences，如程序清单 15.5 所示。

程序清单 15.5 在视图加载时加载设置

```
- (void)viewDidLoad
{
    [self setValuesFromPreferences];
    [super viewDidLoad];
}
```

15.4.7 生成应用程序

运行应用程序 ReturnMe，等它在 iOS 模拟器中启动后，单击 Xcode 中的 Stop 按钮。使用 iOS 模拟器中的应用程序 Settings 修改应用程序 ReturnMe 的一些设置。接下来，使用 iOS 应用程序管理器终止 ReturnMe，以免它在后台等待；然后重新启动它。该应用程序将使用新的设置。

警告：使用 Xcode 中的 Stop 按钮

Watch Out!

如果您不使用 Xcode 中的 Stop 按钮来退出应用程序，再在 iOS 模拟器中手工停止并重新启动它，将在 Xcode 中出现错误，这是因为 Xcode 调试器无法连接到应用程序。因此，测试应用程序时，务必使用 Xcode 中的 Stop 按钮。

第 22 章将探索后台处理，届时您将学习如何以编程方式响应应用程序启动、停止、进入后台以及从后台启动。

正如您看到的，只需编写少量代码就能提供一个配置应用程序的复杂界面。应用程序 Settings 的 plist 架构提供了一种相当全面的方式来描述应用程序的首选项需求。

15.5 实现文件系统存储

在本章的最后一个实例中，将创建一个调查应用程序。该应用程序收集用户的姓、名和电子邮件地址，然后将其存储到 iOS 设备文件系统的一个 CSV 文件中。通过触摸另一个按钮，可检索并显示该文件的内容。

15.5.1 实现概述

这个调查应用程序的界面很简单，它包含 3 个收集数据的文本框和一个存储数据的按钮，还有一个按钮用于读取累积的调查结果，并将其显示在一个可滚动的文本视图中。为存储信息，我们首先生成一条路径，它指向当前应用程序的 Documents 目录中的一个新文件；然后创建一个指向该路径的文件句柄，并以格式化字符串的方式输出调查结果。从文件读取数据的过程与此相似，但获取文件句柄，将文件的全部内容读取到一个字符串中，并在只读的文本视图中显示该字符串。

15.5.2 创建项目

在 Xcode 中，使用 iOS 模板 Single-View Application 新建一个项目，并将其命名为 Survey。需要通过代码与多个 UI 元素交互，下面确定是哪些 UI 元素以及如何给它们命名。

1．规划变量和连接

这是一个调查应用程序，将收集信息，显然需要数据输入区域。这些数据输入区域为文本框，用于收集姓、名和电子邮件地址。我们将把它们分别命名为 firstName、lastName 和 email。为验证将数据正确地存储到了一个 CSV 文件中，将读取该文件并将其输出到一个文本视图中，而我们将把这个文本视图命名为 resultView。

在这个示例中，总共需要 3 个操作，其中的两个是显而易见的，而另一个不那么明显。首先，我们需要存储数据，因此添加一个按钮，它触发操作 storeResults。其次，我们需要读取并显示结果，因此还需要一个按钮，它触发操作 showResults。不幸的是，还需要第 3 个操作——hideKeyboard，这样用户触摸视图的背景或微型键盘上的 Done 按钮时，将隐藏屏幕键盘。

15.5.3 设计界面

单击文件 MainStoryboard.storyboard 切换到设计模式，再打开对象库（View>Utilities>Show Object Library）。拖曳 3 个文本框（UITextField）到视图中，并将它们放在视图顶部附近。在这些文本框旁边添加 3 个标签，并将其文本分别设置为 First Name:、Last Name:和 Email:。

依次选择每个文本框，再使用 Attributes Inspector（Option + Command + 4）设置合适的 Keyboard 属性（例如，对于电子邮件文本框，将该属性设置为 Email）、Return Key 属性（如 Done）和 Capitalization 属性，并根据您的喜好设置其他功能。这样，数据输入表单就完成了。

接下来，拖曳一个文本视图（UITextView）到视图中，将它放在输入文本框下方——它将显示调查结果文件的内容。使用 Attributes Inspector 将文本视图设置成只读的，因为不能让用户使用它来编辑显示的调查结果。

现在，在文本视图下方添加两个按钮（UIButton），并将它们的标题分别设置为 Store

Results 和 Show Results。这些按钮将触发两个与文件交互的操作。

最后，为了在用户轻按背景时隐藏键盘，添加一个覆盖整个视图的按钮（UIButton）。使用 Attributes Inspector 将按钮类型设置为 Custom，这样它将不可见。最后，使用菜单 Editor>Arrange 将这个按钮放到其他 UI 部分的后面，您可以在文档大纲中将自定义按钮拖曳到对象列表顶部。

最终的应用程序 UI 应类似于图 15.15。

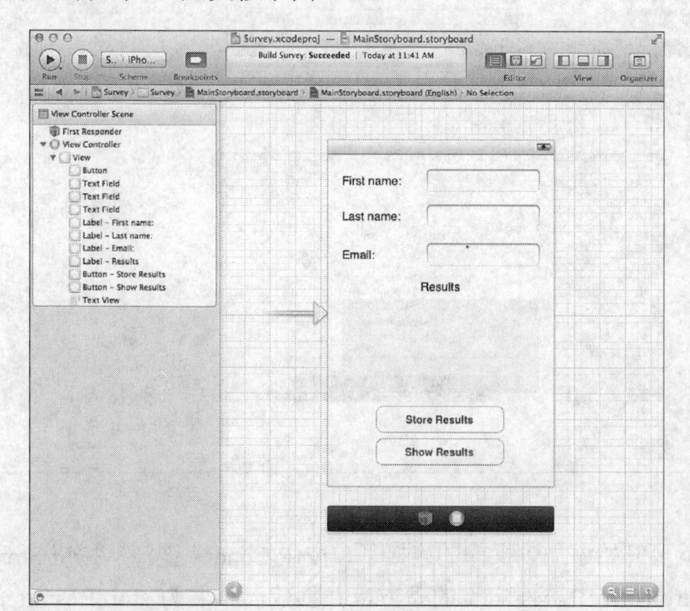

图 15.15 应用程序 Survey 的 UI

15.5.4 创建并连接输出口和操作

在这个项目中，需要建立多个连接，以便与用户界面交互。下面回顾一下需要添加的连接。输出口如下。

- 收集名字的文本框（UITextField）：firstName。
- 收集姓的文本框（UITextField）：lastName。
- 收集电子邮件地址的文本框（UITextField）：email。
- 显示调查结果的文本视图（UITextView）：resultsView。

需要的操作如下。

- 触摸按钮（UIButton）Store Results：storeResults。
- 触摸按钮（UIButton）Show Results：showResults。
- 触摸背景按钮或从任何文本框那里接收到事件 Did End On Exit：hideKeyboard。

切换到助手编辑器模式，以便添加输出口和操作。确保文档大纲可见（Editor>Show Document Outline），以便能够轻松地处理不可见的自定义按钮。

1．添加输出口

按住 Control 键，从视图中的 UI 元素拖曳到文件 ViewController.h 中代码行@interface 下

方，以添加必要的输出口。将标签 First Name 旁边的文本框连接到输出口 firstName，如图 15.16 所示。对其他文本框和文本视图重复上述操作，并按前面指定的方式给输出口命名。其他对象不需要输出口。

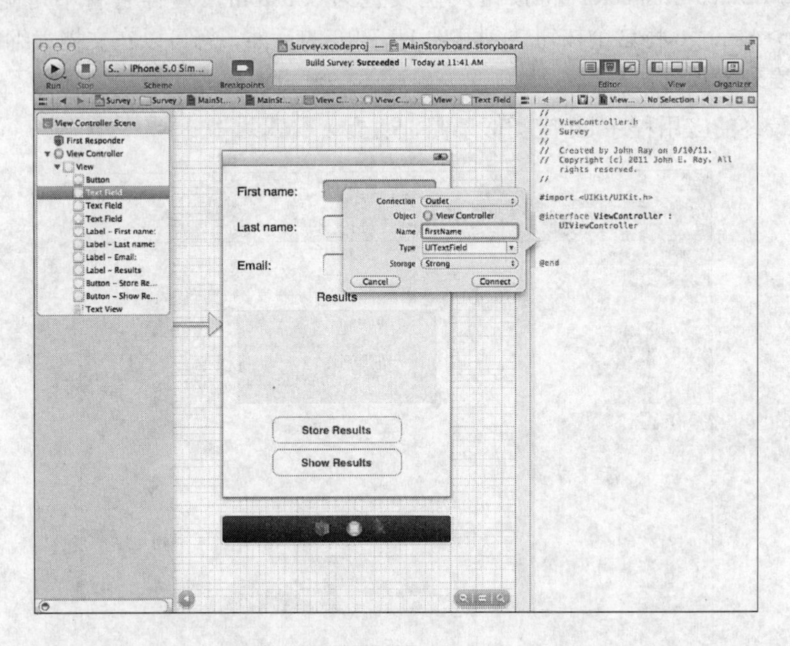

图 15.16

将文本框和文本视图连接到相应的输出口

2. 添加操作

输出口准备就绪后，就可开始添加到操作的连接了。按住 Control 键，从按钮 Store Results 拖曳到接口文件 ViewController.h 中属性定义的下方，并创建一个名为 storeResults 的操作，如图 15.17 所示。对按钮 Show Results 做同样的处理，新建一个名为 showResults 的操作。

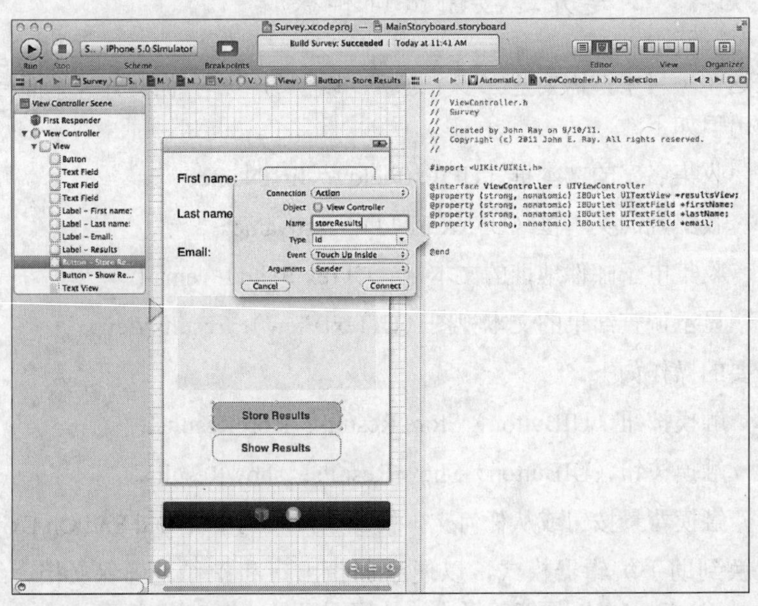

图 15.17

将按钮连接到相应的操作

您可能还记得，创建并连接操作 hideKeyboard 不那么直观。首先，创建该操作，方法是按住 Control 键，并从自定义按钮拖曳到文件 ViewController.h。为此，最容易的方式可能是使用文档大纲中的 Button 行，而不要试图在视图中寻找该按钮。将该操作命名为

hideKeyboard。这就处理了用户触摸背景的情形了，但还需处理用户触摸屏幕键盘中 Done 按钮的情形。

为此，选择地点一个文本框，再打开 Connections Inspector。您可能需要隐藏项目导航器或文档大纲，在工作区中腾出空间。在 Connections Inspector 中，从连接点 Did End on Exit 拖曳到文件 ViewController.h 中的代码行 hideKeyboard IBAction。对其他两个文本框做同样的处理。

至此，界面就设计好了。切换到标准编辑器模式，并打开文件 ViewController.m，以编写实现代码。

15.5.5 实现应用程序逻辑

为完成这个应用程序的开发工作，我们需要实现 3 个代码片段。首先，编写 hideKeyboard 的代码，以免它碍事。然后，使用本章开头介绍的方法实现 storeResults 和 showResults。

1．隐藏键盘

要隐藏键盘，必须使用方法 resignFirstResponder 让当前对键盘有控制权的对象放弃第一响应者状态。换句话说，在 hideKeyboard 被调用时，这个应用程序中的 3 个文本框都必须这样做。如果您对这方面有任何疑问，请参阅第 7 章，然后按程序清单 15.6 实现方法 hideKeyboard。

程序清单 15.6 不再需要键盘时将其隐藏

```
- (IBAction)hideKeyboard:(id)sender {
    [self.lastName resignFirstResponder];
    [self.firstName resignFirstResponder];
    [self.email resignFirstResponder];
}
```

2．存储调查结果

为存储调查结果，需要设置输入数据的格式，建立一条路径（它指向用于存储结果的文件）并在必要时新建一个文件，然后将调查结果存储到该文件末尾，再关闭该文件并清空调查表单。请按程序清单 15.7 实现方法 storeResults，后面将详细介绍这些代码。

程序清单 15.7 方法 storeResults 的实现

```
1: - (IBAction)storeResults:(id)sender {
2:
3:     NSString *csvLine=[NSString stringWithFormat:@"%@,%
4:                        self.firstName.text,
5:                        self.lastName.text,
6:                        self.email.text];
7:
8:     NSString *docDir = [NSSearchPathForDirectoriesInDomains(
9:                                   NSDocumentDirectory,
10:                                  NSUserDomainMask, YES)
```

```
11:                        objectAtIndex: 0];
12:     NSString *surveyFile = [docDir
13:                            stringByAppendingPathComponent:
14:                            @"surveyresults.csv"];
15:
16:     if (![[NSFileManager defaultManager] fileExistsAtPath:surveyFile]) {
17:         [[NSFileManager defaultManager]
18:                 createFileAtPath:surveyFile contents:nil attributes:nil];
19:     }
20:
21:     NSFileHandle *fileHandle = [NSFileHandle
22:                             fileHandleForUpdatingAtPath:surveyFile];
23:     [fileHandle seekToEndOfFile];
24:     [fileHandle writeData:[csvLine
25:                           dataUsingEncoding:NSUTF8StringEncoding]];
26:     [fileHandle closeFile];
27:
28:     self.firstName.text=@"";
29:     self.lastName.text=@"";
30:     self.email.text=@"";
31: }
```

首先，第 3～6 行创建了一个新字符串（csvLine），并设置其格式，使其相当于一个 CSV（逗号分隔的值）行。格式字符串中的每个%@都将替换为一个文本框的内容。格式字符串末尾的\n 添加一个换行符，这通常表明接下来是 CSV 文件的另一条记录。

第 8～11 行获取一条路径（它指向当前应用程序的 Documents 目录），并将其赋给字符串变量 docDir。接下来，第 12～14 行在该变量后面加上文件名 surveyresults.csv，以创建完整的调查文件路径（surveyPath）。

第 16～19 行检查 surveyPath 存储的路径指向的文件是否存在。如果不存在，则使用名称 surveyresults.csv 新建一个空文件。确保需要使用的文件准备就绪后，就可写入数据了。

第 21～22 行新建一个文件句柄，它指向 surveyPath 指定的文件。该文件句柄是使用方法 fileHandleForUpdatingAtPath 创建的，因为我们要更新文件的内容。第 23 行使用方法 seekToEndOfFile 移到文件末尾，以便在文件末尾写入数据。

第 24 行使用方法 writeData 将字符串变量 csvLine 的内容写入文件，然后第 26 行关闭文件。

第 28～30 行将文本框的内容清空，以清理调查表单。

将数据写入文件后，下面来看看能否从文件中读取数据。

3．显示调查结果

为检索并显示调查结果，首先需要做的与存储调查结果时完全相同：建立一条指向文件的路径。接下来，检查指定的文件是否存在。如果存在，便可以读取并显示结果了；如果不存在，我们什么都不用做。如果文件存在，则使用 NSFileHandle 类的方法 fileHandleForReadingAtPath 创建一个文件句柄，再使用方法 availableData 读取文件的内容。最后一步是将文本视图的内容设置为读取的数据。

请按程序清单 15.8 实现方法 showResults。

程序清单 15.8 方法 showResults 的实现

```
1: - (IBAction)showResults:(id)sender {
2:     NSString *docDir = [NSSearchPathForDirectoriesInDomains(
3:                                  NSDocumentDirectory,
4:                                  NSUserDomainMask, YES)
5:                         objectAtIndex: 0];
6:     NSString *surveyFile = [docDir
7:                             stringByAppendingPathComponent:
8:                             @"surveyresults.csv"];
9:
10:    if ([[NSFileManager defaultManager] fileExistsAtPath:surveyFile]) {
11:        NSFileHandle *fileHandle = [NSFileHandle
12:                                  fileHandleForReadingAtPath:surveyFile];
13:        NSString *surveyResults=[[NSString alloc]
14:                                initWithData:[fileHandle availableData]
15:                                encoding:NSUTF8StringEncoding];
16:        [fileHandle closeFile];
17:        self.resultsView.text=surveyResults;
18:    }
19: }
```

第 2～8 行创建字符串变量 surveyPath，然后第 10 行使用该变量来检查指定的文件是否存在。

如果存在，则打开以便读取它（第 11～12 行），然后使用方法 availableData 获取该文件的全部内容，并将其存储到字符串变量 surveyResults 中。

最后，关闭文件（第 16 行）并使用字符串变量 surveyResults 的内容更新用户界面中显示结果的文本视图。

至此，这个应用程序就创建好了。请运行该应用程序，存储几个调查结果，再读取并显示结果，如图 15.18 所示。您现在能够使用 iOS 文件系统读写任何数据了。

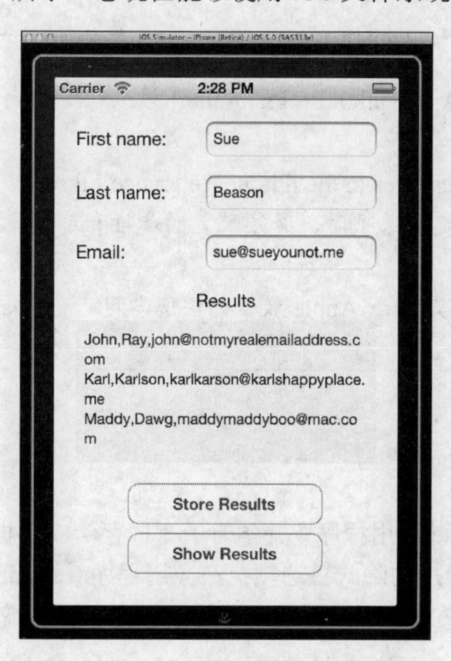

图 15.18

应用程序 Survey 存储并读取数据

Did you Know?

提示：

虽然本章说了很多次，但这里还要重申：当您退出应用程序时，iOS 并不会终止它们，而是将应用程序挂起并让其进入后台。要验证应用程序退出并重新启动时，数据是否被持久化，可使用 iOS 任务管理器强行终止程序。

第 22 章将更详细地介绍后台处理。就目前而言，您只需知道应用程序委托类有一个名为 applicationDidEnterBackground 的方法，您可以将应用程序退出前必须执行的清理代码放在这里。

15.6 进一步探索

本章介绍了您需要知道的大部分首选项知识。我的主要建议是，在本书前面的一个示例应用程序中添加合理的首选项，以丰富首选项使用经验。Apple 提供了完备的有关应用程序首选项的文档，您应花时间仔细阅读。

另外，强烈建议您阅读 Apple 文档 Archives and Serializations Programming Guide for Cocoa。该文档不仅提供了如何存储数据的示例，还提供了如何将对象存储到文件中以及如何读取文件内容并使用它们实例化对象的示例。有了这些知识后，您就能够创建数据库应用程序，并大量使用包含图像、声音等内容的对象。如果数据需求更复杂，则应阅读有关 Core Data 的文档。

Core Data 是一种框架，可用于管理和持久化位于内存中的应用程序对象图。Core Data 旨在解决其他简单的对象持久化方式（如对象归档）面临的挑战，其中包括多级撤销管理、数据有效性验证、针对不同数据存取函数的数据一致性、对对象图进行高效的筛选、排序和搜索（即使用索引）以及持久化到各种类型的数据仓库。

Apple 教程

Application Preferences in iOS Application Programming：该教程式指南涉及了应用程序首选项系统的方方面面。

Setting Application Schema References in the iPhone Reference Library：介绍了在应用程序 Settings 能够编辑的 plist 文件中指定首选项时，必须配置的属性和可选属性，是必读的参考指南。

Core Data Tutorial for iOS：这是一个 Apple 教程，供您学习 Core Data 基本知识，为探索 Core Data 提供了不错的起点。

15.7 小结

在本章中，您开发了 3 个 iPhone 应用程序，并学习了 3 种存储应用程序数据的方式。在应用程序 Flashlight 中，您保存了用户的隐式首选项；在应用程序 ReturnMe 中，您让用户能够通过应用程序 Settings 显式地配置首选项；而在应用程序 Survey 中，您通过直接访问文件系统来存储应用程序数据。您还学习了一些重要的设计原则，它们有助于避免提供过多首选项，并引导您将首选项放在正确的地方。

本章介绍的内容很多，相当全面地阐述了应用程序数据的存储，现在，您在开发应用程序时，应该能够应付大部分存储需求。

15.8 问与答

问：应如何处理游戏的首选项？

答：游戏旨让玩家欲罢不能，如果用户需要通过应用程序 Settings 或呆板的表视图来设置首选项，将难以达到这种目的。您希望玩家能够在玩游戏的同时设置首选项，在定制过程中享受与游戏相同的音乐和图形效果。对于游戏，也可使用 NSUserDefaults API 来设置首选项，但务必让定制过程与玩游戏一样有趣。

问：我的数据存储需求很复杂，是否有数据库可供我使用？

答：虽然本章讨论的技巧适用于大多数应用程序，但大型应用程序可能需要使用 Core Data。Core Data 实现了一种高级数据模型，可帮助开发人员处理复杂的数据存储需求。

15.9 作业

15.9.1 测验

1．什么是用户默认设置？

2．plist 文件是什么？

15.9.2 答案

1．用户默认设置系统让您能够存储应用程序首选项和其他键/值对，而无需管理和访问文件。可将其视为一个 NSDictionary，但在您退出应用程序时其数据不会丢失。

2．plist 文件是一个 XML 格式的属性列表文件，用于存储用户的应用程序设置。正如您在本章看到的，可在 Xcode 中编辑 plist 文件。

15.9.3 练习

1．如果您仔细考虑应用程序 Flashlight 的生命周期，将意识到没有考虑的一种情形：在从未运行应用程序 Flashlight 时，没有存储用户首选项。为尝试这种情形，请在 iOS 模拟器中选择菜单 Reset Content and Settings（重置内容与设置），然后生成应用程序 Flashlight 并在模拟器中运行它。在没有设置的情况下，开关默认为关，而亮度为 0；这与我们希望的 Flashlight

默认设置正好相反。请采用应用程序 ReturnMe 中使用的技巧来修复这种问题，让 Flashlight 的默认初始状态如下：开关为开、亮度为 100%。

2．选择本书前面编写的一个应用程序（如 ImageHop），使用隐式首选项在应用程序退出时存储其状态（如跳跃速度以及是否跳跃）。当用户再次启动该应用程序时，将应用程序恢复到原来的状态。这是 iOS 用户获得的重要体验之一，您应努力提供这样的体验。

第 16 章

创建可旋转及调整大小的用户界面

本章将介绍：

- 如何让应用程序可感知旋转；
- 设计支持自动旋转的界面；
- 调整界面元素的框架以微调布局；
- 如何切换横向和纵向视图。

现在，您几乎能够使用任何 iOS 界面元素，可创建多个视图和视图控制器，添加声音和提醒，甚至管理应用程序首选项；但到目前为止，您创建的应用程序都不具备一个非常重要的特征：可旋转的界面。无论 iOS 设备的朝向如何，用户界面都应看起来是正确的，这是用户期望应用程序具备的一个重要特征。

本章将探索在应用程序中添加可旋转和调整大小的界面的 3 种方式。您可能惊讶地发现，只需添加一行代码，本书前面创建的所有应用程序都能处理旋转。

16.1 可旋转和调整大小的界面

几年前，当我拥有第一部 Windows Mobile 智能手机时，我渴望能够在横向模式下方便地查看网页。这款手机提供了切换到横向模式的方法，但使用起来很麻烦。iPhone 是第一款能动态旋转界面的消费型手机，使用起来既自然又方便。

创建 iOS 应用程序时，务必考虑用户将如何与其交互。要求用户必须采用纵向模式是否合理？视图是否需根据手机可能处于的朝向进行旋转？在让用户能够根据其喜欢的工作方式进行调整方面提供的灵活性越大，用户将越满意。更重要的是，启用旋转非常简单。

Did you Know?

提示：

Apple 的 iPad 用户界面指南强烈建议您支持所有朝向：纵向、主屏幕按钮在左边的横向、主屏幕按钮在右边的横向和纵向倒转。

16.1.1 启用界面旋转

本书前面创建的项目支持有限的界面旋转，这是由视图控制器的一个方法中的一行代码实现的。当您使用 iOS 模板创建项目时，默认将添加这行代码。

当 iOS 设备要确定是否应旋转界面时，它向视图控制器发送消息 shouldAutorotateToInterfaceOrientation，并提供一个参数来指出它要检查哪个朝向。

shouldAutorotateToInterfaceOrientation 实现应对传入的参数与 iOS 定义的各种朝向常量进行比较，并对要支持的朝向返回 TRUE（或 YES）。

您将遇到 4 个基本的屏幕朝向常量。

- UIInterfaceOrientationPortrait：纵向。
- UIInterfaceOrientationPortraitUpsideDown：纵向倒转。
- UIInterfaceOrientationLandscapeLeft：主屏幕按钮在左边的横向。
- UIInterfaceOrientationLandscapeRight：主屏幕按钮在右边的横向。

例如，要让界面在纵向模式或主屏幕按钮位于左边的横向模式下都旋转，可在视图控制器中按程序清单 16.1 实现方法 shouldAutorotateToInterfaceOrientation:。

程序清单 16.1 使用这个方法启用界面旋转

```
- (BOOL)shouldAutorotateToInterfaceOrientation:
        (UIInterfaceOrientation)interfaceOrientation
{
    return (interfaceOrientation == UIInterfaceOrientationPortrait ||
            interfaceOrientation == UIInterfaceOrientationLandscapeLeft);
}
```

只需一条 return 语句就搞掂了。它返回一个表达式的结果，该表达式将传入的朝向参数 interfaceOrientation 与 UIInterfaceOrientationPortrait 和 UIInterfaceOrientationLandscapeLeft 进行比较。只要任何一项比较为真，便返回 TRUE。如果检查的是其他朝向，该表达式的结果将为 FALSE。换句话说，只需在视图控制器中添加这个简单的方法，您的应用程序便能够在纵向和主屏幕按钮位于左边的横向模式下自动旋转界面。

使用 Apple iOS 模板时，如果您指定创建 iOS 应用程序，方法 shouldAutorotateToInterfaceOrientation 将默认支持除纵向倒转外的其他所有朝向。iPad 模板支持所有朝向。

Did you Know?

提示：

要在所有可能的朝向下都旋转界面，可将方法 shouldAutorotateToInterfaceOrentation 实现为 return YES;。这是 iPad 模板的默认实现方式。

现在花几分钟回到本书前面的一些应用程序，对视图控制器中的这个方法进行修改，以支持不同的朝向，再在iOS模拟器或iOS设备上对应用程序进行测试。

虽然有些应用程序的界面看起来很好，但有些在不同的朝向下效果不佳，如图16.1所示（这是第9章的应用程序FlowerWeb）。

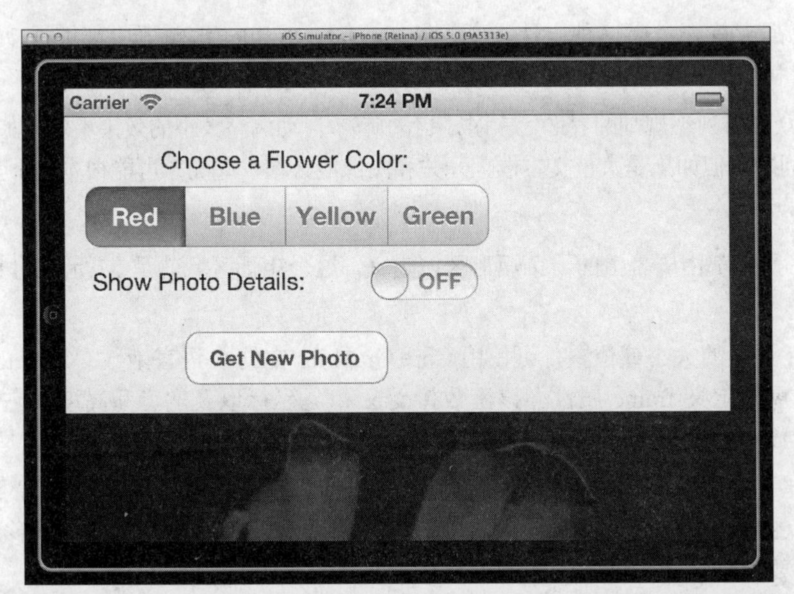

图16.1 允许旋转并不意味着界面在其他朝向下能够正确显示

由于设备屏幕不是正方形，因此横向和纵向视图不匹配很正常。前面的所有视图都是针对纵向模式设计的，那么如何创建在纵向和横向模式下都能正确显示的视图呢？显然需要进行一些调整。

我明白可旋转的意思，但可调整大小意味着什么呢

设备旋转时，屏幕的宽度和高度将对调。可用的屏幕空间保持不变，但布局不同了。为充分利用可用屏幕空间，可让控件（按钮等）根据新朝向自动调整大小，因此讨论屏幕旋转时，指的是可旋转和可调整大小。

注意：

By the Way

如果您选择顶级项目编组，并在Xcode编辑器中查看其摘要，将看到表示各种设备朝向的按钮。单击这些按钮并不会影响应用程序支持的朝向，而只是声明您要支持哪些朝向。

在项目中实现朝向支持后，务必确保您声明的朝向支持与实际实现的朝向支持相同。

16.1.2 设计可旋转和调整大小的界面

在本章余下的篇幅中，将探索3种创建这样的界面的方法，即当用户改变其iOS设备屏幕的朝向时，它能相应地旋转和调整大小。但在此之前，将简要地介绍这些方法以及在什么情况下使用它们。

1．自动旋转和自动调整大小

Xcode Interface Builder 编辑器提供了描述界面在设备旋转时应如何反应的工具。无需编写一行代码就可在 Interface Builder 中定义一个这样的视图，即在设备旋转时相应地调整其位置和大小。

设计任何界面时都应首先考虑这种方法。如果在 Interface Builder 编辑器中能够成功地在单个视图中定义纵向和横向模式，便大功告成了。

不幸的是，在有众多排列不规则的界面元素时，自动旋转/自动调整大小的效果不佳。如果只有一行按钮，当然没问题；但如果是大量文本框、开关和图像混合在一起呢？可能根本就不管用。

2．调整框架

您知道，每个 UI 元素都由屏幕上的一个矩形区域定义，这个矩形区域就是 UI 元素的 frame 属性。

要调整视图中 UI 元素的大小或位置，可使用 Core Graphics 中的 C 语言函数 CGRectMake（x,y,width,height）来重新定义 frame 属性。该函数接受 x 和 y 坐标以及宽度和高度（它们的单位都是点）作为参数，并返回一个框架对象。

通过重新定义视图中每个 UI 元素的框架，便可全面控制它们的位置和大小。不幸的是，您需要跟踪每个对象的坐标位置，这本身并不难，但当您需要将一个对象向上或向下移动几个点时，可能发现需要调整它上方或下方所有对象的坐标，这太令人沮丧了。

3．切换视图

为让视图适合不同的朝向，一种更激动人心的方法是给横向和纵向模式提供不同的视图。当用户旋转手机时，当前视图将替换为另一个布局适合该朝向的视图。

这意味着您可以在单个场景中定义两个布局符合需求的视图，但这也意味着需要为每个视图跟踪独立的输出口。虽然不同视图中的元素可调用相同的操作，但它们不能共享输出口，因此在视图控制器中需要跟踪的 UI 元素数量可能翻倍。

By the Way

注意：

为获悉何时需要修改框架或切换视图，可在视图控制器中实现方法 willRotateToInterfaceOrientation:toInterfaceOrientation:duration:，这个方法在设备要改变朝向前被调用。

Did you Know?

提示：

Apple 实现了屏幕锁定功能，让用户能够锁定屏幕，这样手机旋转时屏幕朝向将不会变化。这在用户躺着阅读时很有用。启用屏幕锁定后，应用程序将不会收到有关朝向发生了变化的通知；换句话说，您什么也不用做，就能支持屏幕锁定。

16.2 使用 Interface Builder 创建可旋转和调整大小的界面

这是本章的 3 个示例项目的第一个，我们将使用 Interface Builder 内置的工具来指定视图如何适应旋转。对于简单视图来说，这些功能足以让您创建出能够感知旋转的应用程序。

16.2.1 实现概述

在本章的示例中，这个是最简单的，因为我们完全依赖于 Interface Builder 工具来支持界面旋转和大小调整。几乎所有的戏法都是在 Size Inspector 中使用自动调整大小和锚定工具完成的。

在这个研究项目中，我们将使用一个标签（UILabel）和几个按钮（UIButton）。可将它们换成其他界面元素，您将发现旋转和大小调整处理适用于整个 iOS 对象库。

16.2.2 创建项目

首先启动 Xcode，并使用 Apple 模板 Single View Application 新建一个名为 SimpleSpin 的项目。虽然所有与 UI 相关的工作都将在 Interface Builder 中完成，但还需确保方法 shouldAutorotateToInterfaceOrientation 对要支持的所有朝向都返回 true。

1．启用旋转

打开视图控制器的实现文件 ViewController.m，并找到方法 shouldAutorotateToInterface Orientation。在该方法中返回 YES，以支持所有的 iOS 屏幕朝向，如程序清单 16.2 所示。

程序清单 16.2　允许旋转到任何朝向

```
- (BOOL)shouldAutorotateToInterfaceOrientation:
        (UIInterfaceOrientation) interfaceOrientation
{
    return YES;
}
```

保存该实现文件，并文件 MainStoryboard.storyboard。在这个示例中，需要做的其他所有工作都将 Interface Builder 编辑器中进行。

16.2.3 设计灵活的界面

创建可旋转和调整大小的界面时，开头与创建其他 iOS 界面一样，只需拖放即可！

选择菜单 View>Utilities>Show Object Library 打开对象库，拖曳一个标签（UILabel）和 4 个按钮（UIButton）到视图 SimpleSpin 中。将标签放在视图顶端居中，并将其标题改为 SimpleSpin。按如下方式给按钮命名以便能够区分它们：Button 1、Button 2、Button 3 和 Button 4，并将它们放在标签下方，如图 16.2 所示。

1．测试旋转

至此，您像本书前面那样创建了一个简单的应用程序界面。为查看旋转后该界面是什么样的，可模拟横向效果。为此，在文档大纲中选择视图控制器，再打开 Attributes Inspector（Option + Command + 4）；在 Simulated Metrics 部分，将 Orientation 的设置改为 Landscape，

Interface Builder 编辑器将相应地调整，如图 16.3 所示。查看完毕后，务必将朝向改回到 Portrait 或 Inferred。

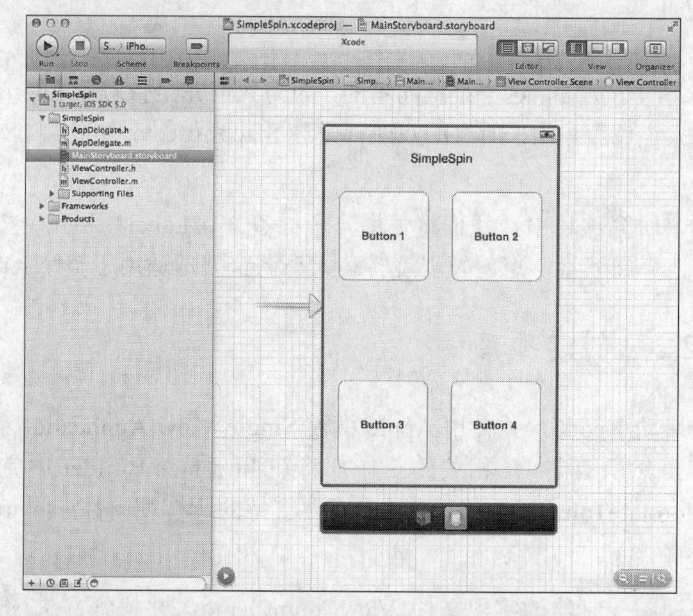

图 16.2

创建可旋转的应用程序界面与创建其他应用程序界面的方法相同

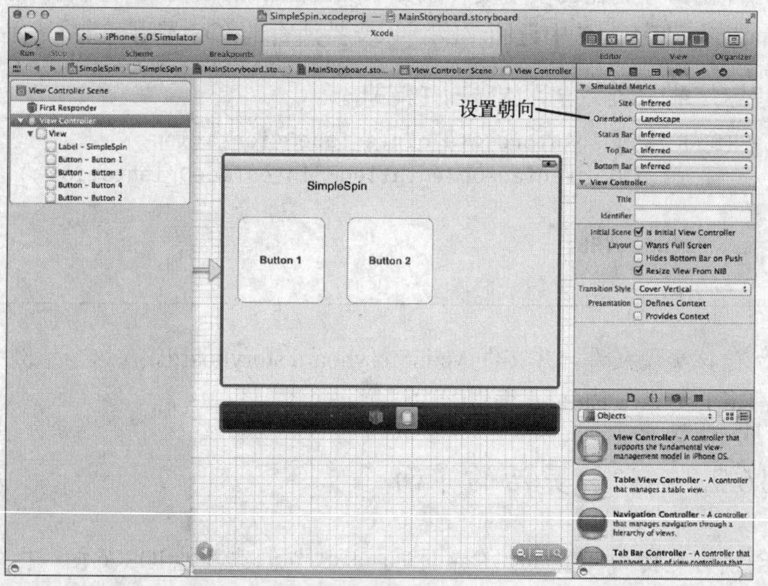

图 16.3

修改模拟的朝向以测试界面旋转

By the Way

注意：

也可运行该应用程序，再在 iOS 模拟器中从菜单 Hardware 中选择 Rotate Right 或 Rotate Left，以选择并测试界面。

正如您可能预期的，旋转后的视图不太正确，其原因是加入到视图中的对象默认锚定其左上角。这意味着无论屏幕的朝向如何，对象左上角相对于视图左上角的距离都保持不变。另外，默认情况下，对象不能在视图中调整大小。因此，无论是在纵向还是横向模式下，所有元素的大小都保持不变，哪怕它们不适合视图。

为修复这种问题并创建出与 iOS 设备相称的界面，需要使用 Size Inspector（大小检查器）。

2．理解 Size Inspector 中的 Autosizing

随着您的 iOS 应用程序开发经验日益丰富，您已能够熟练使用 Interface Builder 编辑器中的各种检查器了。在配置应用程序的外观和功能方面，Attributes Inspector 和 Connections Inspector 很有用；在另一方面，Size Inspector（Option + Command + 5）在很大程度上说还是旁观者——到目前为止，您只是偶尔使用它来设置控件的坐标，而从未使用它来启用功能。

自动旋转和自动调整大小完全是通过 Size Inspector 中的 Autosizing 设置控制的，如图 16.4 所示。这个颇具欺骗性的“方块中的方块”界面让您能够告诉 Interface Builder：您要如何锚定控件以及控件可在哪些方向（水平或垂直）上调整大小。

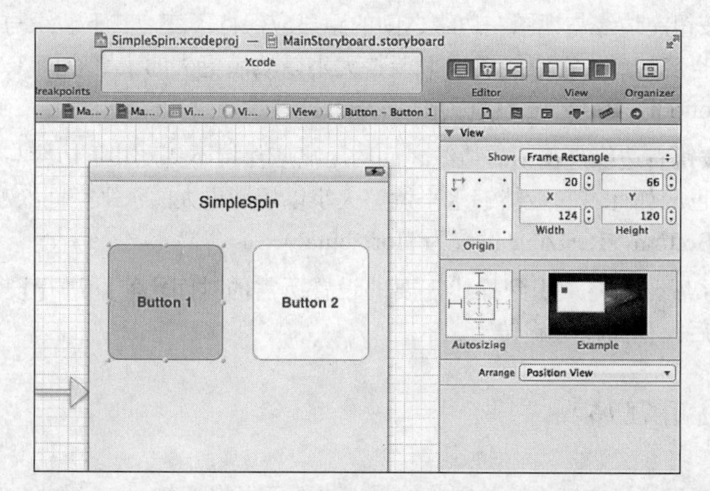

图 16.4

Autosizing 设置用于控制屏幕对象的属性 anchor 和 size

为理解其工作原理，想象内面的方块代表当前的界面元素，而外面的方块代表包含该元素的视图。内面方块和外面方块之间的线条是锚，通过单击可在实线和虚线之间切换。实线表示设置了锚，意味着当界面旋转时这些距离将保持不变。

在内面的方块中有两个双向箭头，它们代表水平和垂直大小调整，单击这些箭头将在虚线和实线之间切换，实线箭头意味着控件可在相应的方向上调整大小。正如前面指出的，默认情况下，对象的左上角被锚定且不能调整大小，图 16.4 显示了这种配置。

提示：

Did you Know?

如果要以可视化程度更高的方式来理解自动调整控件大小，请看这两个方块的右边。右边的矩形以动画方式演示了视图的大小发生变化时，控件（由红色矩形表示）将如何变化。为理解锚点、大小调整和视图大小/朝向之间的关系，最容易的方法是配置锚点/大小调整箭头，然后通过预览查看其效果。

3．指定界面的 Autosizing 设置

为使用合适的 Autosizing 属性来修改 SimpleSpin 界面，先来分析一下我们希望每个元素如何调整，并将其转换为锚点和调整大小设置。

为此，选择每个界面元素，按 Option + Command + 5 打开 Size Inspector，再按下面的描述配置其锚定和大小调整属性。

- 标签 SimpleSpin：这个标签应显示在视图顶端并居中，因此其上边缘与视图上边缘的距离应保持不变，大小也应保持不变（Anchor 设置为 Top，Resizing 设置为 None）。
- Button 1：该按钮的左边缘与视图左边缘的距离应保持不变，但应让它在需要时上下浮动。它应能够水平调整大小以填满更大的水平空间（Anchor 设置为 Left，Resizing 设置为 Horizontal）。
- Button 2：该按钮右边缘与视图右边缘之间的距离应保持不变，但应允许它在需要时上下浮动。它应能够水平调整大小以填满更大的水平空间（Anchor 设置为 Right，Resizing 设置为 Horizontal）。
- Button 3：该按钮左边缘与视图左边缘之间的距离应保持不变，其下边缘与视图下边缘之间的距离也应如此。它应能够水平调整大小以填满更大的水平空间（Anchor 设置为 Left 和 Bottom，Resizing 设置为 Horizontal）。
- Button 4：该按钮右边缘与视图右边缘之间的距离应保持不变，其下边缘与视图下边缘之间的距离也应如此。它应能够水平调整大小以填满更大的水平空间（Anchor 设置为 Right 和 Bottom，Resizing 设置为 Horizontal）。

处理一两个 UI 对象后，您将意识到描述需要的设置所需的时间比实际进行设置长！指定锚定和大小调整设置后，视图便可旋转了。

16.2.4 生成应用程序

运行该应用程序（或模拟横向模式）并预览结果。界面元素将调整大小，如图 16.5 所示。

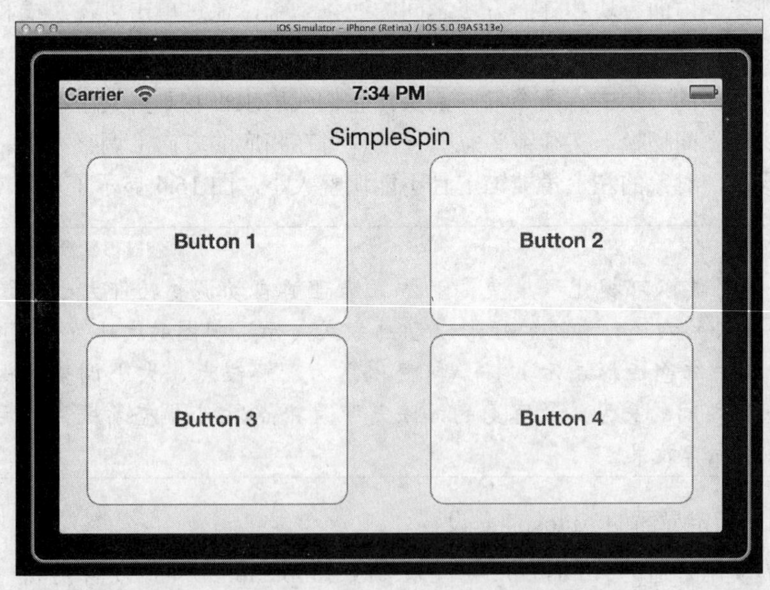

图 16.5
最终的视图能够在设备旋转到横向模式时正确地调整位置

至此，您创建了第一个自动调整大小和旋转的界面。正如您可能预期的，这是首选方法，因为它不需要您编写任何代码。然而，别忘了，这种方法无法胜任复杂的界面。

16.3 旋转时调整控件的框架

在前一个示例中，您学习了如何使用 Interface Builder 编辑器快速创建在横向和纵向模式下都能正确显示的界面。不幸的是，在很多情况下，使用 Interface Builder 都难以满足需求，如果界面包含间距不规则的控件且布局紧密，将难以按您预期的方式显示。另外，您还可能想在不同朝向下调整界面，使其看起来截然不同，例如，将原本位于视图顶端的对象放到视图底部。

在这两种情况下，您可能想调整控件的框架以适合旋转后的 iOS 设备屏幕。这里的逻辑很简单：当设备旋转时，判断它将旋转到哪个朝向，然后设置每个要调整其位置或大小的 UI 元素的 frame 属性。下面就介绍如何完成这种工作。

16.3.1 实现概述

在这个示例中，我们将创建一个界面，但将创建做两次。在 Interface Builder 编辑器中创建该界面的第一个版本后，我们将使用 Size Inspector 获取其中每个元素的位置和大小，这些值将用于设置纵向模式下界面元素的框架。

接下来，我们旋转该界面，调整所有控件的大小和位置，使其适合新朝向，并再次收集所有的框架值。最后，我们实现一个方法，它在设备朝向发生变化时自动设置每个控件的框架值。

16.3.2 创建项目

不同于前一个示例，这里不能依赖于单击来完成所有工作，因此需要编写一些代码。同样，使用模板 Single View Application 新建一个项目，并将其命名为 Reframe。

1．规划变量和连接

在这个示例中，将手工调整 3 个 UI 元素的大小和位置：两个按钮（UIButton）和一个标签（UILabel）。将以编程方式访问它们，因此首先需要编辑头文件和实现文件，在其中包含对应于每个 UI 元素的输出口：buttonOne、buttonTwo 和 viewLabel。

我们需要实现一个方法，但它不是由 UI 触发的操作。我们将编写 willRotateToInterface Orientation: toInterfaceOrientation:duration:的实现，每当界面需要旋转时都将自动调用它。

2．启用旋转

即使不利用 Interface Builder 的自动调整大小/自动旋转功能，也必须在方法 should AutorotateToInterfaceOrientation:中启用旋转。为此，修改 ViewController.m 使其包含您在前一个示例中添加的实现（详情请参阅程序清单 16.2）。

16.3.3 设计界面

至此，项目已进展到调整框架的要点之一了：跟踪界面元素的坐标和大小。虽然我们将在 Interface Builder 编辑器中设计界面，但必须记录每个界面元素的位置。为什么呢？因为每当屏幕旋转时，都需要重新指定所有界面元素的位置。没有“恢复到默认位置”的方法，因此即使对于我们创建的初始布局，也必须使用 x 和 y 坐标以及大小来指定，以便需要时能够恢复到默认布局。下面开始吧。

单击文件 MainStoryboard.storyboard，以便开始设计视图。

1．禁用自动调整大小

首先，单击视图以选择它，并按 Option + Command + 4 打开 Attributes Inspector。在 View 部分，取消选中复选框 Autoresize Subviews，如图 16.6 所示。

图 16.6
需要手工调整控件的大小和位置时应禁用自动调整大小

如果没有禁用视图的自动调整大小功能，则应用程序代码调整 UI 元素的大小和位置的同时，iOS 也将尝试这样做。结果可能极其混乱，而您可能抓耳挠腮好几分钟。

2．第一次设计视图

接下来需要像创建其他应用程序一样设计视图。还记得吗，前面添加了对应于两个按钮和一个标签的输出口；在对象库中，单击并拖曳这些元素到视图中。将标签的文本设置为 Reframing，并将其放在视图顶端；将按钮的标题分别设置为 Button 1 和 Button 2，并将它们放在标签下方。最终的布局应该如图 16.7 所示。

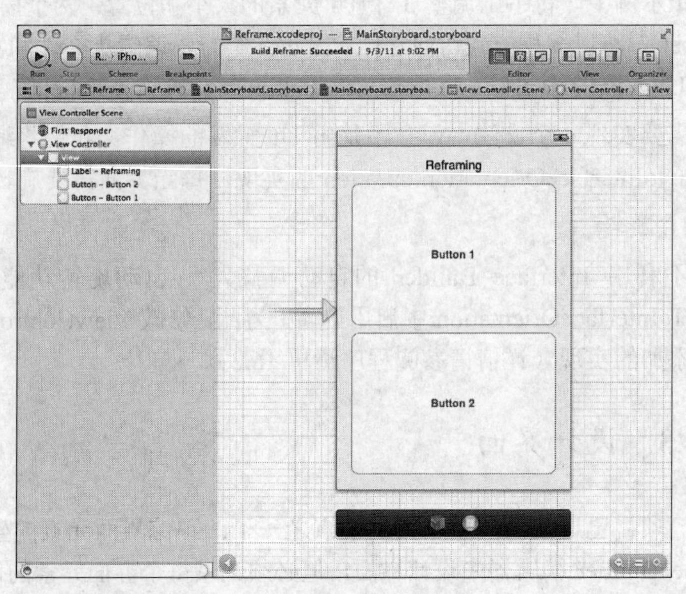

图 16.7
像创建其他应用程序一样设计视图

获得所需的布局后，通过 Size Inspector 获悉每个 UI 元素的 frame 属性值。

首先选择标签，并按 Option + Command + 5 打开 Size Inspector。单击 Origin 方块的左上角，将其设置为度量坐标的原点。接下来，确保在下拉列表 Show 中选择了 Frame Rectangle，如图 16.8 所示。

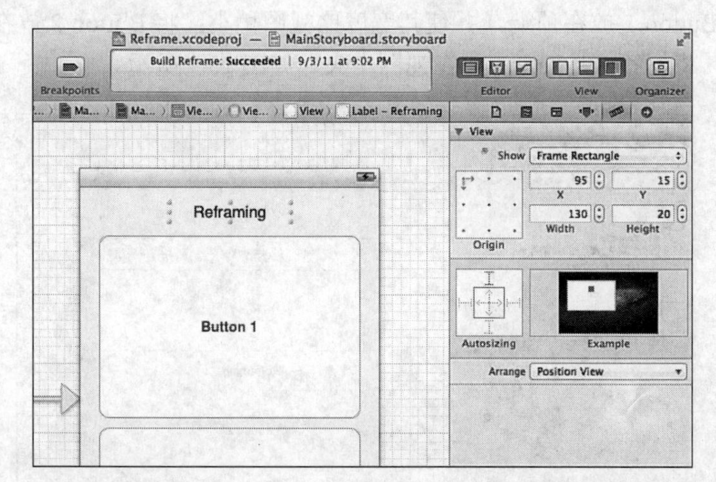

图 16.8
使用 Size Inspector 显示要收集的信息

现在，将该标签的 X、Y、W（宽度）和 H（高度）属性值记录下来，它们表示视图中对象的 frame 属性。对两个按钮重复上述过程。对于每个 UI 元素，您都将获得 4 个值。这里列出我们使用的框架值（包括 iPhone 项目和 iPad 项目）供您参考。

iPhone 项目的框架值如下。

- 标签：X 为 95.0、Y 为 15.0、W 为 130.0、H 为 20.0。
- Button 1：X 为 20.0、Y 为 50.0、W 为 280.0、H 为 190.0。
- Button 2：X 为 20.0、Y 为 250.0、W 为 280.0、H 为 190.0。

iPad 项目的框架值如下。

- 标签：X 为 275.0、Y 为 20.0、W 为 225.0、H 为 60.0。
- Button 1：X 为 20.0、Y 为 168.0、W 为 728.0、H 为 400.0。
- Button 2：X 为 20.0、Y 为 584.0、W 为 728.0、H 为 400.0。

提示：

如果您要准确地完成这个示例，可在 Size Inspector 中指定这里提供的 X、Y、W 和 H 值（单位为点），这将让您的视图元素的大小和位置与我们的完全相同。

3．重新排列视图

接下来重新排列视图。为何要这样做呢？答案很简单，我们收集了配置纵向视图所需的所有 frame 属性值，但还没有定义标签和按钮在横向视图中的大小和位置。为获取这些信息，我们需要以横向模式重新排列视图，收集所有的位置和大小信息，然后撤销所做的修改。

这与您前面做的类似，但必须将设计视图切换横向模式。为此，在文档大纲中选择视图控制器，再在 Attributes Inspector（Option + Command + 4）将 Orientation 的设置改为 Landscape。

切换到横向模式后，调整所有元素的大小和位置，使其与您希望它们在设备处于横向模式时的大小和位置相同。由于我们将以编程方式来设置位置和大小，因此对您如何排列它们没有任何限制。我们将 Button 1 放在顶端，并使其宽度比视图稍小；将 Button 2 放在底部，并使其宽度比视图稍小；将标签 Reframing 放在视图中央，如图 16.9 所示。

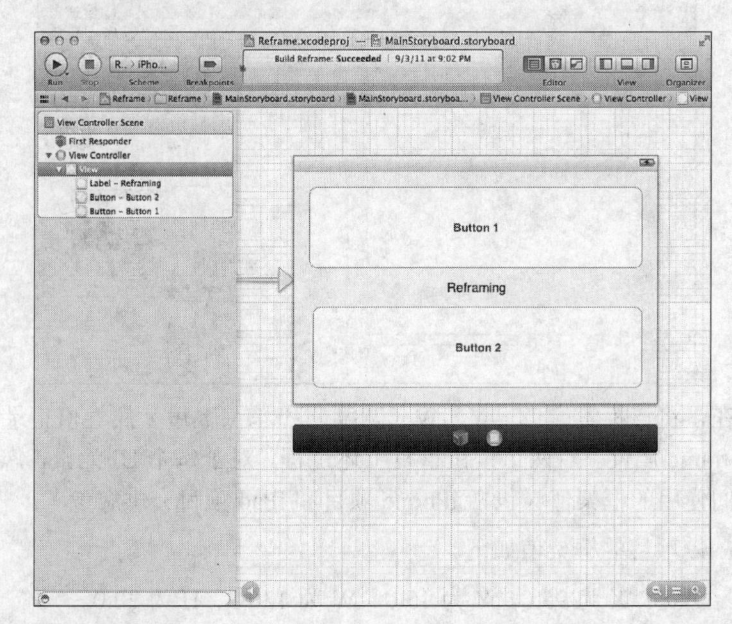

图 16.9

根据您希望视图在横向模式下是什么样的排列它

与前面一样，获得所需的视图布局后，使用 Size Inspector（Option + Command + 5）收集每个 UI 元素的 x 和 y 坐标以及宽度和高度。这里列出我在横向模式下使用的框架值供您参考。

对于 iPhone 项目。

- 标签：X 为 175.0、Y 为 140.0、W 为 130.0、H 为 20.0。
- Button 1：X 为 20.0、Y 为 20.0、W 为 440.0、H 为 100.0。
- Button 2：X 为 20.0、Y 为 180.0、W 为 440.0、H 为 100.0。

对于 iPad 项目。

- 标签：X 为 400.0、Y 为 340.0、W 为 225.0、H 为 60.0。
- Button 1：X 为 20.0、Y 为 20.0、W 为 983.0、H 为 185.0。
- Button 2：X 为 20.0、Y 为 543.0、W 为 983.0、H 为 185.0。

收集横向模式下的 frame 属性值后，撤销对视图所做的修改。为此，可不断选择菜单 Edit>Undo（Command + Z），直到恢复到为纵向模式设计的界面。保存文件 MainStoryboard.storyboard。

16.3.4 创建并连接输出口

编写调整框架的代码前，还需将标签和按钮连接到我们在这个项目开头规划的输出口。

为此，切换到助手编辑器模式，再按住 Control 键，从每个 UI 元素拖曳到接口文件 ViewController.h，并正确地命名输出口（viewLabel、buttonOne 和 buttonTwo）。

图 16.10 显示了从 Reframing 标签到输出口 viewLabel 的连接。

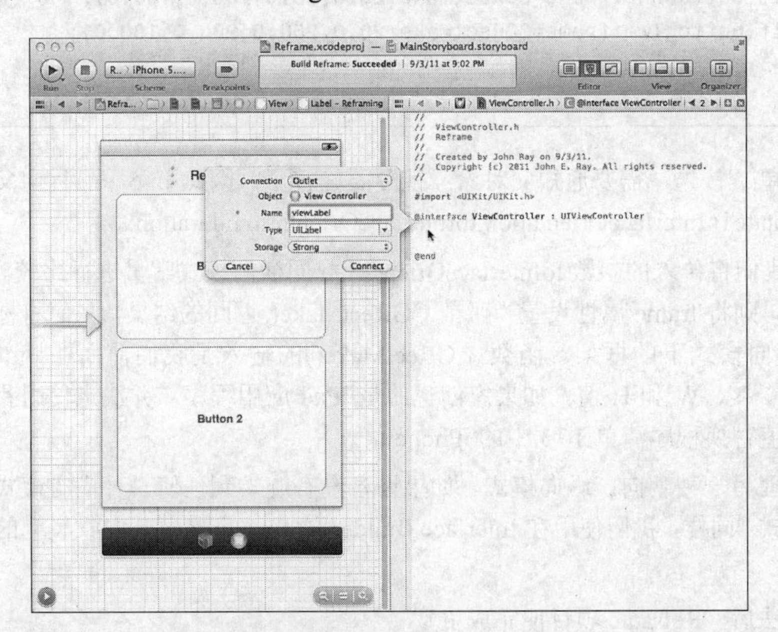

图 16.10

创建与标签和按钮相关联的输出口

16.3.5 实现应用程序逻辑

创建视图并记录纵向视图和横向视图中标签和按钮框架的值后，剩下的唯一工作就是检测 iOS 设备即将旋转并相应地调整框架。

1．调整界面元素的框架

每当 iOS 界面需要旋转时，都将自动调用方法 willRotateToInterfaceOrientation:toInterfaceOrientation:duration:。我们将把参数 toInterfaceOrientation 同各种 iOS 朝向常量进行比较，以确定应使用横向还是纵向视图的框架值。

在 Xcode 中打开文件 ViewController.m，并添加如程序清单 16.3 所示的方法。

程序清单 16.3　框架调整逻辑

```
 1: -(void)willRotateToInterfaceOrientation:
 2:         (UIInterfaceOrientation)toInterfaceOrientation
 3:         duration:(NSTimeInterval)duration {
 4:
 5:     [super willRotateToInterfaceOrientation:toInterfaceOrientation
 6:                                    duration:duration];
 7:
 8:     if (toInterfaceOrientation == UIInterfaceOrientationLandscapeRight ||
 9:         toInterfaceOrientation == UIInterfaceOrientationLandscapeLeft) {
10:         self.viewLabel.frame=CGRectMake(175.0,140.0,130.0,20.0);
11:         self.buttonOne.frame=CGRectMake(20.0,20.0,440.0,100.0);
```

```
12:          self.buttonTwo.frame=CGRectMake(20.0,180.0,440.0,100.0);
13:     } else {
14:          self.viewLabel.frame=CGRectMake(95.0,15.0,130.0,20.0);
15:          self.buttonOne.frame=CGRectMake(20.0,50.0,280.0,190.0);
16:          self.buttonTwo.frame=CGRectMake(20.0,250.0,280.0,190.0);
17:     }
18: }
```

其中的逻辑很简单。首先，需要通知父对象：视图要旋转了，因此第 5～6 行向父对象 super 发送消息 willRotateToInterfaceOrientation:toInterfaceOrientation:duration:。

在第 8～12 行，我们将传入的参数 toInterfaceOrientation 同横向模式常量进行比较。如果与其中一种模式匹配，则将 frame 属性设置为函数 CGRectMake()返回的结果，从而将标签和按钮的框架调整为横向模式下的框架。函数 CGRectMake()的输入是我们前面在 Interface Builder 中收集到的 X、Y、W 和 H 值。如果您创建的是 iPad 应用程序，并决定使用我提供的值，则需使用这些值替换程序清单 16.3 中的 iPhone 值。

第 13～16 行处理另一种朝向：纵向模式。如果设备没有旋转到任何一种横向模式，则肯定被旋转到纵向模式。同样，我们使用在 Interface Builder 的 Size Inspector 中收集到的值来设置 frame 属性。

实现这个简单方法后，Reframe 项目便完成了！

16.3.6 生成应用程序

为测试这个应用程序，运行它并旋转 iOS 模拟器（或实际设备）。它将显示图 16.7 和图 16.9 所示的视图。现在，您有能力创建在用户旋转设备时重新排列的界面了。

还有一种方法没有介绍。在最后一个项目中，不在横向模式下重新排列视图，而替换整个视图！

16.4 旋转时切换视图

有些应用程序根据设备的朝向显示完全不同的用户界面。例如，iPhone 应用程序 Music（音乐）在纵向模式下显示一个可滚动的歌曲列表，而在横向模式下显示一个可快速滑动的 Cover Flow 式专辑视图。通过在手机旋转时切换视图，可创建外观剧烈变化的应用程序。本章最后一个教程简短而有趣，让您能够在 Interface Builder 编辑器中灵活地管理横向和纵向视图。

16.4.1 实现概述

本章前面的示例都使用一个视图，并重新排列该视图以适应不同的朝向。然而，如果视图太复杂或在不同朝向下差别太大，导致这种方式不可行，可使用两个不同的视图和单个视图控制器。这个示例就将这样做。我们首先在传统的单视图应用程序中再添加一个视图，然后对两个视图进行设计，并确保能够在代码中通过属性轻松地访问它们。

完成这些工作后，我们编写必要的代码，在设备旋转时在这两个视图之间进行切换。有一点需要注意，这将稍后介绍，但对我们这样经验丰富的开发人员来说，这不是问题。

16.4.2 创建项目

使用模板 Single View Application 创建一个名为 Swapper 的项目。虽然该项目已包含一个视图（将把它用作默认的纵向视图），但还需提供一个横向视图。

1．规划变量和连接

这个应用程序不会提供任何真正的用户界面元素，但我们需要以编程方式访问两个 UIView 实例，其中一个视图用于纵向模式（portraitView），另一个用于横向模式（landscapeView）。与前面的 Reframe 项目一样，我们将实现一个方法，但它不是由任何界面元素触发的。

2．添加一个常量用于表示度到弧度的转换系数

在这个练习后面，我们需要调用一个特殊的 Core Graphics 方法来指定如何旋转视图。调用这个方法时，需要传入一个以弧度而不是度为单位的参数。换句话说，不说要将视图旋转 90 度，而必须告诉它要旋转 1.57 弧度。为帮助处理这种转换，需要定义一个表示转换系数的常量，将度数与该常量相乘将得到弧度数。

为定义该常量，在 ViewController.m 中将下面的代码行添加到#import 代码行的后面。

```
#define kDeg2Rad (3.1415926/180.0)
```

3．启用旋转

与前两个示例一样，需要确保视图控制器的 shouldAutorotateToInterfaceOrientation:的行为与我们期望的一致。不同于前面两个实现，这次将只允许在两个横向模式和非倒转纵向模式之间旋转。

修改 ViewController.m，在其中包含如程序清单 16.4 所示的方法实现。

程序清单 16.4 禁用倒转纵向模式

```
- (BOOL)shouldAutorotateToInterfaceOrientation:
        (UIInterfaceOrientation)interfaceOrientation
{
    return (interfaceOrientation != UIInterfaceOrientationPortraitUpsideDown);
}
```

我原本可以将参数 interfaceOrientation 同 UIInterfaceOrientationPortrait、UIInterface OrientationLandscapeRight 和 UIInterfaceOrientationLandscapeLeft 进行比较，但这与这里所说的“非倒转纵向模式”的含义相同。

16.4.3 设计界面

采用切换视图的方式时，对视图的设计没有任何限制，可像在其他应用程序中一样创建

视图。唯一的不同是，如果有多个由同一个视图控制器处理的视图，将需要定义针对所有界面元素的输出口。

在这个示例中，我们只演示如何切换视图，因此非常简单。

1．创建视图

打开文件 MainStoryboard.storyboard，从对象库中拖曳一个 UIView 实例到文档大纲中，并将它放在与视图控制器同一级的地方，而不要将其放在现有视图中，如图 16.11 所示。

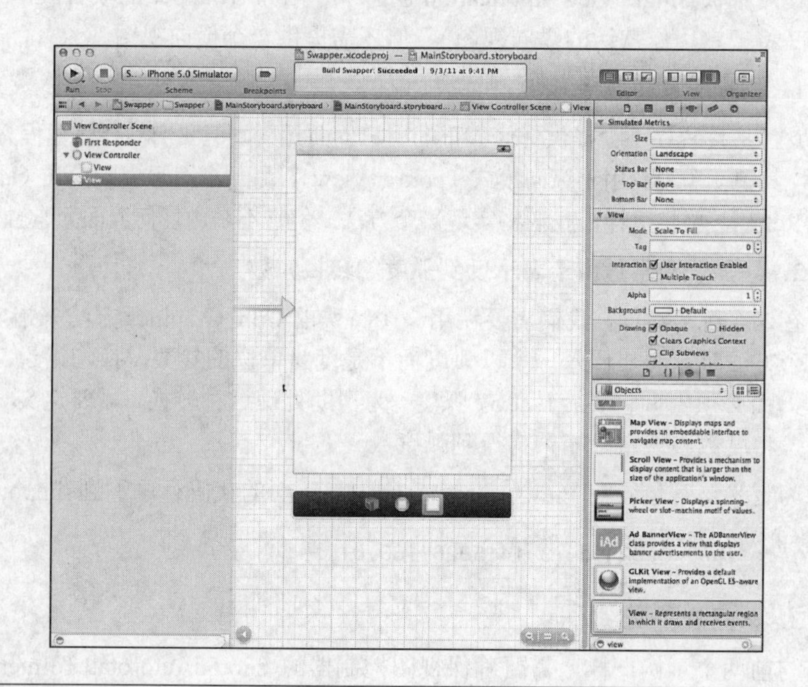

图 16.11

在场景中再添加一个视图

Did you Know?

提示：

虽然违反直觉，但场景完全可以包含多个视图，只要它们都由同一个视图控制器管理。然而，默认显示的是嵌套在视图控制器中的视图，其他视图必须手工显示。

现在，打开默认视图并在其中添加一个标签（如 Portrait View）。然后设置背景色，以方便区分视图。这就完成了一个视图的设计，但还有一个视图需要设计。不幸的是，在 Interface Builder 中，只能编辑被分配给视图控制器的视图。为处理这个问题，需要创造力。

在文档大纲中，将刚创建的视图拖出视图控制器层次结构，将其放到与视图控制器同一级的地方。在文档大纲中，将第二个视图拖曳到视图控制器上。这样就可编辑该视图了：指定独特的背景色，并添加一个标签（如 Landscape View）。设计好第二个视图后，重新调整视图层次结构，将纵向视图嵌套在视图控制器中，并将横向视图放在与视图控制器同一级的地方。

当然，如果您想让这个应用程序更有趣，也可添加其他控件并根据需要设计视图。图 16.12 显示了最终的横向视图和纵向视图。

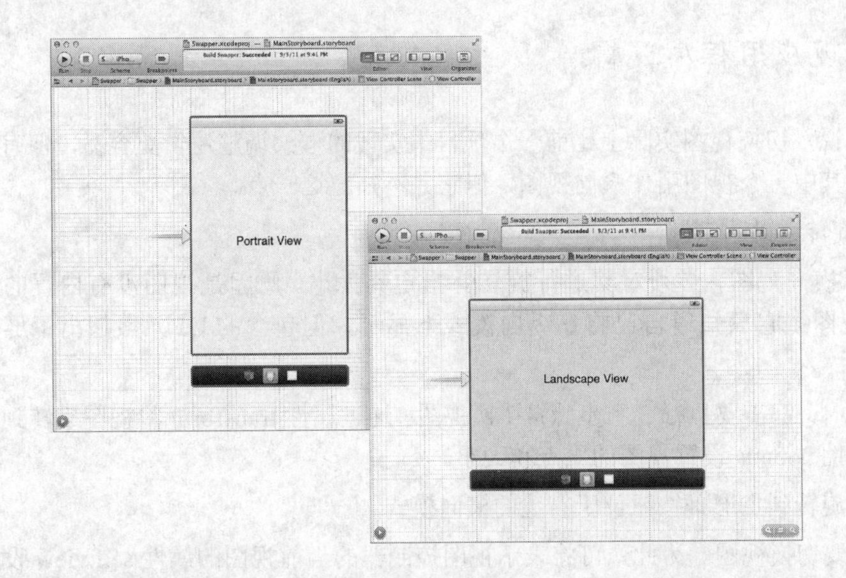

图 16.12
对两个视图进行编辑以便能够区分它们

16.4.4 创建并连接输出口

为完成界面方面的工作，需要将两个视图连接到两个输出口。默认视图（嵌套在视图控制器中的视图）将连接到 portraitView，而第二个视图将连接到 landscpaeView。切换到助手编辑器模式，并确保文档大纲可见。

由于我们要连接的是视图而不是界面元素，因此建立这些连接的最简单方式是，按住 Control 键，并从文档大纲中的视图拖曳到文件 ViewController.h。

按住 Control 键，并从默认（嵌套）视图拖曳到 ViewController.h 中代码行@interface 下方。为该视图创建一个名为 portraitView 的输出口，如图 16.13 所示。对第二个视图重复上述操作，并将输出口命名为 landscapeView。

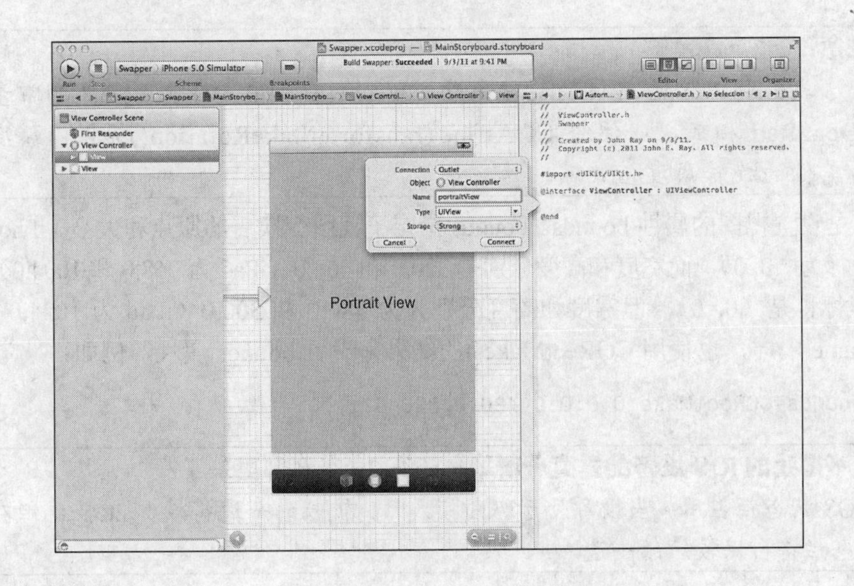

图 16.13
将视图连接到相应的输出口

16.4.5　实现应用程序逻辑

在很大程度上说，切换视图实际上比前一个项目中实现的框架调整逻辑更容易，但有一点例外：虽然将把其中一个视图用作横向视图，但它并不知道这一点。

1．理解视图旋转逻辑

要成功地显示横向视图，必须对其进行旋转并指定其大小。原因是视图没有内置的逻辑指出它是横向视图；它只知道自己将在纵向模式下显示，但包含的 UI 元素超出了屏幕边缘。

每次改变朝向时，都需要执行 3 个步骤：切换视图；通过属性 transform 将视图旋转到合适的朝向；通过属性 bounds 设置视图的原点和大小。

例如，假设要旋转到主屏幕按钮位于右边的横向模式。

（1）首先，需要切换视图。为此，可将表示视图控制器的当前视图的属性 self.view 设置为实例变量 landscapeView。如果仅这样做，视图将正确切换，但不会旋转到横向模式。以纵向方式显示横向视图很不美观，例如：

```
self.view=self.landscapeView;
```

（2）其次，为处理旋转，需要设置视图的 transform 属性。该属性决定了在显示试图前应如何变换它。为满足这里的需求，必须将视图旋转 90 度（对于主屏幕按钮在右边的横向模式）、旋转-90 度（对于主屏幕按钮位于左边的横向模式）和 0 度（对于纵向模式）。所幸的是，为处理旋转，Core Graphics 的 C 语言函数 CGAffineTransformMakeRotation()接受一个以弧度为单位的角度，并向 transform 属性提供一个合适的结构，例如：

```
self.view.transform=CGAffineTransformMakeRotation(deg2rad*(90));
```

By the Way

注意：

我们将以度为单位的旋转角度（90、-90 和 0）与前面定义的常量 kDeg2Rad 相乘，以便给 CGAffineTransformMakeRotation()提供以弧度为单位的旋转角度值。

（3）最后一步是设置视图的属性 bounds。bounds 指定了视图变换后的原点和大小。iPhone 纵向视图的原点坐标为（0, 0），而宽度和高度分别是 320.0 和 460.0（iPad 为 768.0 和 1004.0）；横向视图的原点坐标也是（0, 0），但宽度和高度分别为为 480.0 和 300.0（iPad 为 1024.0 和 748.0）。与属性 frame 一样，也使用 CGRectMake()的结果来设置 bounds 属性，例如：

```
self.view.bounds=CGRectMake(0.0,0.0,480.0,320.0);
```

这不是我的 iOS 设备的垂直分辨率，还有 20 点到哪里去了？

这 20 点被 iOS 状态栏占用。当设备处于纵向模式时，较长的一边将减少 20 点；但在横向模式下，状态栏将占据较短的一边。

了解所需的步骤后，下面来看看具体的实现。

2．编写视图旋转逻辑

与项目 Reframe 一样，所有魔法都是在方法 willRotateToInterfaceOrientation: toInterfaceOrientation:duration:中完成的。

打开实现文件 ViewController.m，并按程序清单 16.5 实现这个方法。

程序清单 16.5　将视图旋转到合适的朝向

```
 1: -(void)willRotateToInterfaceOrientation:
 2: (UIInterfaceOrientation)toInterfaceOrientation
 3:                                   duration:(NSTimeInterval)duration {
 4:
 5:     [super willRotateToInterfaceOrientation:toInterfaceOrientation
 6:                                      duration:duration];
 7:
 8:     if (toInterfaceOrientation==UIInterfaceOrientationLandscapeRight) {
 9:         self.view=self.landscapeView;
10:         self.view.transform=CGAffineTransformMakeRotation(kDeg2Rad*(90));
11:         self.view.bounds=CGRectMake(0.0,0.0,480.0,300.0);
12:     } else if (toInterfaceOrientation==UIInterfaceOrientationLandscapeLeft) {
13:         self.view=self.landscapeView;
14:         self.view.transform=CGAffineTransformMakeRotation(kDeg2Rad*(-90));
15:         self.view.bounds=CGRectMake(0.0,0.0,480.0,300.0);
16:     } else {
17:         self.view=self.portraitView;
18:         self.view.transform=CGAffineTransformMakeRotation(0);
19:         self.view.bounds=CGRectMake(0.0,0.0,320.0,460.0);
20:     }
21: }
```

第 5～6 行将界面旋转消息发送给父对象，让其做出合适的反应。

第 8～11 行处理向右旋转（主屏幕按钮位于右边的横向模式），第 12～15 行处理向左旋转（主屏幕按钮位于左边的横向模式）。最后，第 16～19 行将视图配置为默认朝向：纵向。

提示：

Did you Know?

虽然在这个示例中使用的是 if-then-else 语句，但也可使用 switch 结构。参数 toInterfaceOrientation 和朝向常量都是整型值，这意味着可直接在 switch 语句中判断它们的值。

16.4.6　生成应用程序

保存该实现文件，然后运行并测试该应用程序。当您旋转设备或 iOS 模拟器时，将相应地切换视图（参见图 16.12）。在本章介绍的所有方式中，这种方式的灵活性最高，但也意味着在代码中需要管理的对象增加了一倍。

设计自己的应用程序时，您需要在界面的灵活性和代码的复杂度之间取得平衡。在有些情况下，再设计一个场景，并使用独立的视图和视图控制器来处理其他朝向可能更容易。

16.5 进一步探索

虽然本章介绍了多种让 iOS 应用程序界面支持旋转的方法，但您可能还想探索本章没有介绍的其他功能。请使用 Xcode 文档工具探索 UIView 的实例方法，您将发现还可实现其他方法，如 willAnimateRotationToInterfaceOrientation:duration:，它用于设置单步动画旋转过程。还可使用方法 willAnimateFirstHalfOfRotationToInterfaceOrientation:duration:和 willAnimateSecondHalfOfRotationFromInterfaceOrientation:duration:来实现更复杂的过渡，它们用于实现两个阶段的动画旋转过程。

总之，为平滑地在两种界面布局之间切换，有很多知识需要学习。本章给您打下了坚实的基础，但随着需求的增长，SDK 中还有其他旋转功能等待着您去探索。

16.6 小结

iOS 设备以用户体验至上：触摸屏、直观的控件以及可旋转和调整大小的界面。通过使用本章介绍的方法，可应对几乎任何旋转情形。例如，要应对简单的界面大小调整，可利用 Interface Builder 编辑器中的自动调整大小属性。然而，对于更复杂的变化，可能需要重新定义屏幕元素的 frame 属性，这让您能够全面控制它们的大小和位置。最后，为最大限度地提高灵活性，可创建多个视图，并在手机旋转时在它们之间切换。

通过实现支持旋转的应用程序，可让用户以其最舒服的方式使用手机。

16.7 问与答

问：为何很多 iPhone 应用程序都不支持颠倒的纵向模式？

答：虽然使用本章介绍的方法可支持颠倒的纵向模式，但不推荐这样做。iPhone 颠倒时，主屏幕按钮和传感器都不在“正常”位置。如果有来电或用户需要使用手机控件，将需要旋转 180 度，单手完成这种操作有些复杂。

问：我完成了本书的第一个项目，但按钮彼此重叠，请问是哪里不对？

答：可能哪里都没问题。确保正确地设置了锚点，再尝试在视图中上下移动按钮。在 Interface Builder 中，没有可避免元素彼此重叠的设置。您很可能需要调整元素的位置。

16.8 作业

16.8.1 测验

1．判断对错：iOS 界面可旋转到 3 种不同的朝向。

2．应用程序如何指定它支持哪些朝向？

3．最后一个项目中定义的常量 kDeg2Rad 有何用途？

16.8.2 答案

1．错。有 4 种主要的界面朝向：主屏幕按钮位于右边的横向模式、主屏幕按钮位于左边的横向模式、纵向模式和颠倒的纵向模式。

2．通过在视图控制器中实现方法 shouldAutorotateToInterfaceOrientation:，应用程序可指定它支持 4 种朝向中的哪些。

3．通过定义常量 kDeg2Rad，能够轻松地将度数转换为弧度数，以便将其传递给 Core Graphics 中的 C 语言函数 CGAffineTransformMakeRotation()。

16.8.3 练习

1．修改 Swapper 示例，让每个视图都收集并处理用户输入。请别忘了，由于这两个视图由一个视图控制器处理，因此需要将这两个视图所需的所有输出口和操作都添加到视图控制器的头文件和实现文件中。

2．对本书前面的某个应用程序进行修改，使其支持多种不同的朝向。您可使用本章介绍的任何一种方法来实现。

第 17 章

使用复杂的触摸和手势

本章将介绍：

- 多点触摸手势识别架构；
- 如何检测轻按；
- 如何检测轻扫；
- 如何检测张合；
- 如何检测旋转；
- 如何使用内置的摇动手势。

多点触摸屏让用户能够使用大量的自然手势来完成原本只能通过菜单、按钮和文本来完成的操作。从您第一次使用张合手势来缩放照片、地图或网页起，您就将意识到这正是您希望的缩放界面。没有比使用手指进行操作更人性化的了。

iOS 提供了高级手势识别功能，您可在应用程序中轻松实现它们。本章介绍如何实现这些功能。

Watch Out!

警告：准备好 iOS 设备

对本书的大多数应用程序来说，使用 iOS 模拟器来测试就可以了，但模拟器并不支持用户可使用的所有手势。要完成本章的工作，需要有专门用于开发的设备。要在设备上运行本章的应用程序，可采取第 1 章介绍的步骤。

17.1 多点触摸手势识别

通过创建本书前面的示例，您已习惯了响应事件，如按钮的 Touch Up Inside 事件。手势识别与此稍有不同。来看“简单的”轻扫手势，它有方向和速度，还涉及特定数量的触摸点（手指）。让 Apple 为这些变量的每种组合都实现事件是不现实的；而如果让系统检测轻扫事件，并在每次轻扫事件发生时都要求开发人员检查手指数、方向等，将是极其繁重的负担。

为简化编程工作，对于您在应用程序可能实现的所有常见手势，Apple 都创建了相应的“手势识别器”类。

- 轻按（UITapGestureRecognizer）：用一个或多个手指在屏幕上轻按。
- 按住（UILongPressGestureRecognizer）：用一个或多个手指在屏幕上按住。
- 长时间按住（UILongPressGestureRecognizer）：用一个或多个手指在屏幕上按住指定时间。
- 张合（UIPinchGestureRecognizer）：张合手指以缩放对象。
- 旋转（UIRotationGestureRecognizer）：沿圆形滑动两个手指。
- 轻扫（UISwipeGestureRecognizer）：用一个或多个手指沿特定方向轻扫。
- 平移（UIPanGestureRecognizer）：触摸并拖曳。
- 摇动：摇动 iOS 设备。

在以前的 iOS 版本中，开发人员必须读取并识别低级触摸事件，以判断是否发生了张合：屏幕上是否有两个触摸点？它们是否相互接近？

在 iOS 4 和更晚的版本中，可指定要使用的识别器类型，并将其加入到视图（UIView）中，然后就能自动收到触发的多点触摸事件。您甚至可获悉手势的值，如张合手势的速度和缩放比例（scale）。下面来看看如何使用代码实现这些功能。

> **提示：** Did you Know?
>
> 摇动不是多点触摸手势，实现它的方法稍有不同。请注意，没有与之对应的识别器类。

添加手势识别器

要在视图中添加手势识别器，可采用两种方式之一：使用代码或使用 Interface Builder 编辑器以可视化方式添加。虽然使用编辑器添加手势识别器更容易，但仍需了解幕后发生的情况。请看程序清单 17.1 所示的代码片段。

程序清单 17.1 轻按手势识别器示例

```
1:    UITapGestureRecognizer *tapRecognizer;
2:    tapRecognizer=[[UITapGestureRecognizer alloc]
3:                   initWithTarget:self
4:                   action:@selector(foundTap:)];
5:    tapRecognizer.numberOfTapsRequired=1;
6:    tapRecognizer.numberOfTouchesRequired=1;
7:    [self.tapView addGestureRecognizer:tapRecognizer];
```

这个示例实现了一个轻按手势识别器，它监控使用一个手指在视图 tapView 中轻按的操作。如果检查到这样的手势，将调用方法 foundTap。

第 1 行声明了一个 UITapGestureRecognizer 对象——tapRecognizer。在第 2 行，给 tapRecognizer 分配了内存，并使用 initWithTarget:action 进行了初始化。其中参数 action 用于指定轻按手势发生时将调用的方法；这里使用@selector(foundTap:)告诉识别器，我们要使用方法 foundTap 来处理轻按手势。指定的目标（self）是 foundTap 所属的对象，这里是实现上述代码的对象，它可能是视图控制器。

第 5～6 行设置了轻按手势识别器的两个属性。

- NumberOfTapsRequired：需要轻按对象多少次才能识别出轻按手势。
- NumberOfTouchesRequired：需要有多少个手指在屏幕上才能识别出轻按手势。

最后，第 7 行使用 UIView 的方法 addGestureRecognizer 将 tapRecognizer 加入到视图 tapView 中。上述代码执行后，该识别器就处于活动状态，可以使用了；因此在视图控制器的方法 viewDidLoad 中实现该识别器是不错的选择。

响应轻按事件很简单，只需实现方法 foundTap 即可。这个方法的存根类似于下面这样：

```
- (void)foundTap:(UITapGestureRecognizer *)recognizer {
}
```

检测到手势后如何做完全取决于您。您可对手势做出简单的响应、使用提供给方法的参数获取有关手势发生位置的详细信息等。

总之，很不错，您说呢？还有更好的选择吗？在大多数情况下，这些设置工作几乎都可在 Xcode Interface Builder 中完成。从 Xcode 4.2 起，可通过单击来添加并配置手势识别器，如图 17.1 所示。本章的示例将演示如何这样做。

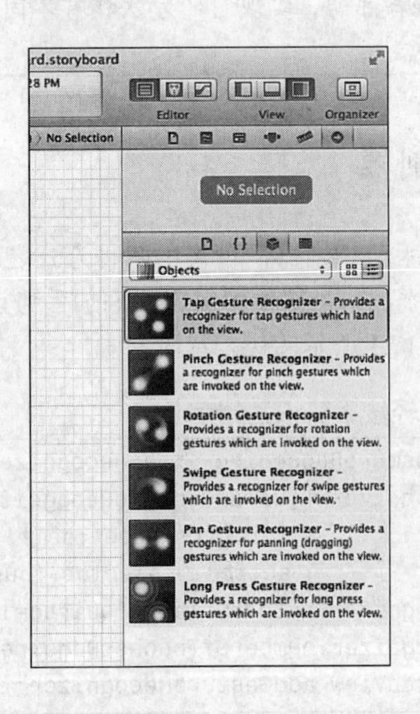

图 17.1
可使用 Interface Builder 添加手势识别器

17.2 使用手势识别器

随着人们日益习惯于触摸设备，使用手势变得很自然，也是用户的期望。在执行类似功能的应用程序中，差别常常在于用户体验，界面是否全面支持触摸是一个关键因素，决定了用户是否会下载您的应用程序。

可能最让您惊讶的是，在应用程序中支持手势非常容易。在本书中，我经常这样说，但手势识别器实现起来确实非常容易，往下阅读您就会明白这一点。

17.2.1 实现概述

在本章的应用程序（我们将把它命名为 Gestures）中，您将实现 5 种手势识别器（轻按、轻扫、张合、旋转和摇动）以及这些手势的反馈。每种手势都将更新标签，指出有关该手势的信息；张合、旋转和摇动更进一步：用户执行这些手势时，将缩放、旋转或重置一个图像视图。

为给手势输入提供空间，这个应用程序显示的屏幕中包含 4 个嵌套的视图（UIView），在故事板场景中，直接给每个嵌套视图指定了一个手势识别器。当您在视图中执行操作时，将调用视图控制器中相应的方法，在标签中显示有关手势的信息；另外，根据执行的手势，还可能更新屏幕上的一个图像视图（UIImageView）。

最终的应用程序如图 17.2 所示。

图 17.2
该应用程序检测各种手势并采取相应的措施

17.2.2 创建项目

启动 Xcode，使用模板 Single View Application 新建一个名为 Gestures 的应用程序。这个项目

需要的输出口和操作不少，请务必按这里介绍的做。您还将在 Interface Builder 直接在对象之间建立连接，因此即使您熟悉在其他项目中采用的方式，在这里也应慢慢来。

1．添加图像资源

这个应用程序的界面包含一幅可旋转或缩放的图像，这旨在根据用户的手势提供视觉反馈。在本章的项目文件夹中，子文件夹 Images 包含一幅名为 flower.png 的图像。将文件夹 Images 拖放到项目的代码编组中，并选择必要时复制资源并创建编组。

2．规划变量和连接

对于我们要检测的每个触摸手势，都需要提供让其能够得以发生的视图。通常，这可使用主视图，但出于演示目的，我们将在主视图中添加 4 个 UIView，每个 UIView 都与一个手势识别器相关联。令人惊讶的是，这些 UIView 都不需要输出口，因为我们将在 Interface Builder 编辑器中直接将它们连接到手势识别器。

然而，我们需要两个输出口/属性：outputLabel 和 imageView，它们分别连接到一个 UILabel 和一个 UIImageView。其中，标签用于向用户提供文本反馈，而图像视图在用户执行张合和旋转手势时提供视觉反馈。

在这 4 个视图中检测到手势时，应用程序需要调用一个操作方法，以便与标签和图像交互。我们将把手势识别器分别连接到方法 foundTap、foundSwipe、foundPinch 和 foundRotation。

By the Way

注意：

注意到这里没有提到摇动手势吗？虽然我们最终将在这个项目中添加摇动识别功能，但这将通过在视图控制器中实现一个方法来添加，而不是通过预先定义的操作方法来添加。

3．添加表示默认图像大小的常量

当手势识别器对 UI 中的图像视图调整大小或旋转时，我们希望能够恢复到默认大小和位置。为此，我们需要在代码中记录默认大小和位置。我选择将 UIImageView 的大小和位置存储在四个常量中，而这些常量的值是这样确定的：将图像视图放到所需的位置，然后从 Interface Builder Size Inspector 读取其框架值。

如果您决定自行设计该项目的界面，则需要自己记录图像视图的框架值。如果您打算完全按这里介绍的做，可使用我提供的数字。

对于 iPhone 版本，在 ViewController.m 的代码行#import 后面输入如下代码行：

```
#define kOriginWidth 125.0
#define kOriginHeight 115.0
#define kOriginX 100.0
#define kOriginY 330.0
```

如果您创建的是 iPad 应用程序，应按下面这样定义这些常量：

```
#define kOriginWidth 265.0
#define kOriginHeight 250.0
#define kOriginX 250.0
#define kOriginY 750.0
```

使用这些常量可快速记录 UIImageView 的位置和大小，但并非唯一的解决方案。我们原本可以在应用程序启动时读取并存储图像视图的 frame 属性，并在以后恢复它们。然而，这里的目的是帮助您理解工作原理，而不过度考虑解决方案是否巧妙。

17.2.3 设计界面

打开文件 MainStoryboard.storyboard，并在工作区中腾出一些空间。下面来创建 UI。

为创建界面，首先拖曳 4 个 UIView 实例到主视图中。将第一个视图调整为小型矩形，并位于屏幕的左上角，它将捕获轻按手势；将第二个视图放在第一个视图右边，它用于检测轻扫手势；将其他两个视图放在前两个视图下方，且与这两个视图等宽，它们分别用于检测张合手势和旋转手势。使用 Attributes Inspector（Option + Command + 4）将每个视图的背景设置为不同的颜色。

> **提示：**
>
> 这些视图分别用于检测不同的手势。在您编写应用程序时，可将手势识别器关联到应用程序的主视图或表示任何屏幕对象的视图。
>
> *Did you Know?*

> **提示：**
>
> 手势识别器基于手势的起始位置而不是终止位置。换句话说，如果用户执行旋转手势时，从一个视图内开始，但在该视图外面终止，这种手势也将正常运行。手势不会因为跨越视图边界而“结束”。
>
> 对开发人员来说，这有助于确保多点触摸应用程序能够在小屏幕上正常运行。
>
> *Did you Know?*

接下来，在每个视图中添加一个标签，这些标签的文本应分别为 Tap Me!、Swipe Me!、Pinch Me!和 Rotate Me!。

再拖放一个 UILabel 实例到主视图中，让其位于屏幕顶端并居中；使用 Attributes Inspector 将其设置为居中对齐。这个标签将用于向用户提供反馈，请将其默认文本设置为 Do Something!。

最后，在屏幕底部中央添加一个 UIImageView。使用 Attributes Inspector（Option + Command + 4）和 Size Inspector（Option + Command + 5）将图像设置为 flower.png，并按如下设置其大小和位置：X 为 100.0、Y 为 330.0、W 为 125.0、H 为 115.0（对于 iPhone 应用程序）或 X 为 250.0、Y 为 750.0、W 为 265.0、H 为 250.0（对于 iPad 应用程序），如图 17.3 所示。这些值与前面定义的常量值一致。

在大多数项目中，设计好视图后，我们都通过输出口和操作将界面连接到代码，但这里不是这样的。要建立连接，必须先将手势识别器加入到故事板中。

> **提示：**
>
> 下面将拖放大量对象到刚创建的 UIView 中。如果您经常通过文档大纲来了解视图中的对象，可能想给视图提供更有意义的名称，为此可打开 Identity Inspector（Option + Command + 3），并设置 Identity 部分的文本框 Label。这种标签可随意设置，它们对应用程序的运行不会有任何影响。
>
> *Did you Know?*

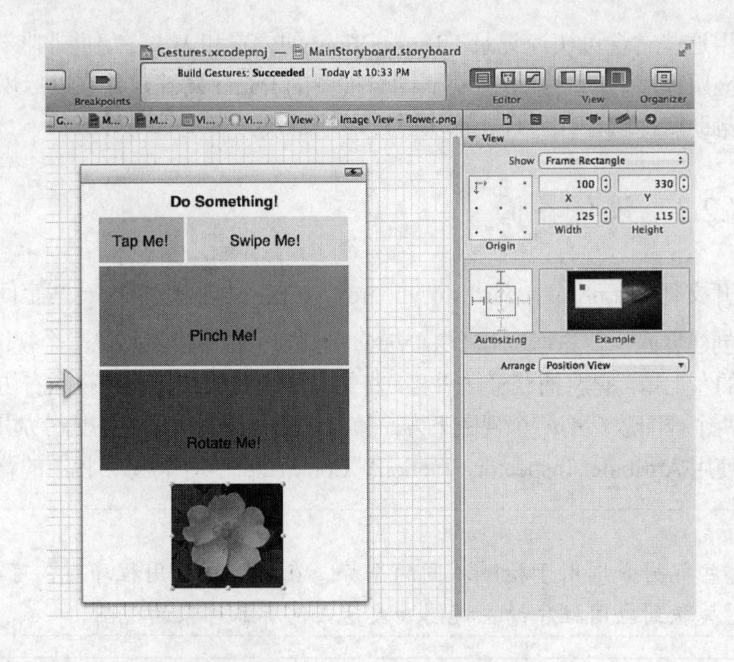

图 17.3
UIImageView 的大小和位置设置

17.2.4　给视图添加手势识别器

前面介绍过，添加手势识别器的方式之一是使用代码。您初始化要使用的识别器，配置其参数，再将其加入到视图并提供一个检测到手势时将调用的方法。另一种方式是，从对象库中将手势识别器拖放到视图中，这几乎不需要编写任何代码。下面就这样做。

确保打开了文件 MainStoryboard.storyboard，且文档大纲可见。

1．轻按手势识别器

第一步是在项目中添加一个 UITapGestureRecognizer 实例。为此，在对象库中找到轻按手势识别器，将其拖放到包含标签 Tap Me!的 UIView 实例中，如图 17.4 所示。识别器将作为一个对象出现在文档大纲底部，而不管您将其放在哪里。

Watch Out!

警告：所有控件都是视图

请务必小心，不要将识别器拖曳到视图中的标签上。别忘了，每个屏幕对象都是 UIView 的子类，因此您可能将手势识别器加入到标签而不是视图中。通过文档大纲而不是可视化布局可能更容易找准视图。

通过将轻按手势识别器拖放到视图中，就创建了一个手势识别器对象，并将其关联到了该视图（您可根据需要将任意数目的手势识别器加入到同一个视图中）。

接下来需要配置该识别器，让其知道要检测哪种手势。轻按手势识别器有两个属性。

➢　Taps：需要轻按对象多少次才能识别出轻按手势。

➢　Touches：需要有多少个手指在屏幕上才能识别出轻按手势。

在这个示例中，我们将轻按手势定义为用一个手指轻按屏幕一次，因此指定一次轻按和一个触点。选择轻按手势识别器，再打开 Attributes Inspector（Option + Command + 4），如

图 17.5 所示。

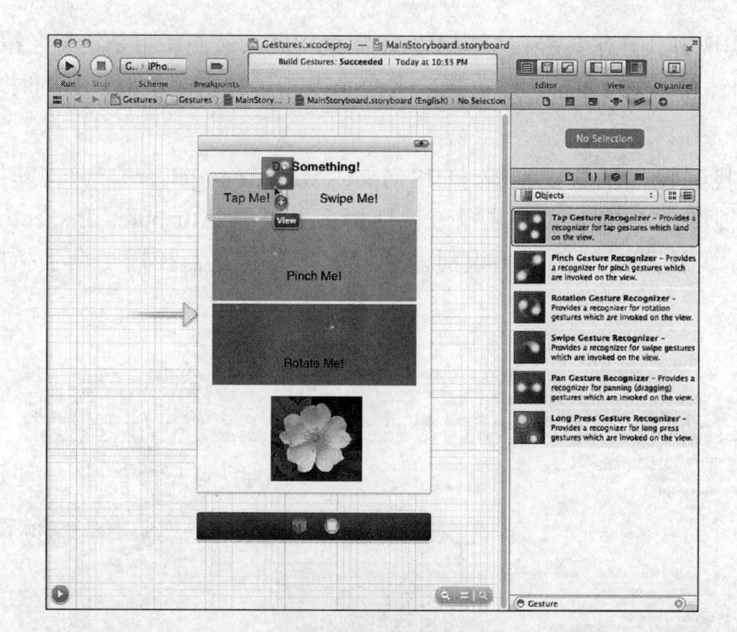

图 17.4
将识别器拖放到将使用它的视图上

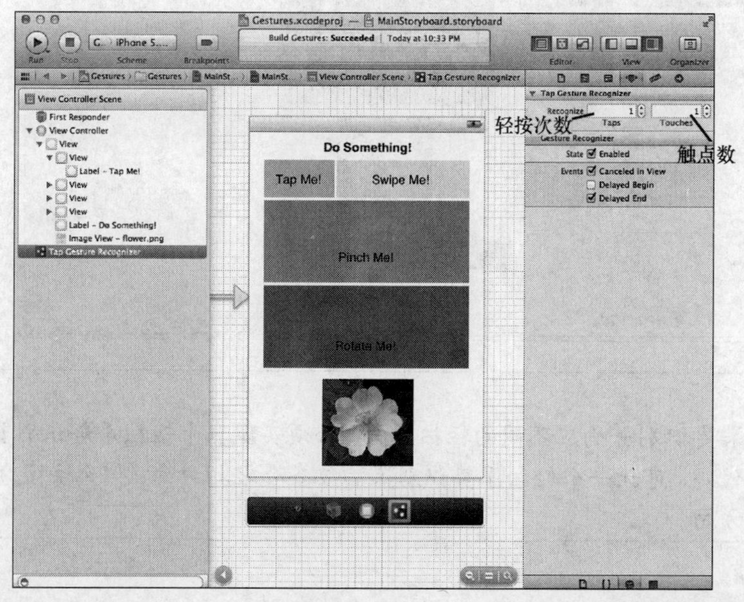

图 17.5
使用 Attributes Inspector 配置手势识别器

将文本框 Taps 和 Touches 都设置为 1——这是试验识别器属性的绝佳时机。这样，您就在项目中添加了第一个手势识别器，并对其进行了配置。稍后还需将其连接到一个操作，但先添加其他的识别器。

提示：

如果您查看 UITapGestureRecognizer 的连接或与之相关联的视图的连接，将发现输出口集合 gestureRecognizers 引用了该视图。输出口集合是一个输出口数组，使得同时引用多个类似的对象更容易。如果您给同一个视图添加了多个手势识别器，它将被同一个输出口集合引用。

Did you Know?

2．轻扫手势识别器

轻扫手势识别器的实现方式几乎与轻按手势识别器完全相同。然而，不是指定轻按次数，而是指定轻扫的方向（上、下、左、右），还需指定多少个手指触摸屏幕（触点数）时才能视为轻扫手势。

同样，在对象库中找到轻扫手势识别器（UISwipeGestureRecognizer），并将其拖放到包含标签 Swipe Me!的视图上。接下来，选择该识别器，并打开 Attributes Inspector 以便配置它，如图 17.6 所示。这里对轻松手势识别器进行配置，使其监控用一个手指向右轻扫的手势。

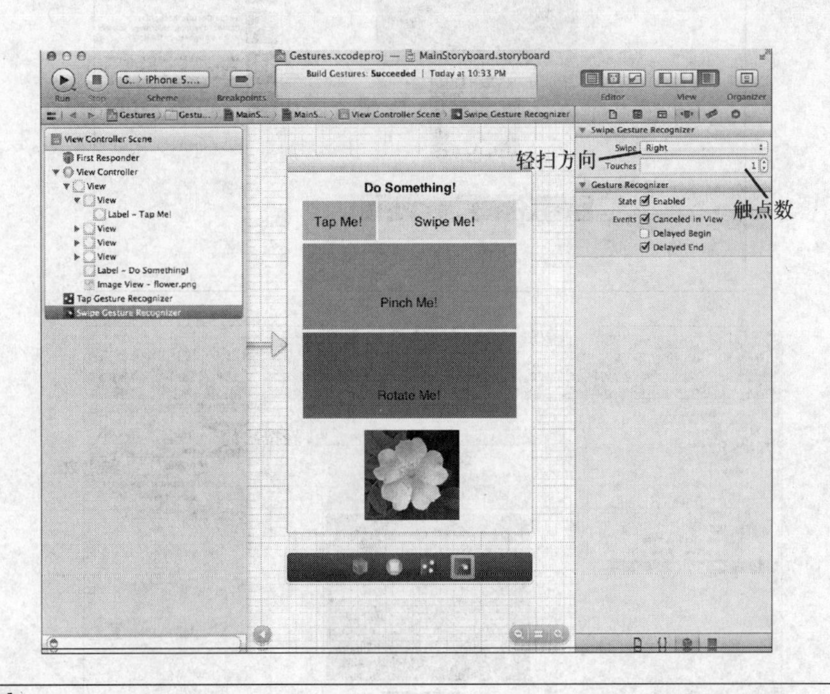

图 17.6

配置轻扫方向和触点数

By the Way

注意：

如果要识别并响应不同的轻扫方向，必须实现多个轻扫手势识别器。通过编写代码，可让一个轻扫手势识别器响应多个轻扫方向，但无法区分不同的轻扫方向。

3．张合手势识别器

在视图中将两个手指并拢或张开时，将触发张合手势；这两种操作常用于缩放对象。与轻按手势识别器和轻扫手势识别器相比，添加张合手势识别器需要做的配置更少，因为这种手势已经有明确的定义。然而，实现响应张合手势的方法更困难些，因为除知道发生了张合手势外，还需考虑张合的程度（缩放比例）和速度。稍后将更详细地阐述这一点。

在对象库中找到张合手势识别器（UIPinGestureRecognizer），并将其拖放到包含标签 Pinch Me!的视图上。这就成了，不用做其他配置。

提示：

Did you Know?

如果您查看张合手势识别器的 Attributes Inspector，将发现可以设置属性 scale。属性 scale 的默认起始值为 1。假设您通过张开手指来触发张合手势识别器，如果手指之间的距离为原来的两倍，则属性 scale 的值将变成 2（1×2）。如果您重复这种手势，再次让手指之间的距离扩大一倍，该属性的值将变成 4（2×2）。换句话说，scale 的值在前一个读数的基础上进行变化。

通常，保留 scale 为默认值 1，但您需要知道的是，如果必要，可在 Attributes Inspector 中设置该属性的值。

4．旋转手势识别器

旋转手势指的是两个手指沿圆圈移动。想想您使用两个手指旋转门把手的情形，就知道 iOS 将什么样的操作视为有效的旋转手势了。与张合手势识别器一样，旋转手势识别器也无需做任何配置，您只需诠释结果——旋转的角度（单位为弧度）和速度。

在对象库中找到旋转手势识别器（UIRotationGestureRecognizer），并将其拖放到包含标签 Rotate Me!的视图上。这样就在故事板中添加了最后一个对象。

提示：

Did you Know?

就像张合手势识别器的属性 scale 一样，旋转手势识别器也有一个 rotation 属性，可在 Attributes Inspector 中设置它。这个属性表示旋转角度（单位为弧度），其起始值为 0，且随每个旋转手势逐渐累积。如果您愿意，可将默认的起始旋转角度 0 修改为任何值，这样后续的旋转手势将以您指定的值为起点。

17.2.5 创建并连接输出口和操作

为在主视图控制器中响应手势并访问反馈对象，需要创建前面确定的输出口和操作。

下面来复习一下需要的输出口和操作。需要的输出口如下。

➢ 图像视图（UIImageView）：imageView。

➢ 提供反馈的标签（UILabel）：outputLabel。

需要的操作如下。

➢ 响应轻按手势：foundTap。

➢ 响应轻扫手势：foundSwipe。

➢ 响应张合手势：foundPinch。

➢ 响应旋转手势：foundRotation。

为建立连接准备好工作区。为此，打开文件 MainStoryboard.storyboard，并切换到助手编辑器模式。由于您将从场景中的手势识别器开始拖曳，请确保要么文档大纲可见（Editor>Show Document Outline），要么您能够在视图下方的对象栏中区分不同的识别器。

1．添加输出口

按住 Control 键，并从标签 Do Something!拖曳到文件 ViewController.h 中代码行@interface 下方。在 Xcode 提示时，新建一个名为 outputLabel 的输出口，如图 17.7 所示。对图像视图重复上述操作，并将输出口命名为 imageView。

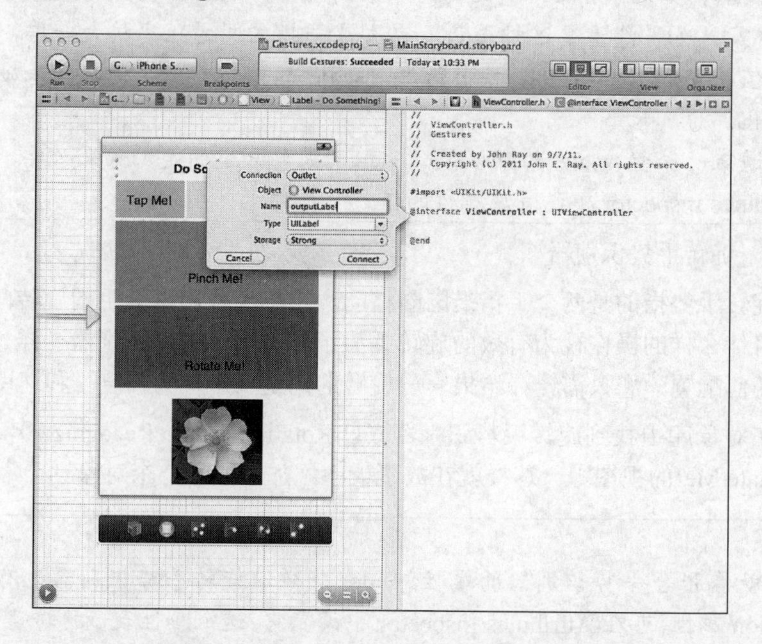

图 17.7

将标签和图像视图连接到输出口

2．添加操作

要将手势识别器连接到前面确定的操作方法，可采取的方式与您想象的一样，但有一个不同之处。将对象连接到操作时，实际上连接的是该对象的特定事件，如按钮的 Touch Up Inside 事件。而将手势识别器连接到操作时，实际上建立的是从识别器的选择器（selector）到方法的连接。还记得前面的代码示例吗，选择器用于指定检测到特定手势时应调用的方法。

Did you Know?

提示：

有些手势识别器（轻按、轻扫和长时间按住）还能触发到其他故事板场景的切换，要指定这种切换，可使用 Connection Inspector 的 Storyboard Segues 部分。多场景故事板在第 11 章介绍过。

要将手势识别器连接到操作方法，只需按住 Control 键，并从文档大纲中的手势识别器拖曳到文件 ViewController.h。现在就对轻按手势识别器这样做，并拖曳到前面定义的属性下方。在 Xcode 提示时，将连接类型指定为操作，并将名称指定为 foundTap，如图 17.8 所示。

对其他每个手势识别器重复上述操作，将轻扫手势识别器连接到 foundSwipe，将张合手势识别器连接到 foundPinch，将旋转手势识别器连接到 foundRotation。为检查您建立的连接，选择识别器之一（这里是轻按手势识别器），并查看 Connections Inspector（Option + Command + 6）。您将看到 Sent Actions 部分指定了操作，而 Referencing Outlet Collection 部分引用了使用识别器的视图，如图 17.9 所示。

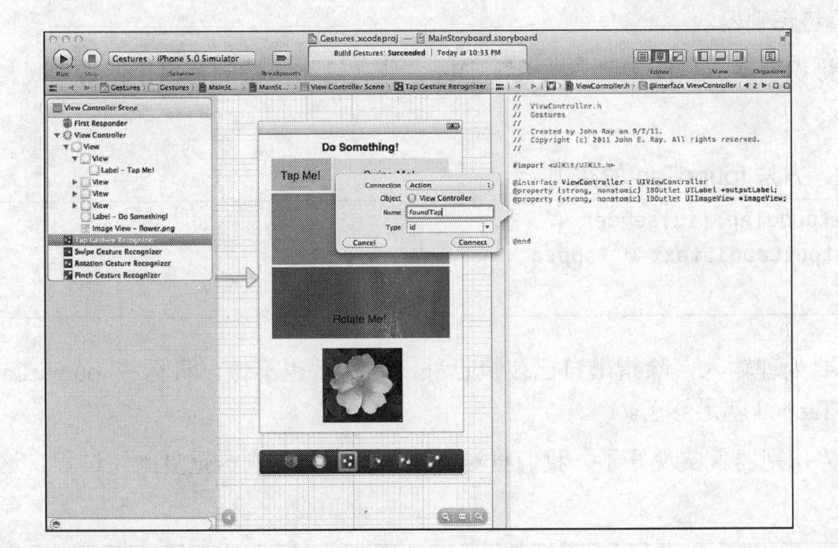

图 17.8

将手势识别器连接到操作

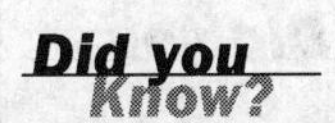

提示：

如果将鼠标指向 Connections Inspector 中的连接，场景中相应的对象将呈高亮显示，如图 17.9 所示。这是一种核实手势识别器连接到了正确视图的快捷方式。

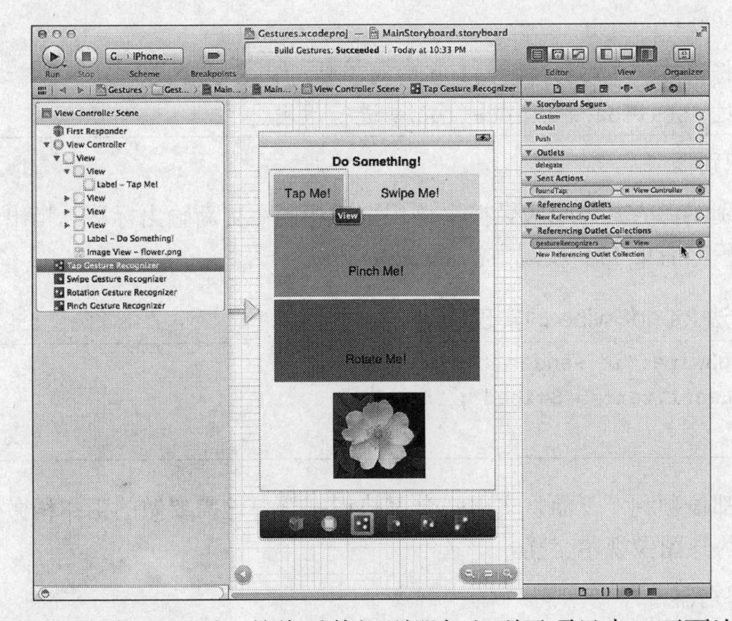

图 17.9

在 Connections Inspector 中核实连接

至此，设计好了界面，并将手势识别器加入到了项目中，下面让它们提供一些功能。

17.2.6 实现应用程序逻辑

下面实现手势识别器逻辑，首先实现轻按手势识别器。实现一个识别器后，您将发现其他识别器的实现方式极其类似。唯一不同的是摇动手势，这就是将它留在最后的原因。

切换到标准编辑器模式，并打开视图控制器实现文件 ViewController.m。

1．响应轻按手势识别器

要响应轻按手势识别器，只需实现方法 foundTap。修改这个方法的存根，使其实现与程序清单 17.2 相同。

程序清单 17.2 方法 foundTap 的实现

```
- (IBAction)foundTap:(id)sender {
    self.outputLabel.text=@"Tapped";
}
```

这个方法不需要处理输入，除指出自己被执行外，它什么也不做。将标签 outputLabel 的属性 text 设置为 Tapped 就足够了。

您的第一个手势识别器就实现好了。我们将对其他 4 个手势识别器重复上述过程，这很快就能完成。

Did you Know?

提示：

如果要获取轻按（或轻扫）手势的坐标，可在手势处理程序中添加类似于下面的代码（用手势识别器的视图名替换<the view>）：

```
CGPoint location = [(UITapGestureRecognizer *)sender locationInView:<the
view>];
```

这将创建一个名为 location 的简单结构，它包含成员 x 和 y，这些成员可通过 location.x 和 location.y 进行访问。

2．响应轻扫手势识别器

要响应轻扫手势识别器，方式与响应轻按手势识别器相同：更新输出标签，指出检测到了轻扫手势。为此，按程序清单 17.3 实现方法 foundSwipe。

程序清单 17.3 方法 foundSwipe 的实现

```
- (IBAction)foundSwipe:(id)sender {
    self.outputLabel.text=@"Swiped";
}
```

到目前为止，一切都很顺利，下面将实现张合手势识别器。这需要做的工作稍微多些，因为我们将利用张合手势与图像视图交互。

3．响应张合手势识别器

轻按和轻扫都是简单手势，它们只存在发不发生的问题；而张合手势和旋转手势更复杂些，它们返回更多的值，让您能够更好地控制用户界面。例如，张合手势包含属性 velocity（张合手势发生的速度）和 scale（与手指间距离变化呈正比的小数）。例如，如果手指间距离缩小了 50%，则缩放比例（scale）将为 0.5；如果手指间距离为原来的两倍，则缩放比例为 2。

接下来是本章最复杂的代码！方法 foundPinch 将完成多项工作。它重置 UIImageView 的旋转角度（以免受旋转手势带来的影响），使用张合手势识别器返回的缩放比例和速度值创建一个反馈字符串，并缩放图像视图，以便立即向用户提供可视化反馈。

请按程序清单 17.4 实现方法 foundPinch。

程序清单 17.4 方法 foundPinch 的实现

```
1: - (IBAction)foundPinch:(id)sender {
2:     UIPinchGestureRecognizer *recognizer;
3:     NSString *feedback;
4:     double scale;
5:
6:     recognizer=(UIPinchGestureRecognizer *)sender;
7:     scale=recognizer.scale;
8:     self.imageView.transform = CGAffineTransformMakeRotation(0.0);
9:     feedback=[[NSString alloc]
10:             initWithFormat:@"Pinched, Scale:%1.2f, Velocity:%1.2f",
11:             recognizer.scale,recognizer.velocity];
12:    self.outputLabel.text=feedback;
13:    self.imageView.frame=CGRectMake(kOriginX,
14:                                    kOriginY,
15:                                    kOriginWidth*scale,
16:                                    kOriginHeight*scale);
17: }
```

下面详细解释上述代码，确保您明白它们执行的操作。第 2～4 行声明一个指向张合手势识别器的引用（recognizer）、一个字符串对象（feedback）和一个浮点变量（scale）。它们将分别用于同张合手势识别器交互、存储向用户显示反馈以及存储张合手势识别器返回的缩放比例值。

第 6 行将类型为 id 的对象 sender 转换为 UIPinchGestureRecognizer，并将其存储到变量 recognizer 中。这样做的原因很简单：当您将手势识别器拖曳到文件 ViewController.h 中，以创建操作 foundPinch 时，Xcode 将编写这个方法，并让它接受一个名为 sender 的参数，该参数为通用类型 id，可指向任何类型的对象。这里 sender 总是一个 UIPinchGestureRecognizer 对象，但即便如此，Xcode 也这样做。第 6 行提供了一种方便的途径，让您能够将该对象作为其实际类型进行访问。

第 7 行将变量 scale 设置为识别器的 scale 属性的值。

第 8 行将 imageView 的旋转角度重置为 0.0（不旋转），这是通过将其 transform 属性设置为 Core Graphics 函数 CGAffineTransformMakeRotation 返回的变换实现的。给这个函数传递一个以弧度为单位的值时，它将返回相应地旋转视图所需的变换。

第 9～11 行分配并初始化字符串 feedback，以指出执行了张合手势，并显示手势识别器的属性 scale 和 velocity。第 12 行将用户界面中 outputLabel 的文本设置为反馈字符串。

实际缩放图像视图的操作是在第 13～17 行完成的，这只需重新定义对象 imageView 的 frame 属性即可。为此，可使用 CGRectMake 根据前面定义的视图大小常量返回一个表示框架的矩形。框架左上角的坐标保持不变（仍为 kOriginX 和 kOriginY），但将 kOriginWidth 和 kOriginHeight 与 scale 相乘，从而根据用户执行的张合手势缩放框架。

如果现在生成并运行该应用程序，您将能够在 pinchView 视图中使用张合手势缩放图像

（您甚至可将图像放大到超越屏幕边界），如图 17.6 所示。

图 17.10

使用张合手势缩放图像

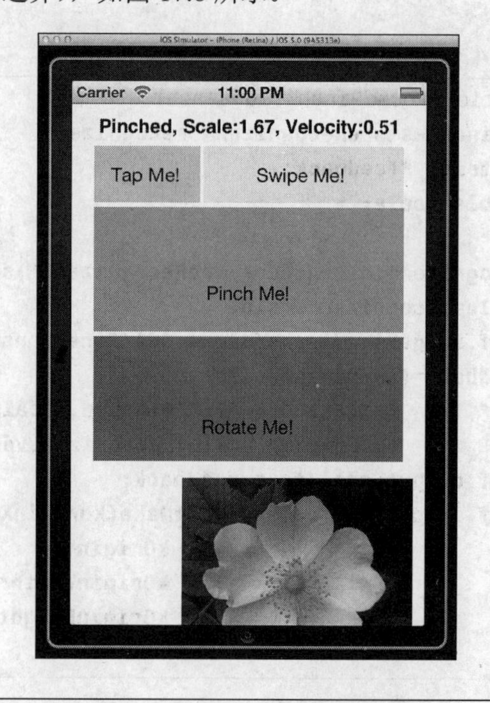

By the Way

注意：

如果不想对参数 sender 进行强制类型转换，以便将其作为手势识别器使用，也可编辑 Xcode 生成的方法声明，将其接受的参数指定为精确的类型。为此，只需将方法声明从

```
- (IBAction)foundPinch:(id)sender
```

改为

```
- (IBAction)foundPinch:(UIPinchGestureRecognizer *)sender
```

这样，便可直接将 sender 视为 UIPinchGestureRecognizer 实例进行访问。

4．响应旋转手势识别器

我们将添加的最后一个多点触摸手势识别器是旋转手势识别器。与张合手势一样，旋转手势也返回一些有用的信息（其中最著名的是速度和旋转角度），可使用它们来调整屏幕对象的视觉效果。返回的旋转角度是一个弧度值，表示用户沿顺时针或逆时针方向旋转了多少弧度。

Did you Know?

提示：

大多数人在谈论旋转角度时都习惯以度为单位，但 Cocoa 类通常使用弧度为单位。不用担心，完成这种转换并不难。如果愿意，可使用下面的公式将弧度转换为度。

度数=弧度数×180 / Pi

就这个项目而言，没有理由这样做，但在您编写的应用程序中，可能需要向用户提供度数。

我很想告诉您旋转视图有多困难及其涉及的所有数学知识，但前面编写方法 foundPinch 时，我还是决定放弃介绍旋转的技巧。要将 UIImageView 的 transform 属性设置为旋转变换并实际旋转视图，只需一行代码。当然，还需向用户提供反馈字符串，但这一点也不令人兴奋。

在文件 ViewController.m 中，添加如程序清单 17.5 所示的 foundRotation 方法。

程序清单 17.5 方法 foundRotation 的实现

```
 1: - (IBAction)foundRotation:(id)sender {
 2:     UIRotationGestureRecognizer *recognizer;
 3:     NSString *feedback;
 4:     double rotation;
 5:
 6:     recognizer=(UIRotationGestureRecognizer *)sender;
 7:     rotation=recognizer.rotation;
 8:     feedback=[[NSString alloc]
 9:               initWithFormat:@"Rotated, Radians:%1.2f, Velocity:%1.2f",
10:               recognizer.rotation,recognizer.velocity];
11:     self.outputLabel.text=feedback;
12:     self.imageView.transform = CGAffineTransformMakeRotation(rotation);
13: }
```

同样，第 2～4 行声明一个指向旋转手势识别器的引用（recognizer）、一个字符串对象（feedback）和一个浮点变量（scale）。

第 6 行将类型为 id 的对象 sender 转换为 UIRotationGestureRecognizer，并将其存储到变量 recognizer 中。

第 7 行将 rotation 设置为识别器的 rotation 属性，这是在用户的手势中检测到的旋转角度，单位为弧度。

第 8～10 行创建字符串 feedback，以指出以弧度为单位的旋转角度和旋转速度，而第 11 行将输出标签的文本设置为该字符串。

第 12 行实际旋转图像视图，它创建一个旋转变换，并将其赋给 imageView 对象的 transform 属性。

现在生成并运行该应用程序，以便对其进行测试。您将能够在视图 rotateView 中随意使用旋转手势来旋转图像视图，如图 17.11 所示。

虽然看起来完成了所有工作，但还有一个手势需要支持，这就是摇动。

5．实现摇动识别器

摇动的处理方式与本章介绍的其他手势稍有不同，必须拦截一个类型为 UIEventTypeMotion 的 UIEvent。为此，视图或视图控制器必须是响应者链中的第一响应者，还必须实现方法 motionEnded:withEvent。

下面依次满足这些需求。

（1）成为第一响应者

要让视图控制器成为第一响应者，必须通过方法 canBecomeFirstResponder 允许它成为第一响应者，这个方法除了返回 YES 外什么都不做；然后在视图控制器加载视图时要求它成为第一响应者。首先，在实现文件 ViewController.m 中添加方法 canBecomeFirstResponder，如程序清单 17.6 所示。

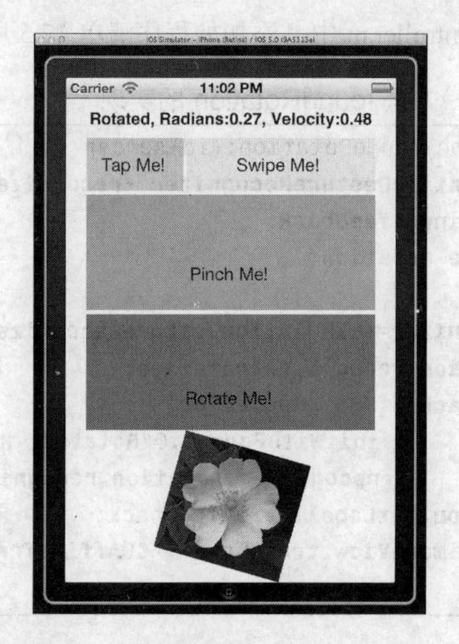

图 17.11
使用旋转手势旋转图像视图

程序清单 17.6　让视图控制器能够成为第一响应者

```
- (BOOL)canBecomeFirstResponder{
    return YES;
}
```

接下来，需要在视图控制器加载其视图后立即发送消息 becomeFirstResponder，让视图控制器成为第一响应者。为此，可修改文件 ViewController.m 中的方法 viewDidAppear，如程序清单 17.7 所示。

程序清单 17.7　要求视图控制器成为第一响应者

```
- (void)viewDidAppear:(BOOL)animated
{
    [self becomeFirstResponder];
    [super viewDidAppear:animated];
}
```

至此，视图控制器为成为第一响应者并接收摇动事件做好了准备，我们只需实现 motionEnded:withEvent 以捕获并响应摇动手势。

（2）响应摇动手势

为响应摇动手势，按程序清单 17.8 实现方法 motionEnded:withEvent。

程序清单 17.8　响应摇动手势

```
1: - (void)motionEnded:(UIEventSubtype)motion withEvent:(UIEvent *)event {
2:     if (motion==UIEventSubtypeMotionShake) {
3:         self.outputLabel.text=@"Shaking things up!";
```

```
4:          self.imageView.transform = CGAffineTransformMakeRotation(0.0);
5:          self.imageView.frame=CGRectMake(kOriginX,
6:                                          kOriginY,
7:                                          kOriginWidth,
8:                                          kOriginHeight);
9:      }
10: }
```

首先，第 2 行通过检查确保收到的 motion 值（一个类型为 UIEventSubtype 的对象）确实是一个运动事件。为此，将其与常量 UIEventSubtypeMotionShake 进行比较，如果它们相同，说明用户刚摇动过设备。

第 3~4 行响应摇动：设置输出标签的文本，将图像视图旋转到默认朝向，并将图像视图的框架重置为视图大小常量指定的原始大小。换句话说，摇动设备将把图像重置到默认状态，是不是很酷？

17.2.7 生成应用程序

现在可以运行该应用程序并使用本章实现的所有手势了。尝试使用张合手势缩放图像；摇动设备将图像恢复到原始大小；缩放和旋转图像、轻按、轻扫——一切都按您预期的那样进行，而令人惊讶的是，需要编写的代码很少。这个应用程序本身虽然不是很有用，但它确实演示了您可在应用程序中使用的很多技巧。

手势已成为应用程序的有机组成部分，也是 iOS 用户的期望。通过在应用程序中支持手势，可改善用户体验，提高应用程序的生存能力。

17.3 进一步探索

除本章讨论的 4 种手势外，还有其他两种手势识别器，您现在就可将其加入到应用程序中：UIPressGestureRecognizer 和 UIPanGestureRecognizer。UIGestureRecognizer 是本章介绍的所有手势识别器的父类，提供了其他可用于定制手势识别的基本功能。

我们用手指干很多事，如绘画、写字、演奏乐曲等。所有这些可能的手势都在第三方应用程序中得到了利用。要了解 iOS 多点触摸手势都被用来做什么了，请探索 App Store。

您可能想更详细地学习 iOS 提供的触摸低级处理技术，更详细的信息请参阅 iOS Application Programming Guide 的 Event Handling 部分。

请务必研究 Xcode 文档中的项目 SimpleGestureRecognizers，它提供了众多在 iOS 平台中实现手势的示例，并演示了如何使用代码添加手势识别器。虽然使用 Interface Builder 添加手势适用于很多常见的情形，但了解如何使用代码添加它们仍是一个不错的主意。

17.4 小结

本章探索了手势识别器架构。通过使用 iOS 提供的手势识别器，可轻松地识别并响应轻按、轻扫、张合和旋转等手势，而未涉及复杂的数学知识和编程逻辑。

您还学习了如何让应用程序响应摇动，这只需让视图控制器成为第一响应者并实现方法 motionEnded:withEvent。这让您向用户提供交互式界面的能力得到显著提高！

17.5 问与答

问：旋转和张合手势为何没有包含有关触点数的配置选项？

答：手势识别器旨在识别常见手势。虽然可手工实现支持多个手指的旋转和张合手势，但这将与用于对应用程序工作方式的期望相悖，因此没有将其作为这些手势识别器的配置选项。

17.6 作业

17.6.1 测验

1．哪种手势识别器用于检测用户轻按屏幕的操作？

2．如何在单个手势识别器中响应多种轻扫方向？

3．判断正误：旋转手势识别器返回一个以度为单位的旋转角度。

4．判断正误：在应用程序中添加摇动检测功能与添加其他手势识别器一样简单。

17.6.2 答案

1．UITapGestureRecognizer 用于捕获并响应用一个或多个手指在屏幕上轻按的操作。

2．无法响应。如果使用代码添加识别器，则可在单个识别器中捕获多种轻扫方向，但应将这些轻扫方向视为一种手势。要以不同的方式响应不同的轻扫方向，应通过不同的识别器实现它们。

3．错。大多数处理旋转的 Cocoa 类（包括旋转手势识别器）都使用弧度为单位。

4．错。要检测摇动手势，视图或视图控制器必须成为第一响应者，并捕获运动 UIEvent。

17.6.3 练习

1．扩展应用程序 Gestures，使其支持平移（panning）和按住（pressing）手势。这些手势的配置几乎与本章介绍的其他手势相同。

2．给 UIImageView 对象本身添加张合和旋转手势识别器，让用户能够直接与图像交互，以改善用户体验。

第 18 章

检测朝向和移动

本章将介绍：

- Core Motion 是什么；
- 如何判断设备的朝向；
- 如何测量倾斜和加速；
- 如何测量旋转。

Nintendo Wii 将运动检测作为一种有效的输入技术引入到了主流消费电子设备中，而 Apple 将这种技术应用到了 iPhone、iPod Touch 和 iPad 中，并获得了巨大成功。Apple 的设备装备了加速计，可用于确定设备的朝向、移动和倾斜。通过 iPhone 加速计，用户只需调整设备的朝向并移动它，便可控制应用程序。另外，在 iOS 设备（包括 iPhone 4、iPad 2 和更新的产品）中，Apple 引入了陀螺仪，让设备能够检测到不与重力方向相反的旋转。总之，如果用户移动支持陀螺仪的设备，应用程序就能够检测到移动并做出相应的反应。

在 iOS 中，通过框架 Core Motion 将这种移动输入机制暴露给了第三方应用程序。第 16 章介绍过，可使用加速计来检测摇动手势；在本章中，您将学习如何直接从 iOS 获取数据，以检测朝向、加速和旋转。虽然支持运动的应用程序看起来很神奇，但使用这些功能简单得不可思议。

18.1 理解运动硬件

当前，所有 iOS 设备都能使用加速计检测到运动。新型号的 iPhone 和 iPad 新增的陀螺仪补充了这种功能。为更好地理解这对应用程序来说意味着什么，下面简要地介绍一下这些硬件可提供哪些信息。

Watch Out!

警告：

对本书中的大多数应用程序来说，使用 iOS 模拟器是完全可行的，但模拟器无法模拟加速计和陀螺仪硬件。因此在本章中，您可能需要一台用于开发的设备。要在该设备中运行本章的应用程序，请按第 1 章介绍的步骤进行。

18.1.1 加速计

加速计使用度量单位 g，这是重力（gravity）的简称。1g 是物体在地球的海平面上受到的下拉力（9.8 米/秒 ^{2}）。您通常不会注意到 1g 的重力，但当您失足坠落时，1g 将带来严重的伤害。如果坐过过山车，您就一定熟悉高于和低于 1g 的力。在过山车底部，将您紧紧按在座椅上的力超过 1g，而在过山车顶部，您感觉要飘出座椅，这是负重力在起作用。

By the Way

注意：

加速计以相对于自由落体的方式度量加速度。这意味着如果将 iOS 设备在能够持续自由落体的地方（如帝国大厦）丢下，在下落过程中，其加速计测量到的加速度将为 0g。另一方面，放在桌面上的设备的加速计测量出的加速度为 1g，且方向朝上。

设备静止时受到的地球引力为 1g，这是加速计用于确定设备朝向的基础。加速计测量 3 个轴（x、y 和 z）上的值，如图 18.1 所示。

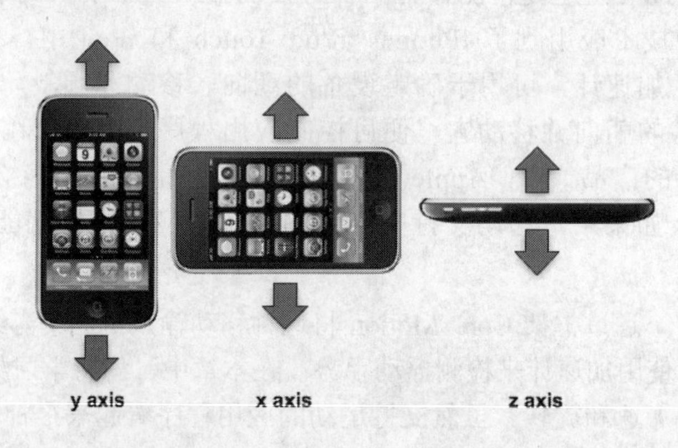

图 18.1
3 个测量轴

根据设备的放置方式，1g 的重力将以不同的方式分布到这三个轴上。如果设备垂直放置，且其一边、屏幕或背面呈水平状态，则整个 1g 都分布在一条轴上。如果设备倾斜，这 1g 将分布到多条轴上，如图 18.2 所示。

18.1.2 陀螺仪

想想刚才介绍的加速计，它缺少哪项功能？乍一看，使用加速计提供的数据好像能够准确地猜测到用户在做什么，但不幸的是，情况并非如此。

加速计测量重力在设备上的分布情况。假设设备正面朝上放在桌子上，将能使用加速计检测出这种情形，但如果您在玩游戏时水平旋转设备，加速计测量到的值不会发生任何变化。

图 18.2

设备静止时，1g 重力的分布情况

设备通过一边直立着并旋转时，情况也如此。仅当设备的朝向相对于重力的方向发生变化时，加速计才能检测到；而无论设备处于什么朝向，只要它在旋转，陀螺仪就能检测到。

当您查询设备的陀螺仪时，它将报告设备绕 x、y 和 z 轴的旋转速度，单位为弧度每秒。如果您忘记了学过的几何学知识，这里告诉您：2 弧度相当于一整圈，因此陀螺仪返回的读数 2 表示设备绕相应的轴每秒转一圈，如图 18.3 所示。

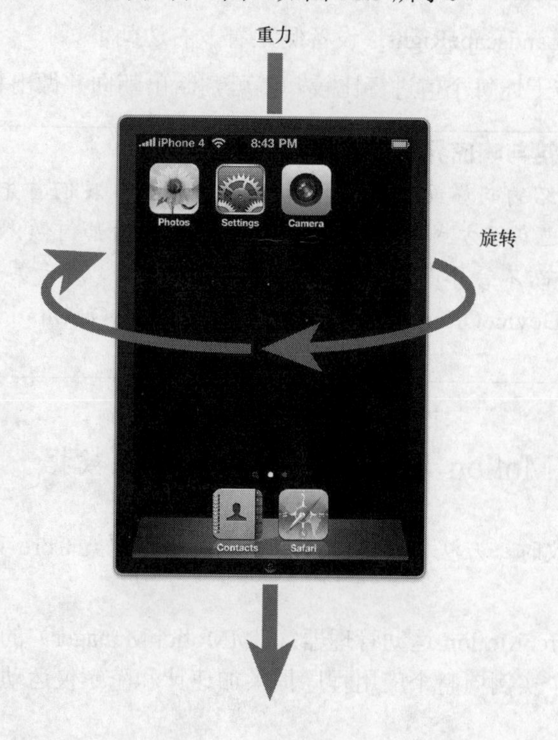

图 18.3

陀螺仪返回的读数 2.0 表示设备绕相应的轴每秒旋转一圈

18.2 访问朝向和运动数据

要访问朝向和运动信息，可使用两种不同的方法。首先，要检测朝向变化并做出反应，可请求 iOS 设备在朝向发生变化时向我们编写的代码发送通知，然后将收到的消息与表示各种设备朝向的常量（包括正面朝上和正面朝下）进行比较，从而判断出用户做了什么。其次，可利用框架 Core Motion 定期地直接访问加速计和陀螺仪数据。创建本章的项目前，先来详细介绍这两种方法。

18.2.1 通过 UIDevice 请求朝向通知

虽然可直接查询加速计并使用它返回的值判断设备的朝向，但 Apple 为开发人员简化了这项工作。单例 UIDevice 表示当前设备，它包含方法 beginGeneratingDeviceOrientationNotifications，该方法命令 iOS 将朝向通知发送到通知中心（NSNotificationCenter）。启动通知后，就可以注册一个 NSNotificationCenter 实例，以便设备的朝向发生变化时自动调用指定的方法。

除获悉发生了朝向变化事件外，还需要获悉当前朝向，为此可使用 UIDevice 的属性 orientation。该属性的类型为 UIDeviceOrientation，其可能取值为下面 6 个预定义值。

- UIDeviceOrientationFaceUp：设备正面朝上。
- UIDeviceOrientationFaceDown：设备正面朝下。
- UIDeviceOrientationPortrait：设备处于“正常”朝向，主屏幕按钮位于底部。
- UIDeviceOrientationPortraitUpsideDown：设备处于纵向状态，主屏幕按钮位于顶部。
- UIDeviceOrientationLandscapeLeft：设备侧立着，左边朝下。
- UIDeviceOrientationLandscapeRight：设备侧立着，右边朝下。

通过将属性 orientation 与上述每个值进行比较，就可判断出朝向并做出相应的反应。

> **这与响应界面旋转事件有何不同？**
>
> 顾名思义，第 15 章介绍的与界面相关事件只与界面相关。我们首先告诉设备：界面支持哪些朝向，然后通过编程方式告诉它在需要改变界面时如何做。而这里使用的方法可立即获悉朝向变化，而不管界面是否支持当前朝向。另外，对于第 15 章介绍的界面管理方法来说，常量 UIDeviceOrientationFaceUp 和 UIDeviceOrientationFaceDown 毫无意义。

18.2.2 使用 Core Motion 读取加速计和陀螺仪数据

直接使用加速计和陀螺仪时，方法稍有不同。首先，需要将框架 Core Motion 加入到项目中。

在代码中，需要创建 Core Motion 运动管理器（CMMotionManager）的实例。应将运动管理器视为单例——由其一个实例向整个应用程序提供加速计和陀螺仪运动服务。

注意：

By the Way

本书前面说过，单例是在应用程序的整个生命周期内只能实例化一次的类。向应用程序提供的 iOS 设备硬件服务通常是以单例方式提供的。鉴于设备中只有一个加速计和一个陀螺仪，以单例方式提供它们合乎逻辑。在应用程序中包含多个 CMMotionManager 对象不会带来任何额外的好处，而只会让内存和生命周期的管理更复杂，而使用单例可避免这两种情况发生。

不同于朝向通知，Core Motion 运动管理器让您能够指定从加速计和陀螺仪那里接收更新的频率（单位为秒），还让您能够直接指定一个处理程序块（handle block），每当更新就绪时都将执行该处理程序块。

警告：

Watch Out!

您需要判断以什么样的频率接收运动更新对应用程序有好处。为此，可尝试不同的更新频率，直到获得最佳的频率。如果更新频率超过了最佳频率，可能带来一些负面影响：您的应用程序将使用更多的系统资源，这将影响应用程序其他部分的性能，当然还有电池的寿命。由于您可能需要非常频繁地接收更新以便应用程序能够平滑地响应，因此应花时间优化与 CMMotionManager 相关的代码。

让应用程序使用 CMMotionManager 很容易，这个过程包含 3 个步骤：分配并初始化运动管理器；设置更新频率；使用 startAccelerometerUpdatesToQueue:withHandler 请求开始更新并将更新发送给一个处理程序块。

请看程序清单 18.1 所示的代码段。

程序清单 18.1　使用运动管理器

```
1: motionManager = [[CMMotionManager alloc] init];
2: motionManager.accelerometerUpdateInterval = .01;
3: [motionManager
4:      startAccelerometerUpdatesToQueue: [NSOperationQueue currentQueue]
5:      withHandler:^(CMAccelerometerData *accelData, NSError *error) {
6:      //Do something with the acceleration data here!
7:      }];
```

第 1 行分配并初始化运动管理器，类似的代码您见过几十次了。

第 2 行请求加速计每隔 0.01 秒发送一次更新，即每秒发送 100 次更新。

第 3～7 行启动加速计更新，并指定了每次更新时都将调用的处理程序块。

这个处理程序块看起来令人迷惑，为更好地理解其格式，建议您阅读 CMMotionManager 文档。基本上，它像是在 startAccelerometerUpdatesToQueue:withHandler 调用中定义的一个新方法。

给这个处理程序传递了两个参数：accelData 和 error，其中前者是一个 CMAccelerometerData 对象，而后者的类型为 NSError。对象 accelData 包含一个 acceleration 属性，其类型为

CMAcceleration，这是我们感兴趣的信息，包含沿x、y和z轴的加速度。要使用这些输入数据，可在处理程序中编写相应的代码（在该代码段中，当前只有注释）。

陀螺仪更新的工作原理几乎与此相同，但需要设置Core Motion运动管理器的gyroUpdateInterval属性，并使用startGyroUpdatesToQueue:withHandler开始接收更新。陀螺仪的处理程序接收一个类型为CMGyroData的对象gyroData；还与加速计处理程序一样，接收一个NSError对象。我们感兴趣的是gyroData的rotation属性，其类型为CMRotationRate。这个属性提供了绕x、y和z轴的旋转速度。

Did you Know?

提示：

只有2010年后的设备支持陀螺仪。要检查设备是否提供了这种支持，可使用CMMotionManager的布尔属性gyroAvailable，如果其值为YES，则表明当前设备支持陀螺仪，可使用它。

处理完加速计和陀螺仪更新后，便可停止接收这些更新，为此可分别调用CMMotion Manager的方法stopAccelerometerUpdates和stopGyroUpdates。

是不是感到迷惑？不用担心，在代码中结合使用它们后，您就会更明白。

Did you Know?

提示：

前面没有解释包含NSOperationQueue的代码。操作队列（operation queue）是一个需要处理的操作（如加速计和陀螺仪读数）列表。需要使用的队列已经存在，可使用代码[NSOperationQueue currentQueue]。只要您这样做，就无需手工管理操作队列。

18.3 检测朝向

为介绍如何检测移动，将首先创建一个名为Orientation的应用程序。该应用程序不会让用户叫绝，它只指出设备当前处于6种可能朝向中的哪种。应用程序Orientation将检测朝向正立、倒立、左立、右立、正面朝向和正面朝下。

18.3.1 实现概述

为创建应用程序Orientation，我们将设计一个只包含一个标签的界面；然后编写一个方法，每当朝向发生变化时，都将调用它。为让这个方法被调用，我们必须向NSNotificationCenter注册，以便在合适的时候收到通知。

别忘了，这与界面旋转和大小调整不是一回事，它无需改变界面，且能够处理倒立和左立朝向。

18.3.2 创建项目

与往常一样，首先启动Xcode并新建一个项目。这里也使用可信赖的老朋友——模板

Single View Application，并将新项目命名为 Orientation。

1. 规划变量和连接

在这个项目中，主视图只包含一个标签，它可通过代码进行更新。该标签名为 orientationLabel，将显示一个指出设备当前朝向的字符串。

18.3.3 设计界面

该应用程序的 UI 很简单（也很时髦）：一个黄色文本标签漂浮在一片灰色海洋中。为创建界面，首先选择文件 MainStoryboard.storyboard，在 Interface Builder 编辑器中打开它。

接下来，打开对象库（View>Utilities>Show Object Library），拖曳一个标签到视图中，并将其文本设置为 Face Up。

使用 Attributes Inspector（Option + Command + 4）设置标签的颜色、增大字号并让文本居中。配置标签的属性后，对视图做同样的处理，将其背景色设置成与标签相称。

提示：

现在是实际使用第 15 章介绍的技巧的绝好时机：在设备旋转时，让文本在屏幕上居中。并非必须这样做，但这是一种不错的做法。

Did you Know?

最终的视图应类似于如图 18.4 所示。

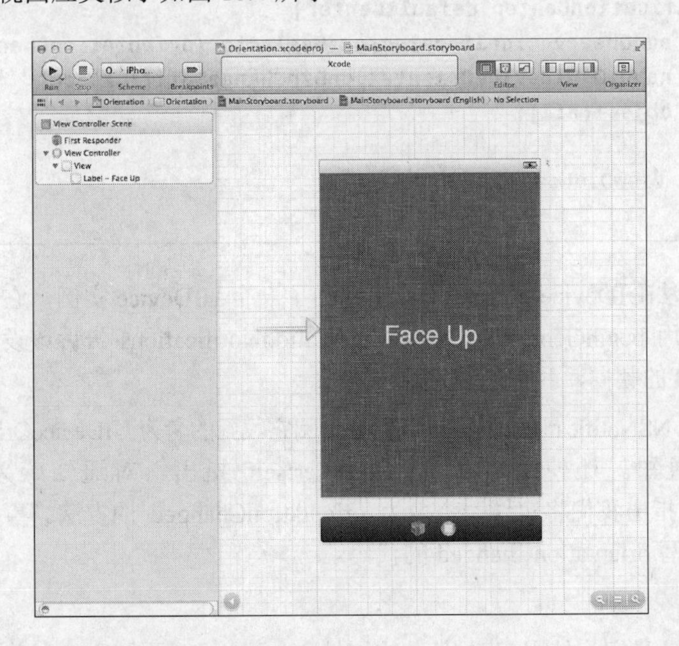

图 18.4

应用程序 Orientation 的 UI

18.3.4 创建并连接输出口

在加速器指出设备的朝向发生变化时，该应用程序需要能够修改标签的文本。为此，需要为前面添加的标签创建连接。在界面可见的情况下，切换到助手编辑器模式。

按住 Control 键，从标签拖曳到文件 ViewController.h 中代码行@interface 下方，并在 Xcode

提示时将输出口命名为 orientationLabel。这就是到代码的桥梁：只有一个输出口，没有操作。

18.3.5 实现应用程序逻辑

还有两个问题需要解决。首先，必须告诉 iOS，我们希望在设备朝向发生变化时得到通知；其次，必须对设备朝向发生变化做出响应。由于这是您第一次接触通知中心，它可能看起来优点不同寻常，但请将重点放在结果上。当您能够看到结果时，处理通知的代码就不难理解。

1．注册朝向更新

当这个应用程序的视图显示时，需要指定一个方法，将接收来自 iOS 的 UIDeviceOrientationDidChangeNotification 通知。还应告诉设备本身，它应开始生成这些通知，以便我们能够做出响应。所有这些工作都可在文件 ViewController.m 中的方法 viewDidLoad 中完成。请按程序清单 18.2 实现方法 viewDidLoad。

程序清单 18.2 开始监视朝向变化

```
 1: - (void)viewDidLoad
 2: {
 3:     [[UIDevice currentDevice] beginGeneratingDeviceOrientationNotifications];
 4:
 5:     [[NSNotificationCenter defaultCenter]
 6:             addObserver:self selector:@selector(orientationChanged:)
 7:             name:@"UIDeviceOrientationDidChangeNotification"
 8:             object:nil];
 9:
10:     [super viewDidLoad];
11: }
```

在第 3 行，使用方法[UIDevice currentDevice]返回了一个 UIDevice 实例，它表示运行应用程序的设备；然后使用 beginGeneratingDeviceOrientationNotifications 告诉该设备：如果用户改变了 iPhone 或 iPad 的朝向，我们想获悉这一点。

第 5～8 行告诉对象 NSNotificationCenter：我们要订阅它收到的名为 UIDeviceOrientation DidChangeNotification 的通知。还使用消息 addObserver:self 指出，对通知感兴趣的类为 ViewController；最后，指出我们将实现一个名为 orientationChanged 的方法。事实上，现在余下的唯一任务就是编写 orientationChanged 的代码。

2．判断朝向

为判断设备的朝向，我们将使用 UIDevice 的属性 orientation。不同于本书前面处理过的其他值，属性 orientation 的类型为 UIDeviceOrientation（简单常量，而不是对象），这意味着可使用一条简单的 switch 语句检查每种可能的朝向，并在需要时更新界面中的标签 orientationLabel。

请按程序清单 18.3 实现方法 orientationChanged。

程序清单 18.3 在朝向发生变化时更新标签

```
 1: - (void)orientationChanged:(NSNotification *)notification {
 2:
 3:     UIDeviceOrientation orientation;
 4:     orientation = [[UIDevice currentDevice] orientation];
 5:
 6:     switch (orientation) {
 7:         case UIDeviceOrientationFaceUp:
 8:             self.orientationLabel.text=@"Face Up";
 9:             break;
10:         case UIDeviceOrientationFaceDown:
11:             self.orientationLabel.text=@"Face Down";
12:             break;
13:         case UIDeviceOrientationPortrait:
14:             self.orientationLabel.text=@"Standing Up";
15:             break;
16:         case UIDeviceOrientationPortraitUpsideDown:
17:             self.orientationLabel.text=@"Upside Down";
18:             break;
19:         case UIDeviceOrientationLandscapeLeft:
20:             self.orientationLabel.text=@"Left Side";
21:             break;
22:         case UIDeviceOrientationLandscapeRight:
23:             self.orientationLabel.text=@"Right Side";
24:             break;
25:         default:
26:             self.orientationLabel.text=@"Unknown";
27:             break;
28:     }
29: }
```

其中的逻辑非常简单。每当收到设备朝向更新时，这个方法都将被调用。将通知作为参数传递给了这个方法，但没有使用它。

第 3 行声明了变量 orientation，第 4 行将属性 orientation 的值赋给了这个变量。

第 6～28 行实现了一条 switch 语句，有关这种语句的更详细信息，请参阅第 3 章。这条 switch 语句将每个可能的朝向常量与变量 orientation 进行比较，如果匹配，则相应地设置标签 orientationLabel 的属性 text。

18.3.6 生成应用程序

保存文件，并运行该应用程序，结果应类似于图 18.5。如果您在 iOS 模拟器中运行该应用程序，可旋转虚拟硬件（从菜单 Hardware 中选择 Rotate Left 或 Rotate Right），但无法切换到正面朝上和正面朝下这两种朝向。

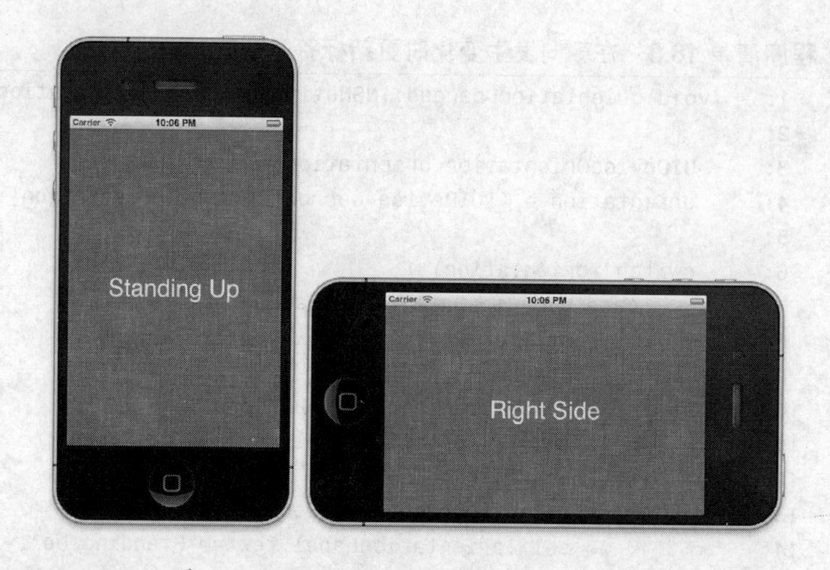

图 18.5
运行的应用程序 Orientation

18.4 检测倾斜和旋转

在应用程序 Orientation 中，没有考虑加速计提供的精确值，而只让 iOS 判断极端朝向。应用程序经常要获悉这些朝向之间的过渡状态，如设备处于左立与正立或倒立之间的某个位置。

假设要创建一个这样的赛车游戏，即通过让 iPhone 左右倾斜来表示方向盘，而前后倾斜表示油门和制动，则为让游戏做出正确的响应，知道玩家将方向盘转了多少以及将油门和制动踏板踏下了多少很有用。

考虑到陀螺仪提供的测量值，应用程序现在能够知道设备是否在旋转，即使其倾斜角度没有变化。想想在玩家之间进行切换的游戏吧，玩这种游戏时，只需将 iPhone 或 iPad 放在桌面上并旋转它。

18.4.1 实现概述

在下一个示例应用程序 ColorTilt 中，将在用户左右倾斜或加速旋转设备时，将一种纯色逐渐变成透明的。将在视图中添加两个开关（UISwitch），用于启用/禁用加速计和陀螺仪。

该应用程序没有赛车游戏有趣，但可在 1 小时内完成，且在您考虑编写下一款优秀的 iOS 运动应用程序时，这里学到的所有知识都将发挥作用。

18.4.2 创建项目

启动 Xcode，使用模板 Single View Application 新建一个项目，并将其命名为 ColorTilt。

1．添加框架 Core Motion

这个项目依赖于 Core Motion 来访问加速计和陀螺仪，因此首先必须将框架 Core Motion

添加到项目中。为此，选择项目 ColorTilt 的顶级编组，并确保编辑器区域显示的是 Summary 选项卡。

接下来，向下滚动到 Linked Frameworks and Libraries 部分。单击列表下方的+按钮，从出现的列表中选择 CoreMotion.framework，再单击 Add 按钮，如图 18.6 所示。

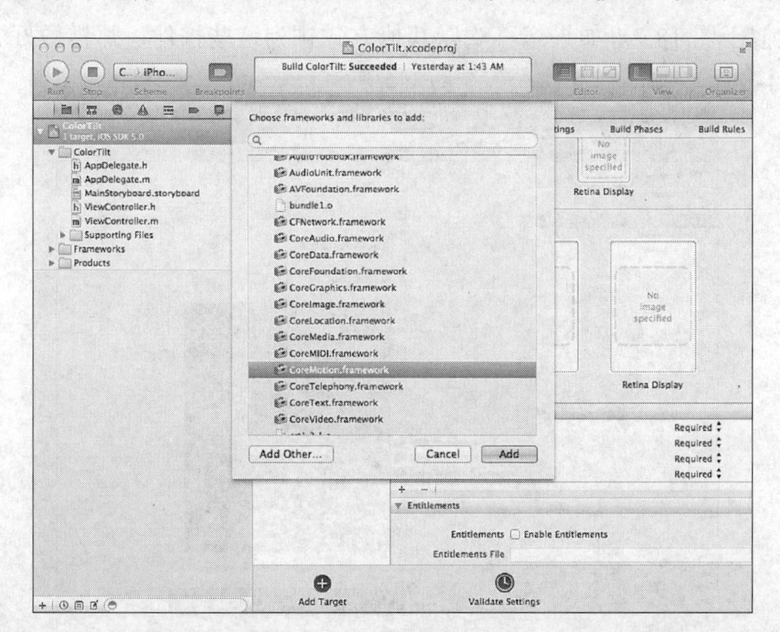

图 18.6
将框架 Core Motion 加入到项目中

By the Way

注意：

将框架 Core Motion 加入到项目时，它可能不会位于现有项目编组中。出于整洁性考虑，将其拖曳到编组 Frameworks 中。并非必须这样做，但这让项目更整洁有序。

2．规划变量和连接

接下来需要确定所需的变量和连接。具体地说，需要为一个改变颜色的 UIView 创建输出口（colorView）；还需为两个 UISwitch 实例创建输出口（toggleAccelerometer 和 toggleGyroscope），这两个开关指出了是否要监视加速计和陀螺仪。另外，这些开关还触发操作方法 controlHardware，这个方法开启/关闭硬件监控。

还需要一个指向 CMMotionManager 对象的实例变量/属性，我们将其命名为 motionManager。这个实例变量/属性不直接关联到故事板中的对象，而是功能实现逻辑的一部分，我们将在控制器逻辑实现中添加它。

18.4.3 设计界面

与应用程序 Orientation 一样，应用程序 ColorTilt 的界面也不是什么艺术品。它需要包含几个开关和标签，还需包含一个视图。选择文件 MainStoryboard.storyboard，以打开界面。

从对象库拖曳两个 UISwitch 实例到视图右上角，将其中一个放在另一个上方。使用 Attributes Inspector（Option + Command + 4）将每个开关的默认设置都设置为 Off。

接下来，在视图中添加两个标签（UILabel），将它们分别放在开关的左边，并将其文本分别设置为 Accelerometer 和 Gyroscope。

最后，拖曳一个 UIView 实例到视图中，并调整其大小，使其适合开关和标签下方的区域。使用 Attributes Inspector 将视图的背景改为绿色。

最终的视图应类似于图 18.7。如果您喜欢以其他方式排列这些控件，那样做好了。

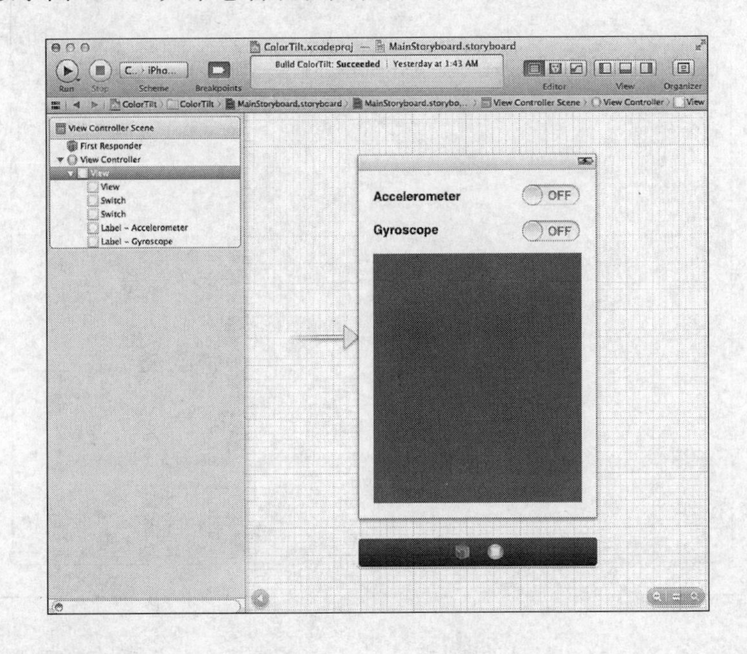

图 18.7

创建包含两个开关、两个标签和一个彩色视图的界面

18.4.4 创建并连接输出口和操作

在这个项目中，使用的输出口和操作不多，但并非所有的连接都是显而易见的。下面列出要使用的输出口和操作。

需要的输出口如下。

- 将改变颜色的视图（UIView）：colorView。
- 禁用/启用加速计的开关（UISwitch）：toggleAccelerometer。
- 禁用/启用陀螺仪的开关（UISwitch）：toggleGyroscope。

需要的操作如下。

- 根据开关的设置开始/停止监视加速计/陀螺仪：controlHardware。

确保选择了文件 MainStoryboard.storyboard，再切换到助手编辑器模式。如果必要，在工作区腾出一些空间。

1．添加输出口

首先，按住 Control 键，并从视图拖曳到文件 ViewController.h 中代码行@interface 下方。在 Xcode 提示时将输出口命名为 colorView，如图 18.8 所示。对两个开关重复上述过程，将标签 Accelerometer 旁边的开关连接到 toggleAccelerometer，并将标签 Gyroscope 旁边的开关连接到 toggleGyroscope。

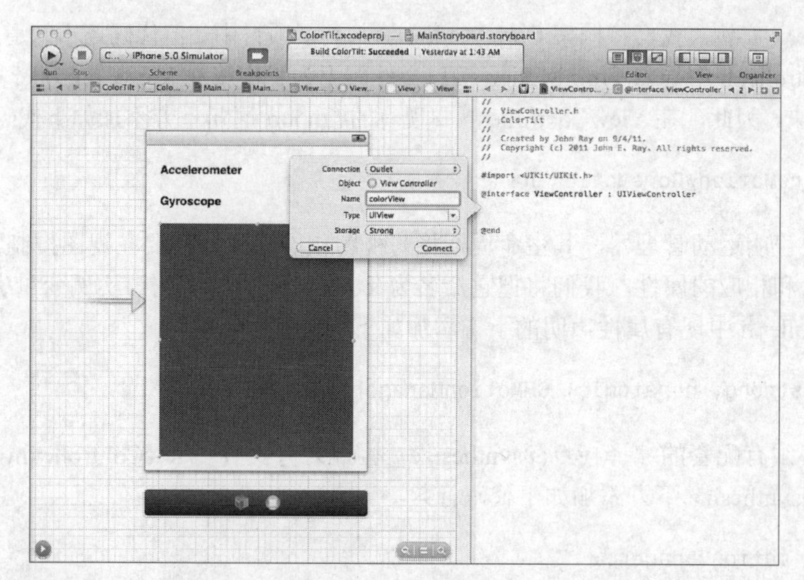

图 18.8 将对象连接到输出口

2．添加操作

为完成连接，需要对这两个开关进行配置，使其 Value Changed 事件发生时调用方法 controlHardware。为此，首先按住 Control 键，从加速计开关拖曳到文件 ViewController.h 中最后一个@property 行下方。

在 Xcode 提示时，新建一个名为 controlHardware 的操作，并将响应的开关事件指定为 Value Changed。这就处理好了第一个开关，但这里要将两个开关连接到同一个操作。本书前面介绍过，实现这个目的的方式有多种。

最准确的方式是，选择第二个开关，从 Connections Inspector（Option + Command + 6）中的输出口 Value Changed 拖曳到您刚在文件 ViewController.h 中创建的代码行 controlHardware IBAction。但也可按住 Control 键，并从第二个开关拖曳到代码行 controlHardware IBAction，这是因为当您建立从开关出发的连接时，Interface Builder 编辑器将默认使用事件 Value Changed。请采取上述方法之一建立该连接。

18.4.5 实现应用程序逻辑

要让应用程序正常运行，需要处理多项工作。

（1）初始化 Core Motion 运动管理器（CMMotionManager）并对其进行配置。

（2）管理事件以启用/禁用加速计和陀螺仪（controlHardware），并在启用了这些硬件时注册一个处理程序块。

（3）响应加速计/陀螺仪更新，修改背景色和透明度值。

（4）放置界面旋转；旋转将干扰反馈显示。

下面来编写实现这些功能的代码。

1．初始化 Core Motion 运动管理器

应用程序 ColorTilt 启动时，需要分配并初始化一个 Core Motion 运动管理器

（CMMotionManager）实例。我们将框架 Core Motion 加入到了项目中，但代码还不知道它。需要在文件 ViewController.h 中导入 Core Motion 接口文件，因为我们将在 ViewController 类中调用 Core Motion 方法。为此，在 ViewController.h 中现有的#import 语句下方添加如下代码行：

```
#import <CoreMotion/CoreMotion.h>
```

接下来，需要声明运动管理器。其生命周期将与视图相同，因此需要在视图控制器中将其声明为实例变量和相应的属性。我们将把它命名为 colorView。为声明该实例变量/属性，在文件 ViewController.h 中现有属性声明的下方添加如下代码行：

```
@property (strong, nonatomic) CMMotionManager *motionManager;
```

每个属性都必须有配套的编译指令@synthesize，因此打开文件 ViewController.m，并在现有的编译指令@synthesize 下方添加如下代码行：

```
@synthesize motionManager;
```

处理运动管理器生命周期的最后一步是，在视图不再存在时妥善地清理它。对所有实例变量（它们通常是自动添加的）都必须进行清理，方法是在视图控制器的方法 viewDidUnload 中将它们设置为 nil。请在方法 viewDidUnload 中添加如下代码行：

```
[self setMotionManager:nil];
```

至此，为使用 Core Motion 方法做好了准备：我们在视图控制器类中定义了一个实例变量/属性，可使用它来存储和操纵运动管理器对象。

接下来，初始化运动管理器，并根据要以什么样的频率（单位为秒）从硬件那里获得更新来设置两个属性：accelerometerUpdateInterval 和 gyroUpdateInterval。我们希望每秒更新 100 次，即更新间隔为 0.01 秒。这将在方法 viewDidLoad 中进行，这样 UI 显示到屏幕上后，就将开始监控。

请按程序清单 18.4 修改方法 viewDidLoad。

程序清单 18.4 初始化运动管理器

```
- (void)viewDidLoad
{
    self.motionManager = [[CMMotionManager alloc] init];
    self.motionManager.accelerometerUpdateInterval = .01;
    self.motionManager.gyroUpdateInterval = .01;
    [super viewDidLoad];
}
```

下一步是实现操作 controlHardware，以便任何一个开关的状态发生变化时，运动管理器都将开始/终止从加速计/陀螺仪那里获取读数。

2．管理加速计和陀螺仪更新

方法 controlHardware 后面的逻辑很简单。如果加速计开关是开的，则请求 CMMotion

Manager 实例 motionManager 开始监视加速计。每次更新都将由一个处理程序块进行处理，为简化工作，该处理程序块调用方法 doAcceleration。如果这个开关是关的，则停止监视加速计。

陀螺仪的实现与此类似，但每次更新时陀螺仪处理程序块都将调用方法 doGyroscope。

请按程序清单 18.5 实现方法 controlHardware。

程序清单 18.5　方法 controlHardware 的实现

```
 1: - (IBAction)controlHardware:(id)sender {
 2:     if ([self.toggleAccelerometer isOn]) {
 3:         [self.motionManager
 4:            startAccelerometerUpdatesToQueue:[NSOperationQueue currentQueue]
 5:            withHandler:^(CMAccelerometerData *accelData, NSError *error) {
 6:                [self doAcceleration:accelData.acceleration];
 7:         }];
 8:     } else {
 9:         [self.motionManager stopAccelerometerUpdates];
10:     }
11:
12:     if ([self.toggleGyroscope isOn] && self.motionManager.gyroAvailable) {
13:         [self.motionManager
14:            startGyroUpdatesToQueue:[NSOperationQueue currentQueue]
15:            withHandler:^(CMGyroData *gyroData, NSError *error) {
16:                [self doRotation:gyroData.rotationRate];
17:         }];
18:     } else {
19:         [self.toggleGyroscope setOn:NO animated:YES];
20:         [self.motionManager stopGyroUpdates];
21:     }
22: }
```

下面详细解释这个方法，确保您跟上我的步调。

第 2 行检查加速计开关（UISwitch）是否为 On，如果是，第 3～7 行命令运动管理器开始发送加速计更新，并指定一个处理更新的代码块。这个代码块只有一行（第 6 行），它调用方法 doAcceleration，并将处理程序收到的 CMAccelerometerData 对象的 acceleration 属性传递给这个方法。这个属性是一个简单结构，包含组分 x、y 和 z，它们分别是沿相应轴的加速度。

第 8～10 行处理加速计开关处于关闭状态的情形：使用运动管理器的方法 stopAccelerometer Updates 终止对加速计的监视。

从第 12 行开始，对陀螺仪做了相同处理，但有一些细微的差别。在第 13 行的条件语句中，还检查了 motionManager（CMMotionManager）的属性 gyroAvailable。这是一个布尔属性，指出设备是否装备了陀螺仪。如果没有，就不应读取其数据，因此第 19 行关闭相应的开关。

相比于加速计代码，另一个不同之处是，处理来自陀螺仪的更新时（第 16 行），调用了方法 doRotation，并将陀螺仪的旋转数据传递给它。这些数据包含在简单结构 rotationRate 中，该结构包含组分 x、y 和 z，它们分别是绕相应轴的旋转速度，单位为弧度每秒。

最后，如果陀螺仪开关处于关闭状态，则调用运动管理器的方法 stopGyroUpdates（第 20 行）。

至此，编写好了这样的代码：设置运动管理器；开始和结束更新；调用方法 doAccelerometer 和 doGyroscope，并将 iOS 硬件提供的合适数据传递给它们。最后一步是什么呢？实现方法 doAccelerometer 和 doGyroscope。

Did you Know?

提示：

如果您确信将在应用程序中同时使用加速计和陀螺仪，可同时请求这两个硬件的更新，为此，可使用使用 Core Motion 运动管理器（CMMotionManager）的方法 startDeviceMotionUpdatesToQueue:withHandler。这将两个传感器组合到一个方法中，并使用一个处理程序块处理它们的更新。

3．响应加速计更新

这里首先实现 doAccelerometer，因为它更复杂。这个方法需要完成两项任务。首先，如果用户急剧移动设备，它将修改 colorView 的颜色；其次，如果用户绕 x 轴慢慢倾斜设备，它应让当前背景色逐渐变得不透明。

要修改颜色，需要检测运动。为此，一种方法是找出大于 1g 的力，这非常适合检测快速而剧烈的移动。另一种更精细的方法是，实现一个过滤器来计算重力与加速计测量得到的力之间的差。这里的实现将使用前一种方法。

为在设备倾斜时改变透明度值，这里只考虑 x 轴。x 轴离垂直方向（读数为 1.0 或-1.0）越近，就将颜色设置得越不透明（alpha 值越接近 1.0）；x 轴的读数越接近 0，就将颜色设置得越透明（alpha 值越接近 0）。将使用 C 语言函数 fabs( )获取读数的绝对值，因为在这个示例中，不关心设备向左还是向右倾斜。

在实现文件 ViewController.m 中实现这个方法前，先在接口文件 ViewController.h 中声明它。为此，在操作声明下方添加如下代码行：

```
- (void)doAcceleration:(CMAcceleration)acceleration;
```

并非必须这样做，但让类中的其他方法（具体地说，是需要使用这个方法的 controlHardware）知道这个方法存在。如果您不这样做，必须在实现文件中确保 doAccelerometer 在 controlHardware 前面。

请按程序清单 18.6 所示实现方法 doAccelerometer。

程序清单 18.6　方法 doAccelerometer 的实现

```
1: - (void)doAcceleration:(CMAcceleration)acceleration {
2:     if (acceleration.x > 1.3) {
3:         self.colorView.backgroundColor = [UIColor greenColor];
4:     } else if (acceleration.x < -1.3) {
```

```
 5:         self.colorView.backgroundColor = [UIColor orangeColor];
 6:     } else if (acceleration.y > 1.3) {
 7:         self.colorView.backgroundColor = [UIColor redColor];
 8:     } else if (acceleration.y < -1.3) {
 9:         self.colorView.backgroundColor = [UIColor blueColor];
10:     } else if (acceleration.z > 1.3) {
11:         self.colorView.backgroundColor = [UIColor yellowColor];
12:     } else if (acceleration.z < -1.3) {
13:         self.colorView.backgroundColor = [UIColor purpleColor];
14:     }
15:
16:     double value = fabs(acceleration.x);
17:     if (value > 1.0) { value = 1.0;}
18:     self.colorView.alpha = value;
19: }
```

这里的逻辑非常简单。第 2～14 行检查沿每条轴的加速度，看它们是否大于 1.3（或小于 −1.3），即是否大于设备的重力。如果是，则将视图 colorView 的属性 backgroundColor 设置为六个预定义的颜色之一。换句话说，如果您沿任何方向摇晃设备，颜色都将改变。

提示：

一些试验表明，+/−1.3g 是判断快速移动的不错标准。请自己尝试几个其他的值，您可能认为其他值更合适。

Did you Know?

第 16 行声明了一个双精度浮点变量 value，它用于存储沿 x 轴的加速度（acceleration.x）的绝对值。当设备轻微倾斜时，这个指标将用于加亮或加暗颜色。

如果 value 大于 1.0，则将其重置为 1.0，如第 18 行所示。

第 18 行将 colorView 的属性 alpha 设置为 value 的值。至此该方法的实现就完成了。

很不错吧？陀螺仪的实现甚至更容易。

4. 响应陀螺仪更新

响应陀螺仪更新比响应加速计更新更容易，因为用户旋转设备时，我们不需要修改颜色，而只修改 colorView 的 alpha 属性。这里不是在用户沿特定方向旋转设备时修改透明度，而检测全部 3 个方向的综合旋转速度。这是在一个名为 doRotation 的新方法中实现的。

同样，实现方法 doRotation 前，先在接口文件 ViewController.h 中声明它，否则必须在文件 ViewController.m 中确保这个方法在 controlHardware 前面。为此，文件 ViewController.h 中的最后一个方法声明下方添加如下代码行：

```
- (void)doRotation:(CMRotationRate)rotation;
```

现在，按程序清单 18.7 实现方法 doRotation。

程序清单 18.7 方法 doRotation 的实现

```
1: - (void)doRotation:(CMRotationRate)rotation {
2:     double value = (fabs(rotation.x)+fabs(rotation.y)+fabs(rotation.z))/8.0;
3:     if (value > 1.0) { value = 1.0;}
4:     self.colorView.alpha = value;
5: }
```

第 2 行将 value 声明为一个双精度浮点变量，并将其设置为沿 3 条轴的旋转速度（rotation.x、rotation.y 和 rotation.z）的绝对值之和，再除以 8.0。

By the Way

注意：

为何要除以 8.0 呢？因为 alpha 为 1.0 时表示纯色，而旋转速度 1（1 弧度每秒）意味着设备每秒旋转半圈。实际上，要获得良好的效果，这样的旋转速度太慢了：只需将设备颠倒就能显示纯色。

通过除以 8.0，旋转速度必须至少每秒 4 圈（8 弧度）才能让 value 变成 1，这意味着要让视图的背景变成纯色，要旋转得快得多。

第 3 行检查 value 是否大于 1.0，如果是，则将其重置为 1.0，因为这是 alpha 属性的最大可能取值。

最后，第 4 行将视图 colorView 的 alpha 属性设置为计算得到的值。

5．禁止界面旋转

现在，您可以运行这个应用程序了，但我们编写的方法可能不能提供很好的视觉反馈。为什么呢？Apple 提供的 iOS 模板默认启用了界面旋转。这意味着当用户旋转设备时，界面也将在必要时发生变化。由于界面旋转动画的干扰，让用户无法看到视图的颜色快速改变。

为禁用界面旋转，在文件 ViewController.m 中找到方法 shouldAutorotateToInterfaceOrientation，并将其修改成只包含下面一行代码：

```
return NO;
```

这样，无论设备出于哪种朝向，界面都不会旋转，从而让界面变成静态的。

18.4.6 生成应用程序

至此，这个应用程序就完成了。插入您的 iOS 设备（该应用程序不适合在模拟器中运行），在 Xcode 工具栏的 Scheme 下拉列表中选择插入的设备，再单击 Run 按钮。尝试急剧移动、倾斜和旋转，结果如图 18.9 所示。请务必尝试同时启用加速计和陀螺仪，然后尝试每次启用其中一个。

本章介绍的内容很多，您现在能够使用 iOS 设备的核心功能之一（运动）了。更重要的是，您利用了最新、最强大的 Apple 框架：Core Motion。

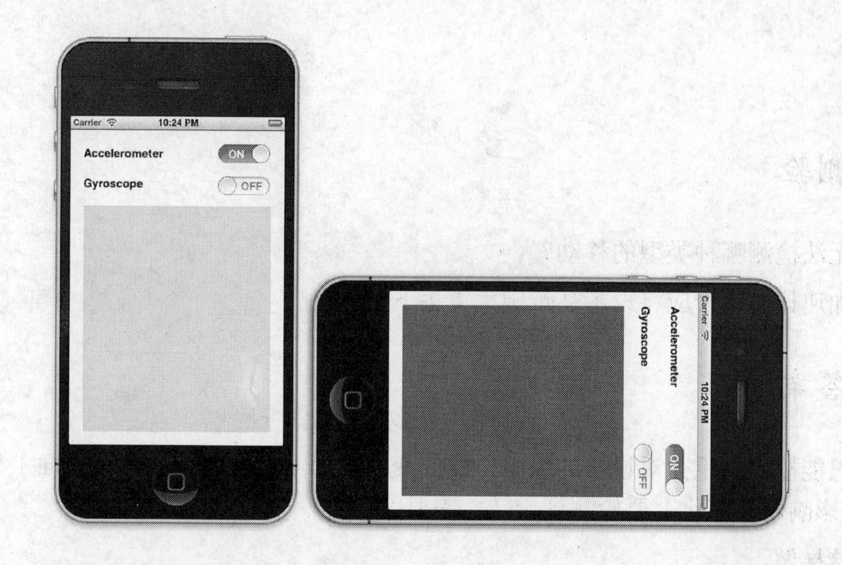

图 18.9
倾斜设备将改变背景色的不透明度

18.5 进一步探索

Core Motion 框架提供了一组优秀工具，可用于以类似方式处理所有的 iOS 运动硬件。建议您接下来阅读 Core Motion Framework Reference 和 Event Handling Guide for iOS，它们都可在 Xcode 开发文档系统中找到。您还应深入学习 CMAttitude 类，它让您能够获悉设备在特定时点的姿态（attitude）。它在一个方便的结构中包含了俯仰角、滚转角、偏航角（绕设备三条轴的旋转角度）。

无论如何读取移动数据，也不管使用哪些数据，您面临的最大挑战是，使用运动读数来实现比本章创建的两个应用程序更精准、更自然的界面。要为应用程序创建高效的运动界面，最佳的方法是取出布满灰尘的数学、物理和电子学课本，并快速复习其中的内容。

只需使用电子学和牛顿力学中最简单、最基本的方程，便可创建出引人注目的界面。在电子学中，低频滤波器（low-pass filter）消除突发信号，让基线信号的变化更平稳。这有助于检测设备的平稳移动和倾斜，并忽略上下震动和偶尔出现的峰值加速计读数和陀螺仪读数。高频滤波器的工作原理与此相反，它只检测急剧变化；这有助于消除重力的影响，只检测用户有意做出的移动，即使这种移动是沿重力作用轴进行的。

能够正确解释信号后，要让用户感觉界面自然，还需考虑另一个因素。界面的相应必须符合存在质量、力和动量的现实模拟世界，而不能像只有 1 和 0 的二进制数字世界。要在数字世界模拟现实世界，只需遵循十七世纪的基本物理学原理即可。

18.6 小结

现在，您知道了通过 Core Motion 使用朝向以及加速计和陀螺仪的所有技巧。您现在明白如何使用 Core Motion 运动管理器（CMMotionManager）直接获取传感器读数，以判断设备的朝向、倾斜、移动和旋转。您知道如何创建 CMMotionManager 实例、如何让该管理器开始发送运动更新以及如何诠释提供的读数。

18.7 作业

18.7.1 测验

1．加速计无法检测哪种类型的移动？

2．为测试加速计，是否应将设备从帝国大厦丢下？

18.7.2 答案

1．加速计只能检测到重力对设备的影响方面的变化，而不能检测到设备在桌面上旋转，因为此时重力的影响没有变化。要检测到旋转，需要陀螺仪。

2．不建议这样做。

18.7.3 练习

1．运行应用程序 Orientation 时，标签保持不动，只有文本不断变化。这意味着在 6 个朝向的 3 个（倒立、左立和右立）中，文本也是倒的或竖的。为修复这种问题，请不仅改变文本标签，还改变标签的朝向，让看屏幕的用户总是能够正常阅读文本。当设备的朝向为正立、正面朝下或正面朝向时，请务必将标签恢复到原来的朝向。

2．在应用程序 ColorTilt 的最终版本中，通过突然移动来改变视图的颜色。您可能注意到了，有时候难以得到正确的颜色。这是因为您突然移动后，加速计将提供减速读数，因此经常会出现这样的情况，即 ColorTilt 因加速而切换到正确的颜色后，马上因减速而切换到其他颜色。请在应用程序 ColorTilt 中添加延迟，让颜色最多每秒切换一次。这将更容易切换到正确的颜色，因为加速将改变颜色，但加速将被忽略。

第 19 章

使用多媒体

本章将介绍：

- 如何播放本地或远程（流式）文件中的视频；
- 在 iOS 设备中录制和播放视频；
- 如何在应用程序中访问内置的音乐库；
- 如何显示和访问内置照片库或相机中的图像；
- 使用 Core Image 过滤器轻松地操纵图像；
- 检索并显示有关当前播放的多媒体内容的信息。

每年都有新款 iPad 和 iPhone 问世，而每年我都加入了抢购的队列中。新款 iPhone 提供了神奇的功能吗？没有。事实上，我的主要目的是扩展存储空间，以容纳不断增大的多媒体库。声音、播客、电影、电视节目，我将它们都存储在 iOS 设备中。最初的 8GB iPhone 面世时，我认为怎么也用不完这么大的存储空间；但今天，为确保要存储的内容低于 64GB，我不得不缩减同步列表。

不可否认，iOS 是一个引人注目的多媒体播放平台。锦上添花的是，Apple 提供了一系列令人眼花缭乱的 Cocoa 类，可帮助您将多媒体（视频、照片、录音等）加入到应用程序中。本章介绍您可能想在应用程序中添加的多种多媒体功能。

19.1 探索多媒体

第 10 章介绍了用于播放简短（30 秒）声音文件的系统声音服务，这非常适合提醒音和类似用途，但几乎没有发挥 iOS 的潜力。本章将更进一步，让您能够在应用程序中充分利用播放功能甚至录制音频。

本章将使用 3 个新框架：Media Player、AV Foundation 和 Core Image。这些框架包含十几

个类，虽然无法在一章的篇幅中做全面介绍，但将让您对可以做什么以及如何做有深入认识。

除这些框架外，还将介绍 UIImagePickerController 类。通过在应用程序中加入这种简单对象，可访问照片库和相机。

Watch Out!

警告：采取合适的做法，而不要完全遵循我的做法

讨论这些框架和类时，我将提供演示其用法的代码片段。为让代码尽可能简单，我将一切都声明为简单变量，而不是属性。然而，在实际应用程序中，对于我创建的很多对象，最好将其声明为实例变量/属性。在示例中都将这样做，但在用于描述功能的代码片段中不会这样做。

19.1.1 Media Player 框架

Media Player 框架用于播放本地和远程资源中的视频和音频。在应用程序中，可使用它来打开模态 iPod 界面、选择歌曲以及控制播放。这个框架让您能够与设备提供的所有内置多媒体功能集成。在本章后面的示例中，将使用其中的 5 个类。

- MPMoviePlayerController：让您能够播放多媒体，无论它位于文件系统中还是远程 URL 处。播放器控制器可提供一个 GUI，用于浏览视频、暂停、快进、倒带或发送到 AirPlay。
- MPMediaPickerController：向用户提供用于选择要播放的多媒体的界面。您可以筛选媒体选择器显示的文件，也可让用户从多媒体库中选择任何文件。
- MPMediaItem：单个多媒体项，如一首歌曲。
- MPMediaItemCollection：表示一个将播放的多媒体项集。MPMediaPickerController 实例提供一个 MPMediaItemCollection 实例，可在下一个类（音乐播放器控制器）中直接使用它。
- MPMusicPlayerController：处理多媒体项和多媒体项集的播放。不同于电影播放器控制器，音乐播放器在幕后工作，让您能够在应用程序的任何地方播放音乐，而不管屏幕上当前显示的是什么。

要使用任何多媒体播放器功能，都必须导入框架 Media Player，并在要使用它的类中导入相应的接口文件：

```
#import <MediaPlayer/MediaPlayer.h>
```

这就为应用程序使用各种多媒体播放功能做好了准备。下面来看看这些多媒体播放器类的一些简单用例。

1．使用电影播放器

MPMoviePlayerController 类用于表示和播放电影文件。它可以在全屏模式下播放视频，也可在嵌入式视图中播放——要在这两种模式之间切换，只需调用一个简单的方法。它还可对当前视频启用 AirPlay。

要使用电影播放器，需要声明并初始化一个 MPMoviePlayerController 实例。为初始化这种实例，通常调用方法 initWithContentURL，并给它传递文件名或指向视频的 URL。

例如，要创建一个电影播放器，它播放应用程序内部的文件 movie.m4v，可使用如下代码：

```
NSString *movieFile = [[NSBundle mainBundle]
                        pathForResource:@"movie" ofType:@"m4v"];
MPMoviePlayerController *moviePlayer = [[MPMoviePlayerController alloc]
                                        initWithContentURL:
                                        [NSURL fileURLWithPath: movieFile]];
```

要添加 AirPlay 支持也很简单，只需将电影播放器对象的属性 allowsAirPlay 设置为 true 即可：

```
moviePlayer.allowsAirPlay=YES;
```

要指定将电影播放器加入到屏幕的什么地方，必须使用函数 CGRectMake 定义一个电影播放器将占据的矩形，然后将它加入到视图中。本书前面介绍过，CGRectMake 接受四个参数：x 坐标、y 坐标、宽度和高度（单位为点）。例如，要让电影播放器左上角的 x 和 y 坐标分别设置为 50 和 50 点，并将宽度和高度分别设置为 100 和 75 点，可使用如下代码：

```
[moviePlayer.view setFrame:CGRectMake(50.0, 50.0, 100.0 , 75.0)];
[self.view addSubview:moviePlayer.view];
```

要切换到全屏模式，可使用方法 setFullscreen:animated：

```
[moviePlayer setFullscreen:YES animated:YES];
```

最后，要启动播放，只需给电影播放器实例发送 play 消息：

```
[moviePlayer play];
```

要暂停播放，可发送 pause 消息；而要停止播放，可发送消息 stop。

支持哪些格式？

Apple 支持如下编码方法：H.264 Baseline Profile 3 以及.mov、.m4v、.mpv 或.mp4 容器中的 MPEG-4 Part 2 视频。在音频方面，支持的格式包括 AAC-LC 和 MP3。

下面是 iOS 支持的全部音频格式。

AAC（16～320Kbit/s）。

AIFF。

AAC Protected（来自 iTunes Store 的 MP4）。

MP3（16～320Kbit/s）。

MP3 VBR。

Audible（formats 2-4）。

Apple Lossless。

WAV。

2．处理播放结束

电影播放器播放完文件时，可能需要做些清理工作，包括将电影播放器从视图中删除。为此，可使用 NSNotificationCenter 类注册一个“观察者”。该观察者将监视来自对象 moviePlayer 的特定通知，并在收到这种通知时调用指定的方法。例如：

```
[[NSNotificationCenter defaultCenter]
                        addObserver:self
                        selector:@selector(playMovieFinished:)
                        name:MPMoviePlayerPlaybackDidFinishNotification
                        object:moviePlayer];
```

上述语句在类中添加一个观察者，它监视事件 MPMoviePlayerPlaybackDidFinish Notification，并在检测到这种事件时调用方法 playMovieFinished。

在方法 playMovieFinished 的实现中，必须删除通知观察者（因为我们不再需要等待通知），再执行其他的清理工作，如将电影播放器从视图中删除。程序清单 19.1 是这个方法的一种实现。

程序清单 19.1　处理播放结束通知

```
-(void)playMovieFinished:(NSNotification*)theNotification
{
    MPMoviePlayerController *moviePlayer=[theNotification object];
    [[NSNotificationCenter defaultCenter]
                        removeObserver:self
                        name:MPMoviePlayerPlaybackDidFinishNotification
                        object:moviePlayer];
    [moviePlayer.view removeFromSuperview];
}
```

注意到可使用[theNotification object]获取一个指向电影播放器的引用。这提供了一种简单的方式，让我们能够引用发出通知的对象——这里是电影播放器。

3．使用多媒体选择器

Apple 最初开放 iOS 开发时，并没有提供用于访问 iOS 音乐库的方法。这导致应用程序实现自定义库来用作背景音乐，给最终用户带来的用户体验不那么理想。所幸的是，这种限制已经不存在了。

要在应用程序中添加全面的音乐播放功能，需要实现一个多媒体选择器控制器（MPMediaPickerController），让用户能够选择音乐；还需实现一个音乐播放器控制器（MPMusicPlayerController），用于播放音乐。

MPMediaPickerController 显示一个界面，让用户能够从设备中选择多媒体文件。方法 initWithMediaTypes 初始化多媒体选择器，并限定可供用户选择的文件。

显示多媒体选择器之前，可调整其行为。为此，可将属性 prompt 设置为在用户选择多媒体时显示的字符串；还可设置属性 allowsPickingMultipleItems，以指定是否允许用户一次选择多个多媒体。

另外，还需设置其 delegate 属性，以便用户做出选择时，应用程序能够做出合适的反应——稍后将更详细地介绍这一点。配置好多媒体选择器后，就可使用方法 presentModalViewController 显示它了。程序清单 19.2 演示了如何配置并显示多媒体选择器。

程序清单 19.2　配置并显示多媒体选择器

```
MPMediaPickerController *mediaPicker;
mediaPicker = [[MPMediaPickerController alloc]
                        initWithMediaTypes: MPMediaTypeMusic];
mediaPicker.prompt = @"Choose Songs" ;
mediaPicker.allowsPickingMultipleItems = YES;
mediaPicker.delegate = self;
[self presentModalViewController:musicPicker animated:YES];
```

在上述示例代码中，注意到传递给 initWithMediaTypes 的参数值为 MPMediaTypeMusic。这是可应用于多媒体选择器的多种过滤器之一。

- MPMediaTypeMusic：音乐库。
- MPMediaTypeMusic：播客。
- MPMediaTypeMusic：录音书籍。
- MPMediaTypeAnyAudio：任何类型的音频文件。

显示多媒体选择器，而用户选择（或取消选择）歌曲后，就该委托登场了。通过遵守协议 MPMediaPickerControllerDelegate 并实现两个方法，可在用户选择多媒体或取消选择时做出响应。

（1）媒体选择器控制器委托

用户显示多媒体选择器并做出选择后，我们需要采取某种措施——具体采取什么措施，取决于两个委托协议方法的实现。第一个方法是 mediaPickerDidCancel，它在用户单击 Cancel 按钮时被调用；第二个是 mediaPicker:didPickMediaItems，在用户从多媒体库中选择了多媒体时被调用。

在用户取消选择时，正确的响应是关闭多媒体选择器（这是一个模态视图）。由于没有选择任何多媒体，因此无需做其他处理，如程序清单 19.3 所示。

程序清单 19.3　在用户取消选择时做出响应

```
- (void)mediaPickerDidCancel:(MPMediaPickerController *)mediaPicker {
        [self dismissModalViewControllerAnimated:YES];
}
```

然而，如果用户选择了多媒体，将调用 mediaPicker:didPickMediaItems，并通过一个 MPMediaItemCollection 对象将选择的多媒体传递给这个方法。这个对象包含指向所有选定多媒体项的引用，可用来将歌曲加入音乐播放器队列。鉴于还未介绍音乐播放器，将稍后介绍如何处理 MPMediaItemCollection。

除给播放器提供多媒体项集外，这个方法还应关闭多媒体选择器，因为用户已做出选择。

程序清单19.4 响应多媒体选择的方法的开头部分。

程序清单19.4 响应多媒体选择

```
- (void)mediaPicker: (MPMediaPickerController *)mediaPicker
didPickMediaItems:(MPMediaItemCollection *)mediaItemCollection {
    // Do something with the media item collection here
    [self dismissModalViewControllerAnimated:YES];
}
```

有关委托方法就介绍到这里。现在，可以配置并显示多媒体选择器、处理取消选择并在用户选择了多媒体时接收 MPMediaItemCollection 了。下面介绍如何实际使用用户选择的多媒体集。

4．使用音乐播放器

音乐播放器控制器（MPMusicPlayerController）的用法与电影播放器类似，但它没有屏幕控件，您也不需要分配和初始化这种控制器。相反，您只需声明它，并指定它将集成 iPod 功能还是应用程序本地播放器：

```
MPMusicPlayerController *musicPlayer;
musicPlayer=[MPMusicPlayerController iPodMusicPlayer];
```

这里创建了一个 iPodMusicPlayer，这意味着加入队列的歌曲和播放控制将影响系统级 iPod。如果创建的是 applicationMusicPlayer，则在应用程序中执行的任何操作都不会影响 iPod 播放。

接下来，为将音频加入该播放器，可使用其方法 setQueueWithItemCollection。此时多媒体选择器返回的多媒体项集将派上用场——可使用它将歌曲加入音乐播放器队列：

```
[musicPlayer setQueueWithItemCollection: mediaItemCollection];
```

将多媒体加入播放器队列后，便可给播放器发送诸如 play、stop、skipToNextItem 和 skipToPreviousItem 等消息，以控制播放：

```
[musicPlayer play];
```

要核实音乐播放器是否在播放音频，可检查其属性 playbackState。属性 playbackState 指出了播放器当前正执行的操作。

- MPMusicPlaybackStateStopped：停止播放音频。
- MPMusicPlaybackStatePlaying：正在播放音频。
- MPMusicPlaybackStatePaused：暂停播放音频。

另外，您还可能想访问当前播放的音频文件，以便给用户提供反馈；为此，可使用 MPMediaItem 类。

（1）访问多媒体项

MPMediaItemCollection 包含的多媒体项为 MPMediaItem。要获取播放器当前访问的

MPMediaItem，只需使用其属性 NowPlayingItem：

```
MPMediaItem *currentSong;
currentSong=musicPlayer.nowPlayingItem;
```

通过调用 MPMediaItem 的方法 valueForProperty，并给它传递多个预定义的属性名之一，可获取为多媒体文件存储的元数据。例如，要获取当前歌曲的名称，可使用如下代码：

```
NSString *songTitle;
songTitle=[currentSong valueForProperty:MPMediaItemPropertyTitle];
```

其他预定义的属性包括如下 4 项。

- MPMediaItemPropertyArtist：创作多媒体项的艺术家。
- MPMediaItemPropertyGenre：多媒体项的流派。
- MPMediaItemPropertyLyrics：多媒体项的歌词。
- MPMediaItemAlbumTitle：多媒体项所属专辑的名称。

这只是其中的几个元数据。您还可使用类似的属性访问 BPM 以及其他数据，这些属性可在 MPMediaItem 类参考文档中找到。

Media Player 框架涵盖的内容非常多，无法用一章的篇幅全面介绍，更别说还不到一章的篇幅了；因此建议您只将这里介绍的内容作为起点。还有大量其他功能可加入到应用程序中，而这只需编写少量的代码。

19.1.2 AV Foundation 框架

虽然 Media Player 框架可满足所有普通多媒体播放需求，但 Apple 推荐使用 AV Foundation 框架来实现大部分系统声音服务不支持的、超过 30 秒的音频播放功能。另外，AV Foundation 框架还提供了录音功能，让您能够在应用程序中直接录制声音文件。这看似是一项复杂的编程任务，但只需 4 条语句就可做好准备，并开始录音了。

要在应用程序中添加音频播放和录音功能，只需要两个新类。

- AVAudioRecorder：以各种不同的格式将声音录制到内存或设备本地文件中。录音过程可在应用程序执行其他功能时持续进行。
- AVAudioPlayer：播放任意长度的音频。使用这个类可实现游戏配乐和其他复杂的音频应用程序。您可全面控制播放过程，包括同时播放多个音频。

要使用 AV Foundation 框架，必须将其加入到项目中，再导入两个（而不是一个）接口文件：

```
#import <AVFoundation/AVFoundation.h>
#import <CoreAudio/CoreAudioTypes.h>
```

文件 CoreAudioTypes.h 定义了多种音频类型，我们希望能够通过名称引用它们，因此必须导致该文件。

1. 使用 AV 音频播放器

要使用 AV 音频播放器播放音频文件，需要执行的步骤与使用电影播放器相同，这在前面介绍过。首先，创建一个引用本地或远程文件的 NUSRL 实例，然后分配播放器，并使用 AVAudioPlayer 的方法 initWithContentsOfURL:error 初始化它。

例如，要创建一个音频播放器，以播放存储在当前应用程序中的声音文件 sound.wav，可编写如下代码：

```
NSString *soundFile = [[NSBundle mainBundle]
                        pathForResource:@"mysound" ofType:@"wav"];
AVAudioPlayer *audioPlayer = [[AVAudioPlayer alloc]
                        initWithContentsOfURL:[NSURL fileURLWithPath: soundFile]
                        error:nil];
```

要播放声音，可向播放器发送 play 消息：

```
[audioPlayer play];
```

要暂停或停止播放，只需发送消息 pause 或 stop。还有其他一些方法，可用于调整音频或跳转到音频文件的特定位置，这些方法可在类参考中找到。

（1）处理播放结束

如果要在 AV 音频播放器播放完声音时做出反应，可遵守协议 AVAudioPlayerDelegate，并将播放器的 delegate 属性设置为处理播放结束的对象：

```
audioPlayer.delegate=self;
```

然后，实现方法 audioPlayerDidFinishPlaying:successfully。程序清单 19.5 显示了这个方法的存根。

程序清单 19.5 处理播放结束

```
- (void)audioPlayerDidFinishPlaying:(AVAudioPlayer *)player
                       successfully:(BOOL)flag {
    // Do something here, if needed.
}
```

不同于电影播放器，不需要在通知中心添加通知，而只需遵守协议、设置委托并实现协议方法即可。在有些情况下，甚至都不需要这样做，而只需播放文件即可。

2. 使用 AV 录音机

在应用程序中录制音频只比播放音频稍难点。您指定用于存储录音的文件（NSURL），配置要创建的声音文件参数（NSDictionary），再使用上述文件和设置分配并初始化一个 AVAudioRecorder 实例。

首先，准备声音文件。如果您不想将录音保存到声音文件中，可将录音存储到 temp 目录；否则，应存储到 Documents 目录。有关访问文件系统的更详细信息，请参阅第 15 章。在下面的代码中，我创建了一个 NSURL，它指向 temp 目录中的文件 sound.caf：

```
NSURL *soundFileURL=[NSURL fileURLWithPath:
                     [NSTemporaryDirectory()
                     stringByAppendingString:@"sound.caf"]];
```

接下来，需要创建一个 NSDictionary，它包含录制的音频的设置：

```
NSDictionary *soundSetting = [NSDictionary dictionaryWithObjectsAndKeys:
        [NSNumber numberWithFloat: 44100.0],AVSampleRateKey,
        [NSNumber numberWithInt: kAudioFormatMPEG4AAC],AVFormatIDKey,
        [NSNumber numberWithInt: 2],AVNumberOfChannelsKey,
        [NSNumber numberWithInt: AVAudioQualityHigh],AVEncoderAudioQualityKey,
        nil];
```

上述代码创建一个名为 soundSetting 的 NSDictionary，其中的键和值的含义显而易见，我就不解释了。刚才是跟您开玩笑，实际上，除非您熟悉音频录制，否则很多键就像天书。下面简要地总结一下这些键。

- AVSampleRateKey：录音机每秒采集的音频样本数。
- AVFormatIDKey：录音的格式。
- AVNumberofChannelsKey：录音的声道数。例如，立体声为双声道。
- AVEncoderAudioQualityKey：编码器的质量设置。

注意：

要更详细地了解各种设置及其含义和可能取值，请参阅 Xcode 开发文档中的 AVAudioRecorder Class Reference（滚动到 Constants 部分）。

By the Way

指定声音文件和设置后，就可创建 AV 录音机实例了。为此，可分配一个这样的实例，并使用方法 initWithURL:settings:error 初始化它：

```
AVAudioRecorder *soundRecorder = [[AVAudioRecorder alloc]
                                  initWithURL: soundFileURL
                                  settings: soundSetting
                                  error: nil];
```

现在可以录音了。要录音，可给录音机发送 record 消息；要停止录音，可发送 stop 消息：

```
[soundRecorder record];
```

录制好后，就可使用 AV 音频播放器播放新录制的声音文件了。

19.1.3 图像选择器

图像选择器（UIImagePickerController）的工作原理与 MPMediaPickerController 类似，但不是显示一个可用于选择歌曲的视图，而显示用户的照片库。用户选择照片后，图像选择器返回一个相应的 UIImage 对象。

与 MPMediaPickerController 一样，图像选择器也以模态方式出现在应用程序中。好消息是，这两个对象都实现了自己的视图和视图控制器。因此，几乎只需调用 presentModalViewController 就能显示它们。

1．使用图像选择器

要显示图像选择器，可分配并初始化一个 UIImagePickerController 实例，再设置属性 sourceType，以指定用户可从哪些地方选择图像。

- UIImagePickerControllerSourceTypeCamera：使用设备的相机拍摄一张照片。
- UIImagePickerControllerSourceTypePhotoLibrary：从设备的照片库选择一张图片。
- UIImagePickerControllerSourceTypeSavedPhotosAlbum：从设备的相机胶卷选择一张图片。

接下来，应设置图像选择器的属性 delegate：将其设置为在用户选择（拍摄）照片或按 Cancel 按钮后，做出响应的对象。最后，使用 presentModalViewController:animated 显示图像选择器。程序清单 19.6 配置并显示了一个将相机作为图像源的图像选择器。

程序清单 19.6　配置并显示图像选择器

```
UIImagePickerController *imagePicker;
imagePicker = [[UIImagePickerController alloc] init];
imagePicker.sourceType=UIImagePickerControllerSourceTypeCamera;
imagePicker.delegate=self;
[[UIApplication sharedApplication] setStatusBarHidden:YES];
[self presentModalViewController:imagePicker animated:YES];
```

注意到其中包含一个不同寻常的代码行，它调用方法 setStatusBarHidden。这行代码隐藏应用程序的状态栏，因为照片库和相机界面需要以全屏模式显示。语句[UIApplication sharedApplication]获取应用程序对象，再调用其方法 setStatusBarHidden，以隐藏状态栏。

By the Way

注意：

您可能遇到过这样的情形，即可选择图像并在使用前进行缩放/裁剪。图像选择器也提供了这种功能。要启用它，可将 UIImagePickerController 的 allowsEditing 属性设置为 YES。

Did you Know?

提示：

如果您要判断设备是否装备了特定类型的相机，可使用 UIImagePicker Controller 的方法 isCameraDeviceAvailable，它返回一个布尔值：

```
[UIImagePickerController isCameraDeviceAvailable:<camera type>]
```

其中 camera type（相机类型）为 UIImagePickerControllerCamera DeviceRear 或 UIImagePickerControllerCameraDeviceFront。

2. 图像选择器控制器委托

要在用户取消选择图像或选择图像时采取相应的措施，必须让您的类遵守协议UIImagePickerControllerDelegate，并实现方法 imagePickerController:didFinishPickingMediaWithInfo 和 imagePickerControllerDidCancel。

首先，用户在图像选择器中做出选择时，将自动调用方法 imagePickerController:didFinishPickingMediaWithInfo。给这个方法传递了一个 NSDictionary 对象，它可能包含多项信息：图像本身、编辑后的图像版本（如果允许裁剪/缩放）或有关图像的信息。要获取所需的信息，必须提供相应的键。例如，要获取选定的图像（UIImage），需要使用UIImagePickerControllerOriginalImage 键。程序清单 19.7 是该方法的一个示例实现，它获取选择的图像、显示状态栏并关闭图像选择器。

程序清单 19.7 响应用户选择图像

```
- (void)imagePickerController:(UIImagePickerController *)picker
        didFinishPickingMediaWithInfo:(NSDictionary *)info {
    [[UIApplication sharedApplication] setStatusBarHidden:NO];
    [self dismissModalViewControllerAnimated:YES];
    UIImage *chosenImage=[info objectForKey:
                           UIImagePickerControllerOriginalImage];
    // Do something with the image here
}
```

提示：

有关图像选择器可返回的数据的更详细信息，请参阅 Apple 开发文档中的 UIImagePickerControllerDelegate 协议参考。

Did you Know?

在第二个协议方法中，对用户取消选择图像做出响应：显示状态栏，并关闭图像选择器这个模态视图。程序清单 19.8 是该方法的一个示例实现。

程序清单 19.8 响应用户取消选择图像

```
- (void)imagePickerControllerDidCancel:(UIImagePickerController *)picker {
    [[UIApplication sharedApplication] setStatusBarHidden:NO];
    [self dismissModalViewControllerAnimated:YES];
}
```

正如您看到的，图像选择器与多媒体选择器很像，掌握其中一个后，使用另一个就是小菜一碟了。

警告：想使用图像选择器？请遵守导航控制器委托协议

每当您使用图像选择器时，都必须遵守导航控制器委托（UINavigationControllerDelegate），好消息是无需实现该协议的任何方法，而只需在接口文件中引用它即可。

Watch Out!

19.1.4 Core Image 框架

Core Image 框架是 iOS 5.0 新增的，它提供了一些非破坏性方法，让您能够将滤镜应用于图像以及执行其他类型的图像分析（包括人脸识别）。如果您想在应用程序中添加神奇的图像效果，而又不想了解图像操纵背后复杂的数学知识，那么 Core Image 将是您最好的朋友。

要在应用程序使用 Core Image，首先需要添加 Core Image 框架，再导入其接口文件：

```
#import <CoreImage/CoreImage.h>
```

1．使用 Core Image 滤镜

为了解 Core Image 的工作原理，下面来看看如何在应用程序中使用它将棕色滤镜（CIFilter）应用于图像。Core Image 定义了一种新的非破坏性图像类型——CIImage，但本书前面使用的都是 UIImage（通常是在 UIImageView 中）。不用担心，在这两种图像类型之间转换并不难。例如，假设有一个名为 myImageView 的图像视图，要访问其底层 UIImage，并使用它来创建一个名为 imageToFilter 的 CIImage，可编写如下代码：

```
CIImage *imageToFilter=[[CIImage alloc] initWithImage:myImageView.image];
```

要应用滤镜，必须知道滤镜的名称及其所需的参数。例如，Core Image 棕色滤镜名为 CISepiaTone，它接受一个名为 inputIntensity 的参数，该参数的取值为 1.0 和 0.0 之间的数字（为 1.0 时不添加棕色）。有了这些知识后，就可创建一个新的 CIFilter，设置其默认值，执行额外的配置，再将输入图像（imageToFilter）传递给它，并获得一个新的 CIImage 了，如程序清单 19.9 所示。应用任何滤镜（CIFilter）时，这个流程都适用。

程序清单 19.9 使用 CIFilter 处理 CIImage

```
1: CIFilter *activeFilter = [CIFilter filterWithName:@"CISepiaTone"];
2: [activeFilter setDefaults];
3: [activeFilter setValue: [NSNumber numberWithFloat: 0.5]
4:                 forKey: @"inputIntensity"];
5: [activeFilter setValue: imageToFilter forKey: @"inputImage"];
6: CIImage *filteredImage=[activeFilter valueForKey: @"outputImage"];
```

第 1 行声明并创建一个棕色滤镜实例，第 2 行设置其默认值。第 3 行使用方法 setValue:forKey 将参数 inputIntensity 设置为 0.5。

第 5 行也使用这个方法将输入图像（imageToFilter）传递给滤镜。第 6 行使用 outputImage 键从获取应用滤镜后的图像，并将其赋给 filteredImage。

filteredImage 是一个 CIImage 对象，因此要使用它，很可能需要将它转换为 UIImage。UIImage 类的方法 imageWithCIImage 让这种任务很容易完成：

```
UIImage *myNewImage = [UIImage imageWithCIImage:filteredImage];
```

新的 UIImage（myNewImage）包含应用棕色滤镜后的图像。要在 UIImageView 中显示它，只需将 UIImageView 的属性 image 设置为这幅新图像即可。

提示：

有十多个内置的 Core Image 滤镜可供您在应用程序中使用。要获悉这些滤镜的名称及其所需的参数，请阅读开发文档 Core Image Filter Reference 以及 iOS 发布说明。

Did you Know?

至此，您学习了众多 iOS 多媒体框架的基本知识，下面在一个多媒体应用程序中应用这些知识。

我超越本章的步伐，编写了播放电影/录制音频/播放音频的代码，但不管用。为什么呢？

iOS 5 采用了 ARC，这导致很多方面与您预期的不一致：电影播放器呈现为黑色屏幕、录音机/音频播放器好像什么也不做。在 Apple 论坛，很多开发人员都报告了这些问题，而在本书编写期间，几乎找不到答案，但有很多规避这些问题的方案。

在我看来最简单的解决方案是，使用实例变量/属性引用这些对象，而不要仅仅声明、分配/初始化和使用它们，并祈求 ARC 会正确地清理它们。

在本章的示例中，将采用这种方法。这样，即使以后的 iOS 5.x 版没有解决这个问题，您编写的代码也能够按预期运行。

19.2 创建用于练习使用多媒体的应用程序

本章的重点是创建一个用于测试多媒体类的应用程序，而不是创建一个真实的应用程序。最终的应用程序将能够播放嵌入式或全屏视频、录制并播放音频、浏览并显示照片库（相机）中的图像、将滤镜应用于图像、选择并播放音乐库中的音乐。

19.2.1 实现概述

鉴于要实现的功能很多，请务必不要遗漏我们将定义的任何连接和属性。我们将首先创建一个应用程序骨架，然后通过实现前面讨论的功能使其变得丰满起来。

这个应用程序包含 5 个主要部分。首先是一个视频播放器，它在用户按下一个按钮时播放一个 MPEG-4 视频文件，还有一个开关可用于切换到全屏模式。其次，将创建一个有播放功能的录音机。第三，将添加一个按钮、一个开关和一个 UIImageView，按钮用于显示照片库或相机，UIImageView 用于显示选定的照片，而开关用于指定图像源。第四，选择图像后，用户可对其应用滤镜（CIFilter）。最后，将让用户能够从音乐库中选择歌曲以及开始和暂停播放；另外，还将使用一个标签在屏幕上显示当前播放的歌曲名。

19.2.2 创建项目

首先，在 Xcode 中使用模板 Single View Application 新建一个项目，并将其命名为 MediaPlayground。需要定义的框架和属性很多，请务必按这里描述的做。如果您在生成应用程序时遇到错误，很可能是遗漏了某个框架或配套的#import语句。

1．添加框架

在这个应用程序中，总共需要添加3个额外的框架，以支持多媒体播放（MediaPlayer.framework）、声音播放/录制（AVFoundation.framework）以及对图像应用滤镜（CoreImage.framework）。

选择项目MediaPlayground的顶级编组，并确保选择了目标MediaPlayground。接下来，单击编辑器中的Summary标签，在该选项卡中向下滚动，以找到Linked Frameworks and Libraries部分。单击列表下方的+按钮，并在出现的列表中选择MediaPlayer.framework，再单击Add按钮。

对AVFoundation.framework和CoreImage.framework重复上述操作。添加框架后，将它们拖放到编组Frameworks中，让项目整洁有序。最后的项目代码编组应类似于图19.1。

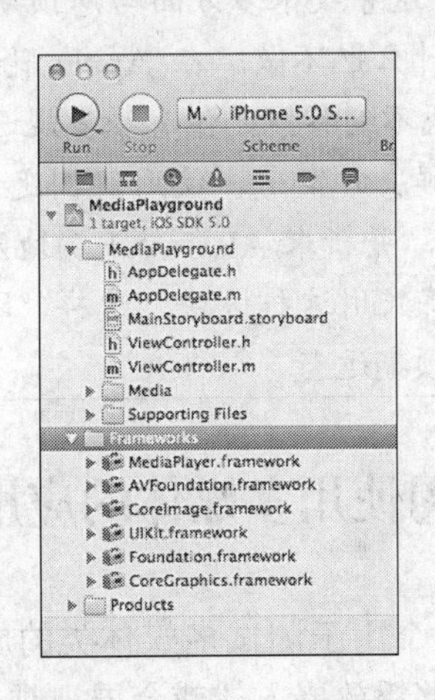

图19.1 确保添加了必要的框架

2．添加多媒体文件

就这个示例而言，需要在项目中添加两个多媒体文件：movie.m4v和norecording.wav。第一个文件用于演示电影播放器，而第二个是在没有录音时将在录音机中播放的声音。

在本章的项目文件夹中，找到文件夹Media，并将其拖曳到Xcode中的项目代码编组中，以便能够在应用程序中直接访问它。在Xcode询问时，请务必选择复制文件并新建编组。

3．规划变量和连接

这里没法偷懒，为让这个应用程序正确运行，需要很多输出口和操作。首先来看输出口/变量，然后再看操作。对于多媒体播放器，我们需要一个连接到开关的输出口：toggleFullScreen，该开关切换到全屏模式。还需要一个引用MPMoviePlayerController实例的属性/实例变量：moviePlayer；这不是输出口，因为我们将使用代码（而不是通过Interface Builder编辑器）创建它。

为使用AV Foundation录制和播放音频，需要一个连接到Record按钮的输出口，以便能够将该按钮的名称在Record和Stop之间切换；我们将把这个输出口命名为recordButton。我们还需要声明指向录音机（AVAudioRecorder）和音频播放器（AVAudioPlayer）的属性/实例变量：audioRecorder和audioPlayer。同样，这两个属性无需暴露为输出口，因为没有UI元素连接到它们。

为实现音乐播放，需要连接到Play Music按钮和按钮的输出口（分别是musicPlayButton和displayNowPlaying），其中按钮的名称将在Play和Pause之间切换，而标签将显示当前播放的歌曲的名称。与其他播放器/录音机一样，还需要一个指向音乐播放器本身的属性：musicPlayer。

为显示图像，将启用相机的开关连接到输出口 toggleCamera；而显示选定图像的图像视图将连接到 displayImageView。

下面来看操作。总共将定义 7 个操作：playMovie、recordAudio、playAudio、chooseImage、applyFilter、chooseMusic 和 playMusic。每个操作都将有一个名称与之类似的按钮触发。

这些都不难，但需要做的工作很多。请打开文件 MainStoryboard.storyboard，以便开始设计界面。

19.2.3 设计界面

这个应用程序包含 7 个按钮（UIButton）、2 个开关（UISwitch）、3 个标签（UILabel）和 1 个 UIImageView。另外，需要给嵌入式视频播放器预留控件，该播放器将以编程方式加入。iPad 开发人员将发现，这些工作完成起来比在 iPhone 中容易得多。在视图可包含的控件数方面，这里已达到了极限。

图 19.2 显示了应用程序界面的一种设计方案。您可以采用这种设计，也可根据自己的喜好对其进行修改，但务必将录音按钮的标题设置为 Record Audio，而对于播放音乐库中音乐的按钮，务必将其标题设置为 Play Music。我们将以编程方式修改这些标题，因此这些按钮的标题必须与这里指定的一致。最后，务必在视图底部添加一个标签，并将其默认文本设置为 No Song Playing。该标签将显示用户选择的歌曲的名称。

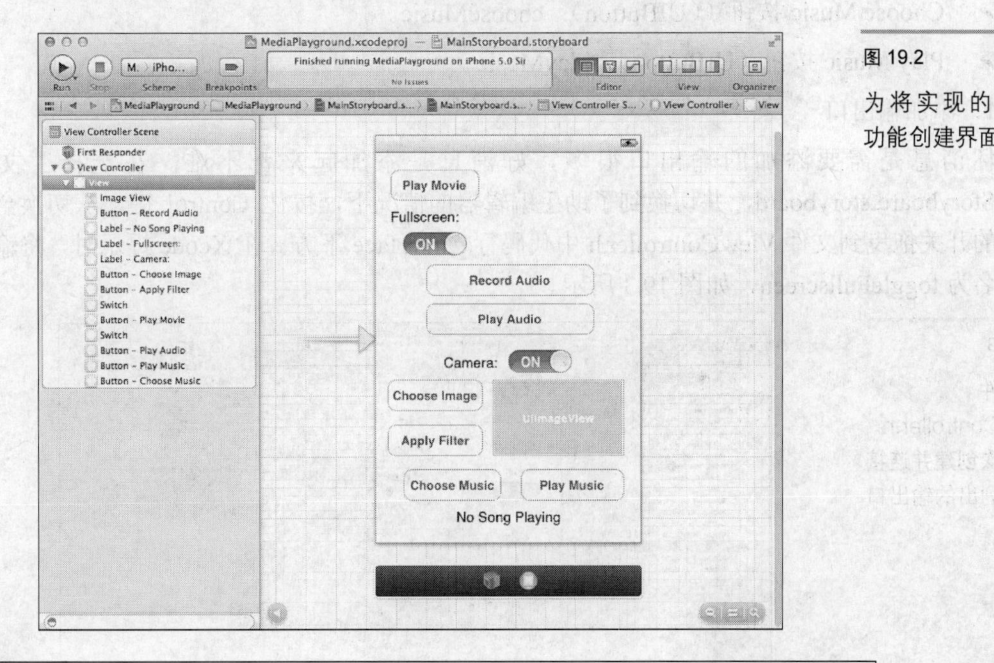

图 19.2
为将实现的各种功能创建界面

提示：

可能需要使用 Attributes Inspector（Option + Command + 4）将 UIImageView 的模式设置为 Aspect Fill 或 Aspect Scale，以确保在视图中正确显示照片。

Did you Know?

19.2.4 创建并连接输出口和操作

创建好视图后，切换到助手编辑器模式，为建立连接做好准备。下面按界面中控件排列的顺序（从上到下）列出所需的输出口和操作，供您参考。

需要的输出口如下。

- 全屏播放电影开关（UISwitch）：toggleFullScreen。
- Record Audio 按钮（UIButton）：recordButton。
- 相机/照片库切换开关（UISwitch）：toggleCamera。
- 图像视图（UIImageView）：displayImageView。
- Play Music 按钮（UIButton）：musicPlayButton。
- 显示当前歌曲名称的标签（UILabel）：displayNowPlaying。

需要的操作如下。

- Play Movie 按钮（UIButton）：playMovie。
- Record Audio 按钮（UIButton）：recordAudio。
- Play Audio 按钮（UIButton）：playAudio。
- Choose Image 按钮（UIButton）：chooseImage。
- Apple Filter 按钮（UIButton）：applyFilter。
- Choose Music 按钮（(UIButton)：chooseMusic。
- Play Music 按钮（UIButton）：playMusic。

1．添加输出口

坏消息是需要添加的输出口很多，好消息是添加起来都不难。在选择了文件 MainStoryboard.storyboard，并切换到了助手编辑器的情况下，按住 Control 键，从切换全屏模式的开关拖曳到文件 ViewController.h 中代码行@interface 下方。在 Xcode 提示时，将输出口命名为 toggleFullscreen，如图 19.3 所示。

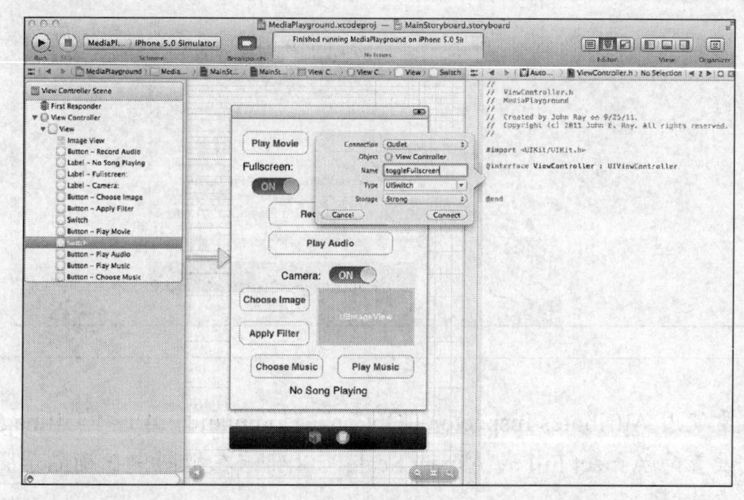

图 19.3

在文件 ViewController.h 中依次创建并连接前面列出的输出口

重复上述操作，在文件 ViewController.h 中依次创建并连接前面列出的输出口。下面该创建并连接操作了。

2．添加操作

创建并连接全部 6 个输出口后，该创建并连接操作了。首先，按住 Control 键，并从 Play Movie 按钮拖曳到您添加的最后一个编译指令@property 下方。在 Xcode 提示时，新建一个名为 playMovie 的操作，如图 19.4 所示。

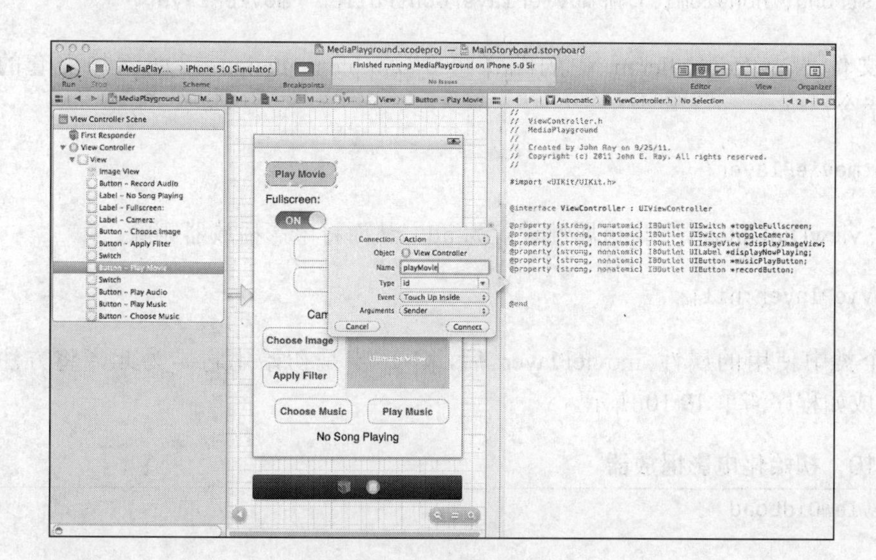

图 19.4
将按钮连接到相应的操作

对其他每个按钮重复上述操作，直到在文件 ViewController.h 中新建了 7 个操作。现在自我表扬一下，您已完成了这个项目中最繁琐的工作。

19.2.5 实现电影播放器

在这个练习中，将使用本章前面介绍的 MPMoviePlayerController 类。只需实现 3 个方法就可播放电影。

- initWithContentURL：使用提供的 NSURL 对象初始化电影播放器，为播放做好准备。
- play：开始播放选定的电影文件。
- setFullscreen:animated：以全屏模式播放电影。

由于电影播放控制器本身实现了用于控制播放的 GUI，我们不需要实现额外的功能。然而，如果愿意，还可调用众多其他的方法来控制播放，如 stop。

1．为使用 Media Player 框架做好准备

要使用电影播放器，必须导入 Media Player 框架的接口文件。为此，修改文件 ViewController.h，在现有#import 代码行后面添加如下代码行：

```
#import <MediaPlayer/MediaPlayer.h>
```

现在可以创建 MPMoviePlayerController 并使用它来播放视频文件了。

2．初始化一个电影播放器实例

要播放电影文件，第一步是声明并初始化一个电影播放器（MPMoviePlayerController）对象。我们将在方法 viewDidLoad 中设置表示电影播放器的实例方法/属性。

首先，在文件 ViewController.h 中添加属性 moviePlayer，用于表示 MPMoviePlayerController 实例。为此，在其他属性声明后面添加如下代码行：

```
@property (strong, nonatomic) MPMoviePlayerController *moviePlayer;
```

接下来，在文件 ViewController.m 中的编译指令@implementation 后面添加配套的@synthesize 编译指令：

```
@synthesize moviePlayer;
```

然后，在方法 viewDidUnload 中将该属性设置为 nil，从而将电影播放器删除：

```
[self setMoviePlayer:nil];
```

有了可在整个类中使用的属性 moviePlayer 后，下一步是初始化它。为此，将方法 viewDidLoad 修改成如程序清单 19.10 所示。

程序清单 19.10　初始化电影播放器

```
1: - (void)viewDidLoad
2: {
3:     //Set up the movie player
4:     NSString *movieFile = [[NSBundle mainBundle]
5:                            pathForResource:@"movie" ofType:@"m4v"];
6:     self.moviePlayer = [[MPMoviePlayerController alloc]
7:                         initWithContentURL: [NSURL
8:                                             fileURLWithPath:
9:                                             movieFile]];
10:    self.moviePlayer.allowsAirPlay=YES;
11:    [self.moviePlayer.view setFrame:
12:                        CGRectMake(145.0, 20.0, 155.0 , 100.0)];
13:
14:    [super viewDidLoad];
15: }
```

第 4～5 行声明了一个名为 movieFile 的字符串变量，并将其设置为前面添加到项目中的电影文件（movie.m4v）的路径。

第 6～9 行分配 moviePlayer，并使用一个 NSURL 实例初始化它，该 NSURL 包含 movieFile 提供的路径。信不信由您，这是这个电影播放方法中最重的任务！使用一行代码完成该任务后，如果愿意就可立即调用 moviePlayer 对象的 play 方法，并看到电影播放！

第 10 行为视频播放启用了 AirPlay。

第 11～12 行设置电影播放器的尺寸，再将视图 moviePlayer 加入到应用程序主视图中。

如果您编写的是 iPad 应用程序，需要稍微调整尺寸，将这些值替换为 415.0、50.0、300.0 和 250.0。

这就准备好了电影播放器，可在应用程序的任何地方使用它来播放视频文件 movie.m4v，但我们知道应在哪里使用它——方法 playMovie 中。

3．实现电影播放

要在应用程序 MediaPlayground 中添加电影播放功能，需要实现方法 playMovie，它将被前面添加到界面中的按钮 Play Movie 调用。下面添加该方法，再详细介绍其工作原理。

在文件 ViewController.m 中，按程序清单 19.11 实现方法 playMovie。

程序清单 19.11　开始播放电影

```
1: - (IBAction)playMovie:(id)sender {
2:     [self.view addSubview:self.moviePlayer.view];
3:     [[NSNotificationCenter defaultCenter] addObserver:self
4:                              selector:@selector(playMovieFinished:)
5:                              name:MPMoviePlayerPlaybackDidFinishNotification
6:                              object:self.moviePlayer];
7:
8:     if ([self.toggleFullscreen isOn]) {
9:         [self.moviePlayer setFullscreen:YES animated:YES];
10:    }
11:
12:    [self.moviePlayer play];
13: }
```

第 2 行将 moviePlayer 的视图加入到当前视图中，其坐标是在方法 viewDidLoad 中指定的。

前面说过，播放完多媒体后，MPMoviePlayerController 将发送 MPMoviePlayerPlayback DidFinishNotification。第 3～6 行为对象 moviePlayer 注册该通知，并请求通知中心接到这种通知后调用方法 playMovieFinished。总之，电影播放器播放完电影（或用户停止播放）时，方法 playMovieFinished 将被调用。

第 8～10 行使用 UISwitch 的实例方法 isOn 检查开关 toggleFullscreen 是否开启。如果是开的，则使用方法 setFullscreen:animated 将电影放大到覆盖整个屏幕；否则什么也不做，而电影将在前面指定的框架内播放。

最后，第 12 行开始播放。

4．执行清理工作

为在电影播放完毕后进行清理，我们将把对象 moviePlayer 从视图中删除。如果您不介意电影播放器遮住界面，可以不这样做；但删除电影播放器可避免它分散用户的注意力。为执行清理工作，在文件 ViewController.m 中，按程序清单 19.12 实现方法 playMediaFinished:（这个方法有通知中心触发）。

程序清单 19.12 清理电影播放器

```
1: -(void)playMovieFinished:(NSNotification*)theNotification
2: {
3:     [[NSNotificationCenter defaultCenter]
4:     removeObserver:self
5:     name:MPMoviePlayerPlaybackDidFinishNotification
6:     object:self.moviePlayer];
7:
8:     [self.moviePlayer.view removeFromSuperview];
9: }
```

在这个方法中需要完成两项任务。首先，第 3～6 行告诉通知中心，可停止监控通知 MPMoviePlayerPlaybackDidFinishNotification。由于已使用电影播放器播放完视频，将其保留到用户再次播放没有意义。

第 8 行将电影播放器视图从应用程序主视图中删除。

最后，第 10 行释放电影播放器。

现在可以在该应用程序中播放电影了，如图 19.5 所示。单击 Xcode 工具栏中的 Run 按钮，按 Play Movie 按钮并开始欣赏表演吧。

图 19.5
用户触摸按钮 Play Movie 时该应用程序将播放视频文件

19.2.6 实现音频录制和播放

在该示例的第二部分，将在应用程序中添加录制和播放音频的功能。不同于电影播放器，我们将使用框架 AV Foundation 中的类来实现这些功能。正如您将看到的，为此需要编写的代码很少。

为实现录音机，将使用 AVAudioRecorder 类及其如下方法来实现。

- initWithURL:settings:error：该方法接收一个指向本地文件的 NSURL 实例和一个包含一些设置的 NSDictionary 作为参数，并返回一个可供使用的录音机。
- record：开始录音。
- stop：结束录音过程。

播放功能是由 AVAudioPlayer 实现的，使用的方法与前面类似（这并非巧合）。

- initWithContentsOfURL:error：创建一个音频播放器对象，该对象可用于播放 NSURL 对象指向的文件的内容。
- play：播放音频。

1．为使用 AV Foundation 框架做好准备

要使用 AV Foundation 框架，必须导入两个接口文件：AVFoundation.h 和 CoreAudioTypes.h。在文件 ViewController.h 中，在现有#import 代码行后面添加如下代码行：

```
#import <AVFoundation/AVFoundation.h>
#import <CoreAudio/CoreAudioTypes.h>
```

注意：

这里不会实现协议 AVAudioPlayerDelegate，因为我们不需要知道音频播放器何时结束播放——它要播放多久就播放多久。

By the Way

2．实现录音功能

为添加录音功能，需要创建方法 recordAudio:，但在此之前，再对其做一些思考。开始录音后，情况将如何呢？在这个应用程序中，录音过程将一直持续下去，直到用户再次按下相应的按钮。

为实现这种功能，必须在两次调用方法 recordAudio:之间将录音机对象持久化。为确保这一点，将在 ViewController 类中添加实例变量/属性 audioRecorder，用于存储 AVAudioRecorder 对象。为此，在文件 ViewController.h 中，添加一个新属性：

```
@property (strong, nonatomic) AVAudioRecorder *audioRecorder;
```

接下来，在文件 ViewController.m 中，在现有编译指令@synthesize 后面添加一个配套的@synthesize 编译指令：

```
@synthesize audioRecorder;
```

然后，在方法 viewDidUnload 中将该属性设置为 nil，从而将录音机删除：

```
[self setAudioRecorder:nil];
```

接下来，在方法 viewDidLoad 中分配并初始化录音机，让我们能够随时随地地使用它。为此，在文件 ViewController.m 的方法 viewDidLoad 中，添加如程序清单 19.13 所示的代码。

程序清单 19.13

```
 1: - (void)viewDidLoad
 2: {
 3:     //Set up the movie player
 4:     NSString *movieFile = [[NSBundle mainBundle]
 5:                            pathForResource:@"movie" ofType:@"m4v"];
 6:     self.moviePlayer = [[MPMoviePlayerController alloc]
 7:                         initWithContentURL: [NSURL
 8:                                              fileURLWithPath:
 9:                                              movieFile]];
10:     self.moviePlayer.allowsAirPlay=YES;
11:     [self.moviePlayer.view setFrame:
12:                        CGRectMake(145.0, 20.0, 155.0 , 100.0)];
13:
14:
15:     //Set up the audio recorder
16:     NSURL *soundFileURL=[NSURL fileURLWithPath:
17:                          [NSTemporaryDirectory()
18:                           stringByAppendingString:@"sound.caf"]];
19:
20:     NSDictionary *soundSetting;
21:     soundSetting = [NSDictionary dictionaryWithObjectsAndKeys:
22:             [NSNumber numberWithFloat: 44100.0],AVSampleRateKey,
23:             [NSNumber numberWithInt: kAudioFormatMPEG4AAC],AVFormatIDKey,
24:             [NSNumber numberWithInt: 2],AVNumberOfChannelsKey,
25:             [NSNumber numberWithInt: AVAudioQualityHigh],
26:                 AVEncoderAudioQualityKey,nil];
27:
28:     self.audioRecorder = [[AVAudioRecorder alloc]
29:                           initWithURL: soundFileURL
30:                           settings: soundSetting
31:                           error: nil];
32:
33:     [super viewDidLoad];
34: }
```

录音机实现始于第 15 行。

首先从基础开始。第 16～18 行声明了一个 URL（soundFileURL），并将其初始化成指向要存储录音的声音文件。我们使用函数 NSTemporaryDirectory()获取临时目录的路径（应用程序将把录音存储到这里），再在它后面加上声音文件名：sound.caf。

第 21～26 行创建一个 NSDictionary 对象，它包含用于配置录音格式的键和值。这与本章前面介绍过的代码完全相同。

第 28～31 行使用 soundFileURL 和存储在字典 soundSettings 中的设置初始化录音机 audioRecorder。这里将参数 error 设置成了 nil，因为在这个例子中我们不关心是否发生了错误。如果发生错误，将返回传递给这个参数的值。

（1）控制录音

分配并初始化 audioRecorder 后，需要做的只是实现 recordAudio，以便根据需要调用 record 和 stop。为让程序更有趣，在用户按下按钮 recordButton 时，将其标题在 Record Audio 和 Stop Recording 之间切换。

在文件 ViewController.m 中，按程序清单 19.14 修改方法 recordAudio。

程序清单 19.14 方法 recordAudio 的初步实现

```
1: - (IBAction)recordAudio:(id)sender {
2:     if ([self.recordButton.titleLabel.text
3:                         isEqualToString:@"Record Audio"]) {
4:         [self.audioRecorder record];
5:         [self.recordButton setTitle:@"Stop Recording"
6:                          forState:UIControlStateNormal];
7:     } else {
8:         [self.audioRecorder stop];
9:           [self.recordButton setTitle:@"Record Audio"
10:                          forState:UIControlStateNormal];
11:     }
12: }
```

注意到这里说的是初步实现吗？后面实现音频播放功能时，将稍微修改这个方法，因为它非常适合用于加载录制的音频，为播放做好准备。

下面详细介绍其功能。

在第 2 行，这个方法首先检查按钮 recordButton 的标题。如果是 Record Audio，则使用[self.audioRecorder record]开始录音（第 4 行），并将 recordButton 的标题设置为 Stop Recording（第 5～6 行）；否则，说明正在录音，因此使用[self.audioRecorder stop]结束录音（第 8 行），并将按钮的标题恢复到 Record Audio（第 9～10 行）。

这就实现了录音功能！下面实现播放功能，以便能够听听录制的声音。

3．实现音频播放

为实现音频播放器，我们将创建一个可在整个应用程序中使用的实例变量/属性（audiPlayer），然后在 viewDidLoad 中使用默认声音初始化它，这样即使用户没有录音，也有可播放的声音。

首先，在文件 ViewController.h 添加这个新属性：

```
@property (strong, nonatomic) AVAudioPlayer *audioPlayer;
```

接下来，在文件 ViewController.m 中，在现有编译指令@synthesize 后面添加配套的@synthesize 编译指令：

```
@synthesize audioPlayer;
```

在方法 viewDidUnload 中将该属性设置为 nil，从而将音频播放器删除：

```
[self setAudioPlayer:nil];
```

现在，在方法 viewDidLoad 中分配并初始化音频播放器。为此，在方法 viewDidLoad 中添加如程序清单 19.15 所示的代码。

程序清单 19.15　使用默认声音初始化音频播放器

```
1: - (void)viewDidLoad
2: {
3:     //Set up the movie player
4:     NSString *movieFile = [[NSBundle mainBundle]
5:                            pathForResource:@"movie" ofType:@"m4v"];
6:     self.moviePlayer = [[MPMoviePlayerController alloc]
7:                         initWithContentURL: [NSURL
8:                                              fileURLWithPath:
9:                                              movieFile]];
10:    self.moviePlayer.allowsAirPlay=YES;
11:    [self.moviePlayer.view setFrame:
12:                       CGRectMake(145.0, 20.0, 155.0 , 100.0)];
13:
14:
15:    //Set up the audio recorder
16:    NSURL *soundFileURL=[NSURL fileURLWithPath:
17:                         [NSTemporaryDirectory()
18:                          stringByAppendingString:@"sound.caf"]];
19:
20:    NSDictionary *soundSetting;
21:    soundSetting = [NSDictionary dictionaryWithObjectsAndKeys:
22:                [NSNumber numberWithFloat: 44100.0],AVSampleRateKey,
23:                [NSNumber numberWithInt: kAudioFormatMPEG4AAC],AVFormatIDKey,
24:                [NSNumber numberWithInt: 2],AVNumberOfChannelsKey,
25:                [NSNumber numberWithInt: AVAudioQualityHigh],
26:                    AVEncoderAudioQualityKey,nil];
27:
28:    self.audioRecorder = [[AVAudioRecorder alloc]
29:                         initWithURL: soundFileURL
30:                         settings: soundSetting
31:                         error: nil];
32:
33:    //Set up the audio player
34:    NSURL *noSoundFileURL=[NSURL fileURLWithPath:
35:                           [[NSBundle mainBundle]
36:                            pathForResource:@"norecording" ofType:@"wav"]];
37:    self.audioPlayer = [[AVAudioPlayer alloc]
38:                        initWithContentsOfURL:noSoundFileURL error:nil];
39:
40:    [super viewDidLoad];
41: }
```

音频播放器设置代码始于第 34 行。在这里，创建了一个 NSURL（noSoundFileURL），它指向文件 norecording.wav，这个文件包含在前面创建项目时添加的文件夹 Media 中。

第 37 行分配一个音频播放器实例（audioPlayer），并使用 noSoundFileURL 的内容初始化它。现在可以使用对象 audioPlayer 来播放默认声音了。

（1）控制播放

要播放 audioPlayer 指向的声音，只需向它发送消息 play。为此，在方法 playAudio 中添加这样做的代码。程序清单 19.16 显示了这个方法的完整实现。

程序清单 19.16 方法 playAudio 的实现

```
- (IBAction)playAudio:(id)sender {
        [self.audioPlayer play];
}
```

如果您现在运行这个应用程序，将能够录制声音，但每次按 Play Audio 按钮时，播放的都是 norecording.wav。这是因为我们没有加载录制的声音。

（2）加载录制的声音

为加载录音，最佳的选择是在用户单击 Stop Record 按钮时，在方法 recordAudio 中加载。为此，按程序清单 19.17 修改方法 recordAudio。

程序清单 19.17 方法 recordAudio 的最终实现

```
 1: - (IBAction)recordAudio:(id)sender {
 2:     if ([self.recordButton.titleLabel.text
 3:                   isEqualToString:@"Record Audio"]) {
 4:         [self.audioRecorder record];
 5:         [self.recordButton setTitle:@"Stop Recording"
 6:                       forState:UIControlStateNormal];
 7:     } else {
 8:         [self.audioRecorder stop];
 9:           [self.recordButton setTitle:@"Record Audio"
10:                          forState:UIControlStateNormal];
11:           // Load the new sound in the audioPlayer for playback
12:           NSURL *soundFileURL=[NSURL fileURLWithPath:
13:                   [NSTemporaryDirectory()
14:                     stringByAppendingString:@"sound.caf"]];
15:           self.audioPlayer = [[AVAudioPlayer alloc]
16:                        initWithContentsOfURL:soundFileURL error:nil];
17:     }
18: }
```

第 12～14 行应非常熟悉，因为它们也获取并存储临时目录的路径，再使用它来初始化一个 NSURL 对象——soundFileURL，使其指向录制的声音文件 sound.caf。

第 15～16 行分配音频播放器 audioPlayer，并使用 soundFileURL 的内容来初始化它。

再次运行该应用程序，看看结果如何。现在，当您按下 Play Audio 按钮时，如果还未录音，将听到默认声音，如果已经录制过声音，将听到录制的声音。

Watch Out!

警告：为何无需删除所有的音频播放器实例?

您可能会问：内存中会不会充斥视频播放器，因为每次录音时，都将分配并初始化一个新的音频播放器。

每次新建音频播放器时，指向旧播放器的引用都将被删除，即 ARC 自动释放占用的内存。然而，如果您担心这一点，可实现 AVAudioPlayer 委托方法 audioPlayerDidFinishPlaying:successfully，在其中将对象 audioPlayer 设置为 nil。

下面进入本章练习的下部分：访问并显示照片库中的照片或相机拍摄的照片。

19.2.7 使用照片库和相机

iOS 设备非常适合用于存储图片，而 iPhone 装备了高品质相机，也非常适合用于拍摄照片。通过将照片库与应用程序集成，可直接访问存储在设备中的任何图像或拍摄新照片，并在应用程序中使用它。本节将实现一个 UIImagePickerController 实例，以显示照片库。我们将在 ViewController 中调用方法 presentModalViewController，以模态视图的方式显示照片库。

1．准备图像选择器

为使用 UIImagePickerController，无需导入任何新的接口文件，但必须将类声明为遵守多个协议，具体地说是协议 UIImagePickerControllerDelegate 和 UINavigationControllerDelegate。

在文件 ViewController.h 中，修改代码行@interface，使其包含这些协议：

```
@interface ViewController : UIViewController
        <UIImagePickerControllerDelegate,UINavigationControllerDelegate>
```

现在可以使用本章开头介绍的方法实现 UIImagePickerController 了。实际上，我们将使用的代码与您见过的代码很像。

2．显示图像选择器

用户触摸按钮 Choose Image 时，应用程序将调用方法 chooseImage。在该方法中，需要分配 UIImagePickerController、配置它将用于浏览的媒体类型（相机或图片库）、设置其委托并显示它。

请按程序清单 19.18 编写方法 chooseImage。

程序清单 19.18　方法 chooseImage 的实现

```
 1: - (IBAction)chooseImage:(id)sender {
 2:     UIImagePickerController *imagePicker;
 3:     imagePicker = [[UIImagePickerController alloc] init];
 4:
 5:     if ([self.toggleCamera isOn]) {
```

```
6:        imagePicker.sourceType=UIImagePickerControllerSourceTypeCamera;
7:    } else {
8:        imagePicker.sourceType=UIImagePickerControllerSourceTypePhotoLibrary;
9:    }
10:   imagePicker.delegate=self;
11:
12:   [[UIApplication sharedApplication] setStatusBarHidden:YES];
13:   [self presentModalViewController:imagePicker animated:YES];
14: }
```

第2～3行分配并初始化了一个UIImagePickerController实例，并将其赋给变量imagePicker。

第5～9行判断开关toggleCamera的状态，如果为开，则将图像选择器的sourceType属性设置为UIImagePickerControllerSourceTypeCamera，否则将其设置为UIImagePickerControllerSourceTypePhotoLibrary。换句话说，用户可使用这个开关指定从图片库还是相机获取图像。

第10行将图像选择器委托设置为ViewController，这意味着需要实现一些支持方法，以便在用户选择照片后做相应的处理。

第12行隐藏应用程序的状态栏，这是必要的，因为照片库和相机界面都将以全屏模式显示。

第13行将imagePicker视图显示在现有视图上面。

3．显示选定的图像

如果仅编写上述代码，则用户触摸按钮Choose Image并选择图像时，什么也不会发生。为对用户选择图像做出响应，需要实现委托方法imagePickerController:didFinishPickingMediaWithInfo。

在文件ViewController.m中，添加委托方法imagePickerController:didFinishPickingMediaWithInfo，如程序清单19.19所示。

程序清单19.19 响应用户选择图像

```
1: - (void)imagePickerController:(UIImagePickerController *)picker
2:         didFinishPickingMediaWithInfo:(NSDictionary *)info {
3:    [[UIApplication sharedApplication] setStatusBarHidden:NO];
4:    [self dismissModalViewControllerAnimated:YES];
5:    self.displayImageView.image=[info objectForKey:
6:                        UIImagePickerControllerOriginalImage];
7: }
```

用户选择图像后，就可重新显示状态栏（第3行），再使用dismissModalViewControllerAnimated关闭图像选择器（第4行）。

第5～6行完成了其他所有的工作！为访问用户选择的UIImage，使用UIImagePickerControllerOriginalImage键从字典info从提取它，再将其赋给displayImageView的属性image，这将在应用程序视图中显示该图像。

4．删除图像选择器

要完成应用程序MediaPlayground的图像选择部分，还必须考虑一种情形：用户单击图像选择器中的“取消”按钮，这将不会选择任何图像。委托方法 imagePickerControllerDidCancel 正是针对这种情形的。请实现这个方法，使其重新显示状态栏，并调用 dismissModalViewControllerAnimated 将图像选择器关闭。

程序清单 19.20 列出了这个简单方法的完整实现。

程序清单 19.20 响应用户取消选择

```
- (void)imagePickerControllerDidCancel:(UIImagePickerController *)picker {
    [[UIApplication sharedApplication] setStatusBarHidden:NO];
    [self dismissModalViewControllerAnimated:YES];
}
```

现在，可以运行该应用程序，并使用按钮 Choose Image 来显示照片库和相机中的照片了，如图 19.6 所示。

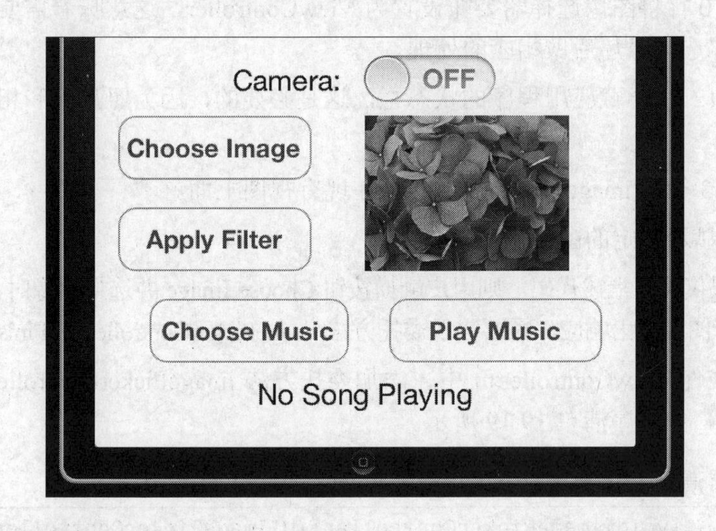

图 19.6
在应用程序中选择(或拍摄)照片并显示它

Watch Out!

警告：使用模拟器时要小心

如果您使用 iOS 模拟器运行该应用程序，请不要试图使用相机拍摄照片，否则应用程序将崩溃，因为这个应用程序没有检查是否有相机。

下一步是实现 Core Image 滤镜。用户按 Apply Filter 按钮时，将对选定图像应用该滤镜。

19.2.8 实现 Core Image 滤镜

在我看来，操纵图像应该是比较难的编程技能，但有了 Core Image，任何人都可轻松地在其应用程序中添加高级图像功能。事实上，在本章所做的工作中，实现滤镜是最简单的。

首先，在文件 ViewController.h 中，导入框架 Core Image 的接口文件。为此，在其他#import 语句后面添加如下代码行：

```
#import <CoreImage/CoreImage.h>
```

现在可以使用 Core Image 创建并配置滤镜，再将其应用于应用程序的 UIImageView 显示的图像了。

1. 准备并应用滤镜

前面说过，要应用滤镜，需要一个 CIImage 实例，但现在只有一个 UIImageView。我们必须做些转换工作，以便应用滤镜并显示结果。这在前面介绍过，您不应对涉及的代码感到陌生。请按程序清单 19.21 实现方法 applyFilter。

程序清单 19.21　对 UIImageView 中的图像应用滤镜

```
1: - (IBAction)applyFilter:(id)sender {
2:      CIImage *imageToFilter;
3:      imageToFilter=[[CIImage alloc]
4:                     initWithImage:self.displayImageView.image];
5:
6:      CIFilter *activeFilter = [CIFilter filterWithName:@"CISepiaTone"];
7:      [activeFilter setDefaults];
8:      [activeFilter setValue: [NSNumber numberWithFloat: 0.75]
9:                      forKey: @"inputIntensity"];
10:     [activeFilter setValue: imageToFilter forKey: @"inputImage"];
11:     CIImage *filteredImage=[activeFilter valueForKey: @"outputImage"];
12:
13:     UIImage *myNewImage = [UIImage imageWithCIImage:filteredImage];
14:     self.displayImageView.image = myNewImage;
15: }
```

第 2～3 行声明了一个名为 imageToFilter 的 CIImage，然后分配它，并使用对象 displayImageView（UIImageView）包含的 UIImage 初始化它。

第 6 行声明并初始化一个 Core Image 滤镜：CISepiaTone。

第 7 行设置该滤镜的默认值；对于您要使用的任何滤镜，都应这样做。

第 8～9 行配置滤镜的 InputIntensity 键，将其值设置为 0.75。本章前面说过，Xcode 文档 Core Image Filter Reference 列出了各种键。

第 10 行使用滤镜的 inputImage 键设置滤镜将应用到的图像（imageToFilter），而第 11 行获取应用滤镜后的结果，并将其存储到一个新的 CIImage（filteredImage）中。

最后，第 13 行使用 UIImage 类的方法 imageWithCIImage，将应用滤镜后的图像转换为一个 UIImage（myNewImage）。第 14 行将 displayImageView 的属性 image 设置为 myNewImage，从而显示应用滤镜后的图像。

请运行该应用程序，选择一张照片，再单击 Apple Filter 按钮。棕色滤镜将导致照片的颜色饱和度接近零，使其看起来像张老照片，如图 19.7 所示。

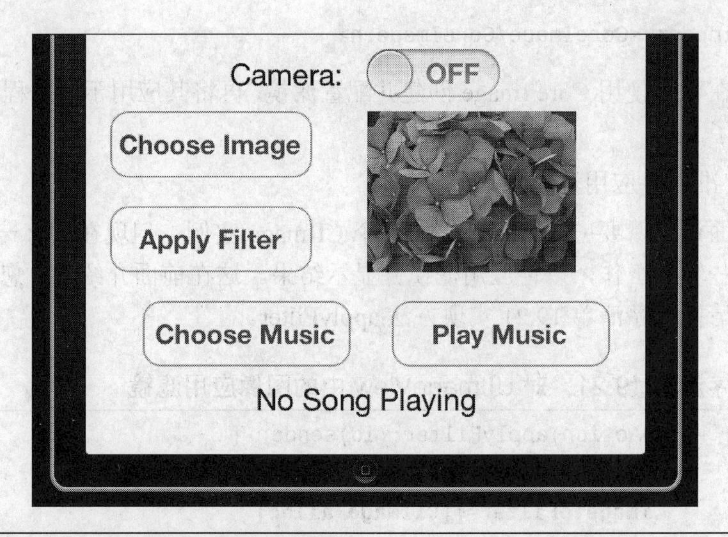

图 19.7
对照片应用滤镜

Watch Out!

警告：Core Image 滤镜可能不管用

即使您完全按前面介绍的步骤做，应用 Core Image 滤镜后照片也可能没有任何变化。在 iOS 5 中，UIImage 类的方法 imageWithCIImage 存在 Bug。坦率地说，这个方法不管用。

所幸的是，在 Apple iOS 论坛上，精明的开发人员注意到了这一点，并想出了解决方案。如果未能正确应用滤镜，请将程序清单 19.21 中的第 13 行替换为如下代码行：

```
CIContext *context = [CIContext
                      contextWithOptions:[NSDictionary dictionary]];
CGImageRef cgImage = [context createCGImage:filteredImage
                      fromRect:[imageToFilter extent]];
UIImage *myNewImage = [UIImage imageWithCGImage:cgImage];
```

并在第 14 行后面添加如下代码行：

```
CGImageRelease(cgImage);
```

执行这些修改后，该应用程序将按预期那样运行。

这个应用程序的最后一部分是访问音乐库并播放其中的内容，您将发现其实现与使用照片库有很多相似之处。

19.2.9 访问并播放音乐库

为完成这个项目，我们将实现对 iOS 设备音乐库的访问：选择声音文件，再播放它们。首先，将使用 MPMediaPickerController 类来选择要播放的音乐。这里只调用这个类的一个方法。

- initWithMediaTypes：初始化多媒体选择器并限制选择器显示的文件。

将使用几个属性来配置这种对象的行为。

- prompt：用户选择歌曲时向其显示的一个字符串。
- allowsPickingMultipleItems：指定用户只能选择一个声音文件还是可选择多个。

需要遵守 MPMediaPickerControllerDelegate 协议，以便能够在用户选择播放列表后采取相应的措施。还将添加该协议的方法 mediaPicker:didPickMediaItems。

为播放音频，将使用 MPMusicPlayerController 类，它可使用多媒体选择器返回的播放列表。为开始和暂停播放，将使用 4 个方法。

- iPodMusicPlayer：这个类方法将音乐播放器初始化为 iPod 音乐播放器，这种播放器能够访问音乐库。
- setQueueWithItemCollection：使用多媒体选择器返回的播放列表对象（MPMediaItemCollection）设置播放队列。
- play：开始播放音乐。
- pause：暂停播放音乐。

正如您看到的，掌握一个多媒体类后，其他的看起来就非常熟悉，它们使用类似的初始化方法和播放控制方法。

1．为使用多媒体选择器做准备

由于多媒体选择器与电影播放器一样，也使用框架 Media Player，因此准备工作已完成了一半：无需再导入其他接口文件。然而，必须将类声明为遵守协议 MPMediaPickerControllerDelegate，这样才能响应用户选择。为此，在文件 ViewController.h 中，在@interface 代码行中包含这个协议：

```
@interface ViewController : UIViewController
    <MPMediaPickerControllerDelegate,UIImagePickerControllerDelegate,
     UINavigationControllerDelegate>
```

2．准备音乐播放器

在多媒体选择器中做出选择时，要采取有意义的措施，需要播放选择的音乐文件。与电影播放器、录音机和音频播放器一样，我们要新建一个可在应用程序任何地方访问的音乐播放器对象。

为此，添加一个属性/实例变量（musicPlayer），它是一个 MPMusicPlayerController 实例：

```
@property (strong, nonatomic) MPMusicPlayerController *musicPlayer;
```

接下来，在文件 ViewController.m 中，在现有编译指令@synthesize 后面添加配套的编译指令@synthesize：

```
@synthesize musicPlayer;
```

在方法 viewDidUnload 中，将该属性设置为 nil，以删除音乐播放器：

```
[self setMusicPlayer:nil];
```

这就设置好了指向音乐播放器的属性，但还需创建一个音乐播放器实例。与电影播放器、音频播放器和录音机一样，我们也在方法 viewDidLoad 中完成这项工作。修改 viewDidLoad（这是最后一次），使用 MPMusicPlayerController 类的方法 iPodMusicPlayer 新建一个音乐播放器，如程序清单 19.22 所示。

程序清单 19.22 方法 viewDidLoad 的最终实现

```
1: - (void)viewDidLoad
2: {
3:     //Set up the movie player
4:     NSString *movieFile = [[NSBundle mainBundle]
5:                              pathForResource:@"movie" ofType:@"m4v"];
6:     self.moviePlayer = [[MPMoviePlayerController alloc]
7:                          initWithContentURL: [NSURL
8:                                               fileURLWithPath:
9:                                               movieFile]];
10:    self.moviePlayer.allowsAirPlay=YES;
11:    [self.moviePlayer.view setFrame:
12:                         CGRectMake(145.0, 20.0, 155.0 , 100.0)];
13:
14:
15:    //Set up the audio recorder
16:    NSURL *soundFileURL=[NSURL fileURLWithPath:
17:                          [NSTemporaryDirectory()
18:                           stringByAppendingString:@"sound.caf"]];
19:
20:    NSDictionary *soundSetting;
21:    soundSetting = [NSDictionary dictionaryWithObjectsAndKeys:
22:                 [NSNumber numberWithFloat: 44100.0],AVSampleRateKey,
23:                 [NSNumber numberWithInt: kAudioFormatMPEG4AAC],AVFormatIDKey,
24:                 [NSNumber numberWithInt: 2],AVNumberOfChannelsKey,
25:                 [NSNumber numberWithInt: AVAudioQualityHigh],
26:                          AVEncoderAudioQualityKey,nil];
27:
28:    self.audioRecorder = [[AVAudioRecorder alloc]
29:                          initWithURL: soundFileURL
30:                          settings: soundSetting
31:                          error: nil];
32:
33:    //Set up the audio player
34:    NSURL *noSoundFileURL=[NSURL fileURLWithPath:
35:                           [[NSBundle mainBundle]
36:                           pathForResource:@"norecording" ofType:@"wav"]];
37:    self.audioPlayer = [[AVAudioPlayer alloc]
38:                        initWithContentsOfURL:noSoundFileURL error:nil];
39:
40:
```

```
41:     //Set up the music player
42:     self.musicPlayer=[MPMusicPlayerController iPodMusicPlayer];
43:
44:     [super viewDidLoad];
45: }
```

只有第 42 行是新增的，它创建一个 MPMusicPlayerController 实例，并将其赋给属性 musicPlayer。现在万事具备，只需显示多媒体选择器，并播放用户选择的音乐文件。

3．显示多媒体选择器

在这个应用程序中，用户触摸按钮 Choose Music 时，将触发操作 chooseMusic，而该操作将显示多媒体选择器。

要使用多媒体选择器，需要采取的步骤与使用图像选择器时类似：实例化选择器并配置其行为，然后将其作为模态视图加入应用程序视图中。用户使用完多媒体选择器后，我们将把它返回的播放列表加入音乐播放器，并关闭选择器视图；如果用户没有选择任何多媒体，则我们只需关闭选择器视图即可。

在实现文件 ViewController.m 中，按程序清单 19.23 实现方法 chooseMusic。

程序清单 19.23　显示多媒体选择器

```
 1: - (IBAction)chooseMusic:(id)sender {
 2:     MPMediaPickerController *musicPicker;
 3:
 4:     [self.musicPlayer stop];
 5:     self.displayNowPlaying.text=@"No Song Playing";
 6:     [self.musicPlayButton setTitle:@"Play Music"
 7:                           forState:UIControlStateNormal];
 8:
 9:     musicPicker = [[MPMediaPickerController alloc]
10:                   initWithMediaTypes: MPMediaTypeMusic];
11:
12:     musicPicker.prompt = @"Choose Songs to Play" ;
13:     musicPicker.allowsPickingMultipleItems = YES;
14:     musicPicker.delegate = self;
15:
16:     [self presentModalViewController:musicPicker animated:YES];
17: }
```

首先，第 2 行声明了 MPMediaPickerController 实例 musicPicker。

接下来，第 4～7 行确保调用选择器时，音乐播放器将停止播放当前歌曲，界面中 nowPlaying 标签的文本被设置为默认字符串 No Song Playing，且播放按钮的标题为 Play Music。这些代码行并非必不可少，但可确定界面与应用程序中实际发生的情况同步。

第 9～10 行分配并初始化多媒体选择器控制器实例。初始化时使用的是常量 MPMedia TypeMusic，该常量指定了用户使用选择器可选择的文件类型（音乐）。第 12 行指定一条将显示在音乐选择器顶部的消息。

第13行将属性 allowsPickingMultipleItems 设置为一个布尔值（YES 或 NO），它决定了用户能否选择多个多媒体文件。

第14行设置音乐选择器的委托。换句话说，它告诉 musicPicker 对象到 ViewController 中去查找 MPMediaPickerControllerDelegate 协议方法。

第16行使用视图控制器 musicPicker 将音乐库显示在应用程序视图的上面。

4．响应用户选择

为获取多媒体选择器返回的播放列表（一个 MPMediaItemCollection 对象）并执行清理工作，需要在实现文件中添加委托协议方法 mediaPicker:didPickMediaItems，如程序清单19.24所示。

程序清单19.24　在用户选择音乐时做出响应

```
- (void)mediaPicker: (MPMediaPickerController *)mediaPicker
  didPickMediaItems:(MPMediaItemCollection *)mediaItemCollection {
      [musicPlayer setQueueWithItemCollection: mediaItemCollection];
      [self dismissModalViewControllerAnimated:YES];
}
```

用户在多媒体选择器中选择歌曲后，将调用该方法，并通过一个 MPMediaItemCollection 对象（mediaItemCollection）将选择的歌曲传递给它。实际上，可将 mediaItemCollection 对象视为等同于一个多媒体文件播放列表。

第1行使用该播放列表对音乐播放器实例 musicPlayer 进行了配置，这是通过方法 setQueueWithItemCollection 完成的。

为执行清理工作，第2行关闭了模态视图。

5．响应用户取消选择

要完成多媒体选择器的实现，还需考虑一种情形：用户在没有选择任何多媒体文件的情况下退出多媒体选择器（在没有选择任何文件的情况下轻按 Done 按钮）。为处理这种情形，需要添加委托协议方法 mediaPickerDidCancel。与图像选择器一样，只需在该方法中关闭模态视图控制器即可。为此，在文件 ViewController.m 中添加这个方法，如程序清单19.25所示。

程序清单19.25　在用户取消选择时做出响应

```
- (void)mediaPickerDidCancel:(MPMediaPickerController *)mediaPicker {
        [self dismissModalViewControllerAnimated:YES];
}
```

祝贺您就要完成了！实现多媒体选择器后，剩下的唯一任务是添加音乐播放器并确保显示了相应的歌曲名。

6．播放音乐

由于已经在视图控制器的 viewDidLoad 方法中创建了 musicPlayer 对象，且在方法 mediaPicker:

didPickMediaItems 中设置了音乐播放器的播放列表，因此余下的唯一工作是在方法 playMusic 中开始播放和暂停播放。

为让程序更有趣，将在需要时将 musicPlayButton 按钮的标题在 Play Music 和 Pause Music 之间切换。作为最后的点睛之笔，将访问 MPMusicPlayerController 对象 musicPlayer 的属性 nowPlayingItem。该属性是一个 MPMediaItem 对象，而这种对象包含一个字符串属性 MPMediaItemPropertyTitle，其值为当前播放的多媒体文件的名称（如果有的话）。

将上述内容组合在一起后，playMusic 的实现将如程序清单 19.26 所示。

程序清单 19.26　方法 playMusic 的实现

```
1: - (IBAction)playMusic:(id)sender {
2:     if ([self.musicPlayButton.titleLabel.text
3:                    isEqualToString:@"Play Music"]) {
4:         [self.musicPlayer play];
5:         [self.musicPlayButton setTitle:@"Pause Music"
6:                               forState:UIControlStateNormal];
7:         self.displayNowPlaying.text=[self.musicPlayer.nowPlayingItem
8:                               valueForProperty:MPMediaItemPropertyTitle];
9:
10:    } else {
11:
12:        [self.musicPlayer pause];
13:        [self.musicPlayButton setTitle:@"Play Music"
14:                              forState:UIControlStateNormal];
15:        self.displayNowPlaying.text=@"No Song Playing";
16:    }
17: }
```

第 2 行检查 musicPlayButton 的标题是否为 Play Music。如果是，第 4 行开始播放，第 5～6 行将该按钮的标题重置为 Pause Music，而第 7～8 行将标签 displayNowPlaying 的文本设置为当前歌曲的名称。

如果按钮 musicPlayButton 的标题不是 Play Music（第 10 行），将暂停播放音乐，将该按钮的标题重置为 Play Music，并将标签的文本改为 No Soon Playing。

实现该方法的后，保存文件 ViewController.m，并在 iOS 设备上运行该应用程序，以便对其进行测试。按 Choose Music 按钮将打开多媒体选择器，如图 19.8 所示。

创建播放列表后，按多媒体选择器中的 Done 按钮，再按 Play Music 按钮开始播放选择的歌曲。当前歌曲的名称将显示在界面底部。

警告：iOS 模拟器没有音乐库

如果在模拟器上测试音乐播放功能，将它们它们不管用。要测试这些功能，必须使用实际设备。

Watch Out!

本章介绍的内容很多，但还有很多功能没有介绍。通过编写少量的代码，您的项目现在可利用 Apple 在其应用程序中使用的功能了——向用户呈现多媒体。

图 19.8

多媒体选择器让用户能够浏览设备的音乐库

19.3 进一步探索

本章只介绍了 MPMoviePlayerController、MPMusicPlayerController、AVAudioPlayer、UIImagePickerController 和 MPMediaPickerController 类的几个配置选项，如果您阅读文档，将发现还有很多其他的定制选项。

例如，MPMoviePlayerController 类包含 movieControlMode 属性，可用于配置播放电影时显示的屏幕控件。您还可以编程方式浏览电影，方法是使用 initialPlaybackTime 属性来设置播放起始点。正如本章提到（但没有演示）的，这个类还可用于播放位于远程 URL 处的多媒体文件，其中包括流式多媒体。

通过定制 AVAudioPlayer 可播放背景声音和音乐，例如，属性 numberOfLoops 指定循环播放音频多少次，而属性 volume 可用于动态地控制音量。您甚至可启动并控制音频测量、监视给定声道的音频功率（单位为分贝）。

在图像方面，UIImagePickerController 包含诸如 allowsEditing 等属性，让用户能够在图像选择器中直接剪切视频或缩放和裁剪图像。要更好控制设备的相机（正面相机和背面相机）以及录制视频，请进一步了解这个类的功能。

Core Image 让您能够在应用程序中添加图像编辑和操纵功能，而以前要提供这些功能需要做大量的开发工作，文档 Core Image Programming Guide 为您学习 Core Image（包括滤镜、人脸识别等）提供了不错的起点。

如果要进一步学习，可阅读文档 OpenGL ES Programming Guide for iOS、Introduction to Core Animation Programming Guide 和 Core Audio Overview。这些 Apple 教程介绍了 iOS 提供的 3D、动画和高级音频功能。

同样，Apple Xcode 文档工具非常适合用于探索类以及查找相关的示例代码。

Apple 教程

Getting Started with Audio & Video（可通过 Xcode 文档访问）：简要地介绍了 iOS A/V 功能，可帮助您了解各种类的用途。还提供了到众多演示多媒体功能的示例应用程序的链接。

AddMusic（可通过 Xcode 文档访问）：演示了 MPMediaPickerController 类和 MPMediaPickerControllerDelegate 协议的用法以及如何使用 MPMusicPlayerController 类来播放音乐。

MoviePlayer（可通过 Xcode 文档访问）：探讨了 MPMoviePlayerController 类的各种功能，包括自定义背景色、定制播放控件以及播放网络 URL 处的电影。

19.4 小结

通过一章的篇幅，您就学习了 9 个新的多媒体类、3 种协议以及一系列方法和属性，这真是令人难以置信。它们将提供创建处理多媒体的应用程序所需的大部分功能。AV Foundation 框架提供了一种录制和播放高品质音频流的简单方法，而 Media Player 框架让您能够处理音频和视频流，甚至使用音乐库中的现有资源。最后，易于使用的 UIImagePickerController 类让您能够轻松地访问设备中的多媒体和相机，而 Core Image 让您能够轻松地操纵图像。

由于框架 Media Player 和 Core Image 还有众多其他的方法，如果要使用这些技术创建多媒体应用程序，建议花点时间阅读 Xcode 文档。

19.5 问与答

问：为在应用程序中播放声音，应使用 MPMusicPlayerController 还是 AVAudioPlayer 呢？

答：播放包含在应用程序束中的音频时，应使用 AVAudioPlayer；而播放音乐库中的文件时，应使用 MPMusicPlayerController。虽然 MPMusicPlayerController 能够播放本地文件，但其主要用途是集成现有的音乐库多媒体。

问：我想控制设备拍摄照片时使用的相机，该如何办呢？

答：可使用 UIImagePickerController 类的属性 cameraDevice。例如，通过将该属性设置为 UIImagePickerControllerCameraDeviceFront，将使用 iPhone/iPad 的正面（front-facing）相机拍摄照片。

19.6 作业

19.6.1 测验

1．哪个类可用于实现高品质录音机？

2．哪个属性表示 MPMusicPlayerController 实例当前正在播放的多媒体文件？它属于哪个类？

3．可使用什么来判断 MPMoviePlayerController 对象是否播放完了文件？

19.6.2 答案

1．AVAudioRecorder 类让用户能够快速而轻松地在应用程序中添加录音功能。

2．MPMusicPlayerController 类的 nowPlaying 属性是 MPMediaItem 类的实例。MPMediaItem 包含大量只读属性，其中包括歌曲名、艺术家和专辑。

3．要判断电影是否播放完毕，可注册 MPMoviePlayerPlaybackDidFinishNotification 通知和要调用的自定义方法。在本章中，我们就是采用这种方式来释放多媒体播放器对象的。

19.6.3 练习

1．选择本书前面的一个应用程序，在其中添加一个循环播放背景音乐的 AVAudioPlayer 实例。您将需要使用本章介绍的类和方法，还需使用属性 numberOfLoops。

2．使用对象 UIImagePickerController 实现图像编辑功能。为此，需要设置属性 allowsImageEditing，并使用 UIImagePickerControllerEditedImage 键来获取协议 UIImagePicker Controller Delegate 返回的编辑后的图像。

3．在应用程序 MediaPlayground 中实现其他的 Core Image 滤镜，并提供一个配置滤镜参数的用户界面。

第 20 章

与其他应用程序交互

本章将介绍：

- 使用 Twitter 编写推特信息（tweet）；
- 如何使用 Mail 应用程序创建并发送电子邮件；
- 如何访问地址簿；
- 如何显示和操作地图视图；
- 如何添加简单的地图标准。

在前几章，介绍了应用程序如何与 iOS 设备的硬件和软件的各个部分交互。例如，在前一章，您访问了音乐库；在第 18 章，您使用了加速计和陀螺仪。通常，功能齐备的应用程序需要利用 iOS 设备的硬件和软件提供的这些独特功能，而 Apple 通过 iOS 让开发人员能够访问这些功能。除本书前面介绍过的功能外，您开发的 iOS 应用程序还可利用其他内置功能。

20.1 应用程序集成

在前几章，您学习了如何在应用程序中显示存储在设备中的照片、使用相机拍摄照片、播放 iPod 音乐以及添加 Web 视图（相当于小型 Safari 窗口）。本章将在应用程序集成方面更进一步，在应用程序中使用地址簿、电子邮件、Twitter 和地图功能。

20.1.1 地址簿

地址簿（Address Book）是一个共享的联系人信息数据库，任何 iOS 应用程序都可使用。通过提供共享的常用联系人信息，而不是让每个应用程序管理独立的联系人列表，可改善用户体验。

有了共享的地址簿后，无需在不同的应用程序中添加联系人多次，在一个应用程序中更新联系人信息后，其他所有应用程序就立刻能够使用它们。

iOS 通过两个框架提供了全面的地址簿数据库访问功能：Address Book 和 Address Book UI。

1. 框架 Address Book UI

Address Book UI 框架是一组用户界面类，封装了Address Book 框架，并向用户提供了使用联系人信息的标准方式，如图 20.1 所示。

图 20.1

在任何应用程序中都可访问地址簿

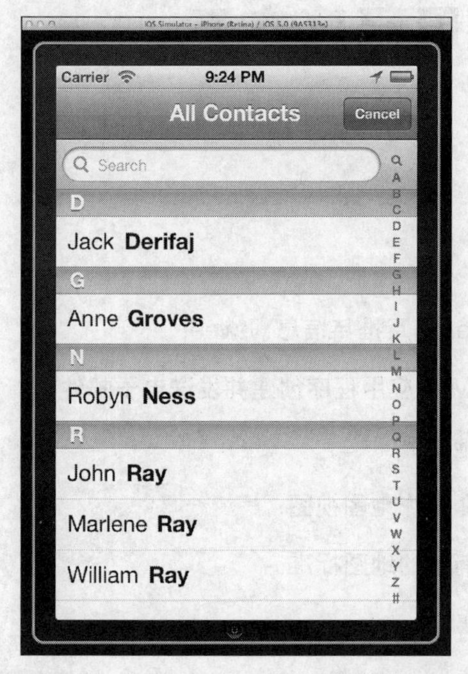

通过使用 Address Book UI 框架的界面，可让用户在地址簿中浏览、搜索和选择联系人，显示并编辑选定联系人的信息，以及创建新的联系人。在 iPhone 中，地址簿以模态视图的方式显示在现有视图上面；而在 iPad 中，您也可选择这样做，还可编写代码让地址簿显示在弹出框中。

要使用框架 Address Book UI，需要将其加入到项目中，并导入其接口文件：

```
#import <AddressBookUI/AddressBookUI.h>
```

要显示让用户能够从地址簿中选择联系人的 UI，必须声明、分配并初始化一个 ABPeoplePickerNavigationController 实例。这个类提供一个显示地址簿 UI 的视图控制器，让用户能够选择联系人。还必须设置委托，以指定对返回的联系人进行处理的对象。最后，在应用程序的主视图控制器中，使用 presentModalViewController:animated 显示联系人选择器，如下所示：

```
ABPeoplePickerNavigationController *picker;
picker=[[ABPeoplePickerNavigationController alloc] init];
picker.peoplePickerDelegate = self;
[self presentModalViewController:picker animated:YES];
```

显示联系人选择器后，就只需等待用户做出选择了。联系人选择器负责显示 UI 以及用户与地址簿的交互。然而，用户做出选择后，我们必须通过地址簿联系人选择器导航控制器委托（这有点拗口）进行处理。

（1）联系人选择器导航控制器委托

这里将其简称为联系人选择器委托，它定义了多个（准确地说是 3 个）方法，这些方法决定了用户选择地址簿中的联系人时，将如何做出响应。实现这些方法的类（如应用程序的视图控制器类）必须遵守协议 ABPeoplePickerNavigationControllerDelegate。

需要实现的第一个委托方法是 peoplePickerNavigationControllerDidCancel。用户在联系人选择器中取消选择时，将调用这个方法；因此，在这个方法中，只需使用方法 dismissModalViewControllerAnimated 关闭联系人选择器即可，如程序清单 20.1 所示。

程序清单 20.1　关闭联系人选择器

```
- (void)peoplePickerNavigationControllerDidCancel:
(ABPeoplePickerNavigationController *)peoplePicker {
    [self dismissModalViewControllerAnimated:YES];
}
```

为在用户触摸联系人时做出响应，需要实现委托方法 peoplePickerNavigationController:shouldContinueAfterSelectingPerson:。这个方法有两个用途。首先，它接受一个指向用户触摸的地址簿联系人的引用，我们可使用框架 Address Book 对该联系人进行处理。其次，如果想让用户向下挖掘，进而选择该联系人的属性，可返回 YES；如果只想让用户选择联系人，可返回 NO。您很可能在应用程序中采取第二种方式，例如，请看程序清单 20.2 所示的实现。

程序清单 20.2　关闭联系人选择器

```
1: - (BOOL)peoplePickerNavigationController:
2: (ABPeoplePickerNavigationController *)peoplePicker
3:         shouldContinueAfterSelectingPerson:(ABRecordRef)person {
4:
5:     // work with the "person" address book record here
6:
7:     [self dismissModalViewControllerAnimated:YES];
8:     return NO;
9: }
```

用户触摸联系人选择器中的联系人时，将调用这个方法。在这个方法中，可通过地址簿记录引用 person 访问选定联系人的所有信息，并对联系人进行处理。在这个方法的最后，必须关闭联系人选择器这一模态视图（第 7 行）并返回 NO，这表明我们不想让用户在地址簿中进一步挖掘。

我们必须实现的最后一个委托协议方法是 peoplePickerNavigationController:shouldContinueAfterSelectingPerson:property:identifier。如果允许用户进一步挖掘联系人的信息，将调用这个方法。它返回用户触摸的联系人的属性，还必须返回 YES 或 NO，这取决于您是否允许用户进一步挖掘属性。然而，如果方法 peoplePickerNavigationController: shouldContinueAfterSelectingPerson: 返回 NO，就根本不会调用这个方法。虽然如此，还是必须实现这个方法，如程序清单 20.3 所示。

程序清单 20.3 处理用户进一步挖掘属性

```
- (BOOL)peoplePickerNavigationController:
(ABPeoplePickerNavigationController *)peoplePicker
    shouldContinueAfterSelectingPerson:(ABRecordRef)person
                                property:(ABPropertyID)property
                              identifier:(ABMultiValueIdentifier)identifier {
    //We won't get to this delegate method
    return NO;
}
```

这就是与框架 Address Book UI 交互的基本骨架，但没有提供对返回的数据进行处理的代码。要对返回的数据进行处理，必须使用框架 Address Book。

2．框架 Address Book

通过使用 Address Book 框架，应用程序可访问地址簿，从而检索和更新联系人信息以及创建新的联系人。例如，要处理联系人选择器返回的数据，就需要这个框架。Address Book 是一个基于 Core Foundation 的老式框架，这意味着该框架的 API 和数据结构都是使用 C 语言而不是 Objective-C 编写的。不要被这一点吓倒，正如您将看到的，Address Book 框架虽然是基于 C 语言的，但它仍然清晰、简单且易于使用。

要使用这个框架，需要将其加入到项目中，并导入其接口文件：

```
#import <AddressBook/AddressBook.h>
```

框架 Address Book 中的 C 语言函数的语法不同寻常，但使用起来并不难。例如，假设要实现方法 peoplePickerNavigationController:shouldContinueAfterSelectingPerson:。通过该方法接受的参数 person（ABRecordRef），可访问相应联系人的信息，方法是调用函数 ABRecordCopy(<ABRecordRef>,<requested property>)。

要获取联系人的名字，可编写类似于下面的代码：

```
firstName=(__bridge NSString *)ABRecordCopyValue(person,
kABPersonFirstNameProperty);
```

要访问可能包含多个值的属性（其类型为 ABMultiValueRef），可使用函数 ABMultiValue GetCount。例如，要确定联系人有多少个电子邮件地址，可编写如下代码：

```
ABMultiValueRef emailAddresses;
emailAddresses = ABRecordCopyValue(person, kABPersonEmailProperty);
int countOfAddresses=ABMultiValueGetCount(emailAddresses);
```

接下来，要获取联系人的第一个电子邮件地址，可使用函数 ABMultiValueCopyValueAtIndex (<ABMultiValueRef>,<index>)：

```
firstEmail=(__bridge NSString *)ABMultiValueCopyValueAtIndex(emailAddresses, 0);
```

在本章后面的示例中，您将有机会练习使用这些方法（以及其他几个方法）。有关可存储的联系人属性（包括是否是多值属性）的完整列表，请参阅 iOS 开发文档中的 ABPerson 参考。

20.1.2 电子邮件

在前一章，您学习了如何显示 iOS 提供的一个模态视图，让用户能够使用 Apple 的图像选择器界面选择照片。显示系统提供的模态视图控制器是 iOS 常用的一种方式，Message UI 框架也使用这种方式来提供用于发送电子邮件的界面。图 20.2 演示了这一点，它从 Mobile Safari 发送一个链接。

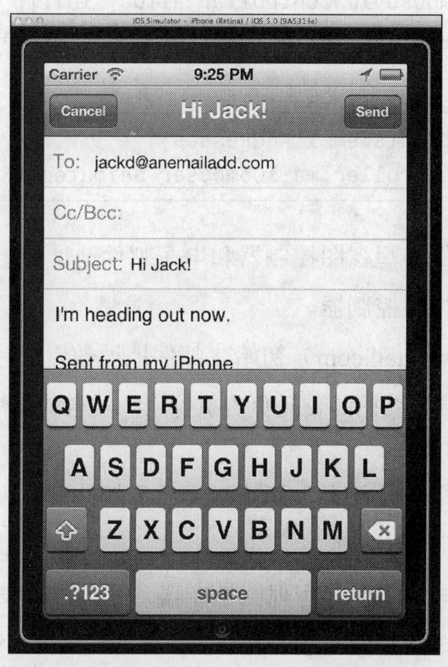

图 20.2
向用户显示电子邮件书写界面

应用程序将为电子邮件提供初始值，然后充当委托：暂时交出控制权，让用户通过与系统提供的界面交互来发送电子邮件。这与用户在 Mail 应用程序中发送电子邮件时使用的界面相同，因此用户很熟悉。

> **注意：** *By the Way*
>
> 前一章的应用程序没有包含任何与使用 iOS 照片（或音乐）数据库相关的细节，同样，这里也无需提供有关电子邮件服务器以及用户如何与之交互以发送电子邮件的细节。发送电子邮件的细节由 iOS 处理，代价是您无法对这个过程进行较低级的控制。这种折衷使得在应用程序中发送电子邮件非常容易。

使用框架 Message UI，必须将其加入到项目中，并在要使用该框架的类（可能是视图控制器）中导入其接口文件：

```
#import <MessageUI/MessageUI.h>
```

要显示邮件书写窗口，您必须分配并初始化一个 MFMailComposeViewController 对象，它负责显示电子邮件。接下来，您需要创建一个用作收件人的电子邮件地址数组，并使用方法 setToRecipients 给邮件书写视图控制器配置收件人。最后，需要指定一个委托，它负责在用户发送邮件后做出响应；再使用 presentModalViewController 显示邮件书写视图。程序清单 20.4 是这些功能的一种简单实现。

程序清单 20.4 准备并显示邮件书写对话框

```
1: MFMailComposeViewController *mailComposer;
2: NSArray *emailAddresses;
3:
4: mailComposer=[[MFMailComposeViewController alloc] init];
5: emailAddresses=[[NSArray alloc]initWithObjects:@"me@myemail.com",nil];
6:
7: mailComposer.mailComposeDelegate=self;
8: [mailComposer setToRecipients:emailAddresses];
9: [self presentModalViewController:mailComposer animated:YES];
```

第 1 行和第 2 行分别声明了邮件书写视图控制器和电子邮件地址数组。

第 4 行分配并初始化邮件书写视图控制器。

第 5 行使用一个地址（my3@myemail.com）初始化邮件地址数组。

第 7 行设置邮件书写视图控制器的委托。委托负责执行用户发送或取消邮件后需要完成的任务。

第 8 行给邮件书写视图控制器指定收件人，而第 9 行显示邮件书写窗口。

1．邮件书写视图控制器委托

与联系人选择器一样，要使用电子邮件书写视图控制器，也必须遵守一个协议：MFMailComposeViewControllerDelegate。该协议定义了一个清理方法：mailComposeController:didFinishWithResult:error，将在用户使用完邮件书写窗口后被调用。在大多数情况下，在这个方法中都只需关闭邮件书写视图控制器的模态视图即可，如程序清单 20.5 所示。

程序清单 20.5 在用户使用完邮件书写视图控制器后做出响应

```
- (void)mailComposeController:(MFMailComposeViewController*)controller
        didFinishWithResult:(MFMailComposeResult)result
                      error:(NSError*)error {
   [self dismissModalViewControllerAnimated:YES];
}
```

然而，如果您要获悉邮件书写视图关闭的原因，可查看 result（其类型为 MFMailComposeResult）的值。其取值为下述常量之一（这些常量的含义不言自明）：MFMailComposeResultCancelled、MFMailComposeResultSaved、MFMailComposeResultSent 和 MFMailComposeResultFailed。

20.1.3 使用 Twitter 发送推特信息

使用 Twitter 发送推特信息的流程与准备电子邮件的流程很像。要使用 Twitter，需要包含框架 Twitter，创建一个推特信息书写视图控制器，再以模态方式显示它。图 20.3 显示了推特信息书写对话框。

图 20.3 在应用程序中集成 Twitter

然而，不同于邮件书写视图，显示推特信息书写视图后，无需做任何清理工作；您只需显示这个视图，就大功告成了。下面来看看实现这项功能的代码。

首先，在项目中加入框架 Twitter 后，必须导入其接口文件：

```
#import <Twitter/Twitter.h>
```

然后，必须声明、分配并初始化一个 TWTweetComposeViewController，以提供用户界面。发送推特信息之前，必须使用 TWTweetComposeViewController 类的方法 canSendTweet 确保用户配置了活动的 Twitter 账户。然后，便可使用方法 setInitialText 设置推特信息的默认内容，再显示视图。程序清单 20.6 是一个实现示例。

程序清单 20.6 准备发送推特信息

```
TWTweetComposeViewController *tweetComposer;
tweetComposer=[[TWTweetComposeViewController alloc] init];
if ([TWTweetComposeViewController canSendTweet]) {
    [tweetComposer setInitialText:@"Hello World."];
    [self presentModalViewController:tweetComposer animated:YES];
}
```

显示这个模态视图后，就大功告成了。用户可修改推特信息的内容、将图像作为附件、取消或发送推特信息。

By the Way

注意：

这是一个简单的示例，还有其他方法，可用于与多个 Twitter 账户相关的功能、位置等。如果要在用户使用完推特信息书写窗口时获悉这一点，可添加一个回调函数。如果需要实现更高级的 Twitter 功能，请参阅 Xcode 文档中的 Twitter Framework Reference。

20.1.4 地图功能

iOS 的 Google Maps 实现向用户提供了一个地图应用程序，它响应速度快，使用起来很有趣。通过使用 Map Kit，您的应用程序也能提供这样的用户体验。Map Kit 让您能够将地图嵌入到视图中，并提供显示该地图所需的所有图块（图像）。它在需要时处理滚动、缩放和图块加载。Map Kit 还能执行反向地理编码（reverse geocoding），即根据坐标获取位置信息（国家、州、城市、地址）。

Watch Out!

警告：

Map Kit 图块（map tile）来自 Google Maps/Google Earth API，虽然您不用直接调用该 API，但 Map Kit 代表您进行这些调用，因此使用 Map Kit 的地图数据时，您和您的应用程序必须遵守 Google Maps/Google Earth API 服务条款。

您无需编写任何代码就可使用 Map Kit——只需将 Map Kit 框架加入到项目中，并使用 Interface Builder 将一个 MKMapView 实例加入到视图中。添加地图视图后，便可在 Attributes Inspector 中设置多个属性，以进一步定制它，如图 20.4 所示。可在地图、卫星和混合模式之间选择，可指定是否使用下一章将介绍的 Core Location 让用户的当前位置在地图上居中，还可控制用户是否可与地图交互——通过轻扫和张合来滚动和缩放地图。

图 20.4
地图视图的 Attributes Inspector

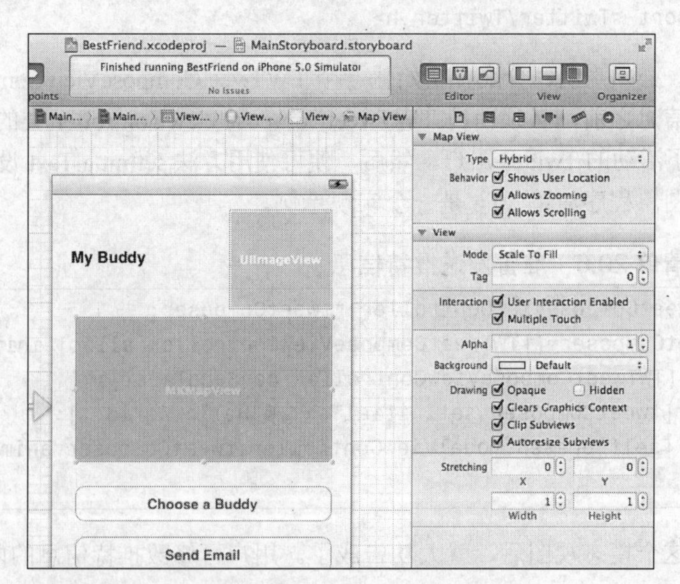

如果要以编程方式控制地图对象（MKMapView），可使用各种方法。例如，移动地图和调整其大小，这些是您可能想以编程方式执行的常见操作。然而，您首先必须导入框架 Map Kit 的接口文件：

```
#import <MapKit/MapKit.h>
```

需要操纵地图时，大多数情况下都需要添加框架 Core Location 并导入其接口文件：

```
#import <CoreLocation/CoreLocation.h>
```

为管理地图的视图，需要定义一个地图区域，再调用方法 setRegion:animated。区域（region）是一个 MKCoordinateRegion 结构（而不是对象），它包含成员 center 和 span。其中 center 是一个 CLLocationCoordinate2D 结构，这种结构来自框架 Core Location，包含成员 latitude 和 longitude；而 span 指定从中心出发向东西南北延伸多少度。一个纬度相当于 69 英里；在赤道上，一个经度也相当于 69 英里。通过将区域的跨度（span）设置为较小的值，如 0.2，可将地图的覆盖范围缩小到绕中点几英里。例如，如果要定义一个区域，其中心的经度和纬度都为 60.0，且每个方向的跨越范围为 0.2 度，可编写如下代码：

```
MKCoordinateRegion mapRegion;
mapRegion.center.latitude=60.0;
mapRegion.center.longitude=60.0;
mapRegion.span.latitudeDelta=0.2;
mapRegion.span.longitudeDelta=0.2;
```

要在名为 map 的地图对象中显示该区域，可使用如下代码：

```
[map setRegion:mapRegion animated:YES];
```

另一种常见的地图操作是添加标注。标注让您能够在地图上突出重要的点。

1. 标注

在应用程序中，可给地图添加标注，就像 Google Maps 一样。要使用标注，通常需要实现一个 MKAnnotationView 子类，它描述了标注的外观以及应显示的信息。

对于加入到地图中的每个标注，都需要一个描述其位置的地点标识对象（MKPlaceMark）。在本章的示例中，只需要一个标注，它指出选定邮政编码对应区域的中心位置。

为理解如何结合使用这些对象，来看一个简单的示例。要在地图视图 map 中添加标注，必须分配并初始化一个 MKPlacemark 对象。为初始化这种对象，需要一个地址（这里是从联系人的 kABPersonAddressProperty 属性中获取的）和一个 CLLocationCoordinate2D 结构。该结构包含经度和纬度，指定了要将地点标识放在什么地方。初始化地点标识后，使用 MKMapView 的方法 addAnnotation 将其加入地图视图中，如程序清单 20.7 的代码片段所示。

程序清单 20.7　添加标注

```
1: CLLocationCoordinate2D myCoordinate;
2: myCoordinate.latitude = 20.0;
3: myCoordinate.longitude = 20.0;
```

```
4:
5: MKPlacemark *myMarker;
6: myMarker = [[MKPlacemark alloc]
7:             initWithCoordinate:myCoordinate
8:             addressDictionary:fullAddress];
9: [map addAnnotation:myMarker];
```

第1～3行声明并初始化了一个CLLocationCoordinate2D结构（myCoordinate），它包含的经度和纬度都是20.0。

第5～8行声明和分配了一个MKPlacemark（myMarker），并使用myCoordinate和fullAddress初始化它。fullAddress要么是从地址簿条目中获取的，要么是根据ABPerson参考文档中Address属性的定义手工创建的。这里假定从地址簿条目中获取了它。

最后，第9行将标注加入到地图中。

Did you Know?

提示：

要删除地图视图中的标注，只需将addAnnotation替换为removeAnnotation，而参数相同。

您添加标注时，iOS自动完成其他工作。Apple提供了一个MKAnnotationView子类——MKPinAnnotationView。当您对地图视图对象调用addAnnotation时，iOS自动创建为您一个MKPinAnnotationView实例（一颗图钉），在很多情况下，这足够了。然而，要定制图钉，必须实现地图视图的委托方法mapView:viewForAnnotation。

例如，请看程序清单20.8所示的方法mapView:viewForAnnotation的实现，它分配并配置一个自定义的MKPinAnnotationView实例。

程序清单20.8　定制标注视图

```
 1: - (MKAnnotationView *)mapView:(MKMapView *)mapView
 2:             viewForAnnotation:(id <MKAnnotation>)annotation {
 3:
 4:     MKPinAnnotationView *pinDrop=[[MKPinAnnotationView alloc]
 5:             initWithAnnotation:annotation reuseIdentifier:@"myspot"];
 6:     pinDrop.animatesDrop=YES;
 7:     pinDrop.canShowCallout=YES;
 8:     pinDrop.pinColor=MKPinAnnotationColorPurple;
 9:     return pinDrop;
10: }
```

第4行声明和分配一个MKPinAnnotationView实例，并使用iOS传递给方法mapView:viewForAnnotation的参数annotation和一个重用标识符字符串初始化它。这个重用标识符是一个独特的字符串，让您能够在其他地方重用标注视图。就这里而言，可使用任何字符串。

第6～8行通过3个属性对新的图钉标注视图pinDrop进行了配置。animatesDrop是一个布尔属性，其值为true时，图钉将以动画方式出现在地图上；通过将属性canShowCallout设置为 YES，当用户触摸图钉时，将在注解中显示额外信息；最后，pinColor 设置图钉图标的颜色。

正确配置新的图钉标注视图后，第 9 行将其返回给地图视图。

如果在应用程序中使用上述方法，它将创建一个带注解的紫色图钉，该图钉以动画方式加入到地图中。然而，可在应用程序中创建全新的标注视图，它们不一定非得是图钉。这里使用了 Apple 提供的 MKPinAnnotationView，并对其属性做了调整；这样显示的图钉将与根本没有实现这个方法时稍微不同。

提示：

第 21 章将更详细地介绍 Core Location，让您能够使用除地图外的其他定位功能。Core Loation 让您能够直接访问设备的 GPS 和指南针功能。

Did you Know?

20.2 使用地址簿、电子邮件、Twitter 和地图

在本章的示例中，将让用户从地址簿中选择一位好友。用户选择好友后，应用程序将从地址簿中检索有关这位好友的信息，并将其显示在屏幕上，这包括姓名、照片和电子邮件地址。另外，用户还能够在一个交互式地图中显示朋友居住的城市以及给朋友发送电子邮件或推特信息，这些都将在一个应用程序屏幕中完成。

20.2.1 实现概述

这个项目涉及的领域很多，但您无需输入大量代码。首先创建界面，然后添加地址簿、地图、电子邮件和 Twitter 功能。实现其中每项功能时，都必须添加框架，并在视图控制器接口文件中添加相应的#import 编译指令。换句话说，如果程序不能正常运行，请确保没有遗漏添加框架和导入头文件的步骤。

20.2.2 创建项目

启动 Xcode，使用模板 Single View Application 新建一个名为 BestFriend 的项目。这个示例的功能很多，但大部分都是有幕后的方法实现的。为实现这些功能，需要添加多个框架，还需建立几个一开始就知道的连接。

1．添加框架

首先来添加框架。选择项目 BestFriend 的顶级编组，并确保选择了默认目标 BestFriend。单击编辑器中的标签 Summary，在该选项卡中向下滚动到 Linked Frameworks and Libraries 部分。单击列表下方的+按钮，从出现的列表中选择 AddressBook.framework，再单击 Add 按钮。

重复上述操作，以添加 AddressBookUI.framework、MapKit.framework、CoreLocation.framework、MessageUI.framework 和 Twitter.framework。添加框架后，将它们拖放到编组 Frameworks 中，让项目整洁有序。最后的项目代码编组应类似于图 20.5。

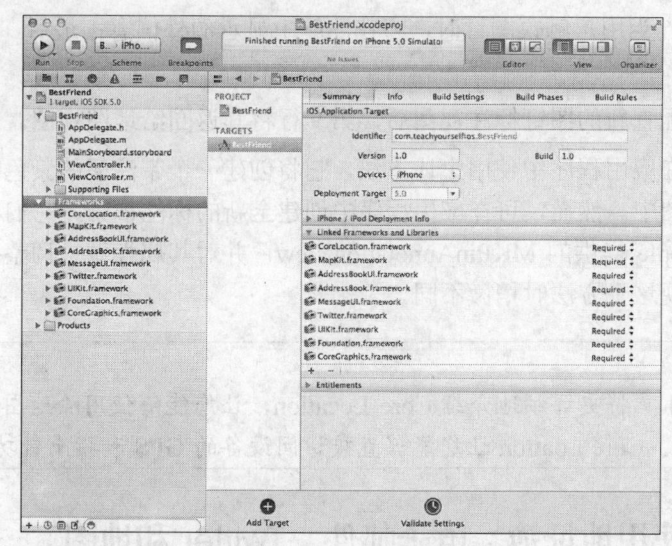

图 20.5

在项目中添加所有需要的框架

在这个应用程序中，将让用户从地址簿中选择一个联系人，并显示该联系人的姓名、电子邮件地址和照片。对于姓名和电子邮件地址，我们将通过两个名为 name 和 email 的标签（UILabel）显示；而对于照片，将通过一个名为 photo 的 UIImageView 显示。最后，需要显示一个地图（MKMapView），我们将通过输出口 map 引用它；还需要一个类型为 MKPlacemark 的属性/实例变量：zipAnnotation，它表示地图上的一个点，将在这里显示特殊的标注。

这个应用程序还将实现 3 个操作：newBFF、sendEmail 和 sendTweet。其中 newBFF 让用户能够从地址簿选择一位朋友，sendEmail 让用户能够给朋友发送电子邮件，而 sendTweet 让用户能够在 Twitter 上发布信息。

20.2.3 设计界面

下面打开界面文件 MainStoryboard.storyboard，给应用程序设计 UI。应用程序 BestFriend 旨在演示各种功能，这里不详细介绍每个步骤，您可参阅图 20.6 了解我设计的界面。

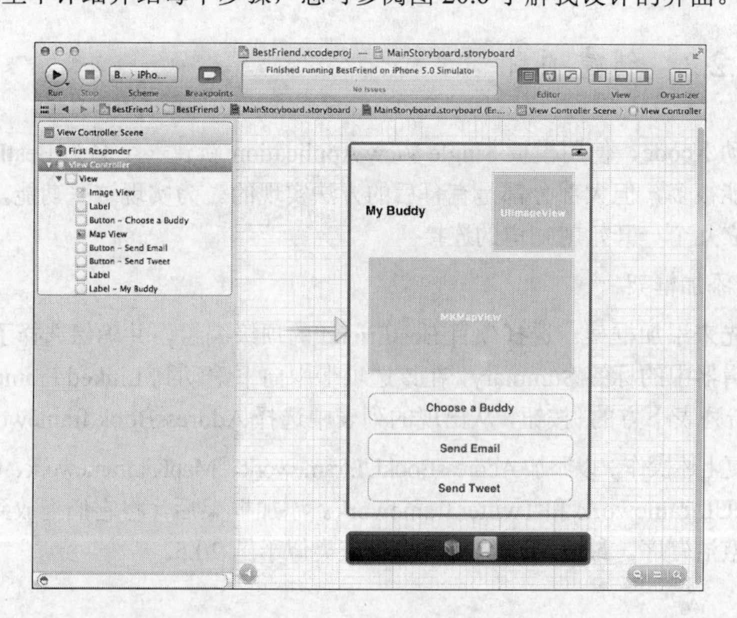

图 20.6

创建类似这样的应用程序界面或使用自己的设计

添加两个标签（UILabel）。一个较大，用于显示朋友的姓名，另一个显示朋友的电子邮件地址。在笔者设计的 UI 中，清除了电子邮件地址标签的内容。接下来，添加一个 UIImageView，用于显示地址簿中朋友的照片；使用 Attributes Inspector 将缩放方式设置为 Aspect Fit。

将一个地图视图（MKMapView）拖放到界面中，这个地图视图将显示您所处的位置以及朋友居住的城市。

最后，添加 3 个按钮（UIButton），一个用于选择朋友，其标题为 Choose a Buddy；另一个用于给朋友发送电子邮件，标题为 Send Email；最后一个使用您的 Twitter 账户发送推特消息，其标题为 Send Tweet。

1．配置地图视图

添加地图视图后，选择它并打开 Attributes Inspector（Option + Command + 4）。使用下拉列表 Type（类型）指定要显示的地图类型（卫星、混合等），再激活所有的交互选项。这将让地图显示用户的当前位置，并让用户能够在地图视图中平移和缩放，就像地图应用程序一样。

20.2.4 创建并连接输出口和操作

这样的操作您执行过无数次（准确地说是几十次）了，应非常熟悉。总共需要定义 4 个输出口和 3 个操作。

需要定义的输出口如下。

- 包含联系人姓名的标签（UILabel）：name。
- 包含电子邮件地址的标签（UILabel）：email。
- 显示联系人姓名的图像视图（UIImageView）：photo。
- 地图视图（MKMapView）：map。

需要定义的 3 个操作如下。

- Choose a Buddy 按钮（UIButton）：newBFF。
- Send Email 按钮（UIButton）：sendEmail。
- Send Tweet 按钮（UIButton）：sendTweet。

切换到助手编辑器模式，并打开文件 MainStoryboard.storyboard，以便开始建立连接。

1．添加输出口

按住 Control 键，从显示选定联系人姓名的标签拖曳到 ViewController.h 中代码行@interface 下方。在 Xcode 提示时，将输出口命名为 name。对电子邮件地址标签重复上述操作，将输出口命名为 email。最后，按住 Control 键，从地图视图拖曳到 ViewController.h，并新建一个名为 map 的输出口。

2．添加操作

接下来，创建所需的操作。按住 Control 键，从 Choose a Buddy 按钮拖曳到刚创建的属性下方。在 Xcode 提示时，新建一个名为 newBFF 的操作。重复上述操作，将按钮 Send Email 连接到操作 sendEmail，将按钮 Send Tweet 连接到 sendTweet。

前面说过，在地图视图的实现中，可包含一个委托方法（mapView:viewForAnnotation），用于定制标注。为将地图视图的委托设置为视图控制器，可编写代码 self.map.delegate = self，也可在 Interface Builder 中，将地图视图的输出口 delegate 连接到文档大纲中的视图控制器。

选择地图视图并打开 Connections Inspector（Option + Command + 6）。从输出口 delegate 拖曳到文档大纲中的视图控制器，如图 20.7 所示。

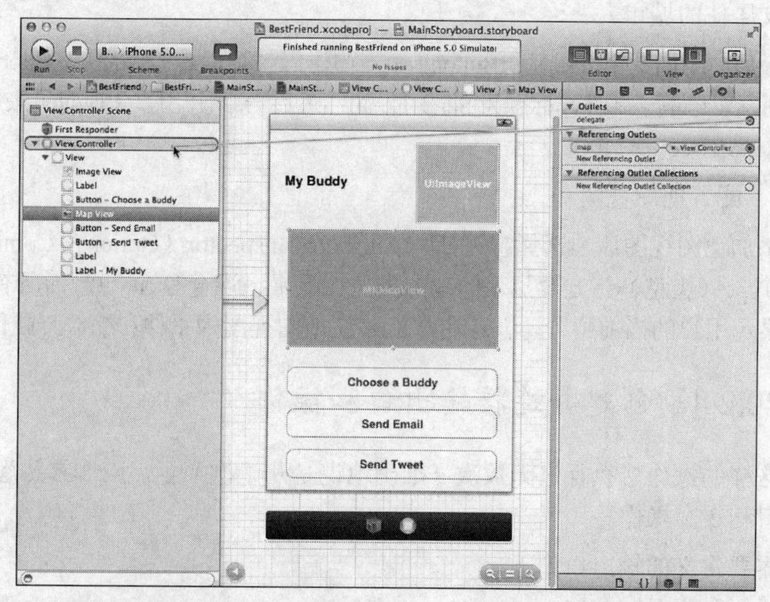

图 20.7
设置地图视图的委托

建立这些连接后，设计界面和建立连接的工作就完成了。虽然我们将显示电子邮件、Twitter 和地址簿界面，但它们都是使用代码生成的。

20.2.5 实现地址簿逻辑

访问地址簿由两步组成：显示让用户能够选择联系人的视图（ABPeoplePicker Navigation Controller 类的实例）以及读取选定联系人的信息。要完成这两个步骤，需要两个框架。

1．为使用框架 Address Book 做准备

要显示地址簿 UI 和地址簿数据，必须导入框架 Address Book 和 Address Book UI 的头文件，并指出将实现协议 ABPeoplePickerNavigationControllerDelegate。

打开文件 ViewController.h，在现有编译指令#import 后面添加如下代码行。

```
#import <AddressBook/AddressBook.h>
#import <AddressBookUI/AddressBookUI.h>
```

接下来，修改代码行@interface，在其中添加<ABPeoplePickerNavigationControllerDelegate>，这指出我们要遵守协议 ABPeoplePickerNavigationControllerDelegate：

```
@interface ViewController : UIViewController
                                  <ABPeoplePickerNavigationControllerDelegate>
```

2．显示地址簿联系人选择器

当用户按 Choose a Buddy 按钮时，应用程序需显示联系人选择器这一模态视图，它向用

户提供与应用程序“通讯录”类似的界面。

在文件 ViewController.m 的方法 newBFF 中，分配并初始化一个联系人选择器，将其委托设置为视图控制器（self），再显示它。这个方法的代码如程序清单 20.9 所示，应该与本章前面介绍的代码很像。

程序清单 20.9 方法 newBFF 的实现

```
1: - (IBAction)newBFF:(id)sender {
2:     ABPeoplePickerNavigationController *picker;
3:     picker=[[ABPeoplePickerNavigationController alloc] init];
4:     picker.peoplePickerDelegate = self;
5:     [self presentModalViewController:picker animated:YES];
6: }
```

第 2 行将 picker 声明为一个 ABPeoplePickerNavigationController 实例——显示系统地址簿的 GUI 对象。第 3～4 行分配该对象，并将其委托设置为 ViewController（self）。

第 5 行将联系人选择器作为模态视图显示在现有用户界面上面。

3．处理取消和挖掘

就应用程序 BestFriend 而言，只需知道用户选择的朋友，而不希望用户继续选择或编辑联系人属性。因此，需要将委托方法 peoplePickerNavigationContoller:peoplePicker: shouldContinueAfterSelectingPerson 实现为返回 NO，这是这个应用程序的“主力”方法。还需让委托方法关闭联系人选择器模态视图，并将控制权交给 ViewController。

但本章前面说过，还必须实现联系人选择器委托协议定义的其他两个方法：一个处理用户取消选择的情形（peoplePickerNavigationControllerDidCancel），另一个处理用户深入挖掘联系人属性的情形（peoplePickerNavigationController:shouldContinueAfterSelectingPerson:property:identifier）。鉴于在用户进一步向下显示前，我们就会获取其选择的联系人，因此第二个方法只需返回 NO——该方法永远不会被调用。

在文件 ViewController.m 中，实现方法 peoplePickerNavigationControllerDidCancel，如程序清单 20.10 所示。

程序清单 20.10 处理用户在联系人选择器中取消选择

```
- (void)peoplePickerNavigationControllerDidCancel:
(ABPeoplePickerNavigationController *)peoplePicker {
    [self dismissModalViewControllerAnimated:YES];
}
```

接下来，由于不需要深入挖掘联系人属性，因此将方法 peoplePickerNavigationController: shouldContinueAfterSelectingPerson:property:identifier 实现为返回 NO，如程序清单 20.11 所示。

程序清单 20.11 处理用户在联系人选择器中取消选择

```
- (BOOL)peoplePickerNavigationController:
(ABPeoplePickerNavigationController *)peoplePicker
      shouldContinueAfterSelectingPerson:(ABRecordRef)person
```

```
                                      property:(ABPropertyID)property
                                    identifier:(ABMultiValueIdentifier)identifier {
    //We won't get to this delegate method

    return NO;
}
```

4. 选择、访问和显示联系人信息

如果用户没有取消选择，将调用委托方法 peoplePickerNavigationContoller:peoplePicker:shouldContinueAfterSelectingPerson，并通过一个 ABRecordRef 将选定联系人传递给该方法。ABRecordRef 是在前面导入的 Address Book 框架中定义的。

可以使用 Address Book 框架中的 C 语言函数从地址簿读取该联系人的信息。就这个示例而言，将读取 4 项信息：联系人的名字、照片、电子邮件地址和邮政编码。在读取照片前，将检查联系人是否有照片。

注意，返回的联系人名字和照片并非 Cocoa 对象（即 NSString 和 UIImage），而是 Core Foundation 中的 C 语言数据，因此需要使用 Address Book 框架中的函数 ABRecordCopyValue 和 UIImage 的方法 imageWithData 进行转换。

对于电子邮件地址和邮政编码，必须处理可能返回多个值的情形。就这些数据而言，我们也将使用 ABRecordCopyValue 获取指向数据集的引用，再使用函数 ABMultiValueGetCount 核实联系人至少有一个电子邮件地址（或邮政编码），然后使用 ABMultiValueCopyValueAtIndex 复制第一个电子邮件地址或邮政编码。

听起来是不是很复杂？这些代码不是最优美的，但也不是最难理解的。

在文件 ViewController.m 中，添加最后一个委托方法——peoplePickerNavigation Controller:shouldContinueAfterSelectingPerson，如程序清单 20.12 所示。

程序清单 20.12　在用户选择了联系人时做出响应

```
 1: - (BOOL)peoplePickerNavigationController:
 2: (ABPeoplePickerNavigationController *)peoplePicker
 3:         shouldContinueAfterSelectingPerson:(ABRecordRef)person {
 4:
 5:         // Retrieve the friend's name from the address book person record
 6:         NSString *friendName;
 7:         NSString *friendEmail;
 8:         NSString *friendZip;
 9:
10:         friendName=(__bridge NSString *)ABRecordCopyValue
11:                         (person, kABPersonFirstNameProperty);
12:         self.name.text = friendName;
13:
14:         ABMultiValueRef friendAddressSet;
15:         NSDictionary *friendFirstAddress;
16:         friendAddressSet = ABRecordCopyValue
17:                             (person, kABPersonAddressProperty);
```

```
18:
19:     if (ABMultiValueGetCount(friendAddressSet)>0) {
20:         friendFirstAddress = (__bridge NSDictionary *)
21:                 ABMultiValueCopyValueAtIndex(friendAddressSet,0);
22:     friendZip = [friendFirstAddress objectForKey:@"ZIP"];
23:     }
24:
25:     ABMultiValueRef friendEmailAddresses;
26:     friendEmailAddresses = ABRecordCopyValue
27:                     (person, kABPersonEmailProperty);
28:
29:     if (ABMultiValueGetCount(friendEmailAddresses)>0) {
30:         friendEmail=(__bridge NSString *)
31:                 ABMultiValueCopyValueAtIndex(friendEmailAddresses, 0);
32:         self.email.text = friendEmail;
33:     }
34:
35:     if (ABPersonHasImageData(person)) {
36:         self.photo.image = [UIImage imageWithData:
37:                     (__bridge NSData *)ABPersonCopyImageData(person)];
38:     }
39:
40:     [self dismissModalViewControllerAnimated:YES];
41:     return NO;
42: }
```

下面详细介绍其中的逻辑。首先，注意到给这个方法传递了一个 person 参数，其类型为 ABRecordRef，指向选定的联系人，这个方法将不断使用它。

第 6～8 行声明了三个变量，将用于临时存储从地址簿获取的名字、电子邮件地址和邮政编码。

第 10～11 行使用方法 ABRecordCopyVal 将属性 kABPersonFirstNameProperty 作为字符串复制给变量 friendName。第 12 行将标签 name 的文本设置为该字符串。

获取地址稍微复杂些。必须首先获取联系人的地址集（其中每个地址都是一个字典），然后获取第一个地址，再获取其中的特定字段。在地址簿中，任何有多个值的内容都用类型为 ABMultiValueRef 的变量表示。第 14 行声明了一个这种类型的变量——friendAddressSet，它将指向 person 的所有地址。接下来，第 15 行声明了一个类型为 NSDictionary 的变量 friendFirstAddress，它将存储 friendAddressSet 中的第一个地址，以便我们能够轻松地获取不同的字段（如城市、州、邮政编码等）。第 16-17 行给 friendAddressSet 赋值，这里使用函数 ABRecordCopyVal function 提取了 person 的属性 kABPersonAddressProperty。

第 19～23 行使用 ABMultiValueGetCount 检查 friendAddressSet 包含的地址数是否大于零。如果为零，说明联系人没有地址，应接着获取电子邮件地址。如果联系人有地址，则使用方法 ABMultiValueCopyValueAtIndex 复制 friendAddressSet 中的第一个地址，并将其存储到 friendFirstAddress 中，如第 20～21 行所示。调用这个函数时使用的索引为 0，它表示集合中的第一个地址。第二个地址的索引为 1，第三个地址的索引为 2，以此类推。

第 22 行使用 NSDictionary 的方法 objectForKey 获取邮政编码。邮政编码的键为 ZIP，要获悉各种可能的键，请参阅有关地址簿的文档。

Watch Out!

警告：

您可能认为这里的代码不完整，没有使用邮政编码做任何事情。邮政编码供后面将介绍的地图功能使用，因此这里只获取它。

第 25～33 行重复了上述过程，以获悉联系人的第一个电子邮件地址。唯一的差别是，电子邮件地址不是字典，而是字符串。这意味着确定联系人有电子邮件地址（第 30 行）后，就可复制集合中的第一项，并将其作为字符串使用（第 29 行）。第 32 行将 email 标签的文本设置为联系人的电子邮件地址。

此时您肯定会认为，获取联系人照片一定很麻烦！您错了，这实际上很容易。第 35 行使用函数 ABPersonHasImageData 检查联系人是否有照片，如果有，使用 ABPersonCopyImageData 复制地址簿中的照片，再将其传递给 UIImage 的方法 imageWithData 以返回一个图像对象，再将其赋给界面中 photo 的属性 image。所有这些都是在第 36～37 行完成的。

这里介绍了几个新函数，但熟悉其中的技巧后，从地址簿获取数据将非常简单。

邮政编码将做何用途呢？下面实现交互式地图时将使用它。

20.2.6 实现地图逻辑

本章前面在项目中添加了两个框架：Core Loaction 和 Map Kit，前者负责定位，而后者显示嵌入式 Google Map。要访问这些框架提供的函数，还需导入它们的接口文件。

1．为使用 Map Kit 和 Core Location 做准备

在文件 ViewController.h 中，在现有编译指令#import 后面添加如下代码行：

```
#import <MapKit/MapKit.h>
#import <CoreLocation/CoreLocation.h>
```

现在可以使用位置并以编程方式控制地图了，但还需做一项设置工作：将添加到地图中的标注。我们需要创建一个实例变量/属性，以便能够在应用程序的任何地方访问该标注。

为此，在文件 ViewController.h 中，在现有属性声明下方添加一个@property 编译指令：

```
@property (strong, nonatomic) MKPlacemark *zipAnnotation;
```

声明属性 zipAnnotation 后，还需在文件 ViewController.m 中添加配套的编译指令@synthesize：

```
@synthesize zipAnnotation;
```

在方法 viewDidUnload 中，将该实例变量设置为 nil：

```
[self setZipAnnotation:nil];
```

2．控制地图的显示

通过使用 MKMapView，无需编写任何代码就可显示地图和用户的当前位置，因此，在这个应用程序中，我们只需获取联系人的邮政编码，确定其对应的经度和纬度，再放大地图并以这个地方为中心。我们还将在这个地方添加一个图钉，这就是属性 zipAnnotation 的用途。

不幸的是，Map Kit 和 Core Location 都没有提供将地址转换为坐标的功能，但 Google 提供了这样的服务。通过请求 http://maps.google.com/maps/geo?output=csv&q=<address>，可获取一个用逗号分隔的列表，其中的第 3 个和第 4 个值分别为纬度和经度。发送给 Google 的地址非常灵活，可以是城市、州、邮政编码或街道；无论您提供什么样的信息，Google 都将尽力将其转换为坐标。如果您提供的是邮政编码，该邮政编码标识的区域将位于地图中央，这正是我们梦寐以求的。

知道位置后，需要指定地图的中心并放大地图。为保持应用程序的整洁，将在方法 centerMap:showAddress 中实现这些功能。这个方法接收两个参数：字符串参数 zipCode（邮政编码）和字典参数 fullAddress（从地址簿返回的地址字典）。邮政编码将用于从 Google 获取经度和纬度，然后调整地图对象以显示该区域；而地址字典将被标注视图用于显示注解。

首先，在文件 ViewController.h 中，在您添加的 IBAction 后面添加该方法的原型：

```
- (void)centerMap:(NSString*)zipCode showAddress:(NSDictionary*)fullAddress;
```

现在，打开实现文件 ViewController.m，并添加方法 centerMap，如程序清单 20.13 所示。

程序清单 20.13　指定地图的中心位置并添加标注

```
 1: - (void)centerMap:(NSString*)zipCode
 2:         showAddress:(NSDictionary*)fullAddress {
 3:         NSString *queryURL;
 4:         NSString *queryResults;
 5:         NSArray *queryData;
 6:         double latitude;
 7:         double longitude;
 8:         MKCoordinateRegion mapRegion;
 9:
10:         queryURL = [[NSString alloc]
11:                     initWithFormat:
12:                     @"http://maps.google.com/maps/geo?output=csv&q=%@",
13:                     zipCode];
14:
15:          queryResults = [[NSString alloc]
16:                         initWithContentsOfURL: [NSURL URLWithString:queryURL]
17:                         encoding: NSUTF8StringEncoding
18:                         error: nil];
19:          queryData = [queryResults componentsSeparatedByString:@","];
20:
21:          if ([queryData count]==4) {
22:              latitude=[[queryData objectAtIndex:2] doubleValue];
23:              longitude=[[queryData objectAtIndex:3] doubleValue];
24:              //       CLLocationCoordinate2D;
```

```
25:            mapRegion.center.latitude=latitude;
26:            mapRegion.center.longitude=longitude;
27:            mapRegion.span.latitudeDelta=0.2;
28:            mapRegion.span.longitudeDelta=0.2;
29:            [self.map setRegion:mapRegion animated:YES];
30:
31:            if (zipAnnotation!=nil) {
32:                [self.map removeAnnotation: zipAnnotation];
33:            }
34:            zipAnnotation = [[MKPlacemark alloc]
35:                             initWithCoordinate:mapRegion.center
36:                             addressDictionary:fullAddress];
37:            [map addAnnotation:zipAnnotation];
38:        }
39: }
```

下面详细介绍其中的逻辑。首先，第3～8行声明了几个变量：queryURL、queryResults和queryData，它们将分别用于存储需要请求的Google URL、返回的原始数据以及分析得到的结果。变量latitude和longitude都是双精度浮点数，将用于存储从queryData那里收集到的坐标信息。最后一个变量（mapRegion）将是经过正确设置的区域，地图应显示该区域。

第10～13分配queryURL，并使用Google URL和传入的zipCode初始化它。第15～18行使用NSString的方法initWithContentsOfURL:encoding:error创建一个字符串，其中包含在queryURL定义的位置处找到的数据；这里还使用了NSURL的URLWithString:将queryURL转换为URL对象。

Did you Know?

提示：

调用方法initWithContentsOfURL:encoding:error时，需要指定编码类型。编码类型指的是如何格式化传递给远程服务器的字符串，对大多数Web服务而言，使用NSUTF8StringEncoding即可。

第19行使用了NSString的方法componentsSeparatedByString，它接收一个分隔字符作为参数，并返回一个NSArray，其中包含根据分隔字符对字符串进行分拆得到的结果。Google返回的数据类似于这样：*<number>*,*<number>*,*<latitude>*,*<longitude>*。通过对返回的数据调用这个方法，并将分隔字符指定为逗号，可获得一个数组（queryData），该数组的第3个元素为纬度，第4个元素为经度。

第21行对获得的数据进行基本检查。如果刚好获得了四项信息，便认为结果是有效的，进而执行第22～27行。

第22～23行获取数组queryData中索引为2和3的字符串元素，将其转换为双精度浮点数，再分别存储到变量latitude和longitude中。

Did you Know?

提示：

别忘了，数组的索引从零开始。这里使用索引2来访问数组的第3个元素，并使用索引3来访问第4个元素。

第 25～29 行定义了地图将显示的区域，然后使用 setRegion:animated 重绘地图。

最后，第 31～38 行处理标注。在第 31～33 行，检查是否已分配了标注（如果使用该应用程序的人选择了多个地址，导致地图被重绘，将出现这种情况）。如果使用了 zipAnnotation，可调用 MKMapView 的方法 removeAnnotation 将标注删除。删除标注后，便可给地图添加新标注了。第 34～36 行使用 map 对象的 center 属性和传入的地址字典 fullAddress 新建一个地点标识（MKPlaceMark）。

定义标注 zipAnnotation 后，便可使用方法 addAnnotation 将其加入地图中（第 37 行）。

3．定制图钉标注视图

本章前面介绍过，如果要定制标注视图，可实现地图视图的委托方法 mapView:viewForAnnotation。这里就这样做，使用的代码与程序清单 20.8 相同。为方便您参考，这里再次列出了这些代码，如程序清单 20.14 所示。

程序清单 20.14　定制标注视图

```
 1: - (MKAnnotationView *)mapView:(MKMapView *)mapView
 2:           viewForAnnotation:(id <MKAnnotation>)annotation {
 3:
 4:     MKPinAnnotationView *pinDrop=[[MKPinAnnotationView alloc]
 5:             initWithAnnotation:annotation reuseIdentifier:@"myspot"];
 6:     pinDrop.animatesDrop=YES;
 7:     pinDrop.canShowCallout=YES;
 8:     pinDrop.pinColor=MKPinAnnotationColorPurple;
 9:     return pinDrop;
10: }
```

4．在用户选择联系人后显示地图

祝贺您，该应用程序现在能够显示邮政编码对应区域的地图、将地图放大并添加图钉标注视图了！为实现地图功能，需要完成的最后一项工作是将地图与地址簿选择关联起来，以便用户选择有地址的联系人时，显示包含该地址所属区域的地图。

```
[self centerMap:friendZip showAddress:friendFirstAddress];
```

为此，修改方法 peoplePickerNavigationController:shouldContinueAfterSelectingPerson，在代码行 friendZip = [friendFirstAddress objectForKey:@“ZIP”];后面添加如下代码：

```
friendZip = [friendFirstAddress objectForKey:@"ZIP"];
```

该应用程序即将完成，余下的任务是添加向选择的朋友发送电子邮件和推特信息的功能。下面就来实现这些功能。

20.2.7　实现电子邮件逻辑

在这个使用 Message UI 框架的示例中，用户可按 Send Mail 按钮向选择的朋友发送电子邮件。将使用在地址簿中找到的电子邮件地址填充电子邮件的 To（收件人）字段，然后用户可使用 MFMailComposeViewController 提供的界面编辑邮件并发送它。

1．为使用框架 Message UI 做准备

与其他示例一样，需要导入框架 Message UI 的接口文件。为此，在文件 ViewController.h 中添加如下代码行：

```
#import <MessageUI/MessageUI.h>
```

使用 Message UI 的类（这里是 ViewController）还必须遵守协议 MFMailComposeViewControllerDelegate。该协议定义了方法 mailComposeController: didFinishWithResult，将在用户发送邮件后被调用。在文件 ViewController.h 中，在代码行@interface 中包含这个协议：

```
@interface ViewController : UIViewController
    <ABPeoplePickerNavigationControllerDelegate,
    MFMailComposeViewControllerDelegate>
```

2．显示邮件编写器

要让用户能够编写邮件，需要分配并初始化一个 MFMailComposeViewController 实例，并使用 MFMailComposeViewController 的方法 setToRecipients 配置收件人。有趣的是，这个方法接收一个数组作为参数，因此需要使用选定朋友的电子邮件地址创建一个只包含一个元素的数组，以便将其传递给这个方法。配置好邮件编写器后，需要使用 presentModalViewController:animated 显示它。

说到电子邮件地址，如何获取它呢？很高兴您这样问。前面将标签 email 的文本设置成了所需的邮件地址，因此使用 self.email.text 就可获取朋友的邮件地址。

请按程序清单 20.15 编写方法 sendEmail。

程序清单 20.15 配置并显示邮件编写器

```
 1: - (IBAction)sendEmail:(id)sender {
 2:     MFMailComposeViewController *mailComposer;
 3:     NSArray *emailAddresses;
 4:     emailAddresses=[[NSArray alloc]initWithObjects: self.email.text,nil];
 5:
 6:     mailComposer=[[MFMailComposeViewController alloc] init];
 7:     mailComposer.mailComposeDelegate=self;
 8:     [mailComposer setToRecipients:emailAddresses];
 9:     [self presentModalViewController:mailComposer animated:YES];
10: }
```

不同于本章编写的其他方法，这个方法没有让您惊讶的地方。第 2 行将 mailComposer 声明为一个 MFMailComposeViewController 实例——显示并处理邮件编写的对象。第 3～4 行定义了一个数组（emailAddresses），它包含一个从标签 email 获取的元素。

第 6～8 行分配并初始化 MFMailComposeViewController 对象：将其委托设置为 self（ViewController），将收件人列表设置为数组 emailAddresses。第 9 行将邮件编写器窗口显示到屏幕上。

3．处理发送邮件后的善后工作

用户编写并发送邮件后，应关闭模态化邮件编写窗口。为此，需要实现协议 MFMailCompose

ViewControllerDelegate 定义的方法 mailCompose Controller:didFinishWithResult。这与程序清单 20.5 演示的完全相同，为方便您参考，这里再次列出了这些代码，如程序清单 20.16 所示。

请将这些代码加入到实现文件 ViewController.m 中。

程序清单 20.16 关闭邮件编写器

```
- (void)mailComposeController:(MFMailComposeViewController*)controller
        didFinishWithResult:(MFMailComposeResult)result
                      error:(NSError*)error {
    [self dismissModalViewControllerAnimated:YES];
}
```

要关闭这个模态视图，只需一行代码。再添加一项功能，这个应用程序就完成了。

20.2.8 实现 Twitter 逻辑

应用程序 BestFriend 的最有一部分是方法 sendTweet 背后的逻辑。用户按 Send Tweet 按钮时，我们想显示推特信息编写器，其中包含默认文本 I'm on my way。这是本章最简单的部分，因此留到最后。

1．为使用框架 Twitter 做准备

在这个项目开头，添加了框架 Twitter，这里需要导入其接口文件。为此，最后一次修改文件 ViewController.h，在#import 语句列表（很长）末尾添加如下代码行，以导入这个接口文件：

```
#import <Twitter/Twitter.h>
```

使用基本的 Twitter 功能时，不需要实现任何委托方法和协议，因此只需添加这行代码就可开始发送推特信息。

2．显示推特信息编写器

要显示推特信息编写器，必须完成四项任务，其中一项是可选的。首先，声明、分配并初始化一个 TWTweetComposeViewController 实例；其次，使用 TWTweetComposeViewController 类的方法 canSendTweet 核实能否使用 Twitter；调用 TWTweetComposeViewController 类的方法 setInitialText 设置推特信息的默认内容，这一步是可选的；最后，使用 presentModalViewController:animated 显示推特信息编写器。

打开文件 ViewController.m，并实现最后一个方法——sendTweet，如程序清单 20.17 所示。

程序清单 20.17 一种简单的推特信息编写器实现

```
1: - (IBAction)sendTweet:(id)sender {
2:     TWTweetComposeViewController *tweetComposer;
3:     tweetComposer=[[TWTweetComposeViewController alloc] init];
4:     if ([TWTweetComposeViewController canSendTweet]) {
5:         [tweetComposer setInitialText:@"I'm on my way."];
6:         [self presentModalViewController:tweetComposer animated:YES];
7:     }
8: }
```

第 2～3 行声明并初始化一个 TWTweetComposeViewController 实例—— tweetComposer。第 4 行检查能否使用 Twitter，如果可以，第 5 行将推特信息的默认内容设置为 I'm on my way，而第 6 行显示 tweetComposer。

20.2.9 生成应用程序

单击 Run 按钮测试该应用程序。选择一个联系人，地图将显示这位朋友居住的地方，然后放大并显示一个标注；按 Send Email 按钮，编写并发送一封电子邮件；尝试发送推特信息。有趣而激动人心。

在这个项目中，我们在一个应用程序中提供了地图、电子邮件、Twitter 和地址簿功能，如图 20.8 所示。至此，您应对可集成 iOS 应用程序的哪些功能有大概认识。

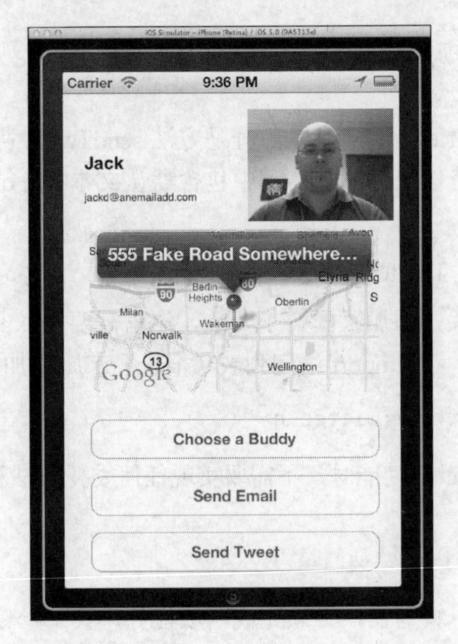

图 20.8 在一个应用程序中集成地图、电子邮件、Twitter 和地址簿功能

20.3 进一步探索

在前几章中，您学习了很多有关如何访问图像和音乐以及发送电子邮件的知识，但对于框架 Address Book 和 Address Book UI，您学习的只是九牛一毛。事实上，Address Book UI 框架还包含另外 3 个模态视图控制器；您可使用较低级的 Address Book 框架来新建联系人、设置其属性以及编辑和删除联系人。对于应用程序 Contacts（通讯录）能完成的任何任务，您都可使用框架 Address Book 来完成。有关如何使用这些 API 的更详细信息，请参阅 Apple iOS 开发中心的优秀指南 Address Book Programming Guide for iOS。

另外，请阅读 Apple 提供的 Map Kit 指南以及下一章对 Core Location 的详细介绍。通过使用这两个框架，可创建比本章介绍的图钉标注复杂得多的地图标注视图（MKAnno tationView）。几乎任何处理地址或位置的应用程序都可使用这些功能。

如果您的应用程序要提供社交网络功能，可提供 Twitter 支持，这快捷而简单。然而，本章介绍的只是 Twitter 框架功能的冰山一角。有关如何使用这个激动人心的新工具的更多示例，请参阅 Apple 的 Twitter 框架参考和源代码。

最后，务必探索框架 Event Kit 和 Kit UI。它们的设计与工作原理类似于地址簿框架，让您能够访问 iOS 日历信息，包括直接在应用程序中新建事件。

20.4 小结

在本章中，您学习了如何让用户能够与地址簿交互、如何发送电子邮件和推特信息以及如何与框架 Map Kit 和 Core Loaction 交互。虽然使用地址簿数据时面临一些挑战（如老式的 C 语言函数），但了解其流程后，这种工作将变得容易得多。尝试使用坐标和地图函数越多，将其集成到应用程序时就越直观。至于电子邮件功能，就没有多少可说的了，它实现起来很容易。

20.5 问与答

问：在 iOS 设备与网络断开时，可使用 MKMapView 吗？

答：不能。地图视图需要使用 Internet 连接来获取数据。

问：有办法区分地址簿数据中的不同地址（邮寄地址和电子邮件地址）吗？

答：能。虽然本章没有使用这些功能，但读取地址簿数据时，可以识别地址类型（家庭地址、单位地址等）。有关如何使用地址簿数据的详尽描述，请参阅地址簿编程指南。

20.6 作业

20.6.1 测验

1．判断正误：Map Kit 为 MKMapView 实现了离散的缩放级别。

2．判断正误：应抛弃老式框架 Address Book，转而使用新框架 Address Book UI。

20.6.2 答案

1．错。Map Kit 要求您指定地图显示的区域，它是由中心点和跨度组成。地图的缩放级别取决于区域的跨度。

2．错。虽然 Address Book UI 框架提供的用户界面对用户来说很熟悉，也可节省您大量的时间，但在应用程序中处理这些界面时，您仍将使用 Address Book 框架中的 C 语言函数和数据结构。

20.6.3 练习

1．在应用程序 BestFriend 中，使用第 15 章介绍的知识将选定好友的名字和照片持久化，以免用户每次运行该应用程序都需要选择好友。

2．对应用程序 BestFriend 进行改进：找出朋友的地址而不是邮政编码。探索 Map Kit 的标注功能，在朋友居住的地方显示一颗图钉。

第21章

实现定位服务

本章将介绍：

- iOS 位置检测硬件；
- 如何读取并显示位置信息；
- 使用指南针确定方向。

在前一章，简要地介绍了如何在应用程序中使用 Map Kit 显示地图信息；本章将进一步利用 iOS 设备的 GPS 功能，利用 iOS 设备的硬件功能精确地获取位置数据和指南针信息。

本章将使用 Core Location 和磁性指南针。在诸如 Internet 搜索、游戏和生产等领域，支持定位的应用程序改善了用户体验；通过使用这些工具，可提高应用程序的价值，使其更有趣。

21.1 理解 Core Location

Core Location 是 iOS SDK 中一个提供设备位置的框架。根据设备的当前状态（在服务区、在大楼内等），可使用 3 种技术之一：GPS、蜂窝或 WiFi。在这些技术中，GPS 最为精准，如果有 GPS 硬件，Core Location 将优先使用它。如果设备没有 GPS 硬件（如 WiFi iPad）或使用 GPS 获取当前位置时失败，Core Location 将退而求其次，选择使用蜂窝或 WiFi。

获取位置

虽然 Core Location 基于的技术很强大（有些被用于发射火箭），但它很容易理解和使用。Core Location 的大多数功能都是由位置管理器提供的，后者是 CLLocationManager 类的一个实例。您使用位置管理器来指定位置更新的频率和精度以及开始和停止接收这些更新。

要使用位置管理器，必须首先将框架 Core Location 加入到项目中，再导入其接口文件：

```
#import <CoreLocation/CoreLocation.h>
```

接下来，需要分配并初始化一个位置管理器实例、指定将接收位置更新的委托并启动更新，如下所示：

```
CLLocationManager *locManager = [[CLLocationManager alloc] init];
locManager.delegate = self;
[locManager startUpdatingLocation];
```

应用程序接收完更新（通常一个更新就够了）后，使用位置管理器的 stopUpdatingLocation 方法停止接收更新。

1. 位置管理器委托

位置管理器委托协议定义了用于接收位置更新的方法。对于被指定为委托以接收位置更新的类，必须遵守协议 CLLocationManagerDelegate。

该委托有两个与位置相关的方法：locationManager:didUpdateToLocation:fromLocation 和 locationManager:didFailWithError。

方法 locationManager:didUpdateToLocation:fromLocation 的参数为位置管理器对象和两个 CLLocation 对象——一个表示新位置，另一个表示以前的位置。CLLocation 实例有一个 coordinate 属性，该属性是一个包含 longitude 和 latitude 的结构，而 longitude 和 latitude 的类型为 CLLocationDegrees。CLLocationDegrees 是类型为 double 的浮点数的别名。

前面说过，不同的地理位置定位方法的精度也不同，而同一种方法的精度随计算时可用的点数（卫星、蜂窝基站和 WiFi 热点）而异。CLLocation 通过属性 horizontalAccuracy 指出了测量精度。

位置精度通过一个圆表示，实际位置可能位于这个圆内的任何地方。这个圆是由属性 coordinate 和 horizontalAccuracy 表示的，其中前者表示圆心，而后者表示半径。属性 horizontalAccuracy 的值越大，它定义的圆就越大，因此位置精度越低。如果属性 horizontalAccuracy 的值为负，则表明 coordinate 的值无效，应忽略它。

除经度和纬度外，CLLocation 还以米为单位提供了海拔高度（altitude 属性）。该属性是一个 CLLocationDistance 实例，而 CLLocationDistance 也是 double 型浮点数的别名。正数表示在海平面之上，而负数表示在海平面之下。还有另一种精度——verticalAccuracy，它表示海拔高度的精度。verticalAccuracy 为正表示海拔高度的误差为相应的米数；为负表示 altitude 的值无效。

程序清单 21.1 是位置管理器委托方法 locationManager:didUpdateToLocation:fromLocation 的一种实现，它显示经度、纬度和海拔高度。

程序清单 21.1　处理位置更新

```
1: - (void)locationManager:(CLLocationManager *)manager
2:     didUpdateToLocation:(CLLocation *)newLocation
3:            fromLocation:(CLLocation *)oldLocation {
4:
```

```
 5:    NSString *coordinateDesc = @"Not Available";
 6:    NSString *altitudeDesc = @"Not Available";
 7:
 8:    if (newLocation.horizontalAccuracy >= 0) {
 9:        coordinateDesc = [NSString stringWithFormat:@"%f, %f +/- %f meters",
10:                          newLocation.coordinate.latitude,
11:                          newLocation.coordinate.longitude,
12:                          newLocation.horizontalAccuracy];
13:    }
14:
15:    if (newLocation.verticalAccuracy >= 0) {
16:        altitudeDesc = [NSString stringWithFormat:@"%f +/- %f meters",
17:                        newLocation.altitude, newLocation.verticalAccuracy];
18:    }
19:
20:    NSLog(@"Latitude/Longitude:%@ Altitude: %@", coordinateDesc,
21:          altitudeDesc);
22: }
```

在这个实现中，需要注意的重要语句是对测量精度的访问（第8行和第15行），还有对经度、纬度和海拔的访问（第10行、第11行和第17行）。这些都是属性，经过前20章的学习，您应该熟悉如何使用它们了。

在这个示例中，您可能不熟悉的一项内容是第20行的函数NSLog。函数NSLog提供了一种输出信息（通常是调试信息）的方便方式，而无需设计视图，第24章将介绍其用法。

结果类似于下面这样：

```
Latitude/Longitude: 35.904392, -79.055735 +/- 76.356886 meters Altitude:
28.000000 +/- 113.175757 meters
```

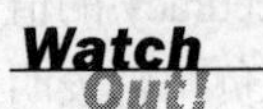

警告：监视移动速度

CLLocation还有一个speed属性，该属性是通过比较当前位置和前一个位置，并比较它们之间的时间差异和距离计算得到的。鉴于Core Location更新的频率，speed属性的值不是非常精确，除非移动速度变化很小。

2．处理定位错误

应用程序开始跟踪用户的位置时，将在屏幕上显示一条警告消息，如图21.1所示。

如果用户禁用定位服务，iOS不会禁止应用程序运行，但位置管理器将生成错误。

发生错误时，将调用位置管理器委托方法locationManager:didFailWithError，让您知道设备无法返回位置更新。该方法的参数指出了失败的原因。如果用户禁止应用程序定位，error参数将为kCLErrorDenied；如果Core Location经过努力后无法确定位置，error参数将为kCLErrorLocationUnknown；如果没有可供获取位置的源，error参数将为kCLErrorNetwork。通常，Core Location将在发生错误后继续尝试确定位置，但如果是用户禁止定位，它就不会这样做；在这种情况下，应使用方法stopUpdatingLocation停止位置管理器，并将相应的实例变量（如果您使用了这样的变量设置为nil，以释放位置管理器占用的内存。程序清单21.2

是 locationManager:didFailWithError 的一种简单实现。

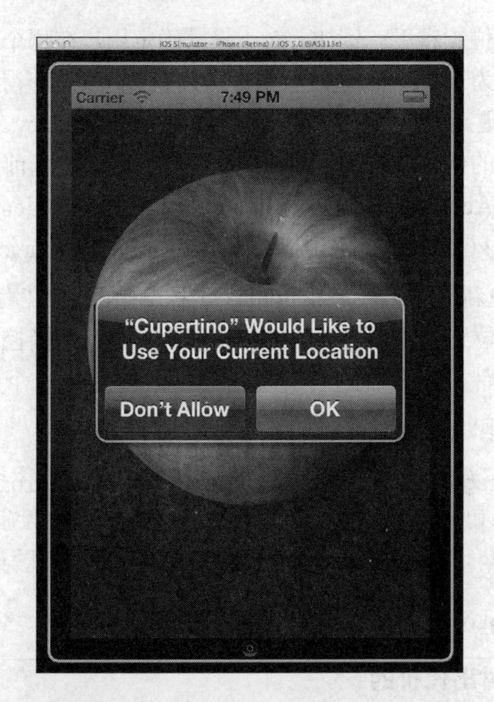

图 21.1
Core Location 询问是否允许向应用程序提供位置数据

程序清单 21.2　处理 Core Location 错误

```
 1: - (void)locationManager:(CLLocationManager *)manager
 2:         didFailWithError:(NSError *)error {
 3:
 4:     if (error.code == kCLErrorLocationUnknown) {
 5:         NSLog(@"Currently unable to retrieve location.");
 6:     } else if (error.code == kCLErrorNetwork) {
 7:         NSLog(@"Network used to retrieve location is unavailable.");
 8:     } else if (error.code == kCLErrorDenied) {
 9:         NSLog(@"Permission to retrieve location is denied.");
10:         [manager stopUpdatingLocation];
11:     }
12: }
```

与前面处理位置管理器更新的实现一样，错误处理程序也只使用了方法通过参数接收的对象的属性。第 4、6 和 8 行将传入的 NSError 对象的 code 属性同可能的错误条件进行比较，并采取相应的措施。

警告：请等待定位

Did you Know?

位置管理器委托不会立即收到更新，通常，从 Core Location 首次询问用户是否允许定位到设备确定位置并被应用程序首次使用需要几秒钟，牢记这一点很重要。在设计应用程序时，应考虑如下情形：等待初始位置、因用户不允许而无法获得位置信息以及地理位置定位失败。一种适用于众多应用程序的常见策略是，退而求其次让用户输入一个邮政编码。

3．位置精度和更新过滤器

可根据应用程序的需要来指定位置精度。例如，对于只需确定用户在哪个国家的应用程序，没有必要要求 Core Location 的精度为 10 米，而通过要求提供大概的位置，获得答案的速度将快得到。要指定精度，可在启动位置更新前设置位置管理器的 desiredAccuracy。可使用枚举类型 CLLocationAccuracy 来指定该属性的值。有 5 个表示不同精度的常量（在当前的消费技术中，前两者的含义相同）：kCLLocationAccuracyBest、kCLLocationAccuracyNearest TenMeters、kCLLocationNearestHundredMeters、kCLLocation Kilometer、kCLLocationAccuracy ThreeKilometers。

对位置管理器启动更新后，更新将不断传递给位置管理器委托，直到停止更新。您无法直接控制这些更新的频率，但可使用位置管理器的属性 distanceFilter 进行间接控制。在启动更新前设置属性 distanceFilter，它指定设备（水平或垂直）移动多少米后才将另一个更新发送给委托。

例如，下面的代码使用适合跟踪长途跋涉者的设置启动位置管理器。

```
CLLocationManager *locManager = [[CLLocationManager alloc] init];
locManager.delegate = self;
locManager.desiredAccuracy = kCLLocationAccuracyHundredMeters;
locManager.distanceFilter = 200;
[locManager startUpdatingLocation];
```

Watch Out!

警告：定位是要付出代价的

每种对设备进行定位的方法（GPS、蜂窝和 WiFi）都可能非常耗电。应用程序要求对设备进行定位的精度越高、属性 distanceFilter 的值越小，应用程序的耗电量就越大。为增长电池的续航时间，请求的位置更新精度和频率务必不要超过应用程序的需求。为延长电池的续航时间，应在可能的情况下停止位置管理器更新。

4．获取航向

位置管理器有一个 headingAvailable 属性，它指出设备是否装备了磁性指南针。如果该属性的值为 YES，您便可以使用 Core Location 来获取航向（heading）信息。接收航向更新与接收位置更新极其相似，要开始接收航向更新，可指定位置管理器委托，设置属性 headingFilter 以指定要以什么样的频率（以航向变化的度数度量）接收更新，并对位置管理器调用方法 startUpdatingHeading：

```
locManager.delegate = self;
locManager.headingFilter = 10
[locManager startUpdatingHeading];
```

Watch Out!

警告：北方并非朝上

并没有准确的北方。地理学意义的北方是固定的，即北极；而磁北与北极相差数百英里且每天都在移动。磁性指南针总是指向磁北，但对于有些电子指南针（如 iPhone 和 iPad 中的指南针），可通过编程使其指向地理学意义的北方。通常，当我们同时使用地图和指南针时，地理学意义的北方更有用。请务必理解地理学意义的北方和磁北之间的差别，并知道应在应用程序中使用哪个。如果您使用相对于地理学意义的北方的航向（属性 trueHeading），请同时向位置管理器请求位置更新和航向更新，否则 trueHeading 将不正确。

位置管理器委托协议定义了用于接收航向更新的方法。该协议有两个与航向相关的方法：locationManager:didUpdateHeading 和 locationManager:ShouldDisplayHeadingCalibration。

方法 locationManager:didUpdateHeading 的参数是一个 CLHeading 对象。CLHeading 通过一组属性来提供航向读数：magneticHeading 和 trueHeading（参阅前面的警告）。这些值的单位为度，类型为 CLLocationDirection，即双精度浮点数。这意味着：

➢ 如果航向为 0.0，则前进方向为北；

➢ 如果航向为 90.0，则前进方向为东；

➢ 如果航向为 180.0，则前进方向为南；

➢ 如果航向为 270.0，则前进方向为西。

CLHeading 对象还包含属性 headingAccuracy（精度）、timestamp（读数的测量时间）和 description（这种描述更适合写入日志而不是显示给用户）。程序清单 21.3 是方法 locationManager:didUpdateHeading 的一个实现示例。

程序清单 21.3　处理航向更新

```
 1: - (void)locationManager:(CLLocationManager *)manager
 2:         didUpdateHeading:(CLHeading *)newHeading {
 3:
 4:         NSString *headingDesc = @"Not Available";
 5:
 6:         if (newHeading.headingAccuracy >= 0) {
 7:             CLLocationDirection trueHeading = newHeading.trueHeading;
 8:             CLLocationDirection magneticHeading = newHeading.magneticHeading;
 9:
10:             headingDesc = [NSString stringWithFormat:
11:                            @"%f degrees (true), %f degrees (magnetic)",
12:                            trueHeading,magneticHeading];
13:
14:             NSLog(headingDesc);
15:         }
16: }
```

这与处理位置更新的实现很像。第 6 行通过检查确保数据是有效的，然后从传入的 CLHeading 对象的属性 trueHeading 和 magneticHeading 获取真正的航向和磁性航向。生成的输出类似于下面这样：

```
180.9564392 degrees (true), 182.684822 degrees (magnetic)
```

另一个委托方法 locationManager:ShouldDisplayHeadingCalibration 只包含一行代码：返回 YES 或 NO，以指定位置管理器是否向用户显示校准提示。该提示让用户远离任何干扰，并将设备旋转 360°。指南针总是自我校准，因此这种提示仅在指南针读数剧烈波动时才有帮助。如果校准提示会令用户讨厌或分散用户的注意力（如用户正在输入数据或玩游戏时），应将该方法实现为返回 NO。

注意：

iOS 模拟器将报告航向数据可用，且只提供一次航向更新。

By the Way

21.2 创建支持定位的应用程序

很多iOS和Mac用户都对Apple Computer公司很感兴趣，拜访加州库珀蒂诺的Apple总部可能成为改变人生的体验。针对这些用户，这里将创建一个使用Core Location的应用程序，让他们知道当前离那里有多远。

21.2.1 实现概述

创建该应用程序时，将分两步进行：首先使用Core Location指出当前位置离库珀蒂诺有多少英里；然后，使用设备指南针显示一个箭头，在用户偏离轨道时指明正确方向。

在第一部分，我们将创建一个位置管理器实例，并使用其方法计算当前位置离加州库珀蒂诺有多远。在计算距离期间，我们将显示一条消息，让用户耐心等待。如果用户位于库珀蒂诺，我们将表示祝贺，否则以英里为单击显示离库珀蒂诺有多远。

21.2.2 创建项目

为本章余下的篇幅中，将创建一个使用Core Location框架的应用程序。在Xcode中，使用模板Single View Application新建一个项目，并将其命名为Cupertino。

1．添加Core Location框架

默认情况下，没有链接Core Location框架，因此需要添加它。为此，选择项目Cupertino的顶级编组，并确保编辑器中当前显示的是Summary选项卡。

接下来，在该选项卡中向下滚动到Linked Libraries and Frameworks部分，单击列表下方的+按钮，在出现的列表中选择CoreLocation.framework，再单击Add按钮，如图21.2所示。为保持项目整洁，如果CoreLocation.framework没有直接加入到编组Frameworks中，将其拖曳到那里。

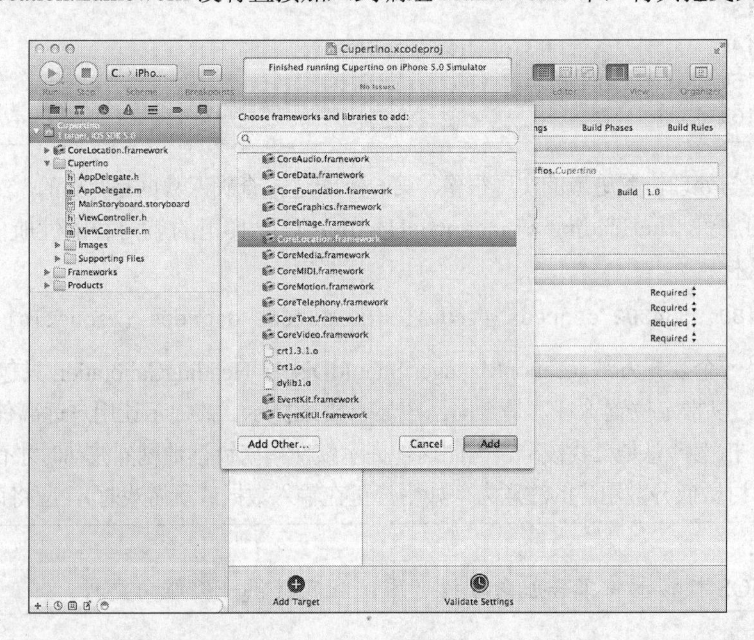

图21.2
将框架Core Location加入到项目中

2．添加背景图像资源

为确保用户牢记要去那里，将一张漂亮的苹果照片用作这个应用程序的背景图像。为此，在将文件夹 Image（它包含 apple.png）拖曳到项目导航器中的项目代码编组中。在 Xcode 提示时，务必选择复制文件并创建编组。

3．规划变量和连接

ViewController 将充当位置管理器委托，它接收位置更新，并更新用户界面以指出当前位置。在这个视图控制器中，需要一个实例变量/属性（但不需要相应的输出口），它指向位置管理器实例。我们将把这个属性命名为 locMan。

在界面中，需要一个标签（distanceLabel）和两个子视图（distanceView 和 waitView）。其中标签将显示到库珀蒂诺的距离；子视图包含标签 distanceLabel，仅当获取了当前位置并计算出距离后才显示；而子视图 waitView 将在 iOS 设备获取航向时显示。

4．添加表示库珀蒂诺位置的常量

要计算到库珀蒂诺的距离，显然需要知道库珀蒂诺的位置，以便将其与用户的当前位置进行比较。根据 http://gpsvisualizer.com/geocode 提供的信息，库珀蒂诺市中心的纬度为 37.3229978，经度为-122.0321823。在实现文件 ViewController.m 中的#import 代码行后面，添加两个表示这些值的常量（kCupertinoLatitude 和 kCupertinoLongitude）：

```
#define kCupertinoLatitude 37.3229978
#define kCupertinoLongitude -122.0321823
```

21.2.3 设计视图

这个应用程序的用户界面很简单：不能执行任何操作来改变位置，因此只需更新屏幕，显示有关当前位置的信息即可。

打开文件 MainStoryboard.storyboard，打开对象库（View>Utilities>Show Object Library），并开始设计界面。

首先，将一个图像视图（UIImageView）拖曳到视图中，使其居中并覆盖整个视图，它将用作应用程序的背景图像。在选择了该图像视图的情况下，按 Option + Command + 4 打开 Attributes Inspector，并从下拉列表 Image 中选择 apple.png。

接下来，将一个视图（UIView）拖曳到图像视图底部。这个视图将充当主要的信息显示器，因此应将其高度设置为能显示大概两行文本。将 Alpha 设置为 0.75 并选中复选框 Hidden。

将一个标签（UILabel）拖曳到信息视图中，调整标签使其与全部 4 条边缘参考线对齐，并将其文本设置为 Lots of miles to the Mothership。使用 Attributes Inspector 将文本颜色改为白色，让文本居中，并根据需要调整字号。视图现在应类似于如图 21.3 所示。

再添加一个半透明的视图，其属性与前一个视图相同，但不隐藏且高度大约为 1 英寸。拖曳这个视图，使其在背景中垂直居中。在设备定位时，这个视图将显示让用户耐心等待的消息。在这个视图中添加一个标签，将其文本设置为 Checking the Distance。调整该标签的大小，使其占据该视图的右边大约 2/3。

图 21.3

应用程序 Cupertino 的初始 UI

从对象库拖曳一个活动指示器（UIActivityIndicatorView）到第二个视图中，并使其与标签左边缘对齐。指示器显示一个纺锤图标，它与标签 Checking the Distance 同时显示。使用 Attributes Inspector 选中属性 Animated 的复选框，让纺锤旋转。

最终的视图应类似于图 21.4。

图 21.4

应用程序 Cupertino 的最终 UI

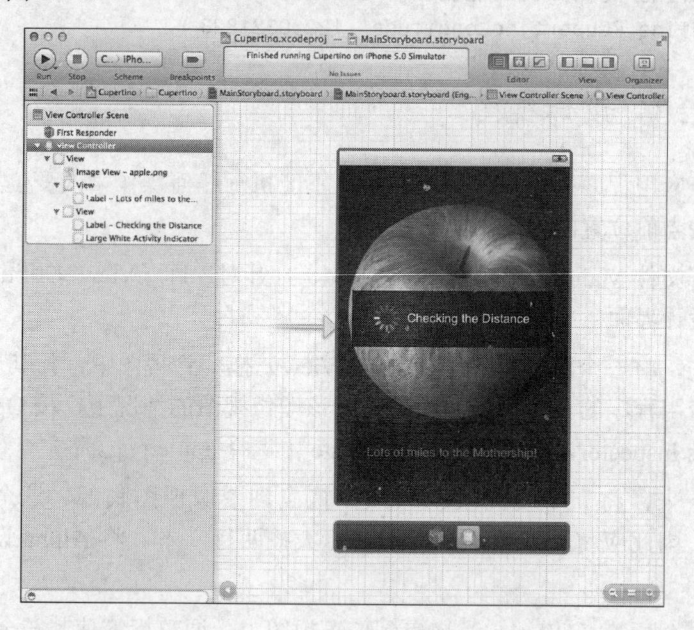

21.2.4 创建并连接输出口

在这个应用程序中，只需根据位置管理器提供的信息更新 UI。换句话说，不需要连接操作。需要连接我们添加的两个视图，还需连接用于显示离库珀蒂诺有多远的标签。

切换到助手编辑器模式，按住 Control 键，从标签 Lots of Miles 拖曳到 ViewController.h 中代码行@interface 下方。在 Xcode 提示时，新建一个名为 distanceLabel 的输出口。对两个视图做同样的处理，将包含活动指示器的视图连接到输出口 waitView，将包含距离的视图连接到输出口 distanceView。

21.2.5 实现应用程序逻辑

根据刚才设计的界面可知，应用程序将在启动时显示一条消息和转盘，让用户知道应用程序正在等待 Core Location 提供初始位置读数。将在加载视图后立即在视图控制器的 viewDidLoad 方法中请求这种读数。位置管理器委托获得读数后，我们将立即计算到库珀蒂诺的距离、更新标签、隐藏活动指示器视图并显示距离视图。

1．准备位置管理器

要使用 Core Location 并创建位置管理器，需要做些准备工作。首先，在文件 ViewController.h 中，导入框架 Core Location 的头文件，再在代码行@interface 中添加协议 CLLocationManager Delegate。这让我们能够创建位置管理器实例以及实现委托方法，但还需要一个指向位置管理器的实例变量/属性（locMan）。

完成上述修改后，文件 ViewController.h 应类似于程序清单 21.4。

程序清单 21.4 最终的文件 ViewController.h

```
#import <UIKit/UIKit.h>
#import <CoreLocation/CoreLocation.h>

@interface ViewController : UIViewController <CLLocationManagerDelegate>

@property (strong, nonatomic) CLLocationManager *locMan;
@property (strong, nonatomic) IBOutlet UILabel *distanceLabel;
@property (strong, nonatomic) IBOutlet UIView *distanceView;
@property (strong, nonatomic) IBOutlet UIView *waitView;

@end
```

声明属性 locMan 后，还需修改文件 ViewController.h，在其中添加配套的编译指令@synthesize:

```
@synthesize locMan;
```

并在方法 viewDidUnload 中将该实例变量设置为 nil:

```
[self setLocMan:nil];
```

现在该实现位置管理器并编写距离计算代码了。

2．创建位置管理器实例

要使用位置管理器，必须创建一个。在文件 ViewController.m 的方法 viewDidLoad 中，实例化一个位置管理器，将视图控制器指定为委托，将属性 desiredAccuracy 和 distanceFilter 分别设置为 kCLLocationAccuracyThreeKilometers 和 1609 米（1 英里）。使用方法 startUpdatingLocation 启动更新。实现代码类似于程序清单 21.5 所示。

程序清单 21.5 创建位置管理器实例

```
- (void)viewDidLoad
{
    self.locMan = [[CLLocationManager alloc] init];
    self.locMan.delegate = self;
    self.locMan.desiredAccuracy = kCLLocationAccuracyThreeKilometers;
    self.locMan.distanceFilter = 1609; // a mile
    [self.locMan startUpdatingLocation];

    [super viewDidLoad];
}
```

如果您对这些代码有任何疑问，请参阅本章开头介绍位置管理器的内容。这些代码与本章前面的示例几乎相同，只是使用的数字有细微的不同；另外，这不是代码片段，因此使用了属性来访问位置管理器。

3. 实现位置管理器委托

现在需要实现位置管理器委托协议的两个方法。将首先处理错误状态：locationManager:didFailWithError。对于获取当前位置失败的情形，标签 distanceLabel 包含默认消息，因此只需隐藏包含活动指示器的 waitView 视图，并显示视图 distanceView。如果是用户禁止访问 Core Location 更新，还将清理位置管理器请求。请在文件 ViewController.m 中按程序清单 21.6 实现方法 locationManager:did FailWithError。

程序清单 21.6 处理位置管理器错误

```
 1: - (void)locationManager:(CLLocationManager *)manager
 2:         didFailWithError:(NSError *)error {
 3:
 4:     if (error.code == kCLErrorDenied) {
 5:         // Turn off the location manager updates
 6:         [self.locMan stopUpdatingLocation];
 7:         [self setLocMan:nil];
 8:     }
 9:     self.waitView.hidden = YES;
10:     self.distanceView.hidden = NO;
11: }
```

在这个错误处理程序中，只考虑了位置管理器不能提供数据的情形。第 4 行检查错误编码，判断是否是用户禁止访问。如果是，则停止位置管理器（第 6 行）并将其设置为 nil（第 7 行）。

第 9 行隐藏 waitView 视图，而第 10 行显示视图 distanceView（它包含默认文本 Lots of miles to the Mothership）。

By the Way

注意：

这里通过属性 locMan 来访问位置管理器，可以使用传入参数 manager 来访问，这两种做法没有任何差别。然而，既然定义了这样一个属性，总是使用它更符合逻辑。

最后一个方法（locationManager:didUpdateToLocation:fromLocation）计算离库珀蒂诺有多远，这需要使用 CLLocation 的另一个宝藏。不需要编写根据经度和纬度计算距离的代码，因为可使用 distanceFromLocation 计算两个 CLLocation 之间的距离。在 locationManager:didUpdateLocation:fromLocation 的实现中，将创建一个表示库珀蒂诺的 CLLocation 实例，并将其与从 Core Location 获得的 CLLocation 实例进行比较，以获得以米为单位表示的距离，然后将米转换为英里。如果距离超过 3 英里，则显示它，并使用 NSNumberFormatter 在超过 1000 英里的距离中添加逗号；如果小于 3 英里，则停止位置更新，并祝贺用户到达了朝圣之地。程序清单 21.7 是 locationManager:didUpdateLocation:fromLocation 的完整实现。

程序清单 21.7 收到位置更新时计算离库珀蒂诺有多远

```
 1: - (void)locationManager:(CLLocationManager *)manager
 2:     didUpdateToLocation:(CLLocation *)newLocation
 3:            fromLocation:(CLLocation *)oldLocation {
 4:
 5:     if (newLocation.horizontalAccuracy >= 0) {
 6:         CLLocation *Cupertino = [[CLLocation alloc]
 7:                                  initWithLatitude:kCupertinoLatitude
 8:                                  longitude:kCupertinoLongitude];
 9:         CLLocationDistance delta = [Cupertino
10:                                     distanceFromLocation:newLocation];
11:         long miles = (delta * 0.000621371) + 0.5; // meters to rounded miles
12:         if (miles < 3) {
13:             // Stop updating the location
14:             [self.locMan stopUpdatingLocation];
15:             // Congratulate the user
16:             self.distanceLabel.text = @"Enjoy the\nMothership!";
17:         } else {
18:         NSNumberFormatter *commaDelimited = [[NSNumberFormatter alloc]
19:                                              init];
20:         [commaDelimited setNumberStyle:NSNumberFormatterDecimalStyle];
21:         self.distanceLabel.text = [NSString stringWithFormat:
22:                                    @"%@ miles to the\nMothership",
23:                                    [commaDelimited stringFromNumber:
24:                                     [NSNumber numberWithLong:miles]]];
25:         }
26:         self.waitView.hidden = YES;
27:         self.distanceView.hidden = NO;
28:     }
29: }
```

首先，第 5 行检查收到的新位置是否有效（精度大于零），如果有效，则执行其他的代码，否则就此结束。

第 6～7 行使用库珀蒂诺的经度和纬度创建一个 CLLocation 对象（Cupertino）。

第 9～10 行创建 CLLocationDistance 变量 delta。别忘了，CLLocationDistance 不是对象，而是双精度浮点数，这使得它使用起来非常简单。delta 是刚创建的 CLLocation 对象（Cupertino）

与传递给方法的新位置之间的距离。

第 11 行将这个以米为单位的距离转换为英里数，并存储结果。

第 12～16 行检查计算得到的距离是否小于 3 英里。如果是，则停止位置管理器，并在距离标签中显示消息 Enjoy the Mothership。

如果距离大于或等于 3 英里，则分配并初始化一个名为 commaDelimited 的数字格式化对象（第 18～19 行），并设置其样式（第 20 行）。

> **Did you Know?**
>
> **提示：**
>
> 要使用数字格式化对象，首先使用方法 setNumberStyle 设置其样式，这里为 NSNumberFormatterDecimalStyle。NSNumberFormatterDecimalStyle 在十进制数中添加用逗号表示的千位分隔符（如 1,500）。
>
> 配置数字格式化对象后，便可使用方法 stringFromNumber 将数字转换为格式正确的字符串。不幸的是，这个方法接收的参数类型为 NSNumber，而不是简单的 C 语言数据类型。为满足这种要求，必须使用 NSNumber 的方法之一（如 numberWithLong）将简单数据类型转换为 NSNumber 对象。

第 21～24 行设置距离标签，使其显示格式正确的英里数。

第 26 行隐藏视图 waitView，而第 27 行显示视图 distanceView。

21.2.6 生成应用程序

单击 Run 并查看结果。确定当前位置后，应用程序将显示离加州库珀蒂诺有多远，如图 21.5 所示。

图 21.5

正在运行的应用程序 Cupertino，它显示离加州库珀蒂诺有多远

提示：

Did you Know?

可在应用程序运行时设置模拟的位置。为此，启动应用程序，再选择菜单 View>Debug Area>Show Debug Area（或在 Xcode 工具栏的 View 部分，单击中间的按钮）。您将在调试区域顶部看到标准的 iOS"位置"图标，单击它并选择众多的预置位置之一。

另一种方法是，在 iOS 模拟器中选择菜单 Debug>Location，这让您能够轻松地指定经度和纬度，以便进行测试。

请注意，要让应用程序使用您的当前位置，您必须设置位置；否则当您单击 OK 按钮时，它将指出无法获取位置。如果您犯了这种错，可在 Xcode 中停止执行应用程序，将应用程序从 iOS 模拟器中卸载，然后再次运行它。这样它将再次提示您输入位置信息。

21.3 理解磁性指南针

iPhone 3GS 是第一款装备了磁性指南针的 iOS 设备，随后 iPad 也装备了它。Apple 应用程序 Compass（指南针）和 Maps（地图，它使用指南针让地图的方向与您面向的方向一致）都使用了指南针。另外，还可使用 iOS 以编程方式访问指南针，下面就对此进行介绍。

21.3.1 实现概述

作为一个使用指南针的示例，我们将改进应用程序 Cupertino，向用户提供一个指向左边、右边或前方的箭头，该箭头将引导用户到达库珀蒂诺。与距离指示器一样，这里也只介绍了数字指南针潜在用途的很少一部分。在您执行下述步骤时，请牢记指南针提供的信息非常精确，不是仅使用 3 个箭头就能表示的。

21.3.2 创建项目

根据您对本章前面执行的项目创建步骤的熟悉程度，您可继续改进现有的 Cupertino 应用程序，也可新建一个应用程序。在本章的项目文件夹中，包含应用程序 Cupertino Compass，它包含添加的指南针功能，可供您参考。

打开项目 Cupertino，并添加一些为使用指南针提供支持的元素。

1．添加方向图像资源

在示例项目 Cupertino 的文件夹 Images 中，包含 3 幅箭头图像：arrow_up.png、arrow_right.png 和 arrow_left.png。如果您复制了整个文件夹 Images 到项目 Cupertino，则项目的 Images 编组已经包含这些 PNG；如果没有，现在就添加它们。

2．规划变量和输出口

为实现新的方向指示器，需要在 ViewController 中添加一个输出口，它对应于显示合适箭头的 UIImageView；还需添加一个实例变量/属性，用于存储最新的位置。我们将把它们分别命名为 directionArrow 和 recentLocation。

之所以需要存储最新位置，是因为每次收到航向更新时都需要使用最新位置进行计算。我们将在一个名为 headingToLocation:current 的方法中执行这种计算。

3．添加用于在弧度和度之间进行转换的常量

计算方向时，涉及一些相当复杂的数学知识。好消息是，有人编写了所需的公式。然而，要使用这些公式，需要在弧度和度之间进行转换。

在文件 ViewController.m 中，在表示库珀蒂诺的经度和纬度的常量后面添加两个常量，通过与这些常量相乘，可轻松地完成弧度和度之间的转换：

```
#define kDeg2Rad 0.0174532925
#define kRad2Deg 57.2957795
```

21.3.3　修改用户界面

为在这个应用程序中使用指南针，需要在界面中新增一个图像视图。为此，打开文件 MainStoryboard.storyboard 和对象库。

将一个图像视图（UIImageView）拖曳到视图中，将其放在视图 waitView 上方。使用 Attributes Inspector（Option + Command + 4）将其图像设置为 up_arrow.png。我们将使用代码动态地设置图像，但指定默认图像有助于设计界面。接下来，使用 Attributes Inspector 将该图像视图配置成隐藏的，为此选中 View>Drawing 部分的复选框 Hidden。之所以这样做，是因为我们不想在计算前显示方向。

现在，使用 Size Inspector（Option + Command + 5）将图像视图的宽度和高度都设置为 150 点。最后，让图像视图在屏幕上居中，不与视图 waitView 重叠。您可根据喜好调整元素的位置。

最终的 UI 类似于图 21.6。

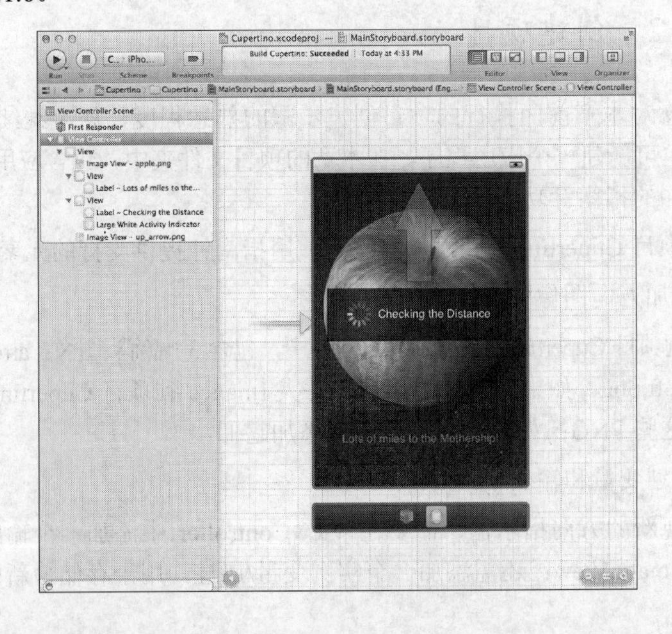

图 21.6
修改后的应用程序 Cupertino 的 UI

21.3.4 创建并连接输出口

设计好界面后，切换到助手编辑器模式。我们只需为刚添加的图像视图建立连接。为此，按住 Control 键，从图像视图拖曳到 ViewController.h 中最后一个@property 编译指令下方。在 Xcode 提示时，新建一个名为 directionArrow 的输出口。

现在可以实现航向更新了。切换到标准编辑器模式，并打开实现文件 ViewController.m。

21.3.5 修改应用程序逻辑

为完成这个项目，必须做 4 件事情。首先，需要让位置管理器实例获悉航向变化时都启动更新。其次，每当我们从 Core Location 获悉新位置时，都需要存储它，以便可以在航向计算中使用最新的位置。第三，必须计算从当前位置前往库珀蒂诺的航向。第四，获得航向更新后，需要将其与计算得到的前往库珀蒂诺的航向进行比较，如果需要调整航向，则修改 UI 中的箭头。

1．启动航向更新

请求航向更新前，需要使用位置管理器的方法 headingAvailable 检查它是否提供航向更新。如果没有航向更新，将不会显示箭头图像，而应用程序 Cupertino 将像以前那样运行。如果 headingAvailable 返回 YES，则将航向过滤器设置为 10°，并使用 startUpdatingHeading 开始更新。将文件 ViewController.m 中的方法 viewDidLoad 修改成如程序清单 21.8 所示。

程序清单 21.8　请求航向更新

```
 1: - (void)viewDidLoad
 2: {
 3:     locMan = [[CLLocationManager alloc] init];
 4:     locMan.delegate = self;
 5:     locMan.desiredAccuracy = kCLLocationAccuracyThreeKilometers;
 6:     locMan.distanceFilter = 1609; // a mile
 7:     [locMan startUpdatingLocation];
 8:
 9:     if ([CLLocationManager headingAvailable]) {
10:         locMan.headingFilter = 10; // 10 degrees
11:         [locMan startUpdatingHeading];
12:     }
13:
14:     [super viewDidLoad];
15: }
```

新增的代码只有 4 行。第 9 行检查是否有航向，如果有，我们要求仅当航向变化超过 10 度时才更新（第 10 行）。第 11 行请求位置管理器在航向发生变化时启动更新。您可能会问，这里为何不设置委托，因为第 4 行已经给位置管理器设置了委托，这意味着 ViewController 必须处理位置更新和航向更新。

2．存储最新的位置

为存储最新的位置，我们需要声明一个实例变量/属性，以便在方法中使用它。其类型必须是 CLLocation，因此在 ViewController.n 中添加合适的属性声明：

```
@property (strong, nonatomic) CLLocation *recentLocation;
```

在文件 ViewController.m 开头，在现有编译指令@synthesize 后面添加配套的编译指令@synthesize:

```
@synthesize recentLocation;
```

最后，在方法 viewDidUnload 中将该属性设置为 nil。为此，在清理其他实例变量的代码后面添加如下代码行：

```
[self setRecentLocation:nil];
```

为存储最新位置，需要在方法 locationManager:didUpdateLocation:fromLocation 中添加一行代码，将属性 recentLocation 设置为 newLocation。还需在离目的地不超过 3 英里时停止航向更新，就像停止位置更新一样。程序清单 21.9 说明了对方法 locationManager: didUpdateLocation: fromLocation 所做的这两项修改。

程序清单 21.9 存储最近收到的位置，供以后使用

```
 1: - (void)locationManager:(CLLocationManager *)manager
 2:     didUpdateToLocation:(CLLocation *)newLocation
 3:            fromLocation:(CLLocation *)oldLocation {
 4:
 5:     if (newLocation.horizontalAccuracy >= 0) {
 6:
 7:         // Store the location for use during heading updates
 8:         self.recentLocation = newLocation;
 9:
10:         CLLocation *Cupertino = [[CLLocation alloc]
11:                                  initWithLatitude:kCupertinoLatitude
12:                                  longitude:kCupertinoLongitude];
13:         CLLocationDistance delta = [Cupertino
14:                                     distanceFromLocation:newLocation];
15:         long miles = (delta * 0.000621371) + 0.5; // meters to rounded miles
16:         if (miles < 3) {
17:             // Stop updating the location and heading
18:             [self.locMan stopUpdatingLocation];
19:             [self.locMan stopUpdatingHeading];
20:             // Congratulate the user
21:             self.distanceLabel.text = @"Enjoy the\nMothership!";
22:         } else {
23:             NSNumberFormatter *commaDelimited = [[NSNumberFormatter alloc]
24:                                                  init];
25:             [commaDelimited setNumberStyle:NSNumberFormatterDecimalStyle];
26:             self.distanceLabel.text = [NSString stringWithFormat:
27:                                        @"%@ miles to the\nMothership",
28:                                        [commaDelimited stringFromNumber:
29:                                         [NSNumber numberWithLong:miles]]];
30:         }
31:         self.waitView.hidden = YES;
32:         self.distanceView.hidden = NO;
33:     }
34: }
```

只有第 8 和 19 行是新增的。第 8 行将传入的位置存储到 recentLocation 中，而第 19 行在用户已经在库珀蒂诺时停止航向更新。

3. 计算前往库珀蒂诺的航向

在前两节中，避免了根据经度和纬度进行计算，但在这里，为得到前往库珀蒂诺的航向，必须自己做些计算，然后判断航向是向前还是向右或向左转。

给定两个位置（如用户的当前位置以及库珀蒂诺的位置），可使用一些基本的立体几何知识计算前往库珀蒂诺的初始航向。通过在网上搜索，很快找到了这种算法的 JavaScript 代码（这里将其复制到了注释中）。根据这些 JavaScript 代码，很容易使用 Objective-C 语言实现该算法，并计算出航向。我们将这些代码放在一个新方法中：headingToLocation:current。这个方法接收两个位置作为参数，并返回从当前位置前往目的地的航向。

首先，在 ViewController.h 中添加这个方法的原型。这并非必须的，但是一个不错的习惯，有助于避免 Xcode 发出警告。为此，在属性声明后面添加如下代码行：

```
-(double)headingToLocation:(CLLocationCoordinate2D)desired
                   current:(CLLocationCoordinate2D)current;
```

接下来，在文件 ViewController.m 中添加方法 headingToLocation:current，如程序清单 21.10 所示。

程序清单 21.10　计算前往目的地的航向

```
/*
 * According to Movable Type Scripts
 * http://mathforum.org/library/drmath/view/55417.html
 *
 * Javascript:
 *
 * var y = Math.sin(dLon) * Math.cos(lat2);
 * var x = Math.cos(lat1)*Math.sin(lat2) -
 * Math.sin(lat1)*Math.cos(lat2)*Math.cos(dLon);
 * var brng = Math.atan2(y, x).toDeg();
 */
-(double)headingToLocation:(CLLocationCoordinate2D)desired
                   current:(CLLocationCoordinate2D)current {
    // Gather the variables needed by the heading algorithm
    double lat1 = current.latitude*kDeg2Rad;
    double lat2 = desired.latitude*kDeg2Rad;
    double lon1 = current.longitude;
    double lon2 = desired.longitude;
    double dlon = (lon2-lon1)*kDeg2Rad;

    double y = sin(dlon)*cos(lat2);
    double x = cos(lat1)*sin(lat2) - sin(lat1)*cos(lat2)*cos(dlon);

    double heading=atan2(y,x);
    heading=heading*kRad2Deg;
    heading=heading+360.0;
```

```
    heading=fmod(heading,360.0);
    return heading;
}
```

请不用担心其中的数学知识，您没有必要理解它们。您只需知道，给定两个位置（当前位置和目的地），这个方法返回一个用浮点数，其单位为度。如果返回的值为零，则需要朝北走以前往目的地，如果是180，则需要朝南走，以此类推。

4. 处理航向更新

实现的最后一部分是处理航向更新。ViewController类遵守了CLLocationManagerDelegate协议。正如前面指出的，该协议有一个可选方法locationManager:didUpdateHeading，它在航向变化超过headingFilter指定的度数时提供航向更新。

每当委托收到航向更新时，我们都应使用用户的当前位置计算前往库珀蒂诺的航向，再将其与当前航向进行比较，并显示正确的箭头图像：向左、向后或向前。

为确保航向计算有意义，需要知道当前位置并确保当前航向在一定的精度范围内，因此在执行计算前使用if语句检查这两个条件。如果未能通过这种检查，则隐藏directionArrow。

由于这种航向不太现实（除非您是小鸟或乘飞机），因此没有必要过于精确。这里在当前航向与前往库珀蒂诺的航向相差不超过10°时，将显示向前的箭头；如果超过10°，则根据转向正确航向的方向显示左箭头或右箭头。在文件ViewController.m中，按程序清单21.11实现方法locationManager:didUpdateHeading。

程序清单21.11 处理航向更新

```
 1: - (void)locationManager:(CLLocationManager *)manager
 2:         didUpdateHeading:(CLHeading *)newHeading {
 3:
 4:     if (self.recentLocation != nil && newHeading.headingAccuracy >= 0) {
 5:         CLLocation *cupertino = [[CLLocation alloc]
 6:                                  initWithLatitude:kCupertinoLatitude
 7:                                  longitude:kCupertinoLongitude];
 8:         double course = [self headingToLocation:cupertino.coordinate
 9:                                         current:recentLocation.coordinate];
10:         double delta = newHeading.trueHeading - course;
11:         if (abs(delta) <= 10) {
12:             self.directionArrow.image = [UIImage imageNamed:
13:                                         @"up_arrow.png"];
14:         }
15:         else
16:         {
17:             if (delta > 180) {
18:                 self.directionArrow.image = [UIImage imageNamed:
19:                                         @"right_arrow.png"];
20:             }
21:             else if (delta > 0) {
22:                 self.directionArrow.image = [UIImage imageNamed:
23:                                         @"left_arrow.png"];
```

```
24:                 }
25:                 else if (delta > -180) {
26:                     self.directionArrow.image = [UIImage imageNamed:
27:                                                   @"right_arrow.png"];
28:                 }
29:                 else {
30:                     self.directionArrow.image = [UIImage imageNamed:
31:                                                 @"left_arrow.png"];
32:                 }
33:             }
34:             self.directionArrow.hidden = NO;
35:     } else {
36:             self.directionArrow.hidden = YES;
37:     }
38: }
```

首先，第 4 行检查 recentLocation 包含有效的信息且航向精度有效。如果这些条件都不满足，则隐藏图像视图 directionArrow（第 36 行）。

第 5～7 行新建一个 CLLocation 对象，它包含库珀蒂诺的位置。第 8～9 行使用该对象计算从当前位置（recentLocation）前往库珀蒂诺的航向，并将结果作为浮点数存储在变量 course 中。

第 10 行执行简单的减法运算，但是整个方法的核心。这里将从 Core Location 获悉的航向之一（newHeading.trueHeading）减去计算得到的航向，并将结果作为浮点数存储到变量 delta 中。

再来理一下这里的思路。如果正确的航向为朝北（航向为 0），而当前航向也是朝北（航向 0），则变量 delta 将为零，这意味着无需调整航向。然而，如果正确的航向是向东（航向 90），而实际航向朝北（航向 0），则 delta 的值为−90。应该朝西走，但实际在朝东走呢？delta 的值将为−270，因此应该向左转。考虑不同的情况后，确定了不同的 delta 取值范围对应的转身方向。这是在第 11～33 行完成的，如果原因，您可以自己进行验证。第 11 行有点与众不同，它检查 delta 的绝对值，以判断偏航程度是否超过 10 度；如果没有，则显示向上的箭头。

注意：

By the Way

这里没有向下的箭头，因此调整航向时都必须向左或向右转。这就是我们检查 delta 是否大于（而不是大于等于）180 和−180 的原因。delta 等于 180/−180 时，说明当前航向与正确航向相反，此时可向左转，也可向右转。然而，在 delta 刚好为 180/−180 时，可以指定转身的方向，这是由第 29 行的 else 子句实现的，它指出应向左转。

21.3.6 生成应用程序

运行该项目。如果您的设备装备了磁性指南针，便可在办公椅上旋转，并看到箭头图像不断变化，以指出前往库珀蒂诺的航向（如图 21.7 所示）。如果在 iOS 模拟器中运行修改后的应用程序 Cupertino，可能看不到箭头，模拟器可能提供航向更新，也可能不提供，但通常不提供。

图 21.7
最终应用程序
Cupertino

21.4 进一步探索

本章介绍了 Core Location 提供的大量功能，建议您花点时间阅读 Core Location 框架参考和 Making Your Application Location-Aware，它们都可在 Xcode 文档中找到。

另外，强烈建议您阅读 Movable Type Scripts 上有关经度和纬度函数的文档（http://www.movable-type.co.uk/scripts/latlong.html）。虽然 Core Location 提供了大量功能，但当前还有些任务是使用它无法完成的，如计算航向。Movable Type Scripts 提供了很多常见位置计算的基本公式。

Apple 教程

LocateMe（可通过 Xcode 文档界面访问）：这是一个简单的 Xcode 项目，演示了 Core Location 的主要功能。

21.5 小结

在本章中，使用了功能强大的框架 Core Location。正如您在示例应用程序中看到的，使用这个框架可获取 iOS 设备的 GPS 和指南针提供的详细信息。很多应用程序都使用这些信息来提供用户所处环境的数据，或在事件发生时存储有关用户所处位置的信息。

可结合使用 Core Location 和前一章介绍的 Map Kit，以创建详细的地图和旅游应用程序。

21.6 问与答

问：应用程序启动后，就应开始接收航向更新和位置更新吗？

答：可以这样做，就像本章的示例那样。但需要注意的是，iOS 设备的 GPS 功能将极大地缩短电池的续航时间。确定位置后，应关闭位置/航向更新。

问：为何要使用难看的公式计算航向？它看起来太复杂了。

答：如果将两个位置视为平面上的两个点，计算公式将更简单。不幸的是，地球不是平的，而是圆的。鉴于这种差别，必须基于最大的圆形来计算距离和航向（即曲面上两点之间的最短距离）。

问：在应用程序中可使用 Core Location 和 Map Kit 来提供建议路线规划（turn-by-turn directions）吗？

答：答案是肯定的也是否定的。可在建议路线规划解决方案中使用 Core Location 和 Map Kit，很多开发人员都这样做。但它们本身的功能不够，且服务条款禁止在提供建议路线规划的应用程序中使用 Google 提供的图块。总之，要提供这种功能，需要获得使用其他数据的许可。

21.7 作业

21.7.1 测验

1. 判断正误：严格意义的北方与磁北是一回事。

2. 使用 Core Location 时，如何避免电池续航时间急剧缩短？

3. 请阐述下述重要类的作用：CLLocationManager、CLLocationManagerDelegate、CLLocation。

21.7.2 答案

1. 错。磁场在不断变化，与严格（地理学）意义上的北方不重叠。这两者之间的差异称为磁偏差。

2. 使用 CLLocationManager 的属性 distanceFilter 和 headingFilter 将更新频率设置成能够满足应用程序的需求即可；并在不再需要时使用 CLLocationManager 的方法 stopUpdating Location 和 stopUpdatingHeading 停止接收更新。

3. CLLocationManager 实例让您能够与 Core Location 服务进行基本交互。给 CLLocation Manager 实例指定位置管理器委托，该委托实现了 CLLocationManegerDelegate 协议，并接收位置/航向更新。位置更新是通过两个 CLLocation 对象提供的，其中一个包含前一个位置的坐标，而另一个提供当前位置的坐标。

21.7.3 练习

1. 对应用程序 Cupertino 进行修改，使其成为您喜欢的一个景点的旅游指南；在视图中添加一个显示当前位置的地图。

2. 了解 Core Location 定位功能的用途。如何使用定位功能改善游戏、工具和其他应用程序？

第 22 章

创建支持后台处理的应用程序

本章将介绍：

- iOS 如何支持后台任务；
- 支持哪些类型的后台任务；
- 如何禁用后台处理；
- 如何挂起（suspend）应用程序；
- 如何在后台执行代码。

一家竞争对手在其平板电脑广告中宣称支持“真正的多任务”；而另一个广告说：“不像 Apple，您可同时运行多个应用程序”。作为 iOS 开发人员和发烧友，我认为这些广告既无知又误导人。iOS 设备一直就能在后台同时运行多个应用程序，但仅限于 Apple 提供的应用程序，这种限制旨在改善 iOS 设备的用户体验，以防它们陷入停顿状态。为确保 iOS 设备在任何时候都能快速响应，Apple 对可在后台运行的应用程序进行了限制。

在 iOS 4 中，Apple 对第三方应用程序开放了后台处理，但不同于竞争对手，Apple 在开放后台处理方面很谨慎，只对一组用户常遇到的任务开放。本章介绍可在 iOS 4 中使用的多种多任务处理技巧。

22.1 理解 iOS 后台处理

创建本书的项目时，如果您使用的是 iOS 4.x 或更高的版本，可能注意到了这样的情形：当您在 iOS 设备或 iOS 模拟器中退出应用程序时，它仍出现在 iOS 任务管理器中；除非您手工终止它，否则它将在结束的地方恢复运行。这是因为对于在 iOS 4.x 中创建的项目，一旦您单击 Run 按钮，它们就支持后台处理。这并不意味着它们将在后台运行，而只意味着它们支持 iOS 4 后台功能，只需稍做修改就能利用这些功能。

详细介绍如何在项目中启用后台处理（也叫多任务）前，先来介绍让应用程序支持后台处理意味着什么。首先介绍支持的后台处理类型，然后介绍应用程序的生命周期。

22.1.1 后台处理类型

这里将介绍 iOS 4.x 支持的 4 种主要的后台处理：应用程序挂起、本地通知、任务特定的后台处理和任务完成。

1．挂起

应用程序挂起时，它将暂停执行代码，但保留当前状态。用户返回到应用程序时，它看起来像是一直在运行。实际上，所有的任务都停止了，以免应用程序占用设备的资源。您编译的任何应用程序都默认支持后台挂起，但在挂起它之前，仍应在应用程序中执行清理工作。

在应用程序挂起时，除执行清理工作外，您还需负责从挂起状态恢复，并更新在挂起期间将发生变化的应用程序内容（时间/日期等）。

2．本地通知（local notification）

第二种后台处理是调度本地通知（UILocalNotification）。本地通知与推送通知相同，但由您编写的应用程序生成。应用程序可调度通知，让其在未来的某个时点出现在屏幕上。例如，下面的代码初始化一个通知（UILocalNotification），将其配置成 5 分钟后出现，然后使用应用程序的方法 scheduleLocalNotification 完成调度。

```
UILocalNotification *futureAlert;
futureAlert = [[UILocalNotification alloc] init];
futureAlert.fireDate = [NSDate dateWithTimeIntervalSinceNow:300];
futureAlert.timeZone = [NSTimeZone defaultTimeZone];
[[UIApplication sharedApplication] scheduleLocalNotification:futureAlert];
```

被 iOS 调用时，这些通知可显示消息、播放声音甚至更新应用程序的通知徽标；然而，它们并非什么应用程序代码都能执行。事实上，您可能在发出本地通知后让 iOS 挂起应用程序。收到通知后，用户可单击通知窗口中的 View（查看）按钮，以返回到应用程序。

3．任务特定的后台处理

在决定实现后台处理前，Apple 做了一些有关用户如何使用手持设备的研究。结果表明，用户需要一些特定类型的后台处理。首先，用户希望音频在后台持续播放，这是 Pandora 等应用程序的要求。其次，定位软件需要在后台更新自己，让用户能够继续收到导航反馈。最后，诸如 Skype 等 VoIP 应用程序需要在后台运行以处理来电。

在 iOS 中，以独特而优雅的方式处理这 3 种任务。通过将应用程序声明为需要这些后台处理类型之一，在很多情况下都可让应用程序继续运行。要将应用程序声明为能够支持这些任务，可在项目的 plist 文件中添加一个 Required Background Modes（UIBackground Modes）键，再添加值 App Plays Audio（音频）、App Registers for Location Updates（定位）或 App Provides Voice over IP Services（VoIP）。

4．用于长时间运行的任务的任务完成

我们将使用的第四种后台处理类型是任务完成（task completion）。要使用任务完成，可在应用程序中对任务进行标记，指出结束该任务后才能安全地挂起应用程序，这样的任务包括文件上传/下载、大量计算等。

要标记需要长时间运行的任务，首先为任务声明一个标识符。

```
UIBackgroundTaskIdentifier myLongTask;
```

然后，使用应用程序的 beginBackgroundTaskWithExpirationHandler 方法告诉 iOS，您要开始运行一段代码，它能够在后台持续运行。

```
myLongTask = [[UIApplicationsharedApplication]
        beginBackgroundTaskWithExpirationHandler:^{
          // If you're worried about exceeding 10 minutes, handle it here
             }];
```

最后，使用应用程序的 endBackgroundTask 方法标记长时间运行的任务结束：

```
[[UIApplication sharedApplication] endBackgroundTask:myLongTask];
```

这样标记的每个任务都有大约 10 分钟来完成其操作，在通常情况下，这都很充足。10 分钟过后，应用程序将挂起，您可以像其他挂起的应用程序一样处理它。

22.1.2 支持后台处理的应用程序的生命周期

第 4 章介绍了应用程序的生命周期，如图 22.1 所示。您知道，应用程序应在委托方法 applicationDidEnterBackground 中执行清理工作。在以前的 OS 版本中，与该方法对应的是 applicationWillTerminate；另外，正如您稍后将知道的，如果将应用程序标记为不能（或不需要）在后台运行，也将在 applicationWillTerminate 中执行清理工作。

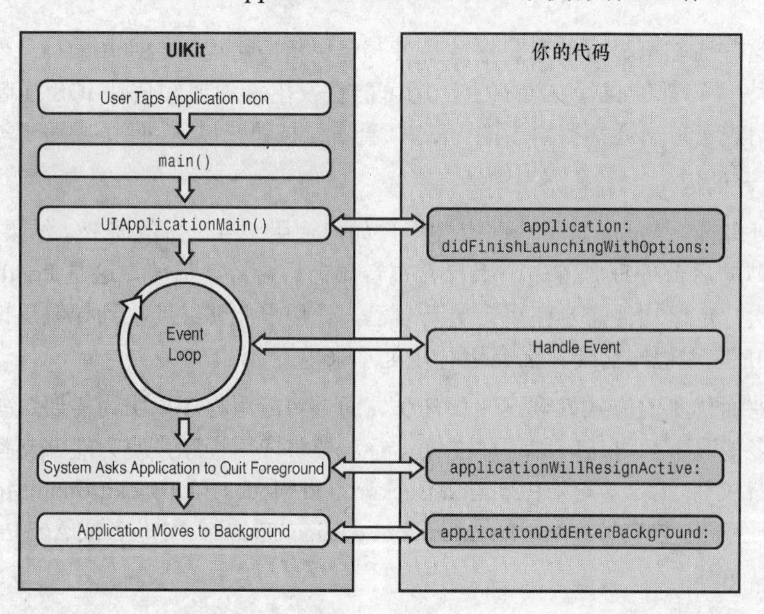

图 22.1
iOS 应用程序的生命周期

要让应用程序支持后台处理，除方法 applicationDidEnterBackground 外，还需实现其他几个方法。对很多小型应用程序来说，无需在这些方法中执行任何操作，而只需保留它们在应用程序委托中的样子即可。然而，随着项目变得更为复杂，可能需要确保应用程序能够正确地在前台和后台之间切换，以免出现潜在的数据损坏，并提供无缝的用户体验。

Watch Out!

警告：应用程序可能随时终止

发现设备的可用资源很少时，iOS 可终止应用程序，即使它们在后台运行。您编写的应用程序可能正常运行，但需考虑它们被迫意外退出的情形。

Apple 要求在支持后台处理的应用程序中包含如下方法。

- application:didFinishLaunchingWithOptions：在应用程序启动时调用。如果应用程序处于挂起状态时被终止或从内存中清除，需要使用该方法手工恢复到以前的状态（您将这些状态保存到了用户首选项中了，不是吗？）。
- applicationDidBecomeActive：在应用程序启动或从后台进入前台时调用。必要时，可使用这个方法来重新启动进程以及更新用户界面。
- applicationWillResignActive：在应用程序进入后台或退出时调用。必要时，应使用这个方法为应用程序进入后台做准备。
- applicationDidEnterBackground：在应用程序进入后台后调用。这个方法取代了在应用程序退出时被调用的 applicationWillTerminate。所有的清理工作都应在这个方法中进行。另外，还可在其中启动长时间运行的任务，并使用任务完成后台处理来结束这些任务。
- applicationWillEnterForeground：在应用程序从后台返回到活动状态时调用。
- applicationWillTerminate：在非多任务 iOS 版本中运行的应用程序退出时调用，iOS 决定需要关闭在后台运行的应用程序时也将调用它。

在应用程序委托的实现文件中，包含所有这些方法的存根。如果应用程序需要执行额外的设置或清理工作，只需在现有的方法中添加相应的代码即可。正如您稍后将看到的，对很多应用程序（如本书的大部分应用程序）来说，几乎不需要对这些方法做任何修改。

Watch Out!

警告：考虑旧的设备和 iOS 版本

本章假定您使用的是 iOS 4 或更高的版本。如果不是这样，则使用与后台处理相关的方法和属性将导致错误。要让应用程序在最新和更早的设备中都能运行，可检查设备是否支持后台处理，然后在应用程序中采取响应的措施。

在 iOS Application Programming Guide 中，Apple 提供了如下代码段来检查设备是否支持多任务：

```
UIDevice* device = [UIDevice currentDevice];
BOOL backgroundSupported = NO;
if ([device respondsToSelector:@selector(isMultitaskingSupported)])
    backgroundSupported = device.multitaskingSupported;
```

如果布尔变量 backgroundSupported 为 YES，便可使用与后台处理相关的代码。

至此，您对与后台处理相关的方法以及可使用的后台处理类型有了一定的认识，下面介绍如何实现它们。为此，可重用本书前面介绍的任何项目（只有一个项目除外）。这里不详细介绍这些项目的创建步骤，如果您对如何实现这些应用程序的核心功能有疑问，请参阅本书前面的内容。

22.2 禁用后台处理

首先介绍与启用后台处理完全相反的操作：禁用后台处理。如果仔细考虑，您将发现很多应用程序都不需要支持后台挂起和后台处理，您使用完它们后就退出，不需要将其保留在任务管理器中。

例如，对于第6章的应用程序HelloNoun，如果每次要使用时都重新启动它，将不会对用户体验有任何负面影响。要在项目中禁用后台处理，可执行如下步骤。

（1）打开要禁用后台处理的项目，如HelloNoun。

（2）选择项目的顶级编组并单击目标HelloNoun，再在Info选项卡中展开Custom Target Properties。也可打开Supporting Files编组中的项目plist文件（HelloNoun-Info.plist）。

（3）在属性列表中添加一行（右击列表并选择Add Row），并从Key栏的下拉列表中选择Application Does Not Run in Background（UIApplicationExitsOnSuspend）。

（4）从右边的Value栏的下拉列表中选择Yes，如图22.2所示。

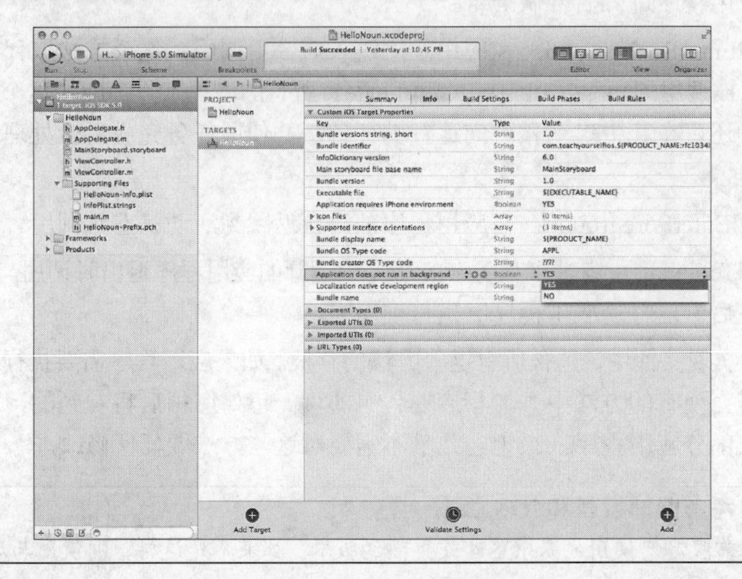

图22.2 给项目添加Application Does Not run in Background（UIApplicationExitsOnSuspend）键

注意：

默认情况下，对于plist条目，plist编辑器显示“对开发人员友好的”名称。要查看底层键/值，可选择菜单Editor>Show Raw Keys & Values。

By the Way

在设备或iOS模拟器中运行该应用程序。当您使用主屏幕按钮退出该应用程序时，它不会挂起，在您再次运行时它将重新启动。

22.3 处理后台挂起

本节介绍如何处理后台挂起。正如前面指出的，为支持后台挂起，只需使用iOS 4.x开发工具创建项目即可。然而，这里将在用户返回处于后台的应用程序时提醒他。

这里将更新第 8 章的应用程序 ImageHop。有理由相信，用户启动小兔子跳跃的动画后，可能想退出应用程序，并在未来的某个时候返回到退出时的状态。

为提醒用户应用程序挂起后继续执行，我们将编辑应用程序委托方法 applicationWill EnterForeground。前面说过，仅当应用程序从后台状态返回时，才调用这个方法。打开文件 AppDelegate.m，并实现这个方法，如程序清单 22.1 所示。

程序清单 22.1 实现方法 applicationWillEnterForeground

```
 1: - (void)applicationWillEnterForeground:(UIApplication *)application
 2: {
 3:     UIAlertView *alertDialog;
 4:     alertDialog = [[UIAlertView alloc]
 5:                    initWithTitle: @"Yawn!"
 6:                    message:@"Was I asleep?"
 7:                    delegate: nil
 8:                    cancelButtonTitle: @"Welcome Back"
 9:                    otherButtonTitles: nil];
10:     [alertDialog show];
11: }
```

在这个方法中，声明、初始化、显示并释放了一个提醒视图，就像第 10 章的 GettingAttention 项目一样。修改代码后，运行该应用程序。启动 ImageHop 动画，再使用主屏幕按钮将应用程序切换到后台。

等待几秒钟后，使用任务管理器或应用程序图标（而不是 Xcode 中的 Run 按钮）再次打开 ImageHop。应用程序切换到前台后，其状态应与进入后台时相同，并显示如图 22.3 所示的提醒对话框。

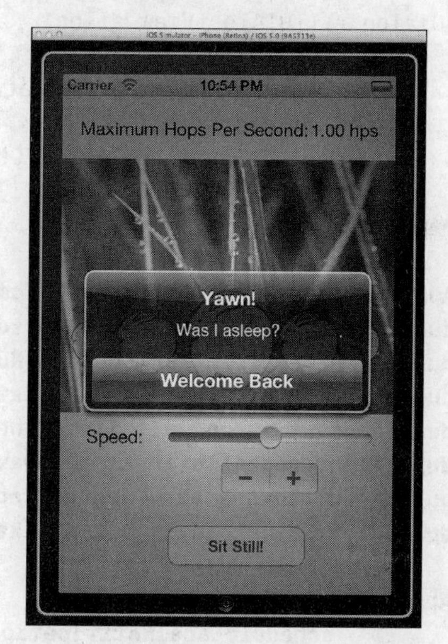

图 22.3
使用 applicationWillEnterForeground 在应用程序切换到前台时显示一个提醒对话框

22.4 实现本地通知

在本章前面，介绍了生成本地通知（UILocalNotification）所需的一小段代码。实际上，除这些代码外，您需要做的并不多。为演示如何使用本地通知，将修改第10章介绍的doAlert方法：不仅显示一个提醒对话框，还在5分钟后显示一个通知，且随后的每天都显示该通知。

22.4.1 常用的通知属性

创建通知时，需要配置多个属性，其中一些有趣的属性如下。

- applicationIconBadgeNumber：触发通知时显示在应用程序图标中的整数。
- fireDate：一个NSDate对象，指定通知将在未来的什么时间触发。
- timeZone：用于调度通知的时区。
- repeatInterval：重复触发通知的频率。
- soundName：一个字符串（NSString），包含通知触发时将播放的声音源。
- alertBody：一个字符串（NSString），包含要向用户显示的消息。

22.4.2 创建和调度通知

打开应用程序GettingAttention，对方法doAlert进行编辑，使其类似于程序清单22.2所示（其中以粗体显示的代码行是新增的）。编写好代码后，下面详细介绍它们。

程序清单22.2 修改doAlert，以注册一个本地通知

```
 1: - (IBAction)doAlert:(id)sender {
 2:     UIAlertView *alertDialog;
 3:     UILocalNotification *scheduledAlert;
 4:
 5:     alertDialog = [[UIAlertView alloc]
 6:                    initWithTitle: @"Alert Button Selected"
 7:                    message:@"I need your attention NOW (and in a little bit)!"
 8:                    delegate: nil
 9:                    cancelButtonTitle: @"Ok"
10:                    otherButtonTitles: nil];
11:     [alertDialog show];
12:
13:     [[UIApplication sharedApplication] cancelAllLocalNotifications];
14:     scheduledAlert = [[UILocalNotification alloc] init];
15:     scheduledAlert.applicationIconBadgeNumber=1;
16:     scheduledAlert.fireDate = [NSDate dateWithTimeIntervalSinceNow:300];
17:     scheduledAlert.timeZone = [NSTimeZone defaultTimeZone];
18:     scheduledAlert.repeatInterval = NSDayCalendarUnit;
19:     scheduledAlert.soundName=@"soundeffect.wav";
20:     scheduledAlert.alertBody = @"I'd like to get your attention again!";
21:
22:     [[UIApplication sharedApplication]
23:                  scheduleLocalNotification:scheduledAlert];
24: }
```

首先，第3行将scheduledAlert声明为一个UILocalNotification对象。将配置这个本地通知对象，使其播放所需的声音、显示所需的消息等，然后将其传递给应用程序，以便在未来的某个时间显示。

第 13 行使用[UIApplication sharedApplication]获取应用程序对象，再调用 UIApplication 的方法 cancelAllLocalNotifications。这取消了应用程序以前可能调度了的所有通知，以提供干净的平台。

第 14 行分配并初始化了本地通知对象 scheduledAlert。

第 15 行配置通知的 applicationIconBadgeNumber 属性，以便通知触发时，将应用程序的徽标号设置为 1，从而指出发生了一个通知。

第 16 行将通知的触发时间设置为 300 秒后，这是使用属性 fireDate 和 NSDate 类的方法 dateWithTimeIntervalSinceNow 实现的。

第 17 行设置通知的 timeZone。几乎总是应将其设置为本地时区，即[NSTimeZone default TimeZone]返回的值。

第 18 行设置通知的 repeatInterval 属性。可使用各种常量来设置它，如 NSDayCalendarUnit（每天）、NSHourCalendarUnit（每小时）、和 NSMinuteCalendarUnit（每分钟）。要获悉可用常量的完整列表，请参阅 Xcode 开发文档中有关 NSCalendar 的参考文档。

第 19 行指定通知将播放的声音。将属性 soundName 设置成了一个字符串（NSString），该字符串包含声音源的名称。由于这个项目已包含 soundeffect.wav，因此可以使用它，而无需再添加其他声音文件。

第 20 行将通知的 alertBody 属性设置为要向用户显示的消息，完成对通知的配置。

对通知对象做全面配置后，第 22～23 行使用 UIApplication 的方法 scheduleLocalNotification 调度它。至此，实现就完成了。

单击 Run 按钮编译该应用程序，并在设备或 iOS 模拟器中运行它。应用程序 GettingAttention 启动后，单击按钮 Alert Me!。出现提醒对话框后，按主屏幕按钮退出应用程序。去喝杯咖啡，并在大约 4 分钟 59 秒后回来。5 分钟后，您将收到一个本地通知，如图 22.4 所示。

图 22.4
即使应用程序没有运行，本地通知也将显示在屏幕上

22.5 使用任务特定的后台处理

到目前为此，我们还没有做任何实际的后台处理。我们挂起了应用程序、生成了本地通知，但在这些情况下，应用程序都没有做任何处理。下面改变这一点！在本章的最后两个示例中，我们将在应用程序处于后台时执行真正的代码。虽然创建 VoIP 应用程序不在本书的范围内，但可对前一章的应用程序 Cupertino 做一些细微修改，以演示如何在后台处理定位和播放音频。

22.5.1 修改应用程序 Cupertion 以支持在后台播放音频

前一章创建的应用程序 Cupertino 指出离库珀蒂诺有多远，并在屏幕上显示向前、向右或向左的箭头，以指出为前往这个朝圣之地，用户应沿什么方向前行。可修改这个应用程序，让其使用 SystemSoundServices 来播放音频，就像第 10 章的应用程序 GettingAttention 那样。

在我们所做的修改中，唯一棘手的地方是，我们不想重复播放相同的声音。为满足这种需求，将为每个声音指定一个数字：方向向前时的声音为 1，向右的声音为 2，向左的声音为 3，并在每次播放声音时将相应的数字存储在变量 lastSound 中。然后，同这个变量进行比较，以免重复播放同样的声音。

1．添加框架 AudioToolbox

要使用系统声音服务，需要添加框架 AudioToolbox。为此，在 Xcode 中打开包含指南针功能的项目 Cupertino，选择其顶级编组，并确保编辑器中显示的是 Summary 选项卡。

在 Summary 选项卡中向下滚动，找到 Linked Libraries and Frameworks 部分，再单击列表下方的+按钮。从出现的列表中选择 AudioToolbox.framework，再单击 Add 按钮，如图 22.5 所示。如果必要，将该框架移到编组 Frameworks 中。

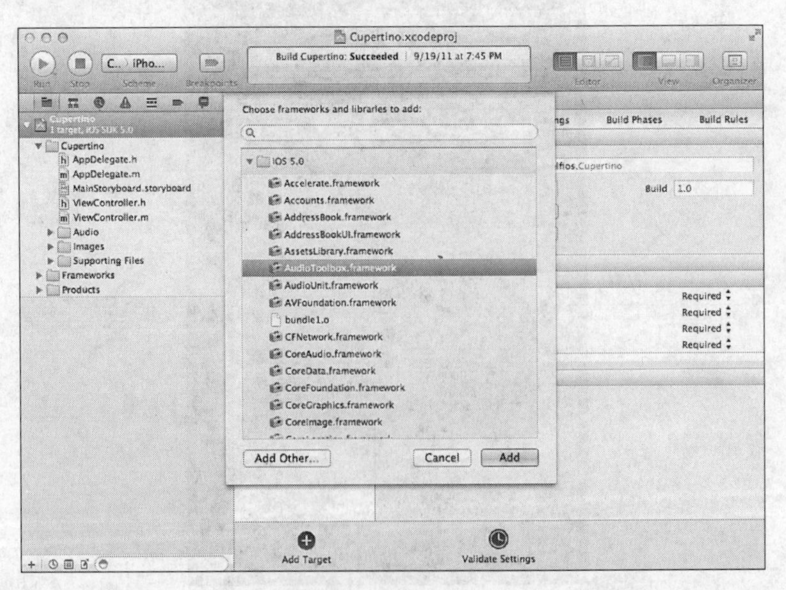

图 22.5 将 AudioToolbox.framework 加入到项目中

2. 添加音频文件

在本章项目文件夹 Cupertino Audio Compass 中，有一个 Audio 文件夹，其中包含简单的方向音频文件：straight.wav、right.wav 和 left.wav。将文件夹 Audio 拖放到 Xcode 项目的项目代码编组中。在 Xcode 提示时，选择复制文件并创建编组。

3. 修改接口文件 ViewController.h

给项目添加必要的文件后，需要更新接口文件 ViewController.h。添加一个导入 AudioToolbox 接口文件的#import 编译指令，再声明 3 个类型为 SystemSoundID 的实例变量（soundStraight、soundLeft 和 soundRight），以及一个整型变量（lastSound）用于存储最后一次播放的声音。别忘了，这些变量不是对象，因此没有必要这样做：将它们声明为指向对象的指针、为它们添加属性并释放它们！

修改后的文件 ViewController.h 应如程序清单 22.3 所示。

程序清单 22.3　修改接口文件以播放声音

```
#import <UIKit/UIKit.h>
#import <CoreLocation/CoreLocation.h>
#import <AudioToolbox/AudioToolbox.h>

@interface ViewController : UIViewController <CLLocationManagerDelegate> {
    SystemSoundID soundStraight;
    SystemSoundID soundRight;
    SystemSoundID soundLeft;
    int lastSound;
}

@property (strong, nonatomic) CLLocationManager *locMan;
@property (strong, nonatomic) IBOutlet UILabel *distanceLabel;
@property (strong, nonatomic) IBOutlet UIView *waitView;
@property (strong, nonatomic) IBOutlet UIView *distanceView;
@property (strong, nonatomic) IBOutlet UIImageView *directionArrow;
@property (strong, nonatomic) CLLocation *recentLocation;
-(double)headingToLocation:(CLLocationCoordinate2D)desired
                   current:(CLLocationCoordinate2D)current;
@end
```

4. 添加声音常量

为帮助跟踪最后一次播放的声音，声明了实例变量 lastSound。我们想使用这个变量来存储一个整数，它表示三种可能的声音之一。为避免记住 2 表示向左的声音、3 表示向右的声音等，下面在实现文件 ViewController.m 中添加一些含义更明显的常量。

在为项目定义的现有常量后面插入如下代码行：

```
#define kStraight 1
#define kRight 2
#define kLeft 3
```

完成上述工作后，便可实现使用声音指示方向的代码了。

22.5.2 使用声音指示前往库珀蒂诺的方向

要在应用程序 Cupertino 中添加声音播放功能，需要修改 ViewController 的两个方法。方法 viewDidLoad 是加载全部 3 个声音文件并设置 soundStraight、soundRight 和 soundLeft 的理想场所。我们还将在这个方法中将变量 lastSound 初始化为 0，这不与任何声音常量匹配，从而确保不管第一次声音是什么，都将播放它。

打开文件 ViewController.m，将方法 viewDidLoad 修改成如程序清单 22.4 所示。

程序清单 22.4 在 viewDidLoad 中，修改指向声音文件的引用

```
- (void)viewDidLoad
{

    NSString *soundFile;

    soundFile = [[NSBundle mainBundle] pathForResource:@"straight"
                                                ofType:@"wav"];
    AudioServicesCreateSystemSoundID((__bridge CFURLRef)
                                     [NSURL fileURLWithPath:soundFile]
                                     ,&soundStraight);

    soundFile = [[NSBundle mainBundle] pathForResource:@"right"
                                                ofType:@"wav"];
    AudioServicesCreateSystemSoundID((__bridge CFURLRef)
                                     [NSURL fileURLWithPath:soundFile]
                                     ,&soundRight);

    soundFile = [[NSBundle mainBundle] pathForResource:@"left"
                                                ofType:@"wav"];
    AudioServicesCreateSystemSoundID((__bridge CFURLRef)
                                     [NSURL fileURLWithPath:soundFile]
                                     ,&soundLeft);
    lastSound=0;

    // Nothing changes below this line.
    locMan = [[CLLocationManager alloc] init];
    locMan.delegate = self;
    locMan.desiredAccuracy = kCLLocationAccuracyThreeKilometers;
    locMan.distanceFilter = 1609; // a mile
    [locMan startUpdatingLocation];

    if ([CLLocationManager headingAvailable]) {
        locMan.headingFilter = 10; // 10 degrees
        [locMan startUpdatingHeading];
```

```
    }

    [super viewDidLoad];
}
```

Did you Know?

提示：

别忘了，所有这些代码都是以前使用过的！如果您无法理解声音播放过程，请参阅第 10 章。

我们需要实现的最后逻辑是，每次收到航向更新时，都播放相应的声音。在文件 ViewController.m 中，实现这种功能的方法为 locationManager:didUpdateHeading。在这个方法中，如果改变了箭头图形，就使用函数 AudioServicesPlaySystemSound 播放相应的声音。但这样做之前，需要检查要播放的声音是否与 lastSound 相同，以免重复播放相同的声音。如果 lastSound 与要播放的声音不同，则播放它，并相应地修改 lastSound 的值。例如，显示左箭头时，我们将使用下面的代码段来播放声音并设置变量 lastSound：

```
if (lastSound!=kLeft) {
    AudioServicesPlaySystemSound(soundLeft);
    lastSound=kLeft;
}
```

请按前面描述的修改方法 locationManager:didUpdateHeading，最终的结果应如程序清单 22.5 所示。

程序清单 22.5 收到航向更新时提供声音反馈

```
- (void)locationManager:(CLLocationManager *)manager
      didUpdateHeading:(CLHeading *)newHeading {

    if (self.recentLocation != nil && newHeading.headingAccuracy >= 0) {
        CLLocation *cupertino = [[CLLocation alloc]
                                 initWithLatitude:kCupertinoLatitude
                                 longitude:kCupertinoLongitude];
        double course = [self headingToLocation:cupertino.coordinate
                                        current:recentLocation.coordinate];
        double delta = newHeading.trueHeading - course;
        if (abs(delta) <= 10) {
            self.directionArrow.image = [UIImage imageNamed:
                                         @"up_arrow.png"];
            if (lastSound!=kStraight) {
                AudioServicesPlaySystemSound(soundStraight);
                lastSound=kStraight;
            }
        }
        else
        {
            if (delta > 180) {
                self.directionArrow.image = [UIImage imageNamed:
```

```
                                        @"right_arrow.png"];
            if (lastSound!=kRight) {
                AudioServicesPlaySystemSound(soundRight);
                lastSound=kRight;
            }
        }
        else if (delta > 0) {
            self.directionArrow.image = [UIImage imageNamed:
                                        @"left_arrow.png"];
            if (lastSound!=kLeft) {
                AudioServicesPlaySystemSound(soundLeft);
                lastSound=kLeft;
            }
        }
        else if (delta > -180) {
            self.directionArrow.image = [UIImage imageNamed:
                                        @"right_arrow.png"];
            if (lastSound!=kRight) {
                AudioServicesPlaySystemSound(soundRight);
                lastSound=kRight;
            }
        }
        else {
            self.directionArrow.image = [UIImage imageNamed:
                                        @"left_arrow.png"];
            if (lastSound!=kLeft) {
                AudioServicesPlaySystemSound(soundLeft);
                lastSound=kLeft;
            }
        }
    }
        self.directionArrow.hidden = NO;
    } else {
        self.directionArrow.hidden = YES;
    }
}
```

现在可以对该应用程序进行测试了。单击按钮 Run 将修改后的应用程序 Cupertino 安装到设备中，然后尝试不断移动。当您移动时，应用程序将根据屏幕上显示的箭头发出声音“向右”、“向前”或“向左”。尝试退出应用程序，并看看发生的情况。令人惊讶的是，它没有继续发出声音。这是因为还没有修改项目的 plist 文件，使其包含 Required Background Modes（UIBackgroundModes）键。

Did you Know?

提示：

如果您测试应用程序时，它显得有些喋喋不休（过于频繁地播放声音），可在方法 viewDidLoad 中将 locMan.heaingFilter 改为更大的值（如 15 或 20），这将减少航向更新数量。

22.5.3 添加后台模式键

这个应用程序执行的两个任务要求它进入后台后仍处于活动状态。首先，它跟踪用户的位置；其次，它通过播放声音来指示大致航向。为让这个应用程序正确运行，需要指定它在后台播放音频和进行定位。请按下述步骤修改项目 Cupertino 的 plist 文件。

（1）选择项目的顶级编组，并单击目标 Cupertino，再展开选项卡 Info 中的 Custom iOS Target Properties；也可打开 Supporting Files 编组中的项目 plist 文件（Cupertino-Info.plist）。

（2）在属性列表中添加一行，并从 Key 栏的下拉列表中选择 Required BackgroundModes（UIBackgroundModes）。

（3）展开这个键，并在其中添加两个值：App Plays Audio（音频）和 App Registers for Location Updates（定位），如图 22.6 所示。这两个值都可从 Value 栏的下拉列表中选择。

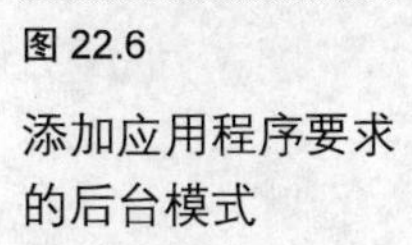

图 22.6

添加应用程序要求的后台模式

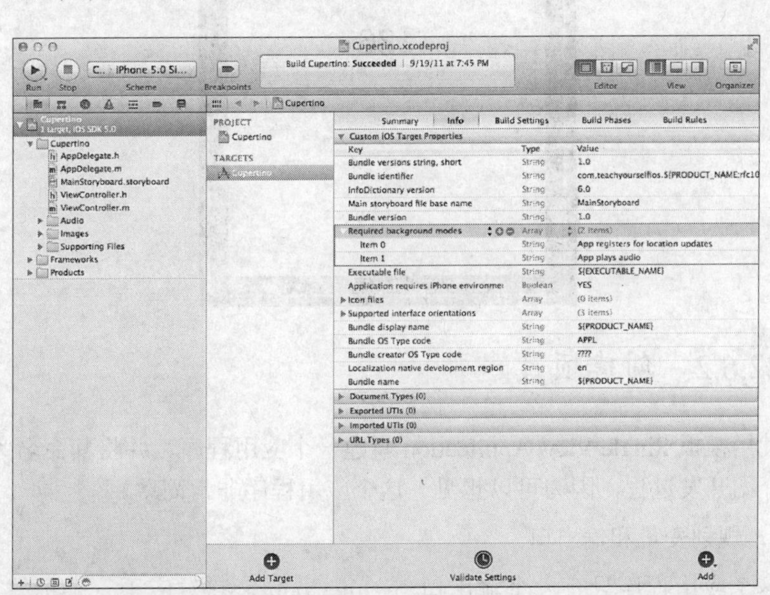

修改 plist 文件后，将修改后的应用程序安装到设备，并再次尝试。这次当您退出应用程序时，它将继续运行！当您四处移动时，将听到指示方向的声音，因为 Cupertino 继续在幕后跟踪您的位置。

By the Way

注意：

通过声明定位和音频后台模式，应用程序进入后台后，将能够使用位置管理器的全部服务以及 iOS 的众多音频播放机制。

22.6 完成长时间运行的后台任务

在本章的最后一个示例中，需要从空白开始创建一个应用程序。本书的宗旨并非介绍如何创建需要进行大量后台处理的应用程序，因此可以演示如何给现有项目添加代码，让方法在后台运行，但我们没有长时间运行的方法可供使用。

22.6.1 实现概述

为演示如何命令 iOS 让某些代码在后台运行，将新建一个应用程序（SlowCount），它除了慢慢地数到 1000 外什么也不做。我们将使用后台处理类型任务完成，确保即使该应用程序处于后台，它也将继续数到 1000，如图 22.7 所示。

图 22.7
为模拟长时间运行的任务，这个应用程序将慢慢地数数

22.6.2 创建项目

使用模板 Single View Application 新建一个应用程序，并将其命名为 SlowCount。下面将快速介绍开发过程，因为可以想见，这个应用程序非常简单。

1．规划变量和输出口

这个应用程序只有一个输出口——theCount，它对应于一个标签，用于在屏幕上显示计数器。另外，还需要一个整型变量（count）、一个 NSTimer 对象（theTimer）和一个 UIBackgroundTaskIdentifier 变量而不是对象（counterTask）。其中 count 将用作计算器，theTimer 每隔一段时间触发数数，而 counterTask 表示将在后台运行的任务。

注意：

对于每项要启用后台完成的任务，都需要有自己的 UIBackgroundTaskIdentifier。为指定要结束哪个后台任务，将结合使用 UIBackgroundTaskIdentifier 和 UIApplication 的方法 endBackgroundTask。

22.6.3 设计界面

说这个应用程序有用户界面有点夸张，但确实需要修改文件 MainStoryboard.storyboard，使其在屏幕上显示标签 theCount。

打开初始场景，将一个 UILabel 拖放到视图中央。将这个标签的文本设置为 0，在选择了该标签的情况下，使用 Attributes Inspector（Option + Command + 4）将文本设置为居中，并将字号设置得较大。最后，让标签的左右边缘分别与左右参考线对齐。这就创建了一个“杰出”的 UI，如图 22.8 所示。

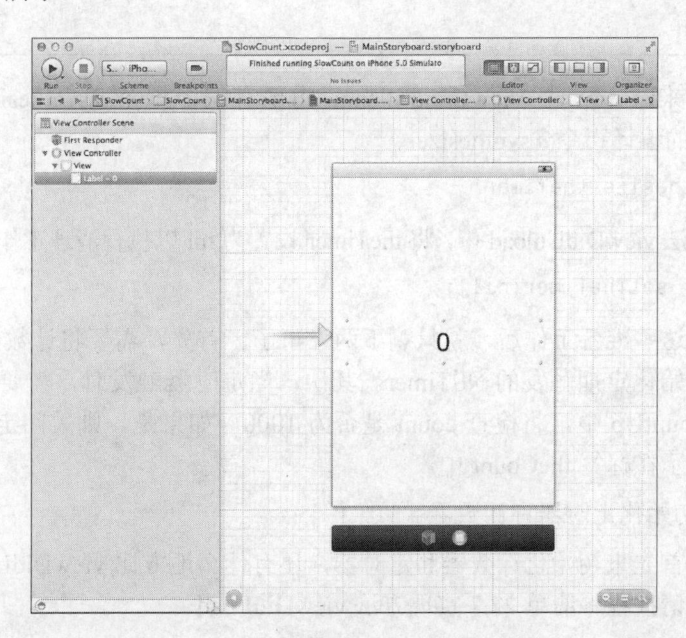

图 22.8
在视图中添加一个 UILabel，用于显示当前计数

22.6.4 创建并连接输出口

现在，需要将唯一一个 UI 对象连接到输出口。为此，切换到助手编辑器模式，按住 Control 键，并从标签拖曳到 ViewController.h 中代码行@interface 下方。在 Xcode 提示时，将输出口命名为 theCount。

22.6.5 实现应用程序逻辑

为实现这个应用程序的核心功能（数数），需要声明并处理几个额外的变量/属性：计数器（count）、通过数数实现延迟的 NSTimer（theTimer）和跟踪该任务的 UIBackgroundTaskIdentifier（counterTask）。在这些变量中，只有定时器是对象，因此无需将其他变量声明为属性，也不用对它们执行清理工作。

另外，我们还将实现一个数数的方法——countUp。为避免 Xcode 发出警告，应在接口文件 ViewController.h 中添加这个方法的原型。

按程序清单 22.6 修改文件 ViewController.h。

程序清单 22.6 添加实例变量和属性

```
#import <UIKit/UIKit.h>

@interface ViewController : UIViewController {
    int count;
    UIBackgroundTaskIdentifier counterTask;
```

```
}
@property (strong, nonatomic) IBOutlet UILabel *theCount;
@property (strong, nonatomic) NSTimer *theTimer;

- (void)countUp;

@end
```

接下来，在文件 ViewController.m 中现有编译指令@synthesize 下方，添加一个针对 theTimer 的编译指令@synthesize：

```
@synthesize theTimer;
```

在方法 viewDidUnload 中，将 theTimer 设置为 nil 以执行清理工作。为此，添加如下代码行：

```
[self setTheTimer:nil];
```

完成这些准备工作后，就只剩下两件事了。首先，需要将计数器（count）设置为 0，并分配和初始化定期触发的 NSTimer。其次，当定时器触发时，需要让它调用方法 countUp。在方法 countUp 中，将检查 count 是否为 1000。如果是，则关闭定时器；否则，更新 count 并将其显示在标签 theCount 中。

1. 初始化定时器和计数器

下面首先来初始化计数器和定时器，还有什么地方比 viewDidLoad 方法更适合完成这项工作呢？请按程序清单 22.7 实现方法 viewDidLoad。

程序清单 22.7 在应用程序启动时调度定时器

```
 1: - (void)viewDidLoad
 2: {
 3:     [super viewDidLoad];
 4:     count=0;
 5:     self.theTimer=[NSTimer scheduledTimerWithTimeInterval:0.1
 6:                                                     target:self
 7:                                                   selector:@selector(countUp)
 8:                                                   userInfo:nil
 9:                                                    repeats:YES];
10: }
```

第 4 行将整型计数器 count 初始化为零。

第 5～9 行分配 NSTimer 对象 theTimer，并将其触发间隔设置为 0.1 秒。将 selector 设置成了调用方法 countUp，这个方法将在后面编写。另外，使用 repeats:YES 将定时器设置为重复触发。

现在，余下的全部任务就是实现方法 countUp，使其将计数器加 1 并显示结果。

2. 修改计数器并显示结果

在文件 ViewController.m 中，添加如程序清单 22.8 所示的方法 countUp。这个方法非常简单：如果计数器等于 1000，则只执行清理工作，否则继续数数。

程序清单 22.8 更新计数器

```
1: - (void)countUp {
2:     if (count==1000) {
3:         [self.theTimer invalidate];
```

```
 4:             [self setTheTimer:nil];
 5:         } else {
 6:             count++;
 7:             NSString *currentCount;
 8:             currentCount=[[NSString alloc] initWithFormat:@"%d",count];
 9:             self.theCount.text=currentCount;
10:         }
11: }
```

第 2～4 行处理已到达计数上限（1000）的情形。如果是这样，使用定时器的 invalidate 停止它，再将它设置为 nil，因为不再需要它了。

第 6～9 行处理计数和显示工作。第 6 行修改变量 count，第 7 行声明了字符串变量 currentCount，随后第 8 行分配并初始化它。第 9 行使用字符串变量 currentCount 修改标签显示的内容，第 10 行释放该字符串对象。

运行该应用程序，其行为应完全符合预期：慢慢地数到 1000。不幸的是，如果您让该应用程序进入后台，它将挂起。计数将暂停，直到应用程序重返前台。

22.6.6 启用后台任务处理

要让计数器在后台运行，需要将其标记为后台任务。为启动在后台执行的任务，将使用下面的代码段。

```
counterTask = [[UIApplication sharedApplication]
               beginBackgroundTaskWithExpirationHandler:^{
                   // If you're worried about exceeding 10 minutes, handle it here
               }];
```

为结束后台任务，将使用下面的代码段。

```
[[UIApplication sharedApplication] endBackgroundTask:counterTask];
```

By the Way

> **注意：**
>
> 如果担心应用程序在执行完后台任务前（大约 10 分钟）就被强行终止，可在代码块 beginBackgroundTaskWithExpirationHandler 中提供可选代码。要获悉还余下多少时间，可检查 UIApplication 的属性 backgroundTimeRemaining。

下面来修改方法 viewDidLoad 和 countUp，在其中加入这些代码。在 viewDidLoad 中，在初始化计数器之前启动后台任务；在 countUp 中，在 count 等于 1000 时结束后台任务，再停止和释放定时器。

请按程序清单 22.9 修改方法 viewDidLoad（第 4～7 行）。

程序清单 22.9 开始后台处理

```
1: - (void)viewDidLoad
2: {
3:     [super viewDidLoad];
4:     counterTask = [[UIApplication sharedApplication]
5:                    beginBackgroundTaskWithExpirationHandler:^{
6:                    // Exceeding 10 minutes? handle it here
```

```
 7:                       }];
 8:      count=0;
 9:      self.theTimer=[NSTimer scheduledTimerWithTimeInterval:0.1
10:                                                 target:self
11:                                                 selector:@selector(countUp)
12:                                                 userInfo:nil
13:                                                 repeats:YES];
14: }
```

然后，按程序清单 22.10 修改方法 countUp（第 5 行）。

程序清单 22.10　结束后台处理

```
 1: - (void)countUp {
 2:     if (count==1000) {
 3:       [self.theTimer invalidate];
 4:       [self setTheTimer:nil];
 5:       [[UIApplication sharedApplication] endBackgroundTask:counterTask];
 6:   } else {
 7:       count++;
 8:       NSString *currentCount;
 9:       currentCount=[[NSString alloc] initWithFormat:@"%d",count];
10:       self.theCount.text=currentCount;
11:   }
12: }
```

这就完成了。该应用程序现在应该能够在后台运行。

22.6.7　生成应用程序

保存项目文件，再在设备或模拟器中运行该应用程序。开始计数后，按主屏幕按钮将应用程序移到后台。等待大约 1 分钟后，通过任务管理器或应用程序图标再次打开应用程序，将发现计数器一直在后台运行。

显然，这个项目不那么引人注目，但它演示的功能绝对激动人心！

22.7　进一步探索

当我坐下来编写本章时，我很是纠结。后台任务/多任务绝对是必须介绍的 iOS 功能，但要在一二十页的篇幅中演示有意义的东西很难。希望您对 iOS 多任务的工作原理以及如何在应用程序实现它有更深入的认识。别忘了，这并非后台处理综合指南，还有很多功能没有介绍，也有很多这样的方法：对支持后台处理的应用程序进行优化，以最大限度地延长电池的续航时间以及最大限度地提高应用程序的速度。

接下来，您应阅读 iOS Application Programming Guide（可在 Xcode 文档中找到）的如下部分：Executing Code in the Background、Preparing Your Application to Execute in the Background 和 Initiating Background Tasks。

阅读 Apple 提供的文档时，请特别注意应用程序进入后台时应完成的任务。游戏很图形密集型应用程序来说，这意味着很多这里没有讨论的东西。您对这些指导原则的遵守程度将决定 Apple 会接受您的应用程序还是将其返回给您进行优化。

22.8 小结

iOS 后台应用程序不同于 Macintosh 后台应用程序。支持 iOS 后台处理的应用程序必须遵守一组明确的规则，这样才会被认为是 iOS“良民”。本章介绍了各种 iOS 后台处理类型以及用于支持后台任务的方法。通过 5 个示例对这些技巧进行了测试：从在应用程序没有运行时也将触发的通知，到在后台用声音发出指示的简单导航应用程序。

至此，您应做好了充分准备，能够创建支持后台处理的应用程序，并充分利用 iPhone、iPad 和 iPod 的强大硬件。

22.9 问与答

问：为何不能在后台运行任何代码？

答：也许有一天您能够这样做，但就目前而言，只能进行本章讨论过的后台处理。在始终连接到 Internet 的设备上，允许运行任何代码将对安全和性能带来重大影响。Apple 旨在确保设备在任何情况下都能正常运行，而不像竞争对手那样，让您为所欲为。

问：iOS 支持像 IM 客户端那样的基于时间表的后台处理吗？

答：iOS 当前不支持基于时间表的后台处理（响应随时间流逝而发生的事件）。这令人失望，但可避免您同时运行数十个应用程序，它们为等待事情发生而耗用资源。

22.10 作业

22.10.1 测验

1．判断正误：后台任务可以是您想在 iOS 中执行的任何操作。

2．判断正误：针对 iOS 编译的任何应用程序都将在退出时继续执行。

3．判断正确：只能将一个长时间运行的任务指定为将在后台完成。

22.10.2 答案

1．错。对于如何实现后台处理，Apple 制定了一组明确的规则。

2．错。默认情况下，这样的应用程序将挂起。要继续运行，必须按本章介绍的那样实现后台任务。

3．错。可指定任意数量的长时间运行的任务，但它们将在指定的时间内（大约 10 分钟）争用资源。

22.10.3 练习

选择本书前面创建的一个项目，让其支持后台处理。

第 23 章

创建通用应用程序

本章将介绍：

- 是什么让应用程序变得通用；
- 如何使用通用应用程序模板；
- 设计通用应用程序的方式；
- 如何检测应用程序当前在什么设备上运行；
- 用于迁移到通用架构的工具。

iPhone 和 iPod Touch 是 Apple 进入基于触摸的计算领域的排头兵，但用户并非只手持这些设备。令人肃然起敬的 iPad 取得了无可否认的成功，让 iOS 平台拥有大得多的屏幕。在本书前面，开发都是针对一种平台的，但完全可以针对两种平台。

本章介绍如何创建在 iPhone 和 iPad 上都能运行的应用程序，Apple 称其为通用（universal）应用程序。您还将了解创建这种应用程序将面临的一些问题以及解决这些问题的技巧。您现在已经是 iOS 开发人员，没有理由不能成为 iOS 设备开发人员。

23.1 开发通用应用程序

通用应用程序包含在 iPhone 和 iPad 上运行所需的资源。虽然 iPhone 应用程序可在 iPad 上运行，但看起来不那么漂亮。要让应用程序向 iPad 用户提供独特的体验，需要使用不同的故事板和图像，甚至完全不同的类。在代码中，可能需要动态地判断运行应用程序的设备类型。

通用模板类似于针对特定设备的模板，但有一个重要的差别：并非只有一个 MainStoryboard.storyboard 文件，而包含针对不同设备的故事板文件——MainStoryboard_iPhone.storyboard 和 MainStoryboard_iPad.storyboard，如图 23.2 所示。顾名思义，在 iPad 上执行应用程序时，

如果说这听起来有点麻烦，那是因为确实可能如此。iPhone 和 iPad 是不同的设备，用户期望获得不同的使用体验，因此，即使应用程序的功能不变，在这两种设备上运行时，其外观和工作原理也可能不同。为这支持这两种设备，通用应用程序包含的类、方法和资源等可能翻倍，这取决于您如何设计它。好消息是，在用户看来，他们获得的应用程序既可在 iPhone 上运行，又可在 iPad 上运行；而对您来说，目标用户群更大了。

注意：

别忘了，开发平台（iPhone、iPad 和 iPod Touch）并未共享所有的功能，如震动，因此您必须合适地规划通用应用程序。

By the Way

并非所有开发人员都认为开发通用应用程序是最佳的选择。很多开发人员创建应用程序的 HD 或 XL 版本，其售价比 iPhone 版稍高。如果您的应用程序在这两种平台上差别很大，可能应采取这种方式。即便如此，也可只开发一个项目，但生成两个不同的可执行文件，这些文件称为目标文件（target）。本章后面将介绍可用于完成这种任务的 Xcode 工具。

注意：

对于跨 iPhone 和 iPad 平台的项目，在如何处理它们方面没有对错之分。作为开发人员，您将根据需要编写的代码、营销计划和目标用户判断什么样的处理方式是合适的。

By the Way

如果预先知道应用程序需要能够在任何设备上运行，开始开发时就应将 Device Family 设置为 Universal 而不是 iPhone 或 iPad。本章将使用 Single View Application 模板来创建通用应用程序，但使用其他模板时，方法完全相同。

当前设备的类型

要检测当前运行应用程序的设备，可使用 UIDevice 类的方法 currentDevice 获取指向当前设备的对象，再访问其属性 model。属性 model 是一个描述当前设备的 NSString（如 iPhone、iPad Simulator 等）。返回该字符串的代码如下：

```
[UIDevice currentDevice].model
```

无需执行任何实例化和配置工作，只需检查属性 model 的内容即可。如果它包含 iPhone，则说明当前设备为 iPhone；如果是 iPod，则说明当前设备为 iPod Touch；如果为 iPad，则说明当前设备为 iPad。

23.1.1 理解通用模板

为帮助开发人员创建通用应用程序，Apple 让您能够使用本书介绍的模板的通用版本。在 Xcode 中新建项目时，可并从下拉列表 Device Family 中选择 Universal（通用），如图 23.1 所示。这将新建一个在 iPhone 和 iPad 上都能运行的项目。

将使用包含后缀 Pad 的故事板文件；而在 iPhone 上执行应用程序时，将使用包含后缀 iPhone 的故事板文件。应用程序类保持不变。

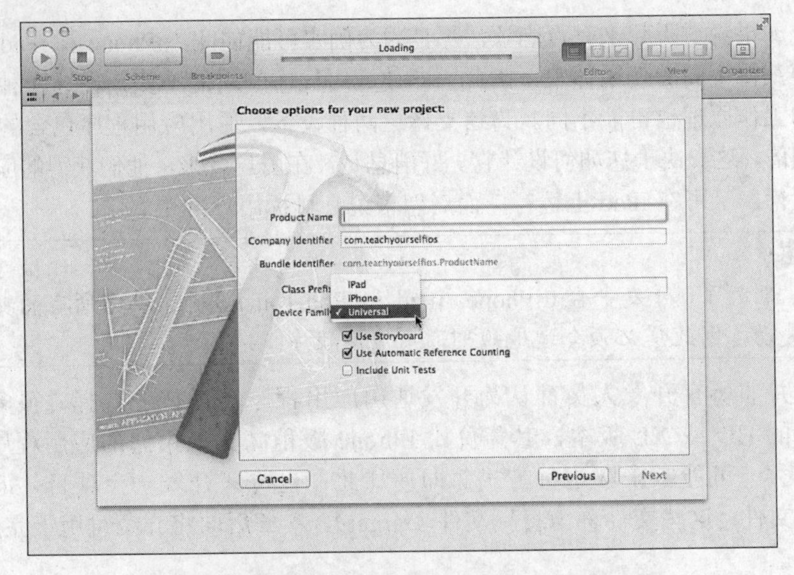

图 23.1
使用通用模板创建通用应用程序

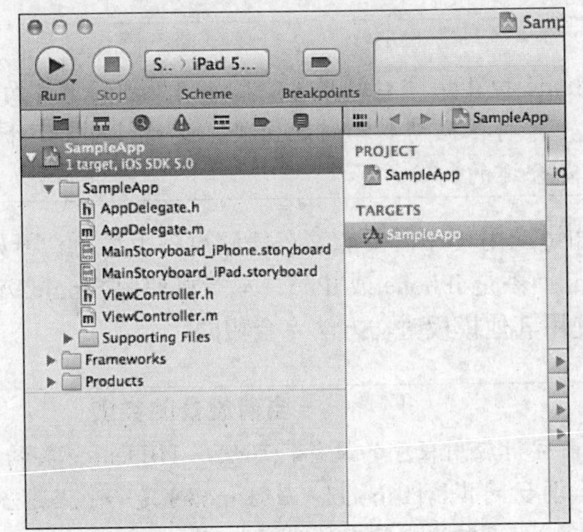

图 23.2
通用应用程序包含分别用于 iPad 和 iPhone 平台的故事板文件

23.1.2 通用应用程序设置方面的不同

正如您预期的，通用项目的设置信息也有一些不同。如果您查看通用项目的 Summary 选项卡，将发现其中包含 iPhone 和 iPad 部署信息，在其中每个部分都可设置相应设备的故事板文件。

应用程序启动时，将根据当前平台打开相应的故事板文件，并实例化初始场景中的每个对象。这个起点很重要，它决定了应用程序的其他分支，稍后将测试这一点。

1. 图标文件

在通用项目的 Summary 选项卡中，可设置 iPhone 和 iPad 应用程序图标，如图 23.3 所示。iPhone 应用程序图标为 57 × 57 像素；对于使用 Retina 屏幕的 iPhone，为 114 × 114 像素。然而，iPad 图标为 72 × 72 像素。要配置应用程序图标，可将大小合适的图标拖放到相应的图像区域。

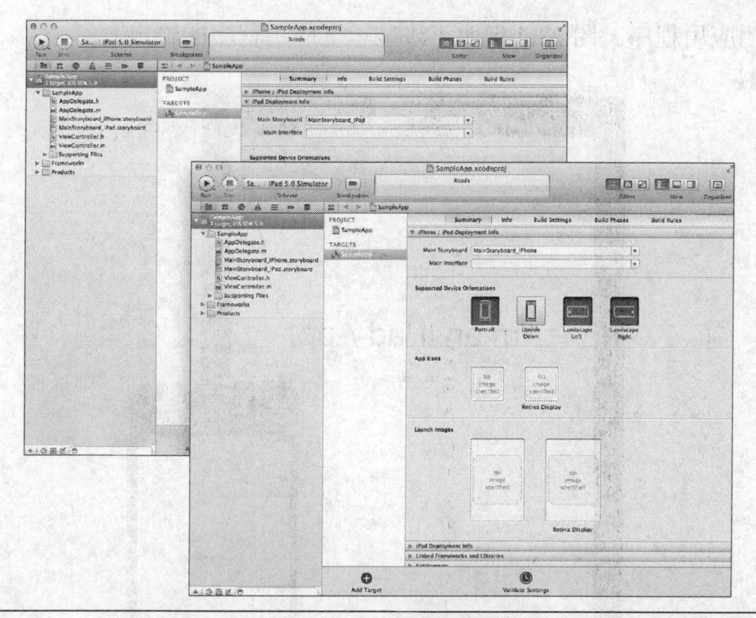

图 23.3
在 Summary 选项卡中，添加用于 iPhone 和 iPad 的应用程序图标

By the Way

注意：

当您将图像拖放到 Xcode 图像区域（如添加图标）时，该图像文件将被复制到项目文件夹中，并出现在项目导航器中。为保持整洁，应将其拖放到项目编组 Supporting Files 中。

2．启动图像

本书前面说过，启动图像是在应用程序加载时显示的图像。iPhone 和 iPad 的屏幕尺寸不同，需要使用不同的启动图像。可像指定图标一样，使用 Summary 选项卡中的图像区域设置每个平台的启动图像。

完成这些细微的修改后，通用应用程序模板就“准备就绪”了。我原本可以说就“可以使用”了，但如果这样说，本章就用处不大了。下面充分发挥模板 Single View Application 的通用版本的作用，使用它创建一个应用程序，该应用程序在 iPad 和 iPhone 平台上显示不同的视图且只执行一行代码。

Did you Know?

提示：

对于 iPhone，启动图像的尺寸应为 320 × 480 像素（iPhone 4 为 640 × 960 像素）。如果设备只会处于横向状态，则启动图像尺寸应为 480 × 320 像素和 960 × 640 像素。如果要让状态栏可见，应将垂直尺寸减去 20 像素。鉴于在任何情况下都不应隐藏 iPad 状态栏，因此其启动图像的垂直尺寸应减去 20 像素，即 768 × 1024 像素（纵向）或 1024 × 768 像素（横向）。

23.2 创建通用应用程序：方法 1

本章将介绍两种创建通用应用程序的方法。这两个示例的目标相同：实例化一个视图控制器，根据当前设备加载相应的视图，然后显示一个字符串，它指出了当前设备的类型。这并非我们在本书中完成的最有趣的任务，但将提供足够的背景知识，让您能够编写可在所有

Apple iOS 设备上运行的应用程序。图 23.4 说明了这些示例应用程序的输出。

图 23.4
我们将创建一个在 iPhone 和 iPad 上显示相应信息的应用程序

23.2.1 实现概述

第一种创建通用应用程序的方法是使用 Apple 通用模板。这将使用单个视图控制器，它负责管理 iPhone 和 iPad 视图。这种方法比较简单，但对于 iPhone 和 iPad 界面差别很大的大型项目，可能不可行。

我们将创建两个（除尺寸外）完全相同的视图——每种设备一个，它包含一个内容可修改的标签。这些标签将连接到同一个视图控制器。在这个视图控制器中，我们将判断当前设备为 iPhone 还是 iPad，并显示相应的消息。

23.2.2 创建项目

首先，使用模板 Single View Application 新建一个项目，将 Device Family 设置为 Universal，并将其命名为 Universal。这个应用程序的骨架与您以前看到的完全相同，但给每种设备都提供了一个故事板。

1．规划连接和变量

这个项目只需要一个连接——到标签（UILabel）的连接，我们将把它命名为 deviceType。在视图加载时，我们将使用它动态地指出当前设备的类型。仅此而已。

23.2.3 设计界面

在这个示例中，需要处理两个故事板：MainStoryboard_iPad.storyboard 和 MainStoryboard_ iPhone.storyboard。依次打开每个故事板文件，添加一个静态标签，它指出应用程序的类型。换句话说，在 iPhone 视图中，将文本设置为 I'm an iPhone App!，在 iPad 视图中，将文本设置为 I'm an iPad App!。

至此，您做了足够多的工作；如果您愿意，可在 iOS 模拟器中运行该应用程序，再使用菜单 Hardware>Device 在 iPad 和 iPhone 实现之间切换。作为 iPad 应用程序运行时，您将看到在 iPad 故事板中创建的视图，以 iPhone 应用程序运行时，您将看到在 iPhone 故事板中创建的视图。然而，这里显示的是静态文本，我们需要让一个视图控制器能够控制这两个视图。

为此，修改每个视图，在显示静态文本的标签下方添加一个 UILabel，并将其默认文本设置为 Device。此时的视图应类似于图 23.5。

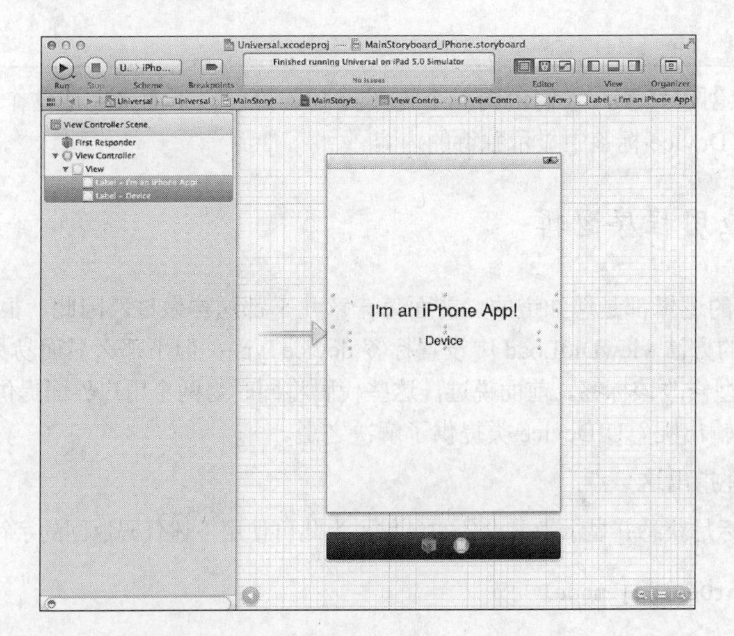

图 23.5

设计两个视图，每个视图都包含静态文本以及文本默认为 Device 的标签

23.2.4 创建并连接输出口

您创建的视图中包含一个动态元素，需要将其连接到输出口 deviceType。两个视图连接到视图控制器中的同一个输出口，它们共享一个输出口。

首先，切换到助手编辑器模式；如果需要更多的空间，请隐藏导航器区域和 Utilities 区域。选择故事板文件之一——具体选择哪个无关紧要。在文件 ViewController.h 显示在右边的情况下，按住 Control 键，并从 Device 标签拖曳到代码行@interface 下方，在 Xcode 提示时将输出口命名为 deviceType。

现在需要为另一个视图创建连接，但由于输出口 deviceType 已创建好，因此不需要新建输出口。打开第二个故事板，按住 Control 键，并从 Device 标签拖曳到 ViewController.h 中 deviceType 的编译指令@property 上，如图 23.6 所示。

至此，两个视图就创建好了，它们由同一个视图控制器管理。下面来完成这个项目的创建，根据当前平台在 Device 标签中显示独特的内容。

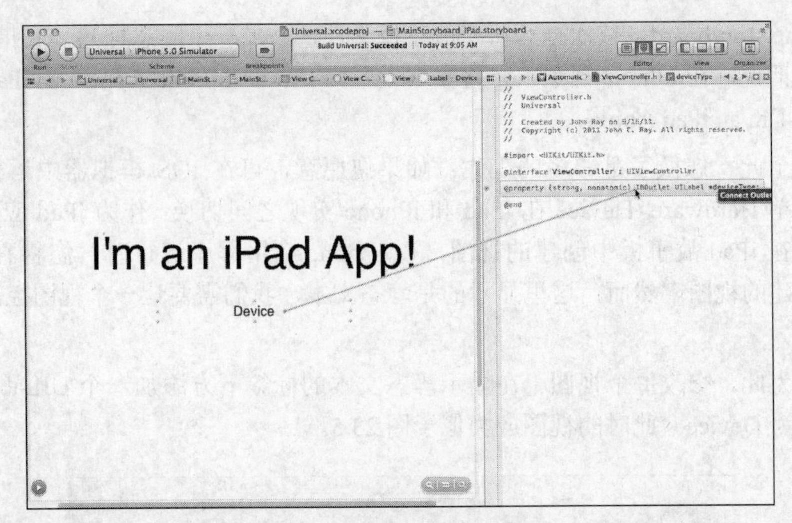

图 23.6
将第二个视图中的 Device 标签连接到已创建的输出口

至此，两个视图就创建好了，它们由同一个视图控制器管理。下面来完成这个项目的创建，根据当前平台在 Device 标签中显示独特的内容。

23.2.5 实现应用程序逻辑

设置标签时，涉及的逻辑都是您知道的，前面每一章几乎都这样做过。因此，很显然，将在 ViewController.m 的方法 viewDidLoad 中设置标签 deviceType；但不那么显而易见的是，如何根据当前的设备类型修改该标签。前面说过，这些代码将同时为两个用户界面提供服务。如何根据设备类型修改输出呢？UIDevice 类提供了解决之道。

1. 检测当前设备并指出这一点

这个应用程序的目标是获悉并显示当前设备的名称，为此可使用下述代码返回的字符串：

```
[UIDevice currentDevice].model
```

要在视图中指出当前设备，我们将标签 deviceType 的属性 text 设置为属性 model 的值。为此，切换到标准编辑器模式，并按程序清单 23.1 修改方法 viewDidLoad。

程序清单 23.1 检测当前设备并指出这一点

```
- (void)viewDidLoad
{
    self.deviceType.text=[UIDevice currentDevice].model;
    [super viewDidLoad];
}
```

这就好了。每个视图都将显示 UIDevice 提供的属性 model 的值。通过使用该属性，可根据当前设备有条件地执行代码，甚至修改应用程序的运行方式——如果在 iOS 模拟器上执行它。

23.2.6 生成应用程序

现在，可以在 iPhone 或 iPad 上运行该应用程序，并查看结果。那么，您学到了什么呢？

也许是这样的：如果 iPhone 和 iPad 界面类似，通用应用程序开发起来非常简单。您可以让一个视图控制器处理两个故事板的交互，并在必要时区分这两个故事板。

提示：

要使用模拟器模拟不同的平台，最简单的方法是使用 Xcode 工具栏右边的下拉列表 Scheme。选择 iPad Simulator 将模拟在 iPad 中运行应用程序，而选择 iPhone Simulator 将模拟在 iPhone 上运行应用程序。

Did you Know?

不幸的是，通用应用程序的 iPhone 界面和 iPad 界面差别很大时，就不适合使用这种方法了。在这种情况下，使用不同的视图控制器来管理每个界面可能更合适。在下一个项目中，我们将完成相同的工作：创建一个外观与这个应用程序相同的应用程序，但根据当前设备类型使用不同的视图控制器来处理交互。

23.3 创建通用应用程序：方法 2

我们将创建的第二个应用程序的功能与第一个应用程序相同，但有一个重要的差别：不是原封不动地使用通用应用程序模板，而添加一个名为 iPadViewController 的视图控制器，它专门负责管理 iPad 视图，并使用默认的 ViewControler 管理 iPhone 视图。

通过这样做，项目将包含两个视图控制器，这让您能够根据需要实现类似或截然不同的界面。另外，我们无需检查当前的设备类型，因为应用程序启动时将选择故事板，从而自动实例化用于当前设备的视图控制器。

23.3.1 创建项目

第二个示例的开头与第一个示例相同：使用模板 Single View Application 新建一个应用程序，将 Device Family 设置为 Universal，将应用程序命名为 UniversalToo。接下来，需要创建 iPad 视图控制器类，它将负责所有的 iPad 用户界面管理工作。

1．添加 iPad 视图控制器

该应用程序包含一个视图控制器子类（ViewController），但还需要一个。为新建 UIView Controller 子类，选择菜单 File>New File，在出现的对话框中，选择类别 Cocoa Touch Class，再选择图标 UIViewController subclass（如图 23.7 所示），再单击 Next 按钮。

将新类命名为 iPadViewController，并选择复选框 Targeted for iPad，如图 23.8 所示。单击 Next 按钮，以指定要在什么地方创建类文件。

最后，指定新视图控制器类文件的存储位置。请将其存储到文件 ViewController.h 和 View Controller.m 所在的位置，再单击 Create 按钮。

在项目导航器中，您将看到 iPadViewController 类的实现文件和接口文件。为让项目组织有序，将它们拖曳到项目的代码编组中。

2．将 iPadViewController 关联到 iPad 视图

现在，项目中有一个用于 iPad 的视图控制器类，但文件 MainStoryboard_iPad.storyboard

中的初始视图仍由 ViewController 管理。为修复这种问题，必须设置 iPad 故事板中初始场景的视图控制器对象的身份。

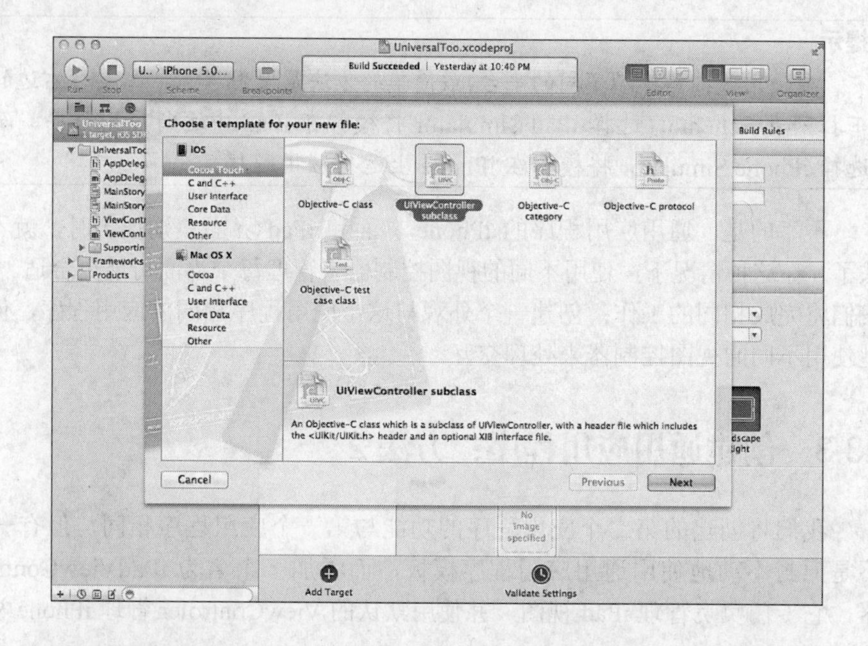

图 23.7
新建一个 UIView Controller 子类

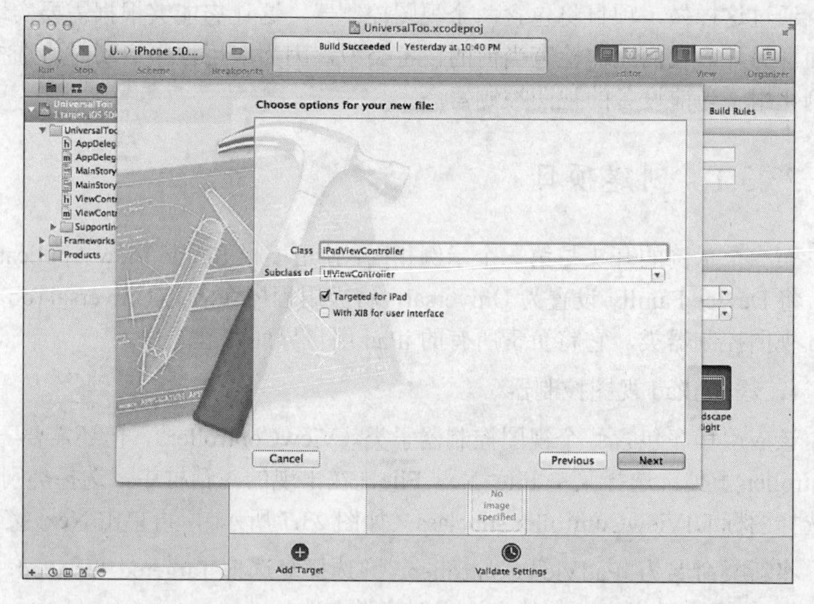

图 23.8
给 UIViewController 子类命名，并将目标平台指定为 iPad

为此，单击项目导航器中的文件 MainStoryboard_iPad.storyboard，选择文档大纲中的视图控制器对象，再打开 Identity Inspector（Option + Command + 3）。为将该视图控制器的身份设置为 iPadViewController，从检查器顶部的 Class 下拉列表中选择 iPadViewController，如图 23.9 所示。

设置身份后，与通用应用程序相关的工作就完成了。现在可以继续开发应用程序，就像它是两个独立的应用程序一样：视图和视图控制器都是分开的。

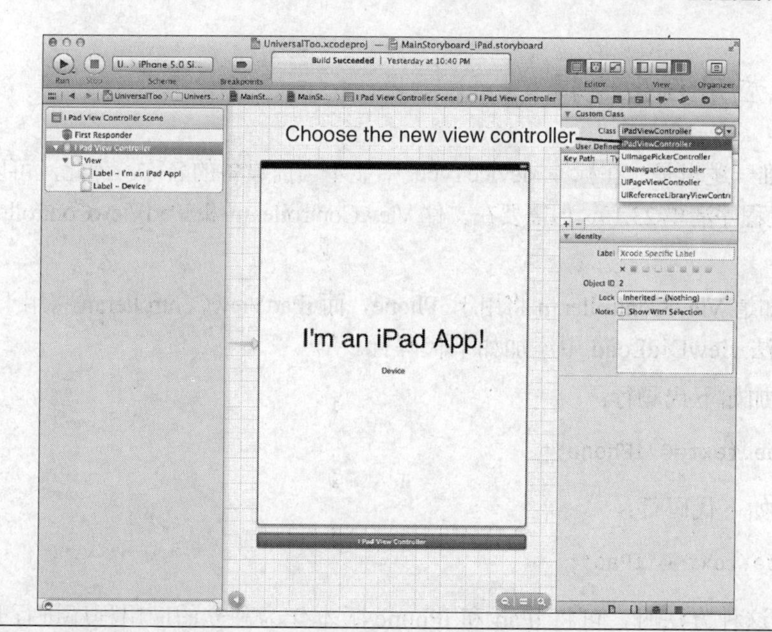

图 23.9
设置初始视图的视图控制器类

注意：

By the Way

视图和视图控制器是分开的并不意味着不能共享代码。例如，可创建额外的工具类来实现应用程序逻辑和核心功能，并在 iPad 和 iPhone 之间共享它们。

23.3.2 设计界面

这个应用程序的其他开发工作与前一个应用程序类似。创建两个视图：一个在 MainStoryboard_iPhone.storyboard 中，另一个在 MainStoryboard_iPad.storyboard 中。每个视图都应包含一个指出当前应用程序类型的标签；还包含一个默认文本为 Device 的标签，该标签的内容将在代码中动态地设置。您甚至可以打开前一个通用应用程序示例中的故事板，将其中的 UI 元素复制并粘贴到这个项目中。

设计好视图后，切换到助手编辑器模式。我们需要将每个界面中的 Device 标签连接到相应的视图控制器。

23.3.3 创建并连接输出口

不同于前一个示例，在这个示例中，需要为 iPad 和 iPhone 视图中的 Device 标签建立不同的连接。首先，打开 MainStoryboard_iPhone.storyboard，按住 Control 键，并从 Device 标签拖曳到 ViewController.h 中代码行@interface 下方，并将输出口命名为 deviceType。

切换到文件 MainStoryboard_iPad.storyboard，核心助手编辑器加载的是文件 iPadViewController.h，而不是 ViewController.h。像前面那样做，将这个视图的 Device 标签连接到一个新的输出口，并将其命名为 deviceType。

现在，切换到标准编辑器模式，以完成这个项目的代码编写工作。

23.3.4 实现应用程序逻辑

我们需要实现的唯一逻辑是，在标签 deviceType 中显示当前设备的名称。为此，可以像前一个示例那样做（参见程序清单 23.1），但需要在文件 ViewController.m 和 iPadViewController.m 中都这样做。

然而，鉴于我们知道 ViewController.m 将用于 iPhone，而 iPadViewController.m 将用于 iPad，因此可在这些类的方法 viewDidLoad 中添加如下代码行。

对于 iPhone，添加如下代码行：

```
self.deviceType.text=@"iPhone";
```

对于 iPad，添加如下代码行：

```
self.deviceType.text=@"iPad";
```

前面说过，采用这种方法时，可将 iPad 和 iPhone 版本作为独立的应用程序进行开发：在合适时共享代码，但将其他部分分开。

Watch Out!

警告：并非创建的所有子类的内容都相同

在项目中添加新的 UIViewController 子类（iPadViewController）时，不要指望其内容与 iOS 模板中的视图控制器文件相同。就 iPadViewController 而言，您可能需要取消对方法 viewDidLoad 的注释，因为这个方法默认被禁用。

23.3.5 生成应用程序

如果您运行应用程序 UniversalToo，结果应该与第一个应用程序完全相同。我们从这个练习获得的经验教训是，有两种创建通用应用程序的方法，各自有其优点和缺点。

共享视图控制器时，编码和设置工作更少。一方面，iPad 和 iPhone 界面类似，这使得维护工作更简单；另一方面，如果 iPhone 和 iPad 版本的 UI 差别很大，实现的功能也不同，也许将代码分开是更明智的选择。

采用哪种方法完全取决于您；您现在具备了创建通用应用程序的技能。

23.4 使用多个目标

在本章的最后，需要说说第三种创建通用项目的方法。虽然其结果并非单个通用应用程序，但可针对 iPhone 或 iPad 平台进行编译。

为此，必须在应用程序中包含多个目标（target）。目标定义了应用程序将针对哪种平台（iPhone 或 iPad）进行编译。在项目的 Summary 选项卡中，可指定应用程序启动时将加载的故事板；还记得这一点吗？通过在项目中添加新目标，可配置完全不同的设置，它指向新的故事板文件。而故事板文件可使用项目中现有的视图控制器，也可使用新的视图控制器，就像您在本章的示例中所做的那样。

要在项目中添加目标，最简单的方法是复制现有的目标。为此，在 Xcode 中打开项目文件，并选择项目的顶级编组。在项目导航器右边，有一个目标列表；通常其中只有一个目标：iPhone 或 iPad 目标。右击该目标并选择 Duplicate。

23.4.1 将 iPhone 目标转换为 iPad 目标

如果您复制的是 iPhone 项目中的目标，Xcode 将询问您是否要将其转换为 iPad 目标，如图 23.10 所示。只需单击按钮 Duplicate and Transition to iPad，就大功告成了。Xcode 将为应用程序创建 iPad 资源，这些资源是与 iPhone 应用程序资源分开的。项目将包含两个目标：原来的 iPhone 目标和新建的 iPad 目标。虽然可共享资源和类，但生成应用程序时需要选择目标，因此将针对这两种平台创建不同的可执行文件。

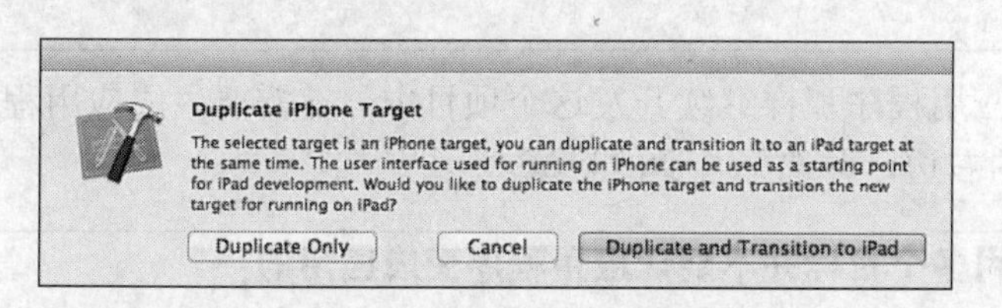

图 23.10
Xcode 可帮助您将 iPhone 应用程序转换为 iPad 应用程序

要在运行/生成应用程序时选择目标，可单击 Xcode 工具栏中 Scheme 下拉列表的左边。这将列出所有的目标，您还可通过子菜单选择在设备还是 iOS 模拟器中运行应用程序。

提示：

Did you Know?

单击按钮 Duplicate and Transition to iPad 时，将自动给新目标命名，它包含后缀 iPad，但复制注释时，将在现有目标名后面添加 copy。要重命名目标，可单击它，就像在 Finder 中重命名图标那样。

23.4.2 将 iPad 目标转换为 iPhone 目标

如果您复制 iPad 项目中的目标，复制命令将静悄悄地执行，创建另一个完全相同的 iPad 目标。要获得 Duplicate and Transition to iPad 带来的效果，您必须做些工作。

首先，新建一个用于 iPhone 的故事板。为此，可选择菜单 File>New File，再选择类别 User Interface 和故事板文件，然后单击 Next 按钮。在下一个对话框中，为新故事板设置 Device Family（默认为 iPhone），再单击 Next 按钮。最后，在 File Creation 对话框中，为新故事板指定一个有意义的名称（MainStoryboard_iPhone.storyboard 就很合适，您说呢？），选择原始故事板的存储位置，再单击 Create 按钮。在项目导航器中，将新故事板拖曳到项目代码编组中。

现在，选择项目的顶级编组，确保在编辑器中显示的是 Summary 选项卡。在项目导航器右边的那栏中，单击新建的目标。Summary 选项卡将刷新，显示选定目标的配置。从下拉列表 Devices 选择 iPhone，再从下拉列表 Main Storyboard 中选择刚创建的 iPhone 故事板文件，如图 23.11 所示。

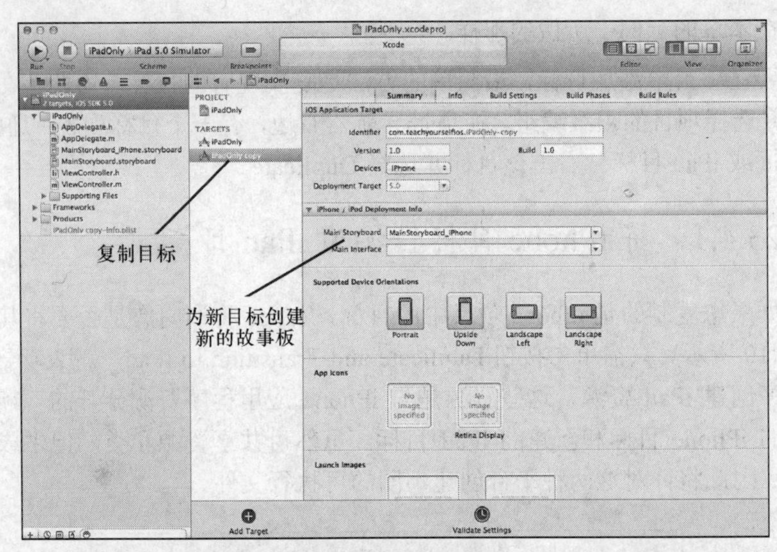

图 23.11

配置新目标

现在可以像开发通用应用程序那样继续开发这个项目中。在需要生成应用程序时，别忘了单击下拉列表 Scheme 的右边，并选择合适的目标。

Watch Out!

警告：使用多个目标并不能让应用程序变成通用的

包含多个目标的应用程序并非通用的。目标指定了可执行文件针对的平台。如果有有一个用于 iPhone 的目标和一个用于 iPad 的目标，要支持这两种平台，必须创建两组可执行文件。

23.5 进一步探索

要更深入地了解通用应用程序，最佳方式是创建它们。要了解每种设备将如何显示应用程序的界面，请参阅 Apple 开发文档 iPad Human Interface Guidelines 和 iPhone Human Interface Guidelines。

鉴于对于一个平台可接受的东西，另一个平台可能不能接受，因此务必参阅这些文档。例如，在 iPad 中，不能在视图中直接显示诸如 UIPickerView 和 UIActionSheet 等 iPhone UI 类，而需要使用弹出窗口（UIPopoverController），这样才符合 Apple 指导原则。事实上，这可能是这两种平台的界面开发之间最大的区别之一。将界面转换为 iPad 版本之前，务必阅读有关 UIPopoverController 的文档。

23.6 小结

本章介绍了如何创建适用于 iPhone 和 iPad 平台的通用应用程序。通过使用 iOS 通用应用程序模板，可快速创建根据当前设备进行定制的应用程序。正如您知道的，创建通用应用程序的方法有多种。您可采用第一个示例演示的默认方法，在不同的界面之间共享视图控制器；还可使用独立的代码管理不同的界面，就像第二个示例演示的那样。

最后，本章简要地介绍了如何在项目中添加目标，以便根据编译时选择的方案（Scheme）生成 iPhone 或 iPad 应用程序。

23.7 问与答

问：为何并非每个人都创建通用应用程序？

答：令人惊讶的是，很多人创建的 iPhone 应用程序只在 iPad 上运行。在我看来，其中的原因有两个。首先，对于很多应用程序来说，要迁移到 iPad，需要修改很多地方，还不如创建一个单独的应用程序。其次，很多开发人员看到了销售应用程序的多个版本带来的丰厚收益。

问：我想共享代码，但 iPhone 和 iPad 视图差别很大，无法共享视图控制器，该如何办呢？

答：看看能不能创建其他共享类。并非只能通过共享视图控制器来共享代码，对于 iPhone 和 iPad 共享的任何应用程序逻辑，都可将其放在一个独立的类中。

23.8 作业

23.8.1 测验

1．判断正误：通用应用程序可在 Mac、iPhone 和 iPad 上运行。

2．判断正误：Apple 要求同时适用于 iPhone 和 iPad 的所有应用程序都作为通用应用程序提交。

3．判断正误：通用应用程序只需要一个图标。

23.8.2 答案

1．错。通用应用程序只能在 iPhone 和 iPad 平台上运行（不包括 Mac 中的 iOS 模拟器）。

2．错。可针对 iPad 和 iPhone 平台创建独立的应用程序，也可创建适用于这两种平台的通用应用程序。在评估应用程序时，Apple 不会考虑这种因素。

3．错。必须为指定 iPad 和 iPhone 配置部署信息。

23.8.3 练习

选择本书前面创建的一个项目，并创建其 iPad 或 iPhone 版本。

第 24 章

应用程序跟踪和调试

本章将介绍：

- 使用函数 NSLog；
- Xcode 调试器导航；
- 设置断点和监视点；
- 动态地修改变量的值；
- 跟踪 iOS 程序的执行过程。

即使尽最大努力，应用程序也不可能没有 bug。结束 iOS 开发之旅前，来看看找出并修复应用程序问题的技巧。快速找出并消除 bug 是一项必备技能。

Xcode 融软件开发领域的 5 个基本工具于一体：文本编辑器、编译器、链接器、调试器和参考文档。Xcode 集成了调试工具，因此所有调试工作都将在您现在已非常熟悉的 Xcode 中进行。

本章介绍 Xcode 的调试和跟踪工具。您将学习如何使用函数 NSLog 将调试信息输出到 Xcode 控制台；使用 Xcode 调试器找出并更正错误。这将为您查找并解决问题打下坚实的基础；如果没有这些工具，要找出并解决这些问题，可能需要数小时，让您倍受打击。

Watch Out!

警告：

使用术语“调试”时，假设项目编译时没有错误，但执行时发生错误或无法按预期工作。如果代码有错误导致无法编译，则您仍处于编码阶段而不是调试阶段。本章介绍的工具用于改善这样的应用程序，即能够通过编译，但执行时出现逻辑错误。

24.1 使用 NSLog 提供即时反馈

通过本书介绍的应用程序开发过程，有一点应该显而易见了，那就是要在 iOS 应用程序中生成输出，并非说一句打印它就能完成的。要在屏幕上显示文本，需要处理视图控制器、场景、故事板、标签、输出口、连接等。这使得传统的调试方法（在程序执行期间输出内部值和消息）非常麻烦。您克服重重难关，为输出调试信息编写代码和建立连接后，还需确保它们不会出现在最终发布的应用程序中。

所幸的是，有一种在应用程序运行期间生成输出的快捷方式，它不会影响界面和应用程序逻辑。这就是朴实无华的 NSLog 函数，很多严重的 bug 都是使用它排除的。在应用程序的任何地方，都可调用 NSLog 来核实应用程序执行流程进入并离开了方法或检查变量的当前值。使用 NSLog 记录的内容将在 Xcode 调试器控制台（Debugger Console）中显示。

使用 NSLog

函数 NSLong 接受一个类型为 NSString 的参数，其中可包含字符串格式说明符。本书大量地使用了格式说明符来设置 NSString 对象的格式。

调试应用程序时，很可能用到 3 个字符串格式说明符：用于显示整数的%i（通常用于调试循环计数和数组索引）、用于显示浮点数的%f 以及用于显示任何 Objective-C 对象（包括 NSString 对象）的%@。请看程序清单 24.1 所示的代码片段。

程序清单 24.1　调用函数 NSLog

```
NSLog(@"Entering method");
int foo = 42;
float bar = 99.9;
NSLog(@"Value of foo: %d, Value of bar: %f", foo, bar);
NSString *name = [[NSString alloc] initWithString:@"Klaus"];
NSDate *date = [NSDate distantPast];
NSLog(@"Value of name: %@, Value of date: %@", name, date);
```

这里使用函数 NSLog 输出了一个字符串、一个整数和一个浮点数；还使用它输出了两个对象（NSString 和 NSDate）。该代码片段的输出如下：

```
2011-09-15 17:14:58.329 Sample[4160:f803] Entering method
2011-09-15 17:14:58.331 Sample[4160:f803] Value of foo: 42, Value of bar: 99.9
2011-09-15 17:14:58.333 Sample[4160:f803] Value of name: Klaus, Value of date:
                                          0001-12-30 00:00:00 +0000
```

那么，这些输出出现在什么地方呢？如果不是在 iOS 设备屏幕上，在哪里能够看到 NSLog 的结果呢？答案是 Xcode 调试器控制台。下面来看看如何使用 NSLog 显示调试信息。

提示：

使用字符串格式说明符%@显示 Objective-C 对象时，将调用对象的 description 方法，这将在调试输出中提供有关对象的额外信息。很多 Apple 类都有 description 方法，这对调试来说很有用。如果需要使用 NSLog 来调试自定义对象，可实现方法 description，并让它返回一个 NSString 变量。

Did you Know?

1．查看输出

打开本章项目文件夹中的项目 Counting，单击按钮 Run 在 iOS 模拟器中运行它。除包含一些静态文本的屏幕（该屏幕没有发生任何变化）外，您什么也看不到。然而，在幕后，视图控制器的方法 viewDidLoad 在数数。

为查看计数器的值，选择菜单 View>Debug Area>Activate Console（或按 Shit＋Command＋C）。这将显示控制台以及使用 NSLog 生成的应用程序输出，如图 24.1 所示。

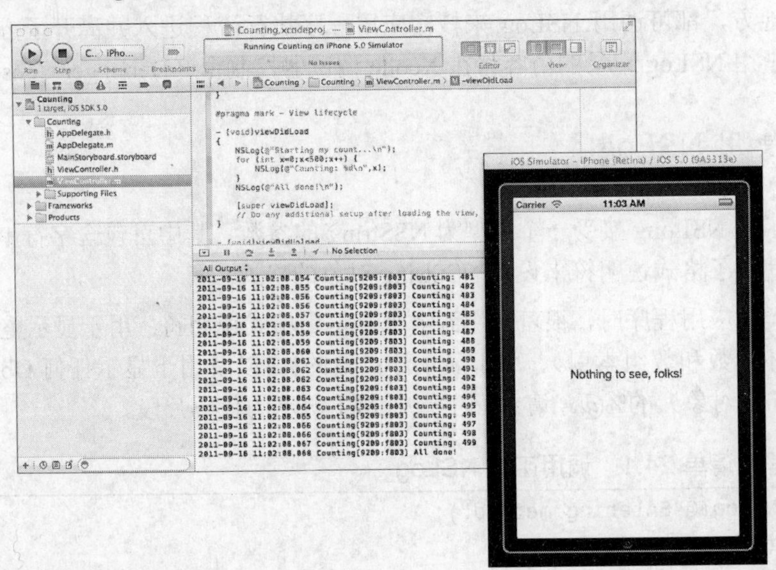

图 24.1
在控制台区域查看 NSLog 的输出

Did you Know?

提示：

要隐藏/显示控制台，可单击Xcode 工具栏的View 部分中间的按钮、从菜单 View>Debug Area 中选择相应的菜单项或单击调试区域左边的显示/隐藏图标（包含在方框中的箭头）。

开发项目时，NSLog 将是一个功能强大的工具，可帮助您判断应用程序是否按预期的那样执行。然而，它并非功能最强大的应用程序调试方法。如果应用程序的规模很大或很复杂，不适合使用 NSLog，您将求助于 Xcode 调试工具，它们让您无需修改代码就能查看应用程序的执行过程。

Did you Know?

提示：

顾名思义，函数 NSLog 实际上是为日志而非调试设计的。除打印到 Xcode 控制台外，这种语句还将写入文件系统中的一个文件中。写入文件系统并非您的目的，而只是使用 NSLog 进行调试的一个副产品。如果不小心，很容易在完成调试后将 NSLog 语句留在代码中，这意味着应用程序将花时间把这些语句写入文件系统，进而浪费用户设备的存储空间。在生成用于分发的应用程序前，务必在整个项目中搜索 NSLog 语句，并将其删除或注释掉。

24.2 使用 Xcode 调试器

NSLog 是一种快速而简单的调试方法，但并非排除复杂问题的最佳工具。通常使用调试器的效率更高，这种工具让您能够检查运行的程序并查看其状态。有人说，能否熟练地使用调试器是真正的软件开发专业人员与业余爱好者之间的分水岭。如果这种说法是正确的，那么您很幸运，因为使用 Xcode 调试器并不难。

应用程序的执行速度通常取决于计算机的速度，在 iOS 设备中，这个速度为数百万条指令每秒。调试器相当于开发人员的制动，它将应用程序的执行速度降低到人类能够跟上的程度，并让开发人员控制程序从一条指令执行到下一条指令的步伐。在程序执行的每个步骤中，开发人员都可使用调试器来查看变量的值，以帮助判断问题出在哪里。

调试器处理的是根据应用程序源代码编译得到的机器指令。但对于源代码级调试器，编译器将向它指出机器指令是由哪些源代码行生成的。根据这些信息，源代码级调试器可将开发人员与编译器生成的机器指令隔离，让开发人员处理其编写的源代码。

Xcode 的 iOS 调试器名为 gdb（GNU 调试器），它是一种源代码级调试器。编译器并非总会生成进行源代码级调试所需的信息。这样的信息可能很多，且不会给应用程序用户带来任何好处，因此在发布生成配置中不生成它们。要受益于源代码级调试，需要在调试生成模式下生成应用程序，这将生成调试符号。

注意：

Xcode 4.x 新增了调试器 LLDB。Apple 一直提倡使用该调试器，但它还不是 iOS 默认调试器。然而，即使 Apple 将其作为默认调试器后，Xcode 调试器工具的用法也不会变。

By the Way

默认情况下，新建的 Xcode 项目包含两种生成配置：调试（Debug）和发布（Release）。调试生成配置包含调试符号，而发布生成配置不包含。在开发应用程序期间，应使用调试配置，以便需要时能够使用调试器。由于您通常使用调试生成配置，因此它也是默认配置。要切换到发布配置，必须针对 iOS 设备（而不是模拟器）生成应用程序，并使用菜单 Product>Edit Scheme 切换到发行配置。例如，在图 24.2 中，我设置了方案（Scheme），这使得应用程序将在 iOS 设备中以发布配置运行。

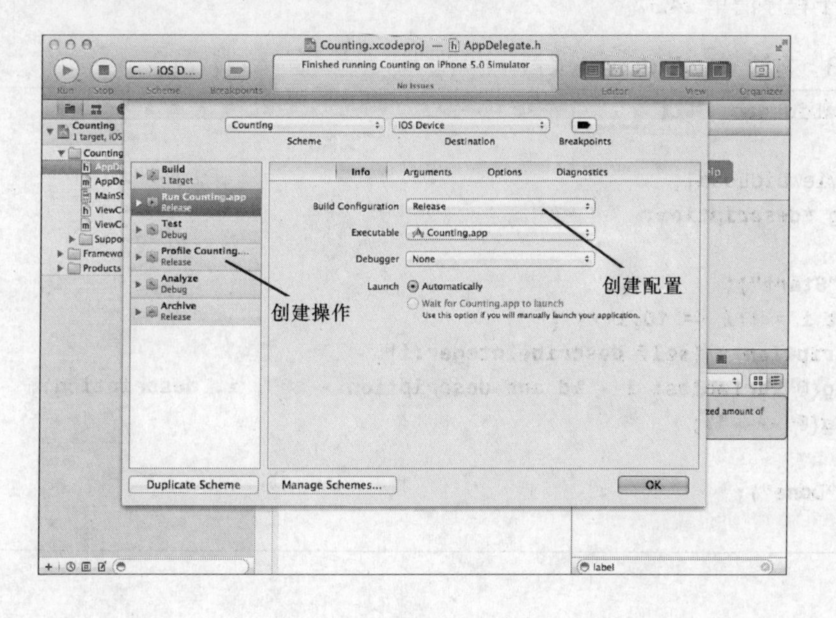

图 24.2
使用菜单 Product>Edit Scheme 设置配置

By the Way

注意：

创建用于分发的应用程序版本时，请务必使用发布（Release）生成配置。

24.2.1 设置断点及单步执行代码

要使用调试器，必须有可调试的应用程序。在本章余下的篇幅中，我们将生成并调试一个简单的应用程序。

使用模板 Single View Application 新建一个 Xcode 项目，并将其命名为 DebuggerPractice。这个应用程序没有用户界面，因此不需要输出口和操作。

打开文件 ViewController.m。首先，在该实现文件开头添加一个 describeInteger 方法。它接受一个整型参数，并在该参数能被 2 整除时返回字符串 even，否则返回 odd，如程序清单 24.2 所示。

程序清单 24.2 方法 describeInteger

```
-(NSString *)describeInteger:(int)i {
    if (i % 2 == 0) {
        return @"even";
    } else {
        return @"odd";
    }
}
```

接下来，编辑方法 viewDidLoad。在其中添加一个 for 循环，它使用 NSLog 在 Xcode 调试器控制台中显示数字 1～10。在该循环的每次迭代中，都调用 describeInteger，并将循环计数器作为参数传递给它。这提供了可在调试器中监视的活动。经过上述修改后，方法 viewDidLoad 类似于程序清单 24.3。

程序清单 24.3 方法 viewDidLoad

```
- (void)viewDidLoad
{
    [super viewDidLoad];
    NSString *description;

    NSLog(@"Start");
    for (int i = 1;i <= 10;i++) {
        description = [self describeInteger:i];
        NSLog(@"Variables: i - %d and description - %@", i, description);
        NSLog(@"----");
    }
    NSLog(@"Done");
}
```

输入这些代码后，花点时间查看编辑器。注意到代码左边有一个浅灰色区域（像页边距），这被称为 gutter，很多 Xcode 调试功能都位于该区域，如图 24.3 所示。

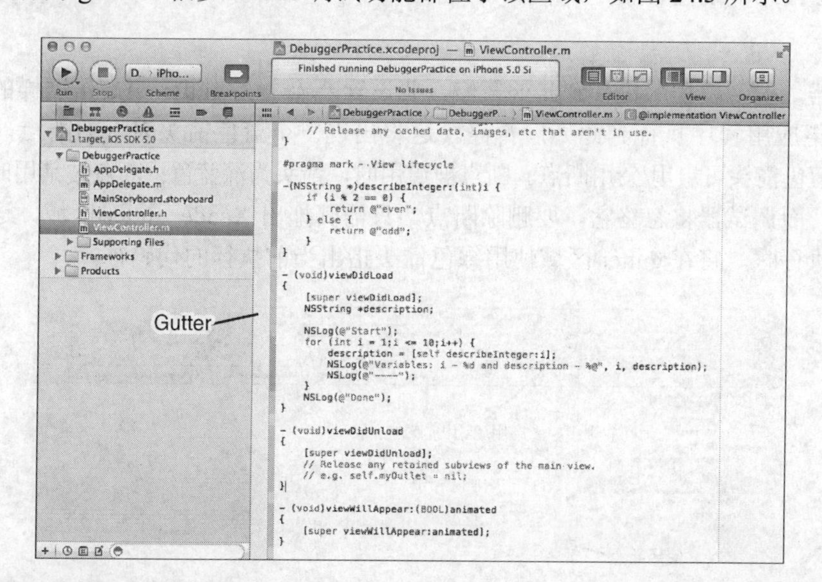

图 24.3

Xcode 的 gutter 用于调试

提示：

Did you Know?

调试器经常引用源代码行号，因此在 gutter 中显示行号很有帮助。要在 gutter 中显示行号，可打开 Xcode 首选项，并选择 Text Editting 设置中的复选框 Show Line numbers。

单击 Xcode 工具栏中的 Breakpoints（断点）按钮，再单击 Run，程序将启动并显示一个空视图。单击 Xcode 工具栏的 View 部分中间的按钮，以显示调试（Debug）区域，再单击调试区域右上角的按钮以显示控制台，也可选择菜单 View>Debug Area>Activate Console（Shift + Command + C）。

NSLog 语句的输出显示在调试器控制台中。如图 24.4 所示，调试器控制台中有一些来自 gdb 的输出（这些输出不是粗体），但没有信息指出应用程序是在调试器中运行的。

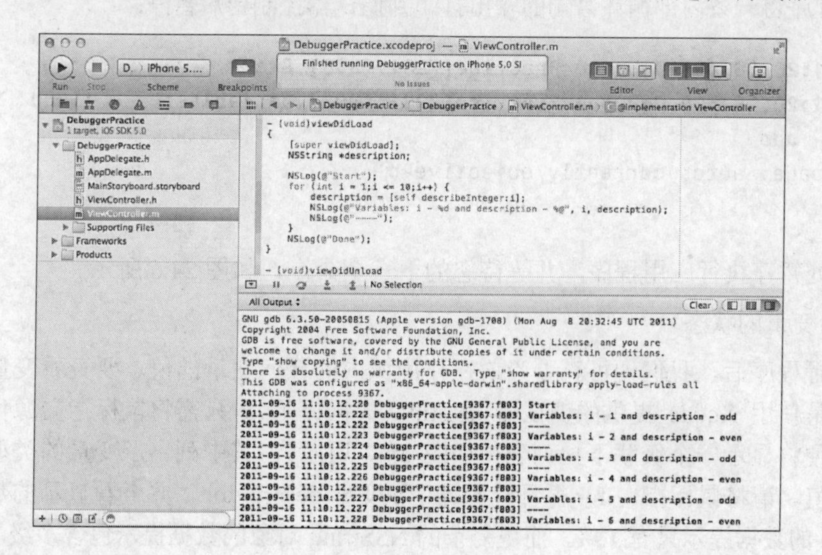

图 24.4

调试器在运行，但什么都没有做

调试器 gdb 正在运行，但我们没有命令它做任何事情。要与调试器交互，最常见的方式是首先在应用程序源代码中设置断点。

1．设置断点

断点告诉调试器，您希望程序执行到此处暂停。要设置断点，在 gutter 中单击这样的代码行旁边，即您希望应用程序执行到此处后暂停。这将出现一个蓝色箭头表示的断点，如图 24.5 所示。单击蓝色箭头可启用/禁用断点。断点被启用时，箭头为深蓝色；断点被禁用时，箭头将变成淡蓝色，而调试器将忽略它。要删除断点，只需其拖出 Xcode gutter 区域，这样断点将消失。程序执行时，将在 gutter 区域使用绿色箭头指出当前执行的代码行。

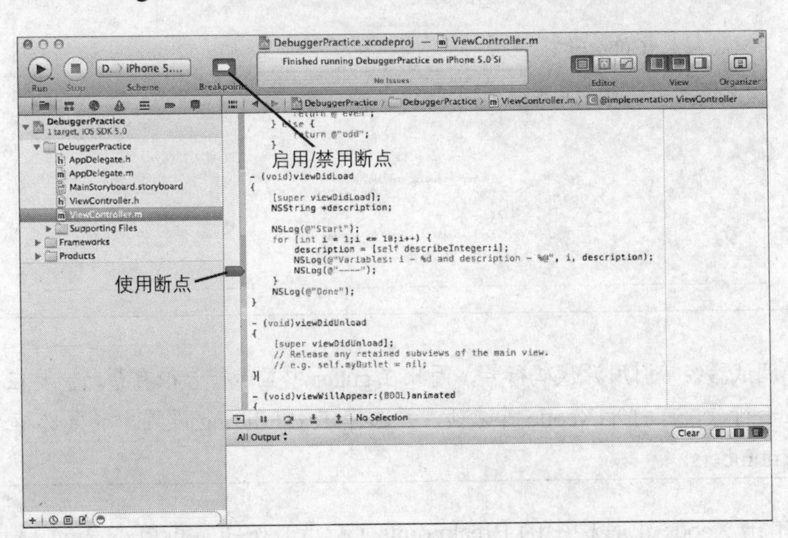

图 24.5

在 gutter 中单击以设置断点

下面创建并使用断点。在 Xcode 中单击 Stop 按钮，以终止应用程序；然后，单击 View Controller.m 的方法 ViewDidLoad 中下述代码行旁边，以设置一个断点：

```
NSLog(@"----");
```

确保工具栏中的 BreakPoints 图标呈高亮显示（该图标启用/禁用调试断点），再单击 Run 按钮，注意到应用程序将一条内部循环语句的输出打印到调试器控制台后暂停：

```
2011-09-16 01:20:18.498 DebuggerPractice[7231:f803] Start
2011-09-16 01:20:18.500 DebuggerPractice[7231:f803] Variables: i - 1 and
description - odd
Current language: auto; currently objective-c
(gdb)
```

调试器在断点处暂停执行应用程序，并等待您的下一个命令，如图 24.6 所示。

2．查看并修改变量的状态

调试器暂停执行程序后，我们便可查看当前在作用域内的任何变量的值。要查看变量的值，最容易的方法是使用 Xcode 提供的调试器 datatip（数据提示）。只需将鼠标指向源代码中的变量，Xcode 便将显示一个级联下拉列表（如图 24.7 所示），其中列出了变量的类型、名称、内存地址和值。请将鼠标指向 for 循环计数器 i 和变量 description，并查看显示的数据提示。注意到变量 i 的数据提示只有 1 级，而更复杂的 NSString 对象的数据提示包含多级（将鼠标指向展开图标可显示其他级）。

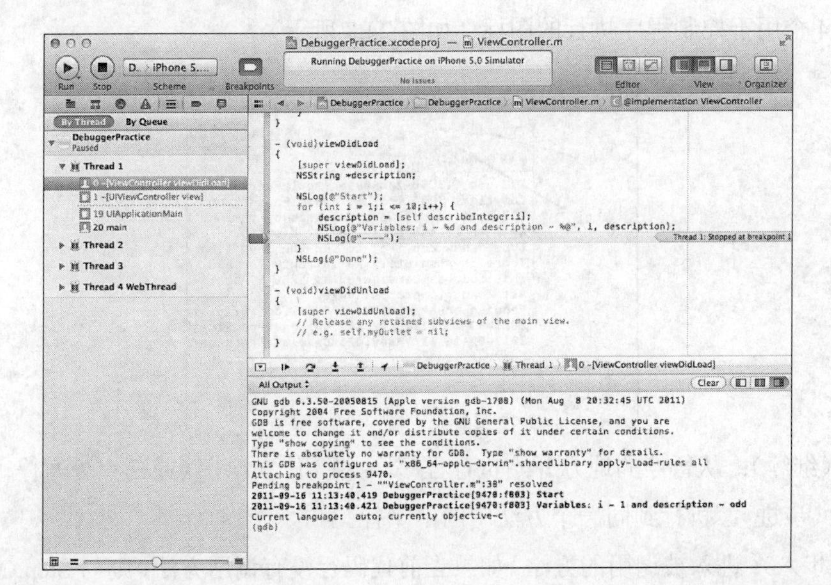

图 24.6

调试器在断点处暂停

注意：

By the Way

到达包含断点的代码行后，Xcode 调试器将暂停，而不执行该代码行。要执行包含断点的代码行，您必须手工继续执行程序，您稍后将看到如何这样做。

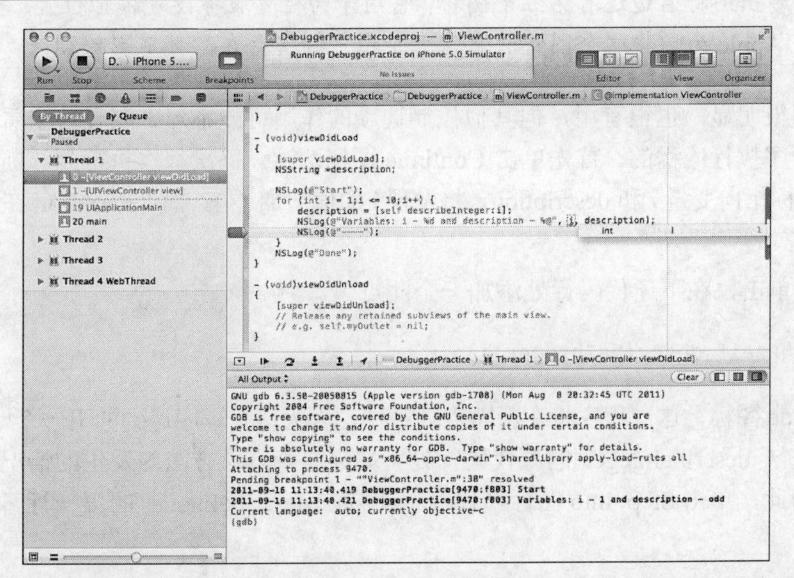

图 24.7

将鼠标指向变量 i 可显示其数据提示

数据提示还可用于修改变量的值。再次将鼠标指向 for 循环中的变量 i，再单击数据提示中的值。该变量的当前值为 1，但可将其改为 4，方法是输入 4 并按回车。在运行的程序中，这个值将立刻变化，因此下次循环将在控制台中显示 5，而不会执行显示 2、3 和 4 的 NSLog 的语句。为核实程序确实像变量 i 的值为 4 那样执行，需要继续执行该程序。

3．步进执行代码

最常见的调试操作无疑是观察应用程序执行流程，并了解程序在运行过程中执行的操作。为此，需要控制执行流程，在感兴趣的地方暂停并跳过无关的部分。

调试器提供了4个用于控制程序执行的图标（如图24.8所示）。

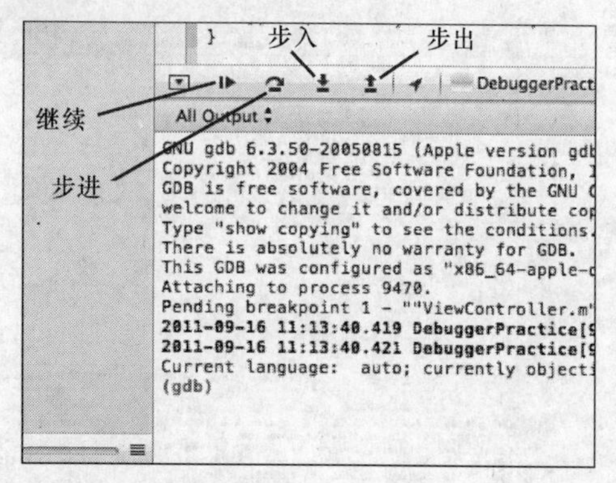

图24.8 控制程序执行的图标

- Continue（继续）：从暂停的地方开始执行程序，并在下一个错误或断点处暂停。
- Step Over（步进）：执行到同一个方法中的下一行。
- Step Into（步入）：进入被调用的方法。如果当前代码行没有调用方法，则与Step Over相同。
- Step Out（步出）：从当前方法返回到调用该方法的代码行。

> **By the Way**
>
> **注意：**
>
> 步出图标右边还有第五个图标，它用于为位置服务设置模拟位置。我不知道Apple为何将这个图标放在这里，但它确实存在，且不影响调试。

全局断点的作用很明显，也很有用，但其他控制选项的作用可能不那么明显。来看看这些命令是如何控制程序执行流程的。首先单击Continue图标两次。每次都将执行到该断点处暂停，但如果您将鼠标指向变量i和description，将发现i的值增加了1，而description在even和odd之间切换。

通过在gutter中单击，在下述代码行处添加一个断点。

```
description = [self describeInteger:i];
```

再次单击Continue图标，这次程序将在新断点处暂停，因为这是程序遇到的下一个断点。这个断点位于调用方法describeInteger的源代码行处。如果要查看该方法内发生的情况，则需要步入该方法。为此，单击Step Into图标，程序将在方法describeInteger的第一行暂停，如图24.9所示。

为逐行执行方法中的代码，而不进入其中可能调用的其他方法，可使用Step Over图标。单击Step Over图标3次逐行执行方法describeInteger并返回方法viewDidLoad。

单击Continue图标返回到调用方法describeInteger的代码行处，单击Step Into图标再次步入该方法。这次不逐行执行describeInteger方法，而单击Step Out图标返回到调用方法describeInteger的代码行。在这种情况下，也将执行describeInteger方法的其他代码，只是看不到逐行执行的结果，且程序在退出方法describeInteger后暂停。

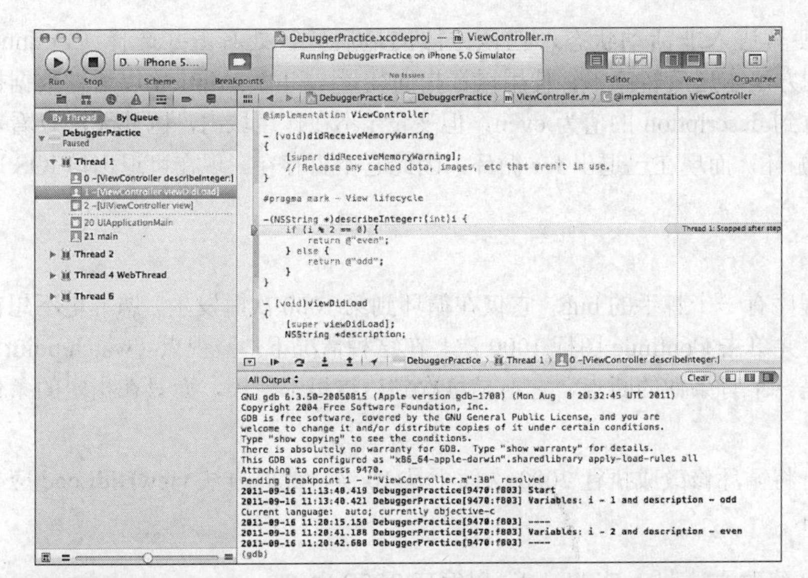

图 24.9
逐行执行方法 describeInteger 的代码

除这些控制程序执行的图标外，gutter 中还隐藏了另一种重要方式，它被称为 Continue to Here（继续执行到这里）。Continue to Here 继续执行到指定代码行处暂停，它相当于 Continue 和临时断点的组合：程序将继续执行，直到发生错误、到达断点或到达指定的代码行。

为尝试这种功能，确保当前暂停在 viewDidLoad 中的断点处，再在 gutter 中的下述代码行旁边右击。

```
NSLog(@"Done");
```

从上下文菜单中选择 Continue to Here（如图 24.10 所示），注意到并没有继续执行到这行代码处：程序在 for 循环中的第一个断点处暂停。

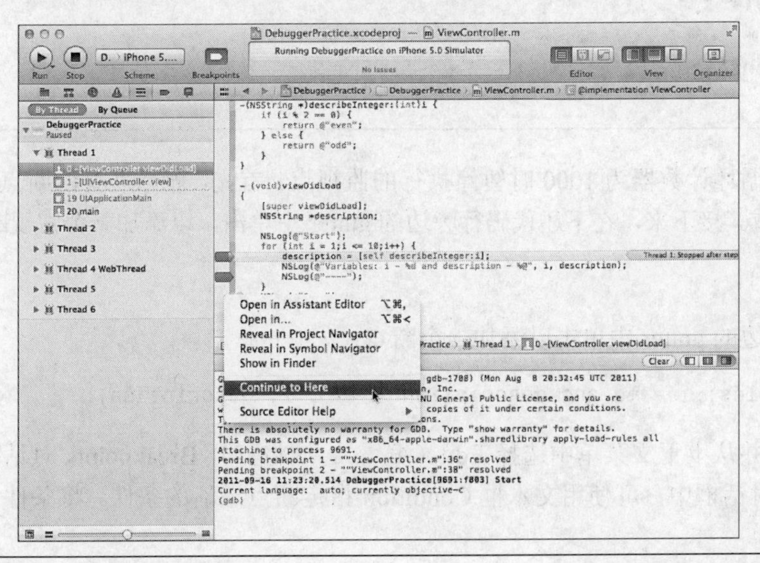

图 24.10
上下文菜单中的 Continue to Here 选项

注意：

要使用 Continue to Here 功能，还可这样做：将鼠标指向 gutter 右边，再单击代码行旁边出现的包含箭头的绿色圆圈。不幸的是，Xcode 显示这种图标的条件非常严格，因此使用上下文菜单可能更可靠。

By the Way

单击每个断点使其进入非活动状态，在该方法的最后一行处右击并选择 Continue to Here，这次在执行到方法末尾后暂停了。使用鼠标指向变量 i 和 description 以通过数据提示查看它们的值，注意到 description 的值为 even，但变量 i 不在作用域内，因此无法查看。变量 i 的作用域为 for 循环，而现在已退出 for 循环，因此它不再存在。现在可退出该 iOS 应用程序了。

4. 设置监视点

现在假设应用程序有一个棘手的 bug，它仅在循环到第 1000 次时发生。您一定不想在循环中放置一个断点，并单击 Continue 图标 1000 次！在这种情况下，监视点（watch point）将派上用场。监视点是一个有条件的断点，它不是每次到达这里都暂停，而只在指定的条件为真才暂停。

为测试这一点，将循环修改成执行 2000 次而不是 10 次，此时方法 viewDidLoad 应类似于程序清单 24.4 所示。

程序清单 24.4 修改方法 viewDidLoad，以循环 2000 次

```
- (void)viewDidLoad
{
    [super viewDidLoad];
    NSString *description;

    NSLog(@"Start");
    for (int i = 1;i <= 2000;i++) {
        description = [self describeInteger:i];
        NSLog(@"Variables: i - %d and description - %@", i, description);
        NSLog(@"----");
    }
    NSLog(@"Done");
}
```

下面设置一个当循环计数器为 1000 时暂停执行的监视点。首先，删除现有的断点，方法是将其拖出 gutter 区域。接下来，在下述代码行旁边的 gutter 中单击，以添加一个常规断点：

```
NSLog(@"Start");
```

在下述代码行旁边的 gutter 中单击以添加一个断点：

```
NSLog(@"Variables: i - %d and description - %@", i, description);
```

再右击该断点，并从上下文菜单中选择 Edit（编辑）。这将打开 Breakpoints 对话框，如图 24.11 所示。在该对话框中，可使用文本框 Condition 指定断点激活的条件。将条件设置为 `i == 1000`。

单击 Run 按钮执行该应用程序，程序将在第一个断点处暂停。单击 Continue 图标，程序执行 999 次循环，然后在执行第 1000 次循环时因循环计数器 i 等于 1000 而在监视点处暂停。为核实这一点，可查看调试器控制台（其中有 999 条消息），也可将鼠标指向源代码中的变量 i 并通过数据提示查看其值。

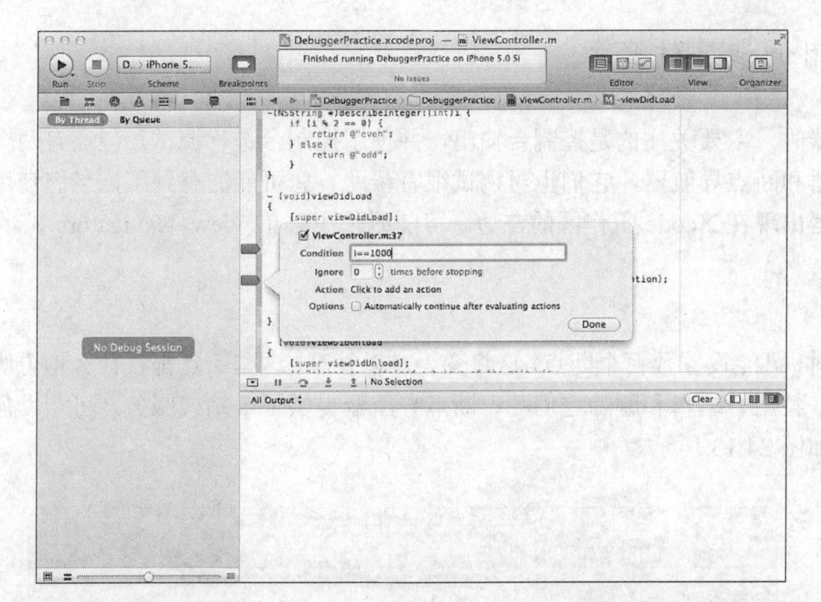

图 24.11

程序在执行到第 1000 次循环时暂停

5．访问变量列表

要列出当前方法中的所有变量，可随时将调试器区域切换到变量视图，为此可单击调试器区域右上角的三个按钮之一。这些按钮分别切换到变量视图（左边的按钮）、变量和控制台视图（中间的按钮）和控制台视图（右边的按钮）。到目前为止，我们使用的都是控制台视图。

单击左边的按钮以显示变量列表，您将看到变量 i 和 description（及其值），这些变量用图标 L 标识，如图 24.12 所示。这意味着这些变量是在当前方法中声明的。您还将看到用图标 A 标识的变量，这些变量是通过参数传入当前方法的。变量列表的左上角有一个下拉列表，让您能够显示全部变量、局部变量或让 Xcode 决定显示哪些变量。

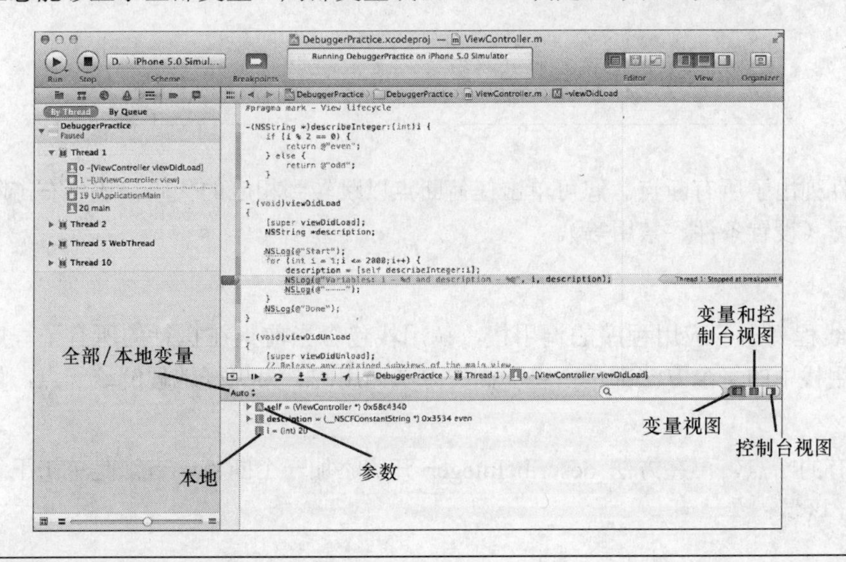

图 24.12

使用变量列表查看并修改应用程序中活动变量的值

提示：

双击变量列表中的变量可修改其值，就像使用数据提示修改变量的值一样。

Did you Know?

24.2.2 使用调试导航器

前面介绍调试器时，主要关注的是控制台输出，并使用控制台进行调试，但还有两个导航器——调试导航器和断点导航器，它们也对调试很有帮助。您可能注意到了，当您使用调试器时，这些导航器出现在 Xcode 工作区的左边。可随时使用菜单 View>Navigators 显示/隐藏这些导航器。

1．断点导航器

调试大型项目时，可能设置数百个断点，这将变得难以管理。这些断点都在什么地方呢？如何选择性地启用、禁用、编辑和删除它们呢？断点导航器提供了一站式服务，可帮助您管理项目中的断点，如图 24.13 所示。

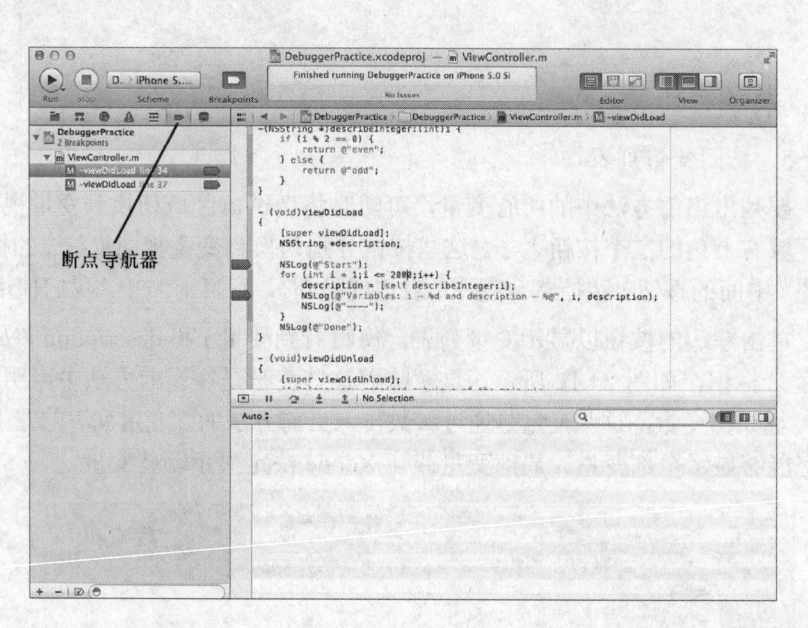

图 24.13

使用断点导航器管理断点

它按所属的文件列出了所有断点。您可单击任何断点以跳转到相应的代码，还可右击断点以便对其进行管理（设置条件、禁用等）。

2．调试导航器

调试导航器按线程列出了应用程序的调用栈，调用栈包含当前正在执行的所有子程序（方法和函数）。调用栈中的每个方法都是由它下面的方法调用的。为更好地理解这一点，最好来看一个例子。

删除代码中所有的断点，再在方法 describeInteger 开头添加一个断点，方法是单击下述代码行左边的 gutter 区域：

```
if (i % 2 == 0) {
```

现在，执行应用程序，让断点发挥作用。应用程序暂停执行后，打开调试导航器。为此，可选择菜单 View>Navigators>Show Debug Navigator，也可单击工具栏图标 Navigator Area（两